彩图1 潜艇发射鱼雷

彩图2 直升机投放鱼雷

彩图3 水面舰艇发射鱼雷

彩图4 火箭助飞鱼雷

彩图5 俄罗斯“暴风雪”型超高速鱼雷

彩图6 超高速鱼雷水下运动仿真

彩图7　英国“鲔鱼”鱼雷

彩图8　美国MK—50鱼雷

彩图9　美国MK—54鱼雷

彩图10　美国 MK—48ADCAP

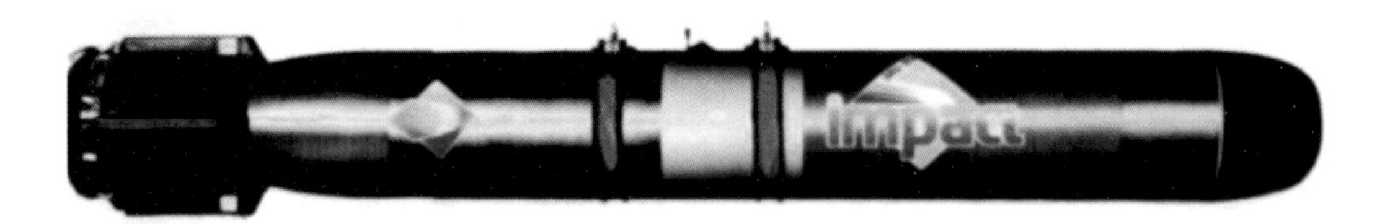

彩图11 法国–意大利 MU90鱼雷（空投）

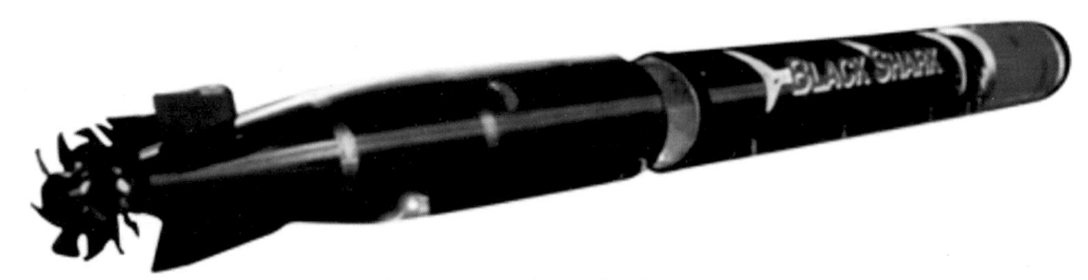

彩图12　意大利“黑鲨”鱼雷

彩图13　俄罗斯ΠT65鱼雷

彩图14　英国“旗鱼”鱼雷

彩图15　德国 DM2A4鱼雷

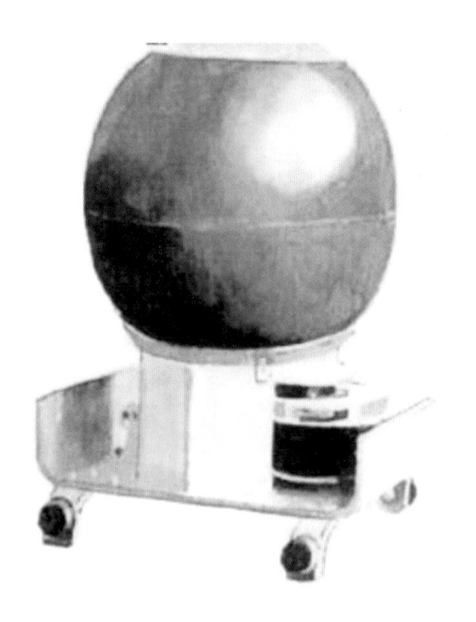

彩图16　西班牙MO—90锚雷

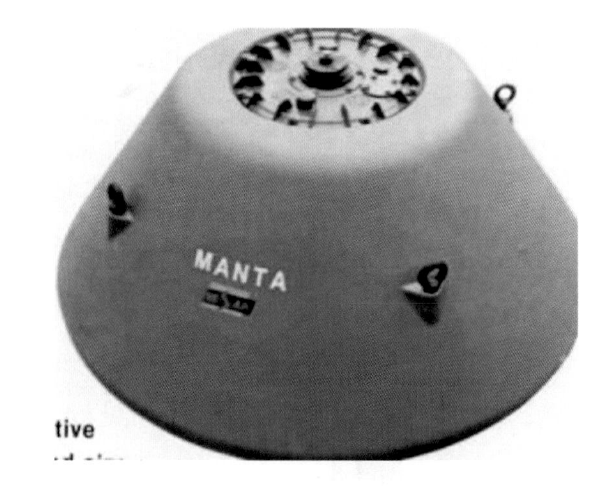

彩图17　意大利曼塔沉底水雷

彩图18　漂雷

彩图19　南非矩阵系列锚雷

彩图20　美国MK—67 SLMM自航水雷

彩图21　美国MK—60自导水雷

彩图22　俄罗斯航空深水炸弹

彩图23　航空深弹

彩图25　水面舰艇发射火箭式深弹

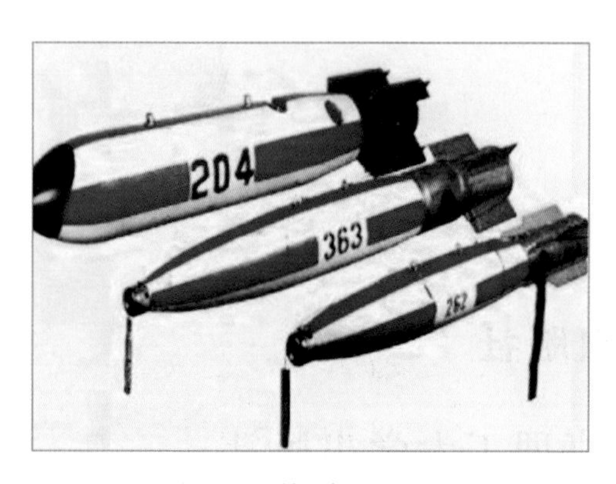

彩图24　俄罗斯火箭深弹

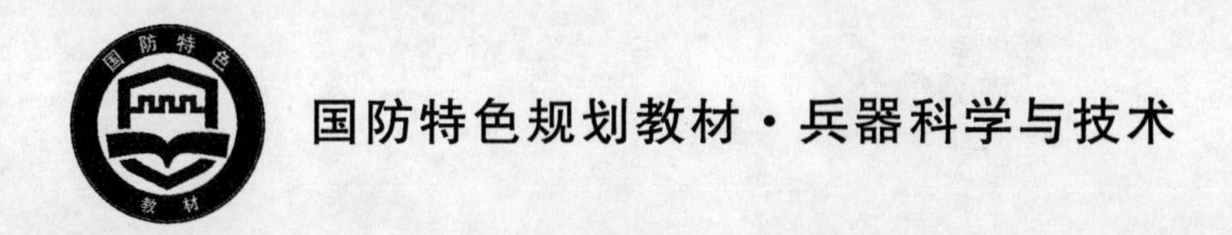

国防特色规划教材·兵器科学与技术

水下武器系统概论

石秀华　许　晖　韩　鹏　邢天安　等编著

西北工業大學出版社

北京航空航天大学出版社　北京理工大学出版社
哈尔滨工业大学出版社　哈尔滨工程大学出版社

内容简介

本书分上、下两篇。上篇为水中兵器篇，主要内容包括绪论、鱼雷、水雷、深水炸弹、反鱼雷与反水雷技术。该篇较详细地介绍了各种水中兵器的组成、工作原理、典型结构及作战使用等。下篇为水下武器系统篇，主要内容包括潜艇水下武器系统、水面舰艇水下武器系统、航空反潜武器系统。该篇简要介绍了水下武器系统的组成、功能及搭载平台等。

本书可作为水下武器系统相关专业的本科生技术基础课教材和研究生参考教材，也可作为从事水下武器系统研究、生产、试验和管理的工程技术人员的参考书。

图书在版编目(CIP)数据

水下武器系统概论/石秀华等编著.—西安：西北工业大学出版社，2013.12
国防特色规划教材·兵器科学与技术
ISBN 978-7-5612-3875-2

Ⅰ.①水… Ⅱ.①石… Ⅲ.①水中武器 Ⅳ.①TJ6

中国版本图书馆 CIP 数据核字(2013)第 315303 号

水下武器系统概论

石秀华 许 晖 韩 鹏 邢天安 等编著
责任编辑 李阿盟 雷 军
*
西北工业大学出版社出版发行
西安市友谊西路 127 号(710072) 发行部电话：029-88493844 传真：029-88491147
http://www.nwpup.com
陕西向阳印务有限公司印装 各地书店经销
*
开本：787×960 1/16 印张：26.375 彩插：8 字数：564 千字
2014 年 3 月第 1 版 2014 年 3 月第 1 次印刷 印数：2000 册
ISBN 978-7-5612-3875-2 定价：68.00 元

前　言

水下武器系统在现代海战中发挥着重要的作用，它是涉及水中兵器、作战系统、运载平台及使用等多方面的极其复杂的综合系统，涉及现代科学技术的各个领域，其相关技术是对现代科学技术的高度综合应用和集成。虽然已出版有各种专业性很强的相关书籍，但对于希望尽快了解该领域的初学者来讲，学习这些专业课程，需要有极广泛的专业基础知识并耗费大量的时间，而对于有些读者也并不需要非常深入地掌握各门专业知识。为使初学者和水下武器系统爱好者尽快掌握水下武器系统的基本知识，我们编写了本书。

本书可用作水中兵器学科的专业基础课教材和研究生参考书。通过本书的学习，读者可对水下武器系统的概念、系统的组成及功能、相关技术和水下武器系统的使用有较为全面的了解。本书有助于从事水中兵器、作战系统和作战平台的研究者从大系统的高度出发，开展各分系统的优化设计，进而实现大系统的综合优化；对于水下武器系统使用者，通过了解水下武器系统的全貌，进而掌握其工作原理，以充分发挥系统的作战效能。

本书分上、下两篇。上篇为水中兵器篇，主要内容包括绪论、鱼雷、水雷、深水炸弹、反鱼雷及反水雷技术。该篇较详细地介绍了各种水中兵器的组成、工作原理、典型结构及作战使用等。下篇为水下武器系统篇，主要内容包括潜艇水下武器系统、水面舰艇水下武器系统、航空反潜武器系统。该篇简要介绍了水下武器系统的搭载平台及水下武器系统组成、功能等。

本书由石秀华、许晖、韩鹏、邢天安等编著，由石秀华规划和统稿。第1,2章由石秀华编写，第3章由韩鹏与石杰编写，第4章由许晖编写，第5章由石秀华、韩鹏、邢天安编写，第6章由石秀华、王新远、王蓬编写，第7章由邢天安、许晖编写，第8章由王晓娟、穆志海编写。此外，李静梅、李海龙、徐小虎等也参加了本书部分章节内容的编写工作。

本书由董大群教授和钱志博教授主审，他们提出了许多宝贵意见，在此表示真诚的感谢！

在本书编写过程中参考了许多相关资料，在此向各位作者表示感谢！

由于水平有限，加之内容涉及广泛，书中难免有不妥之处，恳切希望读者批评指正。

编著者

2013年12月

目　录

第一篇　水中兵器篇

第二篇 水下武器系统篇

第一篇　水中兵器篇

第1章　绪　论

1.1　水下武器系统的概念及分类

1.1.1　武器系统的概念

1. 武器系统的定义

我国国家军用标准《舰艇及其装备术语——指挥控制系统》中，对舰艇作战系统的定义是“军用平台上用于执行警戒、跟踪、目标识别、数据处理、威胁估计及控制武器完成对敌作战功能的各要素及人员的综合体。”

上述定义中，军用平台是指作战舰艇；用于执行警戒、跟踪、目标识别、数据处理、威胁估计及控制武器完成对敌作战功能的各要素及人员的综合体，是指以配置在舰艇作战平台上的指挥控制系统（或火控系统）为核心的，包括各种不同类型及用途的侦察探测传感系统、导航传感系统、通信系统、战术数据链、某些种类的杀伤性武器及其发射装置和水声电子对抗器材等子系统和设备，以及操作使用这些子系统、设备和武器的人员，按照对敌作战需要经有机组合而成的具有对敌作战功能的综合体。现代武器系统已发展为以指挥控制系统为核心，与其他子系统或设备组成的综合作战系统，作战系统亦即武器系统。

2. 航空武器系统的定义

全国科学技术名词定义的航空武器系统，“是指军用航空器的武器弹药及其各种辅助装置所构成的综合系统，用于杀伤和摧毁空中、地面、水面和水下各种目标。辅助装置包括武器的安装或悬挂装置和保证武器弹药战斗使用和命中目标的各种软件、硬件设备。从最初一战时期的机枪协调器，发展到现在将航空器、航空武器、航空武器弹药、航空武器火控系统等等一系列的、智能型的综合航空武器系统。”

1.1.2 水下武器系统的概念

1. 水下武器系统的定义

根据以上武器系统和航空武器系统的定义，这里给出水下武器系统的定义。水下武器系统是“军用平台（如舰、艇、飞机）上用于执行警戒、跟踪、目标识别、数据处理、威胁估计及控制水中兵器摧毁水中目标（如潜艇、水面舰艇、鱼雷、水雷、蛙人、水下设施等）的武器系统”。

水下武器系统的搭载平台可以是潜艇、水面舰艇、飞机或无人作战平台等。

水下武器系统所装备的水中兵器通常包括鱼雷、水雷、深水炸弹、火箭助飞鱼雷、火箭助飞深弹等。随着现代水中兵器技术迅速发展，由鱼雷和水雷功能组合形成的鱼水雷（自航水雷）或水鱼雷（火箭上浮自导水雷）以及作战用无人水下航行器 UUV（Unmanned Underwater Vehicle）等新型兵器相继出现，增加了水中兵器成员的种类。用来防御鱼雷的软杀伤、硬杀伤兵器，如气幕弹、干扰器、诱饵、悬浮式拦截弹、反鱼雷鱼雷、反鱼雷水雷等各种水下对抗器材，也列入了水中兵器中，使现代水中兵器涵盖的范围更加广泛。即水中兵器包括：鱼雷（含火箭助飞鱼雷）、水雷（含各种组合水雷）、深水炸弹（含火箭助飞深弹）、作战 UUV 及各种水下对抗器材。

概括地说，水下武器系统是以水中兵器作为杀伤或防御武器的武器系统，是综合武器系统（即作战系统）的一部分。

2. 水下武器系统的分类

水下武器系统按照武器搭载平台可分为潜艇水下武器系统、水面舰艇水下武器系统、航空水下武器系统等。由于航空水下武器系统的主要任务是反潜，因此，通常称为航空反潜武器系统。

按所使用的水中兵器不同，水下武器系统也可以分为鱼雷武器系统、水雷武器系统、深弹武器系统、水下对抗武器系统等。

为了叙述方便，本书按搭载平台分类进行讲述。

3. 水下武器系统的组成

(1) 潜艇水下武器系统的组成

现代潜艇水下武器系统是由武器平台、导航系统、探测系统、通信系统、战术数据链、水中兵器与发射装置、水声对抗系统、指挥控制系统及相关的战术软件、作战人员、作战环境等要素组成的作战综合体。

潜艇水下武器系统主要是依靠潜艇作战平台上配置的各种类型的侦察探测传感器系统，对作战海区目标进行侦察、搜索、探测、跟踪及测量水声环境参数，并利用通信系统、战术数据链接收上级指挥所的通报或其他独立作战平台提供的情报，以获取作战海区目标及水文气象环境等情报信息数据；利用导航传感器系统或设备提供潜艇各项导航参数、航行状态及姿态信息数据。依据对上述情报信息数据的处理结果进行目标识别、威胁估计，并根据受领的作战任务及潜艇在当前状态下具备的对抗能力做出最佳的战术对抗指挥决策及对策，确定并指示对抗目标及分配武器分系统，进行武器通道组织并控制武器分系统与敌进行战术对抗。

潜艇水下武器系统所使用的水中兵器主要是鱼雷、水雷、导弹（火箭助飞鱼雷）、反鱼雷及反水雷对抗器材等。其中鱼雷是各种潜艇必备的武器，早期，攻击型潜艇所使用的唯一武器就是鱼雷。随着导弹的问世和潜射导弹研究成功，潜艇开始装备导弹武器，但是鱼雷仍然是必备的武器，即使是装备弹道导弹的战略核潜艇，也必须携带鱼雷。常规潜艇均是多用途的鱼雷攻击型常规潜艇。潜艇装备的鱼雷有管装鱼雷和火箭助飞鱼雷。管装鱼雷是由鱼雷发射管发射，发射后完全在水下航行并进行攻击的鱼雷；火箭助飞鱼雷发射后由助推火箭运载在空中飞行一定的距离后入水，然后再在水下航行和实施攻击。火箭助飞鱼雷可以从鱼雷发射管发射，也可以与导弹共架发射，目前在大型核潜艇上采用与导弹共架垂直发射，如彩图1左图所示。

布放水雷也是攻击型潜艇的重要任务。潜艇可携带大量水雷，隐蔽航行至需要到达的海区布放。以两枚水雷换装一枚鱼雷，布雷时由鱼雷发射管布放，也可采用舷外挂雷装置布放。

随着鱼雷技术的发展，对潜艇构成愈来愈严重的威胁，反鱼雷武器系统已成为潜艇的重要武器系统。潜艇用水下对抗器材有，软杀伤器材：声诱饵、噪声干扰器、潜艇模拟器等；硬杀伤设备：反鱼雷鱼雷、引爆式声诱饵等。水下对抗器材有些从鱼雷发射管发射，如潜艇模拟器、反鱼雷鱼雷等；有些利用信标发射装置发射，如声诱饵、噪声干扰器等；也有些需要利用专用发射装置发射。

(2) 水面舰艇水下武器系统的组成

水面舰艇水下武器系统的作战任务主要包括对海攻击作战任务、反潜作战任务和反鱼雷作战任务等。

水面舰艇水下武器系统是通过控制发射一种或多种舰载水中兵器执行反水面、反潜或反鱼雷、反水雷作战任务的舰载设备的统称。它能对目标执行警戒、跟踪、识别、数据处理、威胁估计及控制水中兵器发射和导引以打击目标。现代水面舰艇作战系统主要由作战指挥系统和武器控制系统组成。

作战指挥系统的基本功能是接收来自传感器的信息和数据；对接收的信息和数据进行处理，包括情报处理、目标识别、目标运动分析、建立航迹、编辑及显示等；威胁判断，攻防决策；目标指示，组织武器通道，数据传输与管理；与己方舰艇、飞机、岸站传输数据信息，协调战术行动。

武器控制系统又称为火力控制系统，简称火控系统。武器控制系统的基本任务是控制武器迅速、准确地打击目标。基本功能是跟踪目标,测定目标的现在坐标,解算目标运动要素;参数修正,解算射击诸元及设定;射击效果的评估及校正;控制发射、开火或停火;武器的导引等。

水下武器系统的设备多数是与水面舰艇作战系统共用的设备,部分为专用设备,主要有作战指挥系统(共用设备)、导航设备(共用设备)、本艇探测声呐(共用设备)、数据链(共用设备)、时统设备(共用设备)、火控设备、发控设备、发射装置、水中兵器及反潜武器模拟器等。

现代水面舰艇水下武器系统的作战任务分为远、中、近几个层次。远程作战任务由舰载反潜直升机承担;中程作战任务由火箭助飞鱼雷武器系统(或称反潜导弹武器系统)承担;近程作战任务主要依靠管装鱼雷武器系统和深水炸弹武器系统。

尽管舰舰导弹和空舰导弹对水面舰艇构成重大威胁,反导是现代舰艇最重要的对空防御作战任务,但是由于鱼雷攻击的隐蔽性和爆炸威力大等特点,目前鱼雷仍是水面舰艇最主要的威胁之一,因此,反鱼雷也是现代舰艇的重要作战任务。反鱼雷作战任务由反鱼雷武器系统(也称鱼雷防御武器系统)和水声对抗系统共同来承担,其中后者只实现对来袭鱼雷的软对抗。反鱼雷武器系统是水面舰艇专门用于对来袭鱼雷进行硬杀伤的武器系统。该类武器系统通常装备于具有较高价值的大中型水面舰艇。

目前海军装备反潜武器系统的水面舰艇主要有驱逐舰、护卫舰等。主要装备的水中兵器有管装鱼雷、火箭助飞鱼雷、火箭式深弹、水雷武器系统及水声对抗和反鱼雷系统等。目前在水面舰艇上这些水中兵器的发射控制系统是相对独立的系统。

此外还有水雷战舰船,水雷战舰船分为防御和进攻两大类,包括布雷舰艇和反水雷舰艇。布雷舰艇主要任务是在近海和沿岸布设防御水雷,以布雷为主,一舰多用,战时布雷,平时兼作扫雷母舰、训练舰、供应舰等。此类舰上设有先进的布雷系统,具有较大的装载、运送和布投水雷能力。布雷设施主要包括装雷设备、雷舱、雷轨和投雷装置。

(3) 航空反潜武器系统组成

航空反潜武器系统是以各种飞行器(如固定翼飞机、直升机、飞艇等)为运载工具和武器平台,利用反潜探测设备对水下潜艇目标进行探测、识别和定位,并利用水中兵器实施攻击的作战系统,是包括武器平台、目标探测、火控发射、攻潜武器、指挥控制以及相关的战术软件、作战人员、作战环境等要素的作战综合体。这个系统以探潜设备和攻潜武器为主体,以数据处理和指挥控制为核心。

航空反潜与水面舰艇和潜艇反潜作战相比,航空反潜的主要优点是反潜飞机速度快、航程远、机动灵活;反潜作战覆盖海域宽广,搜潜和反潜效率高;不易被水下潜艇发现和攻击,可对其实施快速攻击。

反潜飞机按部署基地可分为岸基反潜飞机和舰载反潜飞机;按平台种类可分为反潜巡逻机、反潜直升机、反潜水上飞机以及反潜无人机等。

航空反潜探测设备是用以探测、发现、识别和定位敌方潜艇的设备,分为声学探测设备和非声学探测设备两大类。由于声波在海水介质中传播损失小、作用距离远,因此声探测设备是目前航空反潜中广泛使用的主要探测设备,主要有吊放声呐和声呐浮标。非声探测设备则用作辅助探测,设备主要有红外探测仪、磁异探测仪、废气探潜仪、激光探测仪、水质分析仪和微光电视等。

现代航空攻潜武器主要有空投鱼雷、空投水雷和航空深弹。反潜鱼雷是反潜飞机普遍装备的反潜武器;航空深弹是浅水反潜的有效武器;反潜水雷也是反潜飞机携带的武器之一,它可用来封锁敌潜艇的基地、港口及航道。

1.2 水下武器系统的发展概况

1.2.1 潜艇水下武器系统的发展概况

潜艇是威力最大、最有效的水下武器平台。潜艇不仅具有重要的战术意义,而且还具有重要的战略意义。在战略意义上,潜艇由于其自身良好的隐蔽性,特别是携带战略导弹或远程巡航导弹的潜艇,对敌方是一种强大的威慑力量;在战术意义上,由于其良好的机动性和隐蔽性,能够完成诸如反潜、反舰、情报收集、兵力支援和对舰艇攻击等多项战斗任务。因此,潜艇在第一次和第二次世界大战及现代局部海战中发挥了重大作用。潜艇水下武器系统是潜艇战斗力的具体体现,因此被世界各国海军高度重视,并投入了巨大的人力、物力和财力进行研制,同时它也是潜艇中更新速度最快的系统。

1. 潜艇发展概况

自1624年荷兰人制造出世界上第一艘潜艇至今已有300多年。1878年,美国人约翰·霍兰建造了水面以汽油发动机和水下以蓄电池电动机做动力的双推进系统的"霍兰"号潜艇,成为现代潜艇的先驱。

第一次世界大战爆发时,世界各主要海军国家已拥有260余艘潜艇。1914年9月,第一次世界大战爆发不久,德国潜艇U—9号在比利时海外,在不到90 min的时间内,一举击沉了3艘英国12 000 t的装甲巡洋舰,使1 500名船员丧生。第一次世界大战期间,仅德国潜艇就击沉运输船近6 000艘,共计1 300多万吨。各国潜艇还击沉包括12艘战列舰在内的192艘军舰。所有这些,充分显示了潜艇的威力和重要作用。

第二次世界大战(简称二战)爆发时,世界各国潜艇已发展到700余艘,战争中随着需要又建造了大量的潜艇。据资料统计,在历时6年的二战中,英、美、德、意、日、法六国就有2 000多艘潜艇和数百艘袖珍潜艇参战。

二战后期,美国潜艇积极配合水面舰队作战,破坏日本海上交通线,使日本损失运输船1 150余艘,共计480多万吨,占日本运输船总损失的62%,造成了日本战争资源的枯竭和供应困难，对促使日本投降起了重要作用。

随着科学技术的发展，潜艇技术获得了空前的提高。自1954年，美国成功地建造了世界上第一艘核潜艇“鹦鹉螺”号后，潜艇的战术性能发生了质的飞跃，潜艇的隐蔽性、机动性、突击威力和使用范围发生了重大变化，核潜艇的地位也越发显得重要。

二战后至今，各国海军无不把发展潜艇作为增强其海上作战力量的重点。目前，世界上真正有能力独自研究和建造潜艇的国家仅有美国、俄罗斯、中国、英国、法国、德国、意大利、日本、荷兰、瑞典等10多个国家。核潜艇发展很快，但由于其造价高，因而世界上现在只有美国、俄罗斯、英国、法国和中国5个国家拥有。俄罗斯是世界上最大的潜艇建造国和拥有国。

2. 潜艇水下武器系统的发展概况

早期潜艇的水下武器系统是由以鱼雷火控系统（鱼雷射击指挥仪）为核心，包括侦察探测传感器系统、导航传感器系统、通信系统、鱼雷武器及其发射装置等子系统或设备组成的。随着潜艇水下武器系统各子系统技术的不断发展和进步，特别是受到潜艇作战需求的牵引，在鱼雷火控系统基本功能的基础上，逐步增加了情报处理和辅助作战指挥功能，进而升级为指挥控制系统，从而形成了以指挥控制系统为核心，与其他子系统或设备组成了新一代潜艇水下武器系统。

鱼雷是潜艇最早装备的攻击武器。20世纪20年代末，美国发明了一种鱼雷数据计算装置，它可以完成目标定位和数据计算，首次实现了潜艇鱼雷的人控功能。初始潜艇的探测设备主要是潜望镜，二战中，声呐、雷达开始装备潜艇。作战中，多种传感器的使用需要一种组织形式，以便将它们的数据与潜望镜信息核对，为此产生了最初的标图作业。这种标图作业是现代潜艇指挥控制系统中情报综合处理的雏形。当时潜艇鱼雷火控系统由潜望镜、声呐、雷达和鱼雷火控设备（也有称潜艇鱼雷指挥仪）组成，通常只能探测和跟踪一个目标，用直航鱼雷或单平面声自导鱼雷攻击水面舰船。

二战后，随着声呐、潜望镜、雷达探测技术的不断更新，现代潜艇探测跟踪目标的范围和能力有了巨大的进步。潜艇的传统攻击武器——鱼雷——也取得了飞速发展，先后出现了双平面声自导鱼雷、火箭助飞鱼雷和线导鱼雷。与此相适应，潜艇的鱼雷火控设备应用了数字计算机技术，功能也日臻完善。

在20世纪50年代以前，鱼雷是潜艇装备的主要攻击武器，潜艇鱼雷火控系统几乎就是潜艇火控系统。

在二战中，水雷发挥了重要作用。在二战中后期，出现了专门用潜艇布放的自航水雷、主动攻击型水雷，从而增加了潜艇火控系统的布放水雷功能。利用潜艇布雷提高了布雷的隐蔽性。

20世纪60年代起，潜艇开始装备战略弹道导弹和飞航式导弹，潜艇装备了相应的导弹火控系统。出于种种考虑，对于潜艇战略弹道导弹及某些巡航导弹的火力控制，却仍保持了独立火控系统的形式。

20世纪80年代起，潜艇上开始装备指挥控制系统，它具有相对独立和较完善的情报综合处理、辅助指挥决策、武器综合控制功能，传统意义上的潜艇火控系统开始以功能子系统的形式出现。

为应对反潜武器装备和技术的迅猛发展和挑战，专用于潜艇防御的水声干扰器、潜艇诱饵（潜艇模拟器）等对抗鱼雷的软、硬杀伤武器应运而生，并成为水中兵器的一族，也成为潜艇火控系统的控制对象。

3. 潜艇水下武器系统的发展方向

随着军事技术的迅速发展和潜艇上所装备的武器的种类、数量及性能的巨大变化，促使潜艇的战术也发生了巨大变化，因此，潜艇水下武器系统也在迅速地发展。潜艇水下武器系统向着综合化、智能化、全分布式体系结构、网络化方向发展。

(1) 提高系统对目标的信息处理能力

研究多传感器数据融合技术，即把多个传感器在空间或时间上的冗余或互补信息，依据某种准则来进行组合，以获得对被测对象的一致性解释或描述，以提高对目标的截获、识别及跟踪等性能。开展多平台多目标数据融合技术研究，为艇上指挥员提供清晰、统一、可靠的目标航迹和战术图像，以及为不同武器提供综合应用的传感器数据。

(2) 实现战术辅助指挥决策功能的智能化

建立目标特性、作战海域环境等信息的数据库，研究开发战术辅助指挥决策专家系统，提高系统综合目标识别能力和系统决策的可信度，实现战术辅助指挥决策功能的智能化。

(3) 加快分布式体系结构发展

目前，系统的体系结构尚处于仅具有初级分布式特征，开放性低，编队作战能力较差的阶段。为适应未来的战场需要，系统应采用全分布式、开放型的体系结构，实现跨越式发展。

(4) 网络化

网络化就是采用一个或多个网络，把水下武器系统各单元及与其有关系统的单元连在一起，实现网内及网间的信息交互。现代战争正向着网络化方向发展，潜艇成为未来网络化和一体化战场的重要成员之一。20世纪80年代以后，国外研制的指挥控制系统，几乎都采用了网络技术。

1.2.2 水面舰艇水下武器系统的发展概况

1. 水面舰艇水下武器系统的发展概况

水面舰艇水下武器系统是水面舰艇使用水中兵器，执行水下攻击和防御作战任务的系统，是水面舰艇武器系统的一部分。水面舰艇水下武器系统是随着舰艇武器系统发展而发展的，经历了射击装置、指挥仪系统、经典火控系统、综合火控系统四个基本发展阶段。

1923—1940年为射击装置阶段。在1923年以前，舰艇上虽然有火炮、鱼雷、水雷等武器，但它们的射击与投放，靠作图、拉计算尺、查射表等人工手段。1923年，英国伦敦埃利奥特兄弟有限公司首先制造了使用摩擦积分器等机械解算元件的模拟式计算机，帮助火炮射击运动目标，称为“射击控制表”。20世纪30年代虽然对射击控制表编制进行了研究，与此同时，机械模拟计算机也在加速发展，但是直到二战前，仍然停留在射击诸元求解的射击装置阶段。

1940—1980年为指挥仪系统阶段。在此期间，在舰艇上除装备火炮、鱼雷、水雷、深水炸弹外，还装备了导弹。传感器除了以前出现的潜望镜、普通光学瞄准镜外，还出现了雷达、光电跟踪仪、回音站、噪声测向站等。此阶段开始正是二战之初，战争刺激着各类传感器的研究开发，也促进了武器系统的形成，于是射击指挥仪系统就在这种背景下产生并发展了起来。指挥仪系统阶段时间跨度长，经历了二战、朝鲜战争、越南战争、四次中东战争、马岛战争等世界大战和局部战争。在技术方面，经历了机械模拟式、机电模拟式、电子模拟式、小型数字计算机式的指挥仪系统发展过程。

1980—2000年为经典火控系统与综合火控系统发展阶段。1980年之后，打击目标除舰艇外，出现了超声速飞机、超声速导弹，防空与反导成了舰艇防御的重要任务。20世纪80年代初，指挥仪系统由跟踪传感器扩展至警戒、搜索传感器，形成自备式火控系统，改变了指挥仪系统阶段的武器系统体系结构，形成指挥仪与跟踪器、导航设备、武器更加综合的火控系统发展阶段。

经典火控系统发展的同时，随着现代战争的需求，提出了从战术与技术上完善单舰作战系统体制的要求和研制综合火控系统的任务。世界各国都在努力研究综合火控系统，即作战指挥控制系统。作战指挥控制系统是由作战指挥系统和火力控制系统组成的。作战指挥系统的任务是收集情报并进行处理分析，协助指挥员迅速、正确决策和指挥。火力控制系统的基本任务是控制武器迅速、准确地打击目标。

2000年以来为协同、联合火控系统发展阶段。20世纪90年代开始，许多国家开始研制适应网络化作战系统。1991年第一次伊拉克战争、1999年的科索沃战争、2003年第三次伊拉克战争等，虽都是局部战争，但信息战形式已经形成。1997年美国应全球信息战构想提出了C^4ISR(Command Control, Communications, Computer and Intelligence,C^4ISR是指挥控制、通信、计算机与情报系统的缩写)系统的概念，在舰艇方面得到了响应。多目标、网络化作战环境要求作战系统研究建立协同、联合系统概念，建立更加开放的火控系统，以适应战争由平台中心战向网络中心战发展。

2. 水面舰艇水下武器系统的发展方向

随着海军进攻和防御军事装备技术的飞速发展及新的作战需求，对舰艇作战指挥控制系统提出了新的要求。从目前来看，舰艇作战指挥控制系统的发展趋势是综合化、网络化、自动化和智能化。

(1) 综合化

舰艇作战指挥控制系统必须具有对多种信息资源的综合处理能力和对多种不同类型武器的综合控制能力。为此,舰艇综合作战指挥控制系统必须进行整体优化设计和综合集成,研究和应用新的作战指控理论和新的作战指控算法,通过作战指挥控制系统中设备的高度综合,减少功能重复环节,以充分发挥舰载武器的作战能力,实现舰艇作战系统作战效能的最大化。

(2) 网络化

舰艇作战指挥控制系统作为网络中心战或联合作战系统中的一个作战单元,应在单平台综合作战指挥控制系统的基础上,根据海上协同作战或联合作战的作战需求,研制和装备具有协同作战功能的协同(或联合)作战指挥控制系统。舰艇协同作战指挥控制系统必须能够支持海上编队协同作战,应能综合利用来自本舰、舰艇编队或战区内其他作战单元的共享信息,完成对分配的同平台或不同平台,同类型或不同类型软、硬对抗武器的综合控制任务。

(3) 自动化

随着舰艇作战指挥控制系统所对抗的目标速度的提高(如新型高速反舰导弹的飞行马赫数能够达到3以上)和目标饱和攻击齐射间隔时间的缩短(如反舰导弹的最短齐射间隔时间可为2～4 s),对舰艇作战指挥控制系统的反应时间和打击后续目标的转火时间都提出了更高的要求。因此,舰艇作战指挥控制系统必须具有高度的自动化程度,以缩短从“传感器到射手的反应时间”。

(4) 智能化

当舰艇参与协同作战或联合作战时,由于作战态势的复杂化和武器控制样式的多样化,依靠传统的方法进行战术辅助决策已难以满足作战要求,因此,舰艇作战指挥控制系统必须具有高度的智能化,能够充分利用信息,采用专家系统等智能决策技术,提高智能辅助战术决策的正确性。

1.2.3 航空反潜武器系统发展概况

航空反潜武器系统平台有反潜巡逻机、反潜直升机、反潜水上飞机以及反潜无人机等。

1. 反潜巡逻机

反潜巡逻机分为舰载反潜巡逻机和岸基反潜巡逻机。舰载反潜巡逻机主要是随航空母舰执行机动反潜任务,包括对潜艇进行搜索、监视、定位和攻击,并对母舰或舰队实施护航警戒和反潜保护。岸基反潜巡逻机为大型固定翼多用途海上巡逻机,既能攻击远洋深处的核潜艇,又能攻击近岸的常规潜艇,成为各海洋大国重点发展的反潜装备。反潜巡逻机中,岸基反潜机装备最多。目前,各国现役的固定翼反潜巡逻机,除美国海军的130多架S—3“北欧海盗”是舰载型之外，其余都是岸基型，如美国海军现役的P—3C“猎户座”，英国、日本、韩国、荷兰、西班牙、新西兰、澳大利亚、加拿大等14个国家和地区使用的众多P—3反潜巡逻机，俄罗斯海军的伊尔—38和图—142M，英国皇家空军的“猎迷”MR2，法国海军的“大西洋”ATL2反潜巡逻机。

随着无人机技术的日益成熟，近年来多用途无人机在反潜巡逻中也得到快速发展。美国海军正在实施的“广域海上监视无人机”项目，用于浅水区反潜战中的海上监视任务，并已进入海军服役，如RQ—4A“全球鹰”反潜巡逻无人机。除美国之外，加拿大和澳大利亚也在发展海上巡逻无人机，德国、日本和英国可能购买RQ—4“全球鹰”改进型海上巡逻无人机。

2. 反潜直升机

反潜直升机以其体积小、质量轻、机动灵活而备受各国海军青睐。它与舰载反潜导弹和鱼雷构成远、中、近程反潜作战体系。舰载反潜直升机承担现代水面舰艇的远程反潜任务，对敌方潜艇可能活动的海域进行系统或分区探测搜索，或对已发现有敌方潜艇活动的海域进行应召搜索。一旦发现敌方潜艇目标即可发射机载反潜导弹或反潜鱼雷实施攻击；也可根据任务要求，在发现和跟踪敌方潜艇的同时，通过机载数据链将目标位置和运动诸元实时地传输给水面舰艇，由其发射舰载反潜导弹或反潜鱼雷，并由直升机评估攻击效果。

世界上第一架具有实际使用价值的直升机于20世纪30年代末才问世，到了40年代就开始在直升机上安装武器。早在20世纪40年代初，美国陆军购买第一架R—4直升机时，就已经考虑要把直升机用于作战。当时，R—4直升机载一名驾驶员，还能挂一枚深水炸弹，用来对付潜艇。因此，R—4直升机可以说是世界上反潜直升机的先驱。战后，随着潜艇的发展，反潜直升机，尤其是舰载反潜直升机也迅速发展起来。到了20世纪60年代初，主要海军国家已开始广泛使用反潜直升机。目前，反潜直升机已发展到第三代，成了反潜的重要兵力。

目前，各国仍在积极改进和研制新一代的反潜直升机，以满足21世纪反潜战的需要。研制时已考虑由过去较为单一的反潜使命变为多用途，即能执行反潜、反舰或后勤支援等多种任务。同一种直升机有不同型号，其机载设备也有所不同。

目前各国的反潜直升机有美国的SH—3“海王”、SH—2“海妖”、SH—60“海鹰”等；俄罗斯的卡—25“激素”、卡—27“蜗牛”、卡—28、米—14“烟雾”；法国的“超黄蜂”和“海豚”；英国的“山猫”和“海王”等反潜直升机。

为发挥各国的优势，已开始走多国联合研制直升机之路，如意、英联合研制的EH101型直升机；法、英、德、意和荷兰等协议共同研制NH90直升机。另外，英、法联合生产的“山猫”直升机也在改进，改进型为“山猫”HAS. MK8型；美国“海鹰”的改进型为HH—60H/J。总之，各国都在运用高技术设法提高直升机的反潜能力，提高直升机的可靠性、载重能力、续航能力和恶劣海情条件下从舰上起降的性能，尤其是改进其探测能力和自卫能力。

美国还发展了一种综合反潜系统，将舰壳声呐、拖曳阵声呐和舰载反潜直升机系统综合到一起。拖曳阵声呐发现潜艇后,引导舰载反潜直升机快速到达指定海域,利用机载搜潜设备定位潜艇并实施攻击。

3. 反潜水上飞机

反潜水上飞机具有在海面起落并航行的特殊能力和较强的载弹能力,可承担特定环境下的反潜作战任务。不过,反潜水上飞机受自身结构特性和海上作战环境条件限制,目前只在少数几个国家的海军服役。

日本海上自卫队曾经装备使用 PS—1 水上反潜巡逻机,1990 年才退出现役,改由美国引进的 P—3C 执行反潜巡逻任务,同时也在大力发展新型反潜水上飞机。日本新明和工业株式会社正在发展的是质量达 43 t、装 4 台涡桨主发动机和 1 台涡喷助推发动机的 US—1A Kai,已交付海上自卫队服役。加拿大最新研制成功的水上飞机 CL—415MP 质量达 17 t,装 2 台涡桨发动机,面向国内外销售。

美国海军在 2000 年上半年开始实施“多任务海上飞机(MMA)”的概念研究,计划 2013 年交付海军服役。该机主要任务是反潜,也可执行侦察和攻击水面舰艇任务。

1.3　水中兵器发展概况

1.3.1　鱼雷发展概况

1. 鱼雷简介

鱼雷是一种能自动推进并按预定的航向和深度航行,自动导向目标且在命中目标时能自动爆炸的水中兵器。鱼雷一般由动力推进系统、制导系统(包括自动控制系统、自动导引系统、线导系统)、战斗部、壳体与结构、全雷电路与供电系统组成。动力推进系统主要为鱼雷自动航行提供动力,使鱼雷具有一定的航速并达到一定的航程。自动控制系统通过控制鱼雷的运动参数使鱼雷自动沿着预定的弹道稳定航行。自动导引系统使鱼雷能够按照预定程序对目标实施搜索,以发现目标、对目标定位,并按一定规律把鱼雷导向目标,对目标实施自动跟踪与攻击。线导系统分为艇上和雷上两部分,发射艇上的武器系统通过导线操纵鱼雷跟踪目标,当自动导引系统发现目标时,交由自动导引系统对目标实施自动跟踪与攻击。战斗部装有引信和炸药,主要用于摧毁目标。壳体具有良好的流体动力外形,用于装载鱼雷的各种仪器和设备,为其提供工作环境与条件,并承受水压,保持水密。全雷电路与供电系统主要按规定程序给雷内各电子系统供电,并完成全雷各种信息的传输等。

鱼雷具有攻击性强、隐蔽性好、爆炸威力大和使用范围广等特点。鱼雷可由水面舰艇、潜艇和飞机携带,还可由火箭助飞远距离实施攻击,可攻击潜艇、水面舰艇、航母、运输船队和海军基地、港口的重要水下设施等多种目标。

鱼雷是各国海军的主战武器,在历次海战中起到了巨大作用。在两次世界大战中,鱼雷武器系统立下了显赫战功。两次世界大战的海战共发射鱼雷约 45 000 条,共击沉舰艇达 2 398 万吨。1982 年在英阿马岛海战中,阿方的万吨级巡洋舰“贝尔格拉诺将军”号就是被英军的鱼雷击沉的,此事件使战势发生了根本改变。

随着科学技术和海战需求的不断发展,现代鱼雷已经发展成为一种相当精密、复杂的精确制导武器,鱼雷所具有的独特作用也得到了进一步的提高,将在未来海战中发挥更加重要的作用。现在各国都非常重视鱼雷武器的发展,任何海军战术武器都无法取代鱼雷武器的作用。

2. 鱼雷发展简史

鱼雷的前身是一种称为“撑杆雷”的水下爆炸物。撑杆雷用一根装有炸药包的长杆固定在小艇艇艏,海战时小艇冲向敌舰,用撑杆雷撞击敌舰,使其爆炸。

1866 年,奥匈帝国的英国工程师罗伯特·怀特海德成功地研制出第一枚鱼雷。该鱼雷用压缩空气发动机带动单螺旋桨推进,通过液压阀操纵鱼雷尾部的水平舵板控制鱼雷的航行深度,但无控制鱼雷航向的装置。因其外形似鱼,而称之为“鱼雷”,并根据怀特海德的名字(意译为“白头”)而命名为“白头鱼雷”。

随着陀螺仪的研制成功,1899 年将陀螺仪安装在鱼雷上,用它来控制鱼雷定向直航,成为世界上第一枚能控制航向的鱼雷,大大提高了鱼雷的命中精度。1904 年,由热力发动机代替压缩空气发动机,产生了第一条热动力鱼雷,使鱼雷的航速提高至约 35 kn,航程达 2 740 m。

1938 年,德国首先在潜艇上装备了无航迹电动鱼雷,它克服了热动力鱼雷在航行中因排出气体形成航迹而易被发现的缺点。1943 年,德国首先研制出单平面被动式声自导鱼雷,它可以通过接收水面舰艇的噪声自动导引鱼雷,提高了鱼雷的命中率。二战末期,德国又发明了线导鱼雷,发射舰艇通过与鱼雷尾部连接的导线进行制导,因而不易被干扰。20 世纪 50 年代中期,美国研制成双平面主动式声自导鱼雷,它可在水中三维空间搜索,攻击潜航的潜艇。1960 年,美国又首先研制出“阿斯罗克”火箭助飞鱼雷(又称反潜导弹),它由火箭运载飞行至预定点,然后鱼雷入水自动搜索、跟踪和攻击潜艇。20 世纪 70 年代后,鱼雷采用了微型电脑,改进了自导装置的功能,加强了抗干扰和识别目标的能力。鱼雷的最高航速已达到 70 kn,航程达 46 km。俄罗斯研制了暴风雪超空泡鱼雷,速度高达 200 kn,航程达10 km。该雷的问世在世界上曾引起了轩然大波,目前许多国家正在开发和研制高速鱼雷。

总结鱼雷问世近 150 年的历史,其发展大体可以分为三个阶段。从第一条鱼雷诞生到二战结束为第一阶段。这一阶段的鱼雷为直航鱼雷,主要目的是攻击水面舰船。从二战末期起,各海军强国纷纷研制自导鱼雷,这时鱼雷发展开始进入第二阶段。从 20 世纪 80 年代起,微型计算机在鱼雷上的应用明显地提高了鱼雷对环境的自适应能力和对目标的识别能力,通过导线实现了对鱼雷的遥测、遥控，于是鱼雷技术发展跨入了一个崭新的阶段——第三阶段。这三个阶段在战斗使用上有着本质的不同，它们分别对应近、中、远不同的射击距离。直航鱼雷通常在近距离上采用多雷齐射，攻击一个目标；而自导鱼雷和线导鱼雷分别在中、远距离上用一雷攻击一个目标，可取得大体相同的攻击效果。尽管由于反舰导弹的出现，鱼雷的地位有所下降，但它仍是海军的重要武器。特别是在攻击潜艇方面，鱼雷是最主要的攻击武器。

3. 现代鱼雷发展方向

鱼雷是反潜的重要而有效的武器，鱼雷发展与潜艇发展密切相关。未来各种潜艇主要以提高航速、提高声呐探测能力、装备先进的作战系统、增大下潜深度、采用隐身和水下电子对抗技术等攻击能力为发展方向。因此，鱼雷发展的总趋势是高航速、远航程、大深度、智能化、大威力、隐身。

(1) 高航速、远航程

鱼雷的航速和航程应与其主要攻击对象的发展相适应。目前常规潜艇水下航速增至20 kn至25 kn，国外核动力潜艇水下航速已达到30 kn至35 kn。最引人注目的是苏联A级攻击型核潜艇，其水下航速达到42 kn。要对付这种核潜艇，要求鱼雷航速达到50～70 kn。

根据潜艇对水面舰艇的对抗要求，潜用鱼雷的航程应与发射艇探测距离相适应，尽量在远距离上发射鱼雷，最少也能在目标的声呐有效探测距离之外发射鱼雷，这样才能快速反应，力争先敌发现，先敌机动，夺取攻防行动的主动权和战术上的优势。

目前世界上的一些先进鱼雷(无论是轻型还是重型鱼雷)，其航速已达到50 kn以上，航程达50 km以上。如美国的MK—48ADCAP(见彩图10)，航速最大可达55 kn，当它以40 kn航速航行时，航程可达46 km。英国“旗鱼”鱼雷已实现70 kn的高航速及40 km的航程。

实现高航速、远航程的主要措施：

1)研究新能源和高效发动机。动力能源技术是提高鱼雷航速和航程的关键技术。对于热动力鱼雷是研究高能量密度的燃料，例如，OTTO—Ⅱ＋HAP＋海水三组元燃料，Li＋SF6金属燃料等；另外则是研究适用于闭式循环系统的比功率(功率体积比或功率质量比)大的热动力发动机，例如鱼雷用涡轮发动机等。对于电动鱼雷需要研究适用于鱼雷的高能量电池，目前已得到应用的有镁-氯化银海水电池、铝/氧化银电池，正在研究中的锂/亚硫酰氯电池、燃料电池等。此外还须研究适用于鱼雷的体积小、质量轻、高效的电动机，如稀土永磁电机等。

2)研究超空泡鱼雷。减小鱼雷运动阻力是提高鱼雷速度和航程的措施之一，可通过低阻外形优化设计或采取表面减阻涂层等方法来减小鱼雷阻力，但效果非常有限。研究超空泡鱼雷是提高鱼雷速度的最有效的途径。超空泡鱼雷就是使鱼雷周围完全空化，雷体被空泡全部包围，而且能维持足够的空泡长度，使其类似于在空气中运动，这样便可大大减小阻力，使其运动速度大大提高。俄罗斯的“暴风雪”超高速鱼雷(见彩图5)就采用了这种技术，速度可达200 kn以上，航程约10 000～15 000 km。继俄罗斯之后目前有中国、美国、德国等不少国家也在开展该项技术的研究。

3)发展火箭助飞鱼雷。由于鱼雷是在水下航行的,阻力大,速度和航程难以大幅度提高。火箭助飞鱼雷可以弥补它的不足,能在空中以很高的速度把鱼雷送到远距离的目标附近,然后让鱼雷入水实施攻击。空中飞行速度可实现超声速,射程可达100多千米,可以全天候使用,也可以连续射击,提高了目标杀伤概率。在反潜武器中,火箭助飞鱼雷占有很重要的地位。

(2) 大深度

为了提高潜艇的隐蔽性和生存率,目前潜艇在向大深度发展,常规潜艇可潜到400 m,核潜艇可潜到600 m,最大航行深度甚至可达900 m。为了对付深潜核潜艇,西方主要海军国家20世纪80年代后研制的新型鱼雷下潜深度大多数都超过700 m,其中MK—48ADCAP和"海鳝"鱼雷下潜深度在1 000 m以下。

实现大深度的关键技术:

1)新型材料与结构研究。要使鱼雷增大航行深度,就必须提高鱼雷壳体的耐压强度。如仍采用传统的材料和结构,必然会增加壳体的厚度,从而会增加壳体质量,因而减小了鱼雷的有效载荷。这与提高航速和航程是相矛盾的。因此,必须采用新型材料与结构,如轻质高强度合金、新型复合材料、特种耐压的壳体结构。

2)闭式循环动力系统研究。鱼雷动力系统必须采用不受水深限制的闭式循环系统,这是目前世界各鱼雷生产国正在研究的鱼雷热动力新技术,如美国MK—50鱼雷采用的就是闭环系统,航深可达750~500 m。

(3) 研究制导新技术

1)捷联式惯导技术。采用以激光陀螺、光纤陀螺为惯性传感器的捷联式惯导系统,研究鱼雷捷联式惯导系统的惯性传感器及误差补偿和"数学平台"软件开发等关键技术,以实现鱼雷的精确定位和远程导航。

2)垂直命中技术。采用最优导引律可有效拦截机动目标,实现命中目标要害部位。如采用模糊导引律能够垂直命中任意机动目标,可获得较高的命中精度,具有较宽的初始阵位适用范围,而且快速、简便。

3)新型基阵的研究。新型基阵以共形阵为主,包括舷侧阵和拖曳阵等,新型阵元包括光纤换能器、铁电弛豫单晶换能器、压电复合材料换能器等。

4)尾流自导技术。尾流自导鱼雷由于具有抗干扰能力强、作用距离远等优点,越来越受到各海军大国的重视。目前在鱼雷上得到应用的主要是反水面舰艇的声尾流自导,而应用舰艇艉流的其他物理特性,例如,磁场特性、温度特性、光学特性等的尾流自导系统及用于反潜的尾流自导系统有待于进一步研究开发。

5)光纤线导技术。光纤具有极大的通信容量(是铜线的10万倍),极小的传输衰减(0.14~0.2 dB/km),以及质量轻、体积小、不受电磁的干扰等优点。以光纤来代替铜导线,可大幅度提高鱼雷线导性能。

6)智能化制导技术。由于现代潜艇和水面舰艇为了提高其生命力和作战能力,装备了多种反鱼雷系统,所以未来海战特别是水下战斗实际上是探测与反探测、对抗与反对抗的较量。因此,鱼雷制导系必须具有很强的抗自然干扰和人工干扰的反对抗能力,能在海洋复杂的水声环境中区别真假目标,进行最佳控制,从而实现"精确制导",垂直命中目标的要害部位。美国的MK—48ADCAP、MK—50、MK—54,英国的"旗鱼"和"鲔鱼",法国的"海鳝"和意大利的A290,法-意的MU90等都实现了不同程度的人工智能。

(4) 定向聚能爆炸技术

战斗部是鱼雷武器的唯一有效载荷,可直接实现摧毁目标的战斗使命。现代潜艇为了自身的安全,不断提高其抗爆能力,核动力潜艇采用大间距双层壳体结构,耐压壳体由高强度钛合金制造,大大增加了潜艇的下潜深度和抗爆能力。在这种情况下,要达到摧毁目标的目的,一是增加装药量,二是提高装药质量,三是采用新的爆炸方法。其中定向聚能爆炸技术是最有效的方法,其爆破威力是一般水下爆破威力的4倍以上。如英国的"鲔鱼"型鱼雷和美国MK—50战斗部,都采用了定向聚能爆炸技术。

(5) 降噪隐身技术

随着声呐技术和反鱼雷技术的发展,鱼雷隐身已成为关系到鱼雷作战效能的重要问题。低噪声鱼雷不仅可以提高鱼雷的隐蔽性,而且可以提高鱼雷制导系统的导引精度和作用距离。

研究表明,鱼雷的主要噪声源有流噪声及空化噪声、螺旋桨噪声、动力机械振动噪声及壳体受激振动产生的噪声,对于热动力鱼雷还有排气噪声等。根据鱼雷各类噪声源从以下几方面采取降噪措施:

1)通过低噪声外形优化设计,采用特种表面降噪技术以降低流噪声。

2)通过动力系统低噪声优化设计,采用新材料和隔振措施。

3)研究推进器噪声及降噪技术。推进器噪声是鱼雷的主要辐射噪声源之一,既有宽带连续谱,又有特征线谱,是鱼雷噪声控制的重点对象。推进器降噪技术主要包括:低噪声新型推进器研究,如泵喷射推进器、导管螺旋桨、磁流体推进技术等;研究用于螺旋桨的高强度、高阻尼复合材料;气幕降噪技术等。

4)壳体结构低噪声设计。鱼雷壳体系薄壳结构,受到动力推进装置等振源的激励所产生的振动声辐射,是鱼雷的主要辐射噪声源,并且机械振动通过壳体传递到头部,对自导换能器产生自噪声干扰,影响自导系统工作。鱼雷壳体的低噪声结构设计是降低鱼雷噪声的重要途径。

(6) 鱼雷设计新技术

鱼雷是一个复杂的机电一体化系统,研制周期长,耗资大,严重影响了产品的更新换代和性能的提高。应重点开展三化(通用化、系列化、模块化)设计技术、开放式结构设计技术、多学科优化设计技术、数字设计及仿真技术的研究,以提高鱼雷技术水平,缩短研制周期,降低成本。

1.3.2 水雷发展概况

1. 水雷简介

水雷是一种布设在水中，用于封锁海区、航道，伺机打击敌舰船或阻滞其行动；也可用于破坏桥梁、码头、水中建筑等设施的一种兵器。

水雷兵器具有长期的隐蔽性、打击的突然性，是海上用于代替兵力的唯一兵器，是海军力量弱小国家改善在局部战争中与海军强国力量对比的有效兵器。

水雷可按照不同的分类方法分为不同的类型，按照在水中所处的位置可分为锚雷(见彩图16)、沉底雷(见彩图17)和漂雷(见彩图18)；按照布雷方式可分为空投水雷、舰布水雷和潜布水雷；按照动作方式或引信装置可分为触发水雷、非触发水雷和岸控水雷三种。20世纪70年代以来又出现了新的雷种，如美国以MK—46声自导鱼雷为战斗部的自导水雷，日本以固体燃料火箭发动机为推进动力的80式火箭上浮水雷，俄罗斯PMK—1型定向攻击反潜水雷，以及美、俄两国用老式鱼雷改装的自航水雷等，相对上述常规水雷，又形成了特种水雷类型。

现代微电子技术的发展，特别是计算机技术和其他高新技术的发展极大地推动了常规水雷智能化的发展和普及，使得现役水雷的战术、技术性能有了很大的提高，如智能化程度有所提高、适用性得到了改善、具备主动攻击能力、目标识别选择能力大大提高、破坏威力增大等。

2. 水雷发展简史

水雷是一种历史悠久、战功卓著的水中兵器。早在16世纪中期我国人民为抗击外来侵略，于1549年就发明了水底雷，1590年发明了水底龙王炮，1599年发明了水底鸣雷、碰线漂雷等。1778年美国才出现小桶式触发漂雷，用于抗击英国舰船。

1904—1905年日俄战争时期，已开始大量使用自动定深触发锚雷，1914—1918年第一次世界大战期间，同盟国与协约国交战双方，布设了约31万枚水雷，主要是触发水雷并开始使用非触发水雷，炸沉、炸伤舰船千余艘。

1939—1945年二战期间，布设了约81万枚水雷，使用了大量技术先进的非触发水雷，如磁性水雷、音响水雷、水压水雷以及联合引信水雷，损伤舰船达2 700余艘。

1950年朝鲜战争时期，朝鲜人民军在元山近海布设水雷约3 000枚，炸伤驱逐舰3艘，炸沉扫雷舰4艘，迫使“联合国军”250艘登陆舰船和5万名官兵滞留港外8天之多，以至美军地面部队已到达目的地，海运部队还没有大量登陆。

1972年越南战争期间，美军在越南北方沿海港口、航道布设水雷万余枚，进行海上封锁，至使越南海运停顿，外援受阻。

20世纪90年代伊拉克在波斯湾布雷，重创美军战舰，取得了相当大的成功。二战以后，水雷武器的发展受到各国的高度重视。当时美国军事专家认为:“水雷是美国战略防御的支柱。”20世纪60年代以后,美国陆续成功地研制并装备部队多种新型水雷。俄罗斯拥有的水雷,品种齐全,数量众多,包括自航水雷、自导水雷、火箭上浮水雷、定向攻击水雷等等。目前,据不完全统计,至少有30多个国家和地区可以研制和生产水雷,现役水雷型号近百种。俄、美、意、法、瑞典是水雷武器的出口大国。

3. 水雷发展方向

水雷在海战中具有特殊的地位和作用,随着科学技术的进步,水雷技术得到了迅速发展。水雷武器在向制式化、智能化、精确打击的方向发展。它由被动变为主动,由水下跃升至空中,可以打击水下、水面或水上目标。水雷技术主要发展方向如下:

(1) 增加水雷使用的海深

常规概念的沉底水雷,当用以打击水面舰船时,最大布雷海深不超过60 m,否则难以对舰船造成伤损。现有的锚雷雷索长度一般也仅在100～200 m范围内,这种情况大大地限制了深水区域的布雷活动。因此需要研制一些具有优良深水使用性能的特殊水雷,这在技术上有一系列的难题需要突破。

(2) 增大水雷的爆破威力

随着舰船防护能力的提高和抗沉性的增加,为满足作战需求,必须增大水雷的爆破威力,一是增加装药数量和提高TNT的当量数,但这受到一定限制;二是采用聚能定向爆破技术,这是最有效的方法。但聚能定向爆破技术的应用有很多问题需要解决。面临的首要问题是控制水雷姿态和使之靠近目标,使聚能方向对准目标。

(3) 扩大一枚水雷的作战警戒范围

扩大一枚水雷的作战警戒范围,这意味着用较小的水雷可以设置较大范围的水雷障碍区。现代常规水雷最小允许布雷间隔通常为100～150 m,而实际的威力(破坏半径)范围不过30～50 m,因此要得到较大触雷概率,则必须消耗大量水雷。如果能将一枚水雷的警戒区域半径增大,那么用雷数量就可以下降。目前所研究的“自导水雷”就是一种新的途径。

(4) 发展遥控技术

水雷的缺点是一旦布放后不能对其状态进行干预和控制,影响了其作战效能。虽然现在已有遥控水雷问世,但需要增大控制距离、改善遥控质量和降低成本,遥控水雷才能进一步推广。

(5) 加强水雷反对抗性能

随着反水雷技术的发展,水雷要想在对抗中处于有利地位,必须改善自身的反对抗性能。主要措施一是提高水雷引信智能化水平;二是提高水雷的隐身性,改变雷体外形或做成不规则形状,使之较好地适应海底地貌,使猎雷声呐难以识别,雷体外壳用特殊材料制造或改变其部分物理特性。

(6) 研究开发特种水雷

为提高水雷作战效能，需要研究开发新概念特种水雷。例如，许多国家都在研究的自航水雷(见彩图 21)、自导水雷(见彩图 22)、火箭上浮水雷、定向攻击水雷、适应网络战的水雷等，需要突破诸多关键技术和解决作战使用等问题。

1.3.3 深水炸弹发展概况

1. 深水炸弹简介

深水炸弹简称深弹，它是一种入水后下潜到一定深度爆炸的水中兵器，主要用于攻击潜艇，也可以用于反鱼雷和反水雷。按其装备对象的不同，可分为舰用深水炸弹和航空深水炸弹两大类。按其组成系统可分为传统深弹(无制导无动力)、无动力制导深弹、有动力制导深弹。深弹发射方式有炮管发射、火箭发射和飞机投放。

传统的深弹主要由壳体、装药及引信组成；无动力制导深弹除装药引信之外还装有导引及控制装置；有动力制导深弹还装有动力推进装置；火箭式深弹装有火箭助推器。

深弹具有结构简单、造价低廉、使用方便、攻击效果不太受敌方潜艇对抗活动的影响、火箭深水炸弹齐射命中概率较大等优点，是浅海近程反潜必备的有力武器，也是反鱼雷和反水雷的有效武器。

2. 深水炸弹发展简况

深水炸弹诞生于 1916 年，装备在水面舰艇用于对潜作战。这种炸弹是由金属罐内装满炸药制成的，装有水压引信和触发引信，最初使用的是舰尾投放式。

在 20 世纪 50 年代以前，深弹一直都是重要的反潜武器，在两次世界大战中发挥了重要作用。从 20 世纪 60 年代初至 70 年代，由于各种反潜鱼雷相继出现、反潜导弹的问世和发展以及水面舰艇装备了直升机，反潜作战半径大大增加，反潜效果也有很大提高，因此，从 20 世纪 60 年代末，各国海军对深弹在反潜战中的作用便产生了分歧。

美国海军从其远洋作战的方针出发，认为在现代反潜战中，只有鱼雷、反潜导弹和携带反潜鱼雷的舰载直升机才是水面舰艇的有效反潜武器，各类舰载深弹已落后，不能满足现代反潜要求。因此，美国从 20 世纪 60 年代末就停止生产深弹。美、英等国在 1970 年以后建造的水面舰艇上就不装备深弹武器了。

苏联在充分估计到自导鱼雷、反潜导弹可能发挥的作用的同时，还认为深弹有不可取代的作用，因此，从未停止过深弹的研究发展工作，不仅为航空兵研制了多种航空深弹(见彩图 22)，而且还发展了系列化的火箭式深水炸弹(见彩图 24)，射程有 1 000 m，1 800 m，2 500 m，4 500 m，6 000 m和 12 000 m，作为其近程反潜武器，装备在大、中、小型水面舰艇上。

法国、日本、瑞典、挪威及第三世界国家的海军仍然在使用和不断改进深弹，作为护卫舰及小型水面舰艇的反潜武器。

20世纪80年代末期至90年代初，俄罗斯研制的射程达12 000 m的RBU—12000型火箭式深弹发射系统问世；西班牙研制成功了射程为1 000～8 000 m的ABCAS型24管火箭式深弹发射系统；1982年马岛海战中英军使用航空深弹击伤了阿军一艘潜艇，并俘获了它；随后瑞典又成功地使用深弹迫使不明国籍潜艇上浮，这使当代反潜深弹的地位得到了进一步的巩固和提高。以美国为首的西方国家也十分看重俄罗斯等国先进的远程火箭深弹技术，并借助这一技术开发研制火箭式深弹。当代各国海军，在重新认识深弹在未来反潜作战中的作用和地位这一问题上，又逐渐趋于一致，普遍认为，深弹和鱼雷反潜这两者之间不是互相排斥的关系，而是互补关系。深弹较适用于浅海和水文条件复杂的海区，而鱼雷则较适用于深海和水文条件较好的海区。目前，英、美、法、俄、瑞典及一些发展中国家都积极研制并拥有各种类型的反潜深弹，并在进一步地改进和完善。

3. 深水炸弹发展方向

(1) 增加深弹射程。如俄罗斯研制的射程达12 000 m的RBU—12000型深弹，西班牙研制的新型火箭式深弹，射程达8 000 m。

(2) 采用自导装置。随着深弹射程的不断增大，为了保持和提高攻潜的杀伤概率，深弹可采用被动声自导系统。俄罗斯1991年已装备了S3V航空自导深弹(无水下推动力)；美国及西欧国家正在积极研制具有短航程的小型自导深弹。自导深弹是近年来发展最快的水中兵器。

(3) 采用定向爆炸技术提高爆炸威力。在不增加深弹体积和质量的条件下，提高深弹爆炸威力的办法是研制新型高能炸药或采用定向爆炸技术。国外PBX混合装药的TNT当量已接近2.0，虽然今后还会出现新的装药，但威力不会有很大的提高，而采用定向爆炸技术却能大幅度提高深弹爆炸威力。如瑞典“埃尔玛”小型深弹和西班牙新研制的深弹均采用了定向爆炸技术。

(4) 配装多种引信，提高对潜杀伤率。深弹除装有触发引信、水压引信或定时引信外，制导深弹还装有声引信，并使引信、自导系统一体化，可以提高系统自动化水平，缩短系统反应时间，提高深弹的毁伤概率。

(5) 向多用途发展。从国外情况看，深弹向多功能、多用途发展，既能反潜，又能拦截来袭鱼雷(硬杀伤或软杀伤)，反水雷，拦截掠海飞行的反舰导弹，轰击来偷袭的蛙人以及破坏各种水下设施等。

(6) 发展有动力自导装置深弹。有动力自导装置深弹相当于微小型鱼雷，它可以提高命中概率，减少深弹的使用数量，提高作战效能，但与鱼雷相比系统相对简单，价格低廉。

1.3.4 鱼雷、水雷防御系统发展概况

鱼雷和水雷是海战中的主要武器，随着科学技术的不断发展，其性能不断提高，对潜艇和水面舰艇构成巨大威胁。有矛必有盾，作为矛盾的一方面——防御技术和设备，也必然产生和发展，并且已成为水中兵器的重要部分。目前世界各国海军都非常重视鱼雷、水雷防御系统的研究。

1.鱼雷防御系统发展概况

(1) 鱼雷防御系统简介

鱼雷防御系统亦即反鱼雷系统，是舰艇水下武器系统的一个分支，是在水中使用专门的对抗设备和器材以及利用声场环境、隐身、降噪等手段，对敌方鱼雷进行侦察、干扰、毁伤，保障己方设备正常工作和舰艇安全的各种战术技术措施的总称。

反鱼雷技术对抗手段分为软杀伤性对抗、硬杀伤性对抗和非杀伤性对抗。

所谓软杀伤(soft-kill)是利用各种水声干扰技术，干扰鱼雷自导系统工作，使其丧失检测目标的能力；或者施放假目标诱骗鱼雷，使鱼雷错误地跟踪假目标，让鱼雷的能源耗尽而沉没。软杀伤性对抗不能达到直接毁伤鱼雷的目的。主要软杀伤性对抗器材有声诱饵、噪声干扰器、气幕弹、潜艇模拟器等。

所谓硬杀伤(hard-kill)是利用设备和武器等拦截来袭鱼雷，摧毁或使其失去攻击能力，或在鱼雷附近爆炸，将鱼雷易损电子部件震坏，使之失效。硬杀伤性对抗技术能达到直接摧毁或损坏鱼雷的目的。硬杀伤对抗器材和装备主要有防鱼雷网及防鱼雷栅、反鱼雷深弹、反鱼雷鱼雷、引爆式声诱饵、火箭助飞水雷、悬浮式拦截弹、拖曳式炸药包串等。

非杀伤(non-kill)性对抗技术是在舰船上采取隐身技术，降低舰艇的主被动声学目标强度；在鱼雷来袭时采用有效的规避手段；加强舰艇的抗沉性等技术。采取的主要措施有，进行减振降噪设计，降低辐射噪声；在舰船表面粘贴消声瓦或涂消声涂层，用以对抗被动和主动自导鱼雷；采取抗爆炸冲击设计，减小鱼雷爆炸对舰船的损伤。

(2) 鱼雷防御系统发展概况

鱼雷防御系统最早出现在二战早期，当时是为了对抗直航鱼雷，这些系统包括反鱼雷网和拖曳式炸弹。

20世纪40年代，为了对抗德国潜艇大量使用的GNAT声制导鱼雷，英、美等国家开始研究水声对抗器材。英国研制了“Foxe”水面舰船拖曳式对抗装置。这种机械装置是由两个平行的钢管组成的，它们互相碰撞产生的振动噪声引诱并引爆鱼雷。另外还研制了一种“GAT”的反鱼雷装置，这种装置是使用一种噪声发生器来对抗鱼雷的。美国海军水面舰艇装备了FXR拖曳式声诱饵，用于对抗来袭鱼雷；还研制了一种潜艇防敌声呐探测噪声发生器(NM)，

这是一种一次性消耗器材，可从潜艇发射或从潜艇艉部抛入海中。这两种声诱饵均采用机械撞击和机械旋转的方法来模拟潜艇噪声。美国的NAD—6和NAD—10潜艇模拟器也是这一时期的对抗器材。这些第一代对抗器材，其特点是机械式与电子式相结合，主要是以机械式产生模拟潜艇的噪声。

20世纪五六十年代是水声对抗技术的大规模发展阶段。在这一阶段以美国的产品为代表，如美国研制的AN/BLQ—5、AN/BLQ—6悬浮式声诱饵，能对主动声呐和主动声制导鱼雷进行诱骗；AN/BLQ—8悬浮式声诱饵及AN/BLQ—9自航式声诱饵等对抗器材，能对被动声呐和被动声制导鱼雷进行诱骗。这些产品主要用于装备核潜艇，其特点是应用更先进的电子技术、设备更加轻巧、门类齐全和形成体系。

20世纪70年代，水声对抗器材向系统化发展。美国研制成功的AN/SLQ—25“美人鱼”拖曳式声诱饵，能模拟较宽的潜艇噪声，而且体积小、质量轻，可由舰艇在水中长时间拖曳而对舰艇速度和操纵性能没有明显影响，美国海军将其定为水面舰艇对抗系统的基本型。英国生产了G1738型拖曳式声诱饵，能产生较宽的舰艇模拟噪声谱，可通过预先编程实现对拖体速度、拖曳长度的控制。美国研制的潜艇模拟器MOSS，实际上是一种自航式声诱饵，能发射比潜艇噪声大的噪声信号，可被动式监视来袭鱼雷的航向和深度变化，修正自身的机动。

20世纪70年代后期，水声对抗器材进一步完善。如美国研制的SPAT自航式声诱饵，可预先设定其航行弹道，航迹和深度机动有多种形式。美国还研究了机载声诱饵装置ADDS，由飞机从空中布设假目标，使对方声呐错误探测和跟踪，或使对方声自导鱼雷进行错误的跟踪和攻击。

20世纪80年代以后，随着鱼雷智能化程度的提高以及对水面舰艇威胁的增大，各国均提出了对来袭鱼雷进行“多层次”的防御的要求，积极推出了研制火箭助飞式声干扰器和具有尺度诱骗功能的自航式声诱饵计划。火箭助飞式声干扰器材用于对鱼雷进行远距离拦截和诱骗，实现对鱼雷的第一级远程对抗。由法国研制的火箭助飞反鱼雷诱饵由水面舰艇上的火箭弹发射系统发射，发射系统能把多个诱饵布放于0°～360°的任何方位上，而且布放迅速。该声诱饵能对付齐射鱼雷，干扰和诱骗来袭鱼雷，掩护本舰和友舰。

近年来，世界各国海军不断升级和改进原有的鱼雷防御系统，重视采用软硬结合的方式，研究新型的综合防御系统。法国、意大利海军在合作研制适于各自水面舰队的鱼雷防御系统方面取得较大进展，已成功研制出SLAT水面舰艇鱼雷防御系统。作为完整的一体化综合系统，SLAT主要由三个子系统组成，分别为鱼雷报警子系统、综合反应决策子系统和对抗实施子系统。其中，鱼雷报警子系统最为复杂，除采用鱼雷专用报警声呐外，还可综合应用舰上其他声呐系统和雷达设备的信息，使SLAT系统在敌方鱼雷发射出管、启动航行时，就能对其探测、跟踪、识别和定位，为舰艇提供可靠的鱼雷报警信息。综合反应决策子系统是整个鱼雷对抗系统的显控台，受全舰指挥系统控制，在收到鱼雷报警信息和其他相关信息后，迅速进行威胁评估和攻防决策判断，综合本舰态势，选出最佳对抗方案，并向对抗实施子系统传达各种指令。在对抗实施子系统中,火箭助飞干扰器/声诱饵主要使用“萨盖”多管火箭发射装置发射,最远可布放至离发射舰艇 3 800 m 远的海域。依靠数据融合技术,SLAT 系统还具备对鱼雷防御过程的实时效能评估能力,以及在应对持续进攻的情况下决定是否采取下一步行动的能力。

(3) 鱼雷防御系统发展方向

随着尾流自导鱼雷、超高速鱼雷的出现以及声自导鱼雷抗干扰能力的不断提高,单纯依靠软杀伤防御手段已经不能完成对鱼雷的有效防御,而且鱼雷传感器性能和鱼雷反对抗技术的进一步提高,极大地限制了软杀伤系统作战能力的发挥,而鱼雷防御的软杀伤手段已经日趋成熟,但硬杀伤手段仍不甚完备。因此发展硬杀伤武器是未来舰艇鱼雷防御的发展趋势,如加快反鱼雷鱼雷研究的步伐;开展新型反鱼雷系统的研究,如超高速鱼雷反鱼雷系统、高速射弹反鱼雷系统、远程悬浮式深弹反鱼雷系统;研究新概念反鱼雷系统,如水下声能武器反鱼雷系统。

随着鱼雷技术及其反对抗技术的发展,单用软杀伤或硬杀伤手段对抗鱼雷,难以得到最佳杀伤效果。从各国海军鱼雷防御手段发展现状看,未来水声对抗系统与反鱼雷鱼雷或其他硬杀伤装备的并行发展将是各国海军主要关注和发展的方向,研制开发舰艇软、硬杀伤兼备的鱼雷防御系统将是各国海军的首选。

2. 反水雷技术发展概况

反水雷是运用反水雷兵器与装备进行清除雷障,以保证基地、航道的安全;或直接对航船进行消声、清磁以减少或避免水雷对舰船造成损伤的作业。

反水雷是水雷战的另外一面,几乎与水雷战同时诞生。在水雷战中,反水雷贯穿于整个海战的始终,直至战争结束后对水雷的清除。反水雷技术在水雷战中总是处于相对劣势和被动态势,因为反水雷比布放水雷有更大的难度,首先是作业速度缓慢,其次是对泥沙掩埋的水雷尚难以发现。世界各国海军都努力探求反水雷的途径,能使反水雷技术在与水雷对抗中摆脱被动局面。虽然在猎雷技术方面取得令人瞩目的进步,但还没有找到对付各种水雷很奏效的方法,特别是在探雷方面。目前常用于反水雷的方法有扫雷、猎雷、破雷、炸雷等。

1)扫雷。由水面舰艇或直升机拖曳扫雷具,对基地、港口、航道进行排查式清除水雷。声扫雷具作业时,辐射模拟舰船噪声;磁扫雷具作业时,辐射模拟舰船磁场;水压扫雷具作业时,产生模拟舰船水压场,用以诱炸非触发水雷;切割扫雷具作业时,利用割刀或爆破筒,将锚雷雷索割断或炸断,使雷体浮出水面,然后加以清除。

2)猎雷。由中心控制船通过无线或有线控制若干个潜水探雷器,下潜海底搜索水雷,发现目标后,通知中心控制船,经过确认,指令潜水器炸毁水雷。

3)破雷。利用抗炸能力强(不易沉)的舰船,强行通过雷区,引爆水雷,适时应急开辟一条安全航道。

4)炸雷。它是利用飞机或水面舰船,向雷区投放炸弹或抛射水下爆炸物,将水雷炸毁或使其失灵。

此外，向雷区布放有源干扰器，辐射模拟舰艇的噪声或病毒信息，可诱炸水雷或使水雷引信失灵、失效。

复习思考题

1-1 简述舰艇武器系统的组成及功能。

1-2 简述水下武器系统与舰艇武器系统的关系与特点。

1-3 水下武器系统按不同的分类方法各分为哪几类？

1-4 水中兵器有哪些？简述其功能及特点。

1-5 简述鱼雷的发展概况及发展方向。

1-6 简述水雷的发展概况及发展方向。

1-7 简述深水炸弹的发展概况及发展方向。

1-8 简述反鱼雷武器系统的发展概况及方向。

1-9 简述反水雷武器系统的发展概况及方向。

1-10 构思一种新概念水下武器系统，说明其任务使命、系统组成及工作原理。

第2章 鱼　雷

2.1 鱼雷概述

2.1.1 鱼雷的特点及其在海战中的重要作用

1. 鱼雷的特点

鱼雷是一种能自动推进、按预定的航向和深度航行、自动导向目标、命中目标时能自动爆炸的水中兵器。鱼雷可以由水面舰艇和潜艇携带,用以打击水面舰艇和潜艇,也可由飞机或火箭携带用于反潜或反舰,它还可以用来打击港口和海岸的水下设施。鱼雷具有如下特点:

(1)隐蔽性好

鱼雷是一种可在水下发射,并在水下航行的水中兵器,具有良好的隐蔽性,特别是电动鱼雷具有噪声低、无航迹等特点,即使是装备有良好声呐设备的舰船,亦较难及时发现鱼雷而规避。

虽然有些热动力鱼雷燃烧后的废气中含有不溶于水的气体,会形成较明显的鱼雷航迹,与电动鱼雷相比噪声较大,对鱼雷的隐蔽性有一定影响,但目前热动力装置在不断改进,在这些方面得到了很大改善,例如新型的闭式循环热动力系统的鱼雷,可以做到无航迹、低噪声。

(2)进攻性强

鱼雷自带动力,能自主航行、自动导引、对目标进行主动攻击,特别是自导鱼雷,一旦捕获到目标,它能自动追击目标。目前自导装置的导引性能、抗干扰能力、导引精度等都大大提高,使得目标很难规避。现在大型鱼雷装有线导加末自导联合制导系统,使目标更难以逃脱鱼雷的攻击。现代的鱼雷已经发展成为真正的水下导弹。

(3)破坏威力大

鱼雷武器是在水下爆炸的,而同样数量炸药在水下爆炸时比在空气中爆炸威力要大得多。这是因为水的密度是空气密度的800多倍,而水的可压缩性只是空气的1/25 000,是爆炸的良导体,吸收能量小。炸药在水中爆炸的瞬间,可形成几万个大气压和几千摄氏度的高温气体,并以6 000～7 000 m/s的高速迅猛膨胀,强大的冲击波可以迅速击穿舰船的水下部位,对摧毁和击沉敌舰艇具有巨大威力。鱼雷可以打击目标的水下防护薄弱部位和要害部位,易于造成舰艇的沉没,特别在鱼雷采用了自导、非触发引信后,使命中概率得到提高,因而增强了其破坏力。

(4)战斗使用广泛

鱼雷是可以装备多种武器平台,又可对多种目标实施攻击的武器。目前使用鱼雷的平台主要有水面舰艇、潜艇和直升机、固定翼飞机,还可由火箭助飞远距离实施攻击。主要攻击对象是水面舰艇、潜艇、运输船队和海军基地、港口的重要水下设施等。

(5)鱼雷训练发射可以回收

由于鱼雷在水中具有较大的浮力,用于试验和训练的鱼雷可以借助于水的浮力浮出水面,便于回收,有利于科学研究和降低试验与训练成本。

2.鱼雷在海战中的重要作用

(1)鱼雷武器在历次海战中的作用

鱼雷是近代各次海战使用最多和杀伤力最大的水中兵器,由于其具有上述的诸多特点,所以它始终是各国海军的主战武器。在历次海战中，鱼雷武器都起到了巨大的作用。

鱼雷真正用于海战,是由1877—1878年的俄土战争开始的。在该战争中,俄国舰艇使用鱼雷击沉了土耳其停泊在巴统港内的舰艇,获得鱼雷使用史上的第一次战绩。中日甲午战争中也使用了鱼雷。到日俄战争时期,鱼雷的使用量已逐渐增加,共发射了265条鱼雷,击毁舰艇11艘,初步显示了鱼雷攻击所具有的良好效果。

由于科学技术的发展,鱼雷兵器不断完善,在两次世界大战中,交战双方都使用了大量的鱼雷。历史上重大战争中使用鱼雷的数量如图2.1所示。

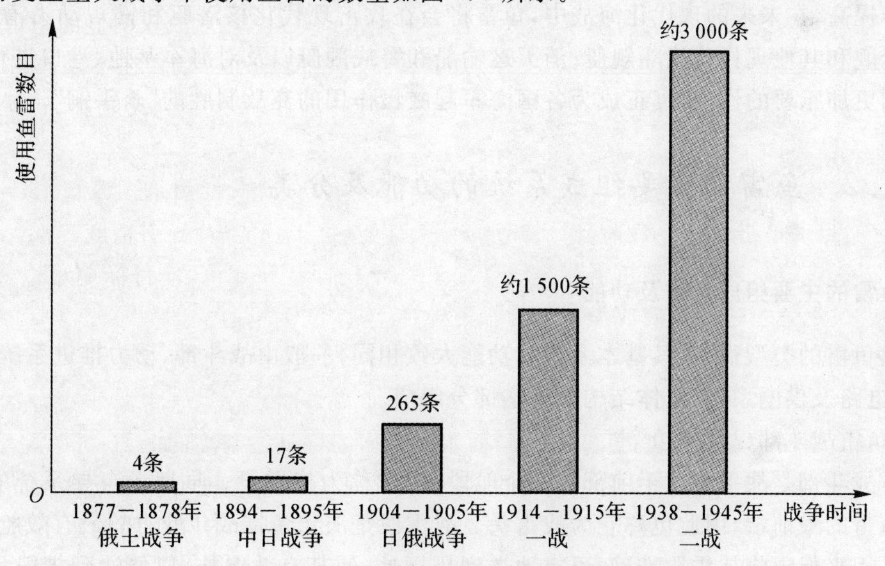

图2.1　历史上重大战争中使用鱼雷的数量

在二战中有不少航空母舰被鱼雷击沉。日本“飞鹰”号航空母舰，排水量为 27 700 t，1944 年6 月 20 日在菲律宾海战中，美国利用飞机和潜艇对其实施鱼雷攻击，各命中一条，致使其沉没。还有两艘航空母舰“大凤”“翔鹤”也在该次海战中被鱼雷击沉。在二战期间，被鱼雷武器击沉的航空母舰和巡洋舰的数量与击沉运输舰吨位的比例如图 2.2 所示。

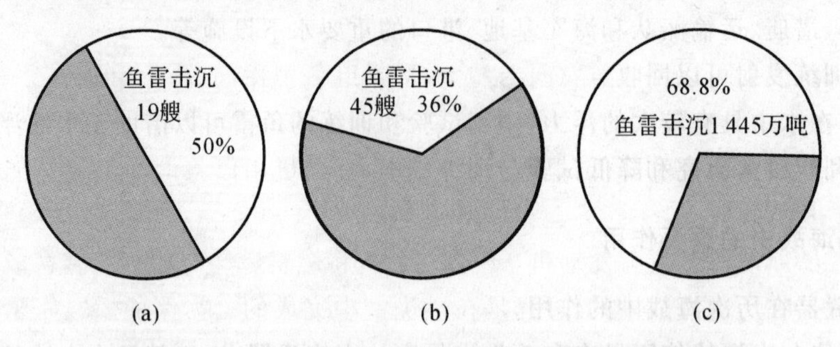

图 2.2 鱼雷武器击沉航空母舰、巡洋舰、运输舰的比例图

(a)击沉航母数量；(b)击沉巡洋舰数量；(c)击沉运输舰吨位

(2)鱼雷武器在现代海战中的作用

在现代海战中，鱼雷仍发挥着重要的作用。例如，在 1982 年英阿马岛海战中，英国“无敌”号潜艇发射两条鱼雷，一举击沉了阿根廷的万吨巡洋舰“贝尔格拉诺将军”号，赢得了战争的胜利，又一次显示了鱼雷武器的威力。

在科学技术迅猛发展的今天，随着各种高新技术在鱼雷上的应用，鱼雷所具有的独特作用将进一步提高，在未来的现代化海战中，鱼雷将会在攻击现代化核潜艇和常规动力潜艇、击毁敌航空母舰和其他现代化战斗舰艇、消灭运输船和警戒舰艇以及对海军基地、港口进行袭击等方面起到更加重要的作用，真正成为各国海军起威慑作用的克敌制胜的“杀手锏”。

2.1.2 鱼雷的主要组成系统的功能及分类

1. 鱼雷的主要组成系统及功能

虽然鱼雷的类型很多，其基本系统和功能大致相同，一般由战斗部、动力推进系统、制导系统、全雷电路及供电系统、总体结构等基本部分组成。

(1)鱼雷战斗部(战雷段)

鱼雷战斗部是战雷中位于前部的一个舱段，一般称为战雷段。早期无自导系统的鱼雷战斗部在鱼雷的最前端，因此也称它为战雷头。战雷段是决定鱼雷战斗威力的最有效舱段，其余部分都是用来保证将战雷段准确、可靠地送到目标处，使其有效爆炸，以便达到摧毁目标的目的。战雷段中装有炸药和引信。装药量是决定鱼雷破坏威力的主要因素之一，现在重型鱼雷装药量一般为200～500 kg,轻型反潜鱼雷装药量为40～50 kg。鱼雷引信是用以起爆炸药的装置,根据工作原理引信可分为触发引信和非触发引信两种。

(2)动力推进系统

动力推进系统由动力装置及推进器组成,动力推进系统是决定鱼雷的速度和航程的主要部分。

鱼雷上所使用的动力装置一般有两类:一类是靠电能工作的,称作电动力装置;一类是靠热能工作的,称作热动力装置。

电动力装置的原动机是电动机,能源是蓄电池。电动机用以将电池的化学能转换为机械功,用以带动推进器。

热动力装置的原动机是热力发动机,热力发动机将燃料燃烧时的热能转换成机械功。鱼雷用热力发动机是外燃机,燃料燃烧过程是在燃烧室中完成的。为保证燃料完全燃烧和限制进入发动机的工质温度和流量,就要求燃料成分按一定的比例供入燃烧室,因此热动力系统除发动机外还必须包括燃料的供应系统和燃烧室等部分。

常用的鱼雷热动力发动机根据其工作原理不同,可分为活塞式发动机、汽轮机、固体火箭发动机等。

推进器是将动力装置的机械功转换成使鱼雷前进推力的装置。鱼雷常用的推进器有螺旋桨、泵喷推进器、导管螺旋桨、喷气推进器、喷水推进器等。

(3)制导系统

鱼雷的制导系统是控制系统与导引系统的总称。制导系统的任务是导引和控制鱼雷准确地命中目标,现代鱼雷制导系统一般可由自动控制、自导和线导三种分系统组成。

1)自动控制系统。鱼雷的自动控制系统主要包括深度控制系统、方向控制系统及横滚控制系统。这些控制系统完全安置在雷体内,它们所产生的控制信号用以控制鱼雷的横舵或直舵,操纵鱼雷按照预先设定的程序弹道运动,不需要鱼雷本身以外的设备协同工作。当鱼雷在航行中由于外界干扰而偏离所设定的弹道时,自控系统能自动消除其弹道偏差,以保证鱼雷按预定弹道航行。但仅有控制系统的鱼雷不能自动跟踪目标,当鱼雷不能在预定的弹道上与目标相遇,或者目标采取规避措施时,鱼雷则不能实施有效攻击。早期的鱼雷一般仅装有自动控制系统,为了提高鱼雷的命中概率,后来研究出了自导系统。

2)自导系统。自导系统是利用目标辐射的某种能量或反射的某种能量对鱼雷产生控制信号使鱼雷导向目标的。目前自导系统大都是利用声能量作为控制信号的,装有这种自导系统的鱼雷称为声自导鱼雷。自导鱼雷能在水中自动搜索、跟踪和攻击目标。

鱼雷自导系统除声自导系统外,还有尾流自导系统。尾流是指舰艇在航行时由艇体的运动和螺旋桨转动的空化及排出的废气引起的泡沫区域。尾流自导系统通过检测尾流的异常特性信息,发现尾流并操纵鱼雷沿尾流跟踪目标。

3)线导遥控系统。虽然装有自导系统的鱼雷能够自动跟踪目标,但自导系统易受干扰。

此外,自导作用距离有限。现代大型鱼雷一般都装有线导系统,发射鱼雷的舰艇(也称为制导站)通过导线对鱼雷进行遥控,因此线导鱼雷也称为遥控鱼雷。

线导鱼雷能够在远距离上对目标进行跟踪,并具有较强的抗干扰性,但当鱼雷远离发射舰艇而接近目标时,由于艇上设备限制,因此其导引精度还不够高,为了实现精确制导,一般装有线导系统的鱼雷同时还装有自导系统。当在远距离时,由发射舰艇将所测得的目标和鱼雷的相关参数,通过计算机进行数据处理,输出遥控指令,经过导线送至鱼雷并操纵鱼雷导向目标。同时自导系统也在进行目标探测,在自导系统发现目标后,则交由自导系统操纵鱼雷导向目标。当自导系统工作失误时,制导站给予纠正。在断线后鱼雷自导系统自主工作。

4)操纵装置。操纵装置是鱼雷制导系统的执行机构,用于将制导系统的指令信号转换成控制鱼雷的操纵力。一般鱼雷的控制系统、自导系统、线导系统共用一套操纵装置。鱼雷的操纵装置主要由舵机和舵组成。

舵机的作用是将制导系统输出的控制信号进行功率放大,并推动舵偏转。舵的作用是通过偏转产生流体动力和力矩,控制鱼雷按要求的弹道运动。

(4)鱼雷全雷电路

全雷电路主要由仪表电路和动力电路组成。其中动力电路由动力电缆、动力开关等组成;仪表电路由各仪表电缆、供电及信息控制器、仪表开关、启动开关等组成。

全雷电路主要实现以下功能:

1)对导航控制系统程序供电;

2)用以实现全雷各系统间信号的分配与可靠传递;

3)能准确地按规定的供电程序控制动力电路和仪表电路的通断;

4)在参数预置完成后,能使设定口可靠断开;

5)各仪表电缆具有防漏插、防错插保护功能。

(5)鱼雷总体结构及性能

1)鱼雷的总体结构。鱼雷总体结构包括壳体结构及各种安装连接结构。总体结构用以装载鱼雷的所有部件,进行合理布置和连接,使之成为一个整体,并使其具有良好的总体性能。

鱼雷壳体外形一般均做成流线型,以便减小鱼雷航行时的阻力和流噪声。在其尾部壳体上装有鳍舵。鳍的作用是保证鱼雷运动的稳定性,因此又称安定面。雷鳍的结构形式一般为4片鳍十字形对称布置或X形布置,也有些鱼雷装有8片鳍或6片鳍。为了提高稳定性,可在鳍后增加稳定环。舵是可以操纵的,其用途是依靠作用在舵上的流体动力及力矩来改变鱼雷的运动方向,因此又称为操纵面。有些鱼雷的鳍舵为一体,既起鳍的稳定作用,又可进行操纵,故称为全动舵。

为了便于制造、维护和使用,鱼雷壳体都由数段组成,对于不同型号的鱼雷分段数量不同,但基本分为头段、中段、后段和雷尾。对于自导鱼雷头段又分成自导雷顶和战雷段(对于战雷)或操雷段(对于操雷)。各段壳体采用适当的连接方式进行连接。目前鱼雷各段之间所使用的连接方式有螺钉连接、楔环连接、箍环连接等。

为了保证雷体内的仪表和装置正常工作，某些舱室必须保持良好的密封性，因此壳体连接处还必须有密封结构。为了吊挂鱼雷，在鱼雷重心附近上方的壳体上固定有导脊，以承受鱼雷的自重力或其他外加载荷的作用。

对于高空投放或火箭助飞鱼雷，除以上部分外，还有降落伞装置及缓冲头帽。降落伞装置连接在鱼雷尾部。当鱼雷投放或发射后达到预定的状态时，降落伞打开，用以控制鱼雷在空中下降的速度及入水姿态，避免鱼雷入水时产生过大的冲击力。当鱼雷入水时，降落伞便自动脱离鱼雷。

缓冲头帽用特种泡沫塑料制成，用夹紧结构装于鱼雷的头部，起缓冲作用，用以减小鱼雷入水冲击和过载。缓冲头帽在入水撞击力的作用下破裂，并自动与鱼雷分离，以保证鱼雷入水后正常航行。

装有战雷段的鱼雷称为战雷，此外还有一种供部队训练或试验和鉴定性能用的鱼雷，这种鱼雷将战雷段换成操雷段，操雷段内不装炸药，而装有各种测试仪表和上浮装置，用以测定鱼雷的航行性能以及保证鱼雷航行终了时能自动上浮和便于打捞。这种装有操雷段的鱼雷称为操雷。

2)鱼雷的总体性能。鱼雷的总体性能是由鱼雷总体参数决定的。鱼雷主要总体参数包括鱼雷速度、航程或航行时间、作战深度、战斗部装药量、引信工作方式及引信作用距离、制导方式及导引精度、动力系统功率、鱼雷直径、长度、总质量、可靠性指标、维修性指标和鱼雷使用方式及与发射装置的匹配关系等。

2. 鱼雷分类

目前，鱼雷型号很多，按照不同的分类方法可分为不同的类型。一般可按鱼雷的动力装置类型、直径大小、制导方式、携带者和攻击对象、引信类型等进行分类。

(1)按照动力装置分类

按照动力装置可将鱼雷分为热动力鱼雷和电动力鱼雷。

热动力鱼雷是以热力发动机作为鱼雷的原动机，热力发动机利用燃料燃烧所产生的热能转换成机械能，带动推进器使鱼雷在水中航行。鱼雷常用的热力发动机有活塞式发动机、汽轮机、火箭式发动机等。

电动力鱼雷是利用电能通过电机推进的鱼雷。这种鱼雷用蓄电池做电源，通过电动机将电能转变为使推进器工作的机械能。

(2)按照鱼雷直径分类

按照鱼雷直径的大小可以分为重型鱼雷和轻型鱼雷。

重型鱼雷是直径为 533 mm 或大于 533 mm 的鱼雷，也称为大型鱼雷，可由潜艇或水面舰艇携带，用于攻击水面舰艇或潜艇。

轻型鱼雷是直径为324 mm或小于324 mm的鱼雷，主要用于空投和火箭助飞，也可由潜艇携带，主要用于反潜。

由于世界各国鱼雷发射管一般为533型和324型，所以为适应发射管，目前世界各国鱼雷直径通常为533 mm和324 mm。除直径为533 mm和324 mm的鱼雷外，有些国家还生产其他规格的鱼雷，例如，直径为650 mm，482 mm，450 mm，400 mm，350 mm等规格的鱼雷。

随着鱼雷技术的发展，近年来出现了超大型鱼雷和微小型鱼雷，即直径为650 mm以上的鱼雷和直径小于200 mm的鱼雷。

(3)按照制导方式分类

按制导方式可分为直航鱼雷、自导鱼雷及线导鱼雷等。

直航鱼雷是仅装有自动控制系统的鱼雷。直航鱼雷只能按设定的航向和深度航行，不能自动跟踪目标。早期的鱼雷多为直航鱼雷。

自导鱼雷是装有自动导引系统，能发现、跟踪目标并能自动导向目标的鱼雷。鱼雷自导系统利用目标辐射或反射的能量发现目标、测定其参量，并对鱼雷进行操纵。现代鱼雷多为自导鱼雷。

线导鱼雷是装有线导系统的鱼雷，也称为遥控鱼雷。线导鱼雷通过专用导线与制导站(制导站可以设在发射鱼雷的舰艇或岸上)相连，制导站根据所获取的目标信息和鱼雷信息，再通过导线对鱼雷进行操纵和控制。

(4)按照运载工具分类

按照使用鱼雷运载工具不同可分为舰用鱼雷、潜用鱼雷、空投鱼雷等。

舰用鱼雷是由水面舰艇携带和发射的鱼雷；潜用鱼雷是由潜艇携带和发射的鱼雷；空投鱼雷是由飞机(固定翼飞机和直升机)携带和投放的鱼雷。

(5)按照攻击对象分类

按照鱼雷能够攻击目标的能力可分为反舰鱼雷、反潜鱼雷和反鱼雷鱼雷。

反舰鱼雷是主要用于攻击水面舰艇的鱼雷，要求反舰鱼雷有比较好的浅水性能，一般为重型鱼雷；反潜鱼雷是主要用于攻击潜艇的鱼雷，可以是重型鱼雷，也可以是轻型鱼雷；反鱼雷鱼雷是防御性武器，是水面舰艇或潜艇用于攻击来袭鱼雷的鱼雷，对反鱼雷鱼雷的导引精度和机动性有更高的要求。

(6)按照鱼雷与其他武器的组合形式分类

按照鱼雷与其他武器的组合形式可分为火箭助飞鱼雷、鱼水雷、水鱼雷。

火箭助飞鱼雷是与火箭组合的鱼雷，火箭以很高的速度把鱼雷送到远距离的目标附近，然后雷箭分离，鱼雷入水，再按鱼雷的工作方式进行目标搜索和攻击的鱼雷。火箭助飞鱼雷可以看作是以鱼雷为战斗部的导弹，目前一般是轻型鱼雷，主要用于反潜，因此也称为反潜导弹。

鱼水雷是以水雷为战斗部的鱼雷，鱼雷作为运载体携带水雷自航至预定海区，将水雷布设后变为沉底雷或锚雷，运载体与水雷分离，也可以为一体布放。目前将鱼水雷归属于水雷兵器，称之为自航水雷。

水鱼雷是以鱼雷为战斗部的水雷，以锚雷雷体为系留平台，将自导鱼雷封装在雷体内，布设后，由雷锚通过短雷索将雷体系留于海底，在其引信发现并确认目标后，控制打开水雷头盖，释放出鱼雷，自动跟踪打击目标。水鱼雷主要用于打击潜航潜艇或水面舰艇。水鱼雷也常归为水雷兵器，称之为自导水雷。

(7)根据鱼雷在航行中流体边界层空化情况，又可分为一般鱼雷(或无空泡鱼雷)和超空泡鱼雷。

当液体内部某点的压力降低到该处温度的饱和蒸汽压以下时，液体发生汽化，先是微观的，然后成为宏观的小气泡，而后在液体内部或液体与固体交界面上，汇合形成较大的蒸汽与气体的空腔，称为空泡。空泡的产生、发展与溃灭过程称为空化现象。

一般鱼雷是在水下航行时，在一定条件下(如航行的最大速度、最大深度、姿态等)鱼雷表面不产生空化，或只有局部空化的鱼雷。如果水下航行体表面产生了空泡，会增加航行阻力，影响速度，此外还有一些其他不良影响。一般鱼雷需要进行无空泡设计，主要是对易产生空泡的鱼雷外形曲线、螺旋桨等进行无空泡设计。目前世界各国装备的鱼雷(除俄罗斯外)，基本都是一般无空泡鱼雷。

超空泡鱼雷是一种新概念鱼雷。当航行体在水下高速行驶时，航行体表面将产生空泡，采取一定措施使空化面积增大，当空泡的长度接近或超过航行体长度时，称为超空泡。超空泡鱼雷的原理就是在鱼雷的头部安放空泡发生器，利用启动发动机将鱼雷在水中的航速提高到空化临界速度(通常为50 m/s，或者更高)，这时空泡发生器的边缘开始出现空泡，为了使空泡进一步扩展成为超空泡，必须向发生空泡的部位注入气体，通过合适的气体填充，空泡逐渐扩大，最后将整条鱼雷裹在气泡中，鱼雷犹如在空气中飞行，大大减小了阻力，因而提高了速度。俄罗斯海军装备的“暴风”超空泡鱼雷水下航速已达到200 kn。

3. 典型鱼雷总体结构

(1) 电动力自导鱼雷

如图2.3所示为某一重型电动力自导鱼雷的总体布置图。动力系统采用高能银锌电池、双转电机、对转螺旋桨，自导系统为双平面声自导系统，引信为触发和电磁非触发联合引信。

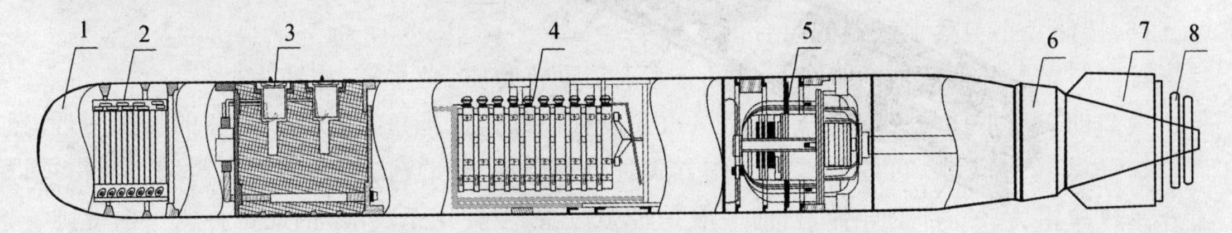

图2.3 某型电动自导鱼雷的总体布置图

1—雷顶； 2—自导电路； 3—引信； 4—电池组； 5—动力电机； 6—非触发引信辐射线圈； 7—鳍舵； 8—螺旋桨

(2)热动力线导鱼雷

如图 2.4 所示为 MK—48 鱼雷的总体布置图。MK—48 鱼雷是一重型热动力线导鱼雷，动力系统采用奥托燃料、斜盘活塞式发动机、泵喷推进器；制导系统采用线导加声自导系统；引信为触发引信和电磁非触发引信。MK—48 鱼雷由潜艇使用，既用于反潜，也可用于反舰。

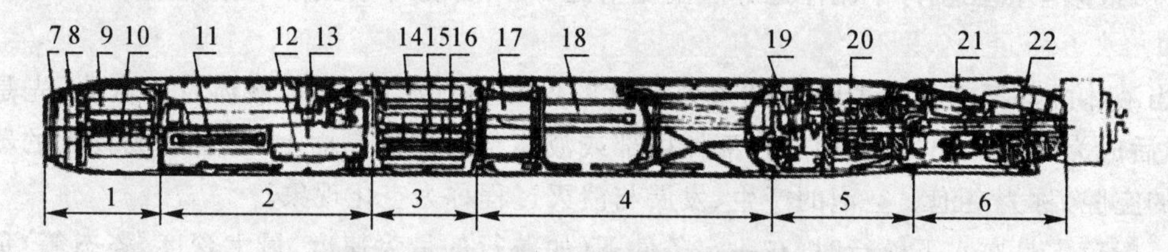

图 2.4 MK—48 线导鱼雷的总体布置图

1—雷顶段； 2—战雷头段/操雷头段； 3—控制段； 4—燃料舱； 5—后舱； 6—雷尾段； 7—换能器； 8—发射机； 9—自导控制； 10—接收机； 11—信息中心； 12—战雷头电子组件； 13—爆发器； 14—电源控制； 15—陀螺控制； 16—指令控制； 17—线团； 18—燃料舱； 19—辅机组件； 20—发动机； 21—鳍； 22—泵喷推进器

(3)空投鱼雷

如图 2.5 所示为法国和意大利两国联合研制的“MU—90”电动力空投鱼雷总体布置图。该雷可供水面舰艇、反潜直升机、固定翼飞机使用，用于攻击各种核动力潜艇和常规潜艇。

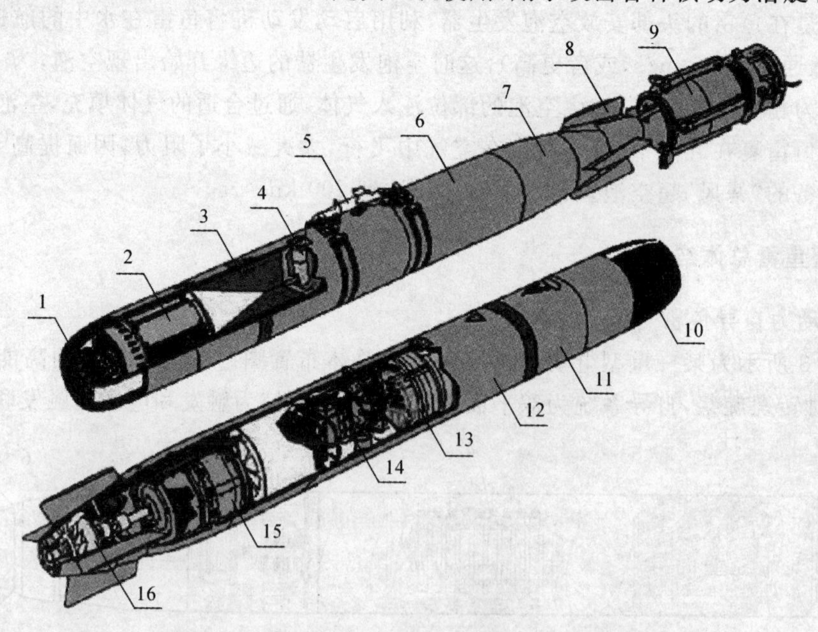

图 2.5 法国-意大利“MU—90”轻型鱼雷结构图

1—换能器； 2—自导电路； 3—战雷段装药； 4—引爆装置； 5—空投吊挂装置； 6—电池仓段； 7—动力仓段； 8—鳍舵装置； 9—降落伞装置； 10—雷顶段； 11—战雷段/操雷段 12—控制段及战雷头电子组件； 13—电池组件； 14—冷却装置； 15—动力电机； 16—泵喷推进器

MU90 鱼雷战斗部为 50 kg 定向聚能装药；动力系统为电动推进系统，推进电机是永磁电机，电源采用铝/氧化银一次性高能电池，推进器为泵喷射推进装置；制导方式为惯导系统与声自导相结合，大大提高了弹道精度，可实现对目标的垂直命中，并能分辨真假目标，最多能同时跟踪 10 个目标。

(4)超空泡鱼雷总体结构

如图 2.6 所示为俄罗斯“暴风”超空泡鱼雷总体布置原理结构图。主要总体参数：直径为 534 mm，长度为 8.23 m，质量为 2 677 kg，装药量为 250 kg，航速为 200 kn，航程为10～15 km，航深为 4～400 m。该雷无自导系统，采用直航攻击弹道，主要由动力推进系统、战斗部和空泡形成系统组成。

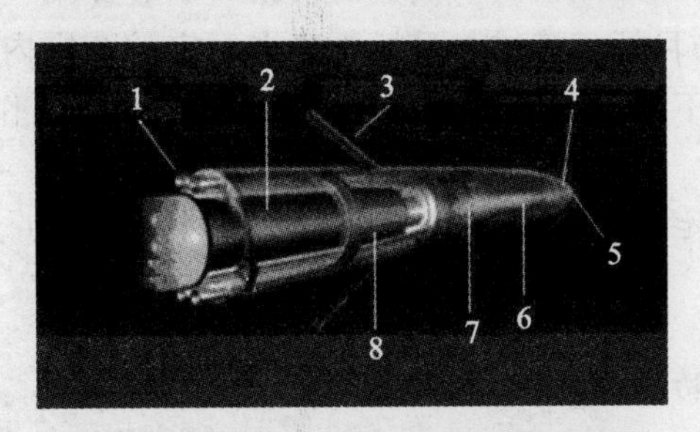

图 2.6　“暴风”超空泡鱼雷总体布置图

1—启动发动机；　2—主发动机；　3—弹出式减速杆；　4—空泡通气导流罩；　5—有舵角的空化器；
6—战斗部；　7—发动机系统；　8—燃料储藏舱

图 2.6 所示各部分的功能如下：

1)启动发动机。启动发动机是固体火箭发动机，有 8 个喷管，在尾端围绕主发动机喷管布置，用于启动主发动机，并且辅助主发动机使鱼雷入水后迅速达到空化速度，同时通过改变启动发动机各喷管的推力，还可以参与鱼雷的姿态控制。

2)主发动机。主发动机是火箭发动机，它是一种水反应金属燃料发动机。金属燃料在燃烧室中被加热并与海水反应，产生高温、高压气体，从尾部中央的火箭发动机喷管喷出，为鱼雷超空化高速航行提供动力。

3)弹出式减速杆。弹出式减速杆平时折叠于雷体内，发射后弹出，相当于鳍舵，起减速和稳定作用。

4)空泡通气导流罩。它是超空泡鱼雷通气系统的重要组成部分，发动机系统将气体射向导流罩内腔，气流经壁面导流，被合理地喷射进空泡内，形成覆盖雷体大部分表面积的空泡气囊。

5)有舵角的空化器。其作用是生成超空泡流场，由于有一定的倾斜角度，可以充当水平舵，在鱼雷航行时能产生升力和力矩，以实现流体动力平衡。

6)战斗部。战斗部内装有炸药，它用于爆炸毁伤目标。

7)发动机系统。发动机系统是指燃气发生系统。该系统使金属燃料加热熔融并与海水反应,为火箭发动机提供高温、高压燃气,同时向空泡导流罩输送气体。

8)燃料储藏舱。它用于储藏火箭发动机燃料。

2.2 鱼雷战斗部

鱼雷战斗部是鱼雷中用以摧毁目标的部分。早期无自导装置的鱼雷战斗部在鱼雷头部的前端,习惯上称为战雷头。对于自导鱼雷,由于自导换能器阵安装在鱼雷头部的最前端,战斗部在雷头的后段,习惯上称之为战雷段。战雷段内主要装有炸药和引信。鱼雷在制导系统的作用下驶向目标,当鱼雷与目标相撞或与目标距离在一定的范围内时,引信引爆炸药,从而毁伤目标。本节主要介绍水下爆炸毁伤原理及鱼雷战斗部引信的工作原理。

2.2.1 水下爆炸简介

1.爆炸现象及其基本特征

炸药爆炸是一种高速进行的且能自动传播的化学反应过程,同时释放出大量的热能并生成大量的气体产物。炸药爆炸过程具有以下三个特征:

(1)反应过程的放热性

爆炸反应过程放出的热称为爆炸热(或称为爆热),是炸药爆炸做功的标志,是炸药的一个极为重要的特性量。一般常用炸药的爆热为3.71~7.53 MJ/kg。

(2)反应过程的高速性并能够自行传播

爆炸反应与一般化学反应最突出的不同点是其反应过程速度极高。尽管一般化学反应也可以是放热的,而且反应放出的热也可以比炸药爆炸反应放出的热量高,但它们却不能形成爆炸,其原因在于它们的化学反应过程进行得很慢。爆炸反应的速度,一般指爆轰波在炸药中传播的直线速度,该速度称为炸药的爆速。炸药的爆速一般为3 000~9 000 m/s。

除了爆炸过程进行的高速性外,反应过程的自动传播性也是很重要的特点。如果反应不能自动传播,反应会逐渐衰减至熄灭。

(3)反应过程中生成大量的气体产物

炸药爆炸后之所以能够对外膨胀做功,其原因在于炸药爆炸的瞬间有大量气体产物生成。TL炸药的爆炸反应可产生1 000 L左右的爆炸气体产物,在爆炸的瞬间它们被强烈地压缩在接近于炸药原有的体积之内,因此在炸药所具有的体积内瞬时成为高温、高压气体,其压力可达数十万个标准大气压(1标准大气压=101.325 kPa)。

这三个条件是任何物质的化学反应成为爆炸反应所必备的,三者相互关联,缺一不可。

2. 水中爆炸的基本现象及特点

在不同的介质中,质量相同的同种炸药所产生的爆炸威力是不同的。由于水和空气具有不同的密度(海水密度 $\rho_{海水}=1\ 023.6\ \mathrm{kg/m^3}$,而空气的密度 $\rho_{空气}=1.226\ \mathrm{kg/m^3}$)和不同的压缩性(空气是可压缩的,而海水的压缩性通常只有空气的 1/30 000～1/20 000,一般认为是不可压缩的),因此炸药在海水中所产生的破坏作用比在空气中强烈得多。这是由于海水的压缩性很小,它积蓄能量的能力很低,当炸药爆炸时,海水就成为压力波的良好传导体。当装药在无限海水介质中爆炸时,在装药本身的体积内形成了高温、高压的爆炸气体产物,其压力远远超过了周围水介质的静压。因此,在爆炸所产生的高压气体作用下,产生水中冲击波,同时爆炸气体的气团向外膨胀并做功。因此,水下爆炸所产生的破坏作用是由冲击波和气泡的脉动作用两部分形成的。

(1)水中冲击波的作用

当炸药在水中爆炸时,在爆炸产物的高压作用下将在爆炸气体与水的界面形成冲击波,向水中传播。炸药包在水中爆炸后,在某点测得的压力-时间曲线大体如图 2.7 所示。

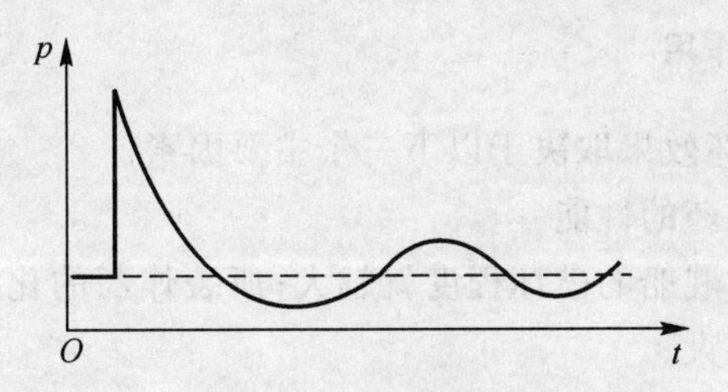

图 2.7　水中冲击波压力-时间曲线示意图

冲击波由正压力区和负压力区构成,冲击波波前压力是它的主要特征,冲击波的波前压力峰值越大,其威力越大。冲击波扩散时,其波前压力以指数衰减形式向周围传播,初速远大于水中的声速,此后传播速度很快减至声速,能量也急速减少,出现冲击波衰减。在一定距离后,冲击波转变为声波。

冲击波的最大压力衰减极快。如图 2.8 所示为冲击波压力随位置变化的曲线图,该曲线是用 TNT 炸药测得的,图中虚线表示冲击波按声学规律传播时的压力分布曲线。从图中可以看出,随着距离爆炸中心的增大,冲击波波前压力逐渐降低。

(2)气泡的脉动作用

炸药爆炸后,首先在水中产生冲击波,同时气泡开始首次膨胀,气泡扩大到一定程度,气泡内的压力变化与周围压力相等,但由于水的惯性作用,气泡将继续扩大。当气泡内的压力小于外界流体运动静止压力时,气泡才停止膨胀而开始收缩,气泡收缩到内部压力高到足以改变外界流体运动方向为止,此后气泡又开始膨胀。由于水的惯性及水和气体的弹性而产生了气泡的脉动。气泡经过多次脉动后，由于能量的消散或浮出水面而告终。

气泡脉动压力与冲击波产生的压力不同，在理论情况下，它没有剧烈的变化。第一次脉动的最大压力为冲击波峰值压力的10%～20%，但这种压力的持续时间则大大超过冲击波压力的持续时间。

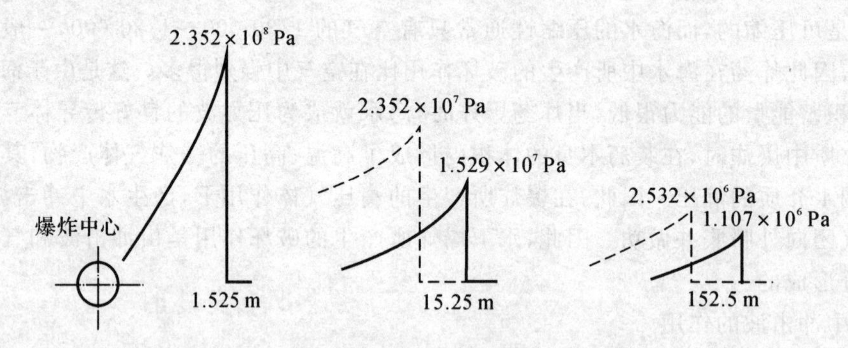

图 2.8 冲击波压力随位置的变化曲线

3. 水下爆炸对舰船的作用

作战鱼雷对舰船的破坏效果取决于以下三个主要因素：

(1)鱼雷的装药量及炸药的性能

鱼雷的装药量越大，对舰船的破坏程度就越大；所装炸药的化学反应越快，放出的热能越大，对舰船的破坏程度也越大。

(2)舰船的防护结构

现代舰船为了对付鱼雷武器的攻击，舰船上都增设了抵抗水下爆炸的防护结构。利用舰船的防护隔舱结构的变形来吸收炸药爆炸的能量，即将侧舷分隔成多个隔舱，如空气舱、填充舱、过滤舱等，用来消除和减弱爆炸冲击波和气泡的作用。此外，隔舱的变形将吸收大量的爆炸能。因此，舰船的防护结构越强，在同等装药量的情况下，损伤越小。

(3)鱼雷起爆点距舰船壳体的距离以及鱼雷命中目标的部位

鱼雷对舰船的破坏方式有接触起爆和非接触起爆两种形式。所谓接触起爆，就是鱼雷和目标直接碰撞产生爆炸，除冲击波的作用外，高温、高压的气体生成物将直接冲击舰船的外壳板和纵隔墙，使其破裂和变形，然后膨胀的气体以及扰动的水流将使裂缝继续扩大，压力波通过防护隔舱填充液将能量传给装甲隔墙，使其发生弯曲变形，甚至破裂。鱼雷触发爆炸的效果常用破损总长 L_z 来表示，即

$$L_z = 1.1\,\frac{\sqrt{W_{\text{TNT}}}}{\sqrt[3]{t_k}}\ (\text{m}) \tag{2.1}$$

式中，W_{TNT} 为鱼雷装药量(以 TNT 为基准)(kg)；t_k 为舰船壳体厚度(cm)。

所谓非接触起爆，就是鱼雷不和目标直接相撞，而是在相距一定距离时即产生爆炸，这时爆炸产生的冲击波和气泡的脉动作用在舰船壳体上，使其发生破坏。即舰船破坏是由冲击波能 E_s 和气泡 E_b 能两部分引起的。

冲击波能的理论计算公式为

$$E_s = 1.04 \times 10^6 \left(\frac{\sqrt[3]{W_{TNT}}}{R}\right)^{0.05} \tag{2.2}$$

式中，R 为距炸药中心的距离（m）。

单位装药量的气泡能理论计算公式为

$$E_b = 0.684 \frac{p_h^{\frac{5}{2}}}{\rho_w^{\frac{3}{2}}} \frac{T^3}{W_{TNT}} \tag{2.3}$$

式中，p_h 为爆炸深度处水的静压；T 为第一次气泡的脉动周期；ρ_w 为水的密度。

需要说明的是，为了得到具体装药较准确的冲击波能和气泡能的值，还需根据标定试验的测试结果进行修正。

鱼雷的爆炸效果除与起爆形式有关外，还与命中目标的部位有关。正横垂直命中比斜命中的效果好；如果鱼雷命中舰船的弹药舱部位，则将引起弹药爆炸，使舰船遭到毁灭。

2.2.2　鱼雷战斗部的组成和要求

1. 鱼雷战斗部的组成

鱼雷战斗部主要由壳体、主炸药、爆发器组成，结构如图 2.9 和图 2.10 所示。

如图 2.9 所示为一种电动自导鱼雷的战雷头，由两段组成，左边一段是自导雷顶，右边一段是战雷段。战雷段主要由壳体、爆发器、主炸药组成。

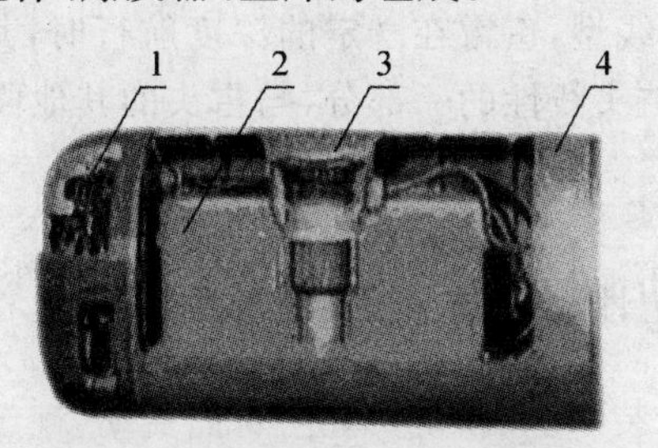

图 2.9　装有触发引信的战雷头

1—自导雷顶；　2 —主炸药；　3—爆发器；　4—战雷段壳体

自导雷顶是声自导系统的声换能器基阵及自导电路部分。战雷段壳体是装载炸药、爆发器及导线等的容器，两端装有隔板，将炸药与其他部分隔离，通过壳体连接结构与前后其他部分的壳体连接。

主炸药是破坏目标的能源和工质，它的作用是将本身储存的能量通过反应释放出来，形成对目标的爆破力。

爆发器就是用于起爆主炸药的装置。它的作用是平时保证战雷段的安全，当鱼雷命中目标时，引爆战雷段中的炸药，以摧毁目标。

如图 2.10 所示为装有非触发引信的战雷段的原理结构图。战雷段内装有主炸药、非触发引信感应线圈和磁铁、爆发器等。

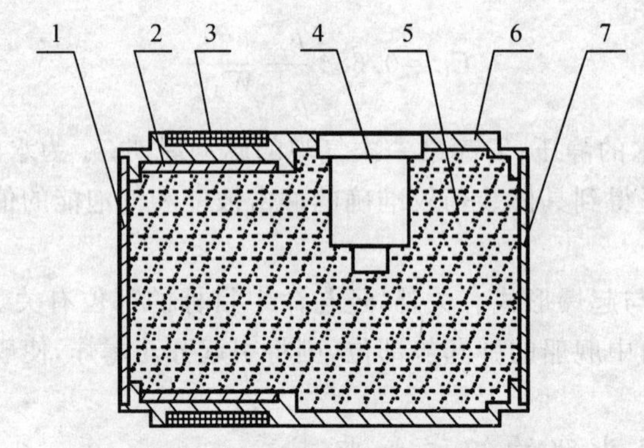

图 2.10　装有非触发引信的战雷段

1—前隔板；　2—磁铁组；　3—感应线圈；　4—爆发器；　5—炸药；　6—壳体；　7—后隔板

2. 对战雷段的要求

(1)外形要求

鱼雷是在水中高速运动的航行体，鱼雷头部外形对鱼雷的流体动力特性有着重要影响，因此，雷头外形应具有良好的流线型，鱼雷在既定的深度航行时，其所受阻力和流噪声小且不产生空化现象。战雷段外形是雷头线性的一部分，与雷头的其他段对接后，应能保持整个雷头良好的线型。

(2)重心位置要求

为了提高鱼雷运动的稳定性，要求鱼雷的重心位置低于浮心的位置，而且对重心前后位置还有一定要求。

(3)装配工艺要求

战雷段内装有主炸药、非触发引信感应线圈和磁铁及引信等，这些部分在鱼雷运输和意外碰撞时不允许相对壳体移动，雷头内和炸药接触的零部件也不允许有锐角和锐边，为了长期保存，壳体内壁及内部零件要求做防锈处理。

(4)互换性要求

由于战雷段内装有火工品，为了生产和储存的安全性，战雷段与鱼雷的其他部分分别储存，在装舰前才装配在一起，因此，战雷段的外形、连接尺寸及衡重特性应当具有互换性。

2.2.3 鱼雷使用的炸药

炸药是指在适当外部激发能量的作用下，能发生爆炸并对周围介质做功的化合物或混合物。炸药爆炸威力就是炸药的做功能力。鱼雷用炸药是决定鱼雷爆炸威力的主要因素。

1. 对鱼雷炸药的要求

(1)爆炸威力大

炸药爆炸威力是用爆炸后所释放的能量大小来衡量的。爆炸能量大即要求炸药的爆速高、爆压高、爆热大、爆容大。

(2)具有良好的物理、化学安定性和相容性

安定性好就是对热及机械感度小，长期储存不分解、不变质。炸药在高压、高过载和变温等条件下，具有良好的力学性能、爆炸性能，能适应不同装药方法的加工温度和运输、储存、使用环境温度的变化；炸药与储存的容器和与其接触的器件能很好地相容，长期储存不会影响炸药的性能。

(3)易引爆

炸药不仅应具有良好的物理、化学安定性，而且应具有易引爆性，即在引信的作用下能完全爆轰。

(4)对环境的污染小

炸药应尽量是无毒性的，或毒性小，装药所造成的污染能用物理或化学的方法处理后达标。

(5)成本低廉、加工方便

炸药的来源应充足、稳定、成本低、使用寿命长；加工工艺应简单，能适用注装、塑装、压装等装入方法。

2. 常用的炸药

根据炸药的组成，炸药可以分为单组分炸药和混合炸药两种类型。

(1)单组分炸药

单组分炸药又分单组分主炸药和单组分起爆药。

1)单组分主炸药。单组分主炸药最常见的炸药是梯恩梯炸药，化学名称为三硝基甲苯，代号 TNT，它是用途最广的炸药。此外还有特屈儿、黑索金(代号 RDX)、太安(代号 PETN)、奥克托金(代号 HMX)等。其中，奥克托金是目前已实际应用爆速最高的炸药。

2)单组分起爆药。单组分起爆药是用来引燃或引爆其他炸药的，故称之为起爆药。起爆

药的特点之一是灵敏度高。用这种起爆药做成爆发器,用以引爆主炸药。常用的单组分起爆药有特屈儿、雷汞、叠氮化铅等。

(2)混合炸药

混合炸药是由单组分炸药与其他物质混合而成的,也可以由氧化剂和还原剂混合而成。常用的混合炸药有以梯恩梯为载体的混合炸药、含金属粉的混合炸药、高聚物黏结炸药等。

1)以梯恩梯为载体的混合炸药。这类炸药又称熔铸炸药,是以熔融状态进行铸装成型的,其组成主要为两种或两种以上单组分炸药的混合物,有时可加入少量添加剂。但其中必须有一种单组分炸药是梯恩梯作为载体,或与其他炸药形成低共熔物作为载体,以便于熔铸。

2)含金属粉的混合炸药。该类炸药又称高威力混合炸药,由炸药与金属粉组成,通常采用铝粉,因而又有含铝炸药之称。

3)高聚物黏结炸药。这类混合炸药是以高能单组分炸药为主体,加入黏结剂、增塑剂、钝感剂或其他添加剂制成的,种类繁多。目前新型鱼雷装药一般采用高聚物黏结炸药。

这三种混合炸药在美国的代号分别为 TPX 炸药、HBX 炸药、PBX 炸药。每一个代号是一个系列,每个系列又有多种不同的配方。

2.2.4 爆发器

为了保证加工、运输和储存的安全性,鱼雷战斗部的主炸药敏感度很低,必须靠外能起爆,爆发器就是用于起爆主炸药的装置。爆发器由引信和传爆装置组成。引信是适时引爆炸药的装置,引信分为触发引信和非触发引信两种。传爆装置是能量放大器,其作用是将起爆能量转变为爆炸波或火焰,从而引爆主炸药。传爆装置由火工品(雷管或火帽)、传爆药柱及扩爆药柱等组成。一般引信和传爆装置装成一体,总称为爆发器。由于引信是爆发器的主要和关键部分,因此,爆发器有时也称为引信。

1. 引信分类

根据工作原理不同,鱼雷引信可分为触发引信和非触发引信两种。

触发引信是利用鱼雷与目标相碰撞所产生的惯性作用,使其动作,从而将战雷段内的炸药引爆的。由于触发引信结构简单,并且具有很好的抗干扰性,因此,至今仍广泛在鱼雷上使用。但触发引信必须与目标相撞,并且撞击力要达到足够的量级才能工作,因此命中率较低,所以现代鱼雷上除使用了触发引信外,多数鱼雷还同时采用非触发引信。

非触发引信是利用某些物理场工作的,无须与目标相撞,只要在距目标一定范围内(该范围与炸药的作用半径有关)就能引爆。与触发引信相比,其优点是引信作用半径大,命中率高;可使鱼雷在舰艇的薄弱部位爆炸,易于击毁敌舰;鱼雷在较大深度内航行,其隐蔽性有所提高,航行条件得到改善;鱼雷可在与目标舰的任一相遇角上起爆,从而提高了鱼雷的命中率。

2. 触发引信

在二战以前,各国鱼雷上主要使用的是触发引信,其结构虽有不同,但都是利用惯性原理工作的。早期的触发引信为全机械式的,现代触发引信多为机电式的。下面以机电式触发引信为例,简单介绍触发引信的结构及工作原理。

(1) 触发引信的主要组成部分及功用

某机电式触发引信如图2.11所示,主要由开关组件、控制组件、引爆装置三部分组成。开关组件包括引爆惯性开关、水压开关、封存开关。控制组件包括解除保险电机及传动机构、制动微型开关、启动开关(这个开关由电子舱电路控制)。引爆装置包括引爆雷管盒座、金属隔板、起爆药导火索、指状触头。它们装在圆筒形套筒内,并在电路上有相互联系。

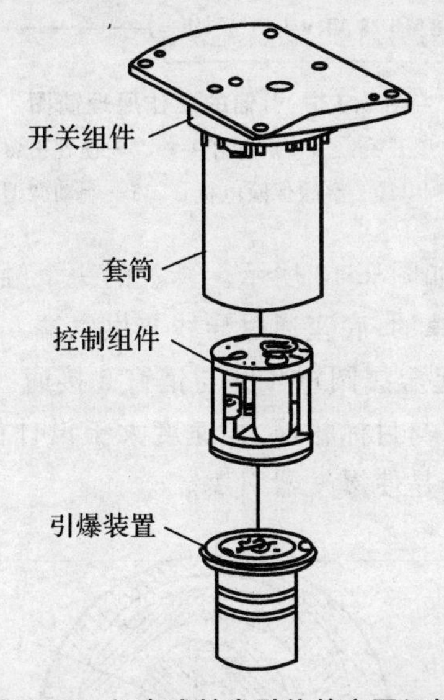

图2.11 机电式触发引信的主要组件

(2) 机电式惯性引信的工作原理

机电式惯性引信的工作原理如图2.12所示。在鱼雷入水后,海水电池产生170V电压,该电压加在爆发器电路接点A和B上,但此时引爆电容器还不能充电,因为此时水压开关3是接通的,电路接地,引信系统处于安全状态。

一旦鱼雷达到预定深度,水压开关断开,引爆电容器开始充电。解除保险机构使电动机启动并使引爆管盒座转动,使两个引爆雷管7与短路分流电路分开,而与引爆电路相连接。两个引爆雷管对准金属隔板8上的盲孔。当鱼雷走完预定航行距离时,接通启动开关4,爆发器处于待发状态。

若鱼雷与目标相撞,则惯性引爆开关5接通,引爆电容器向引爆雷管放电,使雷管爆炸。爆炸波击穿盲孔引起起爆药爆炸,随之引起主装药爆炸。

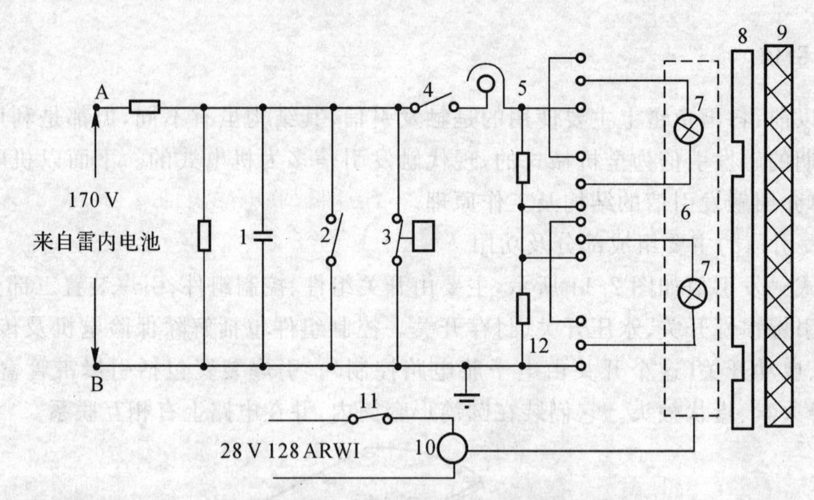

图 2.12　引信的工作原理简图

1—引爆电容； 2—封存开关； 3—水压开关； 4—启动开关； 5—惯性引爆开关； 6—电爆管盒座； 7—电爆管； 8—安全隔板； 9—起爆药； 10—解除保险电机； 11—制动微型开关； 12—并联电路电桥

惯性引爆开关的原理结构如图 2.13 所示。开关的一个触头是个球体 1,它是由弹簧 3 和支座 2 组成的弹性振动底座支撑的,底座通过导线与供电端 6 相连,供电端通过启动开关连接到引爆电容器上。第二个触点是金属圆罩 4 并与销钉 5 接通。销钉与并联电路电桥相连。平时两触点处于断开状态,当鱼雷与目标相撞,加速度大于设计值时,球体的惯性力克服弹簧约束,与金属罩相撞,电路接通,于是使爆发器引爆。

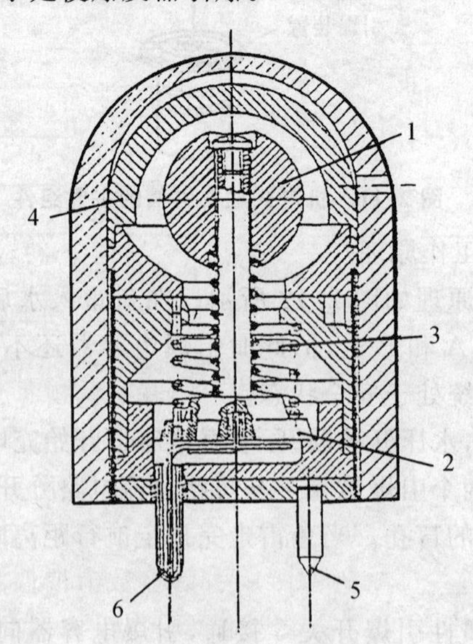

图 2.13　惯性引爆开关

1—惯性小球； 2—振动支座； 3—弹簧； 4—金属圆罩； 5—接地端； 6—供电端

3. 非触发引信

非触发引信是利用船体辐射的物理场信号或引信发射遇目标后返回的信号而引爆鱼雷的引信。根据非触发引信所利用的物理场不同可分为磁引信、电磁引信、水压引信、声引信、光引信等，由于鱼雷的使用环境所限，目前鱼雷主要使用磁引信和电磁引信，因此，下面仅对磁引信和电磁引信进行介绍。

(1) 磁引信

鱼雷的磁引信是以感受目标舰船辐射的磁场信号转换成电信号来工作的。由于磁物理场在海水中不易衰减，磁引信用作用距离较大，因而是水中兵器中应用最早、最广泛的引信。目前世界各国仍在大力发展各种磁性引信系统。

1)工作原理。舰船结构中含有大量的铁磁材料，铁磁材料在地球磁场的作用下产生很大的附加磁场。当有舰船存在时，周围磁场发生变化，磁非触发引信就是以舰船磁场作为信号源来工作的。

一般磁感应引信原理框图如图 2.14 所示。磁引信主要由感应线圈 1、放大器 2、滤波器 3、执行继电器 4、引爆电路 5 及点火装置 6 组成。

感应线圈是一磁传感器，用于敏感目标舰艇引起鱼雷周围磁场的变化，并将感应到的这一变化转换为电信号。感应线圈中感应的电动势为

$$E \approx -\frac{\mathrm{d}\Phi}{\mathrm{d}t} \approx \frac{\mathrm{d}H}{\mathrm{d}t} \tag{2.4}$$

式中，Φ 为磁通量；H 为磁场强度。

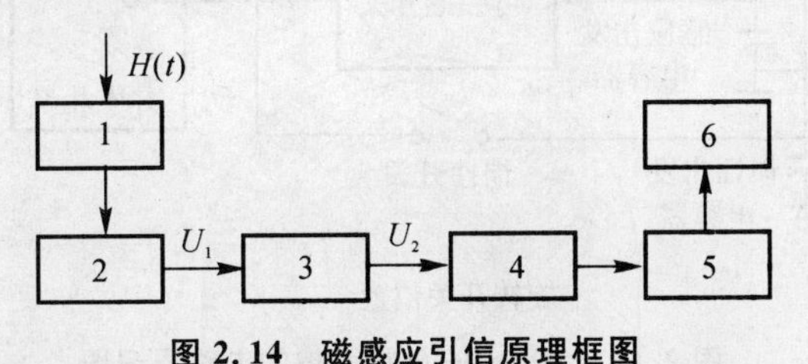

图 2.14　磁感应引信原理框图

1—感应线圈；　2—放大器；　3—滤波器；　4—继电器；　5—引爆电路；　6—点火装置

电压放大器用于放大感应线圈中产生的电信号，并有低频滤波特性，以防止低频干扰。滤波器用于排除高频干扰信号。执行继电器用于将信号送到继电器后，继电器使引爆电路接通。引爆电路用于将电路接通后，使电爆管通电。点火装置用于点燃雷头炸药，此外还有电源装置。

2)鱼雷磁引信的工作原理。目前鱼雷所用引信多数为惯性触发和非惯性触发两用引信(或称两用爆发器)。这种两用引信的点火装置和传爆装置是共用一套，仅是引爆信号分别来自惯性装置和磁感应系统(磁引信)或电磁感应系统(电磁引信)。下面结合 MK—46 鱼雷引

信，介绍磁引信和两用爆发器的工作原理。

MK—46鱼雷用引信由惯性引爆系统和磁感应引爆系统组成。引信的电路原理图如图2.15所示。其中，虚线框内部分和感应放大器及可控硅开关属磁感应引爆系统，其余部分属惯性引爆系统。惯性引爆系统的结构如图2.16所示。

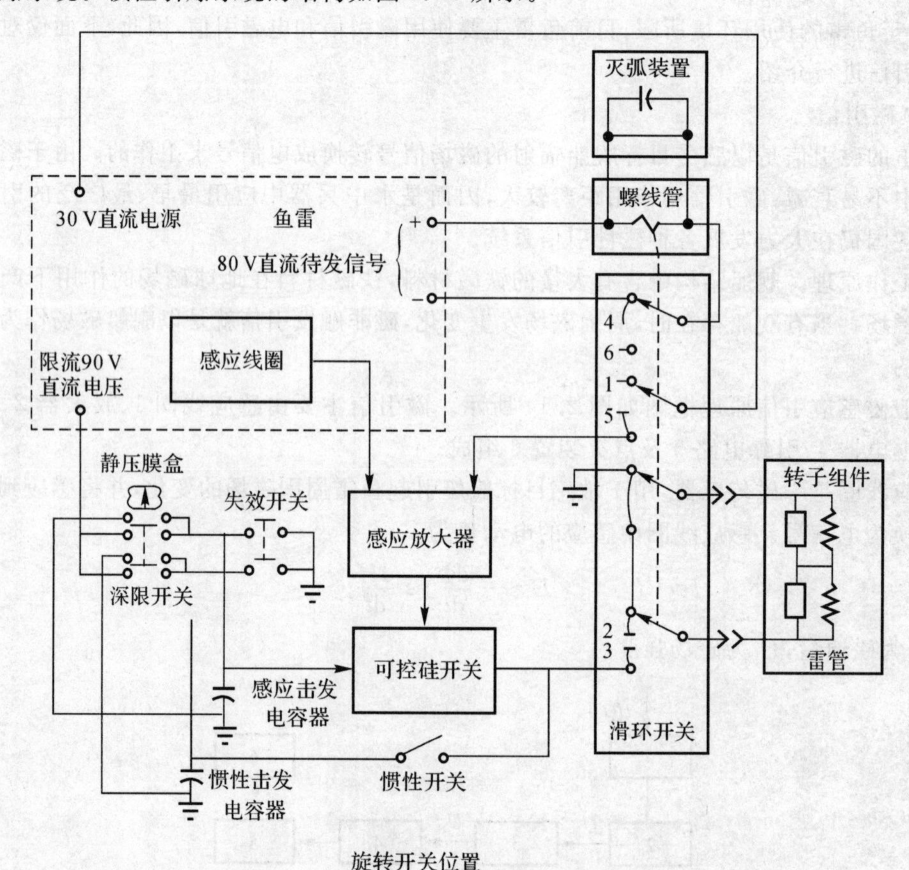

图2.15 MK—46鱼雷引信的电路原理图

引信的工作过程如下：在鱼雷发射以后，当鱼雷航深达到设定的深度时，海水压力作用到膜盒上，从而推动膜盒轴往下运动（见图2.16），膜盒轴压下转子锁定器而使转子解脱管制，也使深限开关与90 V直流电源电路与触发电容器接通，向电容器充电。接着从计算机传来的80 V直流待发信号输入，使待发螺线管转动到90°位置，于是爆发器由安全状态进入待发状态。

在此状态下，滑环开关将雷管接入击发电路，雷管与隔板上的导火线对正，与此同时螺线管电路断开，待发转子被锁住。

爆发器既可由碰撞击发,也可由感应击发。碰撞击发是当鱼雷与目标相撞时,爆发器内的惯性开关闭合。感应击发是当鱼雷在预定的距离之内通过目标时,由鱼雷上的感应线圈产生了感应电压,通过爆发器里的感应放大器加以放大,导通可控硅开关,此开关使感应击发电路接通。两个击发电路都可使击发电容器向待发转子里的雷管放电。这样便使雷管点火,接着引燃在隔板上的导火线,导火线再引爆传爆筒,从而使鱼雷主炸药引爆。

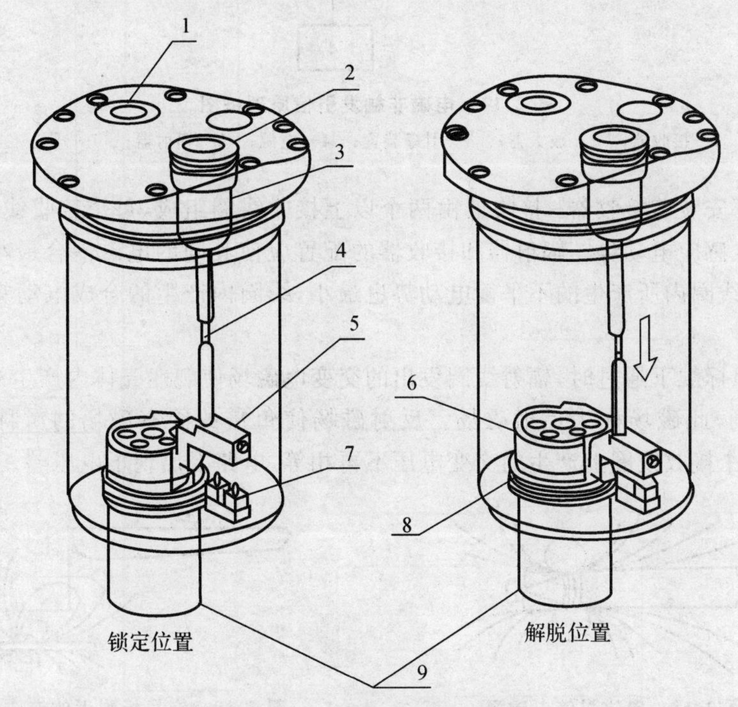

图 2.16　惯性引爆系统结构图

1—安全与待发指示窗口；　2—环境密封装置；　3—膜盒；　4—膜盒轴；　5—转子锁定器；　6—待发转子；
7—深限开关组件；　8—隔板；　9—传爆筒

(2) 电磁引信

1)工作原理。鱼雷电磁引信是由鱼雷自身发出电磁波,当这种电磁波受到目标舰船磁场作用时,电磁场将发生畸变,使引信动作,这种引信也称为主动电磁引信。主动电磁引信的性能稳定可靠,不易受外界干扰。但是,这种引信结构、质量和功率损耗都较大,而且电磁波在水下作用距离短,使用受到一定限制。

电磁非触发引信主要由辐射线圈、接收线圈、放大装置、引爆装置、电源和开关等组成,如图 2.17 所示。

辐射器是用以产生一定频率的交变电磁场的线圈,一般装在雷尾外,不同型号的鱼雷线圈的结构形式不同。当非触发引信工作时,给定频率的交流电通过线圈组,在辐射器周围产生相同频率的交变电磁场。

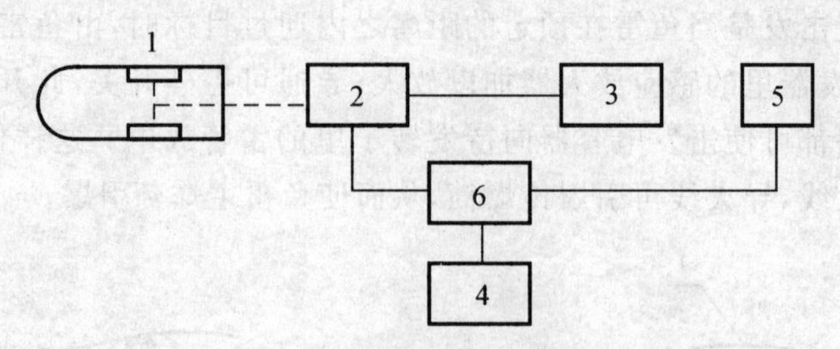

图 2.17 电磁非触发引信原理框图

1—接收器； 2—放大器； 3—引爆装置； 4—电源； 5—辐射器； 6—开关

在鱼雷头部安装着接收器，接收器由两个以上接收线圈组成，每个接收线圈都在交变磁场的作用下产生感应电动势。辐射器和接收器的配置应使其间的电磁耦合最小，当鱼雷未接近目标时，接收线圈内所产生的不平衡电动势也最小，线圈内产生的合成电动势近似为零(见图 2.18)。

当鱼雷在目标舰下通过时，辐射线圈发出的交变电磁场使舰船壳体内产生涡流，此涡流产生可变舰船磁场，此磁场称为反射磁场。反射磁场使鱼雷的固有磁场的对称性破坏(见图 2.19)，因此，每个接收线圈上产生的交变电压不再相等，电路上出现了电压差。

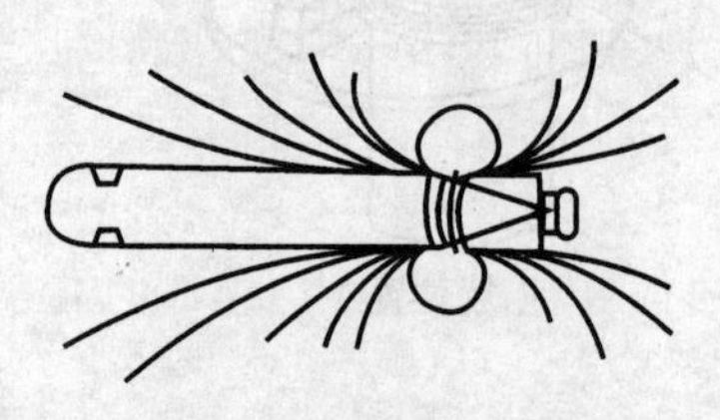

图 2.18 电磁引信电磁场

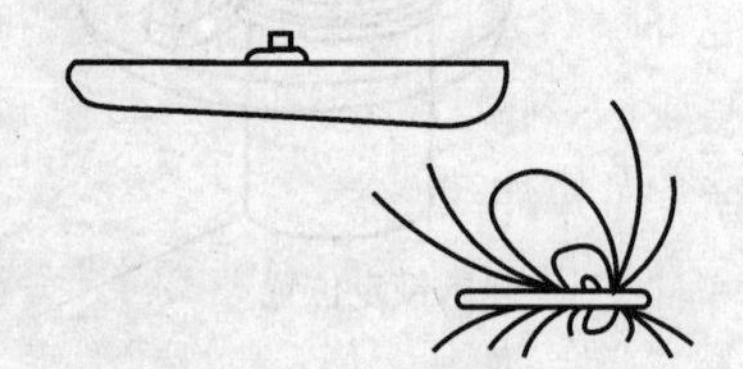

图 2.19 在目标附近的电磁场

放大器用来放大接收器所感应的电动势，并使其变换成点火电路的脉冲信号。放大装置还应有抗干扰的功能。

引爆装置是用以引爆电爆管的装置，包括点火电路、保险装置、电爆管、扩爆药等。经过放大的电信号输出后，执行继电器工作，触头闭合，接通点火电路，点燃电爆管。电爆管起爆后引燃扩爆管，最后引燃战雷头内的炸药。为了发射舰的自身安全，在点火电路内有一个保险装置，其作用是使鱼雷航行一定距离后，才能将点火电路由安全状态转入待发状态。

电源为非触发引信提供所需的各种电源，包括交流电源和直流电源。

开关用以对点火电路进行控制。当非触发引信处于安全状态时，它处于断开状态；当非触发引信处于待发状态时，它处于接通状态。

2)电磁非触发引信的特点。电磁非触发引信的主要优点：工作可靠性高，此种引信与舰船本身的磁状态及磁性无关；引信的动作与海水导电率无关，它在任意海水区的工作都是可靠的;引信工作情况与目标相遇角及速度无关;电磁非触发引信的工作半径比磁引信的工作半径大,而且稳定性高,其动作半径取决于反射物的尺寸和辐射器磁矩值;电磁非触发引信具有很高的抗干扰能力。

但是电磁非触发引信也有一些缺点:消耗能量大;隐蔽性差;对吃水浅的目标动作不可靠;互换性差,必须单独调试各雷的引信,因而引信和鱼雷不能互换。

2.2.5 提高爆炸威力的途径

为提高鱼雷对目标的爆炸威力,最简单的方法是增大装药量,但鱼雷的装药量有限,在鱼雷总体质量分配上必须考虑能量储备和其他机件的质量。因此,必须在炸药的性能、爆炸方式等方面进行研究,以提高鱼雷的爆炸威力。目前用以提高鱼雷爆炸威力的主要途径有以下几种。

1. 研究新型高能炸药

早期的鱼雷采用的是单一的黑火药,以后普遍采用了三硝基甲苯,其爆破威力较低,目前普遍采用的是混合炸药,主要有以下几类:

(1) 高聚物黏结炸药

这类混合炸药是以高能炸药黑索金和奥克托金为主体,加入黏结剂、增塑剂、钝感剂或其他添加剂制成的,种类繁多。例如,目前新型鱼雷装药 PBX 塑性混合炸药。

(2) 含金属粉炸药

现有一种季戊四醇四硝酸酯和水反应物(锂金属或其他金属粉末)组成的混合炸药,爆炸后它可产生大量气泡,具有较高的气泡能。

(3)燃料空气炸药

燃料空气炸药是一种燃料与空气混合的新型炸药,如环氧乙烷气体炸药,其爆破威力可达2.7~5倍 TNT 当量,不过这种炸药要实现在鱼雷上的应用,还须解决起爆问题等关键技术。

2. 提高炸药的装填密度

提高炸药的装填密度,对容积受到极大限制的鱼雷来讲,是有很大意义的。采用先进的工艺,可减少药柱中的空泡、裂缝。将最早使用的注装法改为塑装法,装药密度可由(1.67~1.68)$\times 10^3$ kg/m^{3}提高到1.7$\times 10^3$ kg/m^{3}以上。目前又发展成压装,将装药密度进一步提高了。

3. 改进战雷头外壳设计,提高雷头装药量

战雷头的外壳应在保证耐压强度的条件下,使壳体厚度尽量薄,筋骨数减少,并使雷头容积增大，以增大装药量。此外壳体还可选用可燃的或高温下能发生氧化的塑料代替金属材料，以提高炸药爆破威力，不过需解决长期放置时抗老化等问题。

4. 用定向聚能爆炸装药

定向爆炸技术是世界各鱼雷生产国都在研究并已在鱼雷上应用的新技术。定向爆炸是利用了聚能效应，把其余方向传播的能量都集中到所攻击目标的方向上。定向爆炸有两大特点：一是能量密度高，二是方向性强。在聚能方向上，其能量密度比普通的爆炸能量密度高几十倍。

定向爆炸的药柱结构如图 2.20 所示。药柱前向表面做成锥形空穴状，当这种药柱爆炸时，它的爆炸气体产物会向空穴表面法线方向作扩散运动，并且在空穴轴线上相遇而聚集起来，形成一股聚集的高能气流——射流，故称之为聚能效应。聚能气流沿长度方向各处粗细是不均匀的，把气流的最小截面处称为焦点，焦点离药柱空穴端面的距离称为焦距。在焦点处爆炸产物的密度比一般平面药柱爆炸产物的密度大 4～5 倍。射流的速度很高，其最大值能达 12～15 km/s。

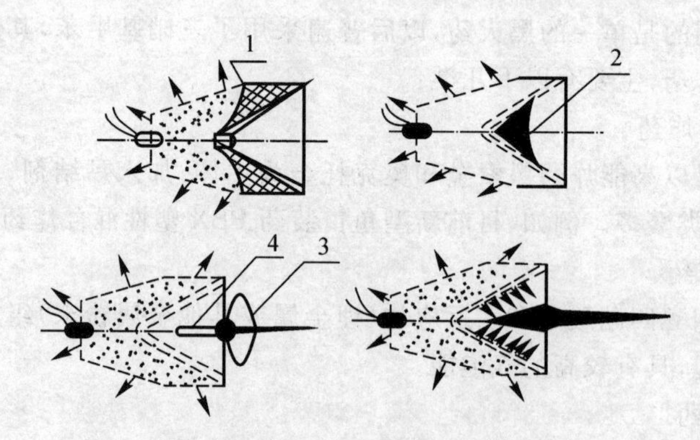

图 2.20 金属射流形成的连续过程

1—炸药稳定爆轰波阵面； 2—金属射流； 3—崩落圈； 4—杵体

为了进一步提高射流的能量，一般在空穴药柱的锥形空穴内表面加一个与锥形空穴内表面紧贴在一起的金属罩，炸药爆炸时的聚集能量就直接作用在金属罩上，金属罩被熔化聚集成高速金属射流。这种金属射流密度很大，其最小值等于金属罩材料的密度，远大于爆炸产物的密度。因为金属射流具有单位面积上能量集中的特点，所以具有很强的穿透作用。

定向聚能爆炸的方法有以下几种方式。

(1) 定向爆炸法

如图 2.21 所示为半球形装药的聚能爆炸示意图。鱼雷内的炸药前端设计成半球形的凹形平面，在炸药末端装有一定数量的引爆装置(4 或 6 个)，前端装上传感器，使传感器数量与引爆装置数量相等，并对应连接。一旦有目标通过，鱼雷上的某个传感器便可感受到目标信号，引爆装置立即动作，首先引爆主炸药，把半球形的凹形曲面破坏。由于爆炸是按最短路线传播的，所以释放出来的能量便向感受到目标信号的方向传播。

(2) 串联战斗部

将战雷段的装药分成A和B两部分，且做成一定形状。如图2.22所示，当鱼雷收到目标信号时，引信Ⅰ先引爆第一部分炸药A，第一次引爆的炸药先冲破潜艇的外壳或其他阻碍物，经过几微秒后，延迟引爆装置Ⅱ再把B部分炸药引爆，这两次爆炸同向。在第一次爆炸摧毁的基础上，第二次爆炸再击穿潜艇的耐压壳体，达到聚能爆炸的目的。这种装药的战斗部也称串联战斗部。

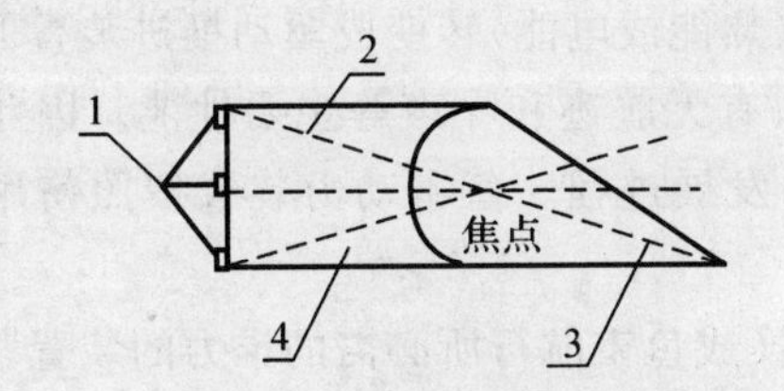

图2.21　半球形装药聚能爆炸示意图

1—引爆装置；　2—作用线；　3—喷射线；　4—装药

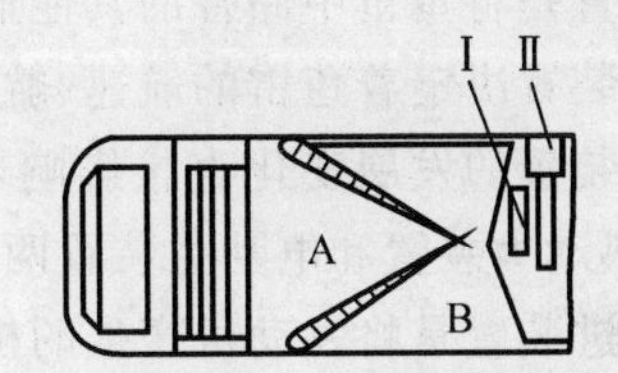

图2.22　双重装药

(3) 定向能量法

这种方法是把战雷头内的装药分成两部分：一部分是炸药，另一部分是金属弹丸或金属碎片。当鱼雷因感应到目标信号或触及目标爆炸时，炸药立即引爆，使金属碎片以相当大的动能向目标射去，进而把潜艇的外壳、中间障碍和耐压壳体击穿并将其击沉。

5. 核装药

采用核装药可以明显地提高对目标的破坏效果。核爆炸所释放的能量，在空间里呈球形向四周传播，利用冲击波、光辐射、电磁脉冲综合作用，对目标进行主体杀伤。核鱼雷是攻击敌混合编队、航空母舰编队及潜艇兵力的最有效武器。目前世界上只有美国和俄罗斯有核装药鱼雷。

6. 其他

(1) 电磁炮(electro magnetic gun)

电磁炮具有高射速(6 000 m/s)、高炮口动能、能量转换效率高、快速反应、破坏效果好等突出特点。如果将电磁炮装入鱼雷中，那么它将成为新一代威力显赫的反潜攻舰武器，它的威力远远超过定向聚能爆破所产生的爆破威力。

(2) 射束武器

射束武器是一种能够瞄准、定向和集束地向特定目标发射激光、亚原子粒子、激波、等离子、声波等束能,从而使目标毁坏或失效的武器系统,因此又称之为定向能武器或能束武器。射束武器是依靠能量高度集中和精确定向两个特点来发挥威力的。

2.3 鱼雷动力推进系统

鱼雷动力推进系统是将鱼雷自身携带的能源转变为推进鱼雷所必需的机械功的系统,是鱼雷的主要组成部分。鱼雷必须依靠动力推进装置才能在水中以一定速度航行。动力推进系统由动力装置和推进装置两部分组成。

动力装置是将鱼雷中储备的其他形式的能(热能或电能)转变成驱动推进装置的机械功的装置。动力装置决定着鱼雷的航速、航程、航深、有无航迹和噪声等主要性能。因此在鱼雷的发展中动力装置的发展变化直接影响着鱼雷的发展进程。鱼雷动力装置按照使用的能源不同,可分为热动力装置和电动力装置两大类。

鱼雷推进装置是将发动机产生的机械能转换成鱼雷航行所必需的推力的装置。目前鱼雷推进器有螺旋桨、喷水推进器、导管螺旋桨和泵喷射推进器等。

2.3.1 鱼雷热动力装置

鱼雷热动力装置由推进剂、能源供应系统、热力发动机等组成。

热力发动机是将热能转换成机械能的装置。鱼雷常用的热力发动机有活塞发动机、涡轮发动机和火箭发动机等。

1. 鱼雷用推进剂

推进剂是指在没有外界氧化剂存在的情况下能自持燃烧(快速放热氧化反应),生成大量高温、高压气体分子的材料。推进剂又称燃料,包括燃烧剂、氧化剂,在许多情况下,也包括用作冷却剂的海水或淡水。

由于鱼雷所处的工作环境和对其性能的要求,对鱼雷推进剂有更高的要求:①具有较高的质量热值和容积热值;②推进剂的密度应尽可能大;③燃烧产物能迅速地溶解于水;④推进剂燃烧时气体生成率尽可能大;⑤推进剂各成分具有化学和物理的稳定性。

(1) 鱼雷使用的几种主要推进剂

鱼雷中广泛使用的推进剂是液体推进剂。下面对常用的一些液体燃烧剂、氧化剂作一简单介绍。

1)燃烧剂。常用的液态燃烧剂有烃类燃烧剂和醇类燃烧剂等。

①烃类燃烧剂(碳氢化合物):包括煤油、汽油、萘烷($C_{10}H_{13}$)、甲苯(C_7H_8)、松节油($C_{10}H_{16}$)等碳氢化合物。

煤油和汽油具有较高的热值，煤油的热值约为 46 054 kJ/kg，汽油的热值约为 46 473 kJ/kg，但煤油密度较汽油大 10%～15%，故就容积热值而言，仍是煤油较好，加之煤油不易挥发、安全性比汽油好，因此在鱼雷中采用煤油作燃烧剂。

②醇类燃烧剂：醇类是指含有碳、氢、氧成分的化合物。鱼雷曾用乙醇(C_2H_5OH)、甲醇(CH_3OH)等作燃烧剂。醇类燃烧剂的热值较烃类低，但因其中含有可形成氧化剂的氧，所以燃烧时所需氧化剂数量可减少，这样，作为推进剂整体来说，其热值并不低。特别是当氧化剂为气态时，此推进剂可提高容积热值。

③液态锂燃烧剂：锂金属在熔化使用时，也作为液态燃烧剂。锂的能量密度和比能(单位质量氧生成的能量)较高，是较理想的燃烧剂。

2)氧化剂。在鱼雷上已使用和可能使用的氧化剂有空气、氧气、液氧、过氧化氢和硝酸等。

①空气：它是一种混合气体，按质量计算氧气占空气总质量的 23%，氮气占近 77%。用空气作氧化剂的优点是经济性好，使用安全。缺点是空气中含有大量不溶于水和无助于燃烧的氮气，造成氧化剂储备增加并且会产生很大的航迹。

②气态氧：采用气态氧作氧化剂时，推进剂质量热值或容积热值都比采用空气作氧化剂时为大，因此鱼雷的推进剂携带量可大大增加。由于氧气与油类及有机物接触会引起爆炸，因此使用时应采取一系列安全措施。

③液态氧：液态氧的密度比气态氧的密度大得多，因此以液态氧作氧化剂时推进剂的容积热值要比用气态氧作氧化剂高得多，但二者的质量热值相同。液态氧沸点低，易于蒸发，需用特别的容器储存，这会给使用带来许多困难。

④过氧化氢：纯过氧化氢极不稳定，在微小的外界因素(如光、热、撞击和其他有机物及某些金属杂质接触)的作用下易分解，甚至爆炸。但由于它的密度大，在鱼雷上曾得到广泛应用。

⑤硝酸：硝酸中含有 76%的氧，是较强的氧化剂。以硝酸作氧化剂的推进剂质量热值和容积热值与以过氧化氢作氧化剂的推进剂发热量相近似。硝酸在常温下呈液体，储存和使用都较方便。硝酸对大多数材料具有腐蚀作用，对储存容器有特殊要求。

⑥HAP：其全名为高氯酸羟胺，纯 HAP 为结晶体，但极易吸湿，一般配成溶液使用，其安全性很好(无毒，且在冲击、枪击时均不爆不燃)，对铜、铝、普通钢及人的皮肤有不同程度腐蚀作用，但陶瓷、聚四氟乙烯、聚乙烯、不锈钢能耐腐蚀。

(2) 单组元推进剂及多组元推进剂

所有推进剂根据其组成和组合状态可以分成单组元推进剂、双组元推进剂和多组元推进剂等。

1)单组元推进剂。推进剂的燃烧剂和氧化剂组合在一起，可放置在同一个存储器内的推进剂，称为单组元推进剂。它可以是几种化合物的混合物，也可以是一种化合物。采用这种推进剂只需一个存储器及输送系统，可以使供给系统简化。

鱼雷上使用的单组元推进剂有过氧化氢和奥托燃料等，此外还有固体火药。固体火药推进剂主要用于喷气鱼雷和超高速鱼雷上。

过氧化氢在分解过程中除产生氧气外，还会产生较大的热量，因此可以作为单组元推进剂。

奥托燃料（OTTO—Ⅱ推进剂）是一种单组元液体推进剂，由76%（质量比）的能源剂（1,2丙二醇二硝酸酯）、1.5%稳定剂（邻硝基二苯胺）、22.5%稀释剂（癸二酸二丁酯）组成。和其他单组元推进剂相比，OTTO—Ⅱ推进剂具有能量密度高、毒性小、便于储存与运输、与材料的相溶性好、安全可靠等特点，早期用于美国的MK—46和MK—48鱼雷，目前国内外有多种型号的鱼雷采用。

2)多组元推进剂。凡燃烧剂和氧化剂在送入燃烧室以前不能混合，必须分开储存的称为双组元推进剂；为了降低燃烧产物的温度，须向燃烧室中加入冷却剂，这样便形成三组元推进剂，也称为多组元推进剂。

早期使用的推进剂多数为双组元推进剂或三组元推进剂。例如，由煤油、压缩空气（或氧气）及淡水（冷却剂）组成的三组元推进剂。

(3)水反应金属燃料

水反应金属燃料是指以能与水反应的金属（镁、铝、锂等）为主要成分，含有少量氧化剂、黏合剂和添加剂等成分的高能燃料。

水反应金属燃料分为液态和固态两种形式。液态形式就是金属化凝胶推进剂，其反应最低温度要求达到700℃，不仅要解决胶体水反应金属燃料与水低温反应的问题，还要解决胶体燃料的输送、调节、反应室的大小和结构以及胶体燃料与水的雾化和混合的好坏等，这样才能保证反应室中反应过程的稳定性以及发动机推力的稳定输出。固体形式是按配方制成固体药柱，困难在于不易控制反应室中水反应金属燃料固体药柱与水反应的稳定性和燃速，而且提高水反应金属燃料固体药柱的燃速和燃烧效率也存在风险。

水反应金属燃料不仅能量特性高，而且具有充分利用雷外海水作为能源的特点，可显著提高燃料单位体积的能量密度。但是，水反应金属燃料与水反应的生成物中具有大量极硬的固体，如氧化铝，不能用于活塞式发动机，对于汽轮机虽然可以允许其工质中存在非气体物质，但应用金属燃料也会面临较大的困难。因此，水反应金属燃料推进系统主要用于鱼雷的喷射式发动机，是超空泡鱼雷最适合的推进剂。

2. 能源供给系统

能源供给系统用于将燃烧剂、氧化剂及冷却剂按一定比例输送到燃烧室中，推进剂在燃烧室中燃烧，产生发动机工作的工质。能源供给系统包括推进剂输送系统、燃烧室及辅助系统。

(1)推进剂输送系统

推进剂输送系统用以将储存器中的燃烧剂、氧化剂及冷却剂按照一定比例送进燃烧室，由推进剂各组元的存储装置、输送管路、各种控制部件等组成。稳定的输送推进剂是保证发动机正常工作的关键。推进剂各组元的输送是采用流体动力方式输送的，其输送方式有挤代式和泵供式两类。

1)挤代式。挤代式是指以具有高于燃烧室工作压力的挤代剂将各成分压入燃烧室中的方式。由于高压的挤代剂能自动进入较低压力的容器内，不需额外的动力，所以能源供给系统简单。但当推进剂消耗量过大时，挤代剂的需要量就会很大，因而挤代剂容器也会很大，这就会占去鱼雷的很多质量和空间，会直接影响鱼雷的性能。

2)泵供式。泵供式是利用泵将推进剂各成分送入燃烧室。用泵供式供给推进剂的特点是容器不承受压力，不需要专门的挤代剂，但必须具有各种泵和泵的传动机构。当推进剂消耗量较大时多采用这种方法。

(2) 燃烧室

燃烧室是用以将推进剂的化学能变为燃气的热能，产生的高温、高压燃气作为发动机的工质的装置，是鱼雷热动力装置中重要的部件之一。

多数鱼雷燃烧室是固定的，固定燃烧室在与发动机对接处易产生燃气泄漏。为了减少燃气的泄漏，在一些鱼雷上采用旋转燃烧室。旋转燃烧室的中心线与发动机的中心线重合，并由发动机轴直接传动而旋转。由于避免了高温、高压气体的密封，而代之以旋转燃烧室头部液体推进剂的常温液体密封，从而提高了密封效果。实践证明，旋转燃烧室的燃烧效率高于固定燃烧室，因而其体积可小于固定燃烧室。

对燃烧室的要求：①燃烧稳定性好；②具有较高的燃烧效率；③燃烧室体积小，结构紧凑；④能迅速、可靠地点火。

燃烧室的结构一般都由燃烧室壳体、燃料供给、雾化、冷却及点火等装置组成，但不同型号的鱼雷由于使用的燃烧剂不同，有较大的差别。下面以单组元推进剂的燃烧室为例说明燃烧室结构。

如图2.23所示是MK—46鱼雷燃烧室的结构图，MK—46鱼雷使用的是OTTO—Ⅱ单组元推进剂。燃烧室做成一个整体，顶部成半球形，球形中央装有燃料喷雾器，燃料经过喷雾器时形成所需要的雾粒。燃烧室壳体用合金钢做成内外套两层，两层之间为冷却水道，海水从顶部进入水道，对内壁进行冷却后从下部流入发动机的缸套四周，对发动机汽缸再进行冷却，最后与废气一同从发动机的内轴排出。在燃烧室的下端还有一接管嘴，它是将燃气通向互锁阀的管道接头，用以打开互锁阀。

在燃烧室的上部还装有点火器(图2.23中未示出)，用以点燃燃烧室内的固体药柱。因为推进剂是由燃料泵输送的，而燃料泵由发动机驱动，所以发动机启动前燃料无法进入燃烧室，为此在燃烧室内装有固体药柱。固体药柱由点火器点燃后，产生的燃气使发动机开始低速运转，此时发动机使燃料泵开始工作，将燃料送入燃烧室内，由正在燃烧的药柱火焰将喷入的燃料点燃。

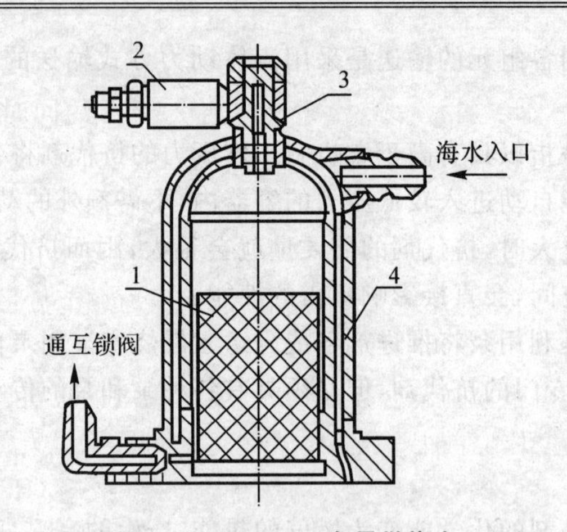

图 2.23　MK—46 鱼雷燃烧室

1—固体药柱；　2—单向阀；　3—喷雾器；　4—壳体

(3) 典型能源供给系统

1)泵供式能源供给系统。如图 2.24 所示为 MK—46 鱼雷的泵供式能源供给系统的结构图。工作时用燃料泵将燃料舱内的燃料送入燃烧室。为了防止在发动机未启动时燃料流入燃料泵和燃料室,在燃料舱和燃料泵之间装有互锁阀,只有在燃烧室点火后互锁阀才能自动打开,使燃料通过。

发动机启动系统由事先装在燃烧室内的固体药柱、点火器及海水电池组成。工作步骤:当鱼雷发射时,海水电池的保险锁被拔出;鱼雷入水后海水进入海水电池,海水电池被激活而产生电流,将燃烧室内的点火器点燃;点火器又将燃烧室内的固体药柱点燃而产生燃气;燃气进入发动机后,使发动机慢速运转,与此同时,燃气也将互锁阀打开;此时燃料泵开始工作,燃料即可由燃料舱送进燃烧室,供给系统进入正常工作状态。

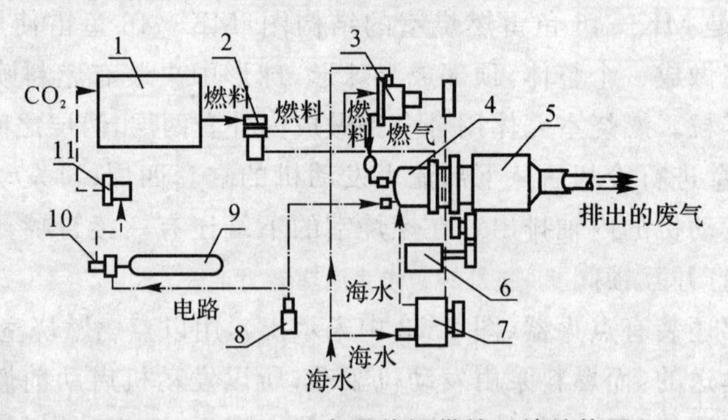

图 2.24　MK—46 鱼雷能源供给系统结构图

1—燃料舱；　2—互锁阀；　3—燃料泵；　4—燃烧室；　5—发动机；　6—变流机；　7—海水泵；
8—海水电池；　9—二氧化碳瓶；　10—电爆阀门；　11—减压器

燃料舱内的燃料持续消耗,使燃料舱内逐渐形成负压,从而燃料供给量逐渐减少,造成发动机功率不稳定。为了避免燃料舱内形成低压，供给系统中还装有气压补偿系统。该系统由CO_2气瓶、电爆活门、减压器等组成。海水电池点燃点火器的同时，也将电爆活门打开，使CO_2气体经过减压器送入燃料舱，使燃料舱内保持一定的压力，因此使燃料供给保持稳定，从而也能使发动机稳定工作。

为了在不同深度航行时鱼雷都能保持稳定的功率，这就要求在不同的航行深度时能向燃烧室供给相应数量的燃料，因此在燃料泵上装有由海水压力调节流量的调节阀，使燃料泵能随着航行深度自动调节供给量。

2)闭式循环系统。随着潜艇航行深度的增大，现在使用的鱼雷开式循环动力装置已难以适应反潜战的需要，因此国外都在加紧研究闭式循环动力装置。美国的MK—50型鱼雷已采用了这种新型的动力装置。它以金属锂(Li)为燃烧剂，六氟化硫(SF_6)为氧化剂，水蒸气为发动机的工质。

这种闭式循环系统的组成简图如图2.25所示。金属锂铸装在锅炉反应器中，在锅炉内有空腔，并装有启动药柱和点火器，液体六氟化硫储存在储箱内。系统启动时，启动电池点燃启动药柱，将金属锂熔化。六氟化硫经调节器以气态流入锅炉反应器，SF_6与熔融的锂发生反应，释放大量的热。产生的热把通过螺线管中的水加热，使水转变为过热蒸汽。其化学反应如下：

$$8Li + SF_6 \rightarrow 6LiF + Li_2S + 热 \quad (2.5)$$

反应器内产生的过热蒸汽送入涡轮发动机内膨胀做功，使转子高速旋转，由减速器减速后带动鱼雷推进器工作。膨胀做功后的废气排入鱼雷壳体内的冷凝器中。废气经雷外海水冷却并凝结成水，然后由供水泵加压后再输入锅炉反应器内，重新加热工作。这样反复循环的工作形成了全过程的封闭循环系统。

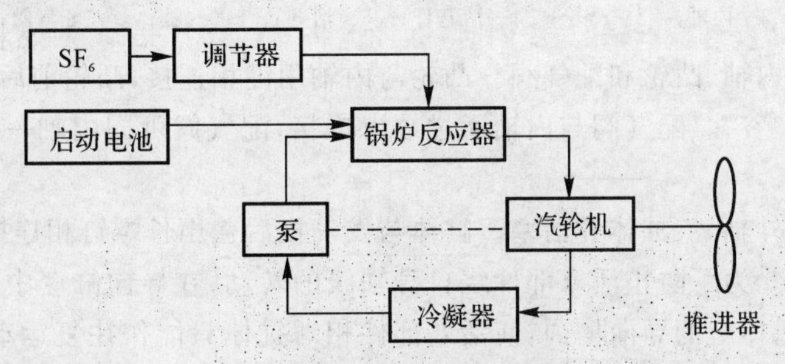

图2.25　闭式循环动力系统

闭式循环动力系统具有以下特点：不向外界排出任何气体，功率和航速不受背压影响，故该系统可在大深度下工作；由于不向外界排出物质，因而无航迹、无排气噪声、无污染；所使用的燃料能量密度高，便于提高鱼雷的航速和航程。

3.鱼雷热动力发动机

如前所述，鱼雷热动力装置按工作原理可分为活塞发动机、涡轮发动机和火箭发动机。

(1)活塞发动机

鱼雷活塞发动机均为外燃发动机,即推进剂在发动机汽缸以外的燃烧室中进行燃烧,生成高温、高压气体作为发动机的工质。工质经发动机配气机构分配进入发动机汽缸,在汽缸中推动活塞做功。发动机的功率传动机构将活塞往复运动转变成发动机主轴的旋转运动,从而驱动鱼雷推进器。汽缸中膨胀做功后的废气,经由配气机构或排气孔道排出发动机。

活塞发动机按其结构特点可分为曲柄连杆式活塞发动机、凸轮式活塞发动机、周转斜盘活塞发动机等。在这三种不同的发动机中,分别是通过曲柄连杆机构、凸轮机构、周转斜盘轮机构将发动机活塞的往复运动转变成发动机输出轴的旋转运动的。

由于曲柄连杆式活塞发动机占用体积大,在鱼雷中布置困难,因此,现代鱼雷设计中多采用凸轮式活塞发动机和周转斜盘活塞发动机。下面介绍这两种发动机的基本原理。

1)凸轮式活塞发动机。凸轮式活塞发动机的工作原理图如图 2.26 所示。凸轮式活塞发动机主要由内轴系统和外轴系统组成。内、外轴为同心双轴,内轴系统与外轴系统可以相对旋转。

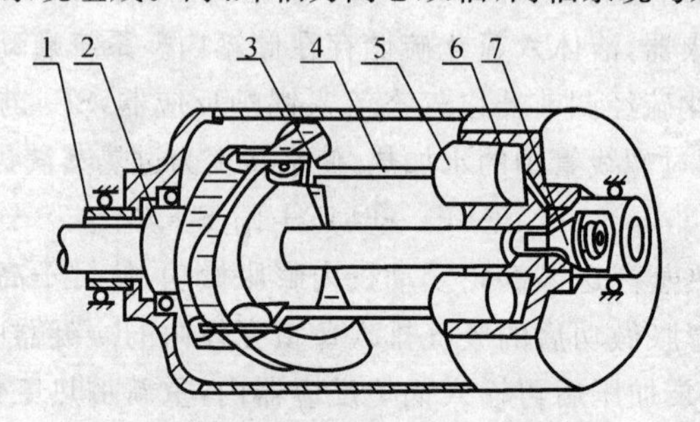

图 2.26 凸轮式活塞发动机的原理图

1—外轴; 2—内轴; 3—凸轮; 4—活塞杆; 5—活塞; 6—汽缸; 7—配气阀; 8—后盖

内轴系统包括内轴、凸轮和配气阀。凸轮与内轴用键相连接,凸轮前后端的环形工作曲面各具有两个“峰”和“谷”。配气阀与内轴通过端齿连接,配气阀可同内轴一起旋转,因此,配气阀也称旋转配气阀。

外轴系统包括外轴、汽缸体和活塞。缸体与发动机后盖用长螺钉相连接,后盖与外轴以螺纹和横向销钉固连。为了防止活塞部件绕自身轴线的转动,在导向缸套中装有活塞部件导向块,导向块嵌在活塞体上的导向槽内,使活塞部件相对缸体只能作往复运动。活塞杆(圆柱形的)的后端装有前、后滚轮,前滚轮为大滚轮,后滚轮为小滚轮,它们分别与凸轮的前、后工作曲面相接触。凸轮式活塞发动机就是通过凸轮和活塞滚轮的作用,实现活塞的往复运动到发动机轴旋转运动的转换的。

由燃烧室来的高压、高温工质在发动机前端引入旋转配气阀,经阀体进气孔和阀座及缸体上的气道孔进入汽缸,活塞在缸内工质压力作用下向后运动,即活塞正行冲程时,经前滚轮施力于凸轮,推动凸轮转动,从而使内轴旋转,并带动鱼雷的后螺旋桨。同时,凸轮对前滚轮施以反作用力,使活塞部件带动缸体与外轴转动,从而带动前螺旋桨转动,且前桨的转向与后桨相反。活塞到达后止点，开始回行冲程。凸轮推动前滚轮使活塞回行，此时活塞做负功。工作后的废气由同一气道孔流到阀体排气槽，在排气槽中与冷却海水相混合，使废气降温，然后一同进入内轴的内孔，最后经过内轴尾端的排气单向阀排出雷体。

发动机还装有润滑系统和冷却系统。润滑系统由滑油和动压吸油器组成，滑油储存在发动机舱内。在内轴轴承和凸轮之间装有动压吸油器，动压吸油器的吸油管口伸在油环内，由于内、外轴反向旋转，润滑油在动压力作用下进入吸油管，对运动部件进行润滑。

冷却系统由海水泵自雷外吸入海水，在分别冷却过燃烧室和燃料泵后从发动机前端的空心轴端面多路引入汽缸的冷水道对汽缸进行冷却。海水经汽缸流出后会合，再经配气阀肩部的进水孔进入配气阀排气槽，在槽内与发动机废气混合，将废气温度降低的同时，一起进入发动机内轴单向阀排出雷外。单向阀的作用是仅允许废气排出，不允许雷外海水进入。

凸轮式活塞发动机结构简单、紧凑，尺寸小，质量轻，具有很大的比功率(体积功率比或质量功率比)。但是，由于发动机工作时凸轮滚轮机构的比压大，易磨损，要求发动机作大功率输出将在结构和材料方面遇到困难，所以凸轮式活塞发动机在大型鱼雷上的应用受到限制。

2)周转斜盘式活塞发动机。周转斜盘式活塞发动机是美国20世纪70年代发展起来的一种新型发动机，已经在MK—48重型鱼雷上获得成功应用。该发动机具有结构简单、紧凑，功率质量比大，背压对发动机功率影响小等特点，适合于大深度、大功率反潜鱼雷使用。

周转斜盘式活塞发动机是一种筒形发动机，其外形为圆筒形，发动机各个汽缸的中心线均平行于功率输出轴的轴线，且汽缸围绕功率输出轴的轴线在圆周上均布，因此又称为轴向活塞式发动机。与传统的平面曲柄连杆机构的活塞发动机相比较，所不同的是功率传动机构为空间连杆结构。根据发动机的缸体是否旋转，周转斜盘式活塞发动机可以分为转缸式和静缸式两类。

①转缸式周转斜盘发动机。转缸式周转斜盘发动机如图2.27所示。它是空间六杆机构，杆1为发动机安装机座，对鱼雷而言，它固连于雷体；杆2为包含斜轴的发动机内轴系统；杆3为周转斜盘；杆4为连杆；杆5为活塞；杆6为发动机缸体和外轴系统。

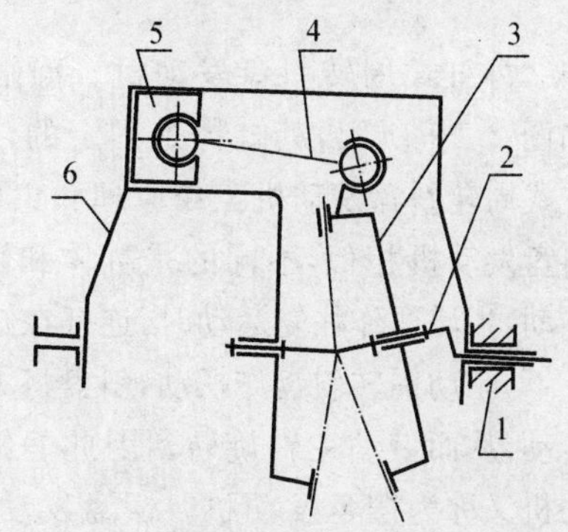

图2.27 转缸式周转斜盘发动机原理图

1—座； 2—内轴系统； 3—周转斜盘；
4—连杆； 5—活塞； 6—外轴系统

转缸式周转斜盘活塞发动机结构如图2.28所示。整个发动机用前、后两个轴承支撑于鱼雷后舱或单独设置的发动机机舱中。发动机由外轴系统和内轴系统两大部分组成。外轴系统主要包括装有配气阀座和各汽缸套的缸体、各活塞连杆组、周转斜盘和外轴。内轴系统主要包括装有斜轴的内轴、配重及由内轴直接驱动的旋转配气阀。内轴系统以内轴前、后轴承支撑于外轴系统的部件上，使内、外轴可以反方向旋转，并实现各汽缸的转阀配气。

周转斜盘与缸体间有一对锥齿轮相啮合。该锥齿轮副组成锥齿轮行星机构，其作用是使同属外轴系统的周转斜盘和缸体的运动相协调，以保持它们之间的正确运动关系，从而使各缸的活塞和连杆能够正常工作；同时，周转斜盘产生的转矩还通过锥齿轮行星机构传递到缸体和外轴。周转斜盘和斜轴之间装有周转斜盘轴承，通过轴承对斜轴作用力矩，驱动内轴旋转，使属于外轴系统的周转斜盘可相对于内轴系统的斜轴作转动。这样发动机工作时，燃烧室产生的燃气通过旋转配气阀(由内轴带动旋转)给汽缸配气，活塞按一定的规律作往复运动，活塞的往复运动通过活塞连杆、周转斜盘、斜轴、锥齿轮等传动机构，转换成外轴系统和内轴系统的旋转运动。转缸式周转斜盘活塞发动机可作为反向旋转的双轴输出。对鱼雷而言，发动机的外轴和内轴可分别直接驱动鱼雷的前、后两个螺旋桨，或双转子泵喷射推进器。

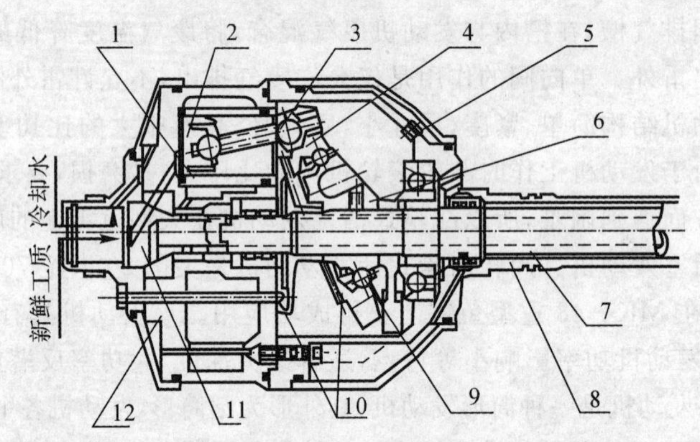

图 2.28　转缸式周转斜盘活塞发动机结构示意图

1—缸套；2—活塞；3—连杆；4—周转斜盘；5—单向阀；6—斜轴；7—内轴；8—外轴；9—斜盘；10—锥齿轮；11—旋转配气阀；12—缸体

②静缸式周转斜盘发动机。静缸式周转斜盘发动机如图 2.29 所示，其缸体是固定的，是空间五杆机构。静缸式周转斜盘发动机工作原理和主要结构与转缸式周转斜盘发动机相似，不同的是缸体和缸套固定于鱼雷壳体不动，当活塞作往复运动时，连杆在缸体上“8”字形导槽约束下，驱动周转斜盘作摆动，斜盘将力矩传递给斜轴，斜轴转动，从而带动主轴旋转。因此静缸式周转斜盘活塞发动机又称为摆盘发动机。摆盘发动机为单轴输出，发动机主轴只能直接驱动鱼雷的单转子泵喷射推进器或单桨，如果通过锥齿轮差动机构进行分轴也可以驱动对转螺旋桨。

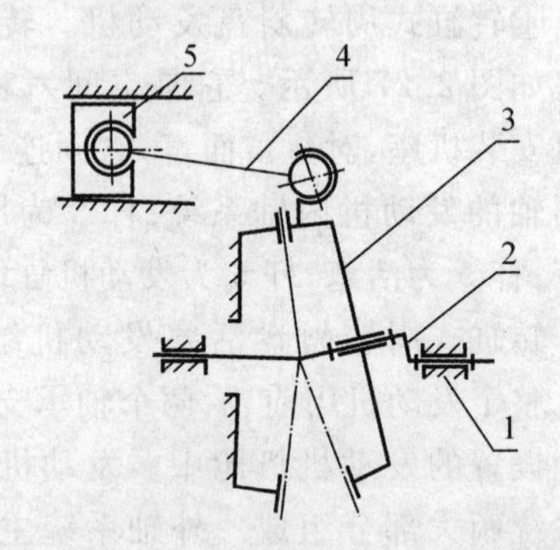

图 2.29　静缸式周转斜盘发动机原理图

1—座；2—内轴系统；3—周转斜盘；4—连杆；5—活塞

静缸式周转斜盘活塞发动机即摆盘发动机的结构如图 2.30 所示。它是以鱼雷后舱为发动机壳体的，发动机通过两个 O 形橡胶圈支撑在鱼雷壳体内。在发动机支撑架和鱼雷壳体上开有安装O形橡胶圈的沟槽,沟槽既能使O形橡胶圈有适当的自由面积,又能使O形橡胶圈有足够的压缩量,保证机舱密封并承受动力装置的径向和轴向负荷,同时O形橡胶圈还起到减振作用。减振是O形橡胶圈的重要功能,此O形圈不是一般的O形密封圈,是按照特殊要求设计制造的。

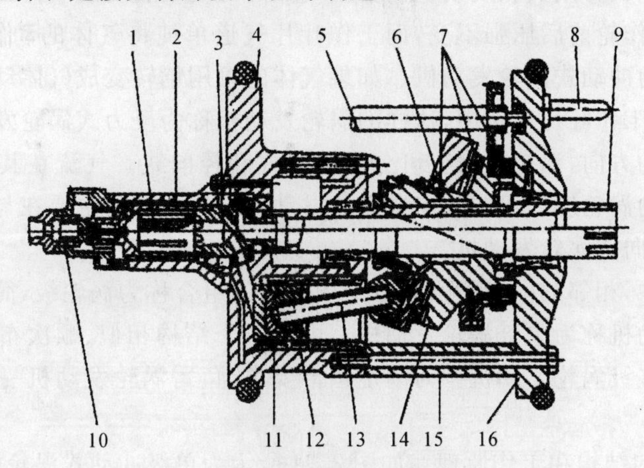

图 2.30 摆盘发动机

1—固体药柱; 2—燃烧室; 3—配气阀; 4—缸体; 5—辅机驱动轴; 6—周转斜盘; 7—轴承; 8—制动销; 9—主轴; 10—端面密封; 11—缸套; 12—活塞; 13—连杆; 14—斜轴; 15—主机套; 16—后端盖

(2) 涡轮发动机

1)涡轮发动机的特性及分类。从20世纪初起,鱼雷涡轮发动机与活塞式发动机几乎平行发展,并已在鱼雷上得到实际应用。采用涡轮发动机作鱼雷发动机时,其能源供给系统与活塞式发动机相同,但发动机的结构与工作原理与活塞式发动机不同。与活塞式发动机相比,涡轮发动机有以下特点:

①涡轮发动机的运动零部件数量少,而且运动件只作旋转运动,因此结构简单、紧凑,质量也轻。

②涡轮发动机是连续进气做功的热机,因此工作过程平稳,并且没有往复运动的零件,不产生惯性力,整机的振动和冲击较小。

③由于上述原因,涡轮发动机能在高速下工作,因此在同样的体积和质量情况下能够发出较大功率,或在相同的功率情况下,可将体积和质量做得更小些。

④由于涡轮发动机没有滑动部分,摩擦损失较小,机械效率较高。

⑤鱼雷涡轮发动机工作转速极高,因此必须通过减速器降低转速后方可传动鱼雷推进器,以保证推进器工作时不会产生空泡现象,而采用齿轮减速器后,会相应增大动力装置的尺寸、质量和发动机工作时的噪声。

⑥虽然涡轮发动机的机械效率较高,但由于其他损失较多,所以总效率不高,因此涡轮发动机的燃料消耗量较大,使得航程较短。

⑦涡轮发动机对背压的变化比较敏感，与活塞式发动机相比，背压改变时发动机的功率和效率变化要大得多，但当其作为鱼雷闭式热力循环系统的主机时，其经济性将优于活塞式发动机。

涡轮发动机可以根据不同的原则进行分类。根据气体势能转变为动能的变换过程可分为冲动式涡轮发动机和反力式涡轮发动机。如果气体的可用焓转变成气体的动能的过程全部在喷嘴中完成，由此工作轮前后压强不变，而工作叶片气道单纯将气体的动能转变为机械能，这样的涡轮发动机称为冲动式涡轮发动机。如果气体的可用焓转变成气体动能的过程不仅发生在喷嘴中，也发生在工作叶片气道中，这样的涡轮发动机称为反力式涡轮发动机。

按照气流运动的方向，涡轮发动机可分为轴向式和径向式。气流在其中主要是沿着与涡轮轴平行方向流动的涡轮发动机叫轴向式涡轮发动机。气流流动主要在与涡轮轴垂直的平面内进行的，则称为径向式涡轮发动机。

在涡轮发动机中，相邻的一组喷嘴和一个工作轮的组合称为涡轮级，简称为级。由一个涡轮级组成的涡轮发动机称为单级涡轮发动机。由若干个结构相似、顺次布置的涡轮级相连接组成的发动机称为多级涡轮发动机。为满足鱼雷要求，鱼雷涡轮发动机一般是轴流式单级或双级冲动涡轮机。

2）涡轮发动机的结构和工作原理。如图 2.31 所示为单级冲动式涡轮机的结构简图，主要由喷嘴和带叶片的工作轮组成。在涡轮机中，借助于喷嘴和装有叶片而旋转的工作轮将气体的可用焓转变为涡轮机轴上的机械功。如图 2.32 所示，从燃烧室流出的高温、高压气体以速度 $\boldsymbol{c}_0$ 进入喷嘴，工质在喷嘴内发生膨胀，其速度由 $\boldsymbol{c}_0$ 提高到 $\boldsymbol{c}_1$，同时工质的温度和压力下降，将气体势能转变为动能。高速气流从喷嘴流出时，气流的速度 $\boldsymbol{c}_1$ 与工作轮旋转平面成 α_1 角。但这时工作轮是旋转的，叶片转动的线速度为 $\boldsymbol{u}$，因此气流以相对速度 $\boldsymbol{w}_1$ 进入叶片，其方向用 β_1 角表示。相对速度即为气流绝对速度与工作轮圆周速度的矢量和。气流在叶片内改变方向，以相对速度 $\boldsymbol{w}_2$ 沿 β_2 角度方向离开叶片。其绝对速度用 $\boldsymbol{c}_2$ 表示，方向与工作轮旋转平面成 α_2 角。

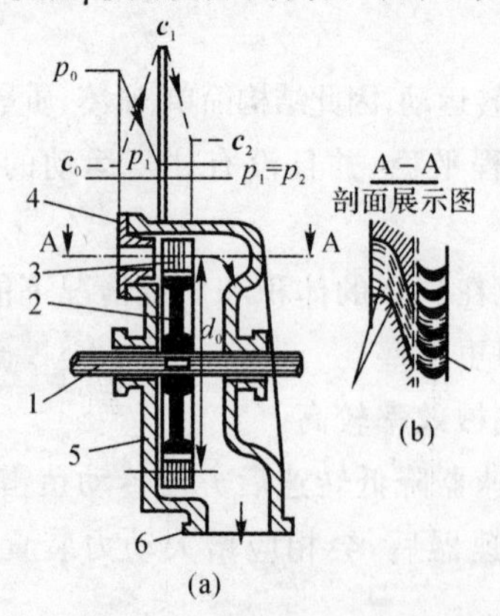

图 2.31　单级冲动式涡轮机的结构图

1—轴；　2—叶轮；　3—动叶片；

4—喷嘴叶栅；　5—汽缸；　6—排气管

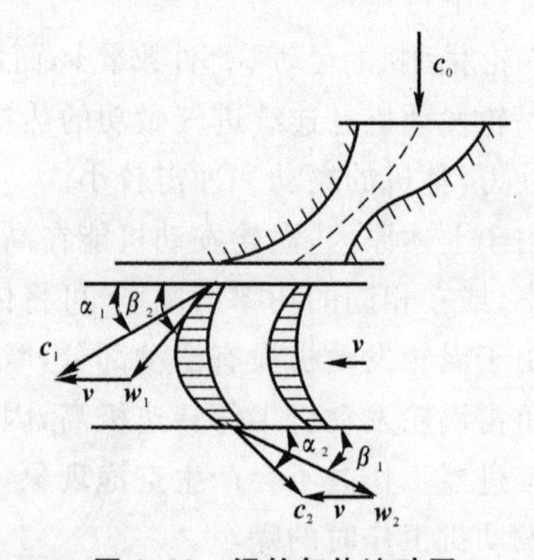

图 2.32　涡轮气体流动图

如图 2.33 所示为二级冲动式涡轮机的结构示意图。工质先在第一级喷嘴中降低压强，提高速度，然后进入第一级运动叶片中，使工质做功，排出的工质再进入第二级喷嘴中，使工质继续降低压强，提高速度，然后进入第二级运动叶片中，使其继续做功，将动能变为机械功。上述二级冲动式涡轮机称为压力二级冲动式涡轮机。

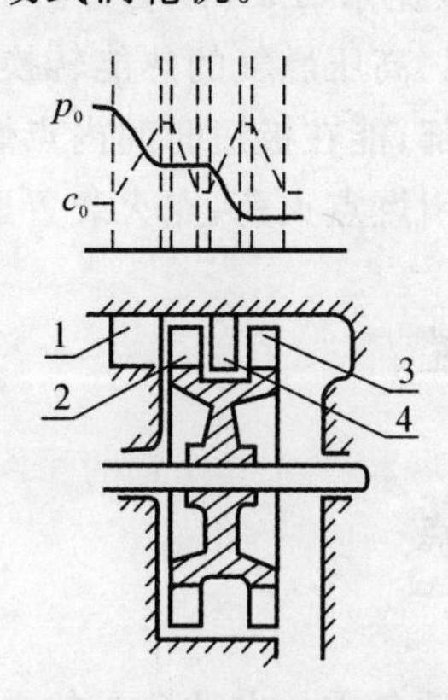

图 2.33 压力二级冲动式涡轮机结构示意图

1—第一级喷管； 2—第一级运动叶片； 3—第二级运动叶片； 4—第二级喷管

(3) 固体火箭发动机简介

火箭发动机分为固体燃料火箭发动机和液体燃料火箭发动机。固体燃料火箭发动机和液体燃料火箭发动机都曾用于鱼雷的水下推进，其特点是推进剂的燃烧产物以极大的速度自火箭发动机的喷管喷出，从而产生反作用力，直接推动鱼雷前进，不需要推进器。火箭发动机结构简单，其质量与容积可减少很多，但在水中的推进效率极低，而推进剂的消耗量大，发动机工作时间短，从而使鱼雷的航程大为减小。因此火箭发动机适宜用于反舰直航空投鱼雷或用于某些鱼雷(如超高速鱼雷)动力装置的启动。

由于固体火箭发动机具有结构简单、可靠性高、使用方便、体积比冲高、加速性能好等特点，所以鱼雷上所用火箭发动机为固体火箭发动机。

固体火箭发动机主要由固体推进剂制成的药柱、燃烧室、喷管和安全点火装置 4 部分组成，其结构如图 2.34 所示。

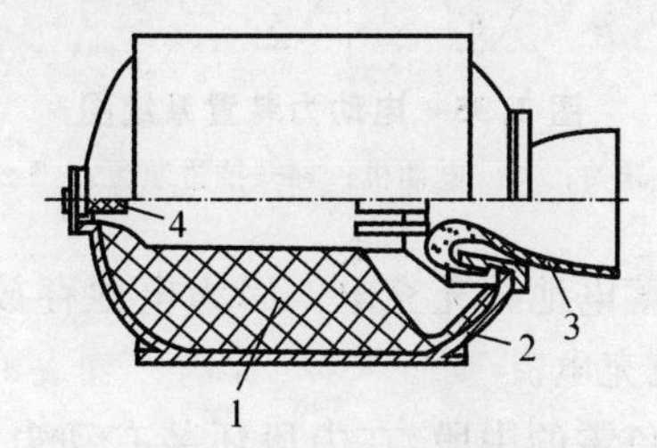

图 2.34 固体火箭发动机示意图

1—药柱； 2—燃烧室； 3—喷管； 4—点火装置

燃烧室是用来储存药柱并使药柱在其中燃烧的部件。燃烧室一般由壳体、内绝热层和衬层组成。壳体必须既能承受燃气引起的内压作用，又能承受外载荷和外部连接件的作用。内绝热层用来对壳体内壁进行热防护。

喷管位于燃烧室尾部，典型的拉瓦尔(Laval)喷管由收敛段、喉部和扩张段三部分组成。喷管是一个能量转换装置，它将高温、高压燃气的热能转换为推进鱼雷前进的动能。

点火装置一般安装在燃烧室头部，能在极短时间内点燃燃烧室中的药柱，使发动机正常工作。为了防止点火装置因偶然因素引燃点火药，点火装置还装有一安全机构。

2.3.2 鱼雷电动力装置

1. 鱼雷电动力装置的组成及特点

(1) 鱼雷电动力装置的组成

使用电动力装置的鱼雷称为电动鱼雷。电动鱼雷的电源一般用蓄电池，利用电动机(简称电机)将电能转变为推进器的机械能。电动鱼雷的动力系统由电源、电动机和动力控制装置等组成，如图 2.35 图所示。

转换开关是用于控制电路的接通与断开的装置。在转换开关上还可以选定在接通电路时所用的速制和自导工作方式等，因此它起着设定与保证安全的作用。转换开关主要是在检查鱼雷时使用，用它将空载情况下的主电路接通或断开以供检查。发射鱼雷前必须先将转换开关置于接通动力电路的位置。

接触器是发射鱼雷时自动将动力电路接通的开关，电路接通后即可使电机运转。此开关有多种结构形式，可用机械传动，也可用气压操纵。

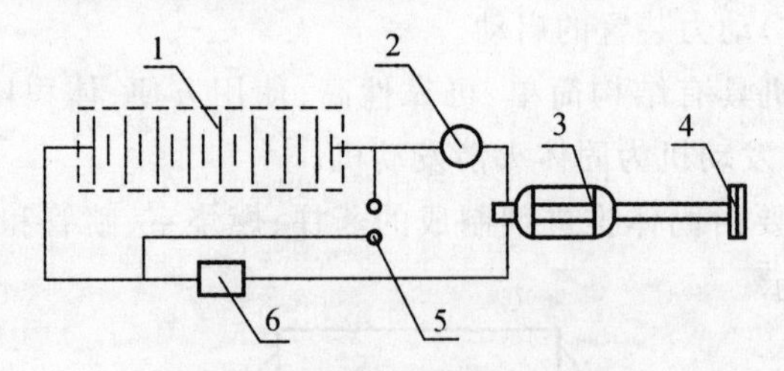

图 2.35 电动力装置系统图

1—蓄电池组； 2—转换开关； 3—电动机； 4—推进装置； 5—充电接头； 6—接触器

充电接头用于从鱼雷外向蓄电池补充充电。因为电池存放时有自放电现象，储存时间过长电压会降低，故必须定期补充充电。

电动鱼雷的电源一般装在鱼雷的中段，在中段还装有动力控制装置仪表。电机则多装于鱼雷后段的前部。

(2) 电动力系统的特点

电动力鱼雷与热动力鱼雷相比,具有以下优点:

1)电动力鱼雷无航迹、噪声小,这不但可以提高鱼雷攻击的隐蔽性和突然性,也有利于鱼雷声自导装置的工作,提高鱼雷搜索和跟踪目标的能力。

2)电动鱼雷其电动机的功率与海水压力无关,因此鱼雷的航速和航程都不受航行深度的影响,有利于实现鱼雷大深度航行。

3)由于电动力装置在工作期间没有燃料消耗,所以在航行过程中鱼雷的质量基本保持不变,不会引起鱼雷重心的变化,这就使鱼雷的航行品质较好。

4)鱼雷的电动力系统容易实现变速,并方便地可给鱼雷中各种设备提供电源,工作可靠,便于使用、维修。

5)电动力系统无废气排出,对环境无污染。

2. 鱼雷推进电机

(1) 对鱼雷电机的要求

鱼雷电机使用条件复杂、工作时间短、启动力矩大,因此对其有一些特殊要求。

1)要求电机在一定的质量和尺寸条件下,具有较大的功率和较高的效率,以达到提高鱼雷速度和增大航程的目的。

2)具有较大的启动力矩,以使鱼雷发射后能迅速达到全速运转,保证初始弹道稳定。

3)电机工作要可靠,以适应电机工作时通风散热条件比较差、湿度大的工作环境,以及各种发射方式的要求等。

4)能满足鱼雷变速的要求,其调速装置要简单、可靠。

5)电机工作时噪声要小。

6)当鱼雷推进器采用对转双螺旋桨时,一般要求用双转电机(即电枢和磁系统都旋转,且转向相反),可不用减速及分轴装置,从而可提高传动效率,并能减小噪声和减轻质量。

(2) 鱼雷推进电机工作原理与结构

鱼雷推进电机的基本原理与普通直流电机原理相同,在此不多叙述。根据鱼雷对电机性能的要求,鱼雷推进电机多采用串励式双转直流电机。随着稀土永磁电机的发展,稀土永磁电机也用作鱼雷推进电机。下面主要介绍这两种电机的特点。

1)串励式双转直流电机。由直流电机的工作原理可知,直流电机工作时,首先需要建立一个磁场,它可以由永久磁铁或由直流励磁的励磁绕组来产生。由永久磁铁构成磁场的电机称为永磁直流电机。对由励磁绕组产生磁场的直流电机,根据励磁绕组和电枢绕组的连接方式的不同,分为他励电机、并励电机、串励电机。他励电机是电枢与励磁绕组分别用不同的电源供电,如图 2.36(a)所示,永磁直流电机也属于这一类。并励电机是指由同一电源供电给并联着的电枢和励磁绕组,如图 2.36(b)所示。串励电机的励磁绕组和电枢绕组相串联,串励绕组中通过的电流和电枢绕组的电流大小相等,如图 2.36(c)所示。

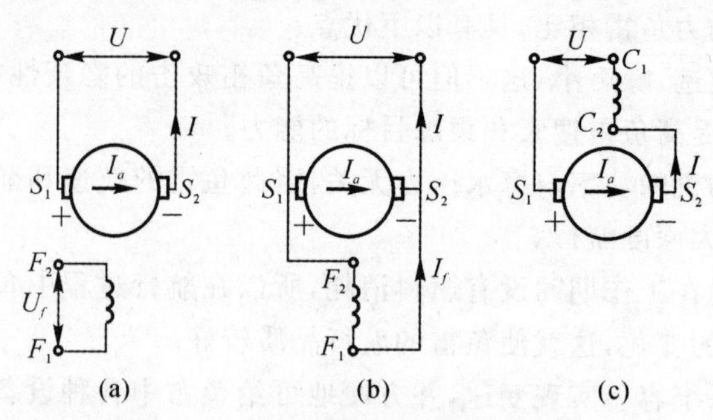

图 2.36 直流电机按励磁分类接线图

(a)他励; (b)并励; (c)串励

根据鱼雷对电机性能的要求,鱼雷电机多采用串励式直流电机,因为这种电机具有以下特点:

①启动时间短,有较大的启动力矩。可保证鱼雷在短时间内即可达到全速航行。

②有较强的过载能力。鱼雷的工作时间一般在 20 min 左右,这样在设计电机时可选取较高的温升和机械负荷,从而使电机有较强的过载能力。

③串励式电机的功率受电压变化影响较小,因此可使鱼雷有较好的运动平稳性。

④串励式电机结构简单,制造容易,成本低。

⑤串励式电机不能空载和小负荷启动。这种电机较适合于潜艇用鱼雷,水面舰艇和空投鱼雷使用时,则须考虑启动问题。

由于鱼雷电机要带动对转双螺旋桨,因此,对转双螺旋桨推进的鱼雷动力电机多为双转电机,也有少数鱼雷采用单转电机。对于鱼雷单转电机,必须经过减速和分轴装置才能带动反向旋转的前、后螺旋桨,因此,噪声比较大。但电机转速可以很高,从而可提高电机的比功率(即电机单位质量发出的功率)。

双转电机是电机的电枢和磁系统可相反旋转的电机。双转电机的电枢和磁系统分别与两输出轴相连,这两轴同心,在两轴上各装一螺旋桨,当电机工作时,则带动前、后两个螺旋桨作反向旋转运动。采用双转电机,不需要减速装置,可提高传动效率,并能减小噪声和减轻质量,但由于磁系统也要转动,双转电机的结构复杂,需要两套电刷和轴承等零部件,并须另装一外壳或支撑架。

近几十年来,随着永磁材料的发展,尤其是稀土永磁材料的相继问世,其磁性能有了很大提高。与电励磁电机相比,永磁电机(特别是稀土永磁电机)具有结构简单,运行可靠;体积小,质量轻;损耗小,效率高;电机的形状和尺寸可以灵活多样等显著优点。因此,鱼雷上的电机也已开始采用永磁体励磁的电机,特别是采用稀土永磁电机。

2)稀土永磁电机。稀土永磁直流电机结构如图2.37所示,一般由电枢、永磁体、机壳等构成。其中永磁体作为磁源,它的性能、结构形式和尺寸对电机的性能有重要影响。

稀土永磁直流电机由于采用了高性能的稀土永磁材料,具有以下优点:

①与励磁式直流电机相比,稀土永磁体替代了励磁线圈,无励磁损耗,从而提高了电机效率,而且稀土永磁体磁性极强,与普通永磁体相比,可以大大缩小磁钢体积,从而使电机体积显著减小。

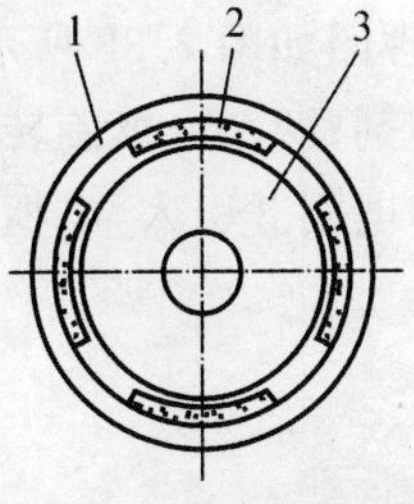

②稀土永磁体的退磁曲线呈线性,回复直线与退磁曲线基本重合,无须进行稳定处理,其工作点可逆,抵抗去磁能力强,宜于在具有强烈去磁的动态条件下工作。

1 2 3

图2.37 稀土永磁直流电机

1—机壳; 2—稀土磁钢; 3—电枢转子

③由于稀土永磁体磁导率与空气相近,电枢反应磁路磁阻明显增大,因此可有效地抑制电枢反应,使电机工作稳定,特性优良。

④稀土永磁直流电机机械特性软,电压调整率小,过载能力强,启动转矩大,加之稀土永磁直流电机时间常数和转子转动惯量小,启动迅速。

(3) 鱼雷推进电机发展方向

1)无刷直流电机。目前,鱼雷上用的电机采用电刷和换向机构进行换向,其固有的缺陷是,鱼雷电机在大电流工作状态下恶化换向,容易烧坏电机,严重阻碍大功率鱼雷电机的发展。而无刷电机就是采用电子线路代替机械接触的电刷与换向器的直流电机,且具有大功率和方便控制,可实现无级调速的优点。同样体积、质量的直流电机如果采用无刷永磁电机,功率可大大提高,而且控制性能会得到很好的改善。特别是近年来现代电子技术、控制技术、信号处理技术发展很快,使得开关型晶体管如高压、大容量、快速可控硅得到成功应用和驱动模块小型化、智能化,为大功率无刷直流电机换向控制线路的可靠性设计提供了良好的技术基础,无换向器电机将成为未来先进的鱼雷推进电机。

2)超导直流电机。超导直流电机要使用超导体作为励磁绕组或电枢。某些物质在某个临界温度下,电阻突然消失的现象,称为具有超导电性,具有超导电性的物质叫超导体。超导体在进入超导状态时,有两个基本特征:一是完全的导电性,即它的直流电阻为零;二是完全的抗磁性,即磁力线不能穿过超导体。超导体内的磁场恒为零。在下述三个临界值之内超导体才能保持其超导状态,即临界温度 T_c、临界磁场强度 H_c、临界电流密度 J_c。超导体在应用时如果温度、磁场强度和电流密度三者之中任何一个超过其临界值,则超导状态被破坏而突然进入正常状态(即电阻不为零和导体内磁场不为零)。这三个临界值,对不同超导体有不同的数值。超导体材料可以是元素、合金以及导电氧化物。

超导磁体是用超导导线绕制的线圈,置于冷却容器内以保持其温度低于它的临界温度。超导导线通常是将很细的超导材料线嵌在基体铜带上的复合导线。冷却容器的冷却剂是液氦,它的液化温度为4.2K,足可保证超导体在其临界温度下。

目前比较成熟的超导电机是单级超导直流电机。最简单的单级超导直流电机是圆盘式的,其原理图如图2.38所示。励磁线圈1是一个螺管形的超导磁体,置于低温容器2内,用液氦做冷却剂;两个电枢旋转圆盘4固定在转轴6上,两圆盘及转轴之间用绝缘材料5隔开,电流从液体电刷3引入,电枢转轴系统工作在常温下。

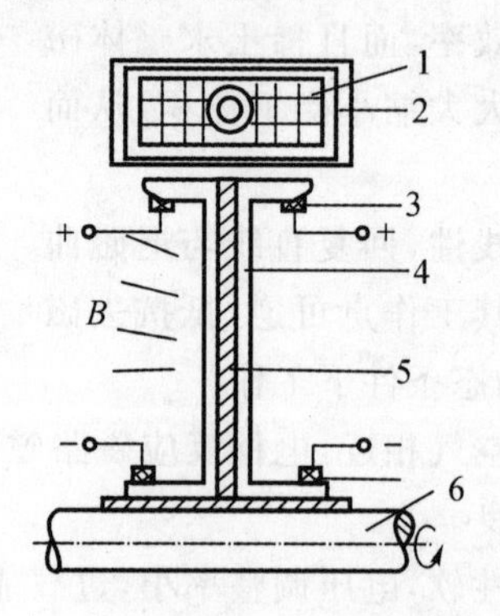

图 2.38 圆盘式单极超导直流电机原理图

1—励磁线圈； 2—真空绝热容器； 3—液体电刷； 4—电枢旋转圆盘； 5—绝缘材料； 6—转轴

超导电机的主要优点:

①极限功率大。普通同步电机由于铜线载流能力限制,单机容量目前只能达到100×10^4 kW,而超导同步发电机单机容量可达到$2\,000\times 10^4$ kW。

②效率高,功率损耗低。超导电机的效率可达98%~99%。

③体积小,质量轻。

因此使用超导电机作为推进电机,不仅可使鱼雷具有高速,而且可以极大地改善鱼雷的续航力。

3. 鱼雷用电池及其发展

(1) 鱼雷用电池的要求

电池是电动力鱼雷上动力装置的主要组成部分,它为推进电机提供能源。电池是将化学能转变成电能的装置,其电能来源于其中所进行的化学反应。电池可分为两类:原电池和蓄电池。原电池是将化学能转变为电能的化学反应,只能进行一次,化学反应是不可逆的,也叫一次电池。蓄电池是将电池中的化学反应做成是可逆的,放电以后可以进行充电的电池,这种电池可以多次使用,又称二次电池。一般战雷多用一次电池,而操演用鱼雷大都使用二次电池。

根据鱼雷动力装置的使用情况,鱼雷用电池应满足以下一些要求:

1)比能量高。比能量是指电池单位质量或单位体积所能输出的电能,单位分别是W·h/kg或W·h/L。由于电池的质量和体积占鱼雷总质量与总体积的比例较大,只有尽可能提高电池的比能量,才能在鱼雷有限的质量和容积下提高鱼雷的航速和航程。

2)比功率大。电池的功率是指电池在一定的放电制式下,在单位时间内所给出能量的大小,单位为W或kW。单位质量电池所能给出的功率称为比功率,单位为W/kg或kW/kg。电池比功率大,表示它可以承受大电流放电。为了保证鱼雷推进电机有足够的功率和启动力矩,其额定工作电流一般在4C(C为电池的容量)A以上,而启动电流又是额定电流的4倍左右,因此要求鱼雷用电池的比功率要大。

3)使用寿命长。在规定条件下,电池的有效寿命期限称为该电池的使用寿命。蓄电池发生内部短路而不能使用,以及容量达不到额定要求时蓄电池使用失效,这时电池的使用寿命终止。蓄电池的使用寿命包括使用期限和使用周期。使用期限是指蓄电池可供使用的时间,包括蓄电池存放时间。使用周期是指蓄电池可供重复使用的次数。

4)价格便宜。

5)使用维护方便。

6)能承受鱼雷使用的条件。

目前电动力鱼雷要得到迅速的发展,关键是要提高电池的比能量和降低电池的成本。

(2) 目前鱼雷用电池

用于电动力鱼雷的动力电池有铅酸蓄电池、镉镍蓄电池、银锌蓄电池、一次银锌电池、镁/氯化银海水电池、镁/铜海水电池及铝/氧化银电池等系列。

铅酸蓄电池和镉镍蓄电池的比能量最低,铅酸蓄电池比能量仅为17 W·h/kg,镉镍蓄电池的比能量约为22 W·h/kg,但因其价格便宜,在早期的电动力鱼雷中得到广泛应用。

银锌蓄电池以锌为负极,氧化银为正极,电解液是氢氧化钾,其比能量为45～60 W·h/kg。该种电池目前主要用于操雷。为解决二次电池加注电解液后寿命短(仅能使用6次)和充电搁置时间短、不适应战备需要的问题,现在各国大都采用一次电池作为战雷能源。一次银锌电池是目前电动力鱼雷用得最多的一种电池,特别是重型鱼雷,几乎都用它。

镁/氯化银海水电池也是目前使用比较广泛的一种战雷用一次电池,主要用于轻型鱼雷。该电池负极是镁合金,正极是氯化银,以海水作电解液,电池采用双极性结构,比能量最高可达130 W·h/kg。

镁/氯化亚铜系列海水电池是主要在俄罗斯电雷上广泛使用的一次海水电池,负极为镁合金,正极为氯化铜,电解液是海水,电池采用双极性结构。在20世纪80年代末期镁/氯化亚铜系列海水电池就已应用到鱼雷动力电池上,其比能量可达150 W·h/kg,价格为同容量银锌电池的1/3。

铝/氧化银电池是以铝合金为负极,氧化银为正极,电解液以固态储存,以氢氧化钠为溶质。该电池是以海水为溶剂的战雷用一次电池,采用双极性堆式结构。铝/氧化银电池是目前在役鱼雷使用的比能量最高的电池,约为银/锌电池的2倍,达140～160 W·h/kg。铝的来源广泛,价格便宜,输出每千瓦时的电能用银量约为银锌一次电池的1/3,电池放电平稳,但辅助系统的结构复杂。

(3) 电池的结构

鱼雷用电池结构分为单体结构和堆式结构。单体结构蓄电池雷同于工业用单体电池,主要由电极板、隔板、电解液及壳体组成。使用时,将多块单体电池通过适当串、并联组成电池组,利用电池支架,装于电池舱壳内。为满足鱼雷电机强电流供电要求,鱼雷动力电池一般为专用电池。采用单体电池其优点是选配组装灵活,电池组结构简单,成本较低;缺点是不利于充分利用鱼雷壳体内的空间。

堆式电池是将电池组的所有电极及电解液装于一个壳体内,一般是直接利用鱼雷壳体作为电池的壳体。堆式电池的优点是结构紧凑,对于同样容积的电池舱采用堆式电池可提高电池的总容量,有利于增加航程;缺点是系统比较复杂。下面以某型鱼雷用镁/氯化银海水电池为例介绍堆式电池的结构。

镁/氯化银海水电池是以镁作负极,氯化银作正极,海水作电解液,其结构原理如图 2.39 所示。

该电池由 146 对正负极板组成。鱼雷发射前,5 和 7 两阀被提到向上的位置,堵住海水的入口和出口。此时保险杆 8 伸出雷体外,被保险销锁住。鱼雷发射时,拔掉保险销,两阀在弹簧作用下处于下面的位置。这时打开海水入口 4 和出口 9,海水经鱼雷下方突出的进水口进入海水分配管 3,最后进入电池,使之在 2 s 内激活而产生电流。鱼雷速度提高后,海水也以较大的流量流进电池内。

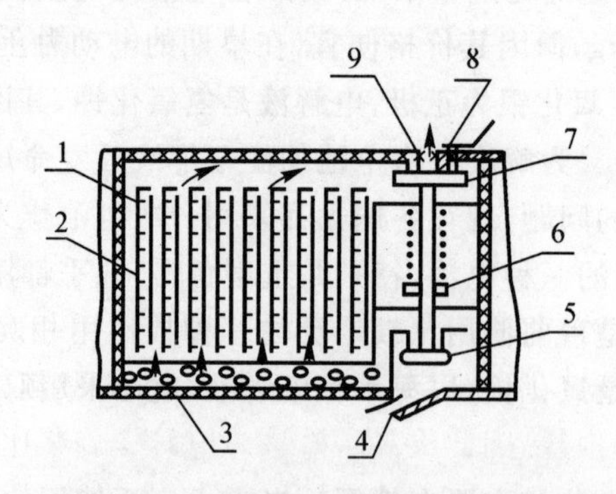

图 2.39 镁/氯化银海水电池原理图

1—负极板; 2—正极板; 3—海水分配管; 4—进水口; 5—进水阀; 6—供水盘;
7—出水阀; 8—保险杆; 9—出水口

(4) 新型电池简介

为适应先进高性能电动鱼雷发展的需要,各国都在探索性能更好、不用银或少用银、价廉的新系列鱼雷电池。由于锂是原子量、密度和电化当量都最小,电极电位最负的金属,因此,若以锂为负极,再配以适当的正极和电解质组成的电池将具有放电电压高、比能量高等特点。因此，世界各国都非常重视锂电池的研究。当前在研或已试验应用的电池有锂/亚硫酰氯、锂/过氧化氢(或水)、锂/氧化银、锂合金热电池等。

我国已研制出锂离子动力电池，在电动汽车上得到了应用。虽然这种电池的比能量已达到120 W·h/kg以上，但由于这种电池的内阻较大，所以只能用于低速鱼雷的动力电池或轻型鱼雷的辅助电池。

2.3.3　鱼雷推进技术

鱼雷推进装置是将发动机产生的机械能转换成鱼雷航行所必需的推力的装置。目前已经使用的鱼雷推进器有螺旋桨、导管螺旋桨、泵喷射推进器、超空泡螺旋桨、喷水推进器和喷气推进器等。

对转螺旋桨是现代鱼雷的主要推进形式，其自身也在不断发展和完善中，因此仍具有旺盛的生命力。泵喷射推进器适用于高速反潜鱼雷，其中多数为热动力鱼雷。导管对转螺旋桨是现代新型鱼雷更为理想的推进装置。今后相当长的一段时间内，对转螺旋桨、泵喷射推进器、导管对转螺旋桨等技术，都将继续得到应用和发展。

1.对转螺旋桨

(1) 对转螺旋桨的特点

对转螺旋桨是指一对分别装在具有同一轴心的外轴和内轴上的正反转推进的螺旋桨装置。对转螺旋桨这种推进方式在鱼雷推进中得到了广泛应用。鱼雷上之所以采用对转螺旋桨，主要是因为与单桨相比，对转螺旋桨有下述优点：

1)对转螺旋桨使螺旋桨工作时所产生的反力矩得到相互抵消，从而大大减小了雷体的横滚现象。

2)一方面，对转螺旋桨的前桨和后桨在运动过程中会产生相互干扰，前、后桨相互干扰的结果改变了整个伴流场，即改变了前、后桨的伴流分布和推力减额分数；另一方面，由于后桨回收了一部分前桨的旋转能量损耗，因此提高了效率。对转螺旋桨比普通螺旋桨可以提高8%～15%的效率。

3)因为对转螺旋桨总的桨叶面积增大，所以在吸收同样功率的情况下，其负荷较单桨为低，有利于避免空泡的发生。

4)在一定负荷下，对转螺旋桨的双桨大约可减小15%的直径。

(2) 对鱼雷对转螺旋桨的基本要求

1)在满足功率的要求下，应保持最大的推进效率；

2)叶片具有足够的强度；

3)结构工艺性好；

4)振动及噪声要小;

5)提高螺旋桨的无空泡转速。

(3) 螺旋桨的几何特性

鱼雷螺旋桨位于鱼雷的尾部,通过推进轴直接由发动机驱动,当螺旋桨旋转时,将水流推向鱼雷后方。根据作用力与反作用力原理,水便对螺旋桨产生反作用力,该反作用力即称为螺旋桨的推力。螺旋桨的推力和效率与螺旋桨几何特征密切相关。

1) 螺旋桨的结构参数。螺旋桨的结构参数如图 2.40 所示。螺旋桨与推进轴连接的部分称为桨毂,桨叶以一定的角度连接于轮毂上。叶片数主要取决于螺旋桨推力的大小,鱼雷用螺旋桨桨叶一般为 2 ~ 7 片。桨叶与轮毂的连接处称为叶根。桨叶的自由端称为叶梢。当螺旋桨开始工作时,叶片首先拨动水的一边称为导边,而水流从叶片脱离的一边称为随边。叶片迎水的一面称为吸力面,叶片的另一面称为推力面。当螺旋桨旋转时,叶梢的轨迹图称为梢圆,其直径称为螺旋桨的直径 D,面积称为盘面积。螺旋桨的推力面为螺旋面。

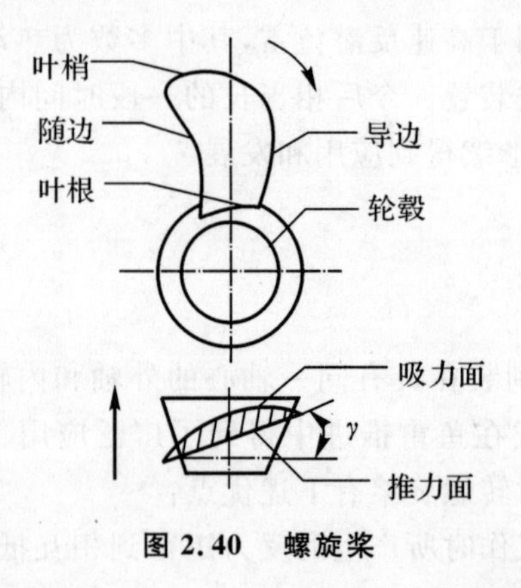

图 2.40 螺旋桨

2) 螺旋面。什么是螺旋面?如图 2.41(a) 所示,有一水平线 AB,匀速地绕线 EE 旋转,同时又以均匀速度向上移动,则线 AB 上每一个点就形成一条螺旋线,由这些螺旋线所组成的面叫做螺旋面。线段 AB 称为螺旋面的母线,它可以是直线或曲线。

展开了的螺旋线与圆柱体底线间的角度称为螺旋角,以 γ 表示,其值可按下式求得:

$$\tan\gamma = \frac{H}{2\pi R} \tag{2.6}$$

式中,H 为螺距。

当母线的圆周运动和直线运动均为匀速运动时,所得到的螺旋面称为等螺距螺旋面。其螺旋线的展开图形如图 2.41(b) 所示,不同半径处具有相同的螺距。

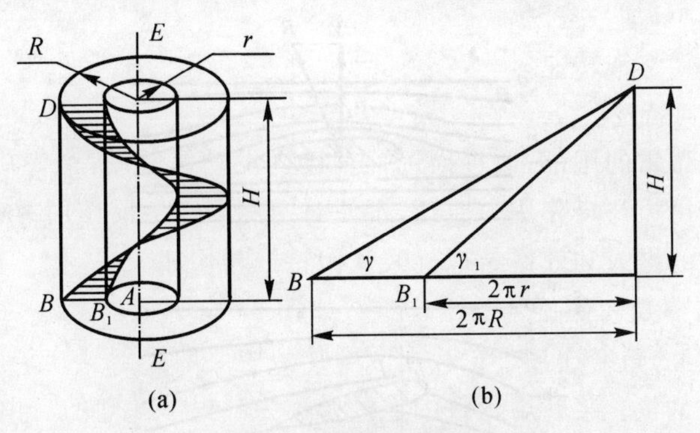

图 2.41 螺旋面的形成

3) 螺旋桨叶剖面。螺旋桨叶是从螺旋面取一部分而形成的。鱼雷螺旋桨的桨叶剖面一般是弓形的,如图 2.40 的阴影部分所示。所谓桨叶剖面就是指用与螺旋桨共轴的圆柱面与桨叶相割后所得到的截面,经展开后得到的形状。桨叶剖面形状由流体动力特性和桨叶的强度确定,由于桨叶承受流体动力的作用,故它必须具有足够的厚度以保证其强度。

(4) 螺旋桨的工作原理

1) 机翼原理。螺旋桨的桨叶截面犹如一个机翼的断面。为了阐明螺旋桨产生推力的原因,首先来分析流体对机翼的绕流情况。

设将一块上凸下平的机翼放于流体中,其流线情况如图 2.42(a) 所示。在机翼附近处流线发生弯曲,在远离机翼上、下一定的距离之外,流线又恢复平直。不难理解,翼面上方的流体速度大于翼面下方的流体速度。设其下部与流体的流速平行(相当于无攻角情况),这时流经机翼下部的流速与截面 a—b 的流速大致相同,因此机翼下部的流体静力 p_3 亦大致与截面 a—b 处的静压力 p_1 相同。由于机翼上部的压力 p_2 小于机翼下部的压力 p_3,所以机翼上、下就形成压力差,该压力差连同流体流经机翼时产生的摩擦力合成一总的流体动力 $\boldsymbol{R}$。可将 $\boldsymbol{R}$ 分成两个分力:一个分力 $\boldsymbol{X}$(平行于流体流动方向),阻止机翼的前进运动,该力称为阻力;另一个分力 $\boldsymbol{Y}$ 垂直流体的流动方向,称为升力。

若机翼的前缘略为向上仰起,如图 2.42(b) 所示,即机翼与流动方向形成一个不大的攻角,则机翼的绕流情况将发生变化,从而使作用于机翼上的流体动力增加。由图 2.42(b) 可以看出,截面 a—b 仍然大于截面 a'—b',因此机翼上部的压力 p_2 小于 p_1。而截面 b—c 则小于截面 b''—c',所以机翼下部的压力 p_3 就大于 p_1,显然,机翼上、下的压力差较之无攻角时的还要大,换句话说,随着攻角的增加,作用在机翼上的流体动力也增加。

机翼的升力还与流体速度和机翼的面积有关。由伯努利方程式可知,流体速度愈大,机翼上、下的压力差愈大,因而升力也愈大。实验证明,升力与速度的二次方成正比;压力差作用的面积愈大,所产生的升力愈大,因此升力与机翼面积成正比。

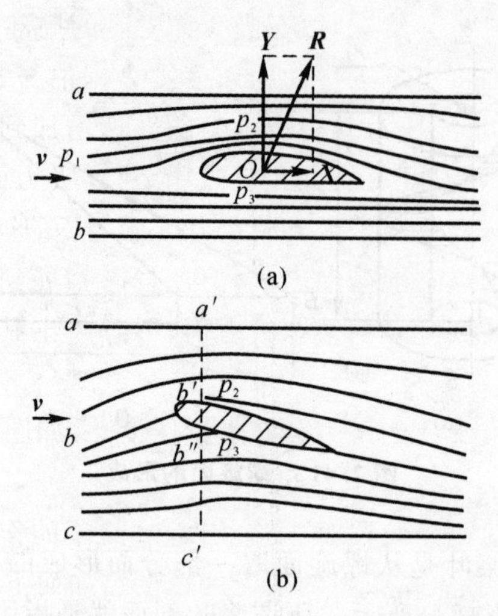

图 2.42　作用于叶片上的流体动力

2）螺旋桨的推力。对机翼产生升力的原因作了分析之后，就可以进一步研究螺旋桨产生推力的原因。可以把桨叶看做是处于攻角为 α_k、速度为 $\boldsymbol{v}$ 的水流中机翼的一部分，作用于这部分机翼上的升力就形成了螺旋桨的推力。

叶元体的运动是由以圆周速度为 $\boldsymbol{\omega}$ 的旋转速度 $r\boldsymbol{\omega}$ 和与鱼雷一起的前进运动速度 $\boldsymbol{v}_s$ 合成的。叶元体运动的相对速度 $\boldsymbol{v}$ 等于上述速度与螺旋桨工作时的诱导速度 $\boldsymbol{u}$（是由于螺旋桨的绕流而产生的速度）的矢量和。作用在叶元体上的力和速度三角形如图 2.43 所示。因此，可以将叶片各部分中的每一部分看做是安放在与来流成一攻角 α_k 的机翼的一部分。在这每一部分上产生方向大约垂直于速度 $\boldsymbol{v}$ 的力 $\mathrm{d}\boldsymbol{L}$。将力 $\mathrm{d}\boldsymbol{L}$ 分解为两个分量 $\mathrm{d}\boldsymbol{T}$ 和 $\mathrm{d}\boldsymbol{Q}$。分力 $\mathrm{d}\boldsymbol{T}$ 指向鱼雷运动方向，而另一个分力 $\mathrm{d}\boldsymbol{Q}$ 指向螺旋桨旋转的反方向。作用在螺旋桨叶片的每一部分上的力 $\mathrm{d}\boldsymbol{T}$ 之和就是螺旋桨的总推力。叶片每一部分的径向分力 $\mathrm{d}\boldsymbol{Q}$ 与其距螺旋桨轴线之距离的乘积之和即是旋转力矩 $\boldsymbol{M}$。

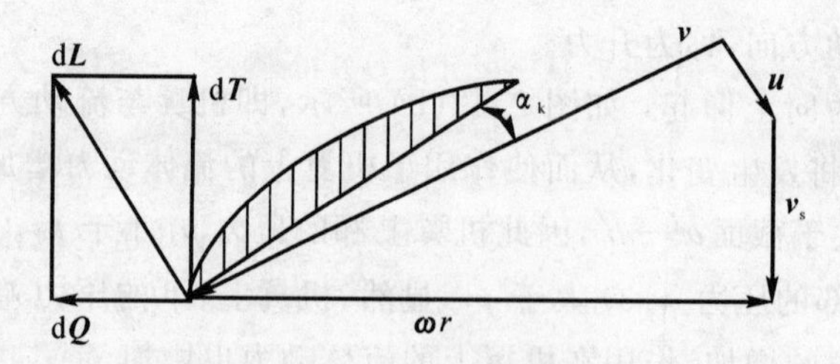

图 2.43　叶片上的作用力及速度多边形

（5）螺旋桨的空泡现象

由流体动力学可知，当水流绕经桨叶时，在吸力面上它的局部速度将大于未扰动的水流速度；在桨叶推力面上其绕流速度将小于未扰动的速度。根据伯努利方程式可以导出桨叶吸力面上的压力将小于未干扰时的水流压力。当螺旋桨的转速增加到某一定值时，桨叶的吸力面上的最大流速处的压力降到该处温度下的饱和蒸汽压力，在吸力面上便会出现空泡。随着螺旋桨转速的继续提高，空泡区域会逐渐扩大到整个叶元吸力面，这就是螺旋桨的空化现象。

空化现象分为两个阶段：如果空泡已经出现，但还没有扩展到叶元的整个吸力面，则属于空化的第一阶段；当空泡已扩展到叶元的整个吸力面，并且越出其边界时，则属于空化的第二阶段。

当产生第一阶段空化时，沿叶元的压力分布发生了变化，如图2.44所示，但它对螺旋桨的作用曲线并不发生影响。

当空泡区域扩大，形成空化第二阶段时，就会引起螺旋桨的作用曲线发生变化，压力分布曲线所包围的面积以及叶元的升力系数将随绕流速度的增加而下降，推力、力矩及效率亦相应下降。因此，必须对空化的第二阶段予以注意，在设计螺旋桨时，掌握发生第二阶段空化时的转数是很需要的，这个转数称为临界转数。如果螺旋桨的转数高于此临界转数，则螺旋桨不可能产生所需要的推力，以保证鱼雷的航行速度。

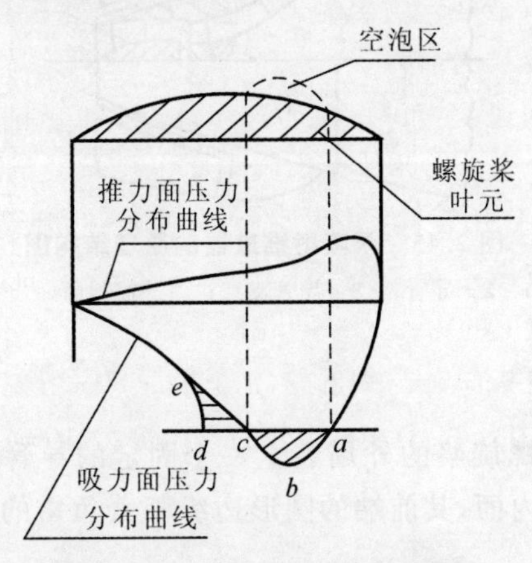

图2.44　叶元压力分布曲线

第一阶段空化虽然不影响鱼雷的工作性能，但在其他方面却会带来不良的影响。一方面，工作在斜流中的螺旋桨，流体流经盘面的速度场是不均匀的，引起空泡内压力变化，螺旋桨转一周，在不同位置空泡周期性地扩张和收缩，形成的气泡振动，从而产生噪声，这种噪声对鱼雷的自导装置将产生不良的影响。另一方面，由于气泡扩张和收缩，对桨叶产生冲击，造成表面破坏，这种现象称为剥蚀。

空泡的形成受到多种因素的影响。这些因素是绕流速度 v、攻角 α_k、螺旋桨的相对厚度 b、桨叶数以及螺旋桨工作深度等。

2. 泵喷射推进器简介

为了降低鱼雷噪声，在进行螺旋桨降噪技术研究的同时，也在研究新型低噪声的推进器。20 世纪 70 年代，美国首先在 MK—48 型鱼雷上采用了泵喷射推进器，主要是为降低噪声设计的。目前，泵喷射推进器在多数鱼雷生产国家中得到了广泛的应用。

鱼雷泵喷射推进器的原理结构图如图 2.45 所示，鱼雷泵喷射推进器主要由多叶片的转子、定子、减速导管等组成。转子的作用是将机械能转变成流体动能，产生轴向推力和力矩；定子的主要作用是平衡转子的力矩，同时又回收转子的切向能量，使离开导管的水流几乎没有切向速度；减速型导管可降低转子的进流速度，使推进器在较低的流速下运动，故可大大改善空泡性能，导管本身还可屏蔽部分辐射噪声。因此，泵喷射推进器的最大优越性就在于它的低噪声性能。但由于泵喷射推进器只有一个转子，能量损耗甚多，所以效率要比对转螺旋桨低，另外，扭矩平衡也是一个值得重视的问题。

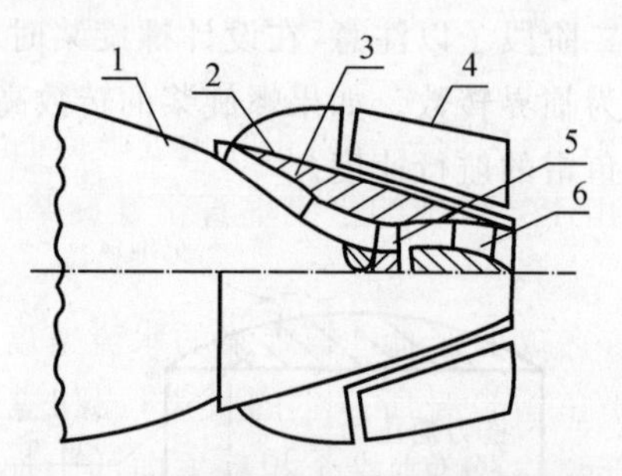

图 2.45 泵喷射推进器的原理结构图

1—鱼雷尾部壳体； 2—导管； 3—导管支架； 4—控制面； 5—转子； 6—定子

3. 导管螺旋桨简介

所谓导管螺旋桨就是在螺旋桨的外周装上一个固定的导管。导管壁的轴向截面呈机翼形。翼形的凸面朝向导管的内面，其前端的圆形边缘朝着鱼雷的运动方向。利用导管可以改变通过螺旋桨的流体速度。

导管分为两种类型：渐扩式导管和渐缩式导管。

使用渐缩式导管，能使鱼雷获得较大的推力，其受力情况如图 2.46 所示。

当螺旋桨工作时，由于其前方水流的收缩，流线便发生偏斜，因此水流便以一定的攻角流向导管壁的截面，根据机翼理论可知，在导管的单元截面上便产生升力 $\Delta \boldsymbol{Y}$ 和阻力 $\Delta \boldsymbol{X}$，其合力为 $\Delta \boldsymbol{R}$。合力可分解成两部分，沿导管轴向的分力 $\Delta \boldsymbol{T}$ 和与轴线方向相垂直的分力 $\Delta \boldsymbol{Q}$，对整个导管而言，各部分的分力 $\Delta \boldsymbol{Q}$ 互相抵消了，它们只对导管起压缩效应，而整个导管各部分分力 $\Delta \boldsymbol{T}$ 的总和则形成导管螺旋桨的附加推力。因此这种导管螺旋桨的推力大于无导管螺旋桨的推力。

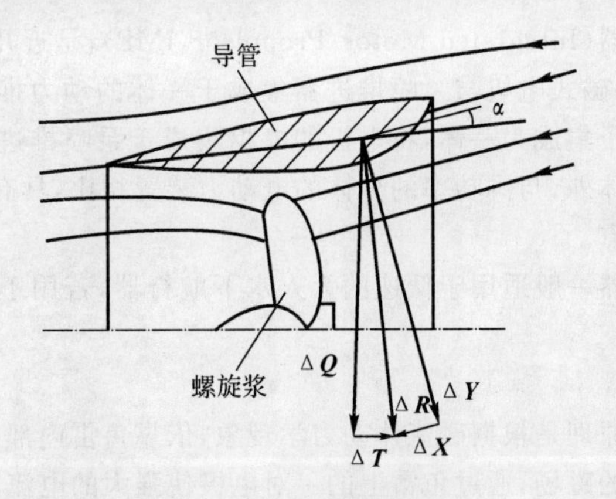

图 2.46 导管上的作用力

由于使用了渐缩导管,增加了流经螺旋桨盘面的水流速度,由理想推进器的效率公式可知,这将提高螺旋桨的效率。

导管与螺旋桨之间的间隙不大,因此导管阻止叶梢处吸力面和推力面上的压力趋向平衡,从而可降低叶片的尖端损失。由于导管中的水流垂直于螺旋桨的盘面,所以可以消除螺旋桨的斜向绕流。

另一种导管是渐扩式导管,它减小了通过螺旋桨的水流速度,增大了该处的流体压力,从而能推迟空泡的过早形成,减小鱼雷自身所产生的噪声,或相应地允许提高发动机的工作转速。这类导管与渐缩式导管相反,通常产生一个相反方向的附加推力。例如英国"鲔鱼"鱼雷便采用了这种渐扩式的导管。

显然,导管螺旋桨较之无导管螺旋桨结构复杂,导管本身具有一定的摩擦阻力及形状阻力等,在设计中应全面考虑。

4. 新型推进器简介

(1) 喷水推进器

"喷水推进装置"是当今高速艇推进的一项新技术。它的基本原理是主机带动一台或数台大流量的喷水泵工作,喷水泵依靠主机传递的机械能,将流入(或吸入)泵内的海水转变为高速水流,通过喷水口向后射出,这股喷射水流产生的反作用力就形成推动船体前进的推力。喷水推进的应用可以避开使用螺旋桨推进时所遇到的轴系布置、传动方式、螺旋桨空泡影响等一系列技术难题,具有结构简单、推进效率高、节能、水中噪声低等优点。喷水推进装置在鱼雷上已有采用。

(2) 集成电机泵喷推进器

集成电机泵喷推进器(Integreted Motor/Propulsor,IMP),是近几年在国外出现的一种新型电动力推进装置,是永磁式电机与泵喷推进器集成于一体的动力推进装置。它将电机的永磁体与泵喷推进器的转子集成为一体,将电机的电枢集成于泵喷推进器的导管内。集成电机推进器整体装于航行器体外,与同功率的分体的电动力装置相比,具有体积小、质量轻、结构紧凑、噪声小、效率高等优点。

集成电机泵喷推进器一般适用于低速的无人水下航行器,若用于高速鱼雷还须解决许多技术问题。

(3) 超导电磁推进器

“超导电磁推进”的原理是根据磁流体动力学现象,依靠鱼雷内部的超导磁体,在鱼雷四周的海水中产生一个强大的磁场,通过鱼雷上的一对电极使强大的电流通过海水,利用强磁场和强电流所产生的洛仑兹力,在鱼雷后部产生一个向后推水的力,使海水从鱼雷运动的相反方向高速喷出,从而推动鱼雷前进。这就是所谓的电磁作用式推进装置(超导发动机)。

超导发动机既没有马达,也没有螺旋桨,没有齿轮,也没有驱动轴。它使电能直接转变成动能,实现了无桨推进,因而整套装置结构简单、质量轻、效率高,且无噪声,更重要的是,它还具有推力大、速度快等优点。

2.3.4 超空泡鱼雷的动力推进系统

1. 超空泡鱼雷对推进系统的要求

超空泡鱼雷的原理是利用启动发动机将鱼雷在水中的航速提高到空化临界速度(通常为50 m/s,或者更高),这时在鱼雷头部安放的空泡发生器的边缘开始出现空泡,为了使空泡进一步扩展成为超空泡,必须向发生空泡的部位注入气体,通过合适的气体填充,空泡逐渐扩大,最后将整条鱼雷裹在气泡中。除鱼雷头部空泡发生器处与水有着直接的接触,鱼雷四周形成一个长度超过雷体本身的超空泡,这样超空泡鱼雷表面的绝大部分接触的不是水而是低密度气泡,使鱼雷航行基本上不受水的黏性阻力的影响,使鱼雷航速有了质的提高。

由于超空泡鱼雷在运动过程中有着不同于其他鱼雷的特点,针对这些运动特点,超空泡鱼雷对鱼雷的推进系统有以下主要要求:

1)超空泡鱼雷能高速运动,而且必须在短时间内达到空化临界速度,这就要求推进系统能提供足够高的推力。

2)超空泡鱼雷的尾部不直接与水作用(包裹在气泡中),传统的螺旋桨不能产生推进力,必须考虑新的推进方式。

3)超空泡鱼雷在航行过程中由于存在尾部气体的泄漏,所以要进行气体的补充,来保证空泡的形状、参数不会发生变化,从而保证鱼雷航行的稳定性。为达到这一目的,推进系统在提供推力的同时,还必须能够起到气体发生器的作用。

2. 超空泡鱼雷推进剂

水反应金属燃料的能量密度很大,使用该类燃料是推进超高速鱼雷的最佳途径。采用水反应金属燃料,鱼雷可以仅携带金属燃烧剂,而作为氧化剂和冷却剂的海水可从鱼雷外部的海洋环境中获取,极大地提高了能源储备量,并且推进系统的整体结构非常紧凑,减少了对鱼雷内部有限空间的占用率。水反应金属在比冲和能量密度上都高于传统的火箭燃料,因此,实现超空泡鱼雷的高速远航程成为可能。

常用的水反应金属有铝、镁、锂等,综合比较几种水反应金属的密度、理论比冲量、能量密度,铝是最好的燃料,而且经济适用。目前世界各国在超空泡鱼雷研究中多采用水反应铝金属燃料。

3. 超空泡鱼雷水反应金属燃料发动机

水反应金属燃料发动机是指采用水反应金属燃料、以环境海水为氧化剂和部分工质的新型动力装置。由于超空泡鱼雷的速度很高,亦即前方海水来流速度很高,可以将该高速海水具备的动压通过减速扩压转换为高静压,直接注入燃烧室进行工作,类似于航空上的冲压发动机,因此,这种水反应金属燃料发动机也称为水冲压发动机。

金属燃料在常温下不能与水反应,要使之与水反应,则先要将其熔化,即在水反应金属与水进行反应之前就需要额外的能量使之熔融,从而导致水下发动机的启动延迟。为克服水反应金属熔点高的不足,可将燃烧剂铝、镁、锂合金按比例加工成粉末,并在金属粉末中加入一定量的氧化剂和适量的黏结剂进行充分混合,按设计结构加工成固体药柱,并在固体药柱的前端镶上启动药,一旦启动药点燃,瞬间熔化药柱端面的金属粉末,熔融的金属与氧化剂进行剧烈的燃烧反应,释放的热量一方面继续熔融金属并使金属与氧化剂持续反应,另一方面使未反应的熔融金属汽化,与喷入反应室的海水反应。当药柱将要耗尽时,适时在燃烧室中加入作为主要燃烧剂的金属铝粉末,使反应继续,从而快速、持续地释放大量热量供推进系统使用。这种启动方法简单、迅速、安全可靠,而且功率可设计得很大,能够实现快速启动,并能在短时间内将鱼雷加速到临界速度。

反应产物固体氧化铝是一种有强韧外壳的生成物,本身不发生反应,也阻止了整个反应继续发生。解决这一问题可以采用旋转燃烧室或人为地使参与反应的海水产生涡流,也称为"涡流燃烧室"。涡流燃烧室即是一个圆形带有喷嘴的容器,铝粉和水沿燃烧器外圆切向喷入燃烧器中,如图 2.47 所示。利用燃烧室旋转或海水涡流的剪切作用,铝粉与反应的海水在燃烧室里高速旋转,将铝粉聚集并产生剧烈摩擦和碰撞,铝粉表面的惰性氧化铝薄膜被擦掉,这些铝与水发生反应,加热铝粒直至其熔化。铝在氧化的过程中发生强烈的放热反应,使海水加热,并以高压蒸汽形式从喷口喷出。

由于水反应金属推进剂能量非常大，配合这种释能的特点，在燃烧室的后面直接接上一个类似火箭发动机的喷口，燃气在燃烧室的作用下形成高温、高压燃气，在收敛扩张的喷管作用下被加速成超声速气流从喷管直接喷入海水，推动鱼雷前进。推进装置总体结构如图 2.48 所示。

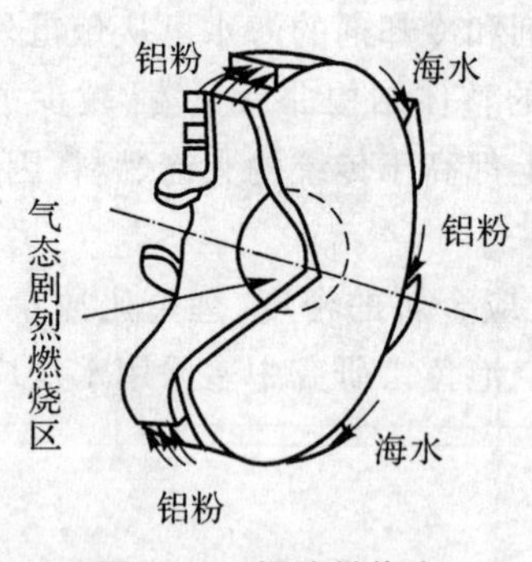

图 2.47 涡流燃烧室

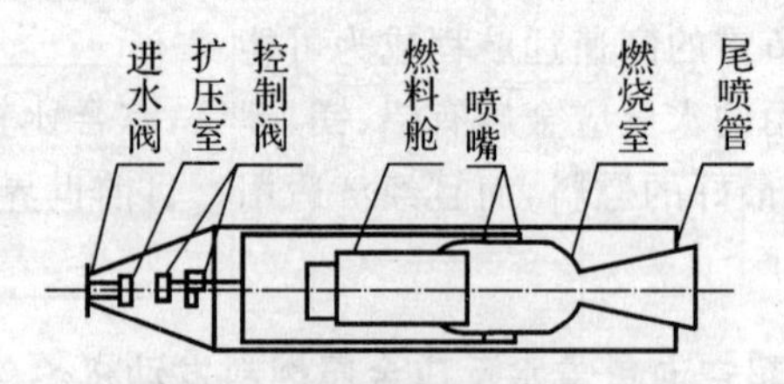

图 2.48 超空泡鱼雷推进装置

超空泡鱼雷摆脱了黏性阻力，但是同时失去了水的浮力，为了保持鱼雷的运动稳定，就需要更大的流体作用力和力矩来平衡重力及重力矩。但超空泡鱼雷航行时绝大部分包裹在气泡中，传统的修正鱼雷运动姿态的鳍、舵无法发挥作用，动力系统必须提供足够的能够改变鱼雷航行姿态的控制力。为此，可以通过改变从尾部喷嘴喷出的气体的方向，产生控制所需的机动力，以达到上述目的。一个方法是在尾部除了布置喷射发动机的喷嘴外，在该喷嘴四周均匀布置若干个直径小得多的辅助喷嘴，辅助喷嘴一方面可使鱼雷从发射的初始态快速进入超空泡状态，另一方面也可通过控制辅助喷嘴沿不同方向有不同的喷气量来形成机动力，还可以利用推力矢量控制技术。除此之外，超空泡鱼雷前端的空化器的流体动力设计，还可以使其产生适当的升力和力矩，以保证超空泡鱼雷的稳定性。

2.4 鱼雷制导系统

2.4.1 鱼雷制导系统的组成及其发展

1. 现代鱼雷制导系统的组成

鱼雷制导系统是鱼雷自动控制系统、自动导引系统和线导系统的总称。早期的鱼雷仅有自动控制系统，后来发展了自动导引系统和线导系统，这些系统是相对独立的。最近几十年，现代舰艇，特别是核潜艇技术有了长足进步，在航行深度和航行速度上都有很大提高，并且采用了多种反鱼雷措施，这就对鱼雷制导系统的性能提出了更高的要求。随着现代科学技术的发展和鱼雷技术的进步，特别是计算机技术的发展，现代鱼雷制导系统向着综合化、数字化、信息化、智能化方向发展，三大系统逐渐融合，形成了现代鱼雷的大回路制导系统。由鱼雷自动控制系统、自动导引系统和线导系统组成的大回路制导系统如图 2.49 所示。

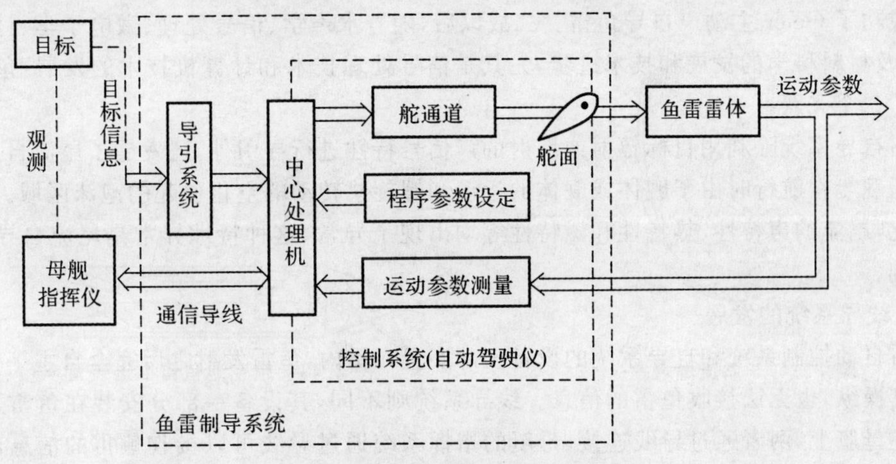

图 2.49　鱼雷制导系统原理框图

2. 鱼雷制导系统的发展

(1) 鱼雷自动控制系统的发展

鱼雷自动控制系统的发展经历了三个阶段：

20 世纪 50 年代以前，鱼雷自动控制系统的结构以机械-气动式(机械式敏感元件和综合放大装置、气动式执行机构)为主；60 年代以后发展了功能更完善的电气式鱼雷自动驾驶仪，如美国 MK—46 鱼雷的自动驾驶仪就利用 2 个摆式加速度计、1 个航向陀螺、3 个速率陀螺和 1 个深度传感器来敏感雷体的姿态、角速率和深度，还采用了晶体管综合放大电路和直流永磁电动舵机，以稳定鱼雷的俯仰、偏航和横滚；自 70 年代末期以来，新设计的现代鱼雷大多采用了计算机控制系统，如英国的“旗鱼(Sptarfish)”、“鲼鱼(Sting Ray)”、美国的“MK—48 ADCAP”、法国的“海鳝”、意大利的“A290”。采用计算机控制系统后，鱼雷控制系统的性能得到了很大程度的提高。

随着科学技术的发展，小型化的捷联惯性导航技术日益成熟，目前鱼雷上普遍采用的导航系统是惯性导航系统(INS，简称惯导系统)，它是一种自主式的导航方法，完全依靠鱼雷自载设备自主地完成导航任务。国外的新型鱼雷都安装有捷联惯导系统，如法国“海鳝”、意大利“A290”、美国的“MK—48 ADCAP”等，更能够适应于战术性精确制导的要求。

(2) 鱼雷自动导引(简称自导)系统的发展

鱼雷自导系统是利用目标辐射或反射的能量发现目标、测定其参量，并对鱼雷进行操纵的系统。以水声场作为控制场的自导系统，称为声自导系统。现役的和在研的自导鱼雷绝大多数是声自导鱼雷。

20 世纪 30 年代前后，世界各国开始研制自导鱼雷。1943 年 9 月德国首先在海战中使用自导鱼雷击沉了英国的水面舰艇。二战末期，美国研制成功了 MK—32 主动声自导鱼雷，德国研制成功了 Geier 主动声自导鱼雷。二战以后，随着水声学、信号处理、微电子学、计算机科学、控制及材料科学的发展和技术进步，尤其是信号处理技术和计算机技术的发展，鱼雷自导技术有了一个飞跃。

鱼雷自导系统除利用目标辐射或反射的声信号特性进行导引外，还发展了尾流自导系统。尾流是指舰艇在航行时由于舰体或舰体的运动和螺旋桨转动的空化引起的泡沫区域。与海水介质相比，尾流的声特性、热特性和磁特性等均出现了异常，这种特性异常是尾流自导系统工作的基础。

(3) 线导系统的发展

鱼雷自动控制系统和自导系统的设备全部安置在雷内，鱼雷发射之后完全自主工作，母艇无法对其操纵，也无法接收鱼雷的信息。线导系统则不同，其设备一部分安装在鱼雷上，一部分安置在母艇上，两者通过导线连接，母艇的指挥系统通过导线可以接收鱼雷的信息，并对鱼雷进行操纵。

二战末期，德国研制了“云雀”线导鱼雷。目前，世界上大型鱼雷多配有线导系统，称为大型线导鱼雷。鱼雷线导系统与发射鱼雷的艇(水面舰艇或潜艇，又称制导站)的遥测和遥控系统共同组成线导鱼雷武器系统，它包括艇上的声呐、指挥控制系统、线导鱼雷显控台、传输导线及其相关部分和雷上线导系统等。由于制导站的声呐作用距离远，所以可在更远的距离上发射鱼雷，实施对目标的攻击；由于武器系统参与工作，所以线导鱼雷具有较强的抗干扰性能；由于线导鱼雷的末弹道为自导系统工作，所以可实现精确制导。

早期线导鱼雷的信号传输导线是铜导线，随着光纤技术的发展，目前鱼雷线导系统一般采用光纤线导。由于光纤具有质量轻、容量大、衰减率低、抗干扰能力强等特点，因此，光纤线导鱼雷系统具有作用距离远、导引精度高等优点。

2.4.2 鱼雷控制系统

1. 鱼雷控制系统的基本原理和组成

(1) 鱼雷控制系统的功能

鱼雷重心运动的空间轨迹称为弹道。根据鱼雷的使命、打击对象、作战海区和主要战术、技术性能等所设计的鱼雷弹道称为战术弹道或基准弹道。鱼雷控制系统的功能就是要保证实现鱼雷研制任务书所规定的各种战术(基准)弹道，控制鱼雷沿着预定的弹道航行，当鱼雷在航行过程中受到不可预知的干扰而偏离预定弹道时,可操纵鱼雷回到预定的轨迹。

(2)鱼雷控制系统的基本原理和组成

鱼雷的空间运动有6个自由度。其中包括重心空间运动的3个自由度和鱼雷绕重心转动的3个自由度。6个自由度的运动可以归纳为纵向运动和侧向运动。纵向运动包括前进运动、爬潜运动和俯仰运动。侧向运动包括侧移运动、偏航运动和横滚运动。用于描述鱼雷空间运动的独立变量,称为鱼雷的运动参数。按照控制参数,控制系统分为航向控制系统、深度控制系统、纵倾控制系统、横滚控制系统等。

自动控制装置和鱼雷按照闭环负反馈原理组成鱼雷控制系统,如图2.50所示,主要由控制装置(自动驾驶仪)和被控对象(鱼雷)组成。控制装置的主要功能是接收设定或指令信号,并接收鱼雷输出的反馈信号(来自于敏感元件或惯性导航系统),再按照事先设计的控制规律对鱼雷发出相应的控制信号,使鱼雷实现受控运动。采用什么类型的控制装置取决于所要控制的鱼雷类型和战术、技术要求,从直航鱼雷到制导鱼雷、智能化鱼雷,它们的控制系统的复杂程度是大不相同的,但其控制装置都由以下4个基本部分组成。

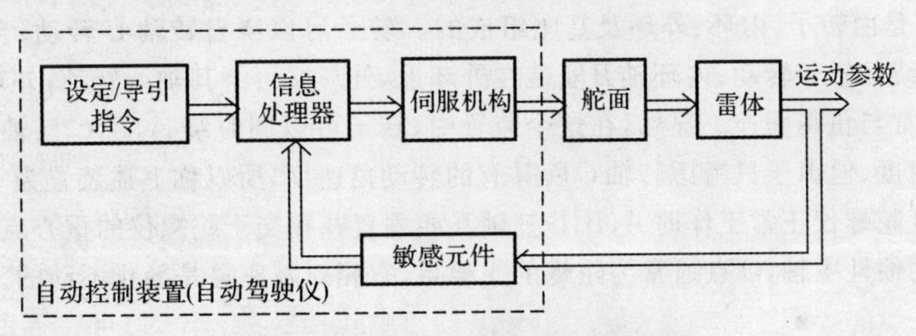

图2.50 鱼雷自动控制系统原理框图

1)设定和(或)指令装置。它发出控制目的要求的指令信号,用以确定鱼雷运动参数的"目标值"。指令信号可以在发射前设定,也可以由自导装置或线导装置在鱼雷航行过程中给出,其物理特征可以是电量、非电量、模拟量、数字量等各种形式。

2)敏感元件。它主要由鱼雷运动参数的测量元件组成,如速率陀螺、加速度计、方向陀螺、垂直陀螺、压力传感器、惯性测量组件、惯性导航系统等,用以测量鱼雷运动参数的"瞬时实际值",并将运动参数转换为便于传递且便于同设定信号、指令信号进行比较的物理量。例如,在电子模拟式深控装置中,用压力传感器测量鱼雷航行深度,并转换成电压信号。一般来说,鱼雷控制装置所用的敏感元件是非电量的电测元件。

3)信息处理器。信息处理器用以对设定信号或导引装置输出的指令信号,以及敏感元件输出的测量信号按控制算法进行综合处理,使其成为符合控制规律要求的控制信号。因此,信息处理器一般又称控制器。现代鱼雷所用的信息处理器可以是模拟电路和数字电路,也可以是微型计算机。

4)伺服机构。将信息处理器输出的控制信号进行功率放大,并推动舵面偏转,控制鱼雷按战术要求的弹道运动,伺服机构也称舵机。

2. 鱼雷控制系统常用敏感元件

鱼雷控制系统的任务是根据战术指标对鱼雷的运动参数加以控制,使其按所要求的规律进行变化。要实现对鱼雷运动的高精度控制,就需要对鱼雷的运动参数进行高精度的测量,因此对鱼雷运动参数的测量就成了实现可靠控制的前提。鱼雷敏感元件的作用就是对鱼雷的运动参数进行测量。通常用航向陀螺测量航向角 ψ,用垂直陀螺或摆式加速度计测量姿态角 θ, ϕ,用单自由度速率陀螺测量 $\dot{\psi},\dot{\theta},\dot{\phi}$,用压力传感器测量深度 Y_e。

(1) 陀螺仪

所谓陀螺,从力学的角度讲是指绕自己的对称轴高速旋转的对称物体。将陀螺用专门的框架系统支撑起来,就构成了陀螺仪。陀螺仪分为单自由度陀螺仪和双自由度陀螺仪,前者可用于测量旋转角速率,后者可用于测量角位移。陀螺仪是用于鱼雷控制系统的重要测量元件。

1) 双自由度陀螺仪。双自由度陀螺仪是指自转轴有两个自由度的陀螺仪,其结构如图 2.51 所示,它是由转子、内环、外环及基座组成的。转子可以绕自转轴 C 转动;自转轴安装在内环上,可围绕其轴 B 转动;内环轴 B 安装在外环上,外环又可绕其轴 A 转动;外环轴安装在基座上,基座通常与鱼雷固连。显然,在这个装置中,转子可以同时绕 A,B,C 三轴转动,即转子具有三个自由度,但由于只考虑转轴 C 所具有的转动角速度,所以称上述装置为双自由度陀螺仪。双自由度陀螺仪正常工作时 A,B,C 三轴互相垂直并相交于陀螺仪的重心点 O,且 A,B,C 三轴是转子的惯性主轴,O 点通常为陀螺的支架点,它相对基座总是静止不动的。

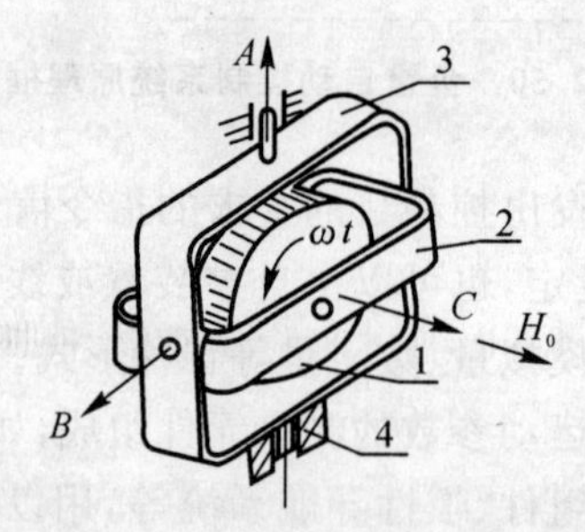

图 2.51 双自由度陀螺仪示意图

1— 转子; 2— 内环; 3— 外环; 4— 基座

高速自转的双自由度陀螺仪具有一些特殊的性质,对其基本特性简述如下:

① 定轴性。当陀螺仪转子高速自转时,如果陀螺仪不受外力矩作用,则其转子轴指向惯性空间的方向不变。

② 进动性。当陀螺仪高速自转时,即有动量矩 $\boldsymbol{H}_0$,若受到外力矩 $\boldsymbol{M}$ 作用时,转子轴将转动。如果施加沿内环轴方向的力矩,转子将绕外环轴转动,如图 2.52(a) 所示;如果施加沿外

环轴方向的力矩，转子将绕内环轴转动，如图 2.52(b) 所示。当所加力矩为常值力矩时，转子做匀速转动。高速自转陀螺仪的这种运动称为进动，这种特性称为陀螺的进动性。

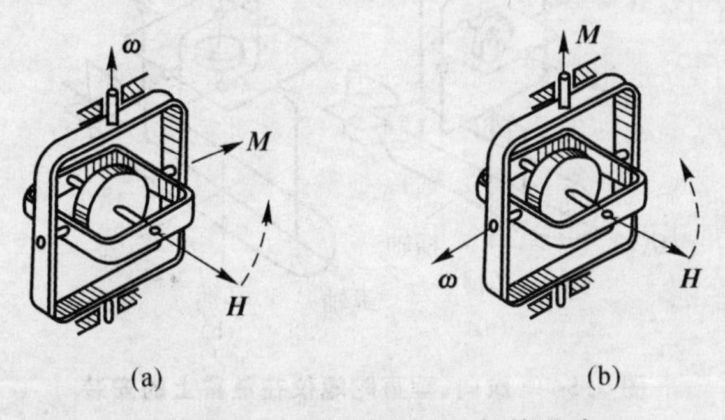

图 2.52　外力矩作用下陀螺的进动

进动角速率 $\boldsymbol{\omega}$ 的方向，取决于动量矩 $\boldsymbol{H}$ 和外力矩 $\boldsymbol{M}$ 的方向，如图 2.53 所示。它可用右手定则来判断：从角动量 $\boldsymbol{H}$ 沿最短路径向外力矩 $\boldsymbol{M}$ 的右手旋进方向，即为进动角速率 $\boldsymbol{\omega}$ 的方向。若用矢量表达式表示，则为

$$\boldsymbol{M}=\boldsymbol{\omega}\times\boldsymbol{H} \tag{2.7}$$

进动角速率 $\boldsymbol{\omega}$ 的大小，取决于动量矩 $\boldsymbol{H}$ 和外力矩 $\boldsymbol{M}$ 的大小。其计算式为

$$\boldsymbol{\omega}=\frac{\boldsymbol{M}}{\boldsymbol{H}} \tag{2.8}$$

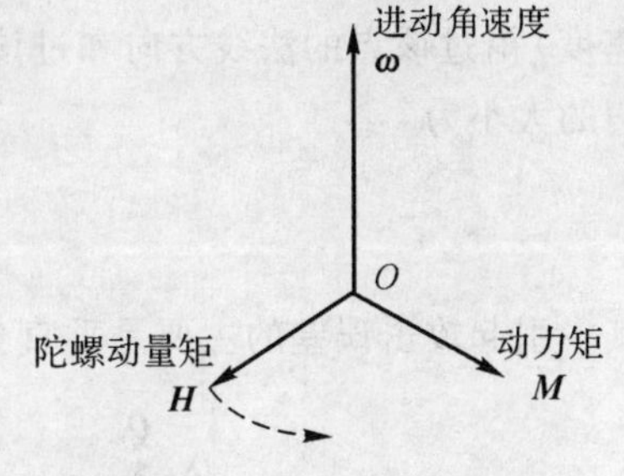

图 2.53　陀螺的进动方向

③ 章动性。高速自转的陀螺仪，当受到冲击力矩作用时，转子轴将在原来位置附近振荡，这种现象称为章动。转子的旋转角速度愈高，这种振动的振幅愈小，频率愈高。由于摩擦作用，这种章动现象会衰减下来。

双自由度陀螺仪的基本特性，可以通过实验观察到，也可以根据动量矩定理对定轴性和进动性进行分析(由于篇幅有限，在此不作分析)。

利用双自由度陀螺仪的定轴性，可测量鱼雷在航行中的航向角。假定高速旋转的转子自转轴在空间的指向为鱼雷预定的航向，则鱼雷偏离航向时，由于定轴性自转轴仍指向预定航向，陀螺仪基座(即鱼雷) 相对外环轴便有转动，转动角度的大小和方向即为鱼雷偏离预定航向的大小与方向。将此方向偏差通过敏感元件测量出来变成控制信息。此外，双自由度陀螺仪还可以用来测量鱼雷的俯仰角及横滚角，只是陀螺仪在鱼雷上的安装方位不同，应使陀螺仪外环轴与被测转角的旋转轴相平行，如图 2.54 所示。

但实际上，陀螺仪的自转轴在不受任何干扰力矩的条件下只能指向惯性空间某一固定方向，因此使用鱼雷航向陀螺仪必须注意地球自转的影响。因为地球以每 24 h 旋转一周的角速度绕地轴自转，即地球相对惯性空间的位置是变化的，所以当观察者站在地球上观察时，高速

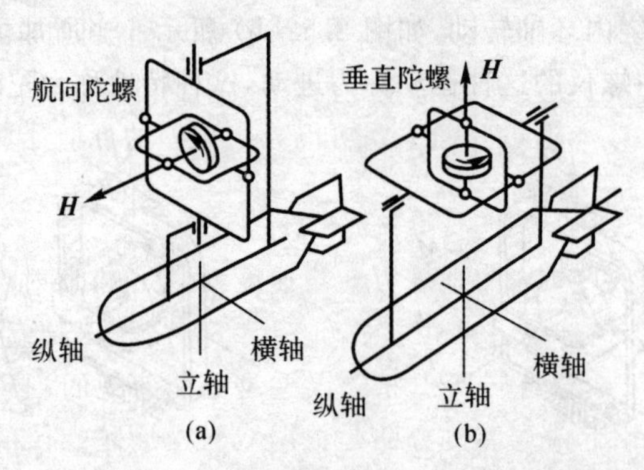

图 2.54 航向、垂直陀螺仪在鱼雷上的安装

自转陀螺仪的转子轴相对地球的位置是变化的。这种现象称为陀螺仪的表观现象。

鱼雷攻击的是地球表面上的目标，航向控制系统是以陀螺仪转子轴确定的方向为参考基准的。如果用不加调整的陀螺仪导航，由于陀螺仪的表观现象，将会带来射击误差。如图2.55所示，A 点是地球上的任一点，其经度是 λ，纬度是 L，将 A 点的旋转角速度 $\boldsymbol{\Omega}_{\mathrm{E}}$（即地球自转角速度）沿过该点的法线方向和过该点子午线切线方向分解成垂直分量 $\boldsymbol{\Omega}_{\mathrm{EV}}$ 和水平分量 $\boldsymbol{\Omega}_{\mathrm{EH}}$，它们的大小为

$$\left.\begin{aligned}\Omega_{\mathrm{EV}} &= \Omega_{\mathrm{E}}\sin L\\ \Omega_{\mathrm{EH}} &= \Omega_{\mathrm{E}}\cos L\end{aligned}\right\} \tag{2.9}$$

其中引起攻击误差的主要是垂直分量 Ω_{EV}。下面分析产生误差的大小。

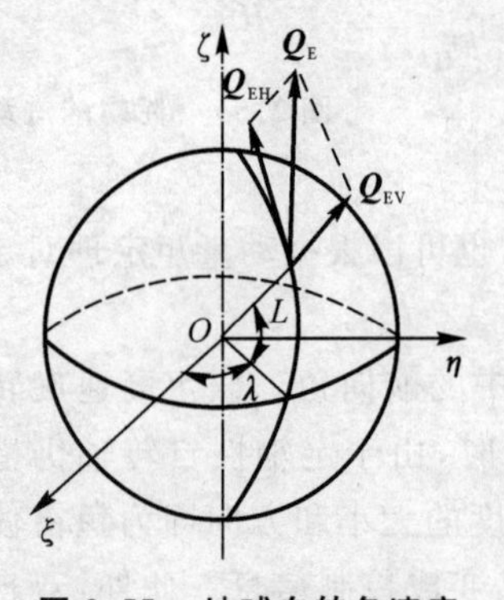

图 2.55 地球自转角速度

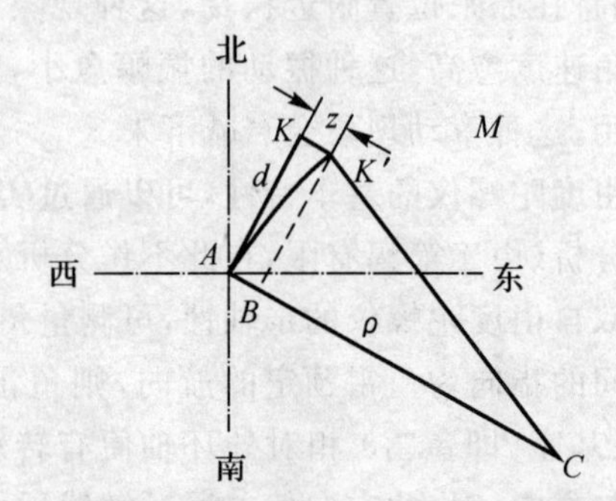

图 2.56 地球自转引起的射击误差

如图2.56所示，设 A 为北半球海平面上的一点，并且有一距离 A 点为 d 的不动目标 K，若在 A 点发射一枚鱼雷，雷速为 v_{T}，并假定设定、瞄准都无误差，鱼雷在航向控制系统的控制下向目标 K 航行。若陀螺仪转子轴平行于该点海面，外环轴垂直于该点海面，由于陀螺仪转子指向惯性空间的方位不变，而陀螺支架固连在雷体上一起随地球运动，因此陀螺转子以角速度

$\boldsymbol{\Omega}_{EV}$ 绕外环轴相对支架转动，结果产生操舵信号，使鱼雷偏离航向向右，航行的轨迹成一段圆弧，走完航程 d 后到了 K' 点，设圆弧的圆心在 C 点，半径为 ρ。

产生的射击偏差距离为 z，通过几何关系可以导出偏差的近似计算公式为

$$z=\frac{d^2}{2v_T}\Omega_E\sin L \tag{2.10}$$

式中，d 为射距；v_T 为鱼雷速度；Ω_E 为地球自转角速度；ϕ 为鱼雷发射点的纬度。

设 $d=10^4$ m，$L=40°$，$v_T=33$ kn，由式(2.10)计算出射击误差为 138 m。

由以上分析看出，由于地球自转所引起的误差是不能忽视的，必须采取措施消除这种误差。消除由于地球自转所引起的误差的办法是根据双自由度陀螺仪的进动性，在陀螺仪上沿内环轴加适当大小的常值力矩，使陀螺转子轴以角速度 Ω_{EV} 绕外环轴转动，这样就使鱼雷航向陀螺仪相对于地球表面某一方向不变，从而消除了射击误差。

地球自转的水平分量，会引起陀螺转子轴相对水平面向上或向下摆动，对航向控制的准确度也有一定影响，但影响很小，一般可以忽略。当对航向控制的精度要求较高时，也可采取措施加以修正。

2）单自由度陀螺仪。如图 2.57 所示，若把双自由度陀螺仪的外环去掉，把内环直接安装在基座上，就是单自由度陀螺仪。当基座绕 x 轴以角速率 $\boldsymbol{\omega}$ 转动时，由于陀螺的转子沿 x 轴没有自由度，基座绕 x 轴转动时产生陀螺力矩 $\boldsymbol{M}_g$，陀螺力矩方程为

$$\boldsymbol{M}_g=\boldsymbol{H\omega} \tag{2.11}$$

该力矩大小等于 $H\omega$，方向如图中所示。陀螺力矩作用引起陀螺进动，进动角速度矢量沿 y 轴正向，即转子轴右端向上抬头。只要测得陀螺力矩就可以求得运动角速率 $\boldsymbol{\omega}$。

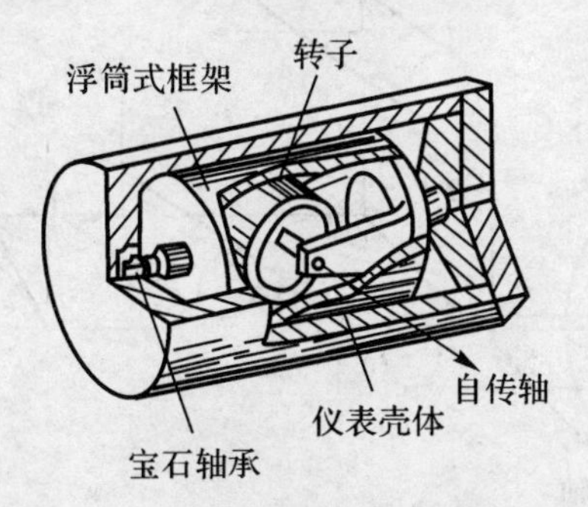

图 2.57 单自由度陀螺仪原理示意图

一般在内环轴上的弹性约束提供外力矩 $\boldsymbol{M}$，当外力矩 $\boldsymbol{M}$ 与陀螺力矩 $\boldsymbol{M}_g$ 平衡时，转子停止进动。若内环轴产生角偏移 $\boldsymbol{\beta}'$，弹性元件刚度系数为 k，则弹性约束产生的外力矩 $\boldsymbol{M}=k\boldsymbol{\beta}'$。故有 $k\boldsymbol{\beta}'=\boldsymbol{H\omega}$。用角度传感器（一般用微动同步器）测得角偏移 $\boldsymbol{\beta}'$ 后，可知运动角速率近似为

$$\boldsymbol{\omega}=k\boldsymbol{\beta}'/\boldsymbol{H} \tag{2.12}$$

在实际的陀螺仪结构中，为了减小支撑轴上的摩擦力和提供原理上所需的阻尼力矩，通常

把框架做成圆筒形密封浮子，并用特殊液体将框架组件悬浮起来，而框架轴上的支撑则采用宝石轴承，结构示意如图 2.58 所示。

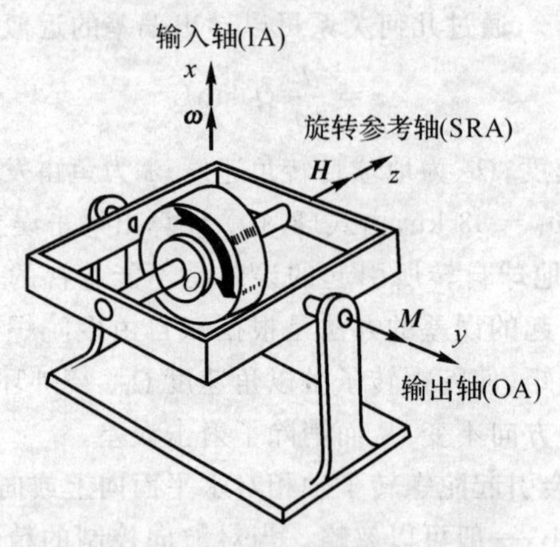

图 2.58 单自由度液浮陀螺仪示意图

速率陀螺仪可用来在鱼雷上测量鱼雷的姿态角速率 $\dot{\psi},\dot{\theta},\dot{\phi}$。在鱼雷上的安装位置是使其输入轴，即测量轴，分别与立轴 Oy、横轴 Oz 和纵轴 Ox 重合或平行，如图 2.59 所示。鱼雷运动角速率在 3 个轴上的分量将分别由这 3 个陀螺仪测量出来。

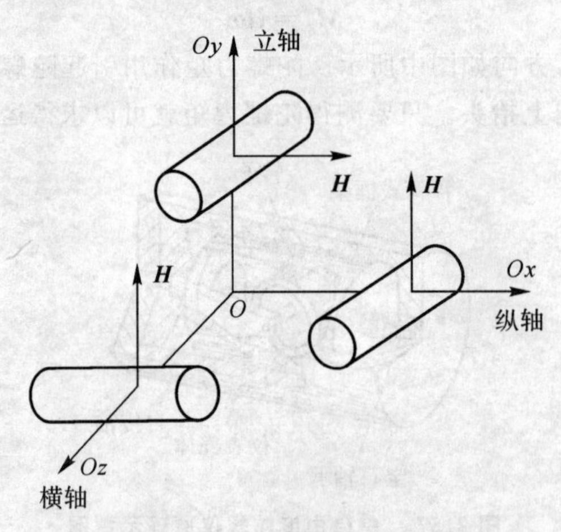

图 2.59 速率陀螺仪的安装

由于鱼雷角速率陀螺仪的误差在 0.03 °/s 左右，远远大于地球自转引起的误差，因此认为地理坐标系为惯性坐标系。鱼雷角速率为 $\omega=\dot{\psi}+\dot{\phi}+\dot{\theta}$，当鱼雷的姿态角 θ,ϕ 为零时，陀螺仪输出近似为

$$\left.\begin{aligned}\omega_y &= \dot{\psi}\\ \omega_z &= \dot{\theta}\\ \omega_x &= \dot{\phi}\end{aligned}\right\} \tag{2.13}$$

但当θ,ϕ不为零时，式(2.13)会引起测量误差，这种误差是由于陀螺仪的测量轴与对应的角速率方向不重合而引起的，称交连误差。

当鱼雷水平航行时，$\theta=0,\psi=\mathrm{const}$，测量误差可以忽略。当鱼雷作大范围空间机动航行时，陀螺仪将产生较大的交连误差。如果控制系统对角速率的测量精度要求很高，在能获得姿态角θ,ϕ的条件下，可对交连误差作补偿，或加以计算解耦。

以上讲的是传统的框架支撑转子陀螺仪。目前，陀螺技术已发展成一个综合性的尖端领域，不仅陀螺仪的精度有了极大的提高，而且出现了许多新型陀螺，如液浮陀螺、静电陀螺、挠性陀螺、激光陀螺、光纤陀螺等。其中，激光、光纤等固态陀螺与传统意义上的陀螺具有本质区别，其不再有高速旋转的转子，具有寿命高、启动时间短、可承受大的冲击、可微型化等优点，因此在现代鱼雷上得到广泛的重视与运用。

(2) 加速度计

1) 摆式加速度计测量原理。作为控制系统常用的敏感元件，加速度计不仅可以测量鱼雷的运动加速度，还可以测量鱼雷的姿态角θ和ϕ。这是因为加速度计不仅可以感测线加速度$\boldsymbol{a}$，而且还可以感测重力加速度$\boldsymbol{g}$，严格地讲，加速度计感测$\boldsymbol{a}$与$\boldsymbol{g}$之和$\boldsymbol{f}$，$\boldsymbol{f}$称为比力，因此加速度计也称为比力计。

鱼雷上常用的摆式加速度计结构原理如图2.60所示。圆筒形的转动体称为摆组件，组件通过轴承与仪表壳体相连。摆组件质心不在转动轴上，偏心距为e，定位扭杆产生与转角成正比的弹性恢复力矩。为了减小轴承摩擦力矩，并产生所需的阻尼力矩，仪表壳体内充满了浮液，使组件处于半悬浮状态。

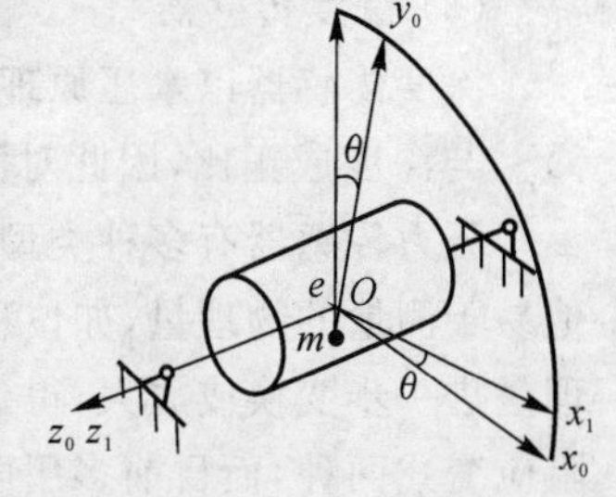

图2.60 加速度计力学模型

取坐标系$Ox_0y_0z_0$固连于仪表壳体(基座)，$Ox_1y_1z_1$坐标系与摆组件固连，两坐标系之间绕Oz_0轴的转角为θ。当$\theta=0$时，弹性力矩为零。角度θ可由安装在Oz_0轴向的角传感器取得，故Oz_0轴称为加速度计的输出轴。

设基座(鱼雷)以加速度$\boldsymbol{a}$运动，则摆组件所受的惯性力为$-m\boldsymbol{a}$，摆质量m又受到重力$m\boldsymbol{g}$作用，故合外力$\boldsymbol{F}=m(-\boldsymbol{a}+\boldsymbol{g})=m\boldsymbol{f}$，在坐标系$Ox_0y_0z_0$上的投影为

$$\boldsymbol{F}^0=[mf_x \quad mf_y \quad mf_z]^{\mathrm{T}} \tag{2.14}$$

建立摆组件绕Oz_1轴的角运动方程，当θ很小时，稳态方程近似为

$$C\theta = mef_x \tag{2.15}$$

式中，C为扭杆的弹性系数，是常量。

角度 θ 与基座在 Ox_0 轴上比力成正比，故 Ox_0 轴为输入轴。

由式(2.15)可以看出，只要通过传感器测得 θ，即可得到 $\boldsymbol{f}_x$，而

$$\boldsymbol{f}_x = -\boldsymbol{a}_x + \boldsymbol{g}_x \tag{2.16}$$

$\boldsymbol{a}_x$ 为基座沿输入轴的加速度分量，$\boldsymbol{g}_x$ 为重力加速度 $\boldsymbol{g}$ 在输入轴上的分量，为已知，从而测得加速度 $\boldsymbol{a}_x$。需要指出的是 $\boldsymbol{f}_x$ 包含了 $\boldsymbol{a}_x$ 和 $\boldsymbol{g}_x$ 两部分，还需要进行信号处理，将 $\boldsymbol{a}_x$ 分离出来。

2) 用加速度计测量姿态角的原理。为了通过加速度计测量出鱼雷的航行姿态角，一般情况下，对应于鱼雷的横轴和纵轴需要各安装一个加速度计，使它们的测量轴分别与鱼雷的这两个轴重合(或平行)，如图 2.61 所示，当鱼雷做匀速直线运动或静止时，加速度计仅感测重力加速度 $\boldsymbol{g}$ 在它们测量轴上的分量，从而得到鱼雷相对垂线的位置，即姿态角。

当存在 θ,ϕ 角时，两个加速度计输出分别为

$$\left.\begin{aligned} \boldsymbol{f}_x &= -\boldsymbol{g}\sin\theta \\ \boldsymbol{f}_y &= \boldsymbol{g}\cos\theta\sin\phi \end{aligned}\right\} \tag{2.17}$$

当 θ,ϕ 不大时，近似有

$$\left.\begin{aligned} \boldsymbol{f}_x &= -\boldsymbol{g}\theta \\ \boldsymbol{f}_y &= \boldsymbol{g}\phi \end{aligned}\right\} \tag{2.18}$$

即加速度计输出与姿态角成正比，角度 θ,ϕ 计算式为

$$\left.\begin{aligned} \theta &= -\boldsymbol{f}_x/\boldsymbol{g} \\ \phi &= \boldsymbol{f}_y/\boldsymbol{g} \end{aligned}\right\} \tag{2.19}$$

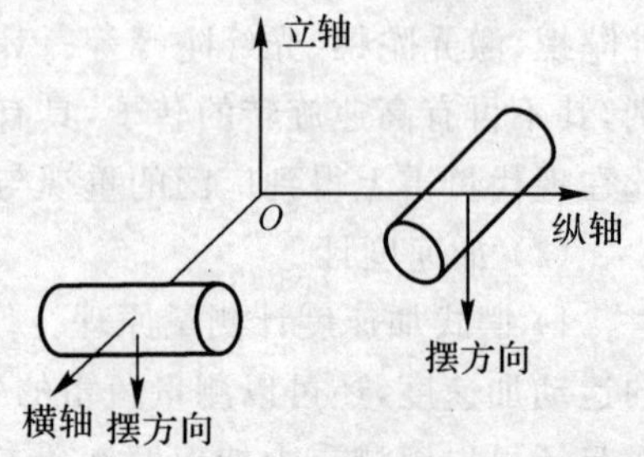

图 2.61 加速度计的安装

(3) 深度传感器

深度传感器以水压原理测定鱼雷的深度。若海水相对密度为 γ，则在深度 Y_e 处压强为 γY_e，与深度成正比，因此对深度的测量可转换为对压强或压力的测量。

压力传感器有多种类型，但都由两部分组成。一是敏感元件，它的功能是把压力转换为其他易于测量的物理量，如位移、应变、电阻、电荷、电压等；二是测量电路，它的功能是把上述物理量进一步变换或放大，得到所需的输出电信号。鱼雷上常用的压力传感器有电位计式和电阻应变式两种，而目前多用电阻应变式压力传感器。

一种电阻应变式压力传感器的结构如图 2.62 所示。海水压力作用在电阻应变膜片上，膜片产生应变，在弹性范围内此应变与压力成正比。电阻应变膜片如图 2.63 所示，上面用特殊工艺制作有半导体电阻应变片，将压力转换为电阻的变化量 ΔR，测量电路再把 ΔR 转化为输出电信号。为了避免海水对电阻应变片腐蚀，在电阻应变膜片前面装有隔离片。

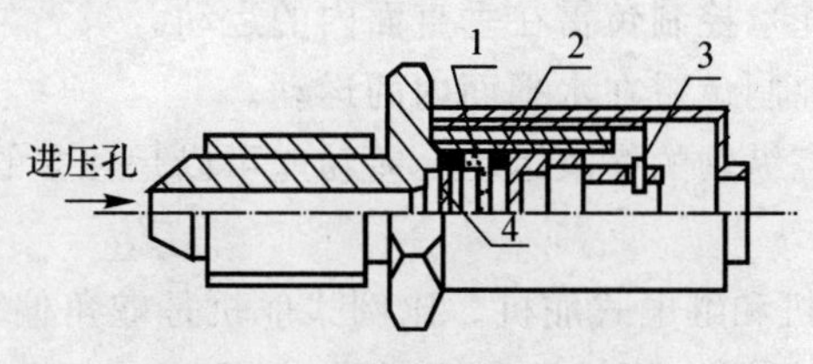

图 2.62　压力传感器的结构

1— 电阻应变膜片；　2— 密封圈；　3— 引线；　4 — 隔离片

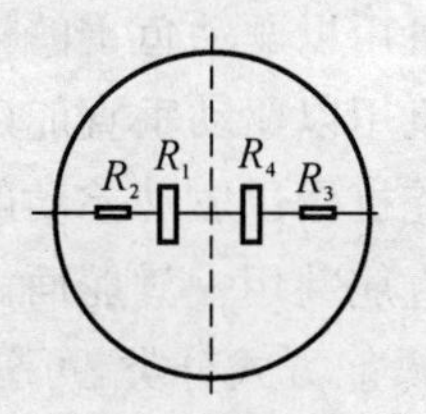

图 2.63　电阻应变膜片

通常采用的全桥式测量电路如图 2.64 所示。一般情况下 $\Delta R_i \ll R_i (i=1,2,3,4)$，电桥的输出电压 u_{sc} 表示为

$$u_{sc}=\frac{R_1+R_2}{(R_1+R_2)^2}\times\left(\frac{\Delta R_1}{R_1}-\frac{\Delta R_2}{R_2}+\frac{\Delta R_3}{R_3}-\frac{\Delta R_4}{R_4}\right)u_0 \tag{2.20}$$

为了简化桥路设计，往往取 4 个桥臂的电阻值相等，即

$$R_1=R_2=R_3=R_4=R_0$$

并合理布置应变片的位置，当应变片受到压力 p 的作用时，电阻变化为

$$\Delta R_1=-\Delta R_2=-\Delta R_3=\Delta R_4=\Delta R$$

则电路输出电压

$$u_{sc}=u_0\frac{\Delta R}{R_0} \tag{2.21}$$

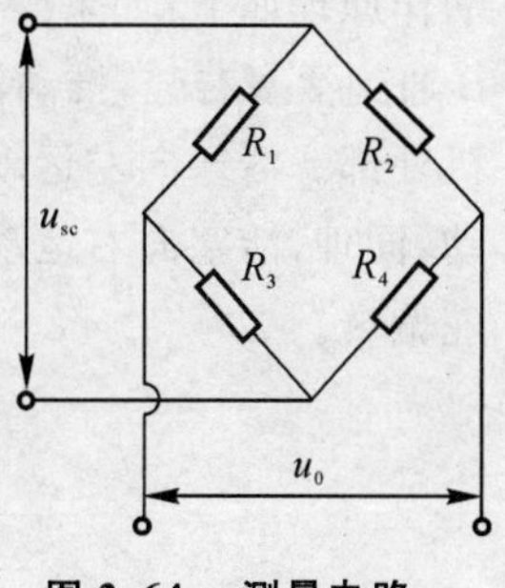

图 2.64　测量电路

式中，u_0 为桥路电源电压。

在应变片的线性范围内应变 ε 与压力 p 成线性关系，因此输出电压 u_{sc} 与压力 p 成正比。

3. 鱼雷舵机

鱼雷舵机是鱼雷控制系统中的执行机构，根据控制器的输出指令来操纵鱼雷的舵面，产生流体动力力矩，从而控制鱼雷的航行姿态或航行轨迹。

(1) 鱼雷舵机的分类

舵机有多种分类方法，一般常用的有以下 3 种。

1) 按舵机采用的能源分类，可分为气动舵机、电动舵机和液压舵机。

气动舵机是由气动放大器（或称气动伺服阀）和气动作动筒组成的，以气体作为工作介质来传递动力的装置。

电动舵机是由功率放大器和伺服电机组成的伺服机构，以电能作为驱动能源。

液压舵机是由液压伺服阀与液压作动筒组成的，以液体作为工作介质来传递动力的装置。

2) 按操舵功用分类，可分为横舵机、直舵机和差动舵机。

横舵机用以驱动鱼雷的横舵(即水平舵),控制鱼雷在垂直面内的运动。

直舵机用以驱动垂直舵(即方向舵),控制鱼雷在水平面内的运动。

差动舵机用以驱动差动舵,控制鱼雷绕纵轴的横滚运动。差动舵可以是独立的舵,也可以与横舵或直舵共用一对舵面。

3) 按操舵方式分类,可分为比例式舵机和继电式舵机。比例式舵机是舵角偏移与控制信号按比例变化的舵机。继电式舵机其舵角根据控制信号极性不同,总是处于两个极限位置。也就是说,舵或为正满舵,或为负满舵。继电式舵机又称为两位式舵机。

(2) 气动舵机

早期的鱼雷一般采用气动舵机,其特点是响应较快,受温度变化影响小,能量的储藏和传输简单,机构简单,性能可靠,比功率大。其缺点是需要专用气源,容易产生低频振荡。

如图 2.65 所示为某型鱼雷气动舵机的结构原理图。它由活塞、配气滑阀和壳体等组成。动作原理如下:如果操舵信号使滑阀向左移动,气槽 B 就与进气中腔 A 接通,工作气体经气槽 B 通到活塞右腔,推动活塞向左运动;同时活塞左腔的空气经气槽 D 与排气管 C 接通,排出舵机外部。活塞向左运动直到滑阀台肩重新将气槽 B 堵住为止。反之,操舵信号使滑阀向右运动,同理,活塞向右运动。即活塞是按操舵信号的要求运动的。活塞杆与舵杆相连,从而带动舵偏转。

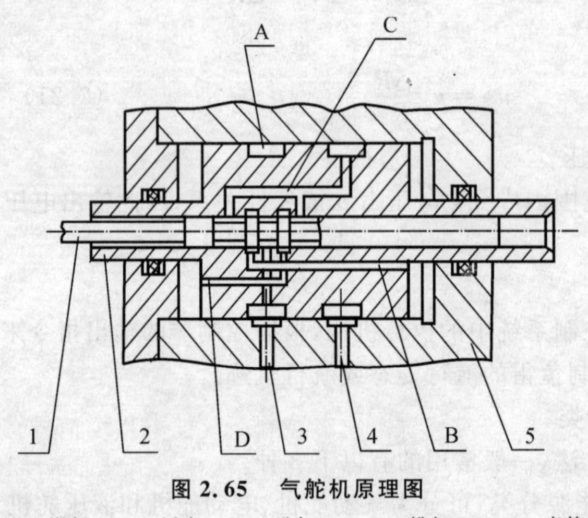

图 2.65 气舵机原理图

1— 滑阀; 2— 活塞; 3— 进气口; 4— 排气口; 5— 壳体

(3) 电动舵机

近年来发展的鱼雷多采用了电动舵机。电动舵机的特点是可采用控制电机,因此成本较低;可靠性和维护性好;较易实现多通道的控制;能源比气动或液压舵机容易实现;线路的铺设和改装也方便。因此电动舵机成为鱼雷伺服机构的重要的发展方向。其缺点是电机的快速性和比功率较液压或气动舵机差一些。但如果采用校正环节或非线性控制设计方法,可以使电动舵机满足鱼雷控制系统的要求。

电动舵机的工作原理如图 2.66 所示。其中,舵机控制器用于反馈信息并提供控制信号;伺服功率放大器为负载(直流伺服电机)提供它动作所需要的功率;直流伺服电机是电动舵机的执行机构,可采用有刷或无刷直流电机;减速机构一般采用蜗轮蜗杆或丝杠减速机构;舵角位置传感器用于测量舵的角位移,并将该角位移转换为电量,作为反馈信号输入到舵机控制器,以实现电动舵机的闭环控制。

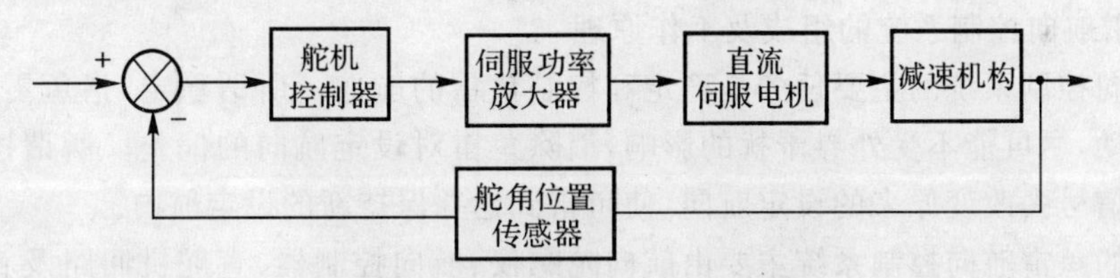

图 2.66 电动舵机工作原理示意图

(4) 液压舵机

液压舵机是以高压油为能源的执行机构。它和电动舵机、气动舵机相比,具有功率增益大、转动惯量小、输出力矩大、运转平稳、快速性好、灵敏度高、控制功率小和承受负载大等优点。其缺点是系统较复杂,需要专用液压源。

液压舵机的基本结构包括电液伺服阀、作动筒和信号反馈装置等部分,如图 2.67 所示。

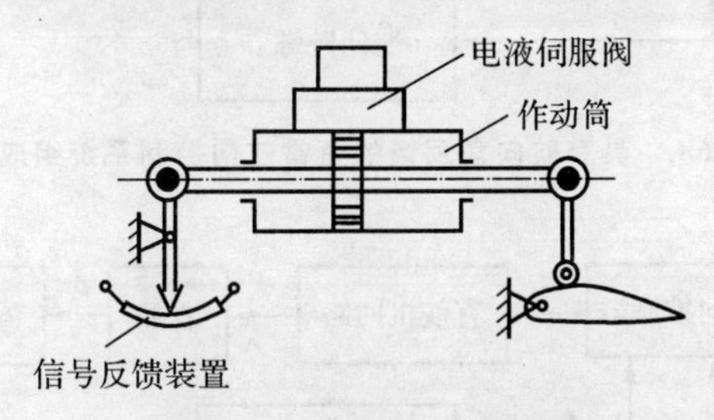

图 2.67 液压舵机的原理图

电液伺服阀又称电液信号转换装置。它将控制系统的电指令信号转换成具有一定功率的液压信号。它既是一个功率放大器,又是一个控制液体流量和方向的控制器。电液伺服阀一般包括力矩马达和液压放大器两个主要部分。

作动筒又称液压筒或油缸,由筒体和运动活塞两部分组成。活塞杆与负载相连,作动筒即是舵机的施力机构。

信号反馈装置用来感受活塞的位移或速度变化,并将测得的位移或速度信号转换成相应的电信号,用来构成伺服舵回路。

4. 鱼雷控制系统

鱼雷运动可分解为侧向运动和纵向运动。鱼雷的侧向运动可认为是由两种运动组成的：一是绕鱼雷纵轴的横滚运动，一是绕鱼雷立轴的偏航运动。为控制鱼雷的侧向运动，鱼雷上装有航向控制系统和横滚控制系统。鱼雷的纵向运动是由深度变化和纵倾角的变化来实现的，因此，鱼雷上还装有深度控制系统和纵倾角控制系统。

(1) 鱼雷航向控制系统的组成及工作原理

鱼雷航向控制系统的主要任务是稳定和控制鱼雷的航向。所谓稳定，指鱼雷能够沿着设定的航向运动，尽可能不受外界干扰的影响，消除鱼雷对设定航向的偏差。所谓控制，是指外加一个控制信号去改变原来的设定航向，使鱼雷到达并保持新的设定航向。

最基本的鱼雷航向控制系统主要由航向陀螺仪、航向控制器、直舵机回路及直舵等组成，如图 2.68 所示。

有时，为了提高鱼雷航向控制系统的性能，必要时可加装偏航角速率陀螺。鱼雷航向控制系统的组成框图如图 2.69 所示。

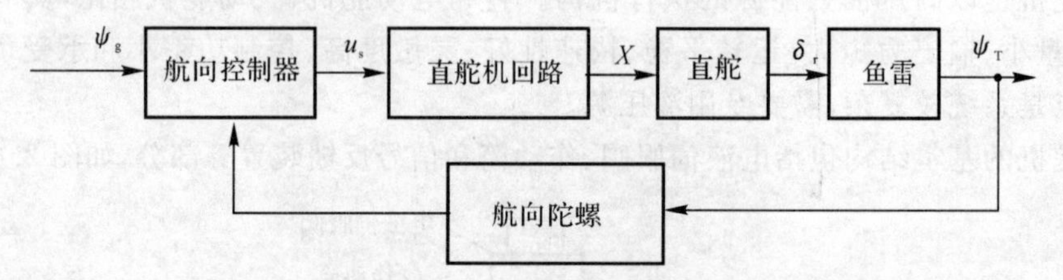

图 2.68 具有航向角反馈的鱼雷航向控制系统组成框图

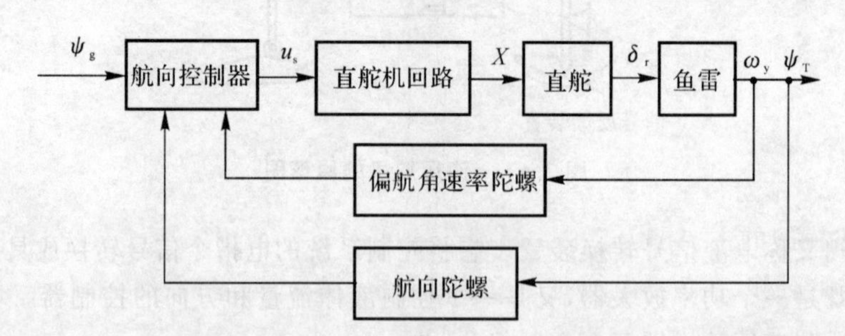

图 2.69 具有航向角和偏航角速率反馈的鱼雷航向控制系统组成框图

在图 2.68 和图 2.69 中，鱼雷作为受控对象，航向陀螺和偏航角速率陀螺作为敏感元件，分别测量鱼雷的偏航角和偏航角速率；航向控制器根据航向的设定信号 ψ_g 与航向陀螺测量到的鱼雷实际航向 ψ_T 进行比较，根据两者之间的偏差，给出直舵的操舵指令 u_s；直舵机回路根据航向控制器给出的直舵操舵指令进行操舵，产生线位移或角位移 X，带动直舵偏转 δ_r，从而操纵鱼雷运动。在航向控制器中加入偏航角速率陀螺信号，主要是为了增加航向控制系统的阻尼，提高航向控制系统的稳定性。

为了使鱼雷按预定航向航行，并且在出现航向偏差时，能在控制系统的操纵下稳定、准确、迅速地回到预定航向上，必须对航向偏差信号按一定规律进行处理而形成控制信号。这种规律就称为控制规律。控制系统采用什么形式的控制规律取决于所要控制的鱼雷类型、预定的弹道及鱼雷按预定航向运动的精度要求。

鱼雷的航向是由垂直舵操纵的，垂直舵向哪个方向转，鱼雷就向哪个方向转弯，垂直舵角越大，鱼雷转弯的角速率也越大。垂直舵角的大小是由控制系统决定的，控制系统根据舵向偏差进行处理而形成控制信号的规律称为控制规律。

垂直舵角仅由航向陀螺检测出的偏航角的大小来决定(如图 2.68 所示的控制系统)，控制规律为

$$\delta_r = -K_\psi \psi \tag{2.22}$$

式中，δ_r 为垂直舵角；ψ 为偏航角；K_ψ 为比例系数。

垂直舵角也可以由偏航角大小及其对时间的微分(偏航角速率)共同来决定(如图 2.69 所示的控制系统)，则控制规律为

$$\delta_r = -K_\psi \psi - K_{\dot{\psi}} \dot{\psi} \tag{2.23}$$

式中，$\dot{\psi}$ 为偏航角速率，可用速率陀螺测得；$K_{\dot{\psi}}$ 为角速率比例常数。

以上介绍了两种控制规律，但控制规律并不仅限于此。上述两种控制规律各有特点。按第一种控制规律设计的控制系统结构简单，但其控制作用下的鱼雷按预定航向运动的精度不高；按第二种控制规律设计的控制系统不仅能感受到鱼雷的偏航角，而且能感受偏航角的变化趋势，因而航向控制精度高。

(2) 鱼雷横滚控制系统

横滚是指鱼雷绕其纵轴的转动，其横滚的大小用横滚角 φ 表示。横滚角可以用水平鳍平面与水平面之间的夹角来度量。

一般情况下，横滚对鱼雷的运动是不利的。但是，由于各种原因，横滚又是难以避免的。

1) 鱼雷产生横滚的主要原因。鱼雷重心不在纵对称平面内，将会引起鱼雷的横滚；鱼雷的流体动力外形不对称，在鱼雷航行时产生横滚力矩，从而引起鱼雷的横滚；前后螺旋桨的尺寸、形状不完全相同，鱼雷航行时，两螺旋桨的旋转力矩不等，会引起鱼雷的横滚；当鱼雷做回旋运动时，由于鱼雷的重心位于纵轴之下，将产生离心力矩，因而也会产生横滚。

2) 鱼雷产生横滚对鱼雷运动的不良影响。当鱼雷同时存在俯仰、横滚和航向偏差时，由于垂直舵和水平舵的相互作用，产生方向和深度误差。当鱼雷没有横滚时，自导系统的水平波束处于水平位置，垂直波束处于垂直位置，如果鱼雷存在一横滚角 ϕ，自导波束也随之转动了同一角度，从而会产生导引误差，因此自导鱼雷一般都装有横滚控制系统。

3) 鱼雷横滚控制系统的组成。最基本的鱼雷横滚控制系统主要由横滚测量装置(如垂直

陀螺仪或摆式加速度计)、横滚控制器、差动舵回路及差动舵等组成。此外,为了提高横滚控制系统的阻尼,有时还在控制系统中加入横滚角速率陀螺信号。鱼雷横滚控制系统的组成框图如图 2.70 和图 2.71 所示。

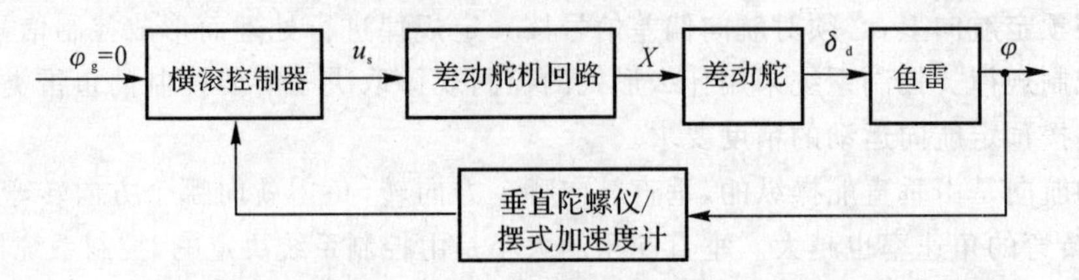

图 2.70　具有横滚角反馈的鱼雷横滚控制系统组成框图

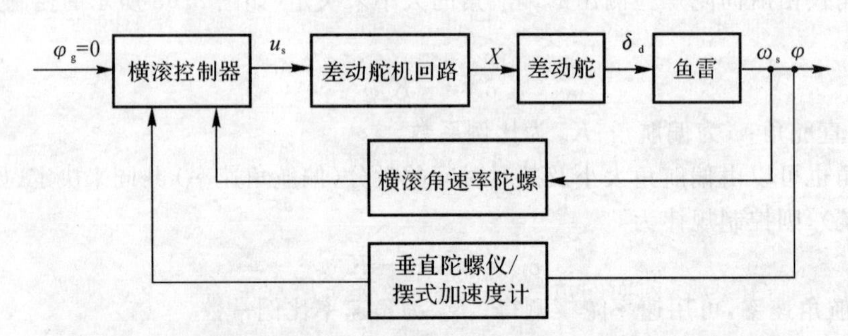

图 2.71　具有横滚角和横滚角速率反馈的鱼雷横滚控制系统组成框图

在图 2.70 和图 2.71 中,鱼雷作为受控对象,垂直陀螺仪或摆式加速度计作为鱼雷横滚角的敏感元件,测量鱼雷的实际横滚角;横滚角速率陀螺作为鱼雷横滚角速率的敏感元件,测量鱼雷实际的横滚角速率;横滚控制器根据横滚敏感元件测量到的鱼雷实际横滚角,给出差动舵的操舵指令 u_s;差动舵机回路根据横滚控制器给出的差动舵操舵指令进行操舵,使差动舵偏转 δ_d,从而操纵鱼雷运动。

横滚控制系统的差动舵,可以是上下垂直舵差动,也可以是左右水平舵差动。横滚控制系统一般与航向控制系统(或深度控制系统)共用一个控制通道。当鱼雷出现横滚时,横滚控制系统的控制信号使上下垂直舵(或左右水平舵)差动,从而产生消除横滚的操纵力矩。

4) 鱼雷横滚控制系统常用的控制规律。对于仅装有垂直陀螺仪或摆式加速度计测量横滚角的横滚控制系统(见图 2.70),则控制规律为

$$\delta_d = -K_\phi \phi \tag{2.24}$$

式中,δ_d 为差动舵角;ϕ 为横滚角,由垂直陀螺仪或摆式加速度计测得;K_ϕ 为横滚角到差动舵角之间的传递因数,或称传动比,前面的负号是由鱼雷坐标系所规定的正、负方向所引起的。

对于除装有垂直陀螺仪或摆式加速度计外,还装有横滚角速率测量传感器的横滚控制系统(如图 2.71 所示横滚控制系统),其控制规律为

$$\delta_d = -K_{\dot{\phi}}\dot{\phi} - K_{\phi}\phi \tag{2.25}$$

式中，$\dot{\phi}$ 为横滚角速率，可用速率陀螺测得；$K_{\dot{\phi}}$ 为横滚角速率比例常数。

按第一种控制规律设计的控制系统结构简单，但在其控制作用下的鱼雷纠正横滚运动的精度不高；按第二种控制规律设计的控制系统不仅能感受鱼雷的横滚角，而且能感受横滚角的变化趋势，因而横滚控制精度高。除此以外还有其他控制规律。

(3) 鱼雷深度控制系统

鱼雷作为水下自航武器，其攻击的主要对象是潜艇和水面舰船。潜艇在水下航行的深度经常机动变化，水面舰船也由于吨位不同而导致其吃水深度有所不同。因此，为了保证鱼雷在所要求的深度上稳定航行，或者操纵鱼雷按照预先设定的程序或自导指令自动变换航行深度，鱼雷必须装有深度控制系统。

鱼雷的深度控制可以采用多种方案，因此鱼雷深度控制系统具有不同的组成形式。目前，比较常用的鱼雷深度控制系统的组成如图 2.72、图 2.73 和图 2.74 所示。

如图 2.72 所示深度控制系统是一种采用单一深度反馈的深度控制系统。深度控制器将深度传感器测量的鱼雷实际航行深度，与设定航行深度信号进行比较，从而产生偏差(驱动)信号。其控制规律为

$$\delta_e = -K_y y \tag{2.26}$$

式中，K_y 为深度调节系数，前面的负号是由鱼雷坐标系所规定的正、负方向所引起的；δ_e 为横舵角；y 为深度偏差，即 $y = H_g - H$，H_g 为设定深度，H 为航行深度。

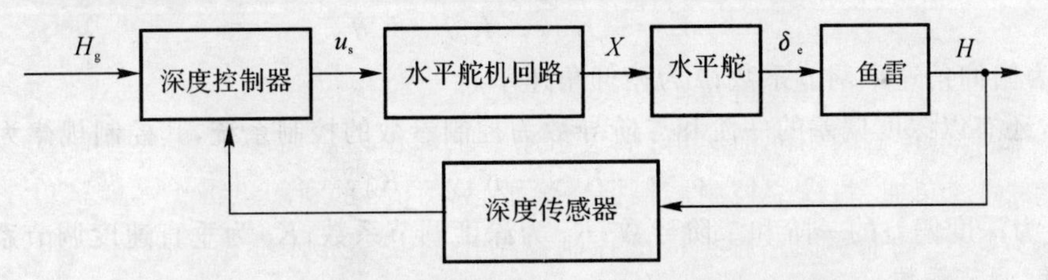

图 2.72 具有深度反馈的鱼雷深度控制系统组成框图

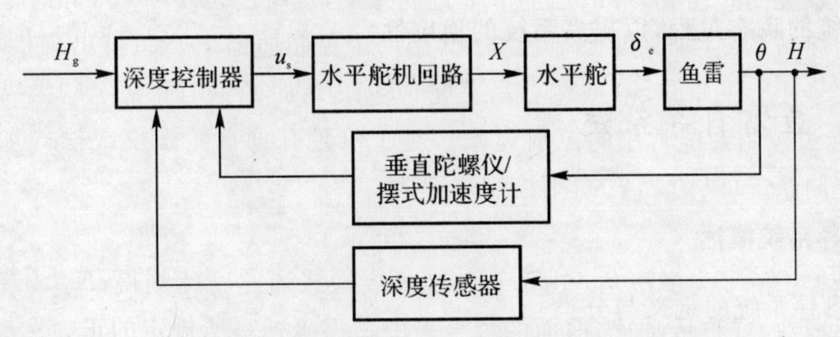

图 2.73 具有深度和俯仰角反馈的鱼雷深度控制系统组成框图

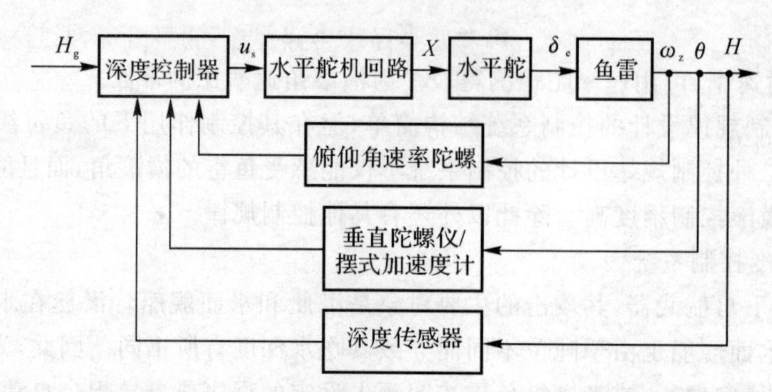

图 2.74 具有深度、俯仰角和俯仰角速率反馈的鱼雷深度控制系统组成框图

这种仅有深度反馈的深度控制系统是不稳定的。为了保证深度控制系统的稳定性，采用深度、俯仰角信号反馈的深度控制系统，如图 2.73 所示。由于采用了垂直陀螺或摆式加速度计测量鱼雷实际的俯仰角，从而提高了鱼雷深度控制的稳定性。其控制规律为

$$\delta_e = -K_y y - K_\theta \theta \tag{2.27}$$

式中，K_y 为深度调节系数；K_θ 为俯仰调节系数；θ 为俯仰角。

如图 2.74 所示深度控制系统是一种具有深度、俯仰角和俯仰角速率反馈的深度控制系统。该控制器进一步采用了俯仰角速率陀螺测量到的鱼雷实际的俯仰角速率，从而很大程度上提高了鱼雷深度控制的稳定性。其控制规律为

$$\delta_e = -K_y y - K_\theta \theta - K_{\dot{\theta}} \dot{\theta} \tag{2.28}$$

式中，$K_{\dot{\theta}}$ 为俯仰角速率调节系数；$\dot{\theta}$ 为俯仰角速率。

此外，还有以深度偏差的一阶和二阶导数为控制参数的控制系统，其控制规律为

$$\delta_e = -K_y y - K_{\dot{y}} \dot{y} - K_{\ddot{y}} \ddot{y} \tag{2.29}$$

式中，$\dot{y}$，$\ddot{y}$ 为深度偏差的一阶和二阶导数；K_y 为深度调节系数；$K_{\dot{y}}$ 为垂直速度调节系数；$K_{\ddot{y}}$ 为垂直加速度调节系数。

由于垂直速度 $\dot{y}$ 与垂直加速度 $\ddot{y}$ 是深度偏差 y 的两个导数，具有相位超前的作用，可以阻尼深度控制系统的瞬态过程，以提高系统的稳定性。

2.4.3 鱼雷自导系统

1. 鱼雷自导系统概述

(1) 鱼雷自导系统的定义与分类

利用目标辐射或反射的能量发现目标、测定其参量，并对鱼雷进行操纵的系统称为鱼雷自导系统。自导系统的任务是，在复杂的作战条件下，使鱼雷发现、跟踪和命中目标。自导系统

具有如下基本职能:检测目标,即搜索、发现和确认目标存在;测量目标,对目标参量如方位、距离和径向速度进行估计,即目标定位;识别目标,即提取目标特征,识别目标真伪,进而采取反对抗措施;导引鱼雷,按照某种导引律,操纵鱼雷跟踪并命中目标;再搜索,攻击失效,按某种方式实施再搜索。

通常用表征自导系统状况和特征的方法对鱼雷自导系统进行分类。主要的分类方法如下:

1) 按采用的物理场分类:任何自导系统均反映某种物理场的一定作用,这种物理场称为控制场。原则上,自导系统可用以进行工作的物理场有磁场、电场、水声场、热场和光场等,但是由于声波较其他各种辐射形式在海水中的传播损失最小,抗干扰性最好,因此,水声场作为自导系统的控制场最为有利。以水声场作为控制场的自导系统,称为声自导系统。现役的和在研的自导鱼雷绝大多数是声自导鱼雷。

由于舰船尾流与尾流外的海水特性有很大的不同,且不易模拟,以尾流场作为控制场的自导系统(尾流自导)具有良好的抗干扰性能,因此,尾流自导系统常用以反舰。自导系统可以利用的尾流场的特性有声、磁、热和放射性等特性,目前尾流自导多利用尾流的声学特性,如尾流与海水在声阻抗上的差异和尾流与海面在声散射特性上的差异等。

2) 按使用物理场的方法分类:按使用物理场的方法鱼雷自导系统可分为主动自导系统、被动自导系统和主被动联合自导系统。利用自导系统发射并经目标反射回来的物理场导引鱼雷攻击目标的自导系统称为主动自导系统。利用目标本身产生的物理场导引鱼雷攻击目标的自导系统称为被动自导系统。能够利用以上两种物理场按一定程序工作,导引鱼雷攻击目标的自导系统称为主被动联合自导系统。

对声自导系统而言,被动自导系统的主要优点是对高速目标,自导作用距离较远;当鱼雷辐射噪声很低时,具有良好的攻击隐蔽性;系统简单,易于实现。其主要缺点是不能攻击静止和消声完善的目标,抗干扰性能差。主动自导系统的主要优点是:通过波形设计和回波分析,可具有较好的抗干扰性能;可攻击静止的和消声完善的目标;可以通过波形设计与信号处理方法的结合,使系统具有良好的目标定位性能,从而实现精确制导。其主要缺点是攻击的隐蔽性差,系统复杂。主被动联合自导系统可发挥主动自导和被动自导的优点,但需恰当处理联合的工作模式。

3) 按空间导向方法分类:在一个平面上,通常是水平面导引鱼雷攻击目标的自导系统称为单平面自导系统。在两个平面上,即水平面和垂直面导引鱼雷攻击目标的自导系统称为双平面自导系统。前者用于攻击水面舰船,后者主要用于反潜,也用于攻击水面舰船。现代鱼雷一般采用双平面自导系统。

(2) 鱼雷自导的工作环境

1) 复杂的水下信道。鱼雷自导是工作在海洋环境中的,其信道是海水介质。同雷达工作的空中信道相比,水下信道的低信息传输率、色散效应、界面(海底和海面)影响、声速剖面结构的影响、声传播起伏和多径传输等给鱼雷自导的工作造成了困难。

声波在海水中的传播速度较慢，仅约1 500 m/s，因此，鱼雷自导检测和测量目标的速度也较慢，如检测2 km的目标需要约3 s的时间，也就是说，在海洋中信息的传输率低，这给连续检测、跟踪和识别目标带来了困难。

传播损失包括空间扩展损失和海水吸收损失。海水吸收损失与频率有关，对较高频率和较远距离，吸收损失占较大比例。对窄带信号海水吸收损失引起信号能量的衰减；对宽带信号，海水吸收损失可使信号波形产生畸变，即色散效应。

海面和海底对声传播产生很大的影响。海面反射和散射产生反射与散射损失；不平静的海面将产生反射起伏；较平静的海面会产生虚源干涉；海面受温度影响较大，当存在温度负梯度时，会形成影区，影区是指声线不能到达或很少到达的区域。海底和海面有许多相似的影响，但其作用更复杂。

海水中的声速不是一个固定不变的量，实际测量表明，声速是温度、盐度和压力(深度)的函数，随温度、盐度和深度的增加而增大。声速随深度的变化称为“声速剖面”，声速剖面随季节、时间和纬度而变化。对有声速梯度的海水介质，声线不能直线传播。

海洋环境中的内波与湍流、温度微结构、生物群的运动、海面的波浪、鱼雷和目标的运动等因素都会引起声信号传播的起伏，它们是随机的、时变的，将影响自导检测与测量目标的稳定性。

由于海底与海面反射、温度或盐度微结构的存在，所以声波也会形成多径传播。多径传播会产生信号起伏、信号畸变和去相关，使自导性能下降。

海洋信道的复杂性、随机性和时变性，使信号产生衰减和模糊，鱼雷自导就是工作在这样复杂的随机时空变信道中，为了使自导能很好地工作，必须增加自导系统的复杂性才能取得较为满意的结果。

2) 高速时变载体。作为自导的载体鱼雷在对目标进行搜索、跟踪和再搜索过程中，往往在双平面进行高速机动，现代鱼雷航速高达50 kn以上，高速机动的载体将增加信号的随机时变性。

3) 严重的干扰背景。鱼雷自导的干扰背景主要是鱼雷自噪声和混响。由于鱼雷高速航行，将产生较强的鱼雷自噪声干扰。鱼雷主动自导均以较强的声源级向海中辐射声波，从而产生较强的混响干扰。严重的干扰背景给鱼雷自导信号处理增加了难度。

4) 复杂的对抗和反对抗环境。世界各国在重视发展鱼雷技术的同时，十分重视发展反鱼雷技术，即目标对鱼雷攻击的对抗，或称目标对抗。鱼雷自导就是工作在这样复杂的对抗和反对抗环境中，并肩负着反对抗的重要使命。

5) 鱼雷自导的全自动工作。即使是线导鱼雷，在末制导段也要求鱼雷自导系统自主工作。无人参与的自主工作，对自导系统提出了更高要求。

6) 体积和质量的严格限制。鱼雷是一种自行推进的武器，为使其具有高速度和远航程，动力及能源占据了绝大部分的体积和质量,留给自导系统的体积和质量是有限的,这在一定程度上约束了自导性能的提高。

(3) 对自导系统的基本要求

1) 有较大作用距离。作用距离是指在一定的目标条件、信道条件和概率准则条件下,鱼雷自导系统恰好动作,即确认目标存在并开始操纵鱼雷导向目标的最大距离。通常期望鱼雷自导有较大作用距离,其可覆盖较大目标散布,提高鱼雷发现与命中目标的概率。

2) 适当的搜索扇面。搜索扇面是指自导系统搜索目标的最大角度范围。从战术上讲,期望有较大搜索扇面,以覆盖较大目标散布,提高鱼雷发现与命中目标概率;从技术上讲,搜索扇面过大会降低自导系统的信号干扰比,并使抗干扰性能降低。需要采取措施来满足战术和技术对搜索扇面的要求。

目标距离小于自导系统作用距离,在搜索扇面内存在的不能操纵鱼雷的角度范围称为死角。死角应尽量小。

3) 有较高的导引精度。导引精度指系统引导鱼雷命中目标的准确性,这是一项决定自导鱼雷使用效果的重要指标,期望鱼雷自导有较高的导引精度,以实现精确打击。鱼雷在导引过程中所能达到的鱼雷与目标间的最小距离称为引导误差(或称为脱靶量),引导误差越小,导引精度越高。

4) 可靠性、维修性和安全性。鱼雷的可靠性指标为平均储存寿命、装载可靠度和工作可靠度等。自导系统应满足鱼雷总体分配的可靠性指标要求。

5) 提高鱼雷反对抗能力,以提高鱼雷命中目标的概率。反对抗能力指避免或减少目标对抗对鱼雷战术、技术性能和对目标攻击效果影响的能力。

(4) 鱼雷自导的发展趋势

1) 鱼雷自导信号处理技术。信号处理是用来从基阵接收的信号中提取鱼雷进行精确制导并命中目标所需要的有关信息的技术。信号处理技术包括为了检测目标信号、估计目标参量、目标识别与电子对抗和精确导引等任务,用来处理来自基阵的复杂信号所开发的软件和硬件应用技术,它是鱼雷自导的关键技术。信号处理技术主要有自适应信号处理技术、现代谱分析技术、小波分析技术、神经网络信号处理技术、高速数字信号处理技术等。

2) 宽频带自导技术。窄带自导是指鱼雷自导系统带宽远小于其工作中心频率。宽频带自导其带宽可与中心频率相比拟。宽频带自导通常采用宽频带信号,宽频带信号的主要特点是目标回波携带有更多的目标信息量,混响背景相关性弱,有利于目标检测、目标参量精确估计和目标特征提取,同时便于对抗目标的隐性涂层。采用宽频带和多频段,便于进行反对抗波形设计,从而提高鱼雷自导的反对抗能力。

3) 低频自导技术。若能保持声级不变,大幅度降低工作频率可以增大作用距离。采用低频的另一个重要原因是,低频信号携有更多的目标信息量,有利于目标识别和分类。

4) 新型尾流自导技术。尾流自导具有抗人工干扰能力强的特点,是一种很好的反舰自导技术。舰船尾流除其声学特性可供自导利用外,其温度场、磁场和光学特性的异常也可供自导利用。

2. 鱼雷声自导系统的主要组成和功能

(1) 主动自导系统

主动自导系统的基本结构如图 2.75 所示,主要由基阵、收发转换开关、发射机、接收机、后置处理和系统管理等部分组成。

1) 换能器和基阵。基阵由若干换能器阵元组成。它的作用是进行电声转换和声电转换。发射时,它将发射机的大功率电能转换为声能向海水中辐射出去;接收时,它将目标回波和叠加在目标回波上的干扰(如混响和噪声等)的声能转换为电能,供自导电子部分进行处理。

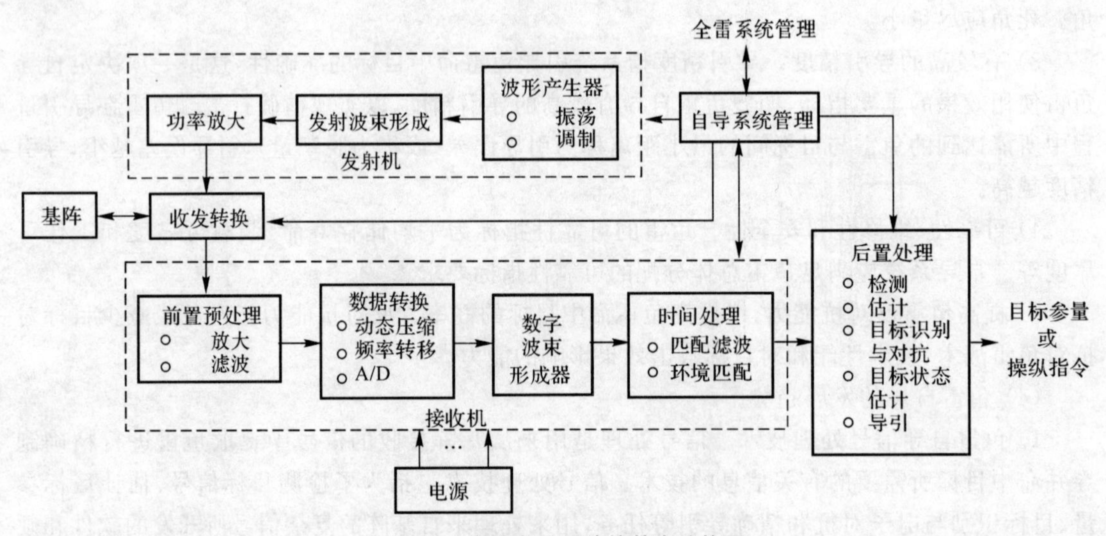

图 2.75 主动自导系统的基本结构图

声能和电能两种能量形式的转换依靠某些材料的特殊性能,如压电特性(或电致伸缩性)和磁致伸缩特性。

压电特性也称压电效应,即某些晶体材料,当受到压力时会在晶体表面产生电荷,电荷密度大小与受到的机械力大小成线性关系,这种现象称为正压电效应,这种材料称为压电材料。压电材料在外电场激励下,能产生机械振动及变形的现象,即由电能转换成机械能,这种现象称为逆压电效应,或称为电致伸缩效应。接收换能器是基于正压电效应工作的,发射换能器是基于逆压电效应工作的。

当磁致伸缩材料受到磁场作用时,会改变尺寸,产生应力;当磁致伸缩材料受到应力时,会改变内部及其周围磁场。利用某些材料的磁致伸缩性可以制成换能器,称为磁致伸缩换能器。

目前,鱼雷自导通常采用压电换能器。压电-磁致伸缩组合式换能器在鱼雷自导系统中的应用引起了人们的关注。

单个换能器阵元的结构如图2.76所示,主要由压电元件、前后盖板、拉紧螺栓等组成。压电元件2是由压电陶瓷制成的,每个压电陶瓷片两端面上均镀以银层作为电极,并焊接有引出导线,在压电元件的前端装有盖板1,后端装有后压板7,通过拉紧螺栓6将压电元件压紧在前后盖板之间,使压电元件受到预应力,以便增加元件的功率容量。

将许多换能器阵元按照一定规律排列安装在基座上便构成换能器基阵。基阵可以是平面阵,可以是共形阵(即换能器基阵与雷体外形共形)。多数国家的鱼雷自导采用平面阵的形式,有些国家采用共形阵,如德国、意大利等。几种国外鱼雷自导基阵形式如图2.77所示。

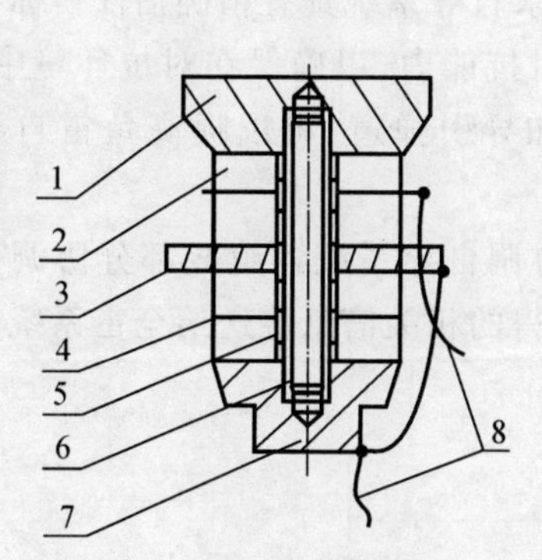

图2.76　换能器阵元的结构图

1— 前盖板；2— 压电元件；3— 支撑片；
4— 导电片；5— 套管；6— 拉紧螺栓；
7— 后压板；8— 导线

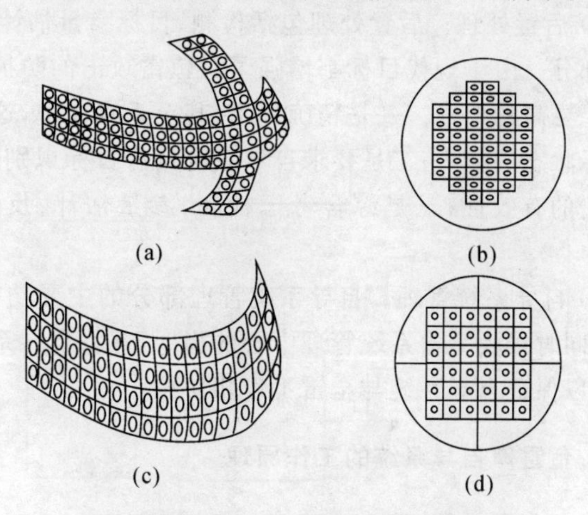

图2.77　几种国外鱼雷自导基阵形式

(a)A184鱼雷自导基阵；(b)MK—46鱼雷自导基阵；
(c)DM2A4鱼雷自导基阵；(d)A244鱼雷自导基阵

采用平面阵时,通常基阵前端有导流罩,保持雷顶的线形和表面光洁度,以降低流噪声。为了有利于换能器辐射和接收声波,鱼雷自导头前端的材料应与海水的声阻抗相匹配,一般采用玻璃钢和透声橡胶材料制成。为了降低通过雷体的传导噪声,基阵应与雷体悬浮隔离。

2) 收发转换开关。收发转换开关用于使用同一个基阵进行发射和接收的转换。发射时,它使基阵和发射机接通,同时断开接收机,目的是发射机进行大功率发射而避免损坏接收机;发射后,将换能器基阵与接收机接通,以便接收目标回波信号。

3) 发射机。发射机用以发射具有一定周期、工作频率、脉冲宽度和某种幅度调制和相位调制的脉冲信号,该脉冲信号具有一定功率。发射信号通过换能器基阵发射出去,将在海洋信道中产生期望的波束,使发射能量集中于空间某一区域内。为使发射信号满足一定功率要求,在发射波束形成器和收发转换开关之间设有功率放大电路。

4）接收机。接收机由前置预处理器、波束形成器等部分组成。前置预处理器部分主要用于接收信号的前置放大、滤波和动态压缩与归一化处理等，信号通过前置预处理可以避免或减少接收信号有用信息的损失和信噪比的降低。前置预处理器部分信号是多路的，与换能器单元一一对应。为了满足接收波束形成和阵列信号处理的要求，信号预处理各路输出应保持输入信号的相位关系和幅度一致。

波束形成器是鱼雷自导系统的一个重要组成部分，用于对基阵各换能器的输出进行恰当的运算，按照设计要求形成具有方向性的波束，从而抑制空间干扰，提高自导系统的检测和估计性能。波束形成器可以提供目标方位的粗略信息，对波束形成器的输出做进一步处理，可以获得目标方位的精确信息。

5）后置处理。后置处理包括检测、目标参量估计、目标识别与反对抗、目标状态估计和导引等部分。由于现代目标都增强了对鱼雷攻击的防护能力和对抗能力，因此，对鱼雷自导系统提出了更高的要求。一是精确导引，甚至垂直命中，这就要求自导系统具有精确估计目标参数和目标状态的能力；二是要求自导系统具有目标识别和反对抗能力，以确保在对抗环境中，鱼雷攻击的有效性；三是综合考虑检测、参量估计、反对抗和导引弹道，可以提高鱼雷自导的性能。

6）自导系统管理。自导系统管理部分的主要功能是协调自导系统各组成部分协调一致工作，同时接收全雷系统管理中心的指令，并将自导系统获得的相关信息传送给全雷系统管理中心，以保证自导系统与全雷工作相协调。

3. 鱼雷声自导系统的工作原理

(1) 自导方程

1）鱼雷主动自导系统自导方程。鱼雷主动自导系统的基本工作模型如图 2.78 所示。主动自导系统工作时，发射机通过声学基阵（通常为收发共用）周期性地向海水中发射某种形式的声波，如发射的声信号在信道中传播时遇到目标，则一部分能量被反射回来，形成目标反射信号，或称回波信号；接收机接收这个信号和叠加在信号上的背景干扰，对它进行处理，从而发现目标，并进行目标参量估计和识别；指令装置根据接收机提供的有关信息，输出操纵鱼雷的指令，跟踪目标。主动自导系统工作时，有两种背景干扰：一种是与发射信号本身有关的，当发射信号在信道中传播时，由信道中的非均匀体或起伏界面（海面与海底）产生的杂乱散射波叠加而成的干扰，称为混响；另一种是与发射信号无关，由鱼雷自噪声和环境噪声形成的干扰，称为噪声。一般地，鱼雷自噪声远大于环境噪声，因此，噪声干扰主要是鱼雷自噪声干扰。有时还存在人为干扰，如诱饵。

仿照雷达和声呐（鱼雷自导实际是以鱼雷为载体的小型声呐），可以建立鱼雷主动自导方程来描述鱼雷主动自导系统的工作。在鱼雷主动自导系统开始作用并操纵鱼雷导向目标时，连接设备特性、信道特性和目标特性的参数构成的关系式，叫做鱼雷主动自导方程。主动自导方程可分为噪声掩蔽和混响掩蔽两种情况。设想随着鱼雷逼近目标，信号在恒定大小的背景中缓慢增大，当信号刚好等于背景时，称背景刚好掩蔽信号。噪声掩蔽指自导作用距离受噪声限制；混响掩蔽指自导作用距离受混响限制。

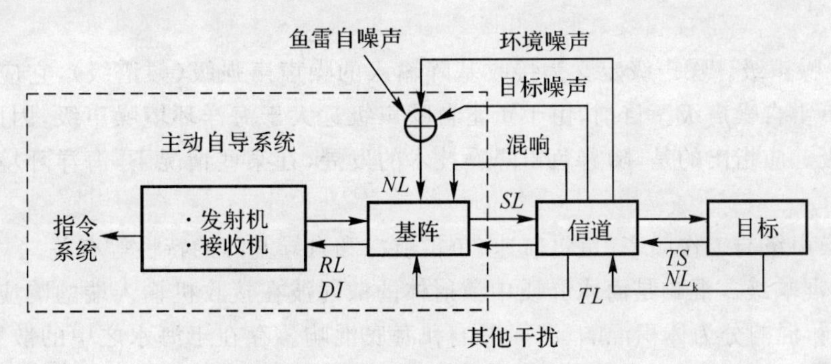

图 2.78 鱼雷主动自导系统工作模型

对主动自导方程：

噪声掩蔽时为

$$SL - 2TL + TS = NL - DI + DT \tag{2.30}$$

混响掩蔽时为

$$SL - 2TL + TS = RL + DT \tag{2.31}$$

式中诸参数说明如下：

SL—— 声源级。声源级是指自导发射机通过基阵发射声波时，在声轴上距声源 1 m 处产生的声强级，即

$$SL = 10\lg \frac{I}{I_0}\bigg|_{r=1\text{ m}} \tag{2.32}$$

式中，I 为声轴上距声源 $r=1$ m 处的声强；I_0 是参考声强，即均方根声压为 1 Pa 的平面波声强。声强度的定义是通过波阵面上单位面积的声功率；声功率的定义是声源在单位时间内辐射出去的声能量。

主动自导声源级范围为 200 ～ 240 dB。

TL—— 传播损失。传播损失定义为距声源 1 m 处发射信号的声强级与传播至目标位置时的声强级之差。这是一个由介质空间的几何和物理特性决定的量，它定量地描述在海洋中距声源 1 m 处至远处某一点之间声强减弱的大小。

通常认为传播损失由扩展损失和吸收损失组成。扩展损失是声能从声源向远处传播时，由于波阵面扩大而引起的有规律能量衰减的几何效应；吸收损失与海水介质的物理特性有关，其与自导工作频率有较强的依赖关系。

TS—— 目标强度。目标强度定义为在某一方向上距离目标的“声学中心”1 m 处目标产生的回声声强级与入射声强级之差，其表征目标对入射声能的反向散射能力，它与目标类型、结构、入射舷角、入射波声强级和入射波脉冲宽度等因素有关。一般潜艇目标的目标强度为 12 ～ 40 dB，覆以消声瓦的潜艇，其目标强度有较大降低。其他目标的目标强度为 － 30 ～ 20 dB。

NL—— 噪声级。噪声级定义为接收基阵输入的噪声声强级（频谱级），它应包括海洋环境噪声级和鱼雷自噪声级。目前，由于鱼雷自噪声级远大于海洋环境噪声级，因此，主要考虑鱼雷自噪声级。应指出的是，随着鱼雷降噪技术的发展，在某些情况下，海洋环境噪声级将需要考虑。

鱼雷自噪声级与工作频率、鱼雷航速、鱼雷航深和自导基阵的特性等有关。

RL—— 混响级。混响是海水介质中散射体的散射波在接收机输入端的响应。由于散射体的类别不同，混响分为体积混响、海面混响和海底混响。存在于海水之中的散射体，如海洋生物、非生物体和海水的不均匀结构等产生的混响为体积混响；海面混响是由位于海面或海面附近的散射体产生的；海底混响则是由在海底或海底附近的散射体产生的。为了分析方便，海面混响和海底混响统称为界面混响。

混响级与发射声源级、发射脉冲宽度、发射波束宽度、接收波束宽度和海洋介质的散射特性等有关。

DI—— 接收指向性指数。为了目标定向和抑制非目标方向的干扰，鱼雷自导基阵通常都设计成具有指向性。接收指向性指数定义为对各向同性噪声无指向性水听器输出的声功率级和指向性水听器基阵输出的声功率级之差。所谓各向同性噪声是指在空间均匀分布的统计特性相同的噪声，一般假设为空间和时间上的高斯白噪声。

接收指向性指数表示了接收基阵对各向同性噪声的抑制能力。

DT—— 检测阈。检测阈定义为在某一预定的检测判决置信级下在接收机输入端测得的接收机带宽内的信号功率级与 1 Hz 带宽内的噪声功率级之差。即是在接收机输出端设定一个门限（或称阈值），以判断目标的有无。

2）鱼雷被动自导系统自导方程。鱼雷被动自导系统的基本工作模型如图 2.79 所示。

被动自导系统工作时，自导本身不发射信号，接收机接收目标辐射噪声和叠加在其上的背景干扰，对它进行处理，从而发现目标，并进行目标参量估计，指令系统根据接收机提供的有关信息，输出操纵鱼雷的指令，跟踪目标。其背景干扰主要是鱼雷自噪声和海洋环境噪声干扰。

被动自导方程为

$$SL_{k} - TL = NL - DI + DT \tag{2.33}$$

式中，SL_{k} 为目标声源级，其他参数同主动自导方程。

目标声源级，即舰艇的辐射噪声级，其定义为距目标 1 m 处单位带宽内的辐射噪声声强级。这一参数通常是在鱼雷战术、技术性能中给定的。

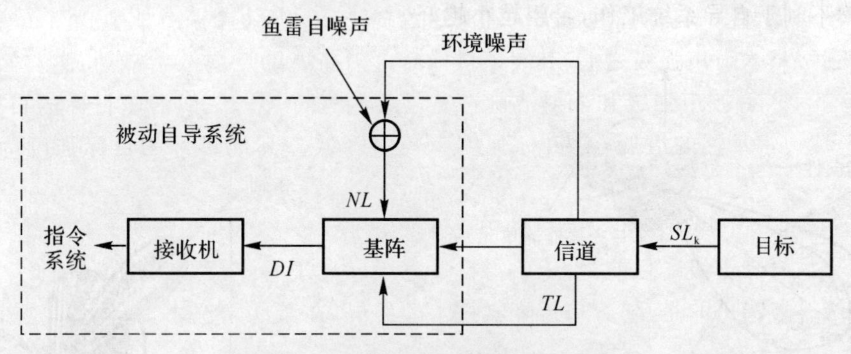

图 2.79 鱼雷被动自导系统工作模型

3）鱼雷自导系统自导方程的用途。自导方程是将介质、目标和设备的各项参数相互作用联结在一起的关系式。自导方程的功能之一是对已有的或正设计的自导系统进行性能预报，此时，自导系统的设计性能是已知的或是已假设好了的，要求对某些有意义的参数，如检测概率或搜索概率做出性能估计。

自导方程的另一用途是进行自导系统设计，在这种情况下所要设计的自导作用距离是预先规定的。这时要对自导系统方程中特定的参数进行求解，而这些参数在实际当中往往不易确定，必须通过反复试算以求得折中的最佳结果。

(2) 波束形成的基本概念

由于发射波束和接收波束形成的基本原理是相同的，而发射系统所采用的波束形成方法通常要简单得多，因而仅简要说明接收波束形成的概念。

1）单元换能器的指向性。换能器基阵中的单元换能器对来自不同方向的声信号转换为电信号的灵敏度是不同的，所谓换能器的指向性，是指强度相同的声信号由各个方向传至换能器上而产生的灵敏度与相同的声信号由法线方向达到换能器所产生的灵敏度的关系，其空间特性大致如图 2.80 所示。这种空间方向特性通常叫做波束，它表明单元换能器在不同的空间方位的接收能力。由单元换能器的指向性经适当处理可以得出换能器基阵的指向性，即形成换能器基阵的波束。

2）换能器基阵波束。波束形成技术是鱼雷自导系统进行目标探测的基础。单个换能器的信号较弱，也不能抑制噪声，为此，对单个换能器的信号进行处理，形成换能器基阵的波束，又称预形成波束。波束形成是将一个多元阵经适当处理，使其对某些空间方向的声波具有所需响应的方法。实现这一功能的器件称为波束形成器。一个波束形成器可以看成一个空间滤波器，它可以滤去空间某些方位的信号，只让指定方位的信号通过，实现多元阵在预定方向的指向性。波束形成器就是选择适当的加权向量以补偿各阵元的传播延时，从而在某一期望方向实现信号同相叠加，在该方向上产生一个主波束。如图 2.81 所示为一个波束的立体图，最大响应方向称为波束主轴或声轴。需要说明的是在形成主波束的同时，不可避免地还会形成副瓣。副瓣不利于自导系统工作,希望越小越好。

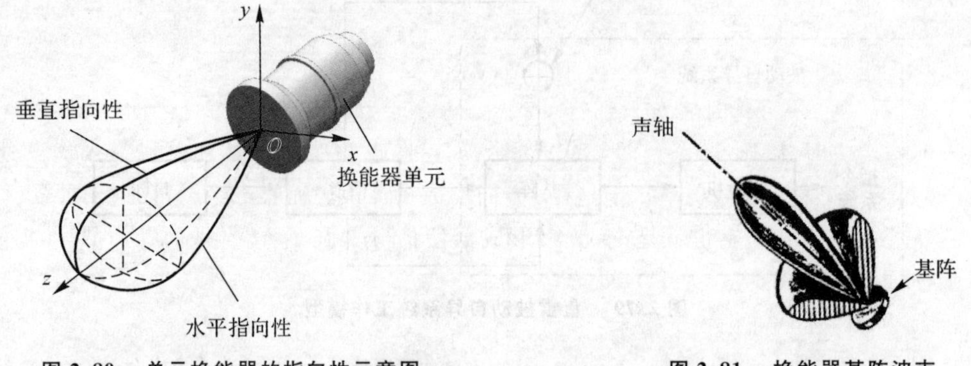

图 2.80 单元换能器的指向性示意图

图 2.81 换能器基阵波束

根据搜索扇面和定向方法的不同,波束形成器可形成多波束,也可用子阵形成分裂波束,如图 2.82 所示。

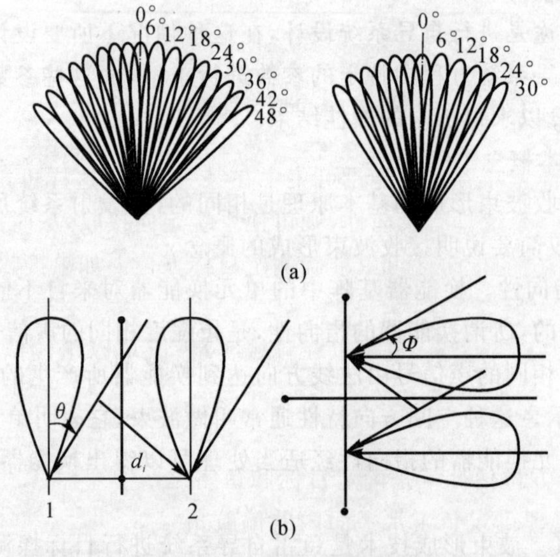

图 2.82 换能器基阵波束

(a) 多波束; (b) 分裂波束

3) 波束形成的方法。以阵元间隔为 Δ 的均匀线列阵为例说明波束形成,如图 2.83 所示,若基阵由 M 个阵元组成,入射信号是平面波,入射角为 θ,选择第一个阵元为参考点,则第 m 个阵元的输入为

$$x_m(t)=s[t+\tau_m(\theta)]+n_m(t) \qquad m=1,2,\cdots,M \tag{2.34}$$

式中,$n_m(t)$ 为第 m 个阵元的输入噪声;$s(t)$ 为参考点的输入信号;$\tau_m(\theta)$ 为第 m 个阵元输入相

对于参考点输入的时间差。

在 θ 方向，相邻阵元间产生的时间差为

$$\tau_0(\theta)=\frac{\Delta}{c}\sin\theta \tag{2.35}$$

如果将 $s[t+\tau_m(\theta)]$ 延时 $\tau_m(\theta)$，那么 $s[t+\tau_m(\theta)]$ 变为 $s[t+\tau_m(\theta)-\tau_m(\theta)]=s(t)$。对各阵元输入都作相应时延，则 M 路信号都变成了 $s(t)$。将这 M 路信号相加得到 $Ms(t)$，经二次方、积分得到 $M^2\sigma_s^2$（σ_s^2 为信号功率），于是在 θ 方向形成了波束。而噪声经过相加、二次方、积分后为 $M\sigma_n^2$（σ_n^2 为噪声功率）。也就是说，波束形成器使信号增强了 M^2 倍，而噪声只增加了 M 倍。因此，波束形成器的增益为 $10\lg M$。

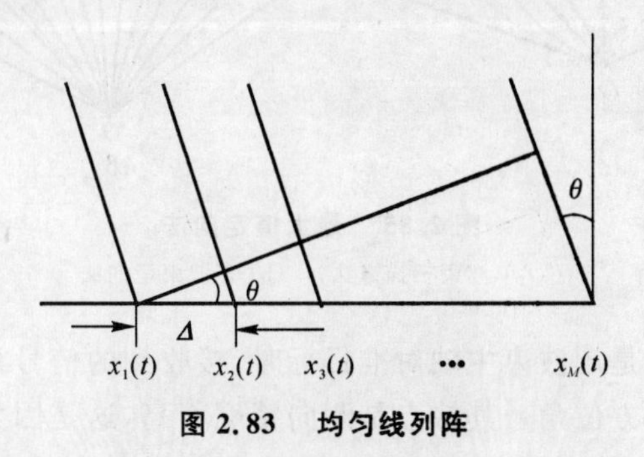

图 2.83 均匀线列阵

发射系统具有指向性意味着发射能量可集中在某一方向，这样可以用较小的发射功率探测更远距离的目标。接收系统具有指向性，则可使系统定向接收，从而抑制其他方向的信号和干扰。此外，利用接收系统的指向性可以准确测定目标方位。如果接收系统形成多个波束，则可分辨多个目标。

波束形成器既可以在时域实现，也可以在频域实现；既可以用模拟方法实现，也可以用数字方法实现。

(3) 目标参量估计

1) 方位估计。目标方位估计就是确定目标和鱼雷之间的相对方向，实质上是要确定鱼雷水平面内的偏航角 α 和垂直面内的俯仰角 θ，目标方位示意图如图 2.84 所示。

在鱼雷自导系统中常用的目标方位估计方法有最大值定向法、多波束定向法、等强度信号法、分裂波束定向法。

① 最大值定向法。最大值定向法可采用单波束扫描方法，也可采用多波束定向方法。

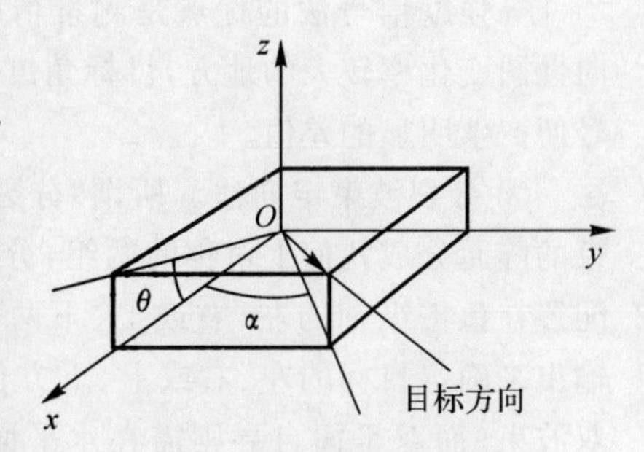

图 2.84 目标方位示意图

如图 2.85(a) 所示，单波束扫描方法是用单个波束在搜索扇面内不停地进行扫描搜索，当

波束主轴方向处于目标方位附近时，波束将有相应的响应输出；当波束对准目标时，其输出响应有最大值；当波束主轴方向偏离目标方位较大时，将没有输出响应，根据这个最大值响应便可以确定目标方位。

如图 2.85(b) 所示，多波束定向法是事先将多个波束固定在搜索扇面中的各个方位上，当某个波束输出最大时，目标方位就在这个波束的中心角附近。

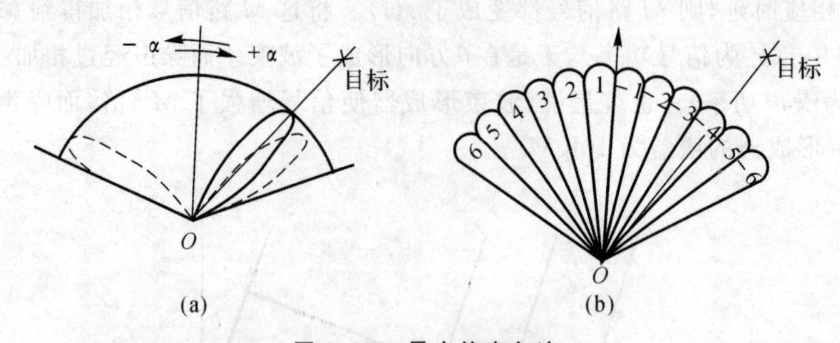

图 2.85 最大值定向法

(a) 单波束扫描方法； (b) 多波束定向法

最大值定向法的优点是用波束主轴对准目标时，接收到的信号最强，因此信噪比最大，能在很远的距离上确定目标方位角。其缺点是测向精度不高，这是因为波束的最大值附近接收灵敏度变化很少，输出响应差别不大，不易将目标方位角判别准确。另一个不足之处是搜索速度较慢。

② 等强度信号法。采用等强度信号法测定目标方位时，需要形成两个相同的彼此部分重叠的波束，并且它们的中心线对称于等信号线。如图 2.86 所示，当目标在 K 点，对等信号线方向的偏角为 φ 时，波束 1 收到的信号 U_1 将大于波束 2 收到的信号 U_2，两个信号的振幅差的大小即表示目标对等信号轴方向的偏移量，而振幅差的符号即表示了目标偏离等信号轴的方向。当等信号轴方向与目标重合时，两个波束收到的信号振幅相等，差值为零。

等强度信号法的优点是测量精度较高，因为等信号轴一般在方向性图变化率较大的地方，目标角度稍一偏离等信号轴线，两波束信号便产生明显的差值。

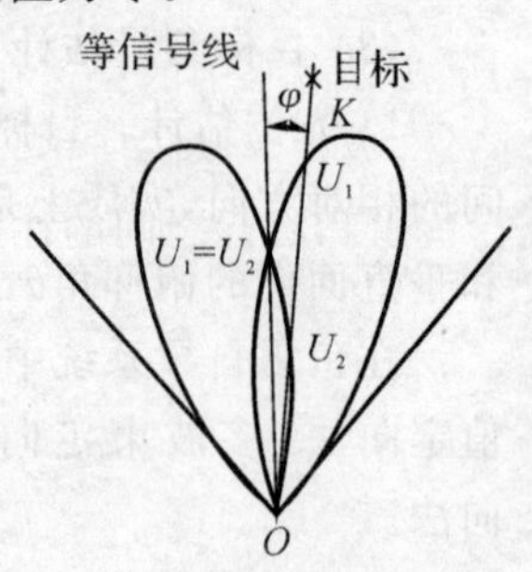

图 2.86 等强度信号法

③ 分裂波束定向法。所谓“分裂波束”定向，就是将参加形成波束的阵元分成几何上对称的两组，分别形成波束，这两个波束对称地配置在鱼雷纵轴的左、右或上、下两个方向上，通过比较两个波束的输出来确定目标的左、右或上、下方位。如单平面自导只需形成一组双波束；而双平面自导则需在水平面和垂直面各形成一组双波束。如图 2.87 所示，为 MK—46 自导接收波束，只有 4 个接收波束(左、右、上、下)。

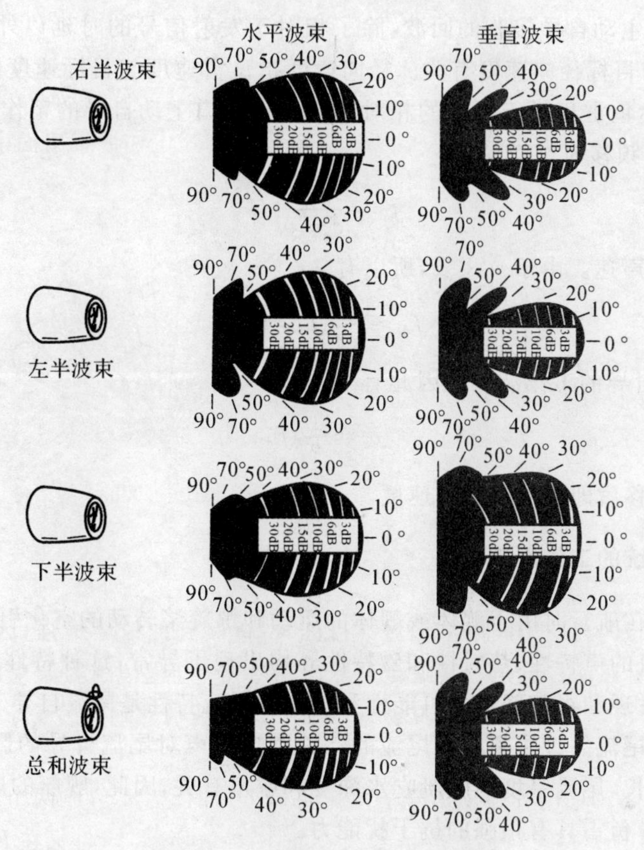

图 2.87 MK—46 自导接收波束

2）距离估计。鱼雷自导系统通常采用脉冲法测距。主动自导系统工作时，发射机产生具有一定重复周期 T、一定脉冲宽度和一定频率调制的脉冲，通过换能器阵转换成声脉冲辐射出去，并以海水中的声速在海水中传播。声波遇到目标后，产生散射或反射，有部分能量被反射回来，为自导基阵所接收，并送接收机进行处理，实现检测、参量估计和目标识别等功能。声波在鱼雷和目标之间的往返时间为

$$\tau = \frac{2R}{c} \tag{2.36}$$

于是得

$$R = \frac{1}{2}c\tau \tag{2.37}$$

式中，R 为鱼雷和目标之间的距离；c 为声波在海水中的速度。可以看出，求距离 R 就是要求得时间 τ，也就是说，鱼雷主动自导测距是通过测量目标反射回波相对于发射信号的时延 τ 来实现的。由于噪声的存在，时延的测量会出现误差，因此，只能对时延进行估计。

3）速度估计。主动自导接收的回波，除了相对于发射信号的时延以外，还会产生多普勒频移，多普勒频移与目标径向速度有关。径向速度指鱼雷速度与目标速度在鱼雷与目标连线上的投影之和，也称鱼雷相对于目标的相对速度。设鱼雷主动自导的工作频率为 f_0，径向速度 v_r 产生的多普勒频移为

$$f_d = \frac{2v_r}{c - v_r} f_0 \tag{2.38}$$

式中，c 为海水中的声速。由于 $v_r \ll c$，所以有

$$f_d \approx \frac{2v_r}{c} f_0 = \frac{2v_r}{\lambda} \tag{2.39}$$

式中，c/f_0 是主动自导的工作波长。因此有

$$v_r = \frac{1}{2} \lambda f_d \tag{2.40}$$

求得多普勒频移后即可求得径向速度。

4. 尾流自导系统的工作原理

尾流是指舰艇在航行时由于舰体或舰体的运动和螺旋桨转动的空化引起的泡沫区域。与海水介质相比，尾流的声特性、热特性和磁特性等均出现了异常，这种特性异常影响水声设备工作，但也提供了发现和跟踪舰艇的可能性和途径。尾流特性是尾流自导工作的基础。

尾流自导是在尾流的近距离检测尾流的。鱼雷自噪声对尾流自导的影响很小；水面舰船尾流的存在时间很长，尾流厚度与舰艇吃水深度和航速有关，因此，舰艇的尾流不易消除，也不易模拟，故尾流自导鱼雷具有很强的抗干扰能力。

由于尾流随深度的增加，存在时间急剧减小，因此，目前尾流自导鱼雷只适于反舰而不适于反潜。

从原理上讲，尾流的声特性、热特性、磁特性、光特性等都可以用于尾流自导，但从工程应用角度讲，利用尾流的声特性最为方便可行，因此，目前鱼雷尾流自导多为声尾流自导，下面以声尾流自导说明尾流自导的工作原理。

（1）尾流特性

1）几何形状。尾流在接近舰艇处，扩展很快，扩展角约为 50°，且与航速的关系不大。在距舰艇艉部一定距离(20～100 m)，尾流的扩展角大为减小，约为 1°。这段距离与航速有关，航速越高，这段距离越长。

对大型水面舰船，尾流厚度与舰船吃水的比值为 1.5～2.02；对小型舰艇，这一比值较大，可达到 4。对快艇，尾流厚度随航速增大而显著增加。随距船尾距离的增加，尾流厚度将减小。尾流存在的时间可达 15～45 min，可供尾流自导应用的尾流一般在 2～5 min 之内。

2）物理特性。这里主要讨论尾流的声学特性。

①吸收和衰减。入射声波会使尾流中的气泡发生受迫振动，此种振动会向周围介质传播，

并导致气泡向水中辐射声波。入射波转换为空间压力分布不同的另一种波的过程,称为散射。一般地,声波在气泡上发生散射的同时,入射波中会有部分能量转变为热能,这种效应称为吸收。吸收会使在尾流中传播的声能产生衰减。

尾流中传播的声波,其声能衰减与工作频率、舰艇航速,以及尾流中气泡的消失速度(即尾流距舰尾的距离)有关,频率越高,衰减越大,距舰尾距离越远,衰减越小。尾流对声波传播的吸收和衰减效应,会严重地影响水声设备的工作。

②反射和散射。声波入射到尾流边缘,尾流会产生反射和散射;声源在尾流中辐射声波,会产生散射,形成尾流中的混响。这种反射和散射与工作频率有关,工作频率越高,反射和散射强度越大,当工作频率与气泡的谐振频率一致时,会激发气泡共振,增加反射和散射强度。尾流中由于气泡半径不同,谐振频率范围为1～50 kHz。工作频率高时,反射和散射强度大,可能与尾流中有较多气泡谐振有关。

②阻抗特性。尾流中气泡的存在会改变尾流区域内水的密度,因此,水的声阻抗就会发生变化。工作在谐振状态下的水声换能器,在不同声阻抗中测量到的阻抗会有明显的差别。

(2) 尾流自导工作原理

1)被动尾流自导。被动尾流自导本身是不发射信号的,而是通过检测尾流的声异常、磁异常或热异常特性,发现尾流并操纵鱼雷沿尾流跟踪目标,它们分别称为被动声尾流自导、被动磁尾流自导或被动热尾流自导。这里,只讨论被动声尾流自导。

一般被动声尾流自导依据尾流的声阻抗特性相对于海水介质声阻抗特性的变化检测尾流。其系统结构如图2.88所示。

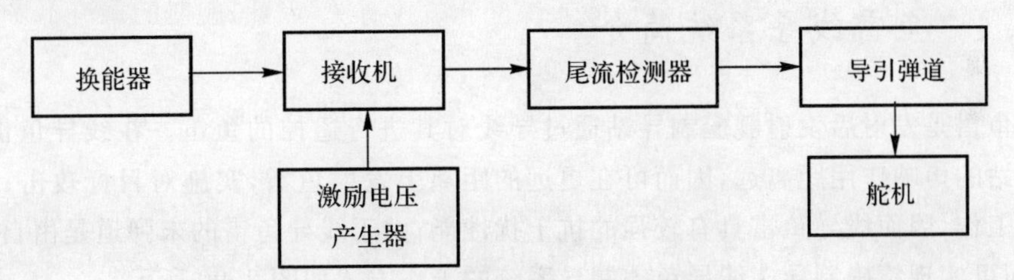

图2.88 被动声尾流自导原理框图

安装在雷顶的纵轴线上的换能器感知水下声阻抗的变化,接收机处理接收电压与激励电压,使在海水中两者的合成电压为零。当换能器接触尾流时,其阻抗发生了变化,使合成电压不再为零,尾流检测器将这个电压与门限比较,发现尾流。导引弹道部分对弹道进行解算,发出操纵指令,操纵鱼雷沿尾流跟踪目标,对目标实施攻击。被动尾流自导结构简单,易于工程实现。

2)主动尾流自导。主动尾流自导是依据尾流的声反射或声散射特性工作的,工作时,周期性地向水中辐射声信号,并对尾流反射或散射信号进行处理,检测尾流并沿尾流跟踪目标,对目标实施攻击。其系统结构如图2.89所示,主要由发射基阵、接收基阵、尾流发射机、尾流接收机、信号处理机等组成。

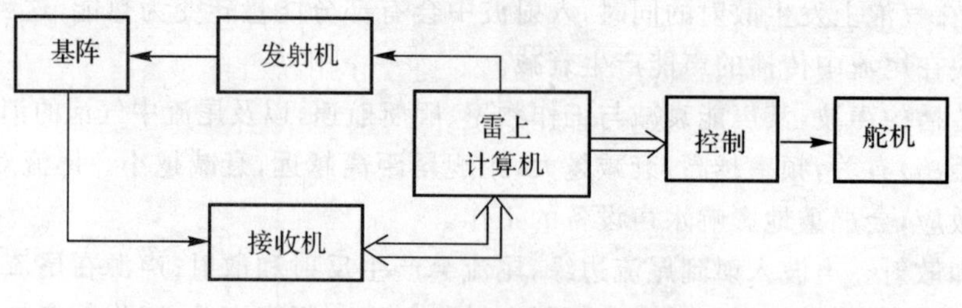

图 2.89 主动尾流自导原理框图

尾流发射机向海面发射超声短脉冲，尾流接收机、信号处理机接收及处理回波信号。无尾流时，回波信号包括体积混响、航行器噪声和海面反射信号；有尾流时，回波信号除包括以上信号外还包括尾流回波信号。接收机接收的尾流回波信号来自各层面的立体反射，以及气泡散射造成的多次反射，其回波宽度大大超过发射脉冲宽度，回波前沿时间随尾流厚度变化而变化，后沿的延迟量大于海面回波后沿的延迟量。利用尾流回波强度大于航行器噪声，宽度大于海面回波宽度的特点，可以从接收信号中区分出尾流回波信号。

接收机对接收波束的数据进行处理，在输出的尾流混响超过门限的时间间隔大于某一数值后，则判定检测到了尾流。接收机的输出送至雷上计算机进行解算，通过控制系统操纵鱼雷运动。

2.4.4 鱼雷线导系统简介

线导鱼雷是发射后发射舰艇制导站通过导线对其进行遥控的鱼雷。在线导鱼雷使用中，由于制导站的声呐作用距离远，因而可在更远的距离上发射鱼雷，实施对目标攻击；由于武器系统参与工作，因而线导鱼雷具有较强的抗干扰性能；由于线导鱼雷的末弹道是由自导系统导引的，因而可实现精确制导。线导鱼雷制导系统的工作方式如图 2.90 所示。

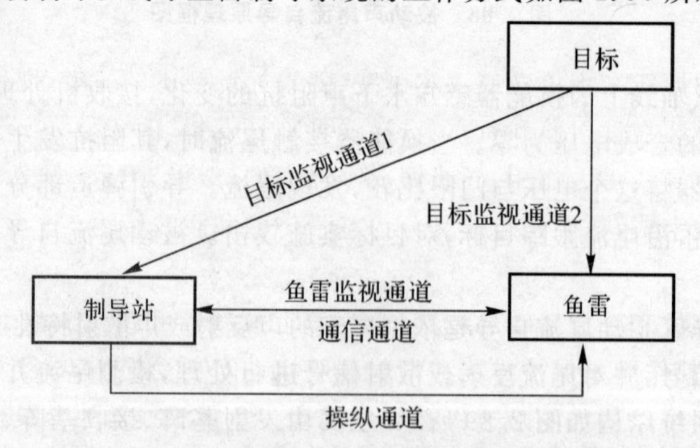

图 2.90 线导鱼雷制导系统工作原理图

制导系统的工作原理:制导站根据目标监视通道1和鱼雷监视通道测得目标和鱼雷数据,按照某种导引率操纵鱼雷跟踪目标,鱼雷通过监视通道2观测目标。鱼雷发现目标后,交由自导系统操纵,并将目标数据传给制导站,制导站起监视作用。当自导系统工作失误时(如导向诱饵),制导站予以纠正(凌驾权)。鱼雷断线,自导系统自主工作。

线导系统由线导鱼雷显控台、舰艇上放线器、鱼雷导线连接器、鱼雷放线器和线导系统雷上电子装置等组成,如图2.91所示。

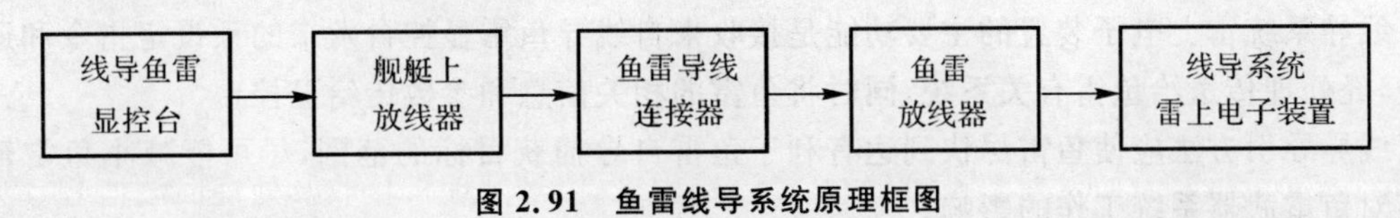

图2.91 鱼雷线导系统原理框图

1. 线导鱼雷显控台

线导鱼雷显控台主要功能如下:

1) 向鱼雷发出预设定信号和遥控指令,接收鱼雷的自检及相关信号。向鱼雷发送的主要预设定信号包括初始转角、上下限深度、发射鱼雷深度、发射点经纬度、初始雷位、目标性质、鱼雷航速、制导方式、自导及引信供电时间、自导信号形式、舵管制时间等;向鱼雷发送的主要遥控指令有航向变换、航深变换、航速变换、自导或引信供电、自导方式、改变导引攻击目标、再搜索、修改预设定和自爆等指令;鱼雷传给鱼雷线导显控台的信息包括鱼雷运动要素、鱼雷坐标、自检结果、雷目距离、目标方位和引信动作等。

2) 检查各发射管装雷状况,并遥控发射鱼雷。

3)接收由制导站给出的目标及发射舰艇运动要素和鱼雷由导线传来的运动要素,按一定导引率解算并实时地产生遥控指令,在显示器屏幕上描绘鱼雷航迹,并列表给出有关参数。

2. 线导鱼雷专用导线及放线器

(1) 线导用导线

早期鱼雷线导用导线采用单芯或双芯铜线,随着光纤技术的发展,现代鱼雷线导专用导线已采用光纤。导线分装在发射艇和鱼雷上,导线可承受安装、拆卸、发射、舰艇机动及鱼雷航行布放的拉力。为避免导线重力作用,导线做成零浮力的,即重力与浮力相等。导线上的信息传输可采用模拟式或数字式,数字式传输又分为基带传输和载波传输。

(2)放线器

放线器是用于存放和释放导线的装置,分为艇上放线器和鱼雷放线器。艇上放线器有金属软管式和拖曳式,其作用是保护导线在发射舰艇机动时不受损伤,导线长度应保证发射舰艇在线导鱼雷航行期间可以适当的航速作必要地机动。鱼雷放线器的导线长度应与鱼雷线导导引段的航程相匹配，以保证鱼雷导引段的航行和线导系统的正常工作。

导线通过专门工艺缠绕、固定在放线器中，既能保证导线顺利拉出，又能保证剩余导线不会散乱或打结。艇上导线和雷上导线通过线导连接器连接。鱼雷发射后，艇上放线器和鱼雷放线器同时放线，并避免导线受力。

3. 线导系统雷上电子装置

线导系统雷上电子装置的主要功能是接收来自线导鱼雷显控台发来的预设定指令和遥控指令，经处理传送给鱼雷有关系统，同时将鱼雷的相关信息和参数传给显控台。

线导导引方法应使鱼雷尽快到达有利于鱼雷自导捕获目标的范围，尽可能减小鱼雷辐射噪声对鱼雷武器系统工作的影响。

2.4.5 鱼雷导引弹道简介

1. 鱼雷弹道简介

鱼雷弹道从狭义来说是指运动的空间轨迹，鱼雷在制导系统的操纵下，按照一定的轨迹航行。根据鱼雷的战术、技术要求，如攻击目标的性质(水面目标还是水下目标，还是两者兼有)、目标的速度和机动性、目标的深度范围、可能的战术态势、鱼雷的航速与航程、制导方式等所设计的鱼雷弹道称为战术基准弹道。鱼雷制导系统按照基准弹道的参数、实际弹道参数以及目标运动参数等方面信息，综合处理后给出操舵信号，控制鱼雷的运动，使鱼雷航行的实际弹道与战术基准弹道的偏差在允许范围内。

从弹道的空间形式来看，鱼雷弹道可分为空中弹道和水下弹道。其中空中弹道是指空投鱼雷从空中带有降落伞的落体运动到鱼雷入水，降落伞与鱼雷分离这一段弹道。在这一段鱼雷一般不加控制。而水下弹道是指鱼雷从入水到命中目标(或燃料消耗完)这一段弹道，为控制弹道。它又可根据弹道的功能分为6段。

(1)入水和下潜段

它是指鱼雷从入水到发动机启动、全雷供电、控制系统进入正常工作状态且鱼雷到达设定深度这一段。

(2)搜索段

这一段通常也称为程序航行弹道。它是指鱼雷解脱管制后，由控制系统按照发射前预设参数完成寻深和初始转角的程序弹道，直航或机动(如蛇行、环行、梯形、螺旋、变深)搜索这一段。

(3)线导导引弹道(只有线导鱼雷才有)

它是指鱼雷按照发射舰艇火控系统通过导线发给的遥控指令进行航行的弹道。火控系统的遥控指令是通过声呐系统测得的目标信息、线导系统送回的鱼雷信息及发射舰艇自身的运动信息，解算选定的导引律而形成的。

(4)自导导引弹道

它是指鱼雷自导系统发现目标后，根据其获得的目标信息，解算选定的自导导引律，操纵鱼雷追踪目标。

(5)末攻击弹道

它是指鱼雷追踪目标到一定距离，按规定的运动方式接近目标，直至命中目标。对命中目标的部位或命中角范围有特殊要求的鱼雷(如采用聚能爆炸技术的小型反潜鱼雷)，应设计专门的末攻击弹道。

(6)再搜索段

它是指鱼雷在导引或攻击目标过程中丢失目标信号，则转入预先设定的程序弹道进行再搜索，如果鱼雷能再次发现目标，则又转入导引弹道，如此循环往复，直至命中目标或燃料消耗完为止这一段。

鱼雷弹道还可根据导引指令的不同分为程序弹道、导引弹道。其中程序弹道是指鱼雷在发射之前按照事先设定的方式进行航行的弹道，它不受目标运动的影响，如搜索段、再搜索段，而导引弹道则要受目标运动和导引律的制约。

以上6个弹道阶段基本上可以概括所有鱼雷的全部弹道，有些鱼雷的弹道可以少于6个阶段，例如，潜艇发射的鱼雷没有空中弹道，非自导鱼雷没有搜索弹道和导引弹道，末攻击弹道也是程序弹道。对于线导鱼雷，其导引弹道可分为线导导引和自导导引两个阶段；对于惯性制导鱼雷，其导引弹道又可分为惯性制导和自导导引两个阶段。

2. 典型鱼雷弹道

以下简要介绍MK—46—1鱼雷、A244/S鱼雷和MK—45F鱼雷的弹道。

(1) MK—46—1鱼雷(美国)的弹道

MK—46—1鱼雷是一种高速、主被动声自导、热动力鱼雷，可由直升机或固定翼飞机空中投放，水面舰艇发射管发射，也可作为火箭助飞鱼雷。

1)发射管发射。当鱼雷由管装发射时，自动设定为主动自导方式、蛇行搜索，弹道如图2.92所示。

弹道程序是鱼雷入水2 s，海水电池激活，动力系统启动，开始给控制系统供电，鱼雷以$-45°$的俯仰角下潜到设定的搜索深度。供电6 s后，鱼雷以20 °/s的速率转向蛇形主航向，到达主航向后，以6.5 °/s的速率和以$\pm 45°$的视角进行蛇形搜索，直到捕获目标或者燃料耗尽。

2)空中投放(或火箭助飞)。MK—46—1鱼雷空投时，其弹道有空中段、下潜段、搜索段、捕获和攻击段、再搜索段，全弹道如图2.93所示。

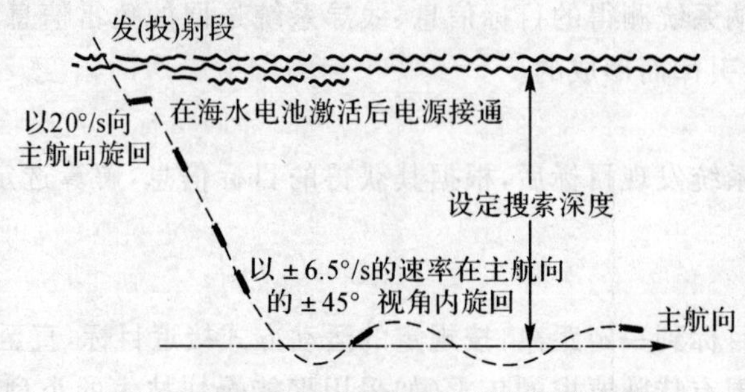

图 2.92 MK—46—1 鱼雷的蛇行搜索弹道

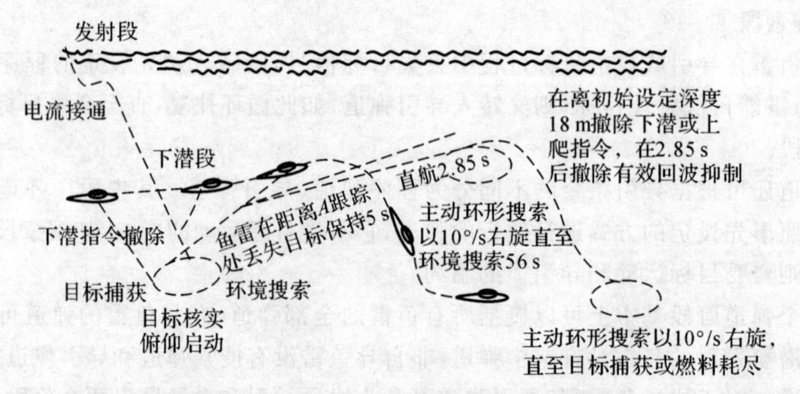

图 2.93 MK—46—1 空投鱼雷的全弹道图

①空中段。该雷用于直升机悬停投放时，鱼雷在空中飞行水平距离为 61～152 m；鱼雷入水时姿态角为 35°～60°。该雷用于直升机前飞投放时，鱼雷空中飞行时间大于 4.3～7.9 s；鱼雷在空中飞行水平距离为 366～762 m。

②下潜段。在鱼雷入水 2 s 内，发动机启动，全雷供电。在供电的头 2 s 内，驾驶仪控制鱼雷的俯仰角速度为 0。供电 2 s 后，取消俯仰抑制，驾驶仪操纵鱼雷以 45°的下潜角向搜索深度航行。当到达搜索深度之上的 18 m 时，撤消 45°的下潜指令，进行定深控制，鱼雷下潜指令撤消 3 s 后计算机启动。

③搜索段。当鱼雷由飞机空投或火箭助飞空中投放时，可以设定为主动自导方式或被动自导方式。当设定鱼雷为主动自导方式时，搜索方式是在供电 6 s 后开始作速率为 10 °/s 的右旋环形搜索，直至捕获目标或燃料耗尽；当设定鱼雷为被动自导工作方式时，搜索方式是作 20 °/s右旋环形搜索，若搜索 24 s 不能捕获目标，则转为以 10 °/s 速率的主动环形搜索，直至捕获目标或燃料耗尽。

④捕获和攻击段。主动自导时，只要鱼雷接收到一个有效的回波，就开始捕获阶段，停止搜索，并在水平面转向目标。接收到两个连续有效回波，目标就被核实，结束捕获阶段，开始攻

击阶段。

被动自导时，对目标的检测取决于鱼雷接收到的辐射噪声的幅度及其相关程度。只要噪声门和相关门同时选通，鱼雷就检测到目标，在水平面导向目标。当接收到的辐射噪声使幅度门选通时，鱼雷开始启动，进行双平面跟踪目标。

⑤再搜索段。当鱼雷在跟踪攻击时丢失目标或一次穿过不能命中目标时进行再搜索，以期望再次捕获目标，进行再攻击；若在丢失目标前是主动自导，则进行主动自导再搜索；若丢失目标前是被动自导，则进行被动自导再搜索。

主动自导的再搜索方式随发射方式及丢失目标时间、回波情况及鱼雷与目标的距离不同而不同。例如，当鱼雷为管装发射且只收到一个回波就丢失目标时，则向有效回波方向跟踪保持 5 s 恢复主动蛇形搜索，主舵向是原设定航向，发射周期为 2 s，速率为 6.5 °/s，在主航向左、右 45°方向换向。

被动自导的再搜索方式是跟踪保持 5 s，若不能捕获目标，则以 20 °/s 的速率右旋环形搜索，若搜索 24 s 不能发现目标，则转为以 10 °/s 的速率主动自导右旋环形搜索，直到发现目标或燃料耗尽。

(2)A244/S 鱼雷(意大利)的弹道

A244/S 鱼雷是供水面舰艇、直升机和固定翼飞机使用的主、被动自导反潜鱼雷，其程序搜索和自导导引弹道如下所述。

A244/S 鱼雷初始搜索为直航搜索(距离可以为 0～4 200 m，每 600 m 为一挡)加螺旋形或螺线形搜索。

螺旋形搜索弹道如图 2.94 所示，搜索程序是以速率 7 °/s(回旋半径 R＝130 m 左右)向左回旋 37 s 后，以＋10°的俯仰角或以－10°的俯仰角在预设定的上限和下限深度之间回旋。如设定在“浅水”，则在初始搜索深度上做圆周运动，直到捕获目标或燃料耗尽。

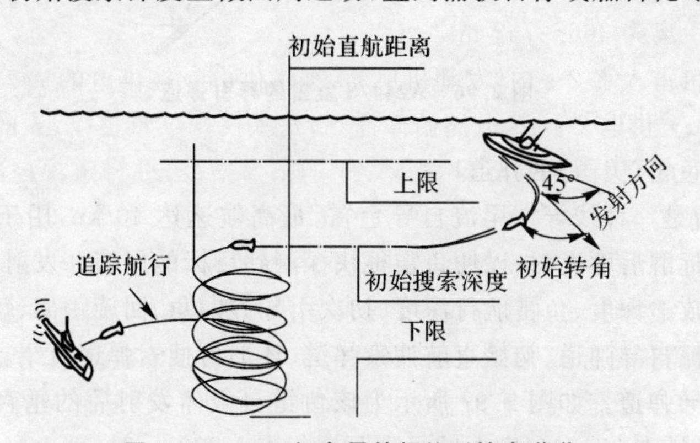

图 2.94　A244/S 鱼雷的螺旋形搜索弹道

螺线形搜索弹道如图 2.95 所示，搜索程序是回旋的前 37 s 与螺旋形一样，回旋时俯仰角总是 0°，在第 37～74 s，回旋速率减小为 3.5 °/s(R=260 m 左右)，在第 74 s 后，回旋速率减小为 1.75 °/s(R=520 m 左右)，直到发现目标或燃料耗尽。

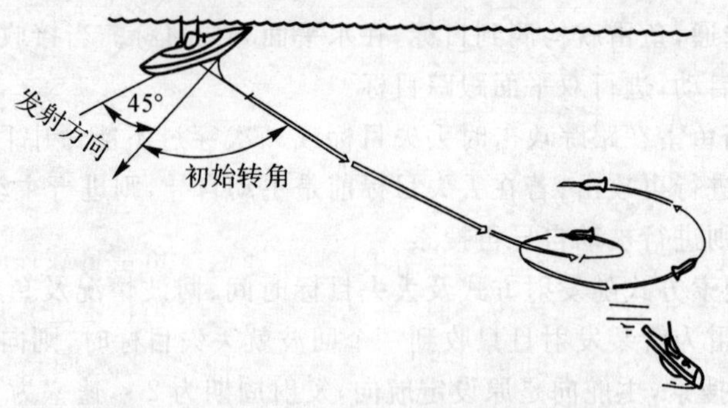

图 2.95　A244/S 鱼雷的螺线形搜索弹道

程序搜索中自导装置发现目标后，水平面采用追踪法导引方式。只有采用主动自导方式，要求鱼雷回旋速率大于 7 °/s，且鱼雷与目标的距离小于 180 m 时，鱼雷才按 20°的固定提前角方法跟踪、命中目标，导引弹道如图 2.96 所示。

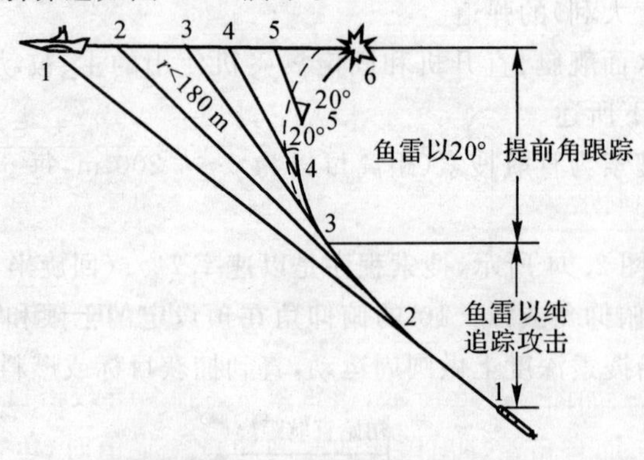

图 2.96　A244/S 鱼雷的导引弹道

(3)MK—45F 鱼雷(美国)的弹道

MK—45F 鱼雷是一种线导加尾流自导鱼雷，最高航速达 40 kn，用于攻击水面舰艇。使用该雷时要求在目标舰后面发射，以便鱼雷很快探测到目标的尾流。发射前设定以下参数：陀螺转角、命中距离、攻击深度、鱼雷航行深度、初次引导方向角、回旋距离、鱼雷线导或非线导。

下面按典型尾流自导弹道、初始直航搜索弹道、环形再搜索弹道介绍。

1)典型尾流自导弹道。如图 2.97 所示为该鱼雷自载体发射后的垂直面弹道。若发射前设定“深水航行”，鱼雷在 38 m 深度上航行到距授权点 1 830 m 时，就上爬到攻击深度，准备搜索尾流，以后就一直在攻击深度上航行。

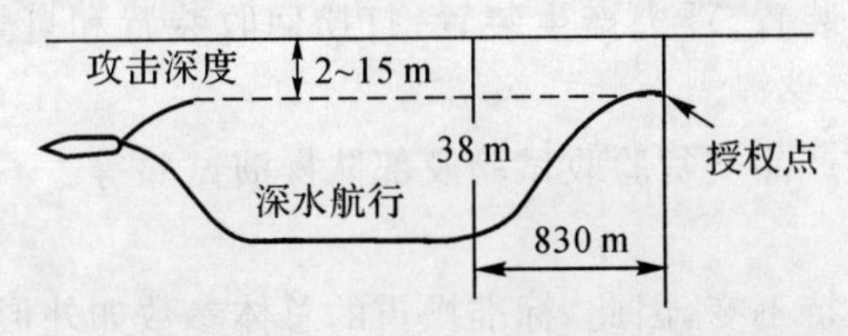

图 2.97 MK—45F 鱼雷发射后的垂直面弹道

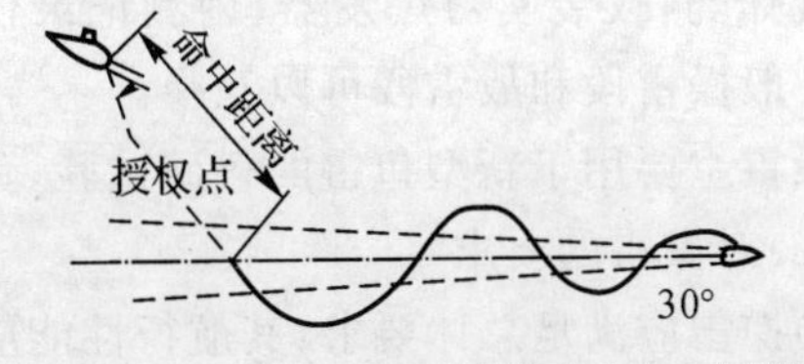

图 2.98 MK—45F 鱼雷发射后的水平面弹道

如图 2.98 所示为该鱼雷自载体发射后的水平面弹道。鱼雷自载体发射后，按设定的陀螺转角回旋到搜索航向。当直航到授权点时，开始探测尾流。当鱼雷进入尾流时，自导装置就探测到尾流，并按设定的初次引导方向角操纵鱼雷改变航向，经多次调整，使其与尾流的夹角为 30°，时而穿出尾流，时而穿入尾流，不断接近目标舰，最后撞击并毁伤目标。

2)初始直航搜索弹道。当鱼雷从授权点开始直航搜索，到设定的回转距离还不能探测到尾流时，鱼雷回旋 180°，再直航相同的回转距离，若在此过程中还不能探测到尾流，则再回旋 180°，做直航搜索，如图 2.99 所示，直至探测到尾流或航程终了。

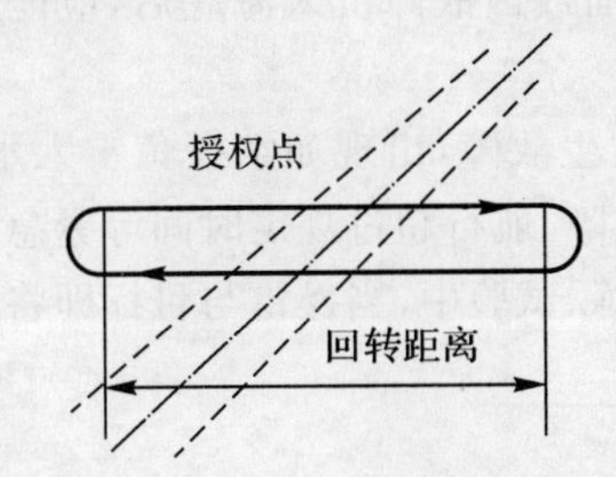

图 2.99 MK—45F 鱼雷初始直航搜索弹道

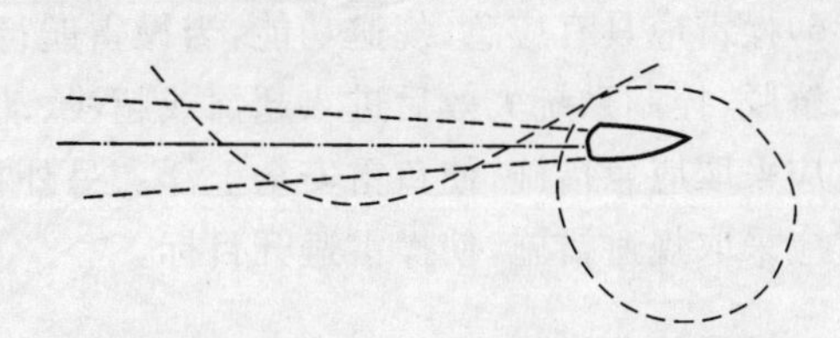

图 2.100 MK—45F 鱼雷环形再搜索弹道

3)环形再搜索弹道。如图 2.100 所示，当鱼雷按尾流自导攻击目标，最后从目标的前方通过而不能与目标舰撞击，而且鱼雷穿出尾流的时间超过预定值时，鱼雷就开始环形再搜索，直至再探测到尾流或航程终了。

2.5 操雷与试验技术简介

2.5.1 操雷系统的作用及分类

1. 操雷系统的作用和要求

(1)操雷系统的作用

装有操雷段的鱼雷称为操雷，操雷与战雷相比具有操演性、可回收性和记录功能。操雷段内不装炸药，仅装实习爆发器、内测记录仪表装置、浮力产生装置、打捞回收装置和自毁装置等。一般操雷段和战雷段可以互换。

操雷主要用于新型鱼雷的科研试验、鱼雷产品交货验收试验及部队操演试验等。

(2)对操雷的要求

1)操雷应满足总体要求：其航行性能应保持不变，因此，标准操雷的总体参数如外形、尺寸大小、质量及重心位置等应与战雷基本相同。

2)操雷应具有操演功能：按要求的程序和工作方式航行，以便考核各系统和总体的性能，并且其操演程序可根据需要进行调整。

3)操雷应具有内测记录功能：能测量和记录鱼雷各分系统和总体性能参数，记录系统具有多通道数据采集和记录功能，工作准确可靠，并利于回放。

4)操雷应具有回收功能：航行终了时，鱼雷应能自动上浮，并具有足够的正浮力，以保证鱼雷能部分露出水面，便于发现。一般要求鱼雷航行终了时为正浮力，轻型鱼雷正浮力不小于200 N，重型鱼雷正浮力不小于300 N。

5)操雷应具有雷位指示功能：操雷航行结束浮出水面或因故障沉入海底后，应能发出声、光或电信号，指示操雷位置，以便于搜寻、回收鱼雷。

6)操雷应具有应急、规避功能：当操雷航行过程中发生故障，出现如空投鱼雷入水后降落伞未解脱、控制系统失效后进入超深或超浅、动力装置故障、航行超过规定时间等紧急情况时，操雷应采取应急措施，使鱼雷安全上浮。另外在操雷训练、试验中，当操雷与目标即将相撞时，操雷应采取规避措施，使操雷避开目标。

2. 操雷的分类

按照不同的分类方法，操雷可分为不同的类型。

(1)按照重力配置分类

按照重力配置不同可分为正浮力操雷和标准操雷两种。

1)正浮力操雷。正浮力操雷是从发射到航行终了，重力小于浮力的操雷。正浮力操雷在航行终了，主机停机后，在浮力的作用下，能自动浮出水面。正浮力操雷衡重参数与战雷可以不同，主要用于考核鱼雷控制与自导系统等的部分实航试验以及部队训练。

2)标准操雷。标准操雷是主要战术、技术参数与战雷一致的操雷。其外形尺寸、质量、质心位置、浮心位置等总体参数及其他技术指标与战雷基本相同，标准操雷主要用于全航程试验。标准操雷按战雷要求装足能源，试验时使其航行到能源耗尽，以检验其最大航程及与航程有关的性能参数。

(2)按照产生浮力的方式分类

按照产生浮力的方式可分为有压重操雷、无压重操雷、气囊式操雷和伸张式操雷。

1)有压重操雷。由于操雷段相对于战雷段比较轻，为了使操雷段的质量、重心位置与战雷段相同,在操雷段中就需要装上压载物。当鱼雷航行终了时,为了打捞回收,须自动排除压载物,使鱼雷获得正浮力而自动上浮。

目前,在操雷段上使用的压载物可分为两种:一种是固态的,一种是液态的。

固态压载物一般是采用密度较大的铅块。铅块可以用爆破螺栓固定在操雷段的下方或者两侧。当鱼雷航行终了时,爆破螺栓起爆,铅块便与鱼雷脱开,自动抛入水中,鱼雷便能获得正浮力而上浮。

对于液态压载,一般常用淡水作为压载物。液体压载式操雷段主要用于早期的仪装有机械仪表的操雷段,由于液态压载物存在影响电子器件的工作、大深度反潜排水困难、密度小、占用体积大等缺点,现代鱼雷已基本不用。

2)无压重操雷。不带任何压载物的操雷称为无压重操雷,这种鱼雷操雷段一般用于正浮力操雷。显然,用无压重操雷段时,鱼雷的质量和重心位置不会与战雷段相同,这就会引起航行性能的某些改变。因此,这种操雷段主要供部队训练时和部分性能试验时使用。

3)气囊式操雷。气囊式操雷在操雷段上带有一气囊,平时折叠后置于操雷段的内部并用盖盖住,保持操雷段外表面平滑。当鱼雷航行终了时,利用燃气发生器产生的燃气向气囊充气,以便使鱼雷获得正浮力。为了避免高温燃气损坏气囊,燃气在进入气囊之前,首先通过热交换器进行冷却。充气压力则随鱼雷的航行深度而能自动调节,保持气囊内外压差恒定,以保证在深水时,气囊能胀开,在浅水时,气囊不会胀破。

4)伸张式操雷。负浮力较大的鱼雷,航行终了将操雷段内压载物全部排出后,仍不能获得足够的正浮力,因此,有些鱼雷采用伸张式操雷段。这种操雷段在鱼雷航行终了操雷段排载的同时,操雷段前部即自动伸长,以增大操雷段排开水的体积,从而使鱼雷具有足够的正浮力。

2.5.2 操雷中的仪表装置及工作原理

1. 内测记录装置

为了对操雷试验和训练结果作出正确评价,需要对操雷的各种实航参数进行测试、记录,在雷上这一功能是由内测记录装置完成的。随着科学技术的发展,内测记录装置已由早期的机械式记录装置、光线示波器、磁带机发展到微计算机系统。被测参数随着记录装置性能的提高,除了由单纯记录模拟量、开关量发展到记录数字量外,还能记录鱼雷噪声信号、声成像信号等。未来内测装置将向小体积、大容量、数据处理图像化、可视化、简单化方向发展。

操雷内测系统的传感器是根据鱼雷的制导控制系统的不同和试验任务的不同而配置的,例如,早期鱼雷的控制系统中仅有方向仪和定深器,而且是机械式传感器,其信号不便于传输到操雷段记录,因此,操雷段内配置专用测量传感器。而新型鱼雷不仅装有先进的控制系统,而且还装有自导、线导系统。制导控制系统本身配备有大量传感器,以电信号输出,这时内测记录信号多数可来源于制导控制系统的传感器,例如鱼雷的姿态角、角速度及自导工作参数等。有些传感器仅在专项试验中才配置,例如振动和噪声的测试。

在操雷的内测记录系统中,有些装置是集测量与记录装置于一体的,如速迹仪。而有些内测记录装置是由各种测量传感器检测被测量,由记录系统完成数据采集和记录的。常用的数据采集和记录装置如下:

(1) 速迹仪

速迹仪是一种机械式的内测记录装置,用来自动测量和记录鱼雷航行深度、航行速度、时间和鱼雷横倾变化。记录方式是在记录纸上画出曲线。根据记录曲线可以分析鱼雷的航行性能。由于速迹仪结构复杂、体积大,记录结果不便于后续处理,仅在老型号的鱼雷上使用。

(2)光线示波器

光线示波器是一种机、光、电结合的记录装置。它是用光学原理记录的,将记录信息电流输入记录到记录胶片上。

光线示波器可以同时记录多路信号,具有灵敏度高、体积较小等优点。其缺点是记录胶卷不易长期保存,不能用计算机进行处理。

(3)磁带记录器

鱼雷用磁带记录器是一种高性能的磁带机。基本原理是磁性材料在外磁场的作用下被磁化,在外磁场消失后,磁材料仍保留一定磁通密度,利用磁材料的剩磁特性,实现在磁带上记录信号。

当已记录信号的磁带以一定的稳定带速通过重放磁头时,磁带上保留的剩余磁通将在重放磁头线圈中产生感应电势,其变化规律反映了磁带记录信号的变化规律。

磁带记录器具有记录信号的时频带宽、记录容量大、记录方式多、放带速度可变、与计算机的兼容性好等特点。

(4)雷载微机记录系统

雷载微机记录系统是随着计算机及相关技术的发展而新兴的一种测试记录方法,一般是基于某一总线的模块化设计,由硬件和软件组成,硬件主要由嵌入式微机、各种数据采集模块及存储模块等组成。存储设备通常采用固态电子盘,相对于传统的硬盘来说,固态电子盘能承受恶劣的工作环境,并且数据不易丢失。

微机记录系统的原理如图 2.101 所示。鱼雷被测信号分模拟信号、开关信号和数字信号三种。模拟信号主要来自一些控制指令和传感器(如压力、温度等),它们通过多通道 A/D 转换模块送入计算机。开关信号主要来自状态信号,可通过 I/O 模块送入计算机。而数字信号主要来自一些数字和智能传感器,可通过接口直接送入计算机。

软件包括记录软件和回放软件两部分。记录软件主要用在鱼雷航行中,实时记录鱼雷的各种参数信息。回放软件主要完成试验的数据处理工作,一般是在试验结束后,将记录软件所采集的各种数据通过串口传送到地面设备(它包括微机、打印机、绘图仪等),数据处理在地面设备中完成。

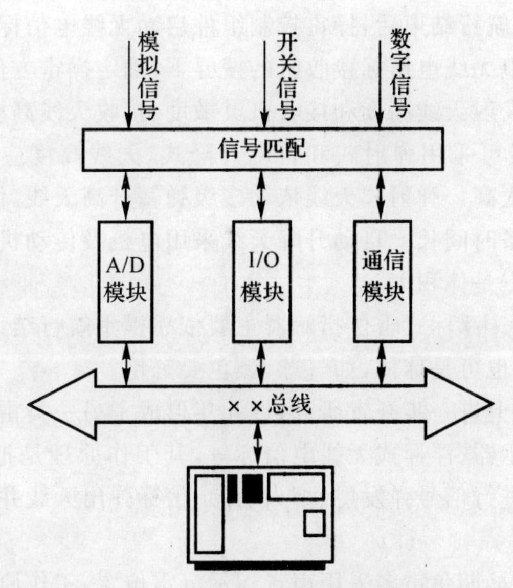

图 2.101　机载微机记录系统原理图

微机记录系统不仅具有体积小、质量轻、存储量大、记录信息易保存和可回放等优点，而且具有通用性，对于不同型号鱼雷的要求，可通过更换相应的模块和软件来实现，这可缩短研制周期、节约研制成本。

2. 雷位与航迹显示装置

操雷雷位指示从最初的目视观察发展到今天的全方位立体雷位指示，种类繁多，空中有直升机目视，水面有信号弹、烟火、浮标、灯光、气球、无线电信标指示，水下有沉雷指示、弹道跟踪系统，甚至利用线导末信息也能判断出鱼雷大概方位。下面对操雷段内的主要雷位指示装置给予简单介绍。

(1)水面雷位指示器

1)烟火指示器。当鱼雷航行终了而浮出水面时，烟火指示器可以发生烟火，以便在夜间指示鱼雷所在位置，便于发现和打捞。

烟火指示器呈圆筒形，筒内装有磷化钙(Ca_3P_2)和电石(CaC_2)。筒上有一机械式控制装置，鱼雷发射前使筒盖处于密封状态，当鱼雷航行终了时，盖子上的孔被打开，海水流入筒内。海水与磷化钙和电石接触后便产生烟火，以指示出鱼雷的停泊位置。

2)信号弹雷位指示器。信号弹指示器指示雷位的方式有两种，一是发射数枚信号弹，指示鱼雷方位；二是抛洒少量染色剂，使海水染色指示雷位。信号弹依靠点火具发射、引燃。染色剂装在信号弹弹膛内，通过信号弹带入空中，之后落入海水。信号弹的发射控制由操雷控制组件完成。

3)无线电信标。操雷航行结束后,操雷控制组件启动无线电信标工作,发出的高频信号频率一般在几千兆赫,在岸上无线电信标接收机的搜寻下,确定操雷方位。无线电信标作用距离取决于发射机发射功率、发射天线高度和接收机灵敏度、接收天线高度。

无线电信标发射天线可采用弹射式和自动升降式,天线高度应大于 400 mm,为避免干扰,发射天线高度也不应太高。弹射式天线依靠多级弹簧升高天线,优点是体积小、动作可靠;缺点是装配复杂,产品准备时间长。自动升降天线采用电机及传动机构升降天线,优点是产品一次装配可多次使用,缺点是体积大。

4)浮标式雷位指示器。浮标式雷位指示器主要依靠操雷航行结束后从雷体内弹出浮标指示雷位,浮标可以是桶体,也可是球体,如气球,颜色要鲜艳。

在浮标式雷位指示器上进一步开发研究,近几年形成了另一类雷位指示器,如浮标式信号弹指示器、浮标式烟火指示器、浮标式无线电信标等,其工作原理是把从雷内弹出的浮标作为一工作平台,在此基础上进行信号弹发射、烟火引燃、信标弹出天线并发射无线电信号。

(2)沉雷指示器

1)声音沉雷指示器。早期鱼雷多采用声音指示沉雷位置,工作原理是在鱼雷沉没后,操雷控制组件启动该装置的电机,电机运转后带动摆锤敲击鱼雷壳体,发出声音,寻雷人员依靠声呐发现沉雷。它对沉雷方位、距离的指示有限,是一种简易的沉雷雷位指示器。

2)沉雷精确定位指示器。沉雷精确定位指示器属声呐定位装置,由雷上发射机和岸上接收机两部分组成。其工作原理是在确认鱼雷沉没后,操雷控制组件为沉雷指示器发出启动指令,用于沉雷指示的发射换能器产生一定频率的声信号,该信号通过海水向外传递,当沉雷探测仪的接收换能器接收到此信号时,经信号处理,可确定沉雷方位。为确保沉雷在各种姿态下均能可靠地发出声信号,发射换能器在鱼雷壳体上安装位置呈环形分布,数量依据换能器发射指向性(应覆盖一周)确定。

(3) 鱼雷航迹显示装置

1)发光器。发光器是夜间操演时指示鱼雷的航迹和漂浮位置的装置。

发光器由灯、电源和开关三部分组成。它装在操雷头上专门的安装孔内。发光器一般自身配有电源,也可以使用鱼雷的动力电源。

2)油迹显示器。当白天发射鱼雷时,为了观察鱼雷的航迹,有时采用油迹显示器。油迹显示器是一个向外喷油的装置,在鱼雷航行的过程中,喷油装置可以慢慢地向外喷油,由于油比水轻,所以喷出的油点便浮出水面,可以根据水面上的油迹观察鱼雷的航行方位。

3)弹道跟踪系统。该系统为靶场设施,它在靶场试验水域布放接收基阵,在鱼雷上安装发射换能器,在鱼雷航行过程中,发射机工作,发出声信号,接收基阵通过接收到的信号确定鱼雷航行轨迹及鱼雷航行结束后的方位。

3. 正浮力产生装置

全航程操雷多为负浮力鱼雷，对于负浮力鱼雷，要保证鱼雷航行结束后安全回收，必须产生足够的正浮力使鱼雷上浮。下面介绍几种典型的正浮力产生装置。

(1)压载物抛除装置

抛除压载物的方式多用于轻型鱼雷上，例如美国 MK—46 鱼雷操雷排载机构，压载物(钢块或铅块)通过排载机构(爆炸螺栓)固定在操雷段壳体两侧(对称布置)，鱼雷航行结束后，操雷控制组件发出排载信号，驱动排载机构抛除压载物，使鱼雷获得正浮力。铅块投掷器结构如图 2.102 所示。

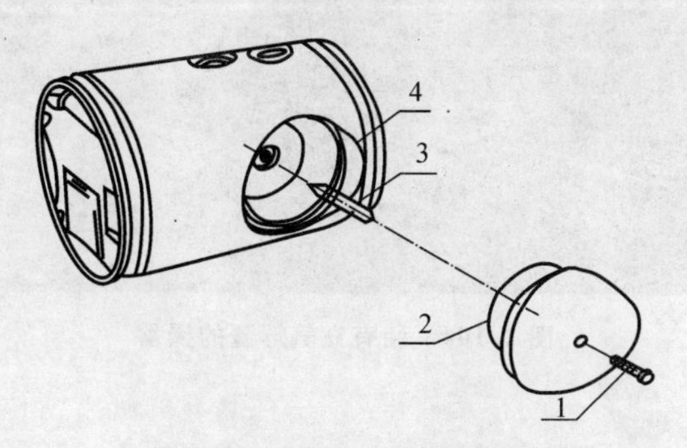

图 2.102　铅块投掷器分解图

1—自锁螺钉；2—压载铅块；3—爆破螺栓；4—投掷铅块孔座

(2)充气式上浮装置

对于负浮力较大的重型鱼雷可采用充气式上浮装置，以产生较大正浮力。

充气式上浮装置(以下简称上浮装置)由高压气瓶、电磁阀、安全阀、浮囊、组合阀、压差传感器、导流罩及高压管路等组成。上浮装置充气控制原理如图 2.103 所示。

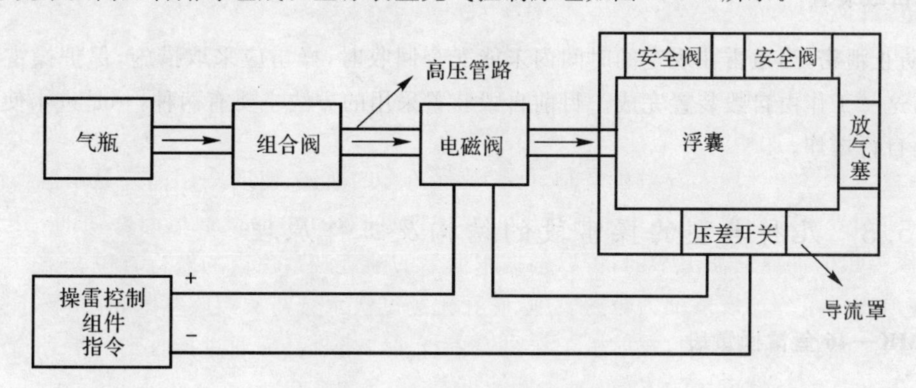

图 2.103　充气式上浮装置原理图

操雷操演结束或发生紧急情况时，操雷控制组件经判断确认、处理后，发出充气指令送至压差开关及电磁阀，电磁阀打开。气瓶内的高压气体经组合阀、高压管路进入浮囊，浮囊膨胀，抛掉外面的导流罩，充气浮囊成环形状态环绕雷体（或圆柱形），如图 2.104 所示。当浮囊内的压力达到规定值时，压差开关动作，切断电磁阀供电。与此同时，安全阀排放充气产生的多余气体，使浮囊内外压差保持恒定值，维持固定形状，产生所需正浮力。当操雷在此浮力作用下上浮时，浮囊内外压差变化，安全阀泄放因鱼雷深度变化产生的多余气体。回收鱼雷时，拔掉放气塞，泄放出浮囊内气体。

图 2.104 装有充气浮囊的操雷

4. 打捞回收装置

为了减小鱼雷的阻力，要求鱼雷表面尽量光顺，这就给试验回收带来了困难。为了便于打捞，在操雷段中一般装有打捞回收装置。在航行中打捞装置装在雷体内，以保证雷体的流线型，航行终了，通过一定的方式将打捞装置推出，通过辅助设备将鱼雷收回。目前鱼雷比较常用的是打捞浮标和打捞系柱。

5. 自毁装置

为防止泄密，当鱼雷在规定的时间内未能安全回收时，操雷应采取措施，保护操雷不被敌方捕获，这一工作由自毁装置完成。目前自毁装置采用的方法主要有两种，一是进水使鱼雷沉没，二是自行爆炸。

2.5.3 几种典型的操雷段的结构及工作原理

1. MK—46 鱼雷操雷段

MK—46 鱼雷操雷段的组成如图 2.105 所示，主要由壳体、仪器组件、逻辑组件、光线示波器、压力传感组件、沉雷阀、感应线圈、磁铁系统、回收装置和电缆等部件组成。

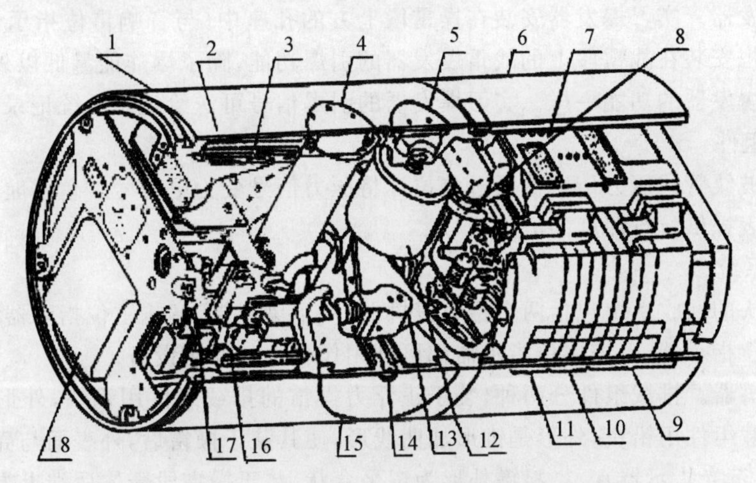

图 2.105 MK—46 鱼雷操雷段剖视图

1—操雷段壳体； 2—引信线圈； 3—磁铁组； 4—电控雷位指示器； 5—荧光指示器； 6—正浮力舱； 7—接线盒； 8—仪表电缆； 9—自动驾驶仪； 10—控制组件； 11—电源组件； 12—音响定位指示器； 13—压力组件； 14—爆炸螺栓； 15—压载组件； 16—逻辑组件； 17—仪表组件； 18—光线示波器

(1) 壳体

操雷段壳体用铝合金压力铸造并机加工而成。壳体提供安装操雷段所属各组、部件的孔座、支架和凸台。

(2) 操雷仪表

操雷仪表由仪表组件、逻辑组件、光线示波器 3 个分组件组成，它们分别用螺钉固定在仪表支架上。操雷仪表通过插座分别与操雷电缆、仪表电缆及自导头连接。

仪表组件由阻容板、功能选择板、转弯电路板和干电池组等组成。阻容板用于全雷所需记录信号的处理和叠加；功能设定板提供仪表功能设定，用来控制鱼雷的转弯离开和 3 min 蛇行等功能。转弯电路板固定在仪表支架的后侧面，当鱼雷操演航行中与目标接近时，转弯电路给出信号，使鱼雷规避目标，以避免鱼雷与目标相撞。

光线示波器是操雷的记录装置，记录鱼雷操演航行中的 21 个参数，亦可以用备用振子记录所需要的参数。

(3) 引信组件

引信组件由感应线圈、磁铁组及实习爆发器组成。

1)感应线圈和磁铁组。感应线圈和磁铁组属于非触发(感应)引信系统的两个部件，与战雷头内的感应线圈和磁铁组的结构和作用完全相同。

鱼雷航行与目标交汇时，感应线圈内产生的感应电压信号，通过引信电缆、操雷电缆送至装在实习爆发器内的感应放大器，从而引爆实习爆发器。

2)实习爆发器。实习爆发器安装在操雷段上方的孔座中(与音响雷位指示器的安装孔座共用),用以模拟安装在战雷段上的战雷爆发器的引爆功能,除了爆炸能量低以外,实习爆发器的功能和战用爆发器的功能一样。实习爆发器的引爆信号可送给记录系统记录。

(4) 压力组件

压力组件波纹管式压力传感器通过电位计将压力信号变为电信号。鱼雷航行中压力组件给操雷记录仪表提供航行深度的电压信号。

(5) 回收系统

用于操雷头的回收系统包括两个铅块投掷器、一个染料罐、音响雷位指示器和电控雷位指示器。音响雷位指示器、电控雷位指示器都可被用作备选的操雷设备。

1)铅块投掷器。排载组件分两种,装于正浮力操雷的排载组件用钢块,外形为锥形;装于标准操雷的排载组件用铅块,外形是锥形加曲线形,使其装于操雷后,外表面与壳体表面齐平。

2)染料罐(荧光指示器)。染料罐外形为扁平盒状,装于操雷段壳体后端上方的孔座内,并用铝制的孔盖盖上,用两个螺钉固紧。鱼雷发射前通过孔盖上的4个小孔把盒上的4个小孔刺破。在鱼雷入水后,海水通过盒盖上的孔进入染料罐,从而海水溶解染料罐里的示迹染料,显示鱼雷航迹;当鱼雷上浮时,染料能把鱼雷周围的海水染成黄绿色,便于指示鱼雷所在位置。

3)电控雷位指示器。电控雷位指示器主要由逻辑组件、工作线路板、电点火具、触针、4发信号弹、4发染色弹和电池组等部件组成,装在操雷段中部的安装孔内,其主要功能是指示浮于水面的鱼雷位置。

鱼雷航行终了,停车的同时,逻辑组件自动接通工作电路,电池开始供电,线路开始工作,经过1 min延时(此延时主要是为了便于鱼雷从水下浮到水面)后,输出脉冲信号,通过触针将电点火具点燃,电点火具爆炸后所产生的高温、高压气体将信号弹点燃,同时打出第1发信号弹和染色弹,通过逻辑组件控制,每隔12 s打出1发信号弹和1发染色弹,直至4发信号弹和4发染色弹打完。

4)音响雷位指示器。音响雷位指示器主要用于操雷训练和科研样雷试验中,由于故障造成沉雷时,音响雷位指示器将发射水声信号,指示出鱼雷沉在水中的正确位置,以便鱼雷的打捞与回收。它的工作时间可达72 h。它装在染料罐孔座下部,是一个独立装置。

5)沉雷阀。沉雷阀是MK—46鱼雷在舰队操练或海试时所使用的一种自毁装置,若在相当长的一段时间内不能完成鱼雷的打捞,它使鱼雷自行沉没、销毁。

6)控制组件。控制组件是鱼雷控制系统的组成部分,由电源组件、计算机、自动驾驶仪、接线盒等组成,装于操雷段后的正浮力舱内。控制组件是战雷、操雷共用组件,对于操雷可为内测记录系统提供航向角信号,其他功能与战雷相同。

2. A244/S鱼雷的操雷段

(1) 操雷段的组成及功能

A244/S 鱼雷操雷段内部结构如图 2.106 所示，其内部安装的主要仪表装置有操雷头电源、电子部件机箱、深度传感器和压力开关、声脉冲发射器、海水染色剂盒、记录器、传感器盒、压载装置等。

1）操雷头电源。操雷头电源盒内装有镉镍干电池，用于向操雷头提供电源，总电压为28.6 V。

2）操雷头电子仪器。操雷头电子仪器用于安装所有电子线路板，电子线路板的主要功能是实现操雷的发射程序控制、记录器控制和产生报警信号等。

3）压力计和压力开关。压力计是一种应变式压力传感器，用于向记录器提供操雷的深度信号。在操雷头内安装有两个量程不同的压力计，一个用于水深小于 100 m 时的深度测量，一个用于水深大于 100 m 时的深度测量。

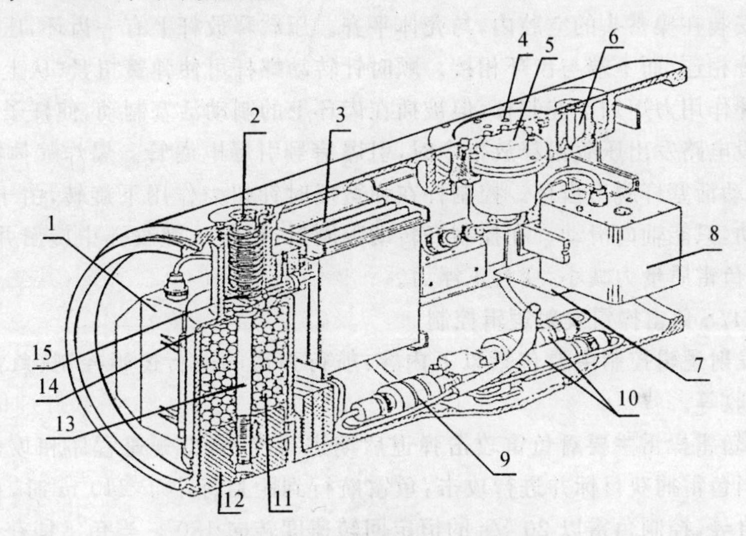

图 2.106　A244/S 操雷段内部结构图

1—操雷头电源电池；　2—扭力簧塞；　3—操雷头电子仪器；　4—声脉冲发射器盖；　5—声脉冲发射器；
6—染色剂箱；　7—记录仪线路板；　8—记录仪；　9—压力计；　10—压力开关；　11—压载铅珠；　12—铅块；
13—压载释放杆；　14—制动活塞杆；　15—压载解脱簧

为了保证操雷航行安全，投雷前须预设定操雷的上限深度和下限深度。安装在操雷头内的两个压力开关用于操雷航行上、下限深度控制。当操雷航行超过上、下限设定深度和压力开关设定的深度相等时，开关接通。操雷控制电路启动压载释放机构和电机切断机构，使操雷停止航行并上浮。

4）声脉冲发射器。声脉冲发射器是一水声发射换能器，它与操雷段控制电路连接，在鱼雷停止航行后，电路使声脉冲发射器工作，按照一定的工作频率、脉冲宽度和脉冲周期发射声脉冲。利用声呐探测装置，可以确定鱼雷的位置。它有自己的电池，工作时间最长可达 10 d。

5)海水染色剂盒。海水染色剂盒装在操雷头的后上方空腔内,里面装满染色剂荧光粉,当鱼雷航行停止时,由于海水的溶解作用,将海水表面染成绿色,便于观察到鱼雷位置。

6)传感器盒(图 2.106 中未标出)。传感器盒内装有速率陀螺和倾斜计。速率陀螺的作用是向记录仪提供鱼雷水平面转向速率。在传感器盒中有两个倾斜计,用以感受鱼雷的俯仰和横滚,向记录仪提供俯仰角和横滚角信号。

7)记录仪。记录仪采用光线振子示波器,用以记录鱼雷的航行性能参数,并以曲线形式记录在胶卷上,最多可以记录 17 条曲线。

8)压载装置。压载装置用以控制压载铅块和铅珠释放,使鱼雷获得正浮力上浮,以便回收。

排载装置主要由压载解脱簧、压载释放杆、制动活塞、两个电爆管等组成。

压载铅安装在操雷头的空腔内,与壳体平齐。压载释放杆上有一齿环,压载解脱簧的上端与操雷头部分相连,而下端与齿环相接。顺时针转动螺杆可使弹簧扭紧(从上面转动),而此时弹簧有反时针作用力矩加于控制杆,但被插在齿环上的制动活塞制动,使杆子不能旋转。

当操雷段电路发出压载铅释放指令时,引爆信号引爆电爆管。爆炸气体推动制动活塞向后,因而使制动活塞杆脱出齿环。控制杆在弹簧反时针扭力作用下旋转,由于导向销的作用,铅块不能转动,只能轴向滑动。在控制杆转动数圈后,铅块从螺纹孔中旋出并脱离,于是铅珠抛出。因此,鱼雷质量力减小,变为正浮力。

(2) A244/S 鱼雷操雷发射逻辑控制

操雷的发射逻辑控制主要包括以下内容:航行弹道的航行逻辑控制、鱼雷特征参数的记录、操雷的回收等。

A244/S 鱼雷操雷主要对鱼雷攻击弹道后期进行控制,即规避程序和攻击停止程序。规避程序是指当鱼雷捕获目标并进行攻击,鱼雷航行到距目标小于 240 m 时,程序逻辑代替鱼雷的水平面自导,控制鱼雷以 20 °/s 的恒定回转速度转向 180°。当鱼雷捕获目标且两者距离小于 120 m 时,执行攻击中断程序,即切断电机电源、抛载上浮。

一般情况下,鱼雷航行终了时切断电机电源、抛载上浮,记录仪停止工作并启动声脉冲发生器,以便鱼雷回收。但若遇到意外情况,则启动报警功能,切断电机电源,抛载上浮。

2.5.4 鱼雷试验与试验技术

1. 鱼雷试验分类

鱼雷是一种极其复杂的自动水下武器系统,为了保证其工作的可靠性和检验其性能是否达到预定指标,在研制和生产过程中需要做大量试验。鱼雷试验分为陆上试验和湖海实航试验两类。

(1) 陆上试验

陆上试验分为系统调试、全雷调试、静态试验、动态试验等。

1)系统调试。鱼雷系统一般包括鱼雷管理中心(微机控制管理系统);制导系统,即自导系统与控制系统、线导系统;动力推进系统;供电及电路系统;战雷爆发器及引信系统;内测记录系统;操演回收系统。在全雷总装配前,必须在实验室对鱼雷各系统、各段进行系统调试,只有在系统调试及系统联调合格以后,才能进行全雷总装、总调。

2)全雷调试。根据产品总技术条件进行全雷总装、总调,总调应包括全雷联通性检查、全雷绝缘性测试和全雷功能检查。

全雷电路是通过电连接器(接插件)和接线盒将各系统、组件的电信号连接成系统。为检查全雷接插件连接的可靠性,应在全雷总装后,进行全雷电路联通性检查。为此,在设计时,应考虑有全雷电路的联通线。在全雷联通条件下,就可以进行全雷绝缘性能测试,绝缘性能指标由技术条件确定。

全雷功能检查主要是指自导控制系统的功能检查。具体检查项目要根据产品各自功能特性及结构特点,由各自技术条件确定。为提高实航成功率、节省经费与缩短研制周期,对系统及全雷进行仿真,根据各型鱼雷具体状态设计专用的全雷功能自动检测装置,其中包括控制系统的模拟转台和声信号对接装置。按产品技术条件规定的仿真内容,对每一条总装好的鱼雷进行全雷功能检查。

除进行功能测试外,应进行全雷密封性检查和定中心及全雷衡重检查。即测试全雷的重力及浮心位置,并判定是否在技术条件所规定的范围内。全雷衡重是在鱼雷准备工作状态(发射状态)下实施的,对热动力装置的鱼雷必须加注满燃料。

3)环境试验。在全雷研制阶段需要进行环境试验,主要进行全雷振动及冲击试验,以检查结构连接的可靠性及在振动冲击条件下各系统工作是否正常。此外,还有温度环境试验等。

4)可靠性试验。在鱼雷定型试验项目中,应安排对鱼雷工作可靠度和装载可靠度进行验证试验,对生产提供部队的鱼雷,可按规定进行可靠性抽样试验。鱼雷可靠性指标有三项:平均储存寿命、工作可靠度和装载可靠度等。

(2) 实航试验

实航试验按照性质和所要达到的目的可分为科研试验、定型试验和验收试验。科研试验是在产品研制过程中,对全雷或单个、几个系统进行实航性能试验。在整个研制过程中,根据各研制阶段的安排,可能会进行几次实航试验。定型试验又分设计定型试验和生产定型试验,设计定型试验是对该型鱼雷性能进行全面考核,生产定型试验是对该型鱼雷批量生产条件进行全面考核。当生产批量较小时,只进行设计定型考核,定型后即转入小批量生产。验收试验是按订货合同进行交货验收试验。

实航试验在鱼雷各系统、全雷陆上调试合格后才能实施。鱼雷必须经实航试验才能充分暴露存在的缺陷,使性能真正得到考核,陆上调试不能代替实航试验。在规定条件下的实航试验,是考核鱼雷性能的最终手段。

实航试验应在湖、海试验靶场进行。由于湖上靶场的气象、水文条件和试验实施条件比海上靶场好,为减少试验费用,应先进行湖上试验。对湖海差异较大的性能指标,则应进行海上试验考核,深水性能则必须到深海试验靶场进行试验考核。

实航试验分为总体性能试验、跟踪固定靶试验、跟踪活动靶试验及战雷实航爆炸试验等。

1)总体性能试验。总体性能试验的目的是测定鱼雷的航速、航程、航深、航向、航行时间、横滚、自噪声与引信抗自然干扰性能等。

2)跟踪固定靶试验。跟踪固定靶试验主要是测定自导作用距离、检查自导抗干扰性能,真假目标识别能力,鱼雷搜索、发现、核实目标,跟踪目标与丢失目标后再搜索功能,以及鱼雷脱靶量测定,与此同时,也可以测定航速、航程、航深、引信抗干扰功能等总体性能指标。

3)跟踪活动靶试验。跟踪活动靶试验的目的是考核鱼雷的自导控制系统的搜索、跟踪活动靶与再搜索功能、自导抗干扰等自导性能,考核线导鱼雷的线导与末自导的导引功能,并测定鱼雷航速、航程等总体性能。

4)战雷实航爆炸试验。鱼雷的战斗使命是摧毁敌舰艇,战雷实航爆炸试验是验证爆炸威力最直观的方法,但实施困难,尤其对反潜鱼雷的实航爆炸试验,实施难度更大,一般应先安排陆上静爆试验、水下静爆试验,以测定战雷段爆炸时的冲击波压力、冲击加速度,以及对舰船的破坏效果。然后在有条件时,安排进行实航爆炸试验。在一般实航试验中,仅对非触发引信的工作情况进行检验,检测非触发引信的作用距离和抗干扰能力。

5)辅助试验。为确保实航试验的顺利进行,在正式试验前,还须进行一些必要的辅助试验,如拖管试验、联机试验及预备试验等。

发射管装发射的鱼雷时,需要进行拖管试验,验证鱼雷在发射管内的固定状态,检查鱼雷与发射管的配合尺寸,与设定插头、板机(启动器)的连接情况,以及在管内的运动情况,保证鱼雷发射出管时不会卡滞。对线导鱼雷应检查发射管内放线器与发射管连接的正确性。

联机试验验证鱼雷在装管状态下,与舰上指挥仪的管装鱼雷发射系统进行联机试验。对航深与主航向进行设定,通过设定模拟器显示信号,核实设定的正确性。对线导鱼雷,火控系统能显示鱼雷状态参数信息。

预备试验是实航试验开始时安排的试验,主要检验鱼雷各系统动作协同功能,内、外测记录功能,各种舰船、设备及仪器、仪表的协调配合功能,以及实施程序的正确性,以便及时发现存在的缺陷,采取改进措施。

综上所述,在鱼雷研究与生产中,需进行大量试验和需要大量仪器和设备,本章对其不作全面介绍,仅对实航试验中的测试技术作简要讲述。

2. 鱼雷实航试验的内测方法

内测法主要是利用安装在鱼雷舱内的仪器、设备,分别对有关各参数进行测量。可以测量鱼雷的航速、航程、航深、航向、航行时间,还可以测量横滚角及横滚角速度、俯仰角及俯仰角速度、旋回角速度及旋回半径,以及非稳定段的纵向加速度等总体性能参数。通过对这些参数的分析处理,还可以得到鱼雷的弹道。

(1) 鱼雷航行深度的测量方法

通过在鱼雷头后部圆柱段的两侧开两个静压孔,把鱼雷航行深度上的静压值引入测量深度的压力传感器,利用深度传感器感受鱼雷静压孔的压力值,然后把静压值变为电信号,输送给中心控制计算机,经过换算后输出深度数值,同时还可以把输出结果绘成深度曲线。

根据压力传感器的转换信号的原理不同可分为电位计式压力传感器、应变式压力传感器、固态压阻传感器等。目前多用固态压阻传感器。

(2) 鱼雷航行速度的测量方法

1) 利用动静压原理测量鱼雷速度。根据伯努利方程,鱼雷的航行速度 v 为

$$v=\sqrt{2(p_0-p)/\rho} \tag{2.41}$$

式中,p_0 为全压(驻点压力);p 为静压。

全压与静压可直接由位于雷头顶端及头部两侧的静压孔测得,也可以应用装于鱼雷头部前端的皮托管测量。

这种测量方法只能用于无自导头的鱼雷,否则会干扰自导系统的正常工作。对于自导鱼雷,需将自导雷顶换为测速雷顶,进行测速的专项试验。

2) 通过测量螺旋桨转速测量鱼雷速度。这种方法是在实验室进行充分自航试验的基础上,测出在鱼雷自航状态下螺旋桨转速与进速的对应关系。也就是说,在事先知道前进速度的条件下,测出其对应的螺旋桨转速,根据多次试验的结果,绘制成鱼雷进速与螺旋桨转速的关系曲线 v-ω。当进行实航试验时,只要测出螺旋桨转速,应用 v-ω 关系曲线即可查到对应的鱼雷航速。

测螺旋桨转速,也就是测主轴转速,其方法很多,其中常用的有磁电式脉冲发生器和光电式脉冲发生器等非接触式测量方法,输出是代表主轴转速的脉冲信号。

上面提到的自航试验,一般是在拖曳水池中进行的。试验时把鱼雷(或带动力的模型)用一种称为剑的设备固定在拖车上,使鱼雷沿着固定的航向水平航行。当螺旋桨所产生的推力正好与鱼雷前进中的阻力相等时,鱼雷拖车只起导向作用,拖车对鱼雷并不产生拉力,即拖车的纵向拉力为零,这时称为自航点。经过改变进速和改变螺旋桨转速,测得不同的自航点,这种试验就是自航试验。

3) 利用测速发电机测量鱼雷航速。在鱼雷发动机上安装一台测速发电机,通过测出发电机输出电流的频率,进而获得鱼雷的航速。这种方法与测螺旋桨转速的原理基本相同,也必须在实验室内经过充分的自航试验,测出电机输出频率与鱼雷航速的对应关系曲线,即 $f-v$ 关系曲线。当进行实航试验时,测得发电机的电流频率,利用 $f-v$ 关系曲线,对应的鱼雷航速便可查得。

利用自航试验确定的参数只能反映定常水平直航状态，当鱼雷机动时，特别是当垂直面机动时，鱼雷航速有一定变化，因为速度尚受爬潜角及负浮力的影响，要进行适当修正。

(3) 鱼雷航向的测量方法

通常是利用控制系统的航向陀螺或速率陀螺来测量鱼雷航向的。可直接将航向陀螺输出的角位移信号输入记录装置，得到鱼雷的航向随时间的变化，或者利用偏航速率陀螺测得偏航角速度，通过积分可以得到鱼雷的偏航角。

(4) 鱼雷横滚角和纵倾角的测量方法

1)利用摆锤法测量横滚角和纵倾角。利用一种机械摆锤来测量横滚角和纵倾角，并通过记录装置记录下来。这种方法要根据测量的实际内容来确定摆锤的安装方向。

2)利用姿态陀螺仪测量横滚角和纵倾角。利用姿态陀螺仪测量横滚角和纵倾角时，要注意陀螺仪的安装位置，使陀螺仪的输入轴分别与鱼雷的纵轴和横轴一致，用以敏感横滚角和纵倾角。

3)利用摆式加速度计测量横滚角和纵倾角。摆式加速度计是感测重力加速度和线加速度之和，当鱼雷做匀速直线运动时，其输出仅与重力加速度有关，根据此原理可测量鱼雷的横滚角和纵倾角。

(5)鱼雷非稳定段纵向加速度的测量方法

应用线加速度计，安装于鱼雷纵轴方向，与鱼雷之间刚性连接。当攻角、侧滑角很小时，可以测出纵轴方向的加速度值。

(6)鱼雷角速度的测量方法

应用角速率陀螺可以测得各种角速度，如旋回角速度、横滚角速度和俯仰角速度等。当安装速率陀螺时，要根据测量角速度的方向不同确定安装方向。

对于鱼雷复杂的空间运动，鱼雷不仅具有3个姿态角和3个角速度，而且还有加速度及角加速度，选用测试仪表及测试方法时，要注意它们的使用条件与适用范围，必要时还要对测试结果进行修正，以使测试结果能够准确地反映鱼雷的真实运动。

(7)内测系统的选定原则

总体性能参数的内测方法可以是多种多样的，选用哪种方法，要视具体情况而定，除了考虑各参数传感器和设备的精度高低、技术成熟程度、可靠性的高低等因素外，还应考虑各传感器对测量电路的要求，以及与鱼雷系统信号要互相匹配、互相协调，应尽量利用雷上导航控制系统的传感器输出信号，以简化内测系统。例如，压力测量、航向测量及3个姿态角及姿态角速度的测量都可以借用导航控制系统的传感器。

1)首先应根据鱼雷类型(大型雷、小型雷、电雷、热动力雷、线导雷、空投雷及发射条件等)以及测试目的(科研试验、生产验收、部队训练)来正确选择高效费比的内测系统。

2)根据待测参数种类、量程、精度、频率等确定内测系统的测试方法及其路数。考虑到试验大纲及鱼雷可回收性，如果能分航次测试，在不同的航次测试不同的内容，每个航次都有所侧重,这样可以使内测系统大大简化。

3)系统的通频带应根据待测信号变化的快慢来考虑。

4)必须注意鱼雷内测系统的特殊性,即要求体积小、质量轻、多路、可回收性、抗干扰、使用方便、可靠性等。对于助飞鱼雷、空投鱼雷用的内测系统,其环境条件更为严格,要求更高。

3.鱼雷性能实航试验的外测方法

(1) 鱼雷实航试验的外测水声跟踪系统

目前鱼雷试验的外场测试系统一般采用水声跟踪测量系统。按照水声学的测量原理和方法,鱼雷水下弹道水声跟踪系统从大的方面可以分为两类:一类是主动式水声跟踪系统,另一类是被动式水声跟踪系统。

主动式水声跟踪系统除了备有固定式的测量系统外,还要求被测鱼雷上安装配合信标。鱼雷航行时,配合信标定时发射水声信号,测量系统接收信标发射的水声信号,并将测得的同步时差信号进行处理,即可求得鱼雷的航行轨迹。目前世界上鱼雷靶场使用的水声跟踪系统主要有以下几种:

1)大型固定式水声跟踪系统。这种系统的水下测量设备(水听器基阵),都固定安装在海底,通过水下电缆与岸上计算机系统连接,其跟踪范围取决于水听器基阵的数目,可达数百平方千米,能同时跟踪多个目标,但只能在固定海区使用。

2)轻便式水声跟踪系统。轻便式水声跟踪系统可以通过运输工具(车辆、船舶和飞机)运送到所需试验的海区,然后通过绳索、浮标将水听器基阵布放在水中,数据通过无线电通信发送到靶船或基地站进行处理。试验完毕后,可以回收。该系统可适用于各种海区条件下的试验。

3)移动式水声跟踪系统。这种系统全部设备都装在水面试验船或潜艇上。其特点是活动自由,操作方便,只要把试验船开往试验海区,便可以进行海上测试。装在水面试验船上的三维水声跟踪系统主要用于远离靶场的海上鱼雷试验或海洋研究用的水下航行器的跟踪。

3种水声跟踪系统在结构上虽然有很大差别,但基本工作原理和工作方式大致相同,都可以采用长基线、短基线或超短基线3种方式。其中短基线系统是目前鱼雷靶场广泛使用的一种三维水声跟踪系统,其跟踪范围为50~100 km。典型的例子有美国圣克洛伊克斯靶场水下跟踪系统,最初只有4个水听器基阵,后来增加到11个,现已扩展到33个,不但可以满足鱼雷武器的实航试验,而且可以满足舰队的作战训练。

鱼雷弹道被动式水声跟踪系统是近几年才发展起来的一种新的测量设备。被动式水声跟踪系统是根据目标噪声进行目标定位的,因而无须在目标上安装配合信标。和噪声测距声呐相同,被动定位技术涉及水声学的许多前沿技术,研制的技术难度较大。被动式水声跟踪系统较主动式水声跟踪系统跟踪范围小,跟踪精度也偏低,有待于进一步开展研究。

(2) 三维水声跟踪系统的测量原理

三维水声跟踪系统采用短基阵水听器定位原理，在每一个布放的基阵上布有4个接收水听器。如图2.107所示，4个水听器分别置于R_c，R_x，R_y，R_z点上，构成一个空间直角基阵坐标系$Oxyz$（Oxy平面为水平面），水听器R_x，R_y，R_z与位于坐标系原点的水听器R_c的距离为d。

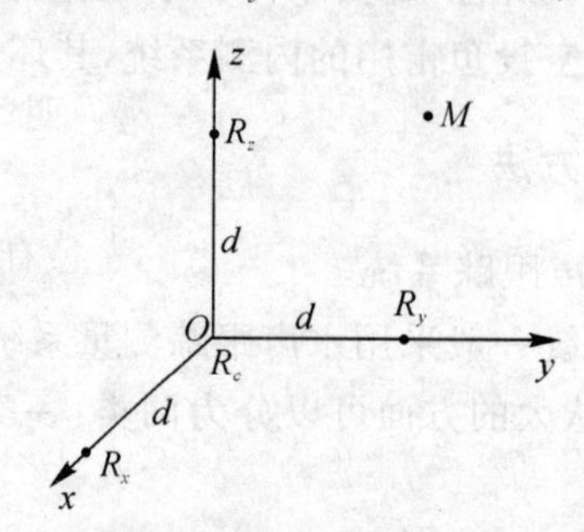

图2.107 水声跟踪系统基阵示意图

假定目标$M(x,y,z)$是基阵系统跟踪范围内的一个点，M目标上装有一台同频发射机及相应的发射换能器组件。为了实现同步测量，声脉冲信号发射机在同步时钟的控制下，定时地发出脉冲信号。随着M点空间位置的不同，脉冲到达接收基阵各水听器的声程也不同，若测得M点到达R_c，R_x，R_y，R_z的传播时间为T_c，T_x，T_y，T_z，在均匀介质里，不难导出目标M在基阵坐标系中的坐标x,y,z的关系式为

$$x=d/2+(c^2T_c^2-c^2T_x^2)/(2d) \tag{2.42}$$

$$y=d/2+(c^2T_c^2-c^2T_y^2)/(2d) \tag{2.43}$$

$$z=d/2+(c^2T_c^2-c^2T_z^2)/(2d) \tag{2.44}$$

式中，c为水中声速。

这样，只要不断测出移动目标M点到基阵点的传播时间，即可得到M点的空间运动的位置坐标值。

（3）系统的主要功能

该系统具有下列功能：

1）测量鱼雷、鱼雷发射船及靶标的空间位置、航速和航向；

2）判断发射控制的正确性；

3）评价鱼雷捕捉目标的能力；

4）判断鱼雷是否到达命中目标的距离之内；

5）判断鱼雷与目标的相遇次数；

6）判断鱼雷旋回角是否正确，定深是否合适；

7）故障鱼雷沉没后，可以确定其沉没位置，并引导捞雷船到达指定位置，以便及时打捞。

复习思考题

2-1 试述鱼雷武器的特点及在海战中的重要作用。

2-2 按照不同的分类方法,鱼雷分哪几类?并举例说明。

2-3 鱼雷主要由哪些系统组成?试述各系统的作用。

2-4 水下爆炸有什么特点?提高鱼雷爆炸威力的途径有哪些?

2-5 引信可分为哪些类型?它们的工作原理是什么?

2-6 鱼雷动力装置按能源分成哪两大类?各有什么优、缺点?

2-7 鱼雷上使用的活塞式发动机有哪些种类?各有什么特点?

2-8 鱼雷用涡轮式发动机有哪些特点?说明采用涡轮式发动机闭式循环系统的组成及工作原理。

2-9 鱼雷用动力蓄电池有哪些特殊要求?目前正在研究的高性能蓄电池有哪些?

2-10 试说明螺旋桨的工作原理,对转螺旋桨的优、缺点是什么?

2-11 鱼雷空化现象是如何产生的?空化有哪些危害?如何避免?

2-12 鱼雷控制系统常用的传感器有哪些?试说明其工作原理。

2-13 鱼雷舵机分哪几种?特点是什么?

2-14 试述几种鱼雷深度控制系统的组成及主要控制规律。

2-15 写出鱼雷自导方程,并说明各项参数的意义。

2-16 试绘出鱼雷自导系统的组成原理结构图,并说明各组成部分的作用。

2-17 试述鱼雷自导系统测向、测距、测速的基本原理。

2-18 操雷一般分为几种?它们有哪些用途?

2-19 操雷中有哪些仪表装置?并说明其工作原理。

2-20 试构思一种新型鱼雷,并进行方案论证。

第3章 水　雷

3.1 水雷概述

3.1.1 水雷的特点及在海战中的重要作用

水雷是一种布设在水中,用于封锁海区、航道、待机打击敌舰船或阻滞其行动,或用于破坏桥梁、码头、水中建筑等设施的一种兵器。

水雷按在水中状态可分为沉底雷、锚雷、漂雷等。由于科学技术的迅速发展,又出现了许多新雷种,如上浮水雷、自航水雷、自导水雷、反直升机水雷、导弹式水雷等等。水雷一般装有非触发引信或触发引信,前者是利用舰船产生的声场、磁场、水压场等物理场或主动辐射某种探测信号,利用目标的反射回波信号而爆炸的;后者是利用与舰船的接触或碰撞,生成化学电池或惯性击发而爆炸的;此外,有的引信还可以接收遥控指令,改变水雷的战斗服务状态或直接遥控爆炸。

水雷可由水面舰艇、潜艇、飞机以及火箭或其他工具运载布设,构成雷障,其特点是长期隐蔽、打击突然、攻防兼备、易布难除。

水雷在海战中具有特殊的地位和作用。随着科学技术的进步,水雷武器在向制式化、智能化、精确打击的方向发展。它由被动变为主动,由水下跃升至空中,可以打击水下、水面或水上目标。根据作战目的的不同和海区的不同,可使用不同类型的水雷作战。

3.1.2 水雷的分类

1. 按水雷布设后处于水中的状态分类

(1)沉底雷

沉底雷是指布设后沉在水底,当舰船进入引信作用范围时原地爆炸的水雷。沉底雷主要由雷壳、炸药、引信、起爆装置、电源以及辅助仪表(保险器、定时-灭雷器)等构成。用于打击水面舰艇或潜航潜艇。

(2)锚雷

锚雷是指布设后,由雷锚和雷索将雷体系留在水中设定深度上的水雷。锚雷布设水深不尽相同,但其自动定深装置利用定深锤、定深索与杠杆机构,或传感器与雷索制动机构,可使雷体与雷锚在水面或水中分离,雷锚坐底,由雷索将雷体系留在水中设定深度上。锚雷适合布设在较深水域,主要用于打击水面舰艇,也可用于打击潜航潜艇。

(3)漂雷

漂雷是指布设后,漂浮于水面或水中设定深度,随流漂行的水雷。漂雷一般由雷体、引信、保险器、定时器、自动寻深系统(水面漂雷无)、炸药等构成。其中自动寻深系统(漂浮仪)是漂雷特有的系统,控制其漂浮于水中的设定深度。该雷主要用于打击水面舰艇或破坏桥梁、码头、水工建筑等。

随着科学技术的迅速发展,近年来出现了许多新型雷种,它们具有某种特殊的作战性能,故称为特种水雷,简述如下。

(1)上浮水雷

上浮水雷是指布设后,沉于水底或锚系水中,在其引信发现并确认目标(舰艇)后,能自动上浮打击目标的水雷。该雷用于打击水面舰艇或潜艇。

(2)自航水雷

自航水雷是指布设后,能自航至预定海区或雷位,变为沉底雷或锚雷的水雷。

(3)自导水雷

自导水雷是指以锚雷雷体为系留平台,以封装在雷体(容器)内的自导鱼雷为战斗部的水雷。该雷布设后,由雷锚通过短雷索将雷体系留于海底,在其引信发现并确认目标后,控制打开雷头盖,释放出鱼雷。鱼雷根据水雷引信提供的目标参数,自动跟踪打击目标。该雷主要用于打击潜航潜艇或水面舰艇。

(4)反直升机水雷

反直升机水雷是指布设后系留或漂浮于水面,在其引信接收到直升机的空中或水下噪声信息,确认目标后,以对空导弹或子母弹为战斗部,打击直升机(反潜、扫雷直升机)的水雷。

(5)导弹式水雷

导弹式水雷是指一般以锚雷雷体(装有传感器与引信的密封壳体)为运载器,以封装在雷体内的近程导弹为战斗部的水雷。利用战区 C^3I 系统与自主引信发现并确认目标,打击远距离的中大型水面舰船或破坏岸防设施、水中建筑等目标。

此外,还有遥控水雷、自掩埋水雷、网络水雷等等。

2. 按水雷装药量分类

(1)大型水雷

大型水雷是指锚雷装药量在 200 kg,漂雷装药量在 150 kg,沉底雷装药量在 700 kg 以上的水雷。该型水雷主要用于打击中大型水面舰船。若沉底雷布设水深大于 50 m,可用于打击潜航潜艇。

(2)中型水雷

中型水雷是指锚雷装药量在100～200 kg,漂雷装药量在100～150 kg,沉底雷装药量在250～700 kg的水雷。该型水雷主要用于打击中小型水面舰艇。若沉底雷布设水深大于50 m,也可用于打击潜航潜艇。

(3)小型水雷

小型水雷是指锚雷、漂雷装药量在100 kg,沉底雷装药量在250 kg以下的水雷。该型水雷主要用于打击小型水面舰艇。

此外,还有核装药水雷,主要用于打击航空母舰、核动力潜艇等。

3. 按引爆方式分类

(1)触发水雷

触发水雷是指装有触发引信,利用舰船直接碰撞或触及,使引信动作而引爆的水雷,如电液触角水雷、触线水雷、惯性撞发水雷等。

(2)非触发水雷

非触发水雷是指装有非触发引信,利用舰船航行时产生的声、磁、水压等物理场或接收到脉冲探测回声信号,使引信动作而引爆的水雷,如主被动声引信水雷、磁引信水雷、水压引信水雷、联合引信水雷等。

(3)控发水雷

控发水雷是指利用有线或无线控制,使水雷引爆或改变战斗服务状态的水雷,如线控水雷、无线遥控水雷等。

4. 按布雷工具分类

(1)舰布水雷

舰布水雷是指由水面舰船布设的水雷。这种水雷一般由雷车运载,布雷前,由夹轨具固定在轨道上,布雷时,解制夹轨具,由人工将水雷推至船尾的布雷斜板,自行下滑入水。

(2)潜布水雷

潜布水雷是指由潜艇布设的水雷。这种水雷由鱼雷发射管发射,配置有扳机、导板、连接器、制止套筒等附件,以保证水雷在管内的固定位置与互相连接等,可以实现一管两发,先后发射。此外还可以采用潜艇外挂和专用舱室布放。

(3)空投水雷

空投水雷是指由飞机布设的水雷。这种水雷一般为漂雷,配置有降落伞、开伞仪、定高器等辅助装置与仪表。在水雷从飞机弹舱投放后,下落至一定高度打开降落伞减速,水雷入水后降落伞脱落。随着水雷抗震能力的提高,无伞空投水雷(布雷精度高、隐蔽性好)得到越来越广泛的应用。

(4)火箭水雷

火箭水雷是指由火箭布设的水雷。该雷配置有火箭运载器、阻力伞等装置，布设前，安装在发射架上，发射时，火箭点火，运载水雷升空达到一定高度与射程，运载器脱落，阻力伞打开，水雷缓缓下落，在雷头入水后，阻力伞脱落，成为锚雷或沉底雷。

水雷的分类方法很多，还可以按使用目的不同分为战用水雷、训练水雷、实习水雷；按布雷水深不同分为深水水雷、中等水深水雷、浅水水雷等等。

3.2 水雷引信

3.2.1 水雷引信的作用和设计要求

水雷引信是一种检测、识别、判决打击舰船目标或用于破坏水中设施的检测装置或智能系统。水雷引信工作需要的信号源包括：

1)舰船目标与水雷的接触、碰撞或者摩擦；

2)舰船目标产生的某种物理场辐射信号，如辐射声场、磁场、水压场等；

3)引信装置自主发射探测信号后接收到的目标反射回波信号；

4)有线或无线控制信号。

一般而言，水雷为完成作战使命应当能够：

1)对设定打击目标有足够的破坏能力；

2)具有较长的战斗服务期；

3)具有较高的抗环境干扰和抗扫雷能力；

4)能满足使用地点的水文环境，并与布设工具相适应。

由于水雷的特点是长期潜伏、待机打击目标，因此要求其能在水下长期工作、自主选择打击对象。这就对控制水雷动作的引信提出了具体要求，如灵敏度、能耗、工作模式、误判概率、抗扫雷、反猎、防拆功能以及抗冲击能力等等，在设计引信之初，应对这些要求予以充分考虑。

1. 灵敏度要求

水雷引信灵敏度是引起水雷引信动作所需输入信号的最小值。针对某型雷而言，其装药量是固定的，即它的破坏威力是固定的，相应的破坏半径是固定的。因此要使该雷有足够的打击目标的概率，引信灵敏度应该设计为被打击目标进入破坏范围时的目标信号大小，使引信动作半径与水雷的破坏半径相一致。

2. 动作区域性要求

由于舰船类型、航行速度与工况的不同，所以舰船的物理场信号强度、特性是随时间、空间变化的。在某些种类的引信（如静声引信、静磁引信）中设定固定的引信灵敏度，不同目标、同一目标不同航次情况下，目标接近时引信动作位置至雷位的距离是不同的，并且该点有可能位于水雷的破坏半径之外。因此，在现代水雷引信设计中必须进行引信的动作区域性设计，使引信能够确定目标的方位，确保目标进入水雷的打击半径后引信才动作，以提高打击概率。

3. 低功耗要求

水雷与鱼雷、导弹等武器比较，其战斗服务期长得多，多为半年至一年。水雷雷体内只能分配有限容积用于携带电池组，电池组为引信系统提供能源需求（按照工程设计中可靠性要求，电池容量应为能源需求的 1.5 倍），引信系统的平均工作电流一般在几十毫安。而鱼雷、导弹等武器设备的探测电路与数字处理电路功耗远远超出了这个要求。水雷引信系统需针对具体应用环境、作战意图进行专门设计，在接收电路、工作模式、数字处理算法等方面采取节能设计方式，以保证系统整体功耗能满足长期、可靠工作的要求。

4. 工作模式

在引信设计中，可以应用的引起水雷引信动作的物理量是不同的，即使对同一物理量进行目标检查，由于存在多种根据该物理量变化的规律完成目标检测功能的工作模式，因此，在引信设计中要根据主要打击对象、兼顾其他目标选定工作模式。例如大、中、小型水面舰船、商船、潜艇和快艇等的各个物理特征是不同的，假定设计某雷种主要打击目标为大型水面舰船，采取静声引信工作模式，取舰船声场强度幅值作为检查标准，其幅值达到其门限（综合海况、目标类型、定深等因素）即表征目标已进入水雷的打击半径，引信动作引爆水雷，由于其他类型目标的声场强度幅值较难达到该门限，该引信即具备了一定的选择打击能力。

5. 抗冲击能力要求

由于现代战争爆发的突然性、战争节奏的快速性，对作战海区进行快速布雷提出了更高的要求，世界各海军强国普遍重视布设水雷的快速性和准确性，如飞机布雷、火箭布雷和高速舰艇等快速机动平台布雷方式得到大量应用。从快速机动平台布雷，雷体入水时速度高，水雷入水冲击力大。

另外当水雷布设海区时有水中爆炸的情况，例如邻雷爆炸或者敌方进行炸雷作业扫雷等，近距离的水中爆炸会对引信产生强大的冲击。

这两方面都对水雷特别是水雷引信的抗冲击能力提出了严格的要求，水雷引信必须从器件性能、引信构成结构上具有抗冲击、抗振动能力，确保在冲击低于设计水雷击水过载（水雷入水冲击力与水雷质量的比值)的情况下,引信能正常工作。

6. 抗扫雷能力要求

水雷与反水雷是矛与盾的两个方面,作为反水雷技术的扫雷技术是针对水雷引信的工作原理,采用扫雷具产生符合舰船变化规律的模拟信号,诱使水雷物理场信号引信误判断、误动作。为防止水雷因扫雷信号误动作,水雷引信要具有抗扫雷能力。一般而言,抗扫雷设计针对的是扫雷设备较难模拟的物理场信号、信号变化规律,或者采用多种引信联合工作增加扫雷难度。如舰船的水压场信号是由排开同吨位水的运动物体产生的,目前还没有模拟大吨位舰船水压场信号的有效方法,故采用其他物理场引信与水压引信联合工作的方式具有良好的抗扫雷性能。

7. 反猎能力要求

随着猎雷技术的不断发展,包括自治式猎雷具和一次性猎雷具的大量投入实战,给水雷的生存带来严重威胁。尤其是特种水雷,相较常规水雷其性能优越、控制海域大、攻击成功率高,但是造价昂贵、技术密集,一旦被猎,由于其控制区域大,猎获一枚或数枚水雷即可破除雷障封锁,或者造成水雷引信失密,使该雷种失去威慑力和战斗力,军事与经济价值损失重大。

因此,在现代水雷特别是特种水雷上均采取反猎技术来保证自身的安全。目前一般采用的方法是设计隐形雷体、异形雷体、伪装雷体或采取雷体自掩埋技术等防止敌方探测到雷的具体位置;也有采取主动防护装置的方法,即在雷体上加装探测设备,探测到猎雷信号并确认猎雷目标后,释放小战斗部或引爆自身摧毁猎雷设备或猎雷舰艇。

8. 防拆、断电、出水自毁保护要求

由于水雷战斗服务期长,采用自主工作方式,且无其他兵力进行自我防护,因此水雷的探测、判别目标的工作原理、工作模式是该雷的机密。一旦其工作原理被破译,即可采取较小的代价进行反水雷作业,使雷障失去功效。著名的战例为第一次世界大战中德国的音响水雷原理被分析、破译后,其对盟军的威胁急剧下降。

3.2.2 引信的分类

根据引信与舰船的作用方式、引信控制信号的产生方式等方面的不同,水雷引信的分类方法多样,一般而言,可按照如下方法进行分类。

1. 按照雷体与目标接触与否分类

1)触发引信:依靠与目标接触、碰撞或者摩擦而引起水雷爆炸的引信。

2)非触发引信:不依靠与目标接触或碰撞,而是利用目标产生的物理场,或者利用引信本身发射的探测信号的回波确认目标,使水雷爆炸的引信。

3)控发引信:接收有线或无线控制信号直接引爆水雷的引信。

2. 按照引信接收舰船物理场的信号分类

1)声引信:利用舰船辐射声场信号或者其他水声信号而使水雷动作的非触发引信。

2)磁引信:利用舰船磁场信号而使水雷动作的非触发引信。

3)水压引信:利用舰船水压场信号而使水雷动作的非触发引信。

另外还有采用舰船的辐射电场、重力场、核辐射场等物理场作为检测对象的引信装置。

3. 按照声引信是否主动向外发射探测信号分类

由于声波在水中可以传播较远的距离,而且定向产生声波较易实现,所以在声引信中,可以设计发射装置,其产生探测声波向特定方向发射,主动探测目标,构成主动声引信。

1)主动声引信:自身发射探测信号并依据接收目标回波信号而动作的声引信。

2)被动声引信:检测目标产生的噪声辐射信号或其他特定水声信号,而使水雷动作的声引信。

4. 按照引信的功能与用途分类

1)值更引信:处于长期警戒状态的引信,当接收到目标信号并初步判定“有目标”时,启动战斗引信进入工作状态。

2)战斗引信:确认目标存在,或进一步确定诸如舰型、方位、航速等目标参数,控制水雷启动规定攻击程序的引信。

一方面,从值更引信与战斗引信的分工上可以看出,值更引信的“虚警”概率可以设计得较高一些,保证有足够的检测概率,而战斗引信的“虚警”概率必须设计得很低,防止水雷引信误判目标,引起水雷误动作;另一方面,由于值更引信长期工作,其工作功耗必须限定在某一范围内,才能使整个引信系统的功耗满足水雷服务期的总体参数要求,而战斗引信为确保正确打击概率和降低虚警,其电路设计、数字信号处理方法选择受功耗的限制可少一些。

从引信的用途上还可按下列方法分类:

1)解脱引信:针对上浮水雷、自导水雷或导弹式水雷,当有目标出现时,实现由锚系系统系留的雷体(或运载器)解脱的引信。

2)近炸引信:判定目标处于水雷打击范围内时控制水雷爆炸的引信。

5. 按照引信工作方式分类

1)单一功能引信:只接收一种物理场信号或一种触发信号的引信。

2)联合工作引信:由两种或两种以上的单一功能引信组成,按照单一功能引信间的逻辑关系、表决权重综合判决最终水雷动作与否的引信。

3.2.3 触发引信

触发引信是利用舰船的壳体与水雷直接接触、摩擦或碰撞而引起水雷爆炸的装置。触发引信有电液触角引信、触线引信和惯性撞发引信等,多见于老式的锚雷或漂雷。

1. 电液触角引信

电液触发水雷装有触角引信,触角下部装炭棒、锌杯构成电极,上部装有电解液的电液瓶,当舰船碰弯触角时,电液瓶破裂,电解液注入电极之间形成电池,产生电流起爆水雷。电液触角引信的结构如图 3.1 所示,一般设置 5～6 个触角,分别安装在雷体顶部四周。

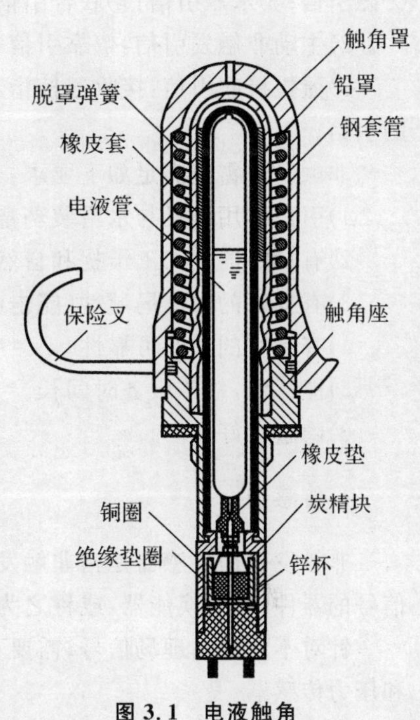

图 3.1 电液触角

2. 触线引信

触线引信是以触线作为接收单元的触发引信,常用于锚雷来打击潜艇。使用单一触线引信时,可打击潜航潜艇,如图 3.2 中左部分所示;当使用触线引信(仅用下触线)配合触角引信同时使用时,用于打击潜航潜艇或水面舰艇,如图 3.2 中右部分所示。触线引信是基于原电池原理工作的,它由上触线、下触线、变压器、电流计式继电器、中间继电器、凸轮继电器、电池组、电爆管等组成。潜艇或水面舰船碰到触线时即可产生电流引爆水雷。

3. 惯性撞发引信

惯性撞发引信是利用水雷直接受到航行舰船碰撞而产生加速度或惯性力而工作的装置,当舰船碰撞水雷时惯性装置动作击发雷管,或由压电加速度计产生电脉冲而起爆。惯性撞发引信的反应装置有惯性闭合器与压电加速度计接收器。

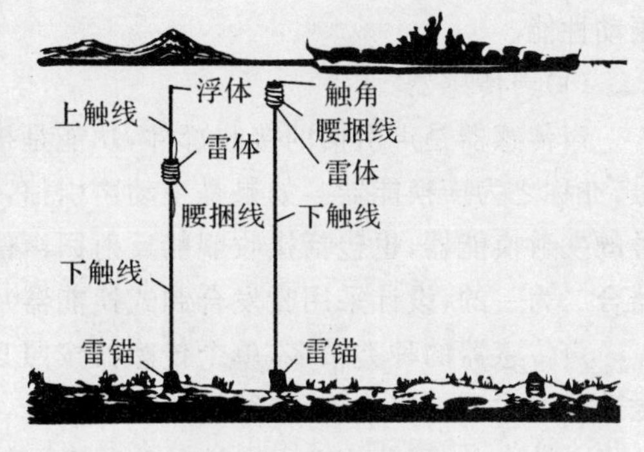

图 3.2 水雷水中姿态

3.2.4 非触发引信

非触发引信是利用航行舰船产生的物理场或利用引信本身辐射的探测信号接收反射回波确认目标，或接收遥控指令使水雷动作或爆炸的引信。非触发引信可分为：

1)被动非触发引信：利用舰船产生的物理场信号而动作的引信。还可细分为：①声引信；②磁引信；③水压引信；④联合引信等。

2)主动非触发引信：依靠引信本身辐射探测信号，接收反射回波确认目标而动作的引信。

3)遥控接收引信：接收遥控指令，改变水雷战斗服务状态(安全或战斗)，或直接引爆水雷的引信。

非触发水雷应满足如下要求：

1)引信作用半径与水雷装药量相适应。

2)有良好的抗人工干扰和自然干扰的能力。

3)有良好的动作局域性(能击中目标要害部位)。

4)有良好的动作可靠性。

5)能耗低，战斗服务时间长。

6)隐蔽性好。

1.传感器

非触发引信传感器是指非触发引信中用来接收来自舰船的特定信号，并将其能转换为电信号的器件，又名换能器，或称之为接收器。

针对不同的物理场信号，需要不同种类的传感器。这里主要介绍声传感器、磁感应传感器和压力传感器。

对于非触发引信传感器，首先要求其有足够的灵敏度，能够感测出舰船的微弱信号；另外还要求其具有一定的信号选择性与接收方向性，同时具备工作稳定性、可靠性以及抗冲击、抗振动性能。

(1)声传感器

声传感器是声引信的接收部件，功能是接收舰船发出或反射的声信号，将之转换成为电信号，亦称之为声换能器。如果是主动声引信，既包括主动向外发射声波的将电信号转换为声信号的发射换能器，也包括接收舰船反射回声信号的接收换能器(也有将发射换能器与接收换能器合二为一的，设计采用收发合制式换能器)。

声传感器的种类很多，单个传感器按照其结构原理来分，可分为碳精式、机电式、压电式、磁致伸缩式和电容式等；按照接收频率来分，可分为超声频的、声频的和次声频的；按照传感器的指向性来分，可分为有方向性的和无方向性的。另外，还可根据水雷引信处理的目标信号特征值进行分类，如利用声压压差而做成的压差式传感器，以及利用声波的相位差做成的相位差式传感器，等等。

(2)磁传感器

磁传感器是磁引信的接收部件，功能是将接收的舰船辐射磁场信号转换成为电信号。磁传感器又称为磁接收器、磁换能器或磁敏感器件。在水雷引信中，由于探测距离、功耗和体积的限制，对磁传感器要求其灵敏度高、能耗小、温度稳定性好、可靠性高、耐冲击且自噪声低等。目前水雷引信中常用的磁传感器有磁感应线圈棒、磁膜接收器、磁通门接收器等。

(3)水压传感器

水压传感器是水压引信的接收部件，功能是检测舰船通过时的压力变化，又称水压换能器。由于舰船通过时液体动压力变化量相较水雷引信所承受的静水压而言非常小，约为其千分之一，因此，采用这类传感器时，引信系统必须配套有压力补偿单元或后期处理单元。

水雷应用的水压传感器主要有液压活塞式、压电式和应变式，液压活塞式水压传感器必须采用静水压自动补偿装置，压电式水压传感器必须配备高输入阻抗的放大电路，并在后级采取滤波、数字信号处理等方法进行识别、判决工作。

2. 被动声引信

被动声引信是依靠舰船目标产生的物理场信号或其他特定信号工作的非触发引信。由于其寂静待机打击目标，保密性高、工作期长；另外声波在水中传播距离远，因此，其在水雷中被大量应用。在近代、现代水雷中，被动声引信成为水雷引信的基本引信组成之一，特别是作为值更引信而言。

(1)静声引信

静声引信的工作原理是利用舰船辐射声场的声压幅值而动作的被动声引信，亦称为能量检测声引信。

在舰船声物理场特性中已经知道，当舰船经过声传感器上方或附近时，舰船辐射噪声的通过特性如图 3.3 所示，通过特性表征了舰船辐射噪声声压与传感器距离的关系，越靠近测量点，其声压越大，因此可以根据水雷破坏威力确定一个固定的声压幅度，当接收到的舰船辐射噪声达到或超过这一值时，即认定目标已经进入打击范围，引信引爆水雷装药。

为了防止邻雷爆炸或炸雷反水雷作业导致静声引信误动作，根据图 3.4 所示舰船辐射噪声与水中爆炸的声压变化情况，人们采取幅度维持判决、区分舰船目标与水中爆炸。即当声传感器接收信号声压幅值达到或超过门限 p_0 时，判断这一情况是否维持一固定时间长度 t_0（由打击目标的类型、打击航速与装药量等决定），符合这一判决条件，即可认定为打击目标，启动爆炸电路；不符合这一判决条件，认定其为干扰信号，重新开始幅度判决。静声引信的工作制度如图 3.5 所示，其引信工作框图如图 3.6 所示。

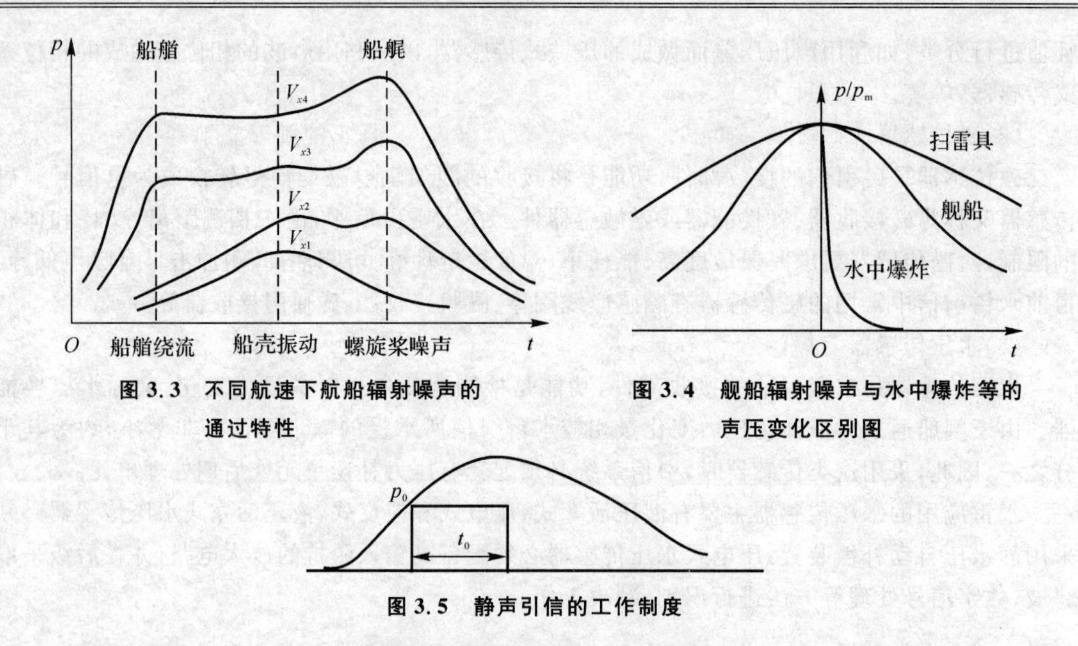

图 3.3 不同航速下航船辐射噪声的通过特性

图 3.4 舰船辐射噪声与水中爆炸等的声压变化区别图

图 3.5 静声引信的工作制度

由图 3.3 可知，对于同一舰船目标，其航速的变化直接引起通过特性曲线（声压）的变化，静声引信的固定门限引爆水雷可能造成高航速目标尚未到达打击范围就起爆，即静声引信的动作区域性能不好。

(2)动声引信

动声引信的工作原理是利用舰船辐射声场的声压幅值随时间（亦可等同为与传感器的距离）变化率而动作的被动声引信。

如图 3.7(a)所示为正常航行时舰船的通过特性与舰船辐射声压幅值随时间变化率的示意图，该变化率（梯度）反映了舰船辐射噪声声压与传感器距离变化的改变程度关系。从图 3.7(b)可以发现，当接收的信号幅度刚开始发生变化时，变化率（梯度）的幅值变化较大，当声压幅度最大时，其变化率（梯度）的幅值为零。由此特点可知，动声引信适合作为值更引信应用，当引信刚能检测到目标信号时，动声引信能够输出较大值，发现远处目标。另外，动声引信的两个极值在一定程度上指示了目标与水雷的距离信息，使引信具备了动作区域性。

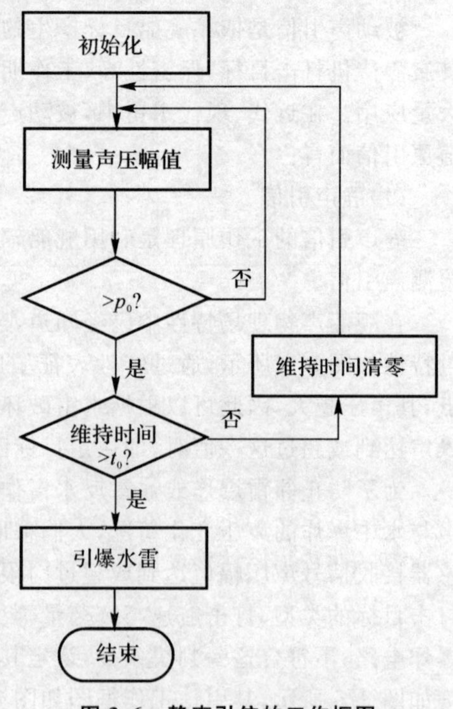

图 3.6 静声引信的工作框图

声扫雷具信号相较正常航行舰船的通过特性更为平滑一些，这是由于现有声扫雷具所模拟的舰船信号还不是宽带信号，其频率范围仅为某个频段甚至是几个频率点，因此其通过特性的声压变化只是与距离相关；而由舰船物理声场知识可知，真正的舰船辐射噪声的频段十分宽，不同频段的信号在水中的传播损失是不同的，高频分量损失大，低频部分损失小，因此舰船辐射噪声的通过特性表现出接近雷位声压幅度变化较剧烈，其变化率（梯度）有个较大的值，而声扫雷具信号的变化率（梯度）的值较小，如图 3.8 所示。因此可以在动声引信中设计一个变化率值，认定变化率极值小于该参考值时为扫雷具信号，使水雷具有初步抗扫雷性能。

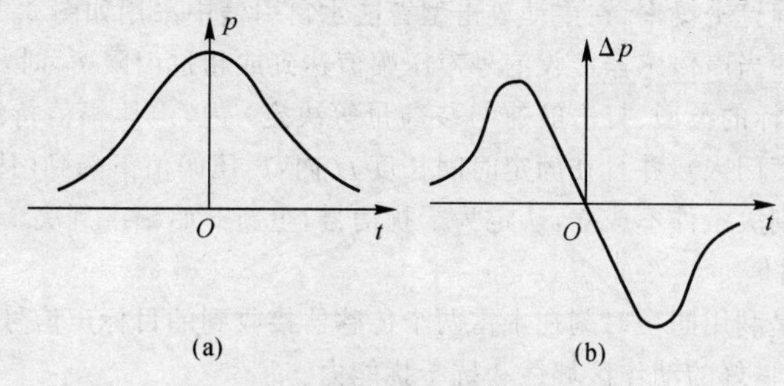

图 3.7　舰船辐射噪声的通过特性

(a)舰船辐射噪声的通过特性；(b)舰船辐射声压幅值随时间变化率

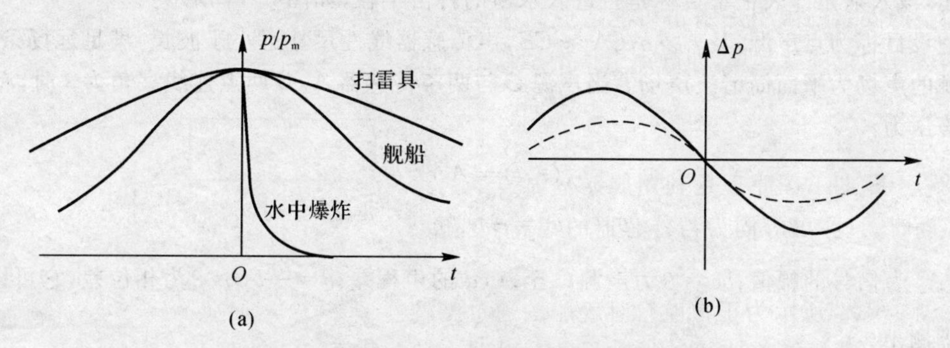

图 3.8　舰船辐射噪声与声扫雷具信号对比图

(a)通过特性；(b)声压幅值随时间变化率

在实际引信实现中采用如图 3.9 所示的单梯度动声引信工作制度。即当声传感器接收信号声压幅值达到或超过门限 p_0 时，判断是否在固定时间长度 t_1 内，声压幅值持续增长并超过门限 $2p_0$（即达到设计梯度门限），判决条件成立，启动爆炸电路；判决条件不成立，认定为干扰信号，重新开始幅度判决。

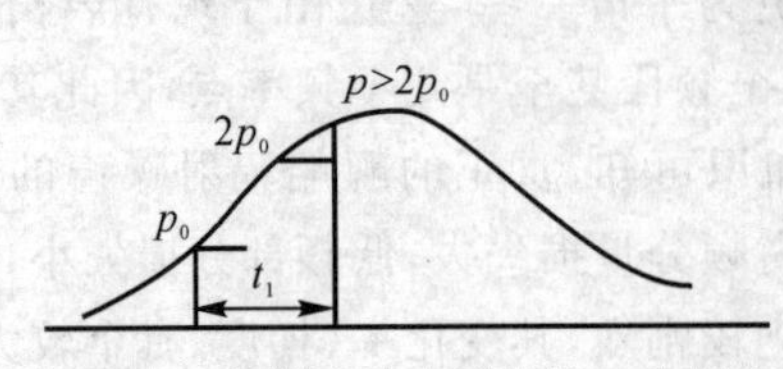

图 3.9 单梯度动声引信的工作制度

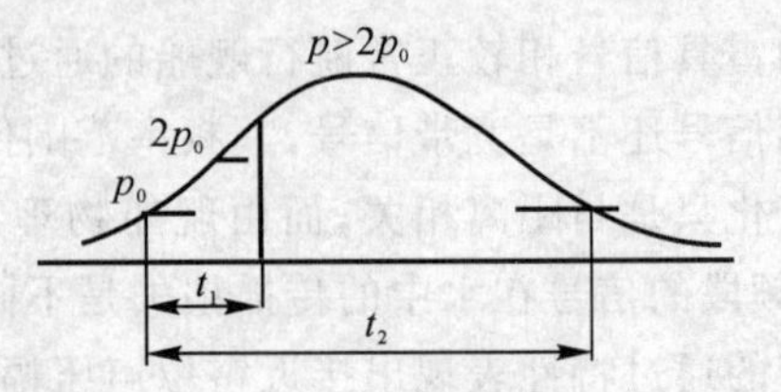

图 3.10 双梯度动声引信的工作制度

为提高水雷正确打击概率，在主动攻击型智能水雷引信中采用如图 3.10 所示的双梯度动声引信工作制度。即当声传感器接收信号声压幅值达到或超过门限 p_0 时，判断是否在固定时间长度 t_1（由打击目标的类型、打击航速与装药量等决定）内，声压幅值持续增长并超过门限 $2p_0$（即达到设计梯度门限），并且在固定时间长度 t_2 内，声压幅值下降到门限 p_0。判决条件成立，启动爆炸电路；判决条件不成立，认定为干扰信号，重新开始幅度判决。

(3) 相位差声引信

相位差声引信是利用同一时刻在水雷两个传感器接收到的目标声信号在相位上的差值而动作的声引信，具有良好的动作区域性和抗干扰能力。

相位差声引信的工作原理是利用两个传感器接收同一信号所获得的相位差转换为目标的入射角，该入射角即表征了目标是否进入水雷的打击半径，如图 3.11 所示。

假设目标为点声源，且 $r \gg b$，$CA \approx CB$，声传感器线性尺寸远小于波长，满足远场条件，目标声源的声场为平面简谐波声场。当声源 C 与两声传感器 A，B 两点连线夹角为 β 时，A，B 两点的声压为

$$p_A(r,t) = A_0 e^{j\omega t} e^{-\frac{2\pi}{\lambda}r} \tag{3.1}$$

$$p_B(r,t) = A_0 e^{j\omega t} e^{-\frac{2\pi}{\lambda}(r - b\cos\beta)} \tag{3.2}$$

式中，A_0 为信号的幅值；$b\cos\beta$ 为声源 C 至 A，B 的声程差；$\theta = \frac{2\pi}{\lambda} b\cos\beta$ 为相位差，它可以通过鉴相器测出。

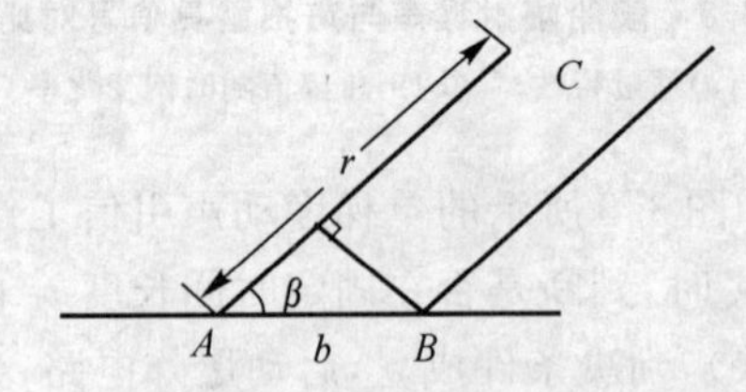

图 3.11 声源 C 与两声传感器 A，B 的相对位置

假设 θ_0 为目标处于水雷打击半径时所在目标入射角的相位差，则只需判断是否 $\theta \leqslant \theta_0$，条件成立，则目标进入打击半径，引爆水雷，否则认为目标尚未进入有效打击范围，继续探测目标。

一方面，从相位差声引信的工作原理可知，其消除了静声、动声引信中由于目标航行速度、舰船类型不同所引起的声压幅度差异很大，固定门限检测导致仅对特定舰船类型且固定航速起到打击作用的限制，具有良好的动作区域性，保证了打击的有效性。从另一方面来讲，其良好的动作区域性可有效地抵抗干扰信号引起的虚警和误动作，具有较好的抗干扰性能。

3. 主动声引信

主动声引信发射探测信号易暴露自身位置，但其具有被动声引信难以比拟的优点。一方面，主动声引信由于接收信号为自身发射的信号，其频带较舰船辐射噪声窄且为固定已知值，接收信号受到水文环境、探测目标变化等因素的影响较被动声引信要小，故主动声引信有较强的抗干扰能力和抗扫雷能力；另一方面，主动声引信以舰船目标的反射信号作为动作依据，具有良好的动作区域性。

由于接收传感器的方向性与接收器接收面最大尺寸、接收声波的波长之比相关，频率越高其方向性越尖锐。对发射信号而言，频率越高，其在水中的传播损失越大，发射信号不易被远方探测设备侦测出，可以更好地保守雷障的安全，因此，在主动声引信中使用超声频段作为信号频段，构成主动超声引信。

主动超声引信的本质是一个声呐或回声测距仪，其基本工作原理为声波回波测距。通过区分海面和舰船（潜艇）反射的回波信号，依据回波距离是否缩短或是否出现两个回波信号，判断水雷上方是否有目标通过，并据此判决来决定是否引爆水雷。

通常的回声测距方法分为调频法和脉冲法。

调频法的发射换能器和接收传感器均为宽频带工作，由调频信号发生器产生频率连续变化的超声信号，经发射换能器垂直向上发射至水中；当声波到达海面时，海面反射这些声波，经接收传感器接收、放大电路放大后送至检波电路。当瞬间发射频率为 f_1，经水面反射接收传感器接收时，调频信号频率已变为 f_2，检波电路检测出频率差值 $\Delta f = f_2 - f_1$。如果发射换能器至水面的距离不变，则频率差值是固定不变的，当有舰船或潜艇在水雷上方通过时，反射距离变短，频率差值变小，因此，频率差值变化可以作为引信动作的判决依据。

脉冲法的发射信号是超声脉冲信号，经发射换能器垂直向上发射至水中，接收传感器接收脉冲信号回波转换为电脉冲信号，放大电路放大后送至检波电路。当发射换能器至水面的距离不变时，从脉冲信号发射到接收到回波的时间是固定不变的。当有舰船或潜艇在水雷上方通过时，由于传输距离变短，检测时间值变小，因此，时间值的变化可以作为引信动作的判决依据。

由于调频法测距原理要求发射、接收换能器宽频带工作，无法在谐振状态下工作，电声、声电转换效率低，且要求连续发射，系统功耗大，因此，目前水雷主动声引信的工作方式为脉冲法测距。

(1) 主动超声引信工作原理

主动超声引信脉冲法测距采用如图 3.12 所示结构。

水雷布设在距海平面 H 深处，从一个主动探测周期开始，垂直向上发射超声脉冲信号，经海面反射后，接收传感器接收回波信号，此时刻 t_1 为

$$t_1=\frac{2H}{c} \tag{3.3}$$

式中，c 为声波在海水介质中的传播速度。

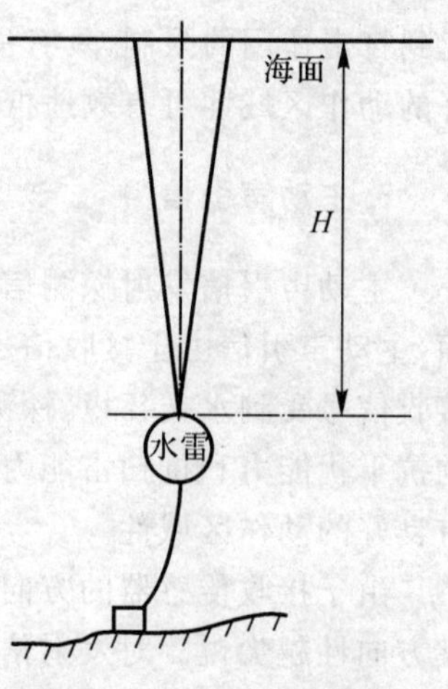

图 3.12　主动超声引信脉冲测距法

当有舰船从水雷上方经过时，由于舰船在水下部分的深度（舰船吃水）减小了声波与回波的传播距离，因此接收时刻变为 t_2，即

$$t_2=\frac{2(H-h)}{c} \tag{3.4}$$

式中，h 为舰船的吃水深度。

这样，如果有舰船目标通过水雷上方，其回波接收时刻即发生了变化。因此，通过辨别回波接收时间是否变化就可以判决是否有目标出现。

常用的目标检测方法有区域选择原理、突变原理和音响探测原理。

1) 区域选择原理。区域选择原理是采用一个声发射系统在水中辐射脉冲探测信号，采用接收回波个数进行判断，如图 3.13 所示。若每个检测周期内接收到的回波个数只有一个脉冲（即从水面反射得到的），则判断无目标出现；当在一个检测周期内接收到前、后两个回波脉冲（前者为舰船或潜艇反射的，后者为水面反射的）时，则判断有目标出现，引爆水雷。

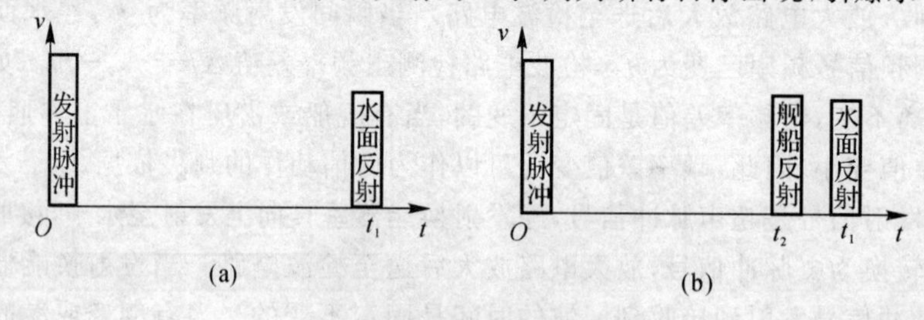

图 3.13　区域选择原理

(a) 无目标时；(b) 目标出现时

区域选择原理可用于打击潜航的潜艇，也可用于打击吃水较深的水面舰船。但是，当目标距雷体近距离通过时，可能将全部或大部分发射信号屏蔽，致使引信检测不到第二个水面反射回波；或者目标是沿引信动作边沿航行的，舰船底部反射波与水面反射波发生交叠，从而无法分辨出两个信号来，可能会引起引信发生误动。

2）突变原理。突变原理是根据目标到达水雷上方时，回波信号的抵达时间突然改变而动作。在每一个测距周期，引信进行回声测距，抵达时间与前一个测量值应该变化不大（主动引信的测距周期在1 s内，在此期间涨潮、落潮或风浪引起的水面变化不会太大，一般不会超过1.5 m），此时引信不动作；当有目标从水雷上方经过时，由于舰船的吃水使回波抵达时间明显缩短，引信检测到这个变化量，引爆水雷。

从突变原理可知，选择一个合适的引信动作时间变化参数，可以在抗风浪等干扰的同时，可靠打击具有一定吃水深度的水面舰船和潜航潜艇。

由于突变原理进行目标检测时，仅依据一次突变判决进行目标有无判断，所以有可能对某种非目标舰船引起的偶然出现的提前脉冲做出误判，使水雷误动作。

3）音响探测原理。音响探测原理是根据所打击目标的吃水深度或潜航潜艇的航行深度，引信在测出雷体所处深度的基础上，设定每个探测周期的脉冲回波接收区间，然后在此区间以回波信号的有无判决目标的有无。

① 正音响探测原理。正音响探测原理是以引信接收到回波信号为判决标准的，其回波接收区间设置如图3.14所示，在探测周期内有A，B两个封闭区间，A区间封闭发射信号时段，B区间封闭水面回波到达时段，保证引信检测电路检测不到除舰船回波外的任何信号，这样，在无目标时，引信检测电路无回波信号输入，执行电路无输出；一旦接收到回波信号，即认为目标到达，引信的执行电路动作，引爆水雷。

② 反音响探测原理。反音响探测原理是以引信是否接收到水面回波信号为判决标准的，其回波接收区间设置如图3.15所示。在探测周期内有A封闭区间，封闭由发射信号开始时直至水面回波到达前的时段，这样，在无目标时，引信检测电路可以接收到水面反射回波信号，一旦目标舰船到达雷位附近，其阻挡了发射信号，使之不能到达水面产生水面回波，引信检测电路接收不到回波信号，即认为目标到达，引信动作，引爆水雷。

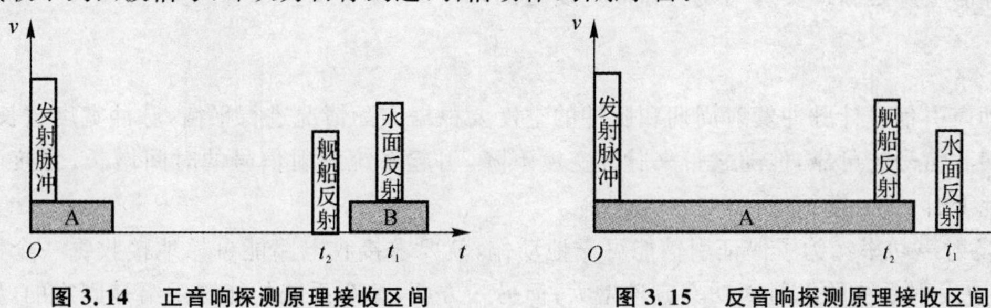

图3.14　正音响探测原理接收区间　　**图3.15　反音响探测原理接收区间**

（2）主动声引信的工作参数

主动声引信的工作参数包括工作频率、探测周期、脉冲宽度与空度、发射声功率、动作灵敏度等。

1）工作频率。基于良好的区域性和小尺寸发射换能器的设计，主动声引信的工作频率应选择得高一些，并且海洋背景噪声和舰船辐射噪声随频率增加而减小。但是，声波在水中的传播衰减是随频率增加而增大的。因此，主动超声引信的工作频率应该根据水雷的应用水深综合考虑，常用的工作频率为 50 ～ 100 kHz。

2）脉冲发射周期。在脉冲探测系统中，在接收到上一个脉冲信号的回波后才能发射下一个脉冲信号，否则系统无法分辨每个回波信号对应的发射信号，即脉冲信号发射周期要大于信号回波到达时间，即

$$T > \frac{2H_{\max}}{c} \tag{3.5}$$

式中，$H_{\max}$ 为水雷最大布深；c 为声波在海水介质中的传播速度。

为了保障引信的可靠动作，脉冲发射周期不能过长，必须保证当舰船目标通过水雷上方时，引信接收系统可以接收到脉冲信号反射回波 m 个，即

$$T < \frac{L_{\min}}{V_{\max} m} \tag{3.6}$$

式中，$L_{\min}$ 为目标舰船的最小船长；$V_{\max}$ 为目标舰船的最大航速。

因此，在选择脉冲发射周期时应遵从以下规律：

$$\frac{2H_{\max}}{c} < T < \frac{L_{\min}}{V_{\max} m} \tag{3.7}$$

3）脉冲宽度与空度。主动探测系统的发射脉冲是由频率为 f_0（引信的工作频率）的正弦信号填充而成的，为保证脉冲信号回波能可靠、不失真地通过接收系统放大电路，要求在脉冲中包含 50 ～ 100 个正弦信号周期，即脉冲宽度 τ 为

$$\tau = (50 \sim 100)\, \frac{1}{f_0} \tag{3.8}$$

脉冲的空度是脉冲发射周期与脉冲宽度之比，即

$$S = \frac{T}{\tau} \tag{3.9}$$

主动声引信设计脉冲发射周期和脉冲的空度要根据实际情况进行平衡，脉冲宽度越长，系统接收回波信号越可靠，但随之带来脉冲空度下降，引起系统发射信号的时间增长，直接引起系统功耗上升、服务期缩短。

4）发射声功率。为了保证引信能可靠地动作，就要求接收电路能可靠地接收每一个回波信号，相应发射系统的发射声功率应该增大；但另一方面，整个系统的能源供给是固定的，要保障一定的系统工作时间，发射系统的发射声功率应尽可能小。因此，主动探测系统发射系统的发射声功率要在考虑水中传播损失、海面或舰船的反射损失和传感器的指向性等因素的前提下，保证回波信号的声压到达引信接收系统的最小动作参数，使系统在动作可靠性与工作时间两个指标中达到均衡。

5）动作灵敏度。动作灵敏度参数是表征主动声引信能动作的检测目标最小的吃水深度，

该参数取决了该系统打击目标的类型。

对于应用音响探测原理的引信，该参数取决于水雷定深的精度；对于应用突变原理的引信，该参数取决于海浪的倾斜度。

4. 磁引信

水雷磁引信是利用检测舰船的磁场特性来引爆水雷的非触发引信的。由于舰船是由大量的铁磁性物质建造的，其在建造和航行过程中长期受到地磁场的磁化而成为磁源，并影响周围的磁场分布，非触发磁引信可以检测出这种由于航行舰船引起的磁场变化。随着磁传感器研制的进一步发展，针对舰船磁场难以消除，并且航行舰船的磁场变化具有某些规律，磁引信具有良好的可靠性、动作区域性和一定的抗干扰能力，在现代水雷引信中得到了广泛应用。

(1) 静磁引信

静磁引信反映的是舰船磁场强度某一分量的绝对幅值变化，如随舰船磁场强度的水平分量幅值变化而动作的被动声引信。

由舰船磁物理场特性可知，当舰船经过磁传感器上方或附近时，感应磁场按照一定的规律变化，如图 3.16 所示为实测某型舰船的磁感应磁场(传感器所处深度单位为 ft(1 ft = 0.304 8 m))。当舰船靠近测量点一定距离时，感应的舰船磁场达到或超过某一值时，即认定目标已经进入打击范围，静磁引信动作，引爆水雷装药。

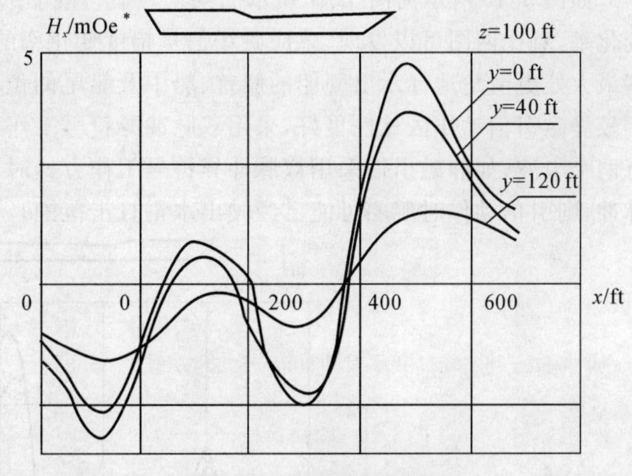

图 3.16　某舰船实测磁场

为了防止扫雷作业对静磁引信的威胁，可根据舰船磁场与扫雷信号的特性区别进行抗扫雷设计。从图3.17观察到，舰船磁场维持时间短、磁场变化大，而扫雷信号持续时间长，并且其磁场变化缓慢；舰船磁场至少有两个半波，最多达 8 ～ 9 个半波，每个半波的作用时间长、间隔也较长，而扫雷信号、雷体晃动等磁干扰信号的作用时间、时间间隔要短得多，因此，可以采取时间识别来区分两者。选择合适的时间门限，规定在接收信号中相邻两次异极性信号的间隔必须大于设定时间性门限，否则认定为干扰信号，这样可以将舰船磁场与扫雷干扰磁场区分开来。

* 1 mOe = 0.079 6 A/m

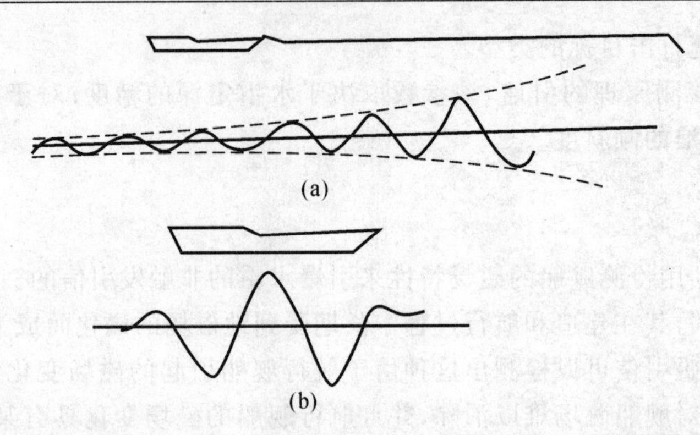

图 3.17　扫雷艇(上图,处于工作状态)与舰船(下图)磁场特性对比图

(2) 动磁引信

动磁引信是利用舰船磁场强度某一分量随时间的变化率而动作的被动磁引信。

如图 3.18 所示为图 3.17 所示的某正常航行舰船的磁场幅值随时间(或与测量点距离)的变化率,对比两图可以发现,感应磁场信号幅度变化率的幅值最大处较静磁引信的磁场感应幅度最大处更清楚地标示出舰船的船首、船中及船尾的位置,并且峰值点均提前,这样动磁引信相较静磁引信动作区域性更好,采用双脉冲异符号工作方式也能有效打击目标(舰船磁场至少有两个半波,如静磁引信采用双脉冲异符号工作方式时,船尾对应的半波为引信检测的第二个脉冲,则引信动作时舰船可能已经驶出水雷打击范围)。

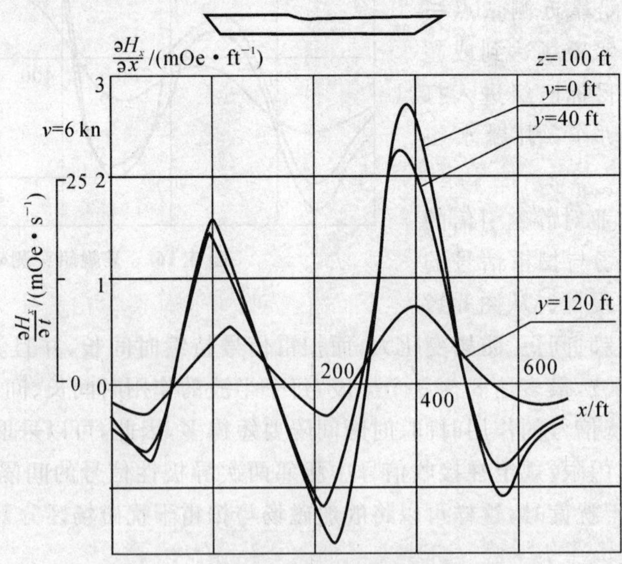

图 3.18　某舰船磁场变化率实测数据

(3) 梯度磁引信

梯度磁引信是利用磁场分布的空间方向的不均匀(梯度)变化而动作的磁引信。为测量空间磁场的空间梯度($\frac{\partial H}{\partial l}$),需要两个具有一定间距、轴线相互平等的磁传感器,将其与需要测量的某磁场分量平行放置,当没有外磁场影响时,地磁场在两个磁传感器间的梯度为零,由于两激励线圈异向相接,两输出线圈同向相接,所以输出线圈的总输出理论上也为零(当然由于传感器的个体差异,实际输出不为零,但可采取自动补偿等方法减小两者的不平衡性)。

当有舰船目标通过水雷附近时,由于舰船磁场的不均匀性,两传感器间的磁场梯度(反映为目标方向与测量分量的夹角)不为零,此时输出线圈的总输出有脉冲信号输出,其幅值与梯度成正比,当梯度足够大时(即目标进入了水雷的打击范围),输出线圈输出经放大器放大,通过变压器耦合、检波输出,使继电器(逻辑电路)动作,启动执行电路,引爆水雷。

梯度磁引信由于其输出电压与磁场分布梯度有关,而扫雷具的磁场梯度明显小于舰船磁场,因此其具有强的抗扫雷能力;另外由于其动作参数与磁场的绝对幅值无关,仅与其梯度分布有关,故其动作区域与舰船的航速无关,动作区域性好。

5. 水压引信

水压引信是依靠运动舰船产生的水压场信号工作的非触发引信。水压场信号作为引信工作的物理信号,劣势是其作用距离近,且波浪起伏对水压场信号影响大;优势是水压场信号特别是大吨位舰船水压场信号人工模拟困难,目前尚无有效的反水压引信手段,抗扫雷性能优越。因此,水压引信经常配合其他引信组成联合引信一起使用,一般水压引信作为战斗引信,在保障引信具有良好动作区域性的同时,提高水雷的抗扫雷能力。

(1) 液压活塞触头式水压引信

液压活塞触头式水压引信采用液体活塞式水压传感器作为水压信号接收、检测装置,利用活塞与水压触头形成压力继电器,继电器动作,水雷被引爆。活塞式水压接收器结构图如图3.19所示。

水雷在舰上时,水压(活塞)触头是关闭的,接收室和补偿室内的压力相等。水雷入水后在下沉过程中,橡皮膜上所受的静水压力迅速增加,接收室内的压力超过了补偿室内的压力,硅油便通过高阻孔和活塞与隔板孔之间形成的环形孔道向补偿室流动,压缩补偿器。由于孔道很小,水雷沉到海底后还需要一段时间两室压力才能平衡,即海水静压力对橡皮膜的作用被补偿器的张力所抵消。在这个过程中,水压(活塞)触头一直是关闭的。

当舰船经过水雷上方时,舰船水压场的负压信号作用到水压接收器上,接收室橡皮膜上的水压力随之下降,室内压力下降。补偿器的伸张力作用使补偿室内的压力大于接收室内的压力,硅油就通过高阻孔道和环形孔道向上缓慢流动。在较短的时间内上、下两室出现较大的压力差,这个压力差将推动活塞向上移动,常闭的水压(活塞)触头就会断开,使引信电路中的延时电路工作，延时结束，常闭触头仍断开，则爆炸电路电源接通，水雷爆炸。

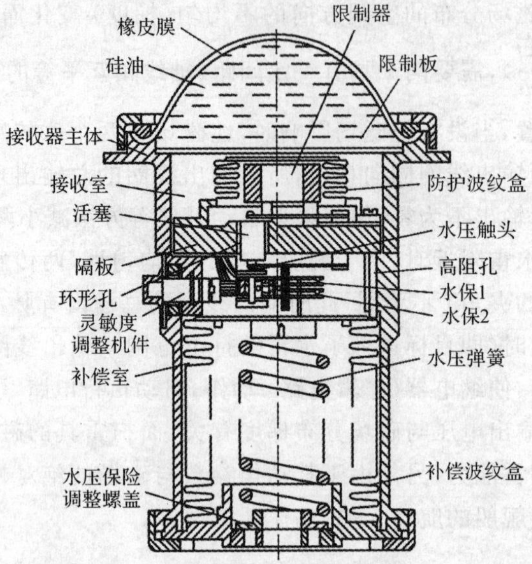

图 3.19　活塞式水压接收器结构图

(2) 压力测量式水压引信

压力测量式水压引信是利用压力传感器将舰船水压场信号转换为电信号后，根据舰船水压场的负压变换规律而动作的被动水压引信。该类引信的压力传感器可采用前面所述的压电式、应变式等。针对舰船负压的检测、判决标准的不同，可以将其分为幅度-时间式水压引信和幅度-积分式水压引信。

1) 幅度-时间式水压引信。幅度-时间式水压引信的工作原理是利用舰船水压场的负压而动作的被动水压引信。

从舰船水压物理场特性可知，当舰船经过水压传感器上方或附近时，其舰船水压场纵向特性如图 3.20 所示，从船首到船尾，依次为正压区、负压区、正压区。负压区的长度不小于 0.7 倍的船长，且随海深及正横距离的增加而增大。因此，可以将负压区作为水雷引信引爆的判决标准，即判断接收到的水压信号是否达到或超过一固定负压值(动作阈值 p_0)，并且维持一定的时间 t_0(防止波浪干扰)，判决为真，则认定目标已经进入打击范围，引信引爆水雷；判决为假，认定为干扰信号，重新开始判决。幅度-时间式水压引信的工作原理图如图 3.21 所示。

2) 幅度-积分式水压引信。幅度-积分式水压引信的工作原理是利用舰船水压场的负压区积分值而动作的被动水压引信。

采用幅度-时间式水压引信的水雷，当遇到目标低速航行的工作状态时，检测到的水压负压信号有可能无法达到动作阈值 p_0，或者负压信号的维持时间无法满足维持时间 t_0 的要求，这样会使该雷失去作用。此时，可采用幅度-积分工作方式来提高引信的打击概率，即当接收到的水压负压信号达到一较小的启动阈值 p_0 时，开始对负压信号进行积分，当积分值达到动作阈值 s_0 时断定检测到目标，引信动作；如在整个负压区负压信号的积分值达不到动作阈值，则认为是干扰信号，重新开始判决。幅度-积分式水压引信的工作原理图如图 3.22 所示。

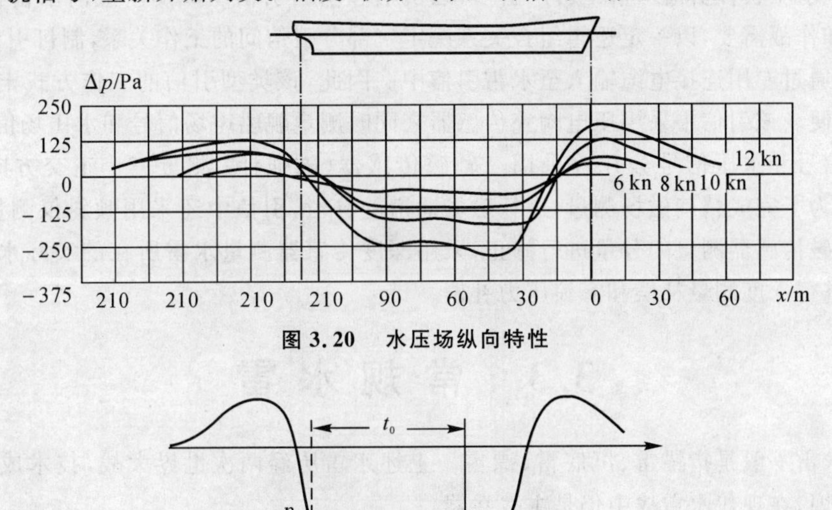

图 3.20　水压场纵向特性

t_0

p_0

压力+长度计量　动作阈值为p_0和t_0

图 3.21　幅度-时间式水压引信的工作原理图

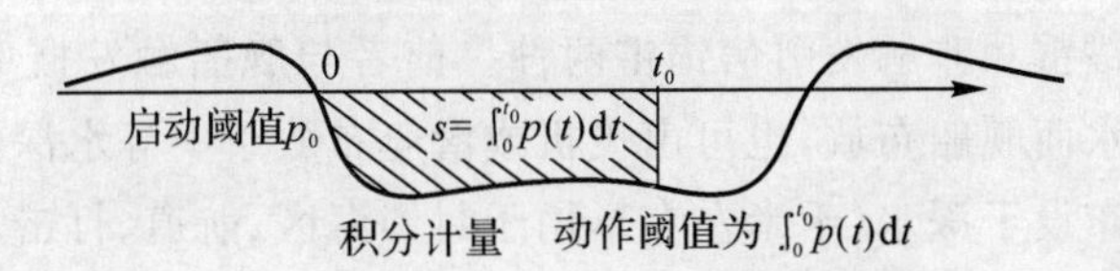

图 3.22　幅度-积分式水压引信的工作原理图

6. 联合引信

在引信的功能分析中已经了解到，单一功能的水雷引信各有其优点，同时也有不足。如被动声引信作用距离远，但动作区域性、抗扫雷性能差；主动声引信动作区域性能好，但隐蔽性差；水压引信的抗扫雷性能强，但作用距离近。因此，人们设计出联合工作引信，将两种或两种以上的单一功能引信组合，按照单一功能引信间的逻辑关系、表决权重综合判决最终水雷动作与否，博采众家之长、互补不足，在确保引信的正确打击概率的同时，提高引信的抗干扰能力。由于联合工作引信的显著优点，现代水雷引信设计中普遍采用该工作方式，现简单介绍以下两种联合引信：

(1) 磁感应-声联合引信

该联合引信是由磁感应引信和被动声引信组成的。磁感应引信包括感应线圈棒（磁传感器),放大器和正、负感应执行电路;被动声引信,包括声传感器、放大器和执行电路。

(2) 声-磁-水压联合引信

声-磁-水压联合引信水雷是由声引信、磁引信和水压引信组成的。战前水雷预置器按照作战目的和作战需要,以一定逻辑组合关系决定三部分引信间的工作关系,制订引信工作制和动作参数,通过专用连接电缆输入至水雷引信中。因此,该类型引信的工作方式丰富、功能很强、使用方便。该引信中采用压电陶瓷传感器来同时测量舰船声场信号和水压场信号(靠频率差异将声信号和水压信号分开),采用三轴磁传感器(磁强计)测量三个正交方向的磁场分量。同时,为了完成精确磁场测量,进行磁场通道的补偿,引信中还采用倾斜仪测量水雷的倾角,用来对磁传感器测量的分量进行修正;采用深度传感器测量水雷所在的实际水深,水压引信工作时进行深度测量补偿和海浪压力补偿。

3.3 常规水雷

常规水雷一般是指锚雷、沉底雷、漂雷。上述水雷历经两次世界大战,技术成熟、性能完善、战绩辉煌,在现代水雷战中仍是主战兵器。

3.3.1 锚雷

锚雷有触发引信锚雷和非触发引信锚雷两种。前者与舰船触发概率较小但威力大,后者则相反。锚雷一般由水面舰船布放,也可由飞机或潜艇布放于中等水深(百米左右),若采用特殊材料的加长雷索可布设于深水(千米左右),用于封锁海区、航道、打击水面舰船。

1. 锚雷总体结构与各部分的功能

锚雷一般由雷体与雷锚两大部分构成,如图 3.23 所示。

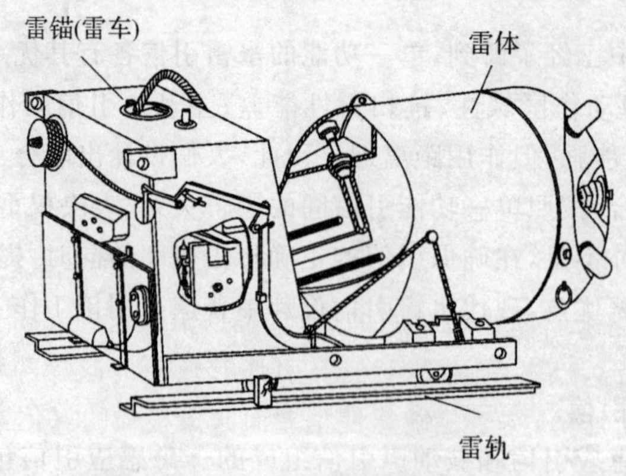

图 3.23 锚雷全貌

(1) 雷体

雷体包括雷壳、炸药、发火装置、引信与辅助仪表。

1) 雷壳。雷壳是用来装填炸药、安装引信、发火装置与辅助仪表的,壳内的空腔为雷体提供足够的剩余浮力。锚雷的雷壳根据作战环境与功能的不同,具有不同的形体。常见的雷壳是由两个半球壳体与一个圆筒体焊接而成的。在焊接处内部有加强筋,以提高雷壳的抗压能力。

雷壳内外均涂有防锈漆,外面一般涂成黑色,以增强隐蔽性。实习水雷在保险器孔周围涂一圈白色,以示区别。

2) 炸药。炸药采用梯恩梯或梯恩梯与铝粉或梯恩梯与硝酸铵的混合装药。

大型锚雷装药:200 kg 以上;中型锚雷装药:100 ~ 200 kg;小型锚雷装药:100 kg 以下。

3) 发火装置。以本装置炸药的爆炸,引起水雷主装药的爆炸。它由起爆管、扩爆管和插柄构成,如图 3.24 所示。

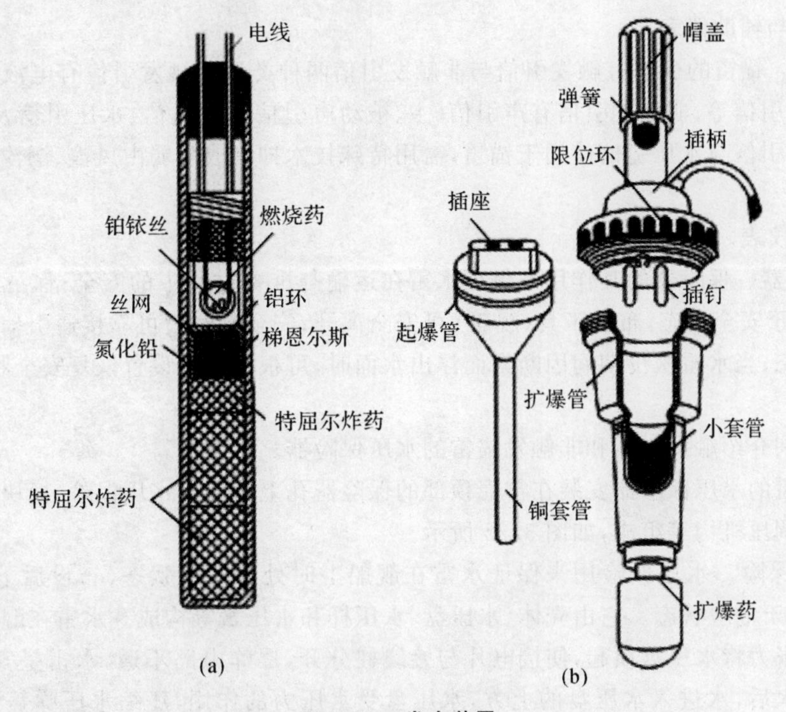

图 3.24 发火装置

① 起爆管。起爆管用来引起扩爆管的爆炸,它是一个电雷管。当有 0.5 A 电流通过电雷管内的铂铱丝时,产生高温,点燃周围的燃烧药,引炸起爆药。起爆药自上而下依次装的是对火花非常敏感的梯恩尔斯炸药,然后是敏感性稍差而起爆很强的氮化铅炸药,下部装有起扩爆

作用的特屈尔炸药。为了保护雷管,外面有铜套管,用连接环固定在插座上。插座上有两孔与铂铱丝的两根电线连接。插座外面套有橡皮套,使起爆管插入扩爆管时较稳固。

② 扩爆管。扩爆管用来扩大起爆管的爆炸力,以保证水雷主装药的爆炸。扩爆管下部圆管内装有7块特屈尔扩爆管,质量为334 g。圆管中央有一小套管,用于插入起爆管。平时,起爆管与扩爆管分开保存,以利于安全。新型的发火装置已将起爆药和扩爆药组成一整体,平时通过保险机构将其分开,以保证使用方便与存储安全。

③ 插柄。插柄用来将起爆管电路连接到水雷引信电路中,并且可在插柄上进行水雷引信电路的检查。插柄上有蓝、绿插钉和红、白插孔,分别引出4根相应颜色标记的电线,操作时将这些电线按颜色和水压保险器上的接线柱相接。插钉与起爆管相连,插孔供检查使用。插柄上有连接环和限位环,连接时插柄的缺口要正对扩爆管内沿的固定钉,在旋紧连接时就不会使起爆管与扩爆管发生摩擦。插柄上端有一个弹簧帽,在发火装置装入药管时,孔盖压住弹簧帽,弹簧被压缩,使其稳固地装在药管中。

4) 引信与辅助仪表。

① 引信。锚雷的引信有触发引信与非触发引信两种类型。触发引信有电液触发引信、触线引信、撞发引信等;非触发引信有声引信(主、被动声引信)、磁引信、水压引信及其组合引信等。其中,磁引信与水压引信使用于锚雷,需用特殊技术抑制或削弱由风浪、潮汐、海流产生的各种干扰。

② 辅助仪表。

Ⅰ.保险器。保险器的其作用是保证水雷在运输与准备过程中的安全;保证布雷后10～20 min内处于安全状态,布雷工具(舰艇)可安全离开;安全延时后可靠接通引信电路,使水雷进入战斗状态;当水雷服役期间因断索而浮出水面时,可根据预先设置恢复安全状态或仍然保持危险状态。

下面分别介绍触发锚雷和非触发锚雷的水压保险器。

触发锚雷的水压保险器安装在雷壳顶部的保险器孔上。它由水压保险、糖块保险、短路保险、危险闩、调压机构等组成,如图3.25所示。

a) 水压保险。水压保险用来保证水雷在舰船上时处于安全状态,布设后下沉到一定深度,才使其处于危险状态。它由壳体、水压盘、水压杆和水压簧等构成。水雷在舰上时,利用水压弹簧的伸张力将水压盘顶起,使接电片与接线柱分开,爆炸电路不通,水雷呈安全状态。在水雷布放入水后,水进入水压盘的上方,水压盘受水压力的作用,压缩水压弹簧,使接电片下压,当水压增大使接电片下降至红与绿、白与蓝接线柱接通,即接通了电液触角与发火装置的电路,水雷进入危险状态。若此时触角被舰船碰弯,其内装有电解液的玻璃管破碎,电解液流入锌极与碳极之间,形成化学电池引爆水雷。

b) 糖块保险。糖块保险用于布雷后延时10～20 min进入危险状态,以保证布雷舰船安全离开布设的水雷。糖块保险由糖盒、糖块、糖盒盖及保护帽等组成。糖块保险装置安装在保险器顶盖的中央。准备水雷时，将带孔的糖块装入糖杯，水压杆从糖杯中央穿过，在水压杆上面旋上糖杯盖，这样糖块就抵住水压杆上的糖杯盖，爆炸电路不会接通。在水雷入水后，经过10～20 min糖块溶化，在水压力作用下水压盘下降，爆炸电路接通，水雷进入危险状态。为防止布设水雷前浸湿糖块，在顶盖上旋有保护帽，帽上焊有保险片以遮住进水孔，布雷时一定要撕去保险片。

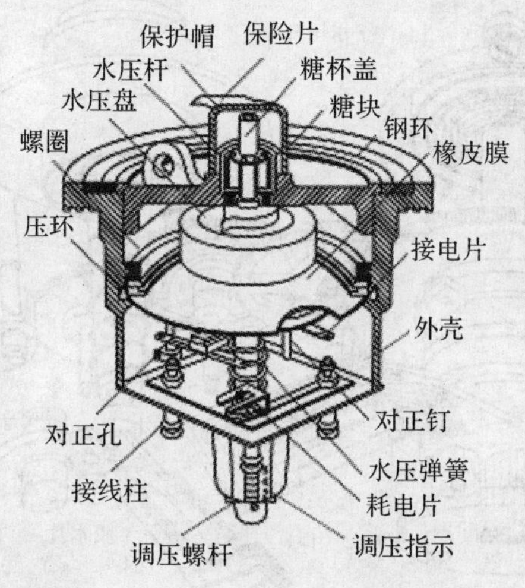

图 3.25 触发锚雷水压保险器

如果布设水深的定深度超过 35 m，用于打击潜航潜艇，则在糖盒内不装糖块，而将糖盒倒置过来顶住糖盒盖，当水雷雷体下沉 25～30 m水深时，水的压力将糖盒盖与水压杆之间连接的紫铜丝切断，水压盘迅速下降，直到水压膜被外壳上的环形凸缘抵住。

c) 短路保险。短路保险用于将偶然损坏的电液触角产生的化学电能耗尽，避免水雷发生误炸。短路保险是一装在红、白接线柱之间的耗电片，它与红接线柱相连，而与白色接线柱绝缘。平时，白色接线柱的触钉在弹簧的作用下抬起，抵着耗电片，形成短路。

若电液触角偶然被损坏，其产生的电流经过耗电片短路而消耗完，使损坏的触角失效。而在水雷入水后，糖块溶化，水压盘下降，接电片下压接线柱的触钉，使它与耗电片断开，切断保险电路而接通爆炸电路，使水雷进入战斗状态。

d) 危险闩。危险闩用于布设后的水雷因某种原因再浮出水面时，使其仍处于危险状态。它由闩体和环形弹簧构成。危险闩闩体套在糖盒盖上，其上端顶着保护帽，环形弹簧的两端穿过闩体上的缺口而卡在糖盒盖的纵槽内。当水压盘受到水的压力带动水压杆与糖杯盖下降时，糖杯盖的顶端低于闩体的缺口，弹簧卡的两端在糖杯盖的上面合拢，压着糖杯盖，使水压盘不能再上升，即使水雷断索，雷体浮出水面，仍能保持危险状态。

e) 调压机构。调压机构用于设定水雷进入危险状态的最小水深。

非触发锚雷的水压保险器由水压系统、钟表机构和触头组等组成，其内部结构如图 3.26 所示。

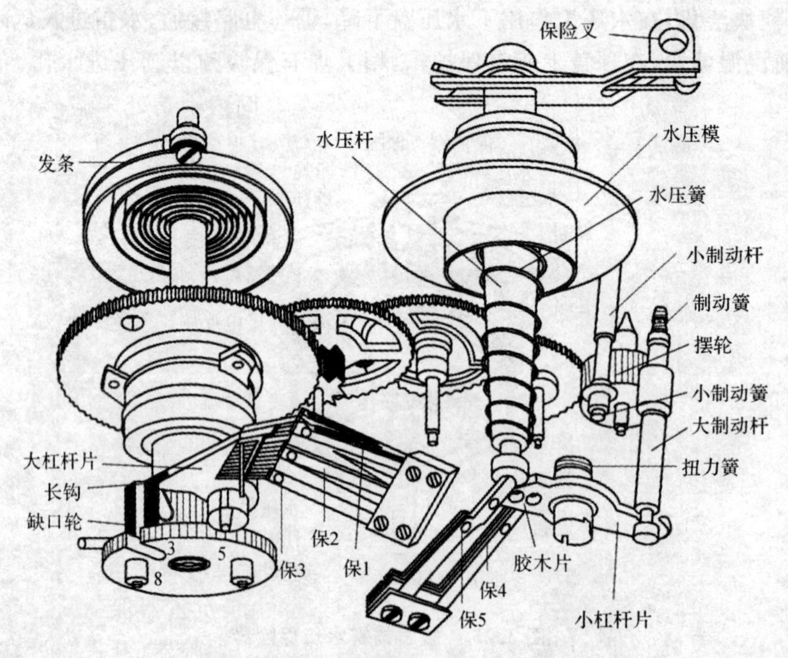

图 3.26 非触发锚雷水压保险器

a)水压系统。水压系统主要由水压杆、水压膜和水压弹簧等构成。水压系统的水压杆通过小杠杆片控制水压保险触头保 5 和保 4。

b)钟表机构。钟表机构主要由发条、传动齿轮、摆轮、缺口轮和大杠杆片等构成。大杠杆片一端的绝缘片夹在保险触头保 1、保 2 和保 3 之间，使触头断开；大杠杆另一端的长钩抵在缺口轮外缘上，只要缺口轮转到其缺口对准大杠杆片的长钩时，大杠杆片在扭簧的作用下转动，绝缘片从三对触头间拔出，保 1、保 2、保 3 闭合。调整长钩到缺口轮上的缺口距离，可设定 3～8 min 的保险时间，保证舰船布雷后安全离开。发条上紧后，同轴的缺口轮和转动齿轮组的转动受到摆轮的控制，而摆轮又受到大小制动杆的控制，其中小制动杆直接受水压盘控制，大制动杆通过小杠杆片受水压杆控制。总之，水压系统控制着钟表机构的工作。

c)触头组。触头组由保 1、保 2、保 3、保 4、保 5 触头组成。其中保 1、保 2、保 3、触头用来控制引信电路和定时灭雷器电源；保 5 触头用来控制自炸电路与沉雷器；保 4 触头备用。

保险器的动作过程：

水雷布设入水后，水压杆和水压盘受静水压力作用下降，下压小制动杆，其上的锥形部件离开摆轮，当水雷下沉到 1.5～1.7 m 时，水压杆下端顶开保 5 触头，断开自炸电路(该触头闭合时，由于其他触头断开，所以自炸电路不会动作)。水雷下沉至 2～3 m 时，水压杆下端的环形槽对正小杠杆片的隔电片一端，小杠杆片在扭簧的作用下转动，保4闭合(备用)。同时小杠杆片另一端不再卡到大制动杆，后者在弹簧的作用下下移，不再抵住摆轮，钟表机构开始走动，缺口轮转动。当走完设定的保险时间时，大杠杆片的钩形端对正缺口轮的缺口，在扭簧的作用下转动，另一端的隔片从保1、保2、保3触头间抽出，三对触头闭合，水雷引信电路上电。

Ⅱ.定时-灭雷器。其用途是，水雷布放后，在设定的时间内引信处于封闭状态，以提高水雷的抗扫雷性能或完成某种战术意图；水雷完成设定的战斗服务期后使其自灭(自炸或失效)，以解除危险与保守水雷机密。定时灭雷器一般用于非触发锚雷，主要由钟表机构、设定机构和执行机构组成。

Ⅲ.沉雷器。沉雷器用于雷索断裂致使雷体上浮水面或雷体所处定深度小于设定值时，利用静水压力的消失或减小，自动弹掉水密孔盖，使雷体进水后沉底失效，以保守水雷与雷区机密及保障防区的安全。

触发锚雷的沉雷器装在雷体的沉雷器孔内，主要由壳体、水压延时器机构与分离机构组成。触发锚雷工作原理是当系留的雷体因故断索，雷体上浮水面或雷体的定深度达不到设定值时，水压延时装置经过一定时间延时解制分离装置，将水压延迟装置从沉雷器壳体中弹出，海水灌入雷体，下沉海底后水雷失效。

非触发锚雷的沉雷器由外壳、分离机件、保险装置和电子延时线路等组成。

沉雷器的工作原理：水雷入水以后，雷体与雷锚分离，由于沉雷器保险叉一端的拉绳固定在雷锚上，所以保险叉被拉掉，沉雷器开关CLQK接通，水银保险器(开关)也接通，但是由于水压保险器的自炸触头保5是断开的，延时电路不会工作，电雷管也不会通电爆炸。由于风浪的作用，雷体会短时间露出水面或定深度小于设定值，水压保险器的自炸触头保5会短时间闭合，但是风浪的周期远小于延时时间，未等到延时电路工作完毕，雷体又下沉到定深度以下，自炸触头保5又断开了，电雷管不会通电爆炸。只有雷体因故(断索或自动定深失败)浮出水面或定深度小于设定值时，自炸触头保5闭合时间会大于延时电路的工作时间，沉雷器电雷管通电爆炸，将连接组与套体组之间炸断，套体组在爆炸气体与弹簧的作用下脱离沉雷器外壳，沉雷器孔打开，海水灌入雷体，水雷沉没、失效。

(2)雷锚

雷锚是一个带气箱的推车(该型雷锚对应的是雷体与雷锚在水面分离实现自动定深的锚雷)，平时用于放置、推运或布放雷体。水雷布放后，利用安装在其上的自动定深装置，使雷体、雷锚分离，并将雷体系留在预定的深度上。它由自动定深装置、快速布雷装置、防早止转机构、调速机构和雷车等组成，如图3.27所示。

1)自动定深装置。其作用是，水雷布放入水后控制雷体与雷锚分离，并将雷体系留在预定深度(定深度)上。自动定深装置安装在雷锚的气箱上，由雷索与卷索轮、止转机构、定深锤及定深索与卷索轮等组成，如图3.28所示。

①雷索。雷索是直径为10.2 mm的镀锌钢索，总长为263 m，缠绕在卷索轮上。雷索的

一端通过缓冲器与雷体底部相连，缓冲器是一弹性物件，用于减小水雷布放或系留时雷索的动态负荷。雷索的另一端固定在卷索轮上。

②雷索卷索轮。雷索卷索轮用于缠绕雷索。其轴安装在支架上，可随轮转动。卷索轮的一边是铸铁卷盘，卷盘外是制动轮，和卷索轮铸成一个整体；卷索轮的另一边是钢制卷盘，与卷索轮铆接在一起，卷盘外固定有两个刹车齿，用于在止转臂作用下止动卷索轮。

③止转机构。止转机构用于定深锤接触海底时，定深索拉力消失，锁定卷索轮停止放出雷索，实现自动定深。该机构由止转杆、支轴、压杆、止转弹簧等构成。

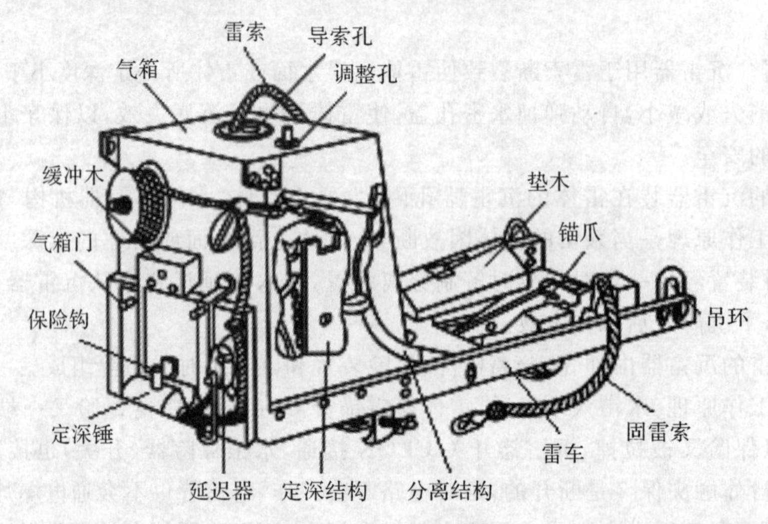

图 3.27 雷锚结构

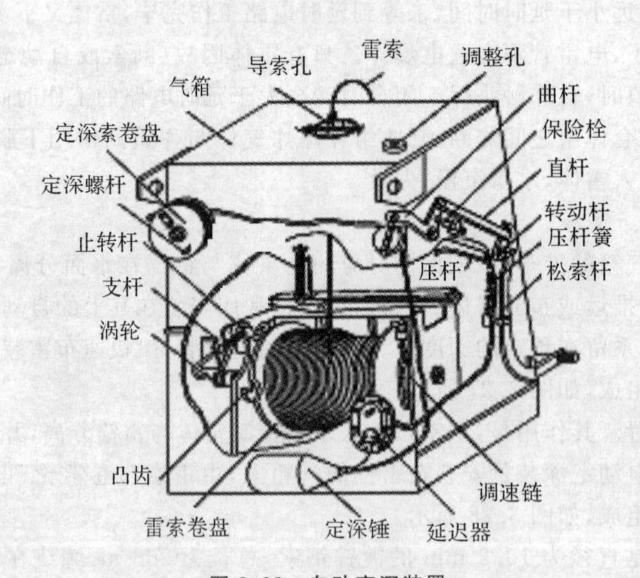

图 3.28 自动定深装置

④定深索与定深锤。定深索与定深锤用于布雷后控制雷体与雷锚分离，具雷锚通过雷索将雷体系留在距水面的设定深度上。平时，定深索缠绕在卷索轮上，一端固定在其上；另一端通过分离机构(见后述)系在定深锤上。定深锤平时置于锤床上，用保险钩固定。布雷时拔掉保险钩，布雷后定深锤从锤床滚落水中，拉出定深索。当拉出预定长度时，利用其惯性力拉断保险栓，使雷体与雷锚分离，雷锚迅速下沉，定深锤通过定深索使压杆压住止转杆的长臂端，雷索卷索轮可放出雷索。当定深锤触及海底时，定深索上的拉力消失，止转机构的压杆在压杆簧的作用下转动，解制止转杆，其止动端在止转簧的作用下，抵住卷索盘的凸齿，止动卷索轮(刹车)停止放索。雷锚下沉坐底，通过雷索将雷体系留在距水面设定深度上，该深度即是定深索放出的长度。

⑤定深索卷索轮。该卷索轮安装在气箱上的一个轴上，内有调速簧片，外有双重螺帽固定。调速簧片使卷索轮均匀转动，为防止放索紊乱，卷索轮装有弹簧压板。

2)快速布雷机构。快速布雷机构的作用是舰艇在高速布雷时，保证水雷能正确实现自动定深。舰艇在高速航行时，舰尾掀起翻腾的波浪，水雷入水后会急剧摇摆，如果定深索立即放出，雷体、雷锚分离，定深索或雷索会发生缠绕，或挂住其他机件；另外舰尾产生的向后的冲击流，会将雷体冲向后方，雷索在倾斜状态下止转，会影响实现正确定深。快速布雷机构可延缓定深索的放出，以保证雷体、雷锚的正常分离与实现正确定深。该机构由延缓器、分离机构、气箱等组成。

①缓延器。缓延器用于延迟定深索放出，等待水环境较稳定后雷体与雷锚方可分离，顺利实现自动定深。

②分离机构。分离机构的作用是在定深索放完预定的长度前，雷体与雷锚绑在一起，放完后才使两者分离。该机构由滑轮、曲杆、保险栓、直杆、转动杆、带解脱钩的松索杆等组成。

③气箱。气箱是雷锚的一部分，其作用是水雷布放入水后，应先保持整雷浮于水面，待定深索放完预定长度后，才使雷体与雷锚分离，气箱进水，雷锚迅速下沉。当定深锤触底时，雷索卷索轮制动，雷锚通过雷索将雷体拉至水面下预定深度。

3)防早止转机构。其作用是防止在雷体与雷锚分离时，气箱大量进水，雷锚突然加速下沉，定深锤失重，定深索松弛，止转机构过早刹车，造成定深失误。该机构由支杆、支杆轴、卷索轴端的涡轮等组成，如图3.29所示。

支杆用轴固定在支架上，上端抵住止转杆的止动端，下端插入涡轮，涡轮旋在卷索轮的轴上。布雷前，支杆抵住止转杆的止动端；布雷后，雷体与雷锚分离，雷锚下沉，雷索卷盘带着涡轮一起转动，支杆下端沿着涡轮向里移动，经过5～6圈后，支杆上端脱离止转杆止动端，这时定深锤已经平稳下沉，定深索受力，止转杆长臂被压杆压下，短臂抬起，其止动端不能下压止转，直到定深锤碰到海底时才能止转刹车。

4)调速机构。其作用是控制雷索卷索轮的转速，使雷索放出的速度均匀，以保证其定深准确。

5)雷车。雷车是雷锚的一部分,其用途是水雷布放前,用于推运、放置雷体;水雷布放后,用于系留雷体与固定雷位。雷车上有垫木,用于安放雷体,车下有4个轮子,便于推运和布雷。水雷在舰上时,为防止移动,在轮子与雷轨之间装有雷制(夹轨具),布雷时取掉。雷车底部有锚爪,平时用绳子吊起,布雷时割断绳子,布雷后,雷体与雷锚分离,锚爪失去雷体压制,绕其轴向下旋转到位,雷锚下沉坐底,锚爪尖端插入泥中,以防溜锚。

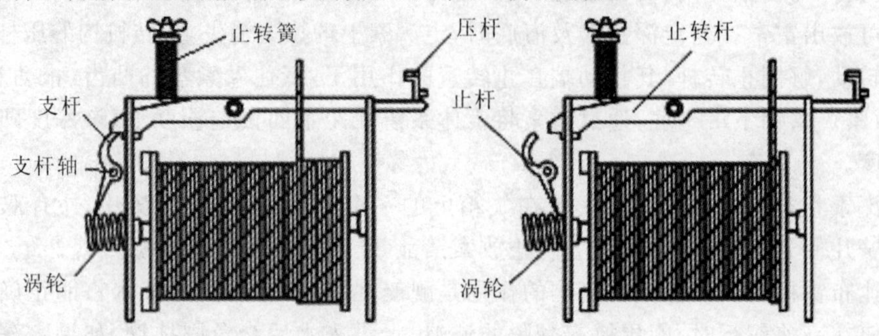

图 3.29 防早止转机构

2. 锚雷的布设与动作过程

(1)布雷准备

首先要对布设的水雷进行电路检查,然后去掉各种人工保险物件,如保险叉、保险片、保险钉、保险钩等,割断锚爪绳,去掉夹轨具(雷制)。

(2)布雷

将准备就绪的水雷推到舰尾的布雷斜板,让其从斜板自行下滑入水,此时定深锤从锤床上滑下,拉出定深索和缓延索,缓延器开始动作。

(3)定深过程

水雷布放后因惯性作用,先整雷沉于水中,但因全装水雷具有剩余正浮力,会再浮出水面。这时,保险器和绑罩器的糖块浸水后开始融化。经过12~18 s后,缓延索放完,定深锤拉着定深索迅速下沉,在定深索放完预定的长度后,定深索卷索轮停止转动,定深锤突然停止下降,其惯性力将分离机构保险栓的紫铜丝拉断,分离机构动作,雷体与雷锚分离。锚爪绕其轴转动下落到位,分离机构的压杆转动压在止转杆的长臂端。雷体浮在水面,雷锚开始下沉,雷索从卷索轮上放出。此时,雷索的夹子将气箱上的导索孔盖子打开,海水大量进入气箱,加速雷锚下沉。防早止转机构和调速机构随之动作。雷索放出5~6圈后,支杆失去作用,这时定深锤已拉紧定深索,使压杆持续压住止转杆的长臂端,雷索顺利放出,雷锚继续下沉。当定深锤碰到海底时,定深索失去拉力,压杆受压杆簧作用,放开止转杆的长臂端,其止动端在止转簧的作用下,止转卷索盘,雷索停止放出。雷锚继续下沉坐底,雷体通过雷索被拉至距水面预定的深度上。

(4)进入危险状态

水雷布放后完成自动定深,对于触角锚雷,经过 10～20 min,保险器和绑罩器内的糖块融化完毕,绑罩索解脱,各触角罩被弹掉;保险器中的水压盘受静水压力作用而下降,断开短路保险,接通爆炸电路;对于非触发锚雷经过 3～8 min 保险延时,引信系统上电,水雷进入危险(战斗)状态。

(5)舰船触雷

当敌人舰船通过雷区时,若与触发锚雷发生碰撞或摩擦,触发引信动作引爆水雷。

若敌舰进入非触发锚雷引信的作用范围,传感器检测到目标信号后,经非触发引信的处理与识别,控制水雷爆炸,炸沉或炸损目标。

如果水雷因断索而浮出水面,根据水压保险器设置或程序参数设置,水雷仍可保持危险状态,或执行沉雷/灭雷动作。

3.3.2 沉底雷

沉底雷是一种布设在水底,原地爆炸的水雷。沉底雷主要由雷壳、炸药、引信、辅助仪表等组成。按装药量的不同,沉底雷可分为大、中、小三种类型。由于沉底雷可采用多种非触发引信与联合引信以及不同的工作制度,因此有较强的抗扫雷性和抗自然干扰的能力。

沉底雷是海战中大量使用的雷种,其优点:隐蔽性好、受水文条件影响小,难以扫除;其缺点:引信的作用半径受装药量的制约,装药量又影响水雷的布设深度与打击目标的范围。打击水面舰艇时,布雷水深一般为 6～50 m;打击潜航潜艇时,布雷水深为 50～100 m。布雷工具:水面舰艇、飞机、潜艇。

本节介绍三种不同总体结构的沉底雷:通用型沉底雷、空投型沉底雷与配备漂布附件的舰布沉底雷。

1. 通用型沉底雷

通用型沉底雷是可以满足舰艇布放、飞机空投和潜艇潜布的可在多种运载工具上布设的沉底雷。根据运载工具的不同,水雷的雷体有所差异,有的配备有专用布设附件。

(1)总体结构

通用型沉底雷由雷体、仪表舱、起爆装置、辅助仪表及引信装置等组成。舰布、潜布、空投水雷的外貌如图 3.30 所示。

(2)雷体

雷体由雷壳、装药、电池室和大、小套管构成。雷壳头部为卵形,中部为圆筒形,后部是带盖的钢圈。如图 3.31 所示为潜用雷体解剖图。大小套管分别安装感应线圈棒与起爆装置。

后部钢圈上的螺孔用来连接仪表舱。雷壳内部空间装填梯黑铝混合炸药。舰布和空投雷体外表面无气密环、导板和制止室，空投雷体外表有两个吊雷箍。

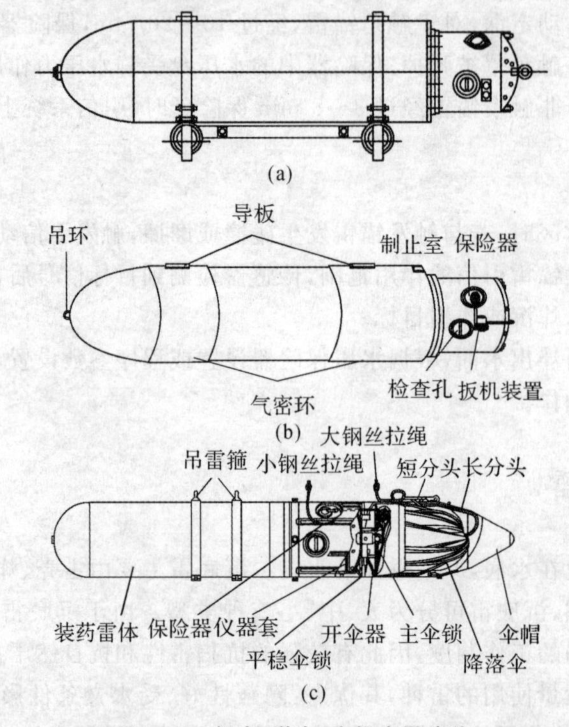

图 3.30 舰布、潜布、空投水雷外貌

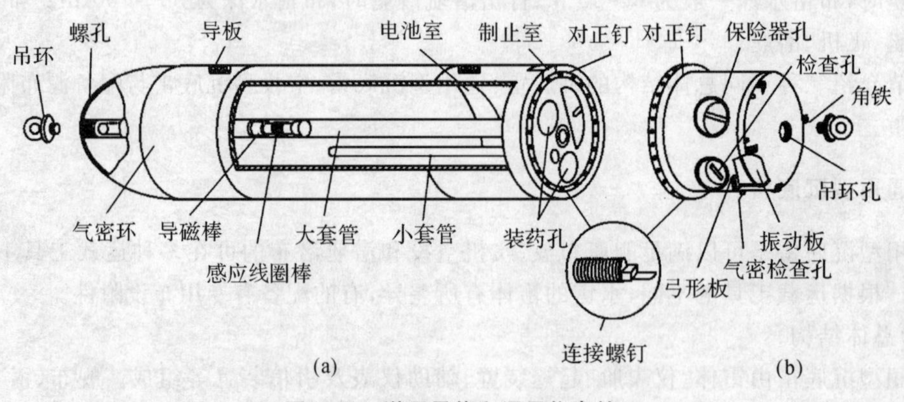

图 3.31 潜用雷体和通用仪表舱

(3)仪表舱

仪表舱也称仪器锅(套)，是用以安装和保护水雷的引信装置及仪器、仪表，以及连接空投或潜布水雷的布雷附件，其结构如图 3.31(b)所示。其内部焊接的振动板用以固定音响(声)接收器，底部钢圈内侧的沟槽用以安装引信装置。后端吊环孔平时拧入吊环，空投时装伞锁；潜布时装制止套筒。端部周围有 4 个角铁，空投时固定伞套。仪器套上的弓形板，潜布时用以安装板机装置。

(4)起爆装置

起爆装置也称发火装置，由起爆管、扩爆管、辅助扩爆药和插柄等构成。起爆管和扩爆管基本上与锚雷的相同。辅助扩爆药是用来扩大扩爆管爆炸能量的，它用布袋盛装。插柄用来连接起爆管、扩爆管，并将起爆管接到水雷电路中去。插柄内装有定次器，其作用是使水雷引信工作完设定的次数后，才引起水雷爆炸，以提高抗扫雷性能与执行特定战术用途。

(5)辅助仪表

辅助仪表有保险器、定次器和定时-灭雷器。

1)保险器。保险器分舰用保险器和空用保险器两种。舰用保险器的作用是使水雷在布雷前和布雷后 3～8 min 内处于安全状态，以保证布雷工具的安全。此外，布放后的水雷因落潮或被敌人打捞，当水深小于设定值时，使水雷自炸。其构造原理与非触发引信锚雷的水压保险器相同。

2)定次器。定次器由电磁铁、铁芯、衔铁、推轮钩、阻轮钩、缺口轮、锯齿轮、定次刻度盘及定次触头等构成，如图 3.32 所示。

当电磁线圈通电时，铁芯磁化吸动衔铁，衔铁带动推轮钩，推动锯齿轮转动一个齿，刻度盘转动一刻度。当电磁铁线圈断电时，铁芯磁化消失，衔铁在小弹簧作用下带动推轮钩复位，但锯齿轮受阻轮钩阻挡不能回转。这样，电磁铁线圈每通、断电一次，设定次数减少一次，至 0 次时，再动作一次，刻度盘红色区域对准标记△，定次触头长簧片落入缺口轮的缺口，定次触头闭合，接通起爆管电路，水雷爆炸。

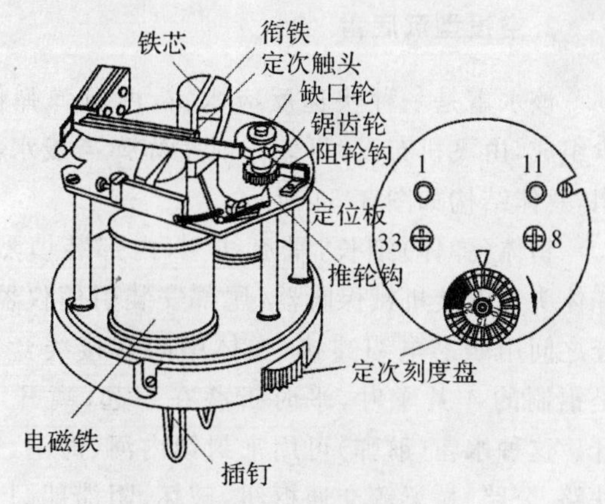

图 3.32 定次器

3)定时-灭雷器。定时-灭雷器的作用是水雷定时进入危险状态和定时灭雷。前者是为了增加敌人扫雷困难和在设定时间内，保证我方舰船在雷区活动的安全；后者是为了清除雷障或保守水雷秘密。其结构原理与非触发引信锚雷的定时-灭雷器相同。

现代水雷的定次与定时-灭雷功能可以由引信的程序来实现，使硬件软件化。

4)继电装置。继电装置由电路盒和安装座组成，其上装有定时-灭雷器、插柄和音响(声)接收器，如图 3.33 所示。

电路盒内由前至后装有 4 块印制板：插座电路板、音响(声)放大器电路板、磁感应放大器电路板和执行电路板(含继电器)。盒内左侧有连接场选择电路、定时-灭雷器和定次器插座的电路板，底部还有带印制电路板插座的底板。安装座底部有 6 个固定片和一个对正块，用以同仪表舱连接。

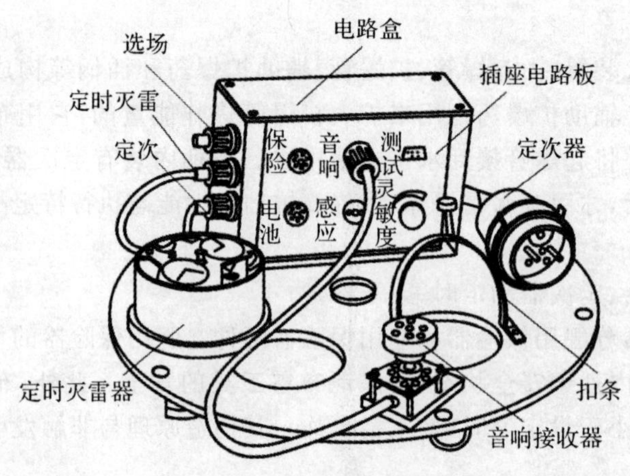

图 3.33 继电装置

2. 空投型沉底雷

该水雷是一种快速反应水雷，由航弹弹体和阻力伞组成，由飞机布设，可兼作航空炸弹与浅水沉底雷使用，总体结构如图 3.34 所示。

雷体(弹体)细长，呈流线型，内部装填烈性炸药。弹体头部安装机械保险器，尾部安装引信仪器筒，两部分之间用四芯电缆连接，弹体中间有接线盒。阻力伞是铝制的 4 片伞叶，平时折叠在一起，离开飞机时弹开。这种水雷(航弹)可用来封锁内河、海港、码头以及铁路、公路、桥梁等交通枢纽，破坏、阻滞船只、火车、汽车等交通运输工具与行军中的部队。

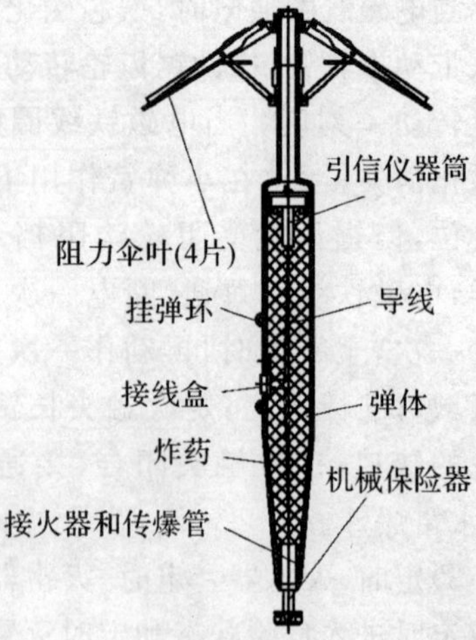

空投型沉底雷的辅助仪表及装置由机械保险器、接火器、传爆管、引信仪器筒、电池与接线盒等组成。

图 3.34 某型空投水雷总体结构图

(1)机械保险器

机械保险器的作用：保证传爆系列在勤务处理及投放过程中处于安全状态，而在水雷(航弹)离开飞机 2～18 min 后，使起爆装置解除保险进入危险状态。解除保险的时间可在 2～18 s范围内进行调整，调整的时间间隔为 2 s，解除保险器保险的原动力为空气动力。

(2)接火器和传爆管

该装置用来传递爆轰波,从而使整个装药引爆,其结构如图 3.35 所示。接火器内装雷管 2 和雷管 3,平时分开保管,布雷前用卡锁将接火器固定在机械保险器壳体下部的圆洞中。接火器的雷管 2 与电雷管相接,雷管 3 与保险器壳体内的雷管 4 相接。

传爆管由电源同心插座、电雷管(雷管 1)、雷管 6 及传爆药柱等部分组成。平时传爆管单独存放,以保证安全。布雷前将传爆管与机械保险器、引信系统连接起来。电雷管为桥式电雷管,其电阻为 6 Ω。

整个传爆系列就是由传爆管、接火器、机械保险器中的雷管 1～6 等组成的。在水雷离开飞机前,由于机械保险器的回转座偏离一旁,使雷管 5 离开传爆系列,水雷处于安全状态。在机械保险器走完设定的时间后,回转座转动到位,雷管 5 进入传爆系列。此时,电雷管如果接收到仪器筒传来的电流信号便立即起爆,并相继引爆雷管 2,3,4,5,6,致使传爆药柱爆炸,引起水雷(航弹)主装药爆炸。

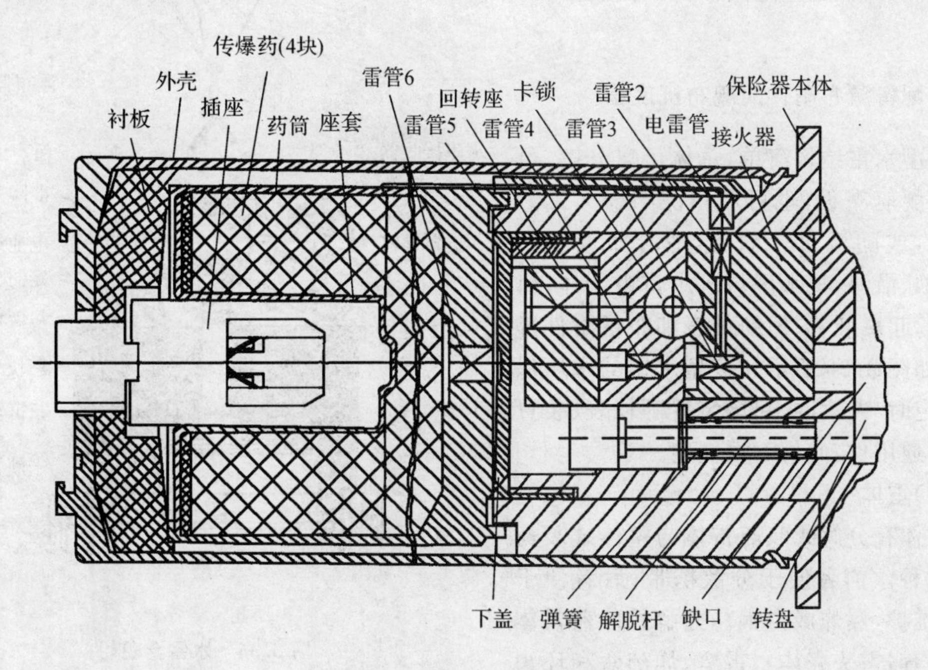

图 3.35　接火器和传爆管

(3)引信仪器筒

仪器筒的外壳为黑色铝制圆筒,仪器筒内装磁头和三块电子线路印刷板、机械开关、化学定时开关及电池等。电子线路中有 62 只三极管、32 只二极管、60 只电容及 161 只电阻。全套装置密封在仪器筒内(是不可拆的),其空间充满绝缘装填物。仪器筒通过其底部的两组插头

(方形12线、圆形8线)与电池顶部相应的插座连接,整个引信系统通过电池下部的四线插座输出信号,并经过四芯线缆及弹体中部的接线盒,将信号送到位于弹体头部的机械保险器的电雷管上。

(4)电池

该电池由7个锌汞单电池串联而成,为动磁引信提供9.4 V和4.1 V两种电压,其中9.4 V电压由7个单电池供电,4.1 V电压由3个单电池抽头供电。组合时用镍带,采用点焊工艺,组件中单电池都是直立的,串联时将正极镍带点焊在外壳壁上。每个单电池都是用白色塑料包装的,顶部负极上有一纸质垫片。组件置于塑料外壳中,然后注入一种类似环氧树脂的热固性塑料,使电池具有良好的强度和密封性。电池接线插座嵌在一种松软的材料中。

(5)接线盒

接线盒主要功用是连接引信仪器筒和机械保险器,供检查之用,还有防止拆卸的作用。

3. 配备漂布附件的舰布沉底雷

该型水雷结构简单,总体可以分解,可由水面舰艇布设,也可利用漂布器人工泅渡布设,或随流自行漂布,适合布设于江河、湖泊、沿海、浅水区域。水雷由雷体、引信装置、起爆装置、辅助仪表和布雷附件等组成,如图3.36所示。该型水雷的水压保险器、定时-失效器、起爆装置等仪表、装置均采用通用件,此处不再复述。

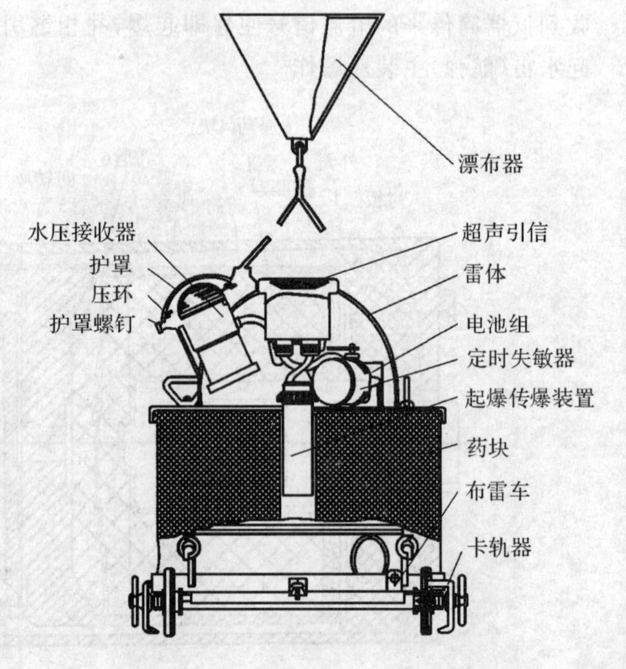

图3.36 水雷全貌

(1)雷体

雷体有分解式装药雷体与整体式装药雷体两种。前者便于分散携带;后者便于制造、维护,爆炸威力大。分解式装药雷体由仪器套(雷头壳体)、雷座、炸药盒和环头螺栓等构成,如图3.37所示。

仪器舱用来保护和安装引信、辅助仪表和起爆装置,它是钢板制成的半球形密封容器。顶部大孔用来安装超声引信;侧面大孔安装水压接收器与防护罩;小侧孔为检查孔,孔盖上有干燥盒。半球形壳体上有两个吊耳,运输时用以起吊,布雷时用以连接稳定器或漂布器。圆盘边缘上的4个连接耳通过环头螺栓与雷座连接。仪器舱内部带有弧形槽的立板,用来安装定时-灭雷器;带有固锁钉的T形支架用来固定电池组;一个深孔为起爆装置套管。圆盘四周上的圆孔在人工背负时，可以系背负带。圆盘上的止口用以卡住上层炸药盒，防止其脱落。

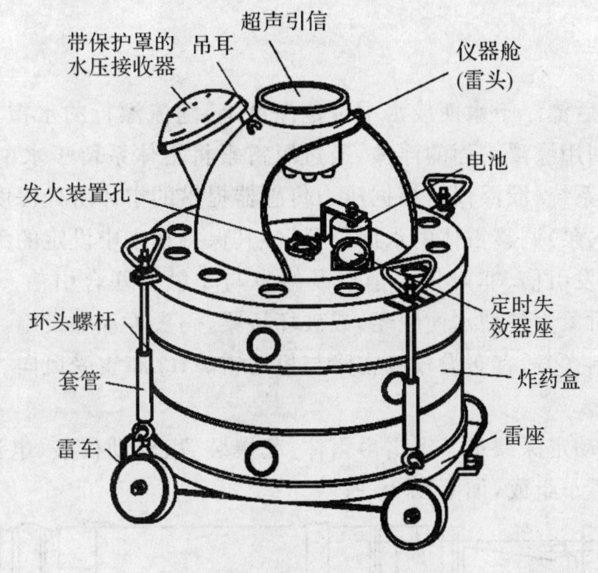

图 3.37 装药分解式雷体

雷座是一个带止口的圆盘，止口用来卡住下层炸药盒。4 个耳钩用来连接仪器套，两块带孔的限位板，在舰布时用来连接雷车。7 个小孔在人工背负时，用来穿系背负带。炸药盒呈扇形，内装梯黑铝炸药，扇形侧面的小孔在单独爆破时安装雷管和传爆药柱；扇形弧面上的孔是装药孔。通常装药为 3 层，每层 3 个炸药盒，层间交错叠放，用 4 根环头螺栓将其同仪器套和雷座连成一体。

(2)布雷附件

布雷附件包括雷车和稳定器。雷车用于推运和布设水雷，由长方形钢架焊接两根带轮子的轴构成。稳定器的作用是保证水雷入水后，雷头朝上，水雷下沉坐底。稳定器由稳定筒、糖块解脱器和连接索构成。

稳定筒在刚入水时，具有一定的剩余正浮力，用来系正水雷，由于其上的小孔渐渐进水失去浮力，水雷慢慢下沉。而与水雷吊耳相连的解脱器，在糖块溶解以后，解脱连接索，于是稳定筒与水雷分离，水雷下沉并正确坐底。

(3)漂布附件

漂布附件是一个充气橡皮球，在漂布时给水雷提供一定的剩余正浮力，便于人工泅渡拖带布设或顺流漂布。它由橡皮球、定时计、连接套、解脱螺栓等构成。解脱螺栓通过钢索与水雷吊耳相连，在人工泅渡拖带布放时，拔掉解脱销，即可使漂布器同水雷解脱。在顺流漂布时，通过定时计控制解脱螺栓内的雷管和橡皮球顶部的破球雷管爆炸，解脱螺栓分离，橡皮球破裂，水雷下沉坐底。

3.3.3 漂雷

漂雷是一种布设后漂浮于水面或水中设定深度上，随流漂行的水雷。有两种方法可以实现定深漂行：其一是利用漂浮水面的浮体，通过短雷索将雷体系留于水中一定的深度上漂行；其二是利用自动定深系统(漂浮仪)，根据压力传感器提供的雷体所处深度的变化信息，通过力调节机构(螺旋桨或水泵)调整雷体的水深位置，使其保持在水中设定的深度上漂行。

漂雷的引信有触发引信、非触发引信以及触发与非触发联合引信。布雷工具有潜艇、飞机、水面舰艇。打击对象为各型水面舰船，或破坏桥梁、码头等水工设施。其特点是：①使用水域广泛，不受水深限制；②适宜布设攻势雷障与机动雷障；③布雷受风向、流向影响大，散布大；④战斗服务有效期短。

本节介绍一种自动定深漂雷。本雷由雷体、起爆装置、辅助仪表、电池组、漂行系统(包括控制与引信装置)和雷车组成，如图 3.38 所示。

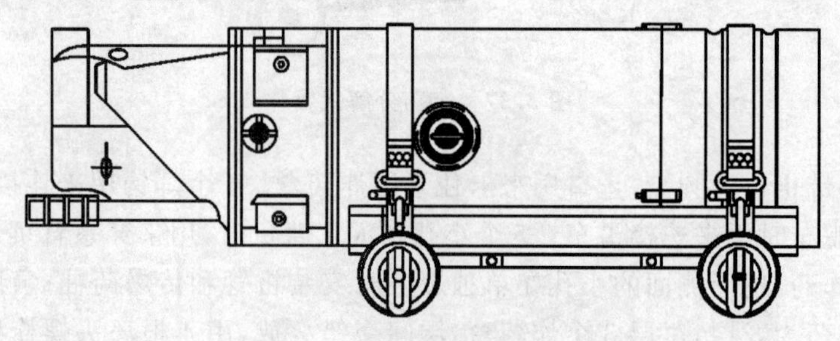

图 3.38 自动定深漂雷外貌图

1. 雷体

雷体由雷头、仪器舱和密封药块三部分组成。雷头与仪器舱间垫有橡皮垫圈，并通过双头螺栓用螺母固紧。仪器舱与药块之间用三根螺栓连接在一起。

雷头由圆锥形空腔(见图 3.39)和水箱组成。圆锥形空腔上部装有螺旋桨电机、螺旋桨、整流环、网罩等；侧面装有安装声接收器的圆筒及三块翼板；下部焊有安装压电加速度计接收器的支架；底部焊有法兰盘用以连接水箱。

水箱(见图 3.40)呈鼓形，其上、下端都焊有法兰盘，用以与圆锥形空腔和仪器舱连接。中间隔板上有 8 个螺孔，用来安装插座板组和水泵调节机构。该隔板上的管接头和水箱圆壁上的管接头通过水管与水泵进水嘴和出水嘴相接。隔板中央的圆管是雷头连接电缆的通道。水箱壁上有两个螺纹座：一个有螺塞，供气密检查用；另一个装有单向阀，供水箱灌水和水泵工作时排出水箱中的气体。水箱外壁上焊有 4 个螺钉，用来固定配重砝码。

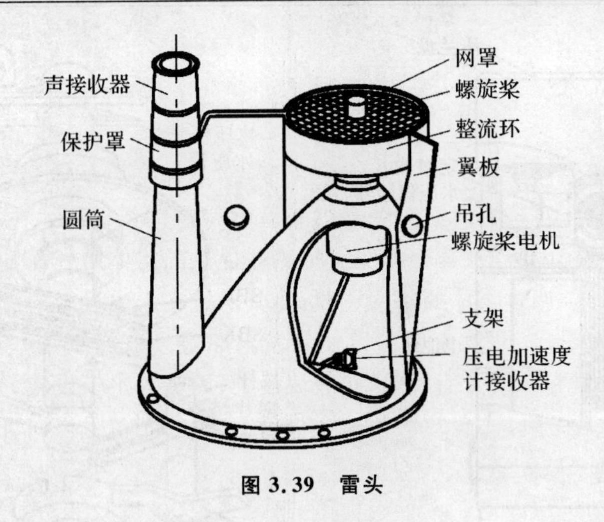

图 3.39 雷头

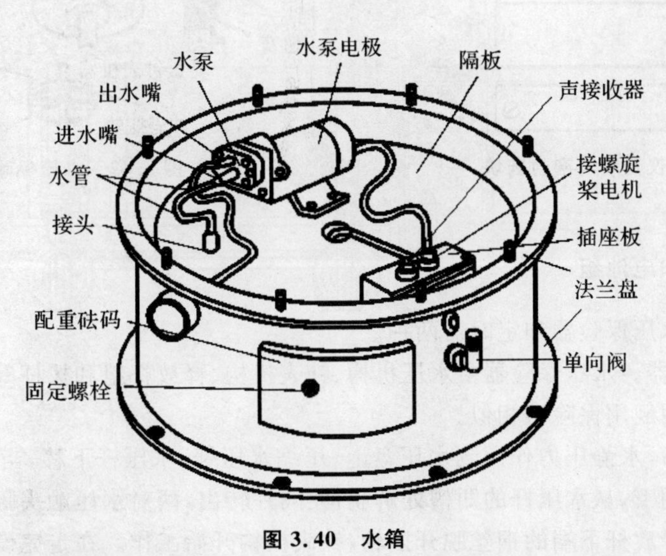

图 3.40 水箱

仪器舱呈圆筒形(见图 3.41),上顶是一块法兰盘,其上有 8 个双头螺栓和 1 个定位销,用以连接雷头。圆筒侧面有两个孔:一个用来安装水压保险器与定时器组,并作为检测控制线路装置用;另一孔用来安装深度控制器。舱底焊有套管,用来安装起爆装置,其外套装有电池组。仪器舱内壁上焊的 3 个支板和 3 个导板用来安装控制线路装置。舱外的 3 个吊耳通过螺栓连接密封药块。

雷体与密封药块均呈圆柱形,雷体侧面焊有注药孔,仪器舱外的 3 个吊耳用来连接密封药块。铝壳雷体的密封药块共有 3 块,每块上均有雷管孔,供单独做爆破器材时使用。炸药为梯黑铝或塑态炸药。

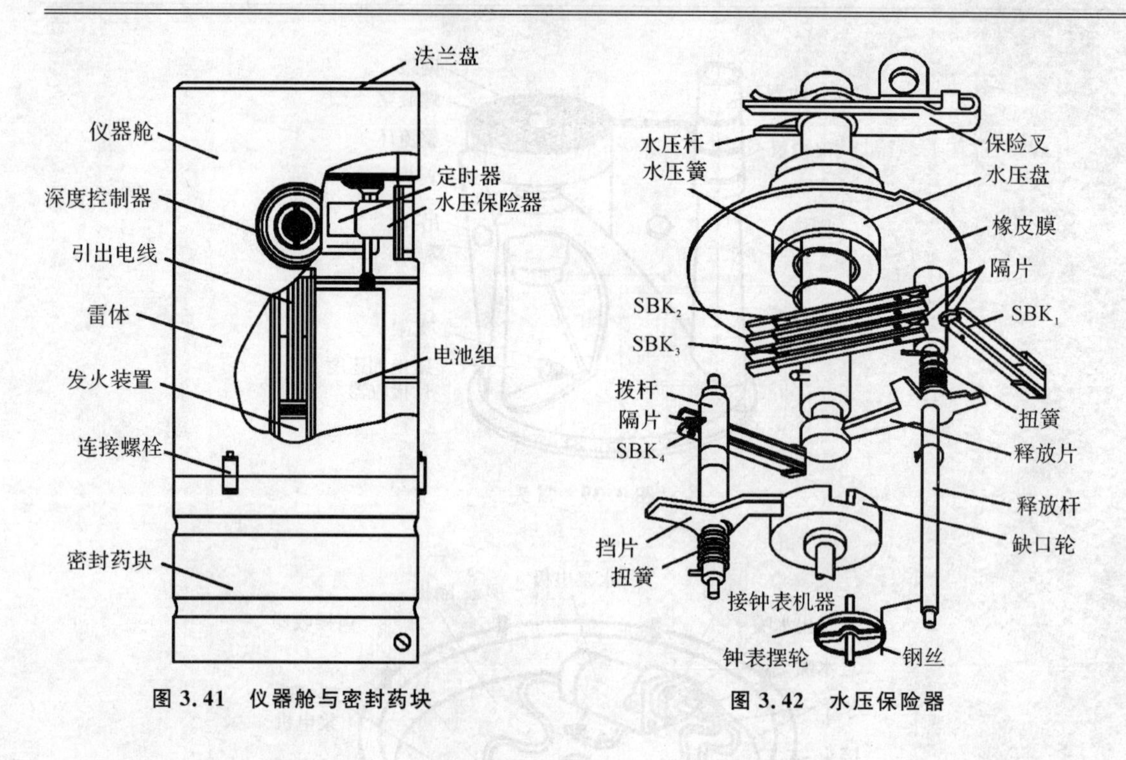

图 3.41 仪器舱与密封药块　　图 3.42 水压保险器

2. 辅助仪表和电池组

辅助仪表有水压保险器和定时器两种。

(1)水压保险器。水压保险器由水压机构、钟表机构、释放杆组和拨杆等组成(见图3.42),其构造原理与通用舰用保险器相似。

在漂雷入水后,水静压力作用到水压盘上,压缩水压簧,水压杆下移,当水深大于 1 m 时,释放片在扭簧作用下,从水压杆的凹槽处解脱,使隔片转出,两对水压触头闭合,接通漂行系统工作电源。同时释放杆下端的钢丝脱开摆轮,钟表机构开始工作。在走完设定的时间后,拨杆的挡片对正缺口轮的缺口,拨杆在扭簧作用下转动,使隔片转出,定时触头闭合,接通引信电源,漂雷进入危险状态。

(2)定时器。定时器由钟表机构、设定机构和制动机构组成,安装在水压保险器底部。其作用是控制定时触头闭合,并与工作制度设定开关相配合,使漂雷定时上浮、自沉或自炸。

(3)电池组

电池组有两组电源:110 V 组和 15 V 组,分别用来给漂行系统、控制线路装置与引信供电。电池组外壳是铁皮制成的圆柱形盒体,中心有通孔,外侧铆有 4 根帆布带,供背负用。

3. 起爆装置

起爆装置由保险机构、药柱组和传爆管组成(见图 3.43)。

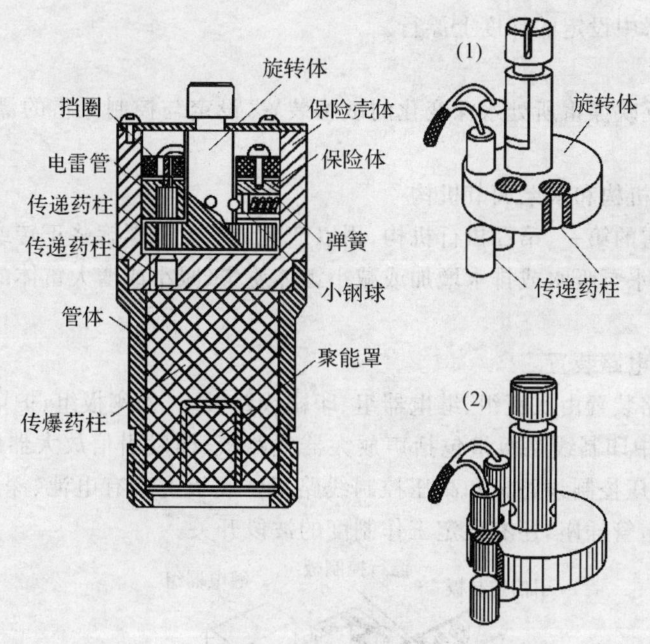

图 3.43　起爆装置

(1)保险机构

保险机构包括保险壳体、保险体和旋转体。保险壳体为圆筒形,内装保险体和旋转体,底部有两个装传递药柱的圆孔。保险体为一圆环,中间安装旋转体,下部有两个装电雷管的圆孔,侧面的两个通孔用来装带弹簧的小钢球。旋转体把柄上端的凹槽用于拧动旋转体,下部圆盘上铣有 90°的弧形槽,保险体上两个带弹簧的小钢球卡在槽内,使旋转体只能转 90°。圆盘上的两个圆孔用来安装传递药柱。

(2)药柱组

药柱组包括 4 个传递药柱,用于传递和扩大电雷管的爆炸能量。

(3)传爆管

传爆管由管体、传爆药柱和聚能罩组成。平时,旋转体把柄上的凹槽对正上盖板的绿色标记,这时旋转体上的传递药柱同保险体内的电雷管及保险壳体上的传递药柱错开 90°,起爆装置处于安全状态。使用时,使旋转体把柄上的凹槽对准盖板上的红色标记,此时电雷管与传递药柱系列对正,起爆装置处于待发状态。当引信引爆电雷管时,经过传递药柱、传爆管扩爆,使水雷主装药爆炸。

4. 漂行系统

漂行系统由深度控制器、螺旋桨调节机构、水泵调节机构和控制与引信电路装置组成，其作用是保证漂雷在水中设定的深度上漂行。

(1)深度控制器

深度控制器是反映漂雷所处水深变化的敏感装置，设定与控制漂雷的漂行深度和漂行带的宽度。

(2)螺旋桨调节机构和水泵调节机构

它们分别为漂雷的第一、第二执行机构，用以产生调节力。螺旋桨正转或反转产生向上或向下的瞬时调节力；水泵吸水或排水增加或减小雷体质量(减小或增大雷体的剩余浮力)，它们受线路装置的控制。

(3)控制与引信电路装置

控制与引信电路装置由底板组、继电器组、印刷线路板组、插座板组、护罩和引出电缆等组成(见图 3.44)。其中印制线路板组包括声放大器线路板、撞发引信放大器线路板、引信控制线路板、漂行系统低压控制线路板和高压控制线路板。底板上装有电池、深度控制器、水压保险器与定时器及电雷管插座，还有设定工作制度的波段开关。

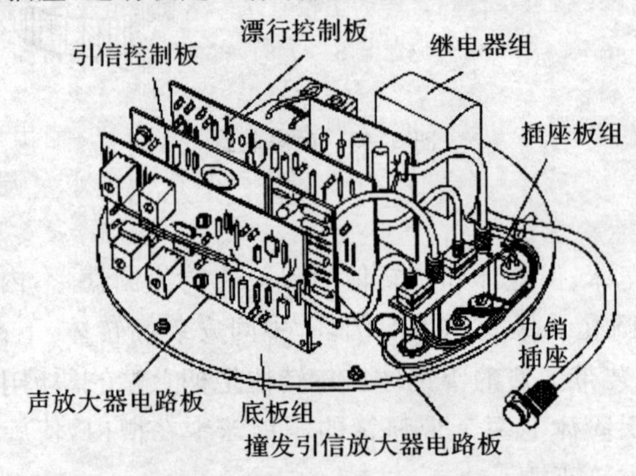

图 3.44 控制与引信电路装置

控制与引信电路装置的作用如下：

1)按照深度控制器输出的信号，控制力调节机构按程序工作，使漂雷在预定深度上稳定漂行；

2)放大加速度计和声接收器输出的信号，控制漂雷爆炸；

3)根据工作制度的要求，保证漂雷定时上浮、自沉或自炸；

4)当漂雷因故上浮至小于一定水深时，延时控制让漂雷自炸。

漂行(寻深)系统的工作原理与漂雷水中漂行示意图如图 3.45 所示。

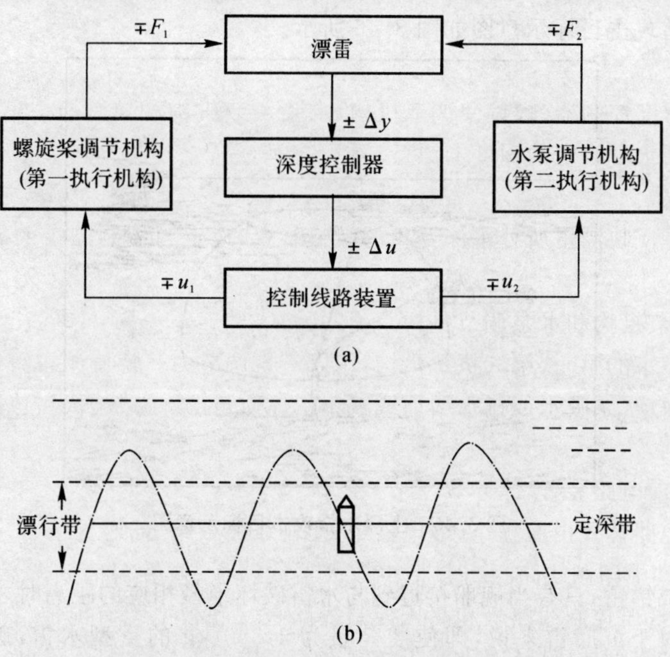

图 3.45 漂行(寻深)系统的工作原理与漂雷水中漂行示意图

(a)漂行系统工作原理框图； (b)漂雷水中漂行示意图

当漂雷离开定深线距离$\pm\Delta y$时，深度控制器反映深度变化，输出电压信号$\pm\Delta u$，通过控制线路装置输出电压信号u_1或u_2，分别供给螺旋桨调节机构或水泵调节机构，使之产生调节力F_1或F_2，使漂雷回到原来定深线。

5. 雷车

雷车由车体、车轮、紧雷带、紧雷钩、垫木和夹轨具等组成。其功用是安放雷体，便于移动和布放水雷。

3.4 特种水雷

特种水雷是具有某种特殊的战术、技术性能与作战效能，能完成某种特殊作战任务的水雷。如上浮水雷、自航水雷、自导水雷、导弹式水雷等。

3.4.1 上浮水雷

上浮水雷是布设后锚系水中或沉在水底，在引信发现并确认目标后，能自动上浮打击目标的水雷。上浮水雷攻击目标示意图如图 3.46 所示。

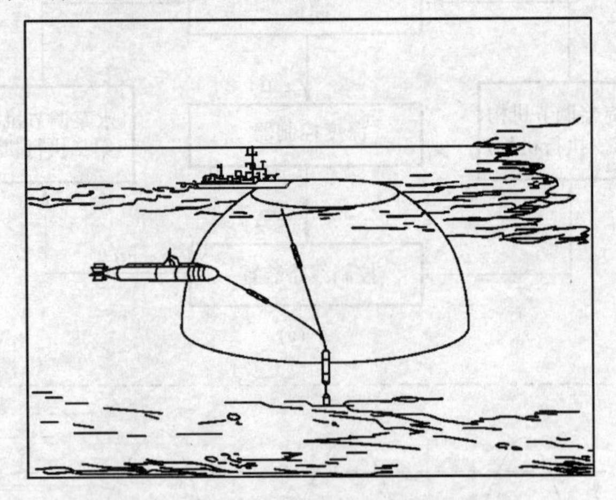

图 3.46 上浮水雷攻击目标示意图

常规沉底雷或锚雷,只有当舰船接近到与水雷破坏半径相应的距离时才爆炸,从而达到有效毁伤的目的。对于沉底雷来说,即使装药量为 1 350 kg 的重型水雷,破坏半径也不超过 60 m。因此,沉底雷用来打击水面舰船,水深不超过 60 m。锚雷可用于较深的水域,但也只能在雷体所处深度的一定范围内打击目标。锚雷装药量一般不超过 350 kg,打击目标的距离不超过 40 m。

随着我国海军的发展,提出了研制中等水深(200～500 m)和大深度(大于 500 m)水雷的要求,打击的目标既包括水面舰船,也包括潜航潜艇,并且要求布设少量水雷即可构成一个水雷幕。

与常规水雷不同的是,上浮水雷遇到目标后,装药雷体不是在原地爆炸,而是解脱雷体自动上浮,当雷体接近目标时爆炸,主动攻击。因此,这种水雷具有以下优点:

1)可在深水区使用,能在整个深度上打击目标;

2)如果雷体的上浮弹道能指向目标(定向攻击),则水雷不仅能在整个深度上,并且能在更大的三维水域攻击目标;

3)布放在深水系留海底或沉在海底,水雷不易被发现和扫除,增加了反水雷的难度。

自动上浮、主动攻击是上浮水雷最基本的特点。在原理上,上浮可利用雷体的剩余正浮力,也可借助动力装置。如果不用动力装置(仅靠雷体剩余正浮力),则上浮过程中的噪声小,水雷自导装置工作条件好。但仅靠雷体剩余正浮力上浮,速度过慢(不超过 8 m/s),难以满足实时攻击的要求。现已装备和正在研制的上浮水雷都是带有动力的,其动力装置都采用体积小、质量轻、结构紧凑、能在深水工作的固体火箭发动机。

1. 火箭助推上浮水雷

最早出现的火箭助推上浮水雷是垂直上浮的。苏联20世纪50年代研制的KPM(比目鱼)是这类水雷的首例。

KPM是一种舰布、近底、垂直上浮水雷,可用于200 m水深,打击水面舰船。水雷布设后,雷体距水底4～12 m,装药量是100 kg,火箭发动机装药40 kg,雷体上浮速度为30 m/s。布雷水深为150 m时,水面“破坏半径”为20 m。

KPM的总体结构和布设后在水中的状态如图3.47所示。

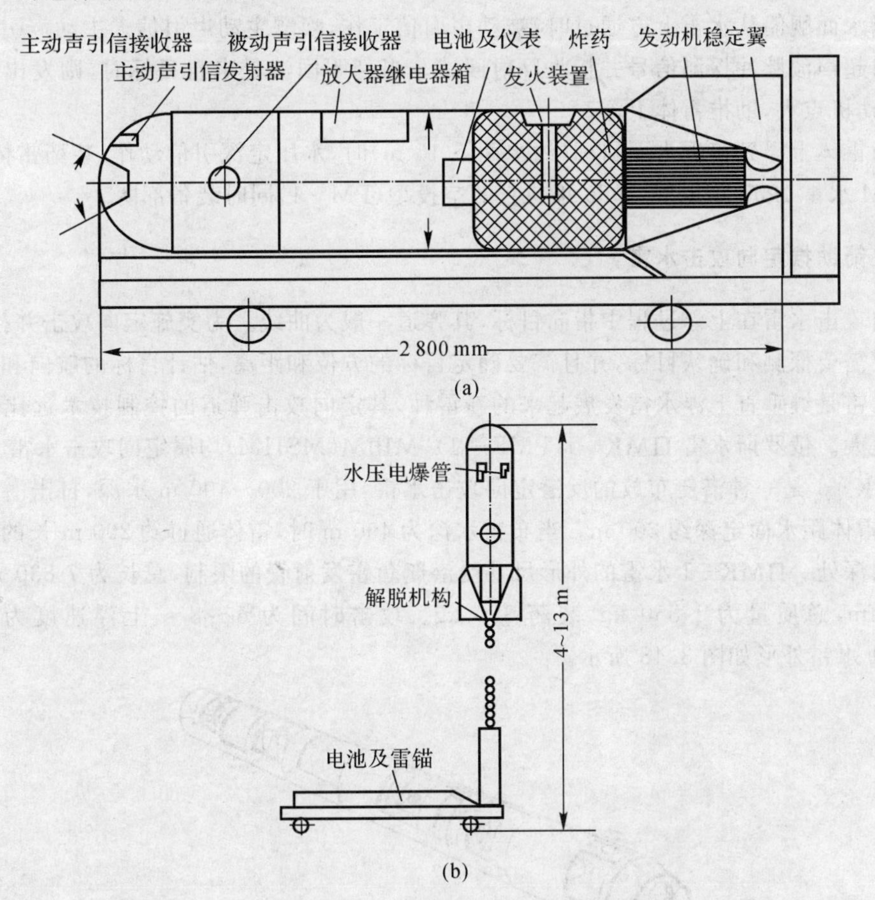

图3.47　KPM结构示意图和布设后在水中的状态图

(a)KPM结构示意图；(b)面设后在水中的状态

KPM 水雷全雷长 2 800 mm，雷体直径为 600 mm，是同类型水雷中较粗和较短的。

KPM 水雷有两种引信。第一种是解脱引信，其功能是发现和确认目标，并且当目标进入打击范围时发出指令，使雷体解脱（或释放战斗部），同时发动机点火；第二种是近炸引信，其功能是雷体（或战斗部）上浮到接近目标时引爆水雷装药。KPM 水雷的解脱引信是被动声频引信（值更引信）和主动声频引信（战斗引信），近炸引信是水压定深引信。

KPM 水雷的布设和动作过程如下：

1）水雷由水面舰船布放后下沉水底，经短延时后雷体与雷锚分离，雷体通过短锚链系留在近海底处。在定时器走完设定的时间后，引信接通电源，水雷进入危险状态。

2）当水面舰船从水雷上方通过时，被动声引信工作，唤醒主动声引信。主动声引信不断向水面发射超声波脉冲探测信号并接收反射回波。当判明回波是来自目标时，则发出指令解脱雷体，发动机点火，助推雷体上浮。

3）当雷体上浮到接近水面目标（约水面下 15 m）时，水压定深引信动作，装药雷体爆炸。

KPM 水雷 1957 年定型，1960 年与它的空投型（PM—1）同时装备部队。

2. 火箭助推定向攻击水雷

定向攻击水雷在上浮过程中指向目标，其弹道一般为曲线。为实施定向攻击并拦截目标，水雷不仅需要探测和确认目标，并且需要确定目标的方位和距离，估计目标的航向和速度。定向攻击水雷是继垂直上浮水雷发展起来的新雷种，其定向攻击弹道的控制技术远比垂直上浮弹道难度大。俄罗斯水雷 ПМК—1（PMK—1），МШМ（MSHM）均属定向攻击水雷。

ПМК—1 是一种潜艇布放的反潜定向攻击水雷，用于 200～400 m 水深，打击潜艇。该雷布设后，雷体距水面定深约 200 m。当布雷水深为 400 m 时，雷体通过约 200 m 长的雷索被锚系于半水深处。ПМК—1 水雷的外形尺寸受潜艇鱼雷发射管的限制，总长为 7 830 mm，直径为 533 mm，总质量为 1 850 kg，装药 350 kg。攻击时间为 6～8 s，上浮速度为 75 m/s。ПМК—1 水雷外形如图 3.48 所示。

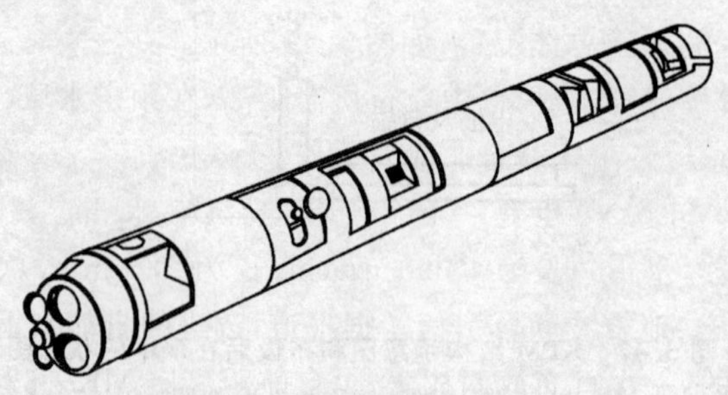

图 3.48 ПМК—1 水雷外形图

ПМК—1 水雷可分为雷体和雷锚两大部分。雷体的雷壳内装有一个定向攻击火箭(包括战斗部、火箭发动机、弹道控制系统及近炸引信)、引信仪表舱(含探测、定位、弹道解算系统,保险、定深仪表、电源等)。雷锚装有自动定深系统。

ПМК—1 水雷由潜艇鱼雷发射管布放。入水下沉到一定深度,自动定深系统工作,把水雷锚系在水中 200 m 左右的深度上。当潜艇通过水雷上方时,水雷对目标进行探测、分类(区分水面舰船和潜艇),确定其航向、航深,解算弹道,并发射定向攻击火箭。火箭在其弹道控制系统的操控下拦截攻击目标。如果未命中,定向攻击火箭自毁。

МШМ 是继 ПМК—1 之后研制的定向攻击水雷。其主要特点是既可打击水面舰船,又能打击潜艇,并且可用潜艇、飞机、水面舰船等三种布雷工具布放,可用于大陆架水域(水深 60～300 m)。水雷全长 4 000 mm,直径为 533 mm,总质量为 820 kg,装药 250 kg,攻击时间约为 25 s。

3.4.2 自航水雷

自航水雷是布设后依靠自身的动力系统能自主航行至预定海区(雷位),变为沉底雷或锚雷的水雷。

自航水雷的出现,主要是适应对敌港口、基地、重要的海上通道等严密设防的水域进行秘密、隐蔽布雷的需要。为了保证隐蔽性,布雷工具一般采用潜水艇。由于水雷可自航至预定海区雷位,所以潜艇不需要深入敌控水域布设,从而减小了布雷潜艇遭受攻击的危险性,同时也提高了攻势水雷布设的成功率。这种水雷多为退役鱼雷改装而成,即利用鱼雷的动力把水雷布设到敌方控制的水域。这也是对退役鱼雷赋予了新的战斗生命力。

俄罗斯的自航水雷 СМДМ(SMDM),是 53—65КЭ 型远程氧气自导鱼雷与沉底水雷的结合体。53—65КЭ 鱼雷长度为 7 945 mm,直径为 533 mm,总质量为 2 070 kg,装药量为 307 kg,航速为 42 kn,航程为 19 km。

СМДМ 的布雷过程和水雷总体配置,如图 3.49 所示。

布雷时,水雷从鱼雷发射管发射,自主航行所需距离,在预定水域(海区),变成普通的沉底雷。水雷引信为声、磁(感应)、水压联合非触发引信。

美国水雷 MK—67(SLMN)也是一种潜布自航沉底水雷。该型水雷是利用改进的 MK—37 鱼雷作为推进器,水雷总长为 4 090 mm,直径为 485 mm,总质量为 754 kg,装药量为 148 kg,引信为 M57 磁、地震波联合引信。据报道:改进的自航水雷 ISLMN 是在 MK—48 重型鱼雷的基础上设计的,一次可布放两枚水雷,自航距离比 MK—67 更远。

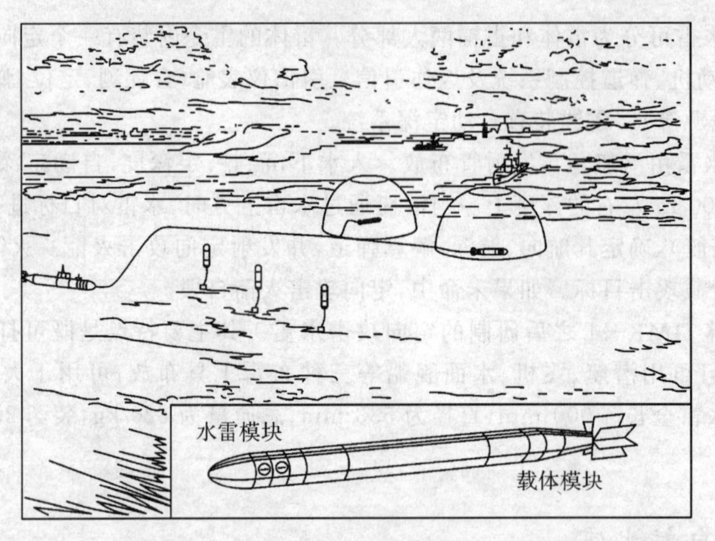

图 3.49　СМДМ 水雷自航布雷及总体配置图

3.4.3　自导水雷

自导水雷是以锚雷雷体(装有传感器与引信的密封容器)为系留平台,以封装在雷体内的自导鱼雷为战斗部的水雷。

1962 年 11 月美国首先提出将水雷与鱼雷相结合,构成水-鱼雷系统的设想。1964 年 5 月命名为捕手水雷。1981 年完成定型,代号为 MK—60。其战斗部为 MK—46—Ⅳ鱼雷,主要用于反潜、封锁战略航道。随后,英国、瑞士、苏联(俄罗斯)等国研制出类似的多种自导水雷。

自导水雷有着很大的发展前景,如果该雷为大型水雷,其内的鱼雷装药量大于 100 kg,能更有效地打击水面舰艇或潜艇。如果该雷具有遥控引信,并与全球定位系统(GPS)或战区 C^3I 系统构成一体,则是现代海战的优良武器之一。

1. 总体结构

自导水雷主要由雷体、引信(含换能器、传感器)、鱼雷、适配器(衬筒)、燃气发生器、雷锚等构成,如图 3.50 所示。

雷体为密封耐压壳体,具有一定的剩余正浮力。雷体分为三段,头部呈截半球形,其上装有引信、换能器、传感器、开盖装置;中部呈圆筒形,内装鱼雷、适配器;尾部呈圆锥形,其内装燃气发生器、电池组,外圆锥面有稳定翼。用两条楔形带将三段连接成一整体。

引信由值更引信和战斗引信组成(硬件资源共享)。值更引信工作在低功耗方式,检测目标辐射的低频噪声(含连续谱、线谱),用于发现远距离目标,唤醒战斗引信;战斗引信采用主动超声速探测目标，进一步识别与确认，并获取目标参数(方位、距离、特征)，装入鱼雷自导系统，然后控制打开雷头盖，点火燃气发生器，将鱼雷推出雷壳。

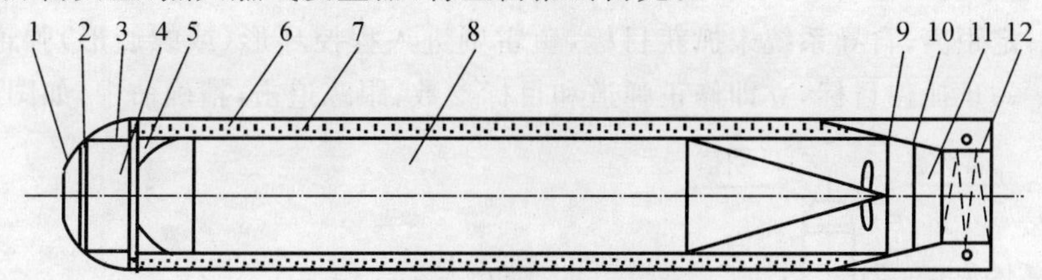

图 3.50 自导水雷结构图

1—雷头； 2—换能器组； 3—压力传感器； 4—水雷引信； 5—开盖装置； 6—雷体； 7—适配器(衬筒)； 8—鱼雷； 9—燃气发生器； 10—雷尾； 11—电池组； 12—折叠雷锚

鱼雷是水雷的战斗部，头部装有自导系统和近炸引信，中部装有高能炸药与控制系统，尾部装有动力系统(推进器)，其外圆锥面装有鳍和舵。

适配器(衬筒)采用泡沫塑料，用以横向制约和支撑雷体内的鱼雷。

燃气发生器的作用是在水雷引信确认目标后，打开雷头盖，点火燃气发生器，利用其产生的高压气体，通过活塞将鱼雷推出雷壳。

雷锚为四爪折叠式。水雷布放后，下沉至距海底一定距离，定深分离机构完成雷体与雷锚分离，此时锚爪张开，雷锚坐底，通过双系留索将雷体系留在距海底一定深度上，如图 3.51 所示。

2. 自导水雷布放及动作过程

(1)布放

该雷可由潜艇、飞机、水面舰艇布放。水雷布放前，先解除各种人工保险。布放后，水雷下沉一定深度前，由压力传感器控制解制保险器，以保证布雷工具的安全。当水雷下沉至距海底一定距离时，由定深分离机构控制雷体、雷锚分离，折叠锚爪伸开，雷锚坐底，通过双系留索将雷体系留在距海底一定深度上，如图 3.51 所示。保险器延时完毕，定时-失效器工作，按作战要求定时启动，定时时间到，引信上电工作，水雷进入战斗服务状态。

(2)动作过程

水雷的值更引信(被动声引信)检测到目标信号，经过放大后由检波器提取信号包络，其阈值超出规定值，唤醒战斗引信，单片机系统上电。单片机对输入的包络信号在芯片内进行A/D转换，提取数字包络特征。谱分析器对输入的 A/D 转换的数字信号进行频谱分析，其结果送单片机。单片微机系统分别对目标的信号包络及谱特征进行综合分析、识别，并启动主动超声引信，辐射脉冲探测信号，利用目标反射回声，再次确认目标。否则，引信恢复值更工作状态。在引信确认目标后，将获取的目标参数(方位、距离)输入鱼雷自导系统的记忆存储器，定位陀螺工作。然后,引信控制开盖装置打开雷头盖,点火燃气发生器,将鱼雷推出雷壳。鱼雷出壳后,其动力推进系统工作,自导系统按照水雷引信预置的目标参数捕捉、跟踪、攻击目标。如果鱼雷航行到一定距离,自导系统未抓获目标,鱼雷则进入程控环形(或螺旋形)弹道,360°全方位搜捕目标。一旦抓住目标,立即修正弹道和目标参数,跟踪追击,精确命中,如图 3.52 所示。

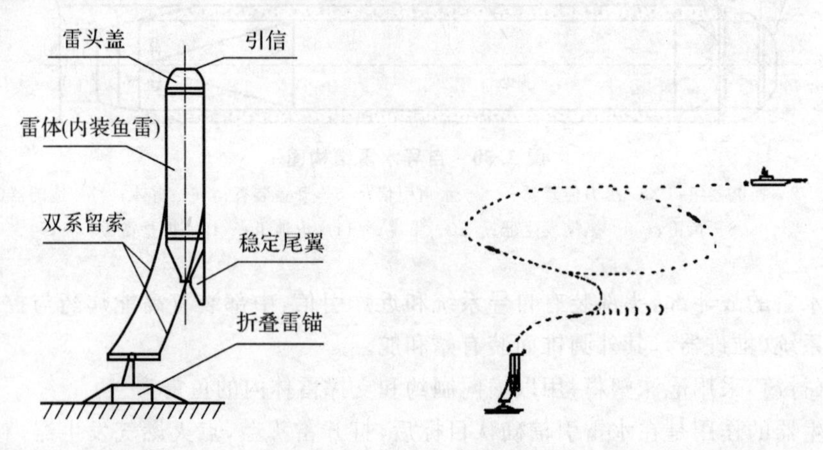

图 3.51 自导水雷在水中的姿态　　图 3.52 自导水雷打击目标示意图

(3)失效

当定时-失效器的失效时间到时,引信控制电源短路,使水雷失效或使水雷自炸。

3. 主要战术、技术指标

打击对象:主要是潜航潜艇,兼顾水面舰艇;

总体尺寸:总长度为 3 600 mm,最大外径为 533 mm;

水雷引信动作半径:1 000 m;

布雷水深:大于 300 m;

鱼雷自导作用距离:主动 1 200 m,被动 1 000 m;

鱼雷航程:10～20 km;

鱼雷战斗部装药量:43 kg(聚能爆炸型);

布雷工具:潜艇、飞机、水面舰艇;

战斗服务期:大于 6 个月。

3.4.4 导弹式水雷

导弹式水雷是以锚雷雷体(其上装有传感器与引信)为运载器,以封装在雷体内的近程导弹为战斗部的水雷,即水雷-导弹组合武器。它融两种武器的优良性能为一体,改变了传统水雷的作战方式,使水雷由被动变为主动、由水下跃升空中,能全方位、远距离打击水面静止目标或运动目标。

1982 年意大利海军武器展览会上,就展出了 MAFOS2(LoLA)MK—1,MK—2 两型导弹式水雷。导弹式水雷具有很大的发展潜力,如果雷体系留水中或漂浮于水面,雷体内装填地空导弹或子母弹(末敏弹),则可用于打击反潜直升机或扫雷直升机。

1. 总体结构

导弹式水雷主要由雷体(运载器)、解脱引信、水雷助推器、导弹、适配器、燃气发生器、雷锚等构成,如图 3.53 所示。

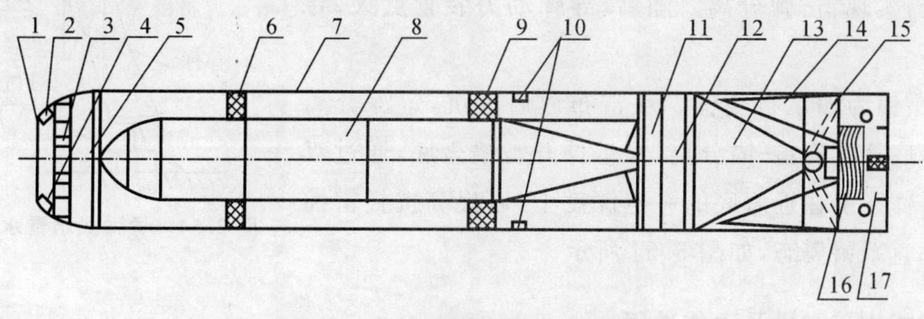

图 3.53 导弹式水雷总体结构图

1—雷头盖; 2—开盖机构; 3—声换能器阵; 4—水压传感器; 5—水雷引信; 6—前适配器; 7—运载器(雷壳); 8—导弹; 9—后适配器; 10—系雷栓(一对); 11—燃气发生器; 12—引信电池; 13—水雷助推器; 14—水雷折叠尾翼; 15—折叠锚爪; 16—雷索; 17—锚体

雷体(运载器):雷体是一具有流体动力外形,有一定剩余正浮力的耐压密封壳体。雷体可分为三段,头部呈截半球形,中部呈圆筒形,尾部呈圆锥形,用两条楔带连接成一整体。其头部装有换能器,解脱引信;中部装有导弹、适配器、燃气发生器、电池;尾部装有水雷助推器,外圆锥面有 X 形稳定翼。

解脱引信:解脱引信由遥控接收引信和自主引信组成(硬件资源共享),两种引信可采用串联工作制,或采用并联工作制。遥控接收引信用于接收战区 C^3I 系统的指令(岸站、潜艇、吊放声呐、声呐浮标等发送的指令),使水雷进入战斗状态、解除战斗状态或直接控制其打击指定目标；自主引信是自主检测目标信号，并且识别与确认目标。其值更引信工作在低功耗状态，用于发现目标，唤醒战斗引信；战斗引信采用主/被动工作方式，用于进一步识别、确认与识别决策打击目标。

水雷助推器：水雷助推器是一固体火箭助推器。在引信判决目标、控制解脱雷体后，助推器点火，助推加速雷体上浮，以获得最佳出水速度，提高抗流、抗浪能力，顺利实现雷-弹分离。

导弹：导弹是水雷的战斗部，具有垂直发射和低空飞行气动力外形。头部装有自导系统和引信；中部装有高能炸药，半穿甲爆破型。外圆柱面有轴对称 X 形横折弹翼；尾部有动力装置，外圆锥表面有 X 形折叠舵面。

适配器：适配器的主要作用是横向制约和支撑雷体内的导弹；在水面实现雷-弹分离时起导向作用；导弹升空后，适配器随之脱落。

燃气发生器：其作用是使雷体解脱上浮、雷头出水。打开雷头盖后，燃气发生器点火产生高压气体，通过活塞将导弹推出雷壳，实现雷-弹分离。随后，导弹动力装置点火，导弹升空。

雷锚：雷锚为四爪折叠锚。水雷布放后下沉，定深分离机构在近海底处实现雷-锚分离，锚爪伸开雷锚坐底，通过双雷系留将雷体系留在近海底的一定深度上，以提高抗扫雷性能和保证垂直系留姿态，如图 3.54 所示。

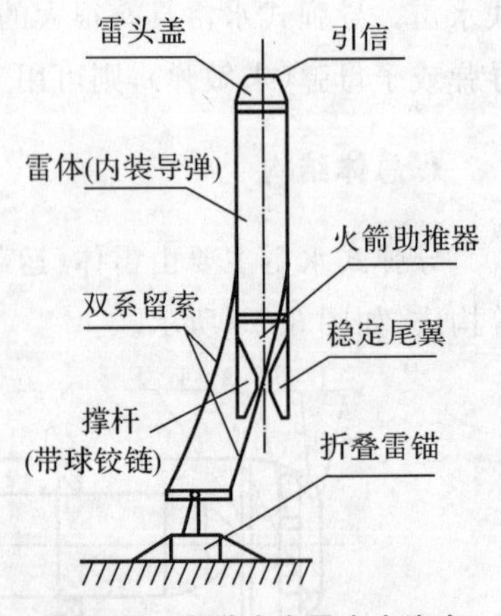

图 3.54 导弹式水雷水中姿态

2. 导弹式水雷布设及动作过程

(1)布设

这种水雷可由潜艇、飞机、水面舰艇布设。水雷布放前，先解除各种人工保险。布放后，水雷下沉至一定水深，压力传感器控制解制保险器，当水雷下沉到近海底一定距离时，由定深分离机构控制雷体、雷锚分离，折叠锚爪伸开，雷锚坐底，通过双系留索将雷体系留在距海底一定深度上，如图 3.54 所示。保险器延时完毕，定时-失效器工作，按战术要求启动定时，定时时间到，引信系统上电工作，水雷进入战斗状态。

(2)动作过程

1)接收遥控指令工作方式。在值更引信接收到遥控联络信号后，唤醒战斗引信，战斗引信对遥控指令密码信号进行检测、解调、译码，单片微机按照遥控“指令”使水雷进入战斗状态或解除战斗状态。如果遥控指令为战斗指令，被寻址的水雷或水雷群，其单片微机系统将给定的

"目标参数"(方向、距离、特征)输入导弹自导系统,并启动定位陀螺;然后控制解脱雷体、点火水雷火箭助推器、助推雷体上浮;在雷头出水后,由压力传感器配合单片微机控制打开雷头盖,点火燃气发生器,将导弹推出雷壳,随之导弹动力系统点火工作,导弹迅速升空,按照给定的目标参数,由矢量控制转弯、飞行,自导系统搜索目标,修正参数,直至命中目标,如图3.55所示。

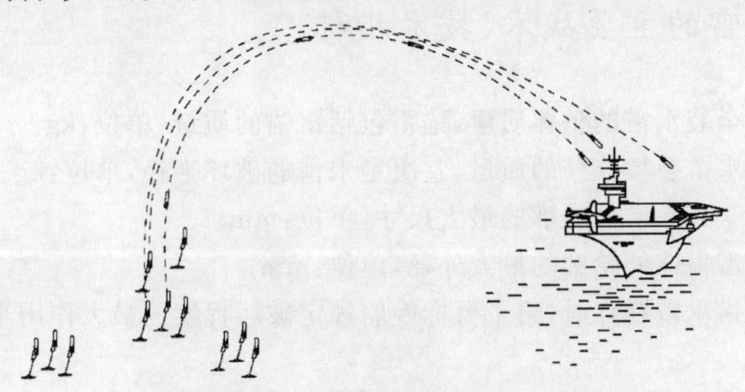

图3.55 导弹式水雷打击目标示意图

2)自主工作方式。在值更引信接收到目标信号后,唤醒战斗引信,在单片微机的控制下,分别以被动声方式检测目标,以主动声方式探测目标,经信号包络分析和功率谱分析,确认目标后,由主动工作方式获得的目标参数装入导弹自导系统。雷群内相互联络、传送信息、共同决策,以单枚水雷或水雷群攻击目标。

3)失效(自灭)。当定时-失效器走完设定的失效时间,或值更引信接收到遥控失效指令时,引信系统自动将电源短路失效或使水雷自炸。

3. 主要战术指标

打击对象:中大型水面舰船、气垫船、水上飞行器;锚泊舰船、岛礁、石油平台等水工设施。

总体尺寸:总体长7 800 mm;最大外径为533 mm。

水雷解脱引信作用距离(半径):遥控引信接收遥控站信号的距离大于100 km;自主值更引信作用半径为1.5 km;战斗引信作用半径大于1 km。

导弹打击目标距离:近边界距离大于1.5 km;远边界距离大于50 km。

导弹战斗部装药量:100 kg,半穿甲爆破型。

打击目标概率:大于90%。

布雷工具:潜艇、飞机、水面舰艇。

适应海况:6级。

战斗服务期:大于6个月。

3.5 水雷的作战使用

3.5.1 水雷的主要战术、技术指标

水雷总质量指全装水雷的整体质量，锚雷包括雷锚的质量，单位：kg。

水雷装药量指水雷装填炸药的质量，它决定水雷的破坏半径，单位：kg。

水雷总长度指全装水雷外轮廓的最大尺寸，单位：mm。

水雷直径指水雷雷体外轮廓的最大外径，单位：mm；

水雷破坏半径指水雷爆炸时，给予目标舰船规定破坏程度的最大作用半径，与引信的灵敏度相适应，单位：m。

水雷引信灵敏度指引起水雷引信动作所需的目标舰船物理场的最小值，与破坏半径相适应。声信号采用的单位是 Pa；电磁信号单位是 T；水压信号单位是 Pa。

布雷保险时间指布设水雷以后，使其处于安全状态的时间间隔，以保证布雷工具的安全性，单位：min。

水雷定时范围指预先设定的水雷进入工作状态的时间范围，以提高水雷的抗扫雷性能，单位：d。

定次范围指预先设定的允许舰船通过或引信动作次数的范围，以提高水雷的抗扫雷性能与打击目标的选择性，单位：次。

雷体剩余浮力一般是指锚雷雷体的浮力（雷体排开水的重力）与雷体重力及实际放出的雷索在水中的重力之差，单位：N。

最小布雷间隔指布设于水中的两枚相邻水雷所允许的最小距离，以防止邻雷爆炸损坏相邻水雷或引起水雷串炸，单位：m。

最小布雷水深指允许布雷的最小水深，即沉底雷布设不能撞击海底，锚雷布设能够实现正确分离与定深，单位：m。

水雷战斗有效服务期指布设后的水雷能保持其作战性能的时间，单位：月。

抗反水雷性能指水雷对抗扫雷、猎雷、破雷、炸雷以及有源干扰（病毒信息）的能力。

引信工作可靠性指水雷引信接收到目标信号后，能可靠动作的性能。

引信动作区域性指舰船通过时，在其物理场的作用下，使水雷引信可靠动作的范围。

引信纵向动作区域性指舰船通过时，在其物理场的作用下，龙骨下方沿首尾方向，使引信可靠动作的范围。

引信横向动作区域性指舰船通过时，在其物理场的作用下，沿正横方向，使引信可靠动作的范围。

3.5.2 影响水雷作战使用的几种主要干扰

水雷布设以后,在各种海况下长期服役,一般要求服役期为6个月至1年。因此,在设计时,必须考虑各种干扰对水雷作战性能的影响。

1. 潮汐、波浪、海流

潮汐:潮汐是由月球、太阳的引力作用和地球的自转造成的,根据周期长短,有全日潮和半日潮。全日潮在一个太阳日(24 h 50 min)内有一次高潮和一次低潮,半日潮有两次高潮和两次低潮。地区不同,时段不同,潮差不同,潮汐引起的水压绝对值变化可达数万帕,恶化了水压引信的工作环境。

波浪:波浪多为风浪,常以群波的形式出现,由于其振幅和周期各不相同,因此会相互叠加与干扰。风浪与舰船产生的水压场变化波形虽然有较大差异,但是随机产生的某等级风浪的负压场与持续时间则会相当甚至超过某些类型的舰船水压场,成为水压引信工作的严重干扰。此外,风浪会使锚雷雷体产生摇摆,以至发生断索,使雷体暴露水面或使其失去作用。

海流:海流有表层流、中层流、底层流,有定常流和非定常流,在某些海区有梯度流,以及无规则随机形成的湍流等,流速越大,其速度和方向的变化所产生的压差就越大,是水压引信的又一种严重干扰。海流对锚雷的影响最大,它使布雷的准确性变差;海流会使锚雷产生倾斜、偏降、定深度变化,甚至会发生溜锚(雷锚移动)。然而漂雷却利用了定向流的作用,可在远离敌方控制的水域布雷,海流将水雷带入敌方的水道、港口、码头等水域,可以减少布雷兵力的损失。

上述潮汐、波浪、海流及其互相叠加,不仅恶化了水压引信的工作环境,其产生的低频噪声也影响低频声引信与线谱声引信的工作。

2. 海生物、降雨、地震

海生物:海洋中的浮游生物寄生在水雷传感器的敏感面上,会改变传感器的工作条件,使引信工作的灵敏度降底。此外,水中的生物机体发出的声音是大量的和多种多样的。如螯虾群、鱼群、鲸和海豚等发出的声音,在近距离能级很高,会干扰声引信水雷的工作。

降雨:降雨会增加自然噪声级,与降雨率、降雨面积有关,一般在1～10 kHz之间暴雨噪声谱近于“白噪声”,在10 kHz处的噪声级超过无雨时18 dB,对水雷声引信的工作构成严重干扰。

地震:地球经常有地震活动,它是海洋中低频噪声的重要噪声源,强烈地震不仅会引起大的地震波,而且会产生海啸,同时地磁场亦有剧烈变化,这对单一物理场工作的水雷引信,以及对采用声、磁、水压联合引信工作的水雷,都会构成严重干扰,甚至会使水雷误动作或使水雷自炸。

3. 工业噪声、行船噪声

工业噪声：近海大陆架、海湾、港口，由于陆地上各种机械运转、车辆行驶产生的噪声，由地面传播到海水中，越靠近海岸噪声级越大，而且变化也大，影响水雷声引信的工作。

行船噪声：测量证明，在 50～500 Hz 的十倍频程内，远处的行船是主要噪声源，它会干扰低频声引信和线谱引信的工作。

4. 水深、水温、含盐度、透明度、地质、地貌

水深：布雷区的水深上限，锚雷受雷索长度的限制，沉底雷受雷壳强度、引信灵敏度、破坏半径的限制。水深下限，需满足布设锚雷够能正确实现分离和定深，布设沉底雷避免雷体强烈撞击海底，使引信、仪表失灵。然而，漂雷的使用几乎不受水深限制。

水温：海洋表层的水温随季节的不同变化较大，并且会形成不同的温度梯度，有时在某深度会形成温度跃变层，这会影响水声的传播，使水雷主、被动声引信的性能降低或失去作用。

含盐度：含盐度会影响海水的密度，引起漂雷浮力的变化；影响以海水为电介液的触线水雷的动作灵敏度。此外，海水盐度大、温度高对锚雷雷索腐蚀严重，易断索。

透明度：透明度影响水雷的隐蔽性，尤其是锚雷与漂雷，因此通常雷体须涂以保护色。

地质：泥沙软质海底，在海底底层流的冲刷下，会掩埋沉底雷，影响声、超声及水压引信的灵敏度；礁石硬质海底，在水雷爆炸时，海底的反射波会增大对舰船的破坏力。

地貌：崎岖、陡峭的海底山脉、海沟，会使沉底雷以非正常姿态卧底，影响引信的工作。

3.5.3 水雷破坏半径的计算

1. 对潜艇的破坏

艇壳破裂：潜艇耐压壳体炸穿，足以使其失去战斗力，至少要造成直径为 50～200 mm 的洞。现代潜艇破洞直径如果超过 100 mm，则必须浮出水面。

艇壳穿透：指液压管路、电缆密封套、海水阀、供气管路等薄弱环节遭到破坏，导致潜艇灌水，使潜艇必须浮出水面。

冲击损伤：对艇内人员及设备造成损伤，特别是关键设备的破坏，逼使潜艇必须上浮出水面。

2. 对水面舰船的破坏

舰壳破损：冲击波压力造成壳体破裂进水。

冲击损伤:使舰船内设备及人员受到冲击震动损伤。

舰体变形:气泡脉动压力反复作用达几秒钟时间,使船体骨架和钢板受到压缩和伸张作用,产生弯曲变形,或导致桅杆断裂。人们通常认为震动效应为2.5时,舰船损伤就足以使之退出战斗(震动效应:震动张力与变形张力之比,震动张力是爆炸点位置、舰壳及装药量的函数)。

浅水影响:爆炸深度过浅将使水雷的威力有所降低。在浅水中,水面舰艇与水雷爆炸冲击波到目标传播方向的角度过大,即 $\alpha=\arctan\dfrac{\text{到目标的正横距离}}{\text{水中爆炸深度}}$,这就使得冲击波压力主要作用在船舷上,这正是船体最牢固的部分,因此造成的机械损伤减弱。此外,冲击波在浅水中传播,由于悬浮物和气泡阻尼、散射、吸收的影响,及气泡在浅水中迅速上浮水面,因此,能量散失,减弱了破坏作用。

3. 冲击因子

冲击因子是为评价水中爆炸破坏威力而制订的一种衡量标准,是根据历次海战统计资料定出的。

冲击因子计算公式如下:

$$SF=\sqrt{G_{\mathrm{TNT}}}/R \tag{3.10}$$

式中,G_{TNT} 为 TNT 的装药量(kg);R 为爆炸点到目标的距离(m)。

考虑到沉底雷爆炸受到海底反射作用,使冲击因子增大。这种增大因海底底质不同而异,最大可增大100%,一般假设为50%。因此冲击因子的修正公式为

$$SF=\sqrt{1.5G_{\mathrm{TNT}}}/R \tag{3.11}$$

再考虑 Torpex 装药(铝末混合炸药)的 TNT 的当量因数为1.35,则冲击因子的计算公式应为

$$SF=\sqrt{2.025G}/R \tag{3.12}$$

式中,G 为 Torpex 装药量(kg)。

冲击因子对于各种类型舰船的不同损伤情况,与舰船的不同几何结构、不同的爆炸位置等,差别是比较大的。表3.1列出了造成各种舰船损伤所需要的冲击因子值。

利用上述公式可以计算出600 kg和100 kg Torpex装药,不同冲击因子值时的水深与正横距离的相互关系,如图3.56所示。

表3.1 冲击因子值

损伤情况	冲击因子
较难应付的损伤	0.2
10%的武器失灵	0.11~0.22
90%的武器失灵	0.25~0.40
10%的舰动力机械失灵	0.25~0.45

续 表

损伤情况	冲击因子
90%的舰动力机械失灵	0.6～0.8
重要的电子设备失灵	0.7～0.8
严重的机械失灵	1.0
所有的机械全部失灵	1.3
人员严重伤亡	2.0
船体穿透	1.7
潜艇壳体严重穿透	2.2
潜艇壳体开始变形	2～3
船体断裂	6

同样利用上述公式还可以计算出不同冲击因子情况下，在某一水深上水平破坏半径与装药量的关系，如图 3.57 所示。从图中可以看出，采用过多的装药量来增大破坏力是不合适的。装药过量，破坏半径并不明显增大。

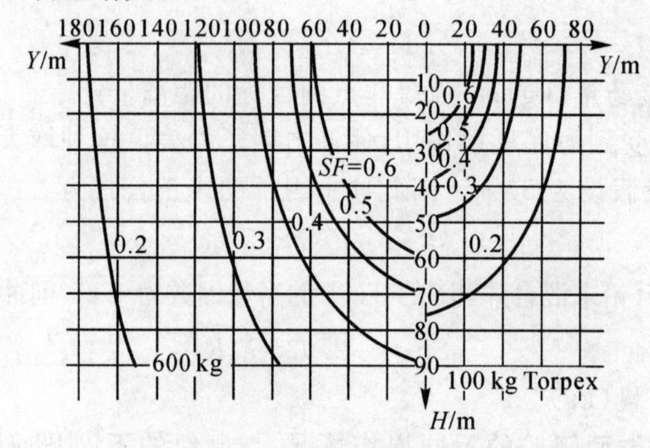

图 3.56 破坏威力曲线

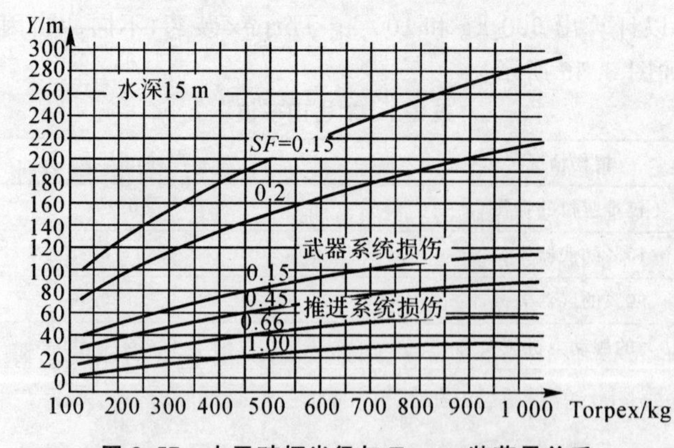

图 3.57 水平破坏半径与 Torpex 装药量关系

3.5.4 水雷的作战使用

1. 水雷障碍

根据水雷战计划，按照一定样式布设水雷构成水中障碍，称为雷障。雷障可分类为防御雷障、攻势雷障、机动雷障。

防御雷障：布设在我方控制水域的雷障，用于加强沿海防御，保证基地、港口、航道安全，防止敌舰偷袭、登陆、海上骚乱，侵犯领土、领海主权。

攻势雷障：布设在敌方控制水域（或公海）的雷障，用于封锁敌方基地、港口、航道，打击敌舰，破坏海上交通，钳制敌人兵力，打乱其作战计划。

机动雷障：根据战场形势的变化，适时布设的雷障，用于防御，可阻击敌舰队行动；用于攻势，可堵截、打击敌舰，为我方兵力赢得战机。在作战转移时应急布雷，攻防性质皆有。

2. 水雷障碍的样式与标示

布设水雷障碍根据不同的作战目的与要求，可布设成如下样式：

水雷线：按照一定间隔，在同一方向布设成一线状，长度＞0.5 n mile 的雷障。若两雷线间距＜1.5 链，称一线两列；若两雷线间距＞1.5 链，称两条单雷线。

水雷线在作战海图上的标示如图 3.58 所示。

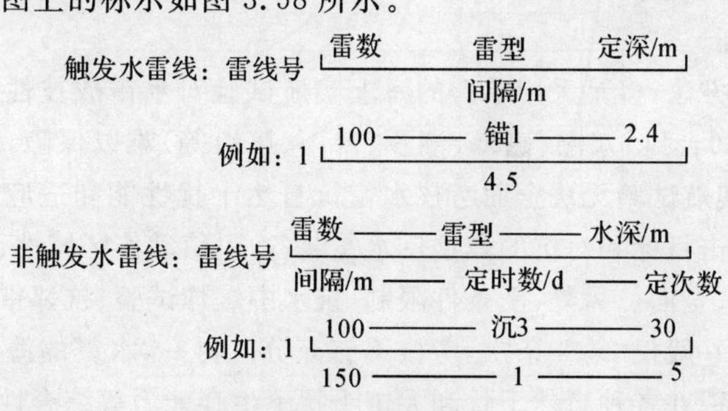

触发水雷线：雷线号 雷数 雷型 定深/m
间隔/m

例如：1 100 —— 锚1 —— 2.4
4.5

非触发水雷线：雷线号 雷数 —— 雷型 —— 水深/m
间隔/m —— 定时数/d —— 定次数

例如：1 100 —— 沉3 —— 30
150 —— 1 —— 5

图 3.58 水雷线标示

水雷幕：按照作战计划与要求，布设各型水雷，如沉底雷、锚雷、触线水雷等，在垂直面上呈帷幕状的雷障，可以同时打击潜航潜艇与水面舰艇。

水雷幕在作战海图上的标示如图 3.59 所示。

水雷群：布设雷线长＜0.5 n mile 的雷障。

零散水雷：离散地布设单个水雷或不规则地布设少量水雷构成的雷障。

零散水雷在作战海图上的标示如图 3.60 所示。

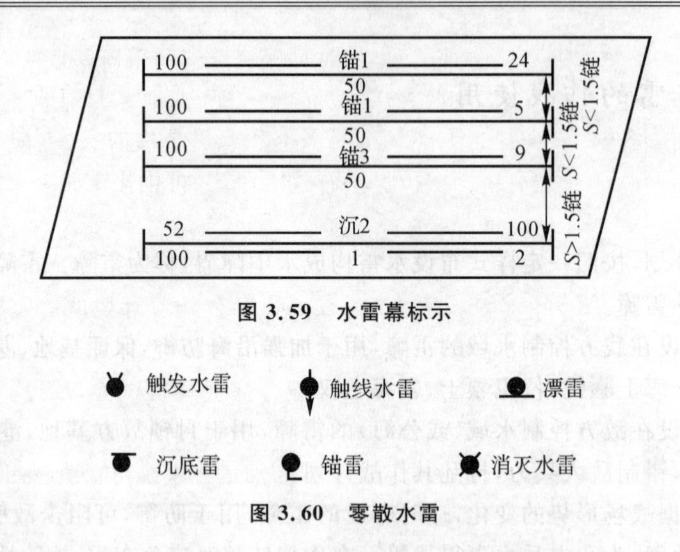

图 3.59　水雷幕标示

图 3.60　零散水雷

3.6　水雷试验技术

水雷试验技术分为陆上调试和海试两个阶段，下面就对这两个阶段进行简要说明。

3.6.1　陆上调试

传统的水雷试验方法，多是采用单一的海上实航试验对水雷战技性能进行考核。由于复杂的海区环境条件（如台风、寒潮、磁暴、潮汐、暴雨、风浪等）难以保障，有些条件根本无法保障。因此，单靠海上实航试验无法全面考核水雷抗自然干扰性能和适应海区环境性能。由于不能保障水雷典型打击目标和对抗的典型反水雷装备，引信动作区域性、抗人工干扰能力等重要性能考核不够真实、全面。另外，受条件限制，抗水中爆炸试验、抗邻雷爆炸试验、遥控试验、抗流试验等重要项目一般仅 2～4 条次，考核不够充分。再一，水雷的海上试验也不能直接考核打击概率、毁伤概率、在各种自然干扰和人工干扰下生存能力等综合性效能指标。因此仿真技术作为一种重要的试验手段，采用海上试验为主，海上实航试验与陆上仿真试验相结合的试验模式，将是解决上述问题的有效途径。

建设一套陆上水雷试验仿真系统，可在全雷状态下，模拟复杂的海洋环境、高海情、各种敌方典型的目标、反水雷装备等作战使用条件进行仿真试验，实航试验不能或难以实施的项目在一定程度上得到弥补，从而全面考核水雷战技性能。可通过选择水雷、目标舰艇和反水雷装备的各种工作制度和多种对抗方式，模拟实战条件，进行大量重复仿真试验，充分获得试验信息，补充实航试验信息的不足。水雷试验仿真系统可以模拟水雷各种工作制度、复杂的对抗条件和多种敌我态势，进行大量重复性仿真试验，从而对综合性效能指标进行评估，并为部队使用、训练提供更全面、实用的信息。水雷试验仿真系统还可用于实航试验前的预试验，提前暴露产品存在的设计缺陷和故障，有效预防无效条次的产生和沉雷事件的发生；在实航试验后，水雷试验仿真系统可为产品的故障分析和定位提供有效手段，并可优化试验方案。

1.水雷战系统仿真需求

水雷战系统仿真的最终目的是建立一个能够提供各种仿真环境的综合实验室，在这个实验室里仿真系统可以单独完成战术级水雷反水雷作战方法研究、水雷反水雷作战效能评估，技术级新型武器战术、技术指标的论证，型号研制中配合完成样机试验，现役装备使用方法的研究等仿真试验任务，同时该实验室还应提供网络接口，通过网络互联，可以与其他仿真系统共同完成更大规模的战役、战术和技术级仿真。典型的水雷战系统仿真流程图如图3.61所示。

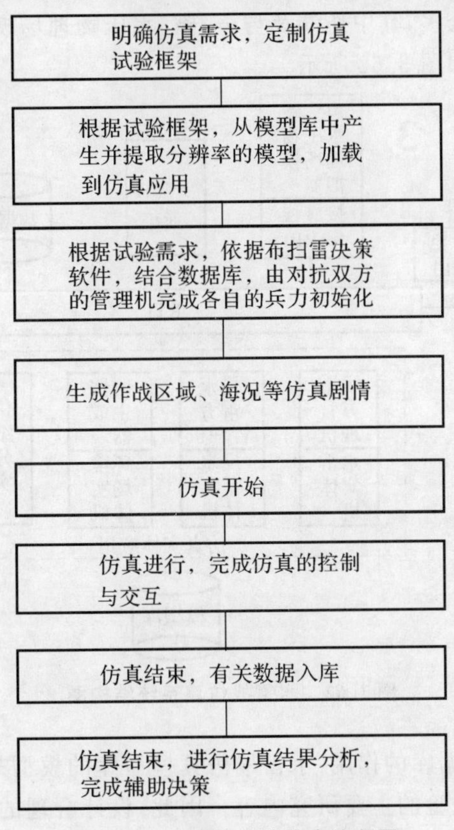

图3.61 水雷战系统仿真流程图

2. 水雷战综合仿真环境

综合环境即仿真系统中统一的虚拟物理环境，主要包括空间、大气、海洋、陆地、电磁场以及各种人文环境与参战实体的外部特性，综合环境的建模、表示、存储、环境效应生成构成了仿真系统的基本研究内容。水雷战仿真系统综合环境主要是提供一个统一的水雷反水雷对抗的威胁环境，实现海洋环境、舰船、扫雷具和水雷的交互。在实战中，以上实体发生交互的信息主要是物理场信号。因此，在系统实例中，主要也是依靠物理场信号的更新推动仿真对抗的进行。水雷引信所接收到的物理场信号实际上是各种信号源产生信号的叠加。在仿真系统中，水雷引信的仿真应用就需把来源于各种信号源的场信号进行综合。这种单个实体与多个环境对象同时发生交互的情况就需要进行信息融合。所谓信息融合即指对多个信号源加以处理以获得实体的统一的、综合的数据表示。

水雷战仿真系统对象众多，其中还涉及与声、磁、水压物理场模拟器等硬件设备的交互问题。典型系统的仿真过程如图 3.62 所示。

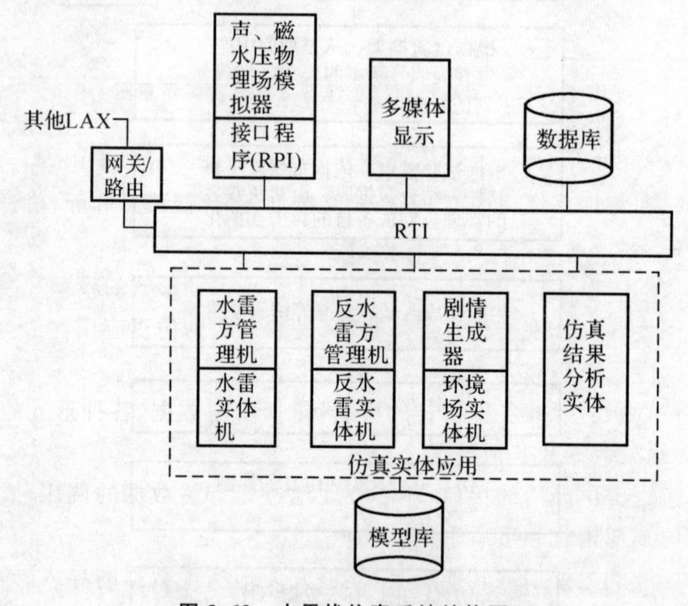

图 3.62 水雷战仿真系统结构图

水雷战仿真模型库/数据库的作用：水雷战仿真模型库的模型是仿真试验的主体，而数据库中的数据则构成了仿真试验的主要研究内容。因此，设计合理的结构对模型库和数据库进行有效的管理是仿真要求的必然。从水雷战仿真系统的结构和仿真过程来分析，模型库和数据库参与的仿真内容如图 3.63 所示。

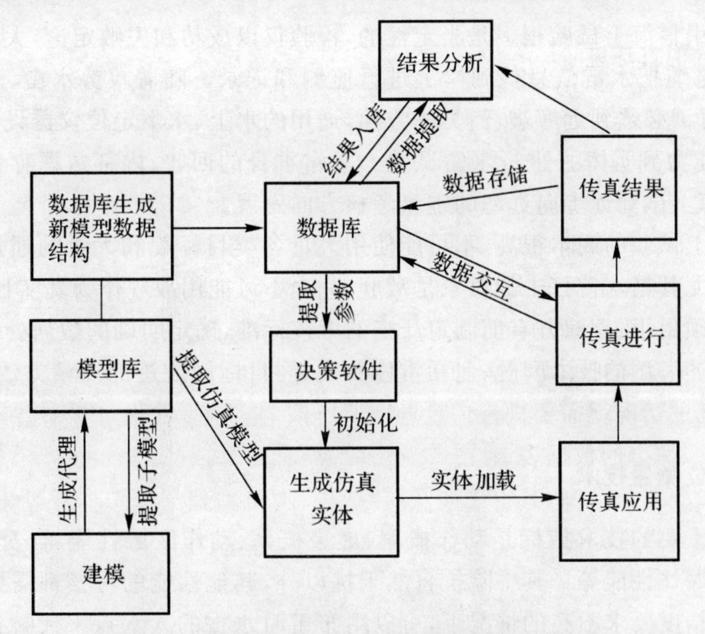

图 3.63　水雷战仿真模型库与数据库功能示意图

从图 3.63 中分析可以看出，水雷战仿真模型库系统应能完成以下内容：

1)层次化地定义和管理系统级模型、子系统级模型、部件级模型和元件级模型；

2)集成建模支持工具，形成完善的建模支持和管理环境；

3)提供面向对象的图形化操作环境，能够灵活地实现多种形式的模型建立、修改和拼装；

4)模型具有通用性并以合理的形式进行封装，易于加载到仿真应用。

水雷战仿真数据库系统应能完成：

1)存储和管理仿真所需要的各种格式的数据，包括实测数据、各种形式的表格数据、仿真试验特性数据、仿真结果数据和其他数据。

2)为其他仿真应用提供灵活的接口，能够方便地进行有关数据的调用、插入和更新，并能协助仿真系统完成仿真初始化和事后重演。

3)提供若干种标准的数据格式转换工具，能够方便地实现数据的导入、导出；并能借助有关工具软件与异构数据库进行集成，实现更大规模的数据视图，以满足大型仿真的需要。

4)与结果分析和显示工具相结合，构成较完善的结果分析和显示环境。

3.6.2　海试

海洋环境非常复杂，水雷兵器要求其引信能适应一年四季中最恶劣的、最极端的海洋环境，因此，水雷引信的海上试验如果要求与实战状态完全一致非常困难，实际上，不可能完全做到。传统的水雷引信海上试验很多是半定性的，检验仅以成功和失败定论，大部分试验在海边或近海进行，用电缆把水雷信息传到岸上进行监测和记录。随着攻势水雷、大深度水雷的发展，一方面要求海试必须到远海进行；另一方面，通用的水上、水下定位仪器设备的技术水平不断提高，完全有能力到远海去进行水雷试验。水雷本身的回收、内部数据存储技术也发展很快，使得水雷的海上试验逐步向远海的定量考核方向发展。

水雷引信海上试验的成本很高，不可能使用大量各类目标舰和大量的通过航次来获取精确的概率数据。尤其是水雷打击的对象是敌舰，完全不可能用敌舰作为真实目标，因此水雷引信的海上试验必须由甲、乙双方事前制定严格的考核标准，确定明确的数据处理方法和评定标准。本节主要阐述海试的技术问题，包括雷位的确定、目标舰航迹的测量方法、爆炸点位置的推算。

1. 试验雷雷位测量技术

水雷引信最重要的技术指标是动作概率、虚警概率、动作区域性能、自身防护能力，即抗扫、抗猎、抗水中爆炸性能等。其中除抗自然干扰以外，其他性能的考核都需要知道试验雷的雷位。在浅水或精度要求不高的情况下，可以用布雷时水雷的入水点来代替雷位，由于海流、雷体不对称等原因使水雷在下沉过程中偏离垂线产生误差影响不大，容易修正。但是在深海，由于海流非常复杂，经常呈现分层分布的现象，水雷下沉时间又长，雷体下沉轨迹无法预计，误差无法修正，所以在深海区试验必须借助差分 GPS 和水下定位系统等设备在水雷布放入水稳定后对雷位进行精确测量。

试验雷水下雷位的测量分两步，第一步是由水下定位系统测量水雷在水下定位系统坐标系中的雷位坐标。第二步是通过 GPS 测量数据把水下定位系统坐标系转换至大地坐标系，从而完成雷位的测定。GPS 是卫星全球定位系统的简称，它利用多颗卫星对地面物体的经、纬度进行精确测量。差分 GPS(简称 DGPS)精度可达 cm 级，但需要有一个固定的差分站，在近海可使用国家建立的通用岸基差分站。收不到通用岸基差分站的海区，要自设差分站，GPS 实时给出接收天线位置上的经、纬度值和相对应的格林尼治时间。数据自动进入计算机存储。

2. 目标舰航迹测量技术

目标舰航迹测量采用 GPS 进行。在目标舰上安装好 GPS，记录下 GPS 天线的安装位置与目标舰几何中心两点连线的距离以及此连线与舰长方向的夹角。

出航前用时间同步设备对水雷内记仪和 GPS 进行“时统”。GPS 给出的时间非常精确。水雷内记仪采用高精度时钟片，精度要求在 10^{-12} 数量级，因此在数天的海上试验期间，时钟误差不超过 ms 级。常用的 GPS 是每秒取一次数据，因此始终误差可忽略不计。

用 GPS 实测到的经纬度是 GPS 天线所在位置的坐标值，水雷试验时通常是用目标几何中心位置代表目标舰的位置的，二者的差别需要用坐标转换的方式来修正，修正方法与上述内容相同，不再赘述。

水雷引信试验中，潜艇航迹测量常用的方法是在潜艇潜航前用GPS测量艇位，下潜后要求潜艇在固定下沉深度上作等速直线航行，航行结束，立即上潜再用GPS测位。两个测位点坐标的连线即被视作潜艇通过航迹。

3. 炸药爆炸点测量技术

主动攻击性水雷的炸药不是在原地被起爆，而是由航行雷体把主装药运送到目标附近时才被起爆。因此要知道的是航行雷体内主装药起爆时它与目标舰的相对距离，这样才能正确评估爆炸威力和毁伤效果。

主动攻击性水雷一般包含解脱引信和近炸引信，解脱引信负责对目标进行定位，并解算目标航向和速度，根据航行雷体的航行速度、工作时间，预测起爆位置，在满足以上条件时，释放航行雷体，导向目标。

复习思考题

3-1　什么是水雷？水雷的特点是什么？

3-2　水雷武器怎样分类？各类水雷的名称和用途是什么？

3-3　水雷有哪些主要战术、技术性能要求？

3-4　被动声引信的概念是什么？

3-5　静声引信的工作原理是什么？动声引信的工作原理是什么？

3-6　主动声引信的概念是什么？其工作原理是什么？

3-7　解释主动目标探测中的突变原理。

3-8　解释主动目标探测中的区域选择原理。

3-9　解释主动目标探测中的音响探测原理。

3-10　水压引信的基本概念是什么？

3-11　联合工作引信的基本概念是什么？对比单一功能引信，其优点有哪些？

3-12　上浮水雷的特点是什么？

3-13　自航水雷、自导水雷、导弹式水雷的特点是什么？

第4章 深水炸弹

4.1 深水炸弹概述

深水炸弹(简称深弹)是一种能在水下一定的深度或者与目标相遇而爆炸的水中兵器,主要用于攻击潜艇,也可以用来开辟雷区通道或者攻击其他目标,是有效的近距离反潜武器。深弹由水面舰艇或飞机投放,也可以由反潜导弹携带。

4.1.1 深弹的特点

深弹与其他水中兵器相比有如下特点:

(1)不受水声对抗的影响

现代潜艇采用各种水声对抗措施后,反潜鱼雷的命中概率将会大大降低,而深弹则可始终按照设定的弹道在空中飞行和入水,直至命中目标,不受水声对抗的影响。尤其在浅海,由于声波传播会受到各种因素的干扰和影响,使鱼雷声自导性能大为降低,攻潜效果往往不理想。而深弹不存在这个问题。

(2)具有多种用途

使用多管齐射火箭式深弹组成的弹幕,不但可以杀伤潜艇,而且还可以拦截来袭鱼雷的攻击,有时也可作为一般的火箭弹使用,打击水面、沿岸目标或破除雷障等。

(3)结构简单,使用方便

与鱼雷和火箭助飞鱼雷相比,深弹的结构简单、操作简便、造价低廉,战时可以大量地生产和使用,并且适合装备各种类型的水面舰艇。

4.1.2 深弹的分类

目前世界上的深弹根据不同的分类方法可分为不同的类型,深弹通常可以按以下5种方法进行分类:

1.按携带者分类

1)舰用深弹——水面舰艇使用的深弹(见图4.1)。

2)航空深弹——反潜飞机、反潜直升机使用的深弹(见图4.2)。

图 4.1　舰用深弹

图 4.2　航空深弹

2. 按使用方法分类

1)投放式深弹——用投放器材投放的深弹(见图 4.3);

2)发射式深弹——用发射药产生的膛压使深弹发射出去的深弹(见图 4.4)。

图 4.3　投放式深弹

图 4.4　发射式深弹

3)火箭式深弹——以火箭发动机的推力作为飞行动力的深弹(见图 4.5)。

图 4.5 火箭式深弹

3. 按射程大小分类

1)小射距深弹——射程小于或等于 1 200 m;
2)中射距深弹——射程大于 1 200 m,小于 4 500 m;
3)大射距深弹——射程大于或等于 4 500 m。

4. 按在水中下沉速度分类

1)低速深弹——下沉速度小于或等于 6 m/s;
2)中速深弹——下沉速度大于 6 m/s,小于 15 m/s;
3)高速深弹——下沉速度大于或等于 15 m/s。

5. 按装药量分类

1)小型深弹——装药量小于或等于 50 kg;
2)中型深弹——装药量大于 50 kg,小于 100 kg;
3)大型深弹——装药量大于或等于 100 kg。

4.1.3 深弹组成

深弹通常由弹头和弹尾构成。弹头是一个密封的金属壳体,内装炸药和引信。炸药分为常规装药和核装药,常规装药多使用 HBX 塑胶炸药或混合炸药,也有使用梯恩梯炸药。引信有定时引信、触发引信、非触发引信和联合引信等。弹尾由发射部分和稳定器组成。发射部分提供深水炸弹飞行动力,稳定器使深水炸弹在运动中保持稳定。

火箭式深水炸弹外形与发射式深水炸弹类似,弹头为卵形密封金属壳体,空中和水中阻力较小,弹尾的发射部分是固体火箭发动机。其优点是发射时无后坐力,可多发齐射;缺点是发射时火焰气浪大,深弹的落点散布空间大,命中概率低。

航空深弹外形与航空炸弹相似,弹头是一个由卵形和圆柱形组成的金属密封壳体,装药量比舰用深弹大;弹尾装有降落伞装置和稳定器。

舰用投放式深弹,无弹尾,弹形为圆柱形,水中运动阻力大,下潜速度低。

舰用发射式深弹,全弹略近流线型,空中和水中运动阻力比投放式深水炸弹小,下潜速度有较大提高,因发射时后坐力大,射程较小,已很少使用。

4.2 深弹发展概况

4.2.1 深弹发展简史

1915年底,英国研制出了世界上最早的深弹,最初用于对潜作战。这种炸弹的外形像金属罐,罐内装满炸药,安有水压引信和触发引信,最初使用的是舰尾投放式。深弹由水面舰艇投入水中,可在触及潜艇或在预定深度爆炸,最深可达200 m。深弹的弹体侧面有个与众不同的水压引信。这种引信由击针、弹簧和雷管、橡皮膜等组成。平时,由于弹簧的张力,把击针和雷管分开,保证炸弹处于安全状态。当对潜艇实施攻击时,投弹手根据潜艇的水下深度对弹簧进行预调。炸弹入水后,依靠自身的重力逐渐下沉,海水的压力也随之加大,这就不断地压缩弹簧。当炸弹下沉到预定深度时,海水对弹体的压力大于引信上弹簧的张力,弹簧完全被压缩,击针击穿雷管,引起爆炸。爆炸所产生的高温、高压气体猛烈地向周围膨胀,在水中形成强大的压力波,可击沉或击伤十几米范围内的潜艇。

在两次世界大战期间,深弹一直都是主要的反潜武器,并在20世纪50和60年代得到了很大发展。出现了用于舰首攻击的发射式深弹、火箭式深弹和航空深弹,引信也由定时引信、触发引信发展为联合引信和非触发引信。从原来的舰尾滚放式和近程24管刺猬式深弹,发展成射程达3 000～6 000 m的火箭式深弹,及其既可旋回、又可俯仰的舰用深弹发射装置,并出现了核装药深弹。

20世纪50年代反潜声自导鱼雷的出现标志着反潜武器进入制导时代。60年代出现了远程反潜导弹,70年代反潜舰艇开始装备反潜直升机,使反潜深弹的地位受到了冲击,特别是潜艇机动性能和防护能力的提高使得深弹对潜艇的杀伤概率下降。随着鱼雷武器的飞速发展和运用,一些国家的海军对深弹在海战中的作用产生怀疑,将重点转移到鱼雷武器的研究,甚至以美国为代表的国家停止了反潜深弹的研制和发展。

1982年英阿马岛海战中,英军特混舰队的水面舰艇与阿潜艇对峙了一周时间,双方使用了包括声自导鱼雷和线导鱼雷进行攻击,均没有取得战果,而英国人却使用航空深弹击中并俘获了一艘阿潜艇。

战后，各国开始重新评估深弹的作用，认为深弹在现代海战中仍具有重要作用，它具有成本低廉、结构简单、研制生产周期短、易于大量生产、使用方便、抗干扰能力强、作用可靠等独特优点，是鱼雷、反潜导弹和直升机无法取代的，特别是在浅水区作战时使用深弹效果更好。随着新技术、新引信及新的探测技术在深弹武器上的应用，深弹在未来海战中将会起到更大的作用。现代的普遍观点认为，深弹和鱼雷反潜这两者之间绝不是互相排斥关系，深弹较适用于浅海和水文条件复杂的海区，而鱼雷则较适用于深海和水文条件较好的海区。

4.2.2 世界各国深弹研究概况

现役装备深弹的国家有俄罗斯、瑞典、英国、法国、德国、挪威、加拿大、日本、意大利、中国等国家。以下对主要国家研制深弹的情况作一简单介绍。

1. 俄罗斯深弹

俄海军现役深弹有 RBU—1200，RBU—2500，RBU—6000，RBU—1000 及 RBU—12000。其中 RBU—1200 于 1955 年定型，RBU—2500 于 1957 年定型，其发射装置有双排平行发射管，每排 8 管，这两型火箭深弹已趋淘汰。装备最多的是 RBU—6000，它与 RBU—1000 均是 1961 年定型。RBU—6000 最大射程为 5.7 km，最大定深为 450 m，弹体质量为 119.5 kg，装药量为 23.5 kg，弹长 1.83 m，弹径为 0.21 m，共 12 管，采用双发火触点解决大小射程问题，1966 年配备主动声非触发引信。RBU—1000 最大射程为 10 km，最大定深为 450 m，弹质量为196 kg，装药质量为 100 kg，弹长 1.70 m，弹径为 0.30 m，共 6 管。RBU—12000 最大射程为 3 km，最小射程为 100 m，弹长 2.2 m，弹径为 0.3 mm，除了用来攻击潜艇外，主要是作为水面舰艇反鱼雷的“干扰-硬杀伤”武器系统。另外，反潜火箭深弹 90R 采用加装制导装置和控制舵面的方法，利用较低的成本投入将常规反潜深弹发展为现代化反潜制导武器。战斗部具有定向破坏作用。该弹的弹径为 0.21 m，弹长为 1.832 m，全弹质量为 112.5 kg，聚能定向爆破装药量为 19 kg，系统从发现目标至战斗准备的时间为 15 s，一次齐射损毁潜艇的概率是 0.8。

2. 瑞典的 SAM204 型航空深弹

SAM204 型深弹用于攻击在浅水域或在潜望深度上作战的潜艇。该深弹能以多种方式使用，并可设定不同的起爆深度，以获得最大爆炸威力，从而有效地摧毁潜艇。

该深弹具有一钢质壳体，适用于北约标准直升机炸弹投射器。它的 SAM104 型引信是一种设计独特的引信。它是一个根据水压原理进行深度控制的装置。它装有消除冲击波影响、对任何方向上的惯性力都不反应的装置，因此，该深弹对不同水深处的邻爆不会感应起爆。

3. 智利的 AS—228 型深弹

该深弹是航空/水面投放式深弹。它是一种装有静水压力动作引信的反潜武器,用于攻击30～490 m深度范围的潜艇目标。在这个范围内,起爆深度可预设19种深度上的任意一种。起爆器有三种安全措施,用于深弹的操作、输送、惯性以及对潜艇的作用。该深弹可通过常规方法从飞机或直升机上投放。

4. 英国的 MKⅡ型深弹

MKⅡ型深弹是一种航空深弹。它是一种能从空中投放的反潜武器。它适用于浅水作战,用来对付位于水面或潜望深度上的潜艇。它可从各种反潜直升机上和固定翼海上巡逻机上进行运输和投放。MKⅡ型深弹能承受直升机飞行时产生的巨大振动,加固的弹壳和弹头部分能承受高速入水时的冲击。该弹装有一个现代化的引信和起爆器,能够承受巨大的振动和冲击,并保证在设定深度上精确地起爆。入水后受到海水的撞击,水压保险系统就会打开进入战斗状态。

5. 意大利的 MS500 深弹

MS500深弹是意大利海军为替代老式深弹而研制的。该深弹兼有深弹和轻型鱼雷的优点。它由声呐、战斗部、尾锥部和空气平衡器组成。MS500深弹由飞机投放,入水后声引信开始工作,最大使用水深为300 m。MS500深弹具有在垂直面内对目标的自动定位能力。在深弹下潜过程中,将根据相对于目标位置的最小距离来确定声引信的最佳发火点。为了使深弹对靠近海底的目标也有效,MS500深弹还可以进行预编程,使它在撞击海底或者达到某一确定深度时爆炸。从功能特性的角度看,该深弹使用了声近炸引信,从而满足了引爆距离最小化原则。该型深弹的引信包括一个主动声呐。在深弹被投放入水中后,深弹前部的声呐启动而发出声波。声呐在发射出声频脉冲后,马上就能接收到强烈的反射声波,且在接收反射波期间打开时间窗口,用声频脉冲间隔的变化来表示距目标的距离。MS500深弹的另一个主要优点是它的价格与老式深弹价格相当,不到轻型鱼雷价格的1/10。

美国拥有多种先进的反潜手段,早已不用常规深弹,只有作为反潜导弹战斗部的核深弹。法国20世70年代以前服役的舰艇装备深弹,较新的A69轻型护卫舰装备MK—54火箭深弹。

4.3 深弹在海战中的重要作用

4.3.1 深弹在历次海战中的作用

第一次世界大战爆发后,由于参战各国在海战中广泛使用了潜艇,最早的反潜武器——深弹——也就随之出现了,并在当时反潜舰艇数量不多,又没有探测潜艇的专用设备,只有等潜艇在水面或潜望状态时才能攻击的条件下,取得了出色的反潜作战效果。据统计,在第一次世界大战的海战中,被击沉的178艘潜艇,有45%是被深弹击沉的。

如果说在第一次世界大战反潜作战中,深弹是初露锋芒,那么深弹在第二次世界大战反潜作战中则是大显身手。为了对付海战的主要作战力量——潜艇,以英、美为首的同盟国建造了5 500艘军舰,小船20 000余艘,专门用于反潜作战,舰船主要武器装备就是深弹。在大西洋海战中,德国被击沉的785艘潜艇,深弹起了决定性作用。据统计,1939—1945年期间,深弹击沉潜艇的数量占各参战国各种武器击毁潜艇数量的41%。

1982年英阿马岛海战中的反潜战,是继第二次世界大战后发生的最大规模的反潜战。在这次海战中,英阿双方使用了包括自导鱼雷、线导鱼雷在内的作战武器,均未获得战果。而英军却使用航空深弹击伤了阿军一艘潜艇,并俘获了它。此战深弹反潜效能之所以超过鱼雷,其原因在于当时交战双方都有鱼雷报警设备,都采取了水声对抗措施,对抗措施的有效性甚至可达90%,再加上鱼雷导线装置失灵或故障,或航行失控、作战海区环境恶劣等情况的影响,一条鱼雷命中概率仅为2.4%~18%,而深弹却因没有有效的对抗手段,受环境限制少等原因,命中概率为60%左右。

此外,在冷战时期,美、苏两大海上军事强国角逐的战场,主要是在公海及大洋深处。20世纪90年代初,华约解散、苏联解体,冷战随之结束,美国海军失去了与之在公海及大洋深处相抗衡的对手,海上战争从公海及大洋深处转移到了近海水域;海上作战样式已从扼守海上要冲、反潜护航等,转变为对陆作战、浅水区反潜、两栖作战及弹道导弹防御,等等。美国海军认为,未来的反潜作战,绝大多数情况下将是在近海的浅水区中进行的;除了战略核潜艇外,其他各类常规潜艇的作战环境主要是在近海水域;常规潜艇可以在海底杂波和水声声波的折射区中匿藏,使其具有优良的侦察、攻击作战及隐蔽条件,深弹在浅海区和水文条件复杂海区独特的、高效的反潜效能,重新唤起了人们对它的重视。

4.3.2 深弹在现代海战中的作用

随着科学技术的进步,新型深弹武器装备战术水平得到了很大的提高,其探测系统的作用距离(新型声呐可达9 km以上)、武器的有效射程及爆炸威力等都在不断地加大,深弹武器的功能正在被不断拓宽,不仅用于反潜,还可用于反鱼雷、反水雷、反导、扫清滩头、打击水面舰艇等用途。下面就其可实现的主要功能逐一进行分析。

1. 反潜

深弹是主要的反潜武器,反潜功能是深弹的基本功能。俄罗斯在研制和使用深弹武器方面走在世界其他国家的前面。俄罗斯在发展深弹用于反潜的过程中,走不断革新和改进的道路。发射装置以增加射程跨度、自动化程度与多用途为主,深弹的战斗部除核深弹外,主攻方向是增大反潜水深、对双层艇体的破坏能力以及深弹的导向自导能力。

俄罗斯(苏联)从20世纪40年代后期开始发展深弹武器系统,至90年代,相继发展了多种型号的深弹发射装置及相应的深弹武器。其中现役的以12 000 m,6 000 m,1 000 m三种深弹为代表,分别在远、中、近距离上使用,其落点密集度大都在1/80左右,作用距离为1 000 m。

俄罗斯装备的90П式火箭式声制导深弹,由战斗部、分离舱和火箭发动机组成,由水面舰艇发射,最大射程为4 300 m,最小射程为600 m,战斗部由天线、碰撞引信、无线电引信、水动力舱、主动声呐装置和炸药组成,战斗深度比一般的火箭式深弹要大得多,可达1 000 m。90П式深弹使用12管的РБУ—6000深弹发射炮发射,该深弹和舰上的声呐站、指挥仪、发射炮、输弹机组成РПК—8型深弹反潜武器系统。该武器系统采用全自动瞄准,系统的反应时间(从确定打击目标到第一枚深弹出管的时间)为15 s。若连射12枚深弹(间隔3 s),其散布约400 m,击毁、击伤潜艇的概率可达80%。

2. 反鱼雷

当敌潜艇或水面舰艇突破我方的防御并已向我方发射鱼雷时,我方除采取规避机动外,还要加强对鱼雷的防护。采取的办法有软、硬两种。软办法是指诱骗、阻挡、隐蔽、规避等措施,硬办法是将其摧毁或使其自导装置失灵。

美国在20世纪80年代曾用30 kg TNT装药的深弹进行了反鱼雷验证试验,试验结果为:在20 m处爆炸冲击波压力达到641.32 N/cm^2,使鱼雷壳体漏水、轴扭曲、鳍舵变形;在50 m处爆炸冲击波压力达到226.93 N/cm^2,可使鱼雷自导与控制系统失灵;在70 m处爆炸冲击波压力达到156.91 kg/cm^2,可使鱼雷器件松动、线路混乱。若深弹装30 kg高能炸药,在水中爆炸时产生的超压,在距离60 m处其自由场压力为196.13 N/cm^2,在距离30 m处其自由场压力为441.30 N/cm^2,如果炸点在鱼雷行进的前方,则由于壁压效应,鱼雷的接收传感器将受到更大的超压动载。

经计算,鱼雷接收传感器若承受的动载超过392.27 N/cm^2,就可能发生故障,因此,如果用深弹拦截鱼雷,应尽可能使深弹在鱼雷前方爆炸,它将产生下列3种作用:

1)强大的爆炸声源可使声制导鱼雷一度致盲;

2)利用深弹爆炸时产生的超压值及压力冲量,使鱼雷敏感元件、关键性的薄弱环节损坏,从而使鱼雷失效;

3)深弹爆炸时产生的水下冲击波可使鱼雷失稳、翻身、转向而丢失目标,迷失航向。

俄罗斯1990年服役的航母上安装的RBU—12000火箭深弹系统就是用于拦截鱼雷的,该装置具有10联装发射管,呈圆弧形排列。自动跟踪瞄准、自动装填,系统反应时间为15 s。拦截来袭直航鱼雷概率达90%,拦截自导鱼雷概率达76%。

3. 反导

反舰导弹是水面舰艇最大的威胁之一，其对水面舰艇命中概率较高，杀伤威力较大，拦截比较困难，各先进国家都花费了大量的人力、物力，在不同距离寻找有效的拦截手段，以提高舰艇的自身防御能力，采用种种高新技术研制出了各种武器，如进行电子干扰，发射干扰弹，用反导导弹进行拦截，在近程时用多管速射炮进行拦截等。近年来，美国和俄罗斯等相继开展了用深弹武器拦截反舰导弹的研究，已经开发出了用深弹拦截掠海飞行的反舰导弹的防御系统。

(1)深弹拦截掠海飞行的反舰导弹

掠海飞行的反舰导弹一般飞行高度仅距海面 3～15 m，当小目标侦察雷达在 12～20 km 发现来袭导弹，经层层拦截仍然无效时，则可用深弹拦截已逼近己舰的导弹，对掠海飞行导弹的拦截方式可采用水屏障。如果深弹装药 30 kg，则在浅水爆炸可形成水柱，其参量见表 4.1。

表 4.1 30 kg 深弹潜水爆炸形成的水柱参考

起爆深度/m	最大水柱高度/m	距海面高度 7 m 处(特征高度)	
		水柱直径/m	水柱有效持续时间/s
1.74	65.3		
4	45.8	35.3	3.85
5	34.9	43.4	3.39
6	33.7	43.4	3.33
7	32.6	43.4	3.29
8	31.5	43.4	3.24
10	29.2	43.4	3.13

利用齐射多枚 30 kg 装药的深弹，于 5～10 m 水深处爆炸，可在拦截点形成宽大于 60 m、厚大于 40 m、高大于 29 m 的有效水幕墙，将会对掠海飞行的导弹造成下列影响：

1)破坏掠海导弹的稳定性；

2)导弹受到水幕的撞击后，介质密度骤然增加，将会使导弹速度骤降，引爆带有近炸引信的导弹，导弹中导航基准装置受到冲击，基准失衡，致使导弹失控，造成乱飞或入水；

3)导弹结构遭到破坏；

4)导弹飞行高度失控；

5)水幕迫使导弹采用“盲目”跟踪，降低命中概率。

总之，掠海飞行导弹进入深弹产生的水幕中，将会大大降低或消除导弹对舰艇的威胁，这是对掠海飞行导弹的一种很好的防御手段。用水幕对抗掠海飞行导弹，必须具备 3 个条件：①能产生符合毁伤导弹要求的水幕；②反应时间满足反导弹的要求和控制深弹发射；③使导弹能进入水幕。

对于深弹武器系统而言，控制深弹炮发射的高低角和方位角，就能控制深弹的落水距离、散布、方位；控制深弹入水后的爆炸深度，调整引信的延时起爆时间，可以获得所需的水幕高度。根据发射深弹时的录像结果，两座12管РБУ—2500深弹炮集火射击，水幕的尺寸约为高50 m、宽50 m、厚60 m，能满足拦截掠海导弹的要求。

根据分析计算，如果跟踪雷达在5.2 km以外跟踪上亚声速导弹，那么舰上的深弹武器系统将有时间用深弹水幕对掠海飞行的导弹进行有效的拦截，拦截距离为1 000～1 800 m。水幕的落点是由指挥仪根据跟踪雷达送来的导弹目标数据及深弹飞行弹道求得的。根据仿真计算的结果，深弹水幕反导若使用正确，导弹进入水幕的概率可达100%，这说明了用“面对点”的水幕防御从原理上是可行的，能增加一种反舰导弹的有效防御层次。

(2)深弹拦截空中来袭的反舰导弹

对于从空中来袭的反舰导弹，深弹拦截还可采用近距离定点攻击法。由于导弹的运动要素由侦察雷达提供，目标要素相对正确，利用深弹装药量大，具有较大杀伤区，也可以发射多枚深弹实施群爆，造成更有效的杀伤区。如果导弹恰好在杀伤区内，则将受到爆轰波的冲击，使导弹直接毁伤，或内部器件受损而失效，甚至在冲击波的作用下失稳、翻转、大幅度地转向而失去航向。

4. 反水雷、开辟航道

由于现代高技术条件下的海上战争的突发性和快速性，在一定条件下需要紧急开辟航道，确保己方舰艇的迅速出击和运动，不被敌方水雷封锁，这是海军目前反水雷部门最紧迫的任务。反水雷目前通用的途径主要有扫、猎、炸等几种方式，尤其是使用扫、猎两种方式时反水雷的关键是准确发现和定位航道上的水雷。利用深弹爆炸排雷的方式不失为一种有效手段，虽然探测手段不可能短期内有很大的提高，但从理论上讲，只要对怀疑有水雷的水域实施水下爆炸，只要保证有足够大的覆盖面积和足够的爆炸密度，就可以迅速消灭水雷，对于多管火箭深弹武器系统这是完全可以达到的。

5. 扫清滩头、实施破障

深弹具有较大的杀伤威力和一定的射程，同时可用于空中、水面、地面爆炸及任何水深起爆，摧毁水面、地面和水下、地下的工事设施。故深弹在登陆作战中用于扫清滩头、快速破除水下障碍，作为火力支援是较为合适的装备。目前，世界各国正在大力研制大侵彻弹丸，而深弹就具有这方面得天独厚的条件。如果赋予深弹足够的速度，还可利用深弹水中弹道的特点，使深弹破障更为有效，从而使深弹成为名副其实的水下破障弹。

6. 水面舰艇

深弹系统具有目标跟踪射击能力，并具有足够的射程、射击精度及爆炸威力，可以有效地实现对水面运动目标的攻击，这样可使小舰也具有对大舰摧毁性的常规打击能力。

4.4 深弹武器构造原理

4.4.1 俄罗斯 RBU2500

火箭深弹 RBU2500 由弹头和弹尾两大部分组成，如图 4.6 所示。

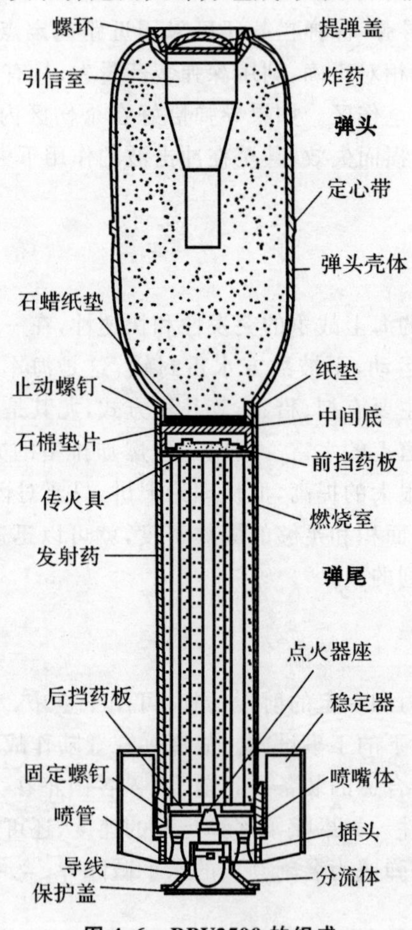

图 4.6 RBU2500 的组成

1. 弹头

弹头是火箭深弹的战斗部。弹头内装有梯黑—50 炸药 31 kg，战斗中即以其爆炸威力摧毁目标。

弹头呈平顶流线型。采用这种形式，既限制了火箭深弹入水时的撞击力，又可避免跳弹，还能使其在水下稳定运行。弹头顶部有一引信室，用于安装触发和电子两种引信。装入引信室后，应用螺纹压环固定。平时，引信室要用提弹盖盖紧，以防落入脏物或受潮生锈。

弹头中部有一定心带，其作用主要是与弹尾稳定圈一起保证弹体轴线与炮管轴线平行，此外，通过它与炮管接触，既可以减小弹体在炮管中的滑动摩擦力，又可沟通发射电路。

弹头底部有一前后分别带有内、外螺纹的中间底，以实现弹头与弹尾的连接。中间底旋下后，可向弹头内加注炸药。在弹头底部与中间底的连接处，还装有石蜡纸垫、纸垫及石棉垫片，其作用：一是防止炸药受潮，二是隔热，以防发射时温度很高的中间底直接与炸药接触发生意外。

2. 弹尾

弹尾由喷气发动机、稳定器和分流体三部分组成。

(1)喷气发动机

火箭深弹的喷气发动机为火箭发动机，它是火箭深弹飞行的动力装置。

喷气发动机由燃烧室、发射药、前挡药板、后挡药板、喷嘴和发火装置组成。

燃烧室呈圆筒形，其前后均分别带有内、外螺纹，用于与弹头中间底及喷嘴的连接。燃烧室内装有 7 根管状双铅—2 火箭发射药，作为喷气发动机的燃料，在火箭深弹发射过程中的有效作用时间(约 0.72 s)内，产生大量高温、高压气体，经喷嘴喷出，为火箭深弹提供出管和空中飞行动力。发射药被做成管状，使其在燃烧时，外圆柱燃烧面逐渐减小，内圆柱燃烧面逐渐增大，且它们的变化率一致，即使发射药基本保持等面燃烧。这样，在发射药燃烧时间内，就可以为火箭深弹提供比较恒定的推力。由于发射药燃烧时会产生高温、高压气体，这就要求燃烧室必须具有足够的强度，以承受约 3 000 N/cm^2 的压力。

在燃烧室内发射药的两端分别有前、后挡药板。前、后挡药板外形如图 4.7 所示。

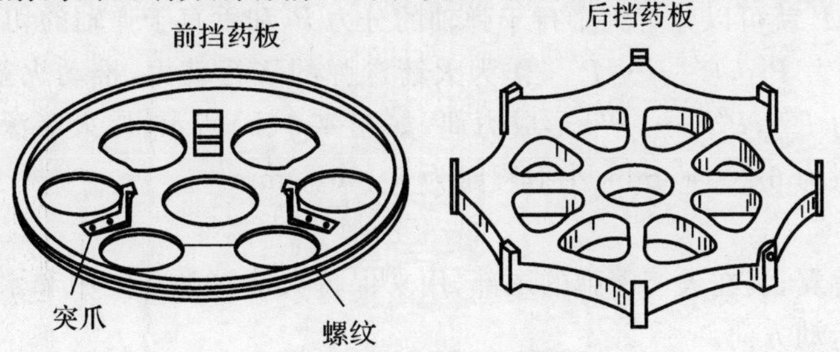

图 4.7　挡药板外形图

挡药板通过外螺纹与燃烧室前端内螺纹连接。前挡药板上固定有3个突爪,用于固定传火药块。

后挡药板位于发射药和喷嘴之间,并通过两个螺钉固定在喷嘴上。后挡药板的作用:一是防止发射药燃烧时药管后移堵塞喷嘴,引起燃烧室爆炸;二是使发射药离开喷嘴一定距离,以便发射药燃烧后产生的高温、高压气体能够均匀地从喷管喷出。由于前、后挡药板的共同作用,7根发射药被固定在燃烧室内。

喷嘴呈圆柱形,前、后均有外螺纹(见图4.8),分别与燃烧室和稳定器连接。喷嘴上有一中心孔,中心孔中部和后部均有螺纹。中部螺纹处孔径较后部螺纹处孔径小,分别用于连接电点火具和分流体。在中心孔的周围,均匀分布8个倾斜喷管,发射药燃烧所产生的高温、高压气体由喷管喷出。喷气速度越高火箭深弹获得的推力越大,为了提高气体的喷出速度、增加推力、加大火箭深弹的飞行速度,特采用超声速喷管(拉瓦尔喷管),如图4.8所示。

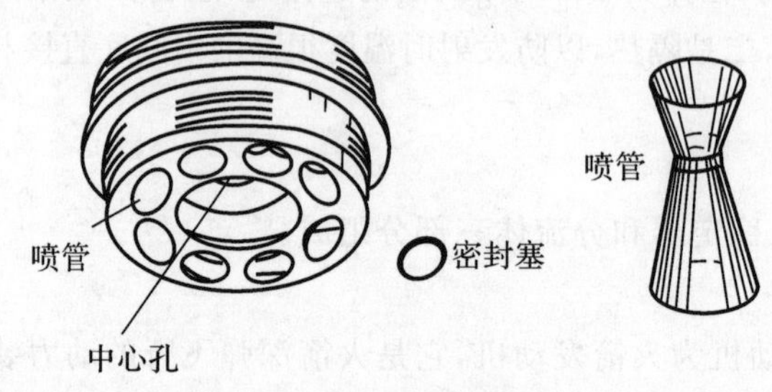

图4.8 喷嘴外形图

拉瓦尔喷管截面积为先收敛后扩散,其中最小截面处为喉部。当高温、高压气体经过喉部截面的上部,也就是流经收敛段时,使得原来基本静止的亚声速燃气压强逐渐减小,流速逐渐增大;当燃气流到达喉部截面时,流速达到声速;当燃气由喉部截面继续向下部流动,即流经扩散段时,燃气压强继续减小,流速继续增大,呈超声速。这样,就使火箭深弹获得了较大的推力。

为了保证火箭深弹空中飞行的稳定,就必须使它在飞行的同时做旋转运动,为此,特使各喷管中心线与火箭深弹轴线成25°夹角,如图4.9(a)所示。这样,当高温、高压气体由喷管喷出时,其反作用力P就可以分解为平行于弹轴的分力P'和垂直于弹轴的切向分力P''。显然,8个喷管的轴向分力$P'_1,P'_2,\cdots,P'_8$,作为火箭深弹的飞行动力,推动火箭深弹向前飞行;8个喷管的切向分力$P''_1,P''_2,\cdots,P''_3$形成力偶,如图4.9(b)所示,使火箭深弹绕轴线右旋,最大转速在大射程时为6 200 r/min、小射程时为6 100 r/min。

(2)稳定器

稳定器也称尾翼,装在火箭深弹的尾部,用来保持火箭深弹在空中和水中运行的稳定,即使弹头始终趋向运动方向。

稳定器由稳定器套、稳定圈及四块空间互成90°角的叶板组成。稳定器套的后段有内螺纹,与喷嘴连接。4块叶板焊接在稳定器套与稳定圈之间。稳定圈中部开有一周凹槽。

由于稳定器的作用,火箭深弹运行时的阻力中心始终位于其重心之后,为火箭深弹的稳定运行提供了重要条件。

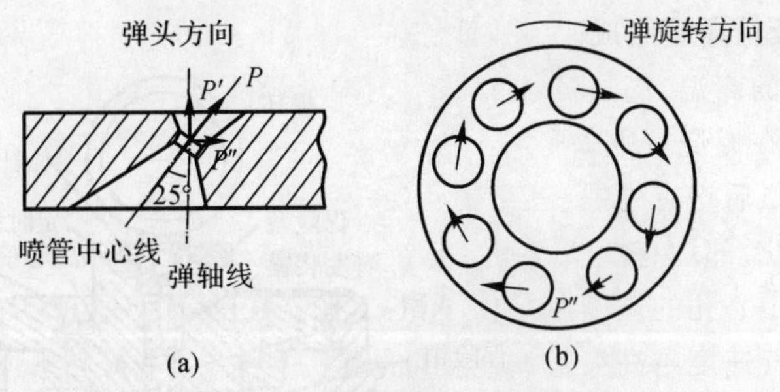

图4.9 喷嘴受力分析图

(3)分流体

分流体用于分流由喷嘴喷出的高速气流,使火箭深弹为小射程。

分流体上有外螺纹,可与喷嘴连接。分流体呈喇叭筒形,如图4.10所示。平时,分流体喇叭口处盖有塑料盖,以防电点火器及发火导线受潮。

使用分流体时,由于分流体位于喷嘴的后部,故从喷嘴喷出的部分高速气流作用到分流体上造成转折,使得火箭深弹获得的轴向推力和切向旋转力减小,在不同的仰角上,其射程为55～1 450 m范围内的最大转速为6 100 r/min;当不使用分流体,即卸下分流体时,则在不同的仰角上,其射程为1 250～3 130 m,最大转速为6 200 r/min。这样,卸下分流体与否,就会得到相应的两级射程,即大射程和小射程。火箭深弹射击时,究竟采用大射程还是小射程的射击方案,可根据战术需要由指挥员确定。

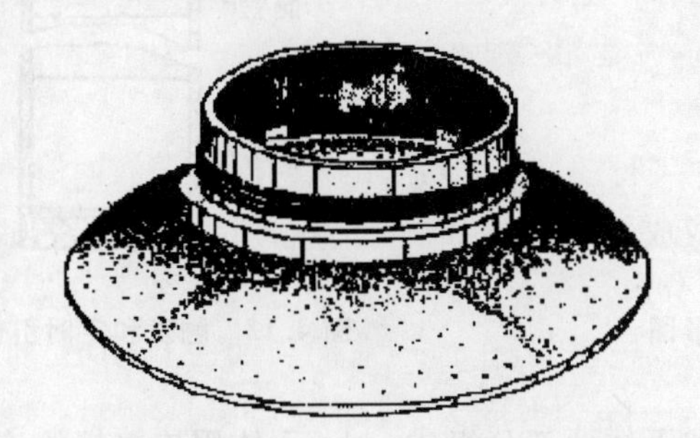

图4.10 分流体外形图

3.引信

该深弹装有两种引信,一种是兼容触发和定时两种起爆方式的深联—Ⅰ引信,它具有水面着发、水中撞发、定时爆炸三种工作制;另一种是深联—Ⅱ引信。

(1)深联—Ⅰ引信结构

该引信外形如图 4.11 所示。引信的内部结构剖视如图 4.12 所示。它由壳体、着发装置、定时装置、撞发装置及扩爆管组成。

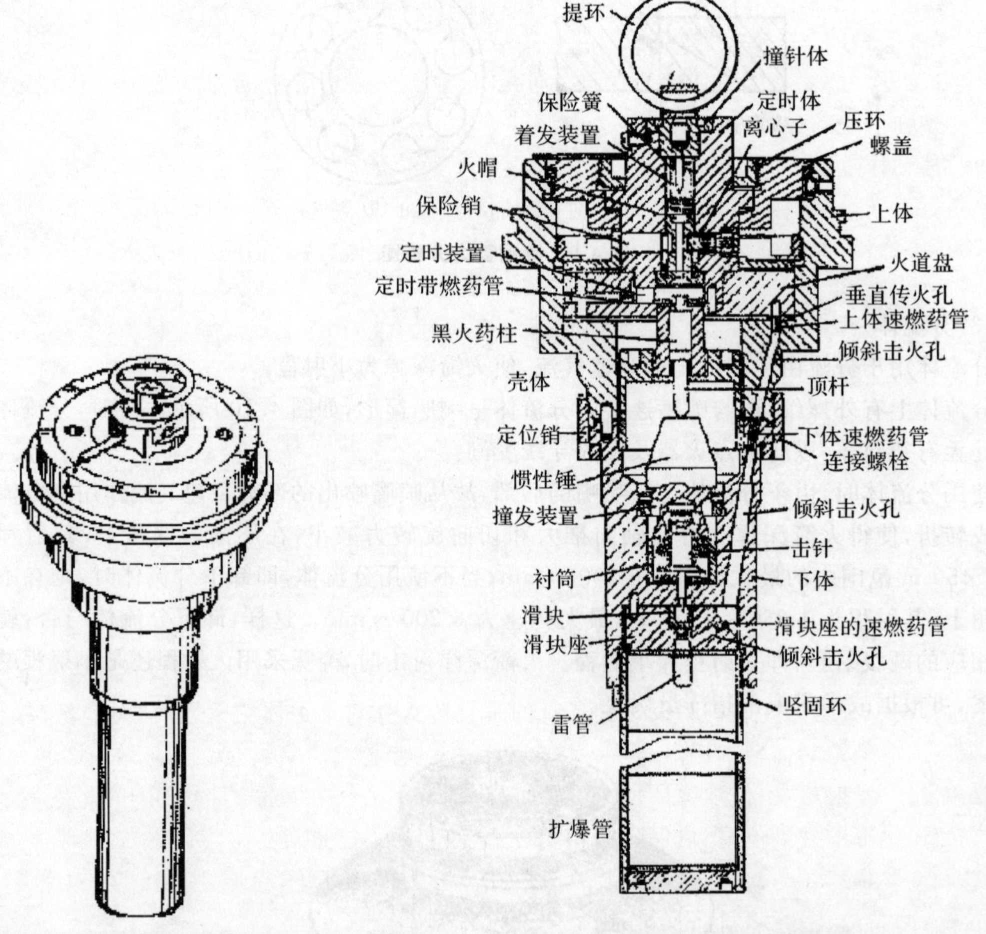

图 4.11 触发和定时引信外形图

图 4.12 触发和定时引信剖视图

1)壳体。壳体由上体和下体两部分组成。上、下体用连接螺栓连接成一体,并用一螺钉固定。为防止上、下体连接时错位,在下体顶部有一定位销插入上体底部的销孔内。

上体内部有垂直传火孔和倾斜击火孔,垂直传火孔内装一速燃药管。上体的上端面刻有定时用的时间分划(0～40 s)和"安"字分划,作为引信设定的依据。上体外部有轮缘,以便在引信装入弹体之前套入橡皮圈,保持水密。

下体内部有一倾斜击火孔，其首端装有两个速燃药管。上、下体结合成一体后，下体倾斜传火孔的首端应对正上体倾斜传火孔的末端，以确保沟通火路。

2)着发装置。着发装置安装在定时装置的定时体内，其作用：一是保证引信在平时勤务处理及空中弹道上的安全，二是利用火箭深弹撞击水面或目标时的惯性刺发火帽。

3)定时装置。定时装置用来控制火箭深弹在着发装置击发后，于设定时间爆炸，从而达到控制爆炸深度的目的。

4)撞发装置。撞发装置可使火箭深弹在下沉过程中，当碰到潜艇、硬质海底或邻弹爆炸而受到强烈振动时，立即爆炸。

(2)引信动作过程

1)平时。平时，引信定时体的指针应对准上体上端面"安"字分划。引信着发装置中保险销被挡盘凸块挡住，保险销和离心子一起卡住带火帽的惯性体，使之不能前移，以保证着发装置火帽不会被刺发。

引信上体倾斜传火孔首端位于火道盘两垂直传火孔之间，使火路中断，即便着发装置火帽发火，引信也不会爆炸。

撞发装置中火药保险机构的顶杆抵住惯性锤，使撞发机构处于安全状态。这时，即使因某种原因造成着发装置中火帽发火，点燃火药保险机构中黑火药柱，惯性锤被释放，但因滑块未受离心力作用而仍抵紧回转座，撞发装置火帽与击针仍然隔离，击针不会刺发火帽。即便因某种原因造成火帽发火，但此时由于火帽与扩爆管中雷管也是隔离的，火焰也不会引爆雷管。

由于上述诸项保险，保证了引信在平时的勤务处理和运输中的安全。

2)发射前。发射前，应根据命令进行引信的设定，即用定时工具转动定时体，使其指针对准某一分划。此时，火道盘的火道与上体的速燃药管接触，并确定了与设定分划时间相对应的有效火道(若设定分划为"0"，则瞬发速燃药管的垂直传火孔对准上体的速燃药管)。同时，定时体内保险销也随定时体转离挡盘凸块。

3)发射后。发射后，引信随弹体加速旋转，保险销和离心子在离心力的作用下外移，挡筒在挡筒簧的作用下上升到位，挡住保险销和离心子，使它们不能重新复位，彻底释放惯性体，着发装置进入待发状态。与此同时，撞发装置滑块在离心力的作用下，克服滑块簧的张力外移，释放回转座，回转座在切线惯性力的作用下向外转离。

4)撞击水面(或目标)时。火箭深弹撞击水面(或目标)时，速度突然降低，惯性体克服保险簧张力而前冲，刺发火帽。若引信设定在"0"分划，则最多经 0.08 s 即起爆，其火路是火帽→瞬发速燃药管引信上体倾斜传火孔中速燃药管→引信下体倾斜传火孔中速燃药管→滑块座倾斜传火孔中速燃药管雷管→扩爆管。

若攻击水下目标，引信设定在 1～40 中的某一分划时，火焰经定时速燃药管点燃弧形火道，开始计时燃烧。与此同时，撞发装置中火药保险机构的黑火药柱也被点燃。1 s 后黑火药柱燃烧完毕，火药保险机构中顶杆被顶杆簧抬起，释放惯性锤，滑块被滑块簧推复到位，火帽对正击针，撞发装置进入待发状态。

5)水中碰到潜艇或受到强烈振动时。深弹在水中碰到潜艇或因邻弹爆炸而受到强烈振动时，撞发装置击针猛力刺发火帽，火帽燃烧，火焰击穿紫铜盂引爆雷管，直接命中目标或形成群爆。

6)到达设定时间后。火箭深弹在下沉过程中，如果既未碰到潜艇，也没有受到强烈振动，则在弧形火道燃烧到所设定的分划时间时，火箭深弹恰好下沉到预定深度，引信上、下体及滑块座的速燃药管相继点燃，随后引爆火箭深弹。

引信不同的时间分划对应着不同的火箭深弹爆炸深度。当射程种类(即大、小射程)不同时，即便俯仰角及引信设定时间相同，火箭深弹爆炸深度也不同；当射程种类一定，引信设定时间相同而俯仰角不同时，火箭深弹爆炸深度也不同。经过理论计算，得出了在不同射程种类、不同俯仰角条件下，火箭深弹爆炸深度与深联—Ⅰ引信时间分划的对应关系。

(3)深联—Ⅱ引信

1)功能与组成。该引信具有水(地)面炸、水下定时炸、水下触发(电触发和机械触发冗余)以及水下一定距离内群爆4种功能，是联合引信的升级产品。其组成由电源模块、电子定时电路模块、电触发模块、机械触发模块、安全系统模块及传爆序列组成，外形与触发机械引信相似，深联—Ⅱ引信功能框图如图4.13所示。

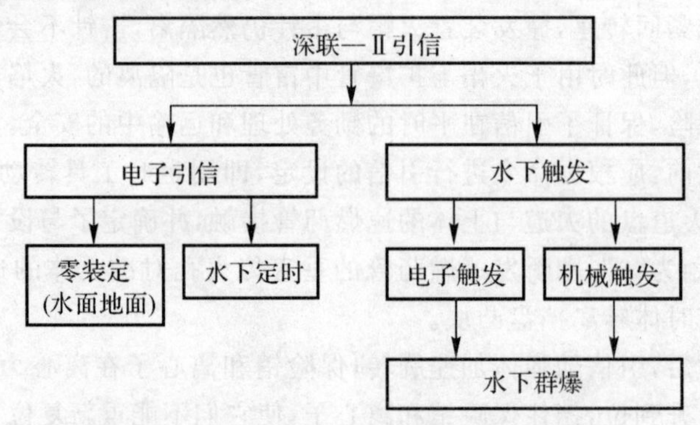

图4.13 深联—Ⅱ引信功能框图

2)技术特性。深联—Ⅱ电子引信组成与原理框图如图4.14所示，它具有如下特性：

①具有水中定时、触发复合炸作用方式，可实现水(地)面炸、水中定时、水中触发以及在一定条件下可以群爆4种作用方式，其中水面炸瞬发度不大于5 ms。

②炮口保险距离不小于100 m，可靠解除保险距离不大于5 ms。

③设定时间范围为0～35 s，设定时间为0.1 s(最小间隙为0.1 s)，最大装定时间的相对中间差不大于0.3%。

④引信单发装定时间差不大于0.08 s。

⑤引信的触发灵敏度与触发引信基本相同。

⑥引信定深范围为 0～300 m。

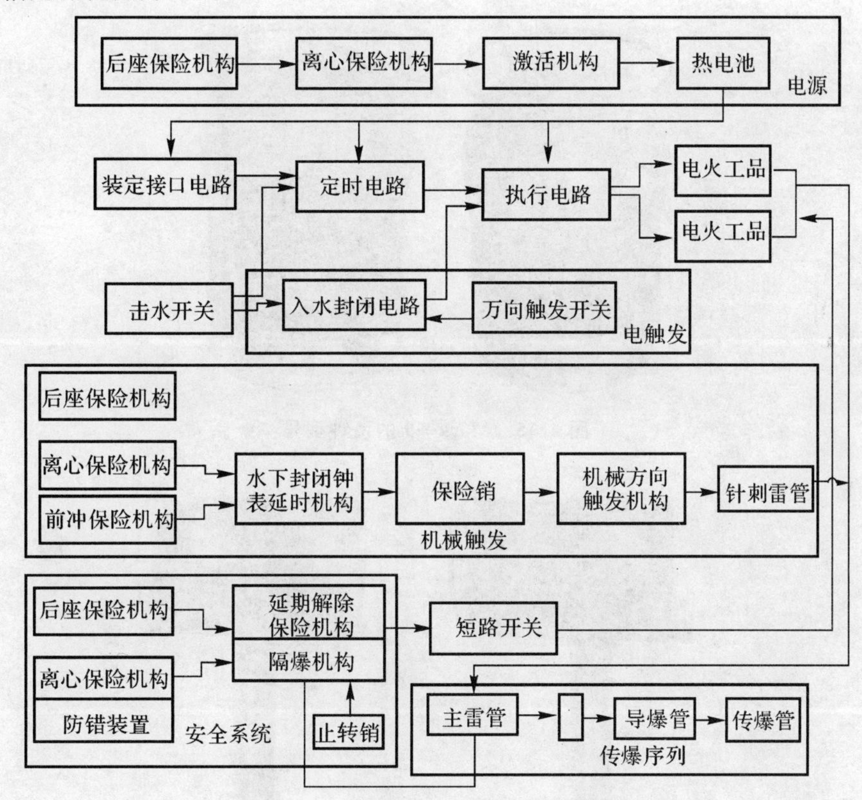

图 4.14　深联—Ⅱ引信组成原理框图

4.4.2　二战时期美国的大型深弹 Mark—9

1. Mark—9 的结构和特点

1)Mark—9 由壳体、引信和相应的助推延伸器组成。

2)Mark—9 是泪滴状(见图 4.15)的反潜武器，具有更高的下沉速度和更稳定的水下航行特性，使得深弹可以获得比过去更高的攻击精确度。

3)Mark—9 的引信安装在深弹壳体的头部，而助推延伸器都放置在深弹壳体的底部。

4)Mark—9 的最大长度为 701.675 mm，最大直径为 448.056 mm。由一个直径为 12.7 mm的支撑环固定其头部或 8 条肋的前端，在尾翼的外边缘由挡板固定住。8 片尾翼与壳体纵轴方向成 20°的角度，这样可以使深弹在下沉时产生旋转，提高其水下的弹道稳定性

(见图4.16)。

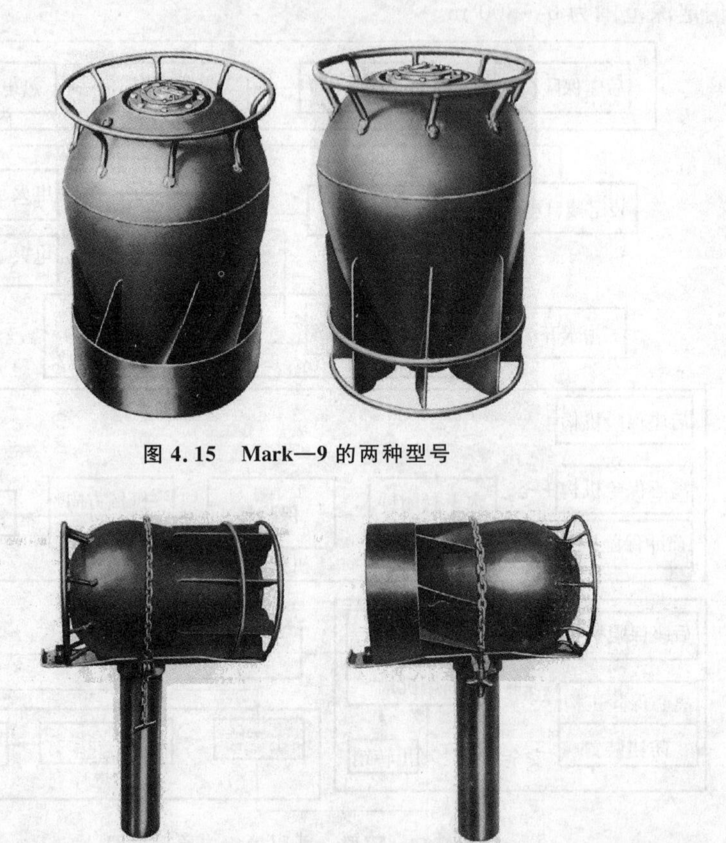

图 4.15 Mark—9 的两种型号

图 4.16 Mark—9 的固定方式 1

5)为了在已有的放置老式深弹(Mark—6 或 Mark—7)的滑轨上安装这些泪滴状的深弹 Mark—9,需要修改大部分的轨道,利用制转杆和止动器来控制 Mark—9。当深弹安装在滑轨上时,它应在低轨道上保持静止状态(见图 4.17)。

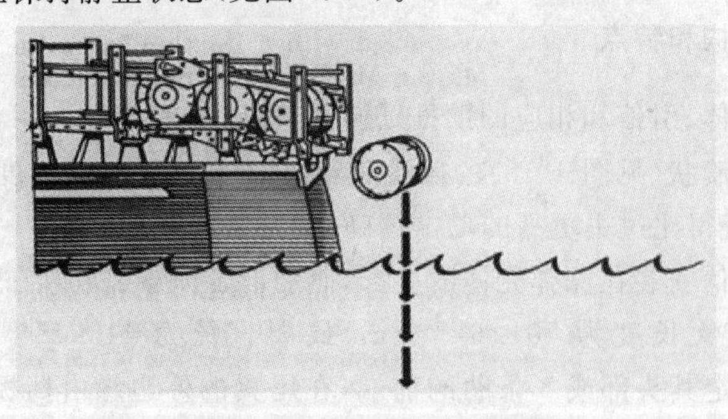

图 4.17 Mark—9 的固定方式 2

2. Mark—9 的引信结构

1)Mark—9 的引信是一个完整的爆炸单元,它含有雷管和传爆器。

2)引信设计专门用于静水压动作的深弹上,它可以在 15～150 m 的预设深度内爆炸。

3)引信的凸缘上有一个刻度盘(见图 4.18),用来设置引信的爆炸方式,凸缘的边缘上还有一个指针指示引信的设置方式。刻度盘上的数字显示引信爆炸的水压深度。

4)刻度盘可以通过提起滚花旋钮来旋转,使得指针指示相应的数字。设置好后,把滚花旋钮按回到原来位置将刻度盘锁定。当指针指示到 M 时,引信将不会因水压爆炸;当指针指示到 S 时,引信是安全的,在任何情况下都不会爆炸。

5)深度设置扳手(见图 4.19)是专门用来设置 Mark—9 的引信深度的,因为用手设置会非常困难。这种扳手有一个机械爪,正适合滚花旋钮下的锁紧销。

Mark—9 引信的内部结构如图 4.20 所示。

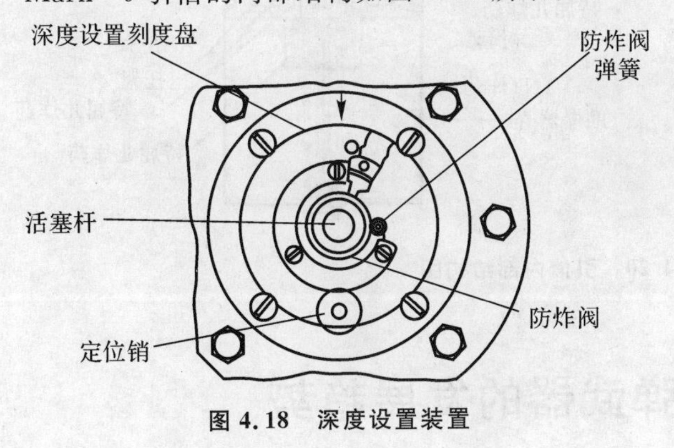

图 4.18　深度设置装置

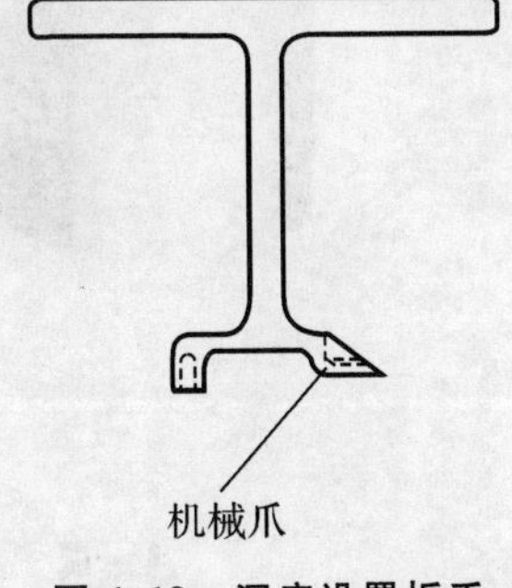

图 4.19　深度设置扳手

3. Mark—9 的引信安装过程

1)在安装之前,引信应该通过一个平的安全叉密封,并设置好数字保存在一个安全的环境中。当引信被安装在准备发射的深弹上时,所有的密封装置都要被拆除,在引信上安装一个短索,在发射前用手可以直接拔除。

2)当引信将要被安装在滑轨上的深弹上时,运输安全叉要用带把手的安全叉替代。这样当深弹沿着滑轨滚落入水时,带把手的安全叉会自动被拔除。

3)当安装引信到深弹箱体中时,检查引信,以确保如下几条:①它是否在上锁状态(检查口的字母为 C);②它是否有安全叉密封;③深度设置盘是否设置为 S(安全)。

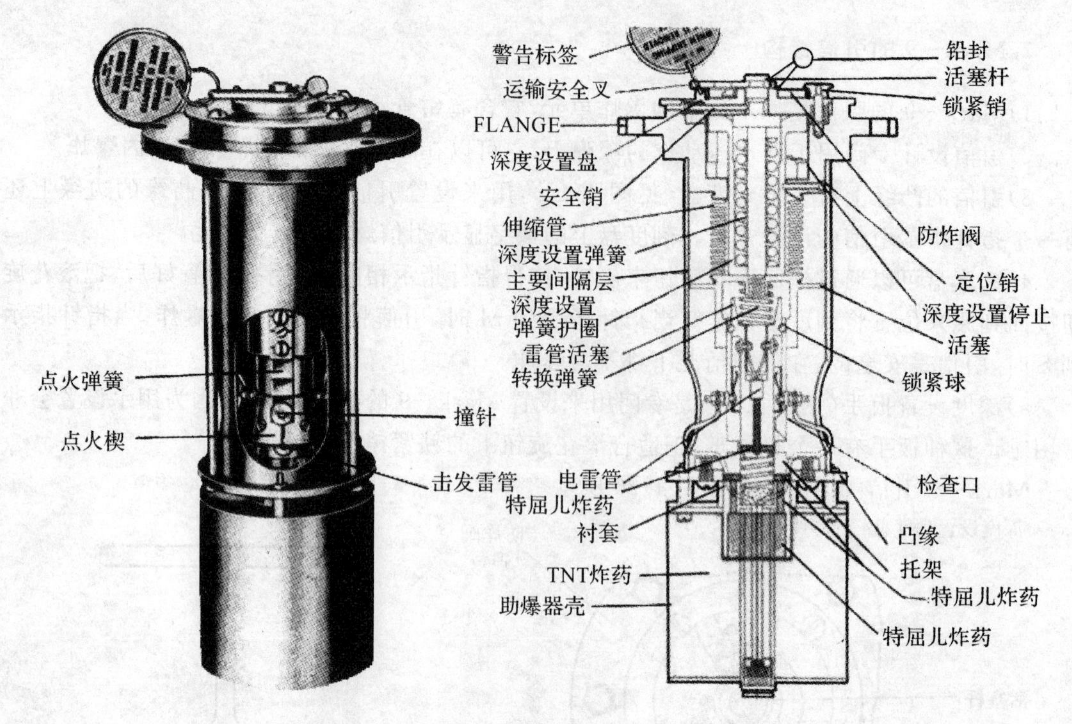

图 4.20 引信内部结构图

4.5 深弹武器的发展趋势

深弹是反潜作战中不可替代的主战武器之一,未来海战对深弹武器的战术、技术性能提出了更高的要求。为了在未来海战中发挥更大的作用,深弹武器系统必须不断地进行改进和发展。一般认为,深弹武器系统的发展趋势和作战运用有以下几个方面。

1.加大射程

由于自导鱼雷的使用,潜艇的攻击距离大大增加,火箭深弹要完成反潜任务就必须加大射程。在这方面比较突出的是俄罗斯的 RBU—6000 和 RBU—12000 火箭深弹系统,RBU—6000 为十六联装,在舰上按左右两侧圆弧配置,两侧各 8 管,管长 1.7 m,可旋转和俯仰,可发射直径为 250 mm,质量为 180～250 kg 的火箭深弹,根据需要可进行单发和齐射射击。提高深弹系统射程的主要技术措施有:

1)在不增加质量的情况下,研制和使用大比冲固体燃料;

2)适当增加燃料;

3)减小散布(散布与射程成正比),为此要优化弹形设计,提高制造工艺,增加弹体自转速度。

2. 向自导方向发展

为解决大射程时的落点精度差和声呐的精度问题,必须使深弹武器系统向自导方向发展,以提高命中概率并减小散布误差。俄罗斯和西方国家都在大力研制具有自导能力的深弹武器。目前,主/被动声复合制导技术已经首先在航空反潜深弹中得到应用。俄罗斯的S3V空投反潜深弹由引信、弹体、降落伞和舵组成,通过具有自导功能的智能引信,利用自身的负浮力下潜。在下潜同时,水声探测系统和信号处理系统开始工作,确认搜索到目标后,摆舵对准目标,一边下沉一边修正航向,直到非触发引信工作并命中目标。据有关报道,该深弹攻击200 m处潜艇命中概率达到90%。西方的LCAW反潜深弹(有水下动力)入水后(垂直入水)开始环形搜索,声呐搜捕到目标后计算运动要素,摆舵对准目标,发动机工作,修正航向,直到与目标相遇。

3. 增大爆炸威力

现代潜艇外壳采用了钛合金等高强度材料,采用了双层壳体和抗爆结构(双层壳体间距达2~6 m),设置有淡水缓冲舱或填充其他物品,从而大大提高了潜艇的抗爆性能,使得一般的装药难以作为。因此,为有效击毁潜艇,必须增大深弹的爆破威力,主要措施有:

1)增加装药量;

2)换装新型高能炸药;

3)采用定向爆炸技术。

4. 提高出管稳定性

目前,火箭深弹出管时的飞行不够稳定,影响齐射散布。要提高火箭深弹出管时的稳定性,就应:

1)提高出管瞬间的初始速度;

2)在管内产生旋回;

3)提高深弹发射炮的跟踪平稳性、跟踪精度和反应速度。

5. 多功能、通用化

多功能和通用化是武器发展的新趋势,这依赖于发射装置和火控系统的系列化、标准化以及系统和组件的互换性。积极研制和开发多功能和通用化的火箭式深弹武器系统当属远见卓识之举。

(1)对抗鱼雷

1)气幕干扰深弹。在深弹弹体内装有某种能与海水产生剧烈反应的化学物质,爆炸后,除产生一定的冲击波外,同时产生大量气泡,能在海水中保持数分钟甚至数十分钟,可形成气幕屏障,对自导雷主动声信号有屏障和反射作用。可采用间隔一定时间、一定距离发射,使鱼雷不能识别并发现目标。

2)声模拟干扰深弹。在弹体内设置模拟发声设备。水面舰艇一旦发现有鱼雷来袭,马上依次发射该弹,入水爆炸后,除产生部分冲击波外,同时释放声模拟干扰器材,发出与鱼雷自导声波频率接近的干扰声波,达到干扰、欺骗的效果。

3)用于硬杀伤鱼雷。在现有深弹的基础上不必做太大改动,只要将现有引信改为快速设定定时引信,同时提高对来袭鱼雷预警装置的快速性和准确性,利用深弹一次齐射可覆盖较大区域的特征,对来袭鱼雷予以硬杀伤。

(2)拦截掠海飞行的反舰导弹

利用掠海反舰导弹在飞行时需要平衡气流、穿越多项介质可能改变其飞行航路等弱点,可利用深弹爆炸产生的水幕拦截掠海飞行的反舰导弹。由于火箭式深弹武器的定深不同,爆炸时形成的水幕高度也随之不同,定深浅时水幕高,同时还使空中的气流发生变化。研究证明,深弹武器爆炸时形成的水幕和空气气流的改变能有效地阻拦超低空飞行的导弹,使之失去战斗能力。深弹反导是深弹武器作战运用的新设想,它兼有软硬杀伤能力,既能使导弹偏离原航向,又能使其结构遭到破坏,促使其近炸引信起爆。利用这一特点,可使火箭深弹和舰空导弹、多管密集阵火炮、电子战等软硬武器系统结合,以形成多层次的有效拦截反舰导弹的能力。

(3)开辟雷障

水雷是各种舰艇的主要威胁之一,布雷也成为一些国家封锁、延缓敌方攻击的主要手段。深弹造价低,爆炸威力大,使用方便,可以紧急炸开雷阵,也可采用猎炸相结合,即用猎雷艇先确定其性质、方位,再经海上定位,用深弹进行近距离精确攻击,予以摧毁。

(4)攻击水面和滩头目标

深弹可攻击陆上和水面目标,进而改进成为"舰岸轰"火箭深弹系统,改进的目的主要是提高火箭深弹射程和射击精度,使其不但可以对岸上目标、海面目标实施突然而猛烈的轰击,还可以压制并摧毁敌方海岸炮兵、电子设备、雷达、滩头阵地、仓库、坦克、装甲车,并可进行火力延伸,封锁和破坏公路、机场,压制和歼灭敌海上作战舰艇、登陆舰艇,封锁和袭击敌海上交通及设施。据美国LAV公司称,倘若MRC多管火箭炮装于两栖登陆舰,其岸轰效果是155 mm火炮的12倍,是127 mm火炮的25倍。对上述火箭深弹稍作改进可成为威力更大的云爆弹和子母弹。云爆弹是指空气燃料炸弹,又称气浪炸弹,它是在火箭深弹的战斗部中装入可爆炸的燃料炸药,在火箭深弹飞临目标上空一定高度时将战斗部炸开,燃烧炸药迅速洒在空气中,瞬时形成大片爆炸云团,爆炸后以爆轰波、冲击波、热、声、窒息等多种功能实施综合作用,能让地堡、建筑物遭到极大破坏并可使暴露人员窒息而死亡。子母弹是在深弹战斗部装入10枚左右的子深弹，采用聚能炸药，对潜攻击时一次齐射数十枚母弹，到达目标区上空时，母弹炸开，放出10倍数量的子深弹，从而提高覆盖面上深弹的密度，这就如同饱和式轰炸，将大大提高攻潜命中概率。另外，也可将子深弹改进成一种易接收的发声设备，头部是一种黏性极强的黏合物，一旦子深弹与潜艇相遇，则牢牢吸附在潜艇表面，同时发出声波，指示后续深弹和其他武器进行攻击，达到摧毁敌潜艇之目的。若对岸轰击，在目标区上空爆炸后可大量杀伤人员、破坏装备。若配装破甲子母弹，则可对装甲集群和舰艇设备产生强大破坏作用。

6. 研制开发新的引信

研制开发新的引信使深弹的引信、自导系统一体化，因为自导系统和引信都要对目标进行探测和识别，信息完全可以共享。自动设定时间引信和主动声非触发引信是发展新型火箭深弹和改造现有火箭深弹的关键技术，可以提高系统自动化水平，缩短系统反应时间并提高深弹的毁伤概率。另外，为子母弹、云爆弹以及用于攻击水面舰艇和岸上目标的火箭深弹研制装备复合电子近炸引信，使其能在到达目标上空一定高度起爆，更有效地提高火箭深弹的作战效能。

7. 发展配套的声呐和火控系统

要开发多功能的深弹武器系统，必须研制适应多用途发射的指挥控制系统以及标准化的发射装置等，同时还要水面舰艇加强声呐设备对信号的综合处理能力。

(1)提高声呐的性能及对信号的处理能力

拦截、干扰鱼雷要求系统在0.5～2 min内完成全部拦截和干扰任务，反应速度主要取决于声呐的报警距离。声呐要具备鱼雷报警能力，必须有较强的综合信息处理能力，尤其是对微弱目标信号的检测要有突破。另外，随着海洋物理场研究和目标特性研究的发展，舰艇上必须建立有关海区水声传播及海底特性数据库、目标特性数据库，有效地加强信息处理能力。

(2)多功能火控系统

随着反潜体系的发展，编队作战特点日益突出，反潜直升机、拖曳阵声呐、友邻舰艇等均有可能提供目标信息。深弹武器系统不能仅仅依靠本舰声呐的信息来源，要具有接收多基站、多平台信息的能力，利用先进的处理技术(如信息融合技术)对各种不同信息综合处理，求解射击诸元。

由单一的火力控制系统向C^2，C^3或C^3I系统发展是武器系统的发展方向。深弹武器系统应实现单舰C^3I系统，即在火力控制的基础上，增加作战指挥功能，为指挥员提供最优的战术应用指挥决策依据，缩短作战时间，提高毁伤概率等。因此，火控系统必须嵌入战术应用软件，提供最优或有利射击阵位，选择射击方式，提供战场敌我态势和有关战术数据，评估作战效果等。

复习思考题

4-1　按照不同的分类方法，深弹分哪几类？

4-2　试述深弹在海战中的作用。

4-3　试述深弹的发展趋势。

4-4　深弹主要由哪些系统组成？

4-5　深弹与其他水中兵器相比有什么特点？

第5章 反鱼雷与反水雷技术

5.1 反鱼雷技术

5.1.1 反鱼雷技术的作用及分类

1. 反鱼雷的重要性

在舰艇执行的各种作战任务中，水下的威胁主要来自于敌舰艇发射的鱼雷，特别对于潜艇，鱼雷就是其克星，反鱼雷武器是潜艇保存自己、更有效打击敌人的必备武器。对于大型水面舰艇编队虽然具有较强的对空、对海防御能力，从空中和海上均很难接近，但对鱼雷防御和对抗能力仍然是其薄弱环节。而鱼雷具有水下隐蔽攻击的特点，且水下爆炸威力与空中相比要大得多，而水面舰艇的水下部分又是其薄弱环节，因此，鱼雷武器同样是水面舰艇的主要威胁。

反鱼雷技术的地位和作用均已被历史所证实。如1982年英阿马岛海战中，英国潜艇用一条鱼雷就击沉了阿根廷海军的“贝尔格拉诺将军”号巡洋舰，迫使阿根廷海军撤出战争。而同是这场战争，由于英国的“竞技神”号和“无敌”号航空母舰及时地发现阿方射来的两条鱼雷，并向其发射了鱼雷诱饵，使阿方鱼雷导向诱饵，误击鱼雷诱饵而造成鱼雷攻击失败。英舰免于被击中，这充分显示了反鱼雷武器的重要性。

在现代海战中，若舰艇不装备防鱼雷系统和设备，自导鱼雷的命中概率可达80%以上，而装备防鱼雷系统后，其命中概率将下降到20%～40%。由于装备防鱼雷系统的费用远低于一艘舰艇的费用，因此，反鱼雷技术具有很高的效费比。

2. 反鱼雷技术手段分类

反鱼雷技术对抗手段有软杀伤性对抗、硬杀伤性对抗和非杀伤性对抗三类。

(1)软杀伤性对抗技术

软杀伤(Soft - kill)是利用各种水声干扰技术，干扰鱼雷自导系统工作，使其丧失检测目标的能力；或者施放假目标诱骗鱼雷，使鱼雷错误地跟踪假目标，让鱼雷的能源耗尽而沉没。软杀伤性对抗不能达到直接毁伤鱼雷的目的。

(2)硬杀伤性对抗技术

硬杀伤(Hard－kill)是利用设备和武器等拦截来袭鱼雷,摧毁或使其失去攻击能力,或在鱼雷附近爆炸,将鱼雷易损电子部件振坏而失效。硬杀伤性对抗技术能达到直接摧毁或损坏鱼雷的目的。

(3)非杀伤性对抗技术

非杀伤(Non－kill)性对抗技术是在舰船上采取隐身技术,降低舰艇自身的噪声强度;在鱼雷来袭时采用有效的规避手段;加强舰艇的抗沉性等技术。

3.对反鱼雷技术的要求

反鱼雷技术的要求是要在较远的距离上探测、识别鱼雷,尽早发出鱼雷报警信号,使整个对抗系统应能快速地与鱼雷对抗。

1)具有发现与识别鱼雷的能力。利用舰艇现有声呐系统等探测与报警设备,来实现对鱼雷的探测和报警。

2)能对鱼雷攻击进行快速反应与决策。声呐对鱼雷的报警距离有限(一般在5～6 km之间),因此,鱼雷会在很短的时间内(3～5 min)攻击上目标,并且可以多次攻击目标,因此,反鱼雷技术要与鱼雷对抗,系统必须有很强的快速反应能力和正确的决策能力。

3)具有系统性。由过去的单项诱饵、干扰器的形式发展成为完整的对抗系统,将目标监测、威胁报警、指挥控制、发射设备到各种软硬杀伤手段组合成完整的系统,强调软硬杀伤技术的综合利用。

4)对于不同的使用者具有针对性。由于水面舰艇和潜艇的各自特点不同,其鱼雷防御的手段也存在差别。有些反鱼雷手段侧重于水面舰艇的防御(如拖曳线列阵反鱼雷干扰器),有些防御手段则专为潜艇对鱼雷防御(如自航式声诱饵),还有反潜直升机用对抗鱼雷器材(如吊放式诱饵)。

5.1.2 软杀伤性对抗技术

目前对抗声自导鱼雷还主要以声对抗软杀伤装备为主,主要对抗器材有声诱饵、噪声干扰器、气幕弹、潜艇模拟器等。

1.声诱饵

(1)声诱饵的对抗机理

声诱饵是用于向水中发射模拟的舰艇回波或舰艇辐射噪声,诱骗对方声呐和声自导鱼雷的水声对抗设备,亦称水声假目标。

按运动方式可分为悬浮式声诱饵、自航式声诱饵、拖曳式声诱饵、吊放式声诱饵等。

按工作方式可分为被动式声诱饵和主动式声诱饵,分别针对敌方鱼雷的被动工作方式和主动工作方式。

1)对被动声自导鱼雷的对抗机理。声诱饵开始工作后，连续发射与真实潜艇噪声特性相似的宽带噪声，产生的模拟辐射噪声传播至被动声自导鱼雷处，只要超过鱼雷被动通道接收机门限，则鱼雷将声诱饵视为攻击目标进行攻击。在自噪声背景下，鱼雷被动声自导对声诱饵的声呐方程为

$$SL_D - TL(r_{tb}) \geqslant NL - DI + DT \tag{5.1}$$

式中，SL_D 为声诱饵模拟辐射噪声级(dB)；TL 为声诱饵至鱼雷处的传播损失(dB)；r_{tb} 为鱼雷到声诱饵的距离(m)；NL 为鱼雷背景噪声级(dB)；DI 为鱼雷自导换能器的指向性指数(dB)；DT 为鱼雷的检测阈(dB)。

若式(5.1)成立，则声诱饵干扰鱼雷成功，鱼雷被动自导系统发现并追踪诱饵。

2)对主动自导鱼雷的对抗机理。声诱饵对主动自导方式鱼雷的干扰，是通过应答鱼雷主动寻的信号来模拟舰艇目标的反射特性的。声诱饵检测到鱼雷主动寻的信号后，按一定的目标强度、多普勒频移和回波展宽，将模拟回波发射出去。此时鱼雷在自噪声背景下对声诱饵的主动声呐方程为

$$SL - 2TL(r_{tb}) + TS_D \geqslant NL - DI + DT \tag{5.2}$$

式中，SL 为鱼雷主动寻的信号的声源级(dB)；TS_D 为声诱饵模拟回波的目标强度(dB)。

若式(5.2)成立，则鱼雷主动自导系统发现并追踪诱饵，声诱饵干扰鱼雷成功。

当鱼雷自导扇面内同时存在舰艇和声诱饵，且鱼雷具有选择大能量信号的目标攻击特性时，声诱饵对鱼雷的诱骗存在一个有效范围，称能量诱骗区。在能量诱骗区内，声诱饵能起到诱骗的作用，否则就不能起到诱骗的作用。

(2)声诱饵的结构组成

1)悬浮式声诱饵。悬浮式声诱饵可装备潜艇、水面舰艇等多种运载平台。使用时投放在预定海域，在一定深度上悬浮并随海流漂移。其模拟的信号多为单一形式。模拟本艇噪声的称为噪声模拟器；根据收到的敌方声呐信号，转发模拟本艇回波信号的称为回声重发器。

潜用悬浮式声诱饵如图 5.1 所示，主要由接收换能器和发射换能器阵、接收机(回波模拟器)、发射机、自动定深装置(包括深度传感器、控制电路、伺服电机及推力螺旋桨等)、电池及电源电路、耐压壳体等部分组成。

潜用悬浮式声诱饵在水平面无机动能力，主要靠布放时潜艇在水平面的高速机动拉开两者距离。入水后，靠自动定深装置垂直悬(漂)浮在水面或水下固定的深度带。悬浮式声诱饵一般设计成弱正浮力，到达设定上限深度后，靠自动定深装置的电机和推力螺旋桨推动，缓慢下沉，直至下限深度，自动定深装置停止工作。然后再缓慢上浮，以此往复，使其始终处于预先设定的深度带内。声学对抗系统入水后开始工作，靠其模拟的潜艇声特征引诱攻击鱼雷，掩护本艇逃遁。在其电池耗尽后，为防止敌方获得，自沉装置最终将其自动沉入海底。

悬浮式声诱饵装备水面舰艇时，一般采用火箭助飞发射，入水后靠浮体漂浮在水下设定深

度处。此种悬浮式声诱饵也称为火箭助飞悬浮式声诱饵，其主要由火箭运载器、空中分离机构、减速装置(降落伞及附件)、入水解脱装置、浮子定深机构、声诱饵等组成。

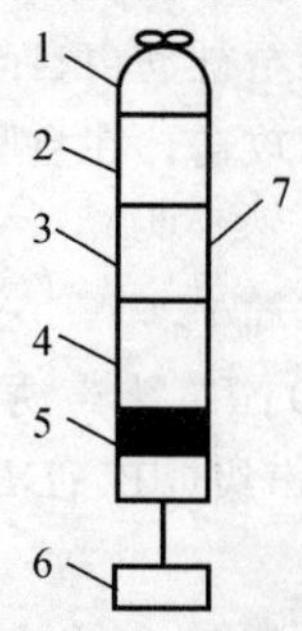

图 5.1 悬浮式声诱饵结构外形图

1—自动定深装置； 2—接收机； 3—发射机； 4—电池及电源电路；
5—接收换能器； 6—发射换能器阵； 7—壳体

2)自航式声诱饵。自航式声诱饵主要装备于潜艇，又称潜艇模拟器，其外形呈鱼雷状。各国自航式声诱饵的口径不一。小口径的自航式声诱饵通过专用水声对抗器材发射管发射，发射管布置一般与潜艇轴线垂直。大口径的自航式声诱饵通常由鱼雷发射管发射。

自航式声诱饵系统组成和结构与电动鱼雷相似，主要由声学对抗系统、动力推进系统、导航控制系统和总体结构系统组成；结构上一般分为声学头、电池段、控制段、后段。它们之间的主要区别是鱼雷装有自导系统，自航式声诱饵装有声对抗系统；鱼雷的声学基阵是收、发共用的，而自航式声诱饵一般情况下收、发换能器基阵是分置的。

3)拖曳式声诱饵。拖曳式声诱饵主要装备在水面舰艇上，用于对抗声自导鱼雷。其系统组成如图 5.2 所示，主要由声诱饵拖体、拖曳电缆、电缆收放装置、电子机柜、电源、控制装置及开关等组成。

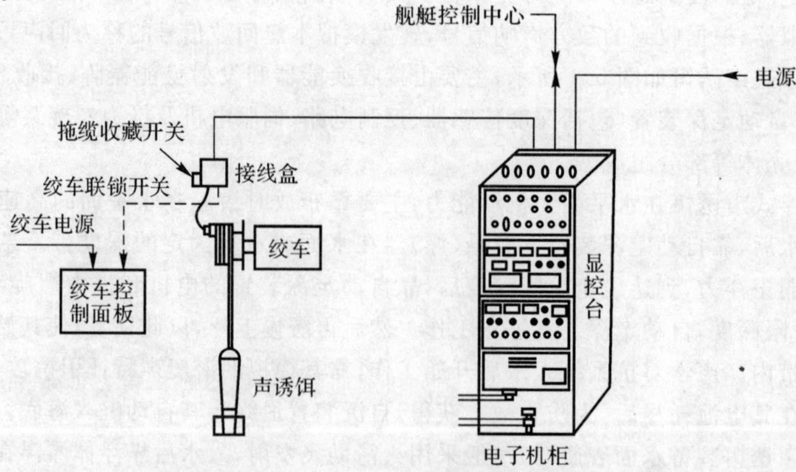

图 5.2 拖曳式声诱饵系统

为减小声诱饵的流体阻力，声诱饵设计成流线型的拖体，内装水声换能器基阵等，尾部有平衡尾翼，拖曳时可保持设定的姿态，对拖曳舰的机动性能无显著影响。拖曳电缆长达数百米，将拖体拖曳在舰尾方向的水中，根据反潜作战要求设定拖体深度位置。收放装置控制拖缆及拖体的收放，使用完毕后将拖体吊放在舰上。电子机柜内产生的电信号，经拖曳电缆传送给拖体内的水声换能器基阵，基阵将电信号转换为相应的声信号辐射到水中。

美国 AN/SLQ—25 型拖曳式声诱饵系统如图 5.3 所示，由以下部分组成：类似鱼雷造型声诱饵拖体内装将电信号转换成声信号的换能器及信号电缆；收放拖缆和拖体用的双鼓形绞车；用于产生干扰鱼雷声信号的发射装置；可监控拖曳作业的遥控装置。

图 5.3　美国 AN/SLQ—25 型拖曳式声诱饵系统

美国 AN/SLQ—25 型拖曳式声诱的主要性能参数：

拖体长约 0.8 m，直径约 150 mm；拖体拖带限速为 18.5～55.6 km/h。

模拟声频率有下列选择：全频 17.5～87.0 kHz，低频 17.5～30.4 kHz，中频 29.6～51.7 kHz，高频 50.3～87.0 kHz。

该系统具有以下特点：

①遥控装置具有操作方式选择、声频过滤、决定频率循环时间等功能。一旦发生情况，操作人员可遥控绞车将拖缆及拖体向外放出至一定距离，并发出一定功率的假声信号以转移鱼雷的跟踪，至于诱骗鱼雷的信号频率、本舰施放拖体的拖带速率、拖体深度及声操作方式的选择等则视敌方鱼雷的特性而定。

②两个拖体采用前后排列的拖曳方式，这前后两个拖体发射出声信号的频率与声强不完全相同，在舰后形成一艘虚拟的庞然大舰，这样拖曳舰的声学特性就全被这“虚舰”所掩盖，有效干扰来袭的声自导鱼雷。此外两个拖体一前一后地拖在舰尾，万一有一枚被鱼雷命中，另一枚仍可继续发挥作用。

③能模拟由拖曳船产生的特殊噪声，例如机械噪声、螺旋桨噪声以及取决于舰船方式、预期威胁特性的各种频率的特殊噪声等。

4)吊放式诱饵。吊放式诱饵装备在反潜直升机上,主要由宽带的水下换能器装置(声诱饵)、吊放电缆、吊放机构和电子机柜等组成。在指定位置将声诱饵吊放入水下,实施对潜艇的水声对抗。

2. 噪声干扰器

(1)噪声干扰器的工作原理

噪声干扰器工作原理是通过向水中辐射很强的宽带噪声,覆盖敌方鱼雷自导的整个工作频率范围,造成强大的噪声干扰背景。宽带噪声干扰器对声自导鱼雷的对抗作用是由诱骗和干扰两个方面实现的。

对于被动声自导鱼雷,在鱼雷攻击的不同阶段,宽带噪声干扰器起的作用有所不同。当鱼雷尚处于搜索阶段还未发现目标时投放干扰器,由于其噪声强度高,被动自导鱼雷可能将它当做目标,此时干扰器起诱饵作用。当鱼雷已发现并捕获目标时投放干扰器,鱼雷对目标的检测受到干扰,并可能导向干扰器,这时干扰器起到干扰和诱骗两种作用。

对于主动声自导鱼雷,宽带噪声干扰器的高强度噪声淹没了目标回波,使鱼雷与欲打击目标失去接触。如果主动声自导的检测门限设置不当,强噪声还会造成虚警,使鱼雷误操舵而偏离目标,这时宽带噪声干扰器对主动声自导起了干扰作用。

(2)噪声干扰器的构造组成

宽带噪声干扰器按用途可分为干扰舰艇声呐用的宽带噪声干扰器和干扰声自导鱼雷用的宽带噪声干扰器。如英国的"赤刀鱼"干扰器,是一种典型的反鱼雷干扰器,研制于20世纪80年代末,主要装备潜艇、水面舰艇。"赤刀鱼"干扰器是悬浮式干扰器,它由潜艇上的信标发射筒或水面舰艇发射管发射,一旦发射,该系统与平台无关,靠其浮力控制装置能悬浮在水下预先设定的深度工作。干扰器发射出的强宽带噪声干扰鱼雷的声自导系统。

该干扰器包括换能器阵、发射机、高性能二氧化硫-锂电池和气囊式浮力装置等。直径约102 mm,长度约995 mm,质量在12 kg以内。优点是干扰强度很高,启动时间短,存储寿命长,5年内不需维护保养。

噪声干扰器的构造组成与声诱饵相同,按运动状态可分为悬浮式、自航式和拖曳式。自航式的宽带噪声干扰器又可分为消耗性和可回收性的。悬浮式干扰器一般仅发射宽带噪声,而拖曳式和自航式宽带噪声干扰器常与目标模拟器做在一起,这种装备通常仍被称为声诱饵。

3. 拖曳线列阵反鱼雷干扰器

(1)拖曳线列阵反鱼雷干扰器的作用

前面所讲的鱼雷噪声干扰器是以点源干扰器为主,这类干扰器可以在时间域、频率域很好地模拟目标声学特性,从而诱引和干扰声自导鱼雷,但是随着现代声学自导鱼雷的发展,鱼雷的目标识别能力和水平得到了很大的发展和提高,不仅能够在时间域和频率域识别目标,同时也可以在空间域识别目标，这样使得悬浮干扰器等点源干扰器的干扰和对抗鱼雷的效果削弱。因此，在鱼雷防御和对抗中，新型的拖曳线列阵反鱼雷干扰器得到了进一步的重视和发展。

由于拖曳线列阵反鱼雷干扰器不仅具有模拟目标时间和频率特性的能力，而且具有模拟目标的空间尺度特性的能力，所以声自导鱼雷难以进行识别。一般情况下，拖曳线列阵反鱼雷干扰器具有长达数千米的拖曳电缆，这样使得真实目标与拖曳线列阵距离远，鱼雷在跟踪、攻击干扰器后进行再搜索时，不易搜索到真实的目标，可以有效地使真实目标逃离鱼雷的捕获和跟踪。

在与尾流自导鱼雷对抗中，拖曳线列阵反鱼雷干扰器具有很强的对抗能力。尾流自导鱼雷跟踪目标的尾流航迹，而拖曳线列阵也正在尾流航迹的方向上，这样拖曳线列阵的磁、声发射器可以在鱼雷穿过拖曳线列阵时触发鱼雷的引信。

拖曳线列阵反鱼雷干扰器主要应用于水面舰鱼雷报警和防御系统中，是鱼雷防御的重要组成部分，同时拖曳线列阵中也可以布放鱼雷报警声学换能器阵列，从而使水面舰鱼雷报警和防御系统布局得到优化。

(2)拖曳线列阵反鱼雷干扰器的系统组成

拖曳线列阵反鱼雷干扰器主要设备组成如图 5.4 所示。系统包括干端设备和湿端设备两部分。干端设备主要包括电子机柜、测试装置、绞车和拖鱼收放装置。湿端设备主要包括拖缆、拖鱼、线列阵等。

绞车和拖鱼收放装置(收放滑车及其控制器)用于收放拖缆、拖鱼和线列阵，并拖动拖鱼和线列阵以一定速度运动，使线列阵随船体在水下沿直线水平运动，模拟目标的空间尺度特征。一般通过拖曳过程中改变拖船的航速和拖缆的放出长度来改变线列阵工作深度。

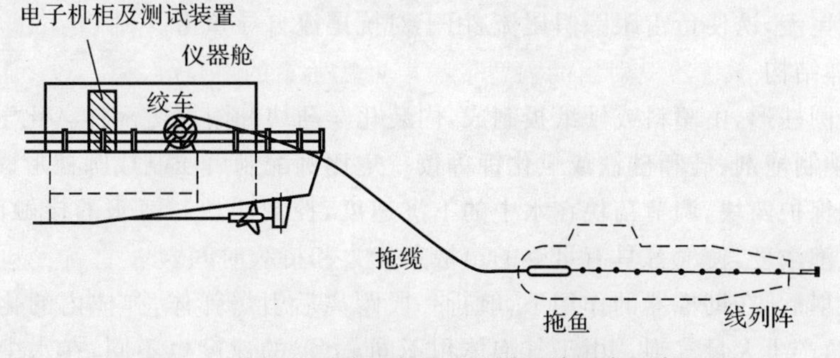

图 5.4　拖曳线列阵反鱼雷干扰器系统组成示意图

拖鱼一般为一个带十字固定尾翼的流线型拖体，采用分段结构。拖鱼内可配置水声换能器和电子仪器。拖鱼的后部采用特殊的水密连接器与线列阵相连。拖鱼实际是一大功率、低频宽带噪声干扰器，也可以作为点声源单独使用。

拖曳线列阵主要由沿线列阵轴向分布排列的水声收发换能器和模拟舰船磁场的电磁发射器组成，主要功能是模拟主动声自导鱼雷目标回波和声自导鱼雷工作频段舰船噪声以及舰船磁场特征，从而引诱来袭击的鱼雷，或触发尾流自导鱼雷的引信，引爆鱼雷，保护本舰。

电子机柜主要由接收信号的信号处理器和控制目标回波生成的电路及程序组成，自检和故障定位测试装置也包含在电子机柜中。

(3)拖曳线列阵反鱼雷干扰器对抗鱼雷的机理

拖曳线列阵反鱼雷干扰器可对抗尾流自导和主、被动声自导鱼雷。对抗尾流自导鱼雷的主要机理是在线列阵上布放电磁引信器，使尾流自导鱼雷在通过线列阵附近时引爆。

拖曳线列阵干扰器一般拖曳一个数十米长的线列阵，接收和发射换能器按一定的距离排布，使声波发射点在空间呈水平扩展，通过对线列阵中多个对抗器点源回波的信息处理，模拟目标回波的强度(声压)、回波时间延迟(距离)和回波多普勒参量。这样可以模拟目标回波的空间扩展和走向特征，诱骗鱼雷跟踪和攻击干扰器，从而保护本艇安全。

4. 气幕弹

(1)气幕弹的工作原理

气幕弹是较早发展起来的一种无源型的水声对抗器材。气幕弹中装有多种化学物质配制成的药块，在水中能产生大量气泡，形成气幕。气幕层能起到两种干扰作用：一是气幕层能反射鱼雷的主动声自导信号，形成假目标，起到欺骗和迷惑作用；二是气幕层能屏蔽目标的辐射噪声，同时又可衰减主动寻的声波的能量，使主、被动声自导鱼雷的探测性能降低。

此外，由于气泡的体积不同，这些气泡的谐振频率也不同，所以在形成气幕的同时，增加气泡的谐振频率范围，使其与鱼雷的工作频率趋于一致，可产生谐振现象。由此形成的谐振能有效地干扰鱼雷的跟踪，使其失去目标。还可以利用气幕弹在海水中形成多条与舰艇艉流相交叉的模拟气泡尾流，诱使鱼雷跟踪假尾流，用于对抗尾流自导鱼雷。

(2)气幕弹结构

气幕弹呈圆柱形，由塑料或硬纸板制成，内装化学药块和附属零部件。化学药块一般由氢化钙、脂肪酸钠制泡剂、硅和硅铁或氢化钾等按一定比例配制后压制成圆柱形。附属零部件的作用是固定和保护药块，调节药块在水中的下沉速度，控制药块与海水的接触面积，控制反应速度以改变气泡浓度，使气幕具有足够的声散射能力和持续时间。

气幕弹发射后，在助推器的作用下，航行一段距离后引爆弹体，弹体内的化学药柱与海水发生化学反应，产生大量气泡。由于气泡体积不同，上浮的速度也不同，在水中逗留的时间也不一样，体积大的上升较快，在水中逗留的时间短，而体积小的则上升较慢，在水中逗留时间也比较长，所以只要控制了气泡的体积，就能在水中形成大片的气幕。

美国曾研制过一种自航式气幕弹。气幕弹发射后，由火箭发动机推动前进，航行一段距离后，便自动打开气幕弹孔盖，与海水接触并产生气泡幕，可降低敌声呐的探测能力。

气幕弹的主要优点是隐蔽性好、尺寸小、质量轻、成本低和战术使用方便。它作为假目标和声屏蔽体，对提高舰艇的生存能力具有一定的作用。因此，很多国家仍然继续进行气幕弹的研制和战术使用方法的研究。

5. 新型水声对抗装置

美国海军目前正在开发“下一代水声对抗装置”(Next Generation Countermeasure, NGCM),其直径为 76.2 mm,长度为 990 mm。NGCM 通过水声通信链,它可具备网络中心战的能力,这将大大提高同时使用多部装置时的综合效能,主要具备以下能力:①NGCM 之间可收发战术信息和环境信息,也可与己舰以及战斗空间中的其他平台实现信息互通;②母舰可遥控 NGCM 的开启与关闭,并可改变其工作模式(如阻塞器和应答器等);③NGCM 之间可实现同步,构成一个协同群进行工作,根据交战的威胁情况决定整个群的最优全局响应。

NGCM 将成组发射,最多可同时发射 6 枚。发射后,各有其不同的作用,有的作为静止式宽带噪声阻塞干扰器,有的作为活动诱饵。NGCM 可以重新编程,可与己方的鱼雷、反鱼雷鱼雷协同作战。可根据所感知的战术态势和环境条件实时改变战术和工作模式,可通过水声通信下载指令,改变战术和工作模式。NGCM 中嵌有先进的战术处理机和来袭鱼雷识别器。利用可编程技术可实现整个群的最佳性能和响应。

5.1.3　硬杀伤性对抗技术

传统的软杀伤手段越来越难以满足需求。世界发达国家在提高探测设备功能的同时,开始研发一系列鱼雷对抗“硬杀伤”反鱼雷武器,例如反鱼雷鱼雷、反鱼雷深弹、反鱼雷水雷、反鱼雷浮标等。

1. 反鱼雷鱼雷

(1)反鱼雷鱼雷的特点

反鱼雷鱼雷简称 ATT(Anti-Torpedo Torpedo),是一种内层主动防御鱼雷的水中兵器,用以发现并打击来袭鱼雷,使来袭鱼雷的内部仪表受到破坏、失灵,无法正确、可靠地导向要攻击的目标,或直接命中来袭鱼雷。因其系统组成及工作原理与鱼雷相同,仅是反鱼雷鱼雷攻击的目标是鱼雷,因此称为反鱼雷鱼雷。

ATT 作为近年来发展起来的一种反鱼雷武器,与其他反鱼雷武器相比具有下述特点:

1)用途广。反鱼雷深弹和反鱼雷浮标只限于水面舰艇使用,由于水下潜艇受各种因素和条件的限制,不能使用反鱼雷深弹和反鱼雷浮标,而 ATT 既可用于水面舰艇,又可用于潜艇发射使用。

2)活动范围广、效果好、使用方便。ATT 与反鱼雷水雷等其他“硬杀伤”武器比较,能快速航行和机动,活动范围广;随着现代电子技术和计算机科学技术的发展,鱼雷的智能化程度在不断得到提高,已具有识别真假目标的能力,使得对抗鱼雷作战的诱饵、假目标越来越难以奏效;ATT 可积极、主动地搜寻并打击目标,它不仅可以攻击声自导鱼雷、尾流自导鱼雷,还可以对无制导直航鱼雷形成有效的攻击,可以在既定弹道的配合下,依靠高效的自导、控制系统完成较大范围的目标拦截任务,使用方便,是一种有效的反鱼雷手段。

3)探测和拦截难度大。ATT 要拦截的目标是鱼雷,鱼雷体积小、速度快,目标强度要比潜艇小得多,探测非常困难。由于鱼雷的工作方式有主动自导、被动自导、主被动联合自导、尾流自导等多种工作方式;鱼雷的搜索弹道有蛇行搜索、环形搜索、螺旋形搜索等多种方式,如果在攻击过程中丢失目标,还有再搜索弹道,这些弹道对 ATT 来讲都属于机动弹道,要预测来袭鱼雷的未来弹道相当困难,因此,使得 ATT 拦截难度很大。

4)作战时间短。由于鱼雷和 ATT 的航程和自导作用距离都较小,在实际作战中,两者基本上是相向而行的,相遇时间短,通常在几分钟内结束战斗,这就要求 ATT 必须有更先进的制导系统,并在战术弹道的配合下,完成拦截来袭鱼雷的作战使命。

5)有效毁伤困难。由于两者的体积都很小,相撞的概率非常小,触发引信难以奏效;两者的磁场强度小,电磁非触发引信的作用距离小,因此,通过战斗部引爆毁伤的困难很大。

(2)ATT 系统组成

ATT 实际是一种以鱼雷为攻击目标的鱼雷,因此 ATT 系统组成结构和工作原理与鱼雷相同。一般 ATT 按其功能可分为制导系统、战斗部及引信系统、能源及动力推进系统、全雷电路、壳体结构系统等。其结构布局包括自导头段、战雷段、控制段、能源舱段、动力舱段、雷尾段等。

(3)ATT 的性能要求

对 ATT 的性能,除与鱼雷有一些共性的要求外,还有一些特殊要求,主要体现在以下几个方面:

1)ATT 的自导系统。由于 ATT 所探测和攻击的目标是来袭鱼雷,其目标特性与舰艇的目标特性有很大差异,所以,ATT 自导系统与鱼雷的自导系统在信号处理方法和系统实现方法上必然有所不同,主要表现在对小目标具有更高的检测能力;要有高目标信息数据率和快速的自适应能力;具有目标识别能力;为拦击来袭主动声自导鱼雷,要求有大的接收通道带宽等。

2)ATT 的引信。ATT 的攻击目标鱼雷远小于水面舰艇及潜艇,它的机动性良好,并具有智能的自导系统。这种目标特性的较大变化,使 ATT 很难直接撞击来袭鱼雷使其直接损毁,只能是利用冲击波的作用使来袭鱼雷内部系统受到破坏。为了保证具有较好的打击效果,就要求 ATT 的引信系统除了具备良好的动作可靠性、抗干扰稳定性的特点外,其突出特点是具有较大的作用距离,即能够在较远的距离使引信起爆。

3)ATT 的弹道。基于 ATT 攻击时间短,属全弹道精确导引和一次性攻击,没有机会进行再搜索,需要合理设计 ATT 的弹道以便实施有效攻击。一般 ATT 的弹道分为初始搜索和导引两阶段。

初始搜索段：由于攻击时间短，要求 ATT 在出管后应迅速完成寻深，并转向设定主航向，完成一次转角。到达设定主航向后即进入直航搜索段。

导引段：在 ATT 自导系统发现目标后，即进入了导引段。由于 ATT 与来袭鱼雷呈迎击态势，相对速度较大，采用提前角导引法将能较好地保证导引效果。

(4)国外 ATT 研究概况

由于 ATT 与鱼雷相同，系统复杂，研制周期长，费用高，因此，世界各国的 ATT 一般在鱼雷型号的基础上进行研究。有些是利用老型号的鱼雷改造成 ATT；有些是在新型鱼雷研制的同时就考虑 ATT 应用。对国外几种类型 ATT 简要介绍如下：

1)美国基于 MK—46 鱼雷的 ATT。美国 ATT 主要是在 MK—46 鱼雷的基础上进行研究的，如 MK—46—5 型和 MK—46—7 型的 ATT，在 MK—46 鱼雷的基础上研制的高性能的 MK—54 鱼雷，也将发展成 ATT。

2)意大利、法国的 MU90HK 型 ATT。MU90 HK 是在 MU90 型鱼雷的基础上研制的轻型 ATT。MU90HK 反鱼雷鱼雷的外形尺寸和 MU90 反潜鱼雷相同，最大航速为 55 kn 以上，最大航程为 10 km，航行初始段采用惯性制导，末端攻击时采用主动制导，机动性能足以对付航向改变迅速的来袭目标，攻击深度为 1 000 m。将 MU90 鱼雷的聚能装药战斗部换成了 50 km 装药的半聚能战斗部，近距引爆，全向爆轰作用可在任意深度上摧毁 8 m 之外的重型鱼雷。

3)法国重型 ATT。由于轻型 ATT 存在航程短、自导作用距离近、装药量小等问题，使其作战效能不甚理想，于是法国侧重于重型 ATT 的研究。由于重型 ATT 航程和自导作用距离远、自身的辐射噪声也可能产生干扰、爆炸威力大及非触发引信作用半径大等，因此，重型 ATT 对抗鱼雷的命中率大于轻型 ATT。由于世界上现有潜艇都装备重型鱼雷，因此，采用重型 ATT 对潜艇来说具有与鱼雷共用发射装置的优势。

4)德国的海蜘蛛(SEASPIDER)ATT。海蜘蛛是德国 ATLAS 公司正在研制的一型 ATT(也可用作近程反潜鱼雷)。它是一型高速、短程、高机动性的鱼雷，可用于潜艇和水面舰艇发射。海蜘蛛是世界上第一种可用于实践的 ATT。

①海蜘蛛的系统组成。海蜘蛛 ATT 系统组成如图 5.5 所示，主要由自导段、战斗部、控制段、动力推进装置、空投附件等组成。

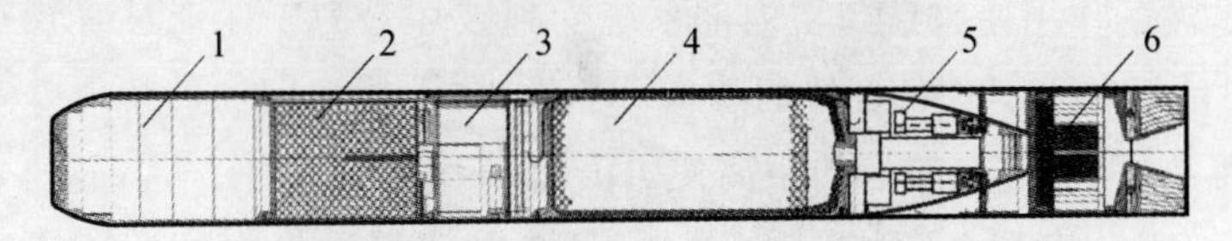

图 5.5　海蜘蛛 ATT 系统组成

1—自导段；　2—战斗部；　3—控制段；　4—动力推进装置；　5—雷尾段；　6—空投附件

自导段:由换能器基阵与自导电路组成,自导为主动、被动及拦截作战模式;具有大范围的水平和垂直视界;作战频率为舰船声呐和鱼雷声呐频率范围外的频率。

战斗部:由主炸药和引信组成,采用全方位爆炸,以便更好地拦截迂回的鱼雷,具有对鱼雷结构的毁坏能力。

控制段:由陀螺仪等传感器组件及控制电路组成,用于进行姿态控制、上限/下限深度及航向控制、主动自导禁止开机、引信动作、声呐工作模式控制;并能进行内部自检。

动力推进装置:采用固体火箭水下推进装置,以实现ATT的高速航行,具有高可靠性和最佳比能。

空投附件:用于飞机空投或水面舰艇火箭助飞的ATT,主要由短程火箭及降落伞组成,短程火箭用于ATT的发射,降落伞用于ATT入水缓冲。

主要技术指标:长度为2 260 mm,质量为115 kg,直径为210 mm,速度为50 kn,水下航程为1 000 m,工作深度为覆盖潜艇工作深度。

②潜艇的海蜘蛛武器系统。海蜘蛛装备于潜艇,一般有三种可行的备选储存与发射方式:集成放置于一个鱼雷发射管中发射,如图5.6所示;采用向舷外旋转的发射箱发射(发射箱也可用于发射其他武器),如图5.7所示;采用置于潜艇上部甲板空间的专用发射装置发射,如图5.8所示。

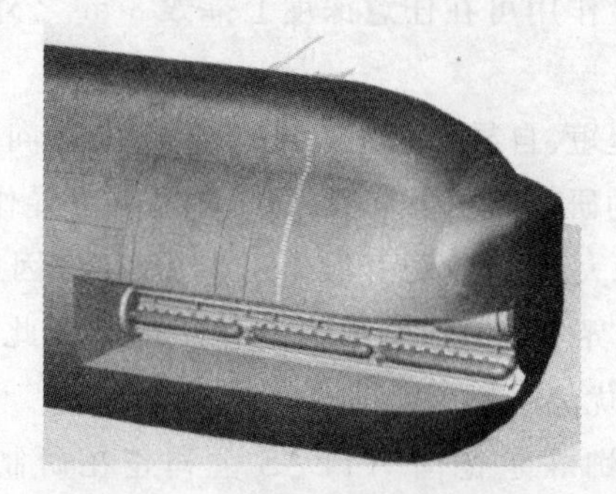

图5.6　潜艇鱼雷发射管发射

图5.7　潜艇舷外旋转的发射箱

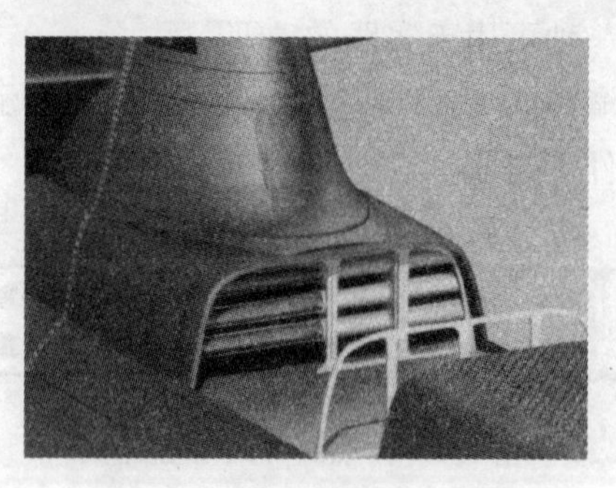

图5.8　潜艇专用发射装置

鱼雷的探测、识别及定位可通过潜艇上专用的探测设备来完成，如综合声呐、艇身两侧阵列式声呐和拖曳阵声呐等。

③用于水面舰艇的海蜘蛛武器系统。海蜘蛛可放置于标准的多用途发射装置中，如图5.9所示。标准发射管每套装置可装6枚海蜘蛛。发射装置可进行方位与仰角旋转，在舰船周围形成了360°的保护范围。该系统还包括舰壳声呐系统和拖曳式声呐系统。

当武器系统发出“鱼雷警报”时，可通过火箭助推器自动启动。发射后的动作流程如下：海蜘蛛弹道式飞行至入水点；入水前通过小型降落伞进行减速；雷伞分离；水下推进系统启动；控制其与来袭鱼雷拦截航线交汇的航向；声呐锁定目标；在安全距离外，自导导引至碰撞点；在非常近的距离内，引爆全向战雷头。

图5.9 水面舰标准多用途发射装置

2. 深弹反鱼雷技术

(1)深弹反鱼雷类型

深弹反鱼雷系统成本低、效果好，近年来越来越受到关注。用于反鱼雷系统的深弹主要有火箭深弹、悬浮式深弹等。

考虑鱼雷和水面舰艇的战术、技术特点，目前西方国家将火箭深弹反鱼雷武器分为远、中、近三种类型。射程在1 200 m内的使用普通火箭深弹；当鱼雷报警距离在2 000～3 500 m时，使用主动声探测型悬浮深弹，在鱼雷航路上构成一悬浮式深弹阵；当鱼雷报警距离大于4 000 m时，使用悬浮声基阵，对鱼雷进行实时跟踪定位，便于单舰和舰艇编队用远程火箭深弹对鱼雷进行全程打击。

(2)近程火箭反鱼雷深弹系统

近程火箭反鱼雷深弹系统是一种利用深弹直接打击来袭鱼雷的系统，与现有火箭深弹反潜系统类似。打击范围在1 000 m以内，主要利用主动声呐探测鱼雷，当发现鱼雷时，发射多枚火箭深弹形成密集阵，用来摧毁鱼雷。

(3)悬浮式深弹反鱼雷系统

悬浮式深弹反鱼雷系统是根据预估距离和方位,在鱼雷可能航向上布放带声呐探测装置的悬浮深弹阵,当鱼雷进入悬浮深弹声呐探测距离内时,深弹爆炸,并进而引爆悬浮深弹阵,增强对鱼雷的毁伤效果。

典型的悬浮式深弹反鱼雷系统如俄罗斯的“侨蛇”反鱼雷系统。当舰艇发现有鱼雷来袭时,经过分析判断可在 30 s 左右的时间内布完悬浮深弹阵。深弹悬浮在水下若干米处,其深度应使深弹爆炸时保证能毁伤鱼雷,利用声引信工作,包括主动和被动声探测两种方式,每枚深弹声探测距离至少为 1.5 倍至 2 倍毁伤鱼雷半径。当鱼雷进入悬浮深弹阵时,主动声呐探测到两个回波信号或被动声呐根据鱼雷噪声强弱变化控制最佳炸点,引起其中 1~2 枚深弹爆炸,而其他深弹则紧接着被引爆,加大对鱼雷的破坏效果。

(4)悬浮声呐基阵深弹反鱼雷系统

由于舰艇的声呐探测系统的性能所限,当远距离(4 000 m 以上)发现鱼雷时不能探测其距离,为此,通过发射悬浮声呐基阵,探测并计算出鱼雷的距离和航向,然后发射远距离火箭深弹打击鱼雷。

将数个装有 GPS 和水声精确定位的智能浮标选择适当的位置布放,构成悬浮声呐基阵。智能浮标上的 GPS 接收机实时、精确地获得其地理位置和时间,水听器接收鱼雷噪声信号,数传电台将定位的实时数据传送到舰艇指挥控制中心。指挥控制中心将悬浮声呐基阵实时数据与舰艇运动状态信息进行融合处理,计算出鱼雷的运动轨迹,控制火控系统发射远程火箭深弹,对鱼雷进行打击(火箭式深弹和悬浮式深弹工作原理与结构见第 4 章内容)。

3. 拦截网反鱼雷技术

防鱼雷网或防鱼雷栅在第一、二次世界大战中已用于军港内或舰艇的锚泊处防鱼雷袭击,是一种传统的反鱼雷技术,由于其价格低廉、使用方便,在现代海战中仍在使用。用反鱼雷网可把来袭鱼雷“阻挡”在航行中舰船安全距离之外并摧毁它,使本舰免遭鱼雷攻击。通常有以下两种实施办法:

1)沉网法,即把拦截网投入舰船尾流中,当浮子接触到海水时,气体发生器将其充气后悬浮在海水中,同时可使伸缩式支柱伸出,使整个网在尾流中张开。一旦尾流制导鱼雷进入尾流并碰到拦截网,即可引爆网上的炸药包,以摧毁来袭鱼雷。

也可以在拦截网上装上声引信及少量炸药,当来袭鱼雷至拦截网一定距离时,拦截网上的引信引爆炸药,从而使来袭鱼雷爆炸。

2)拖网法,拖网法是在舰船后面用同轴电缆拖引一个内部装有折叠拦截网的圆形拖体,拖体上装有声呐,用于探测来袭鱼雷,并通过电缆把探测数据传输到舰船信息处理机,信息处理机的控制指令又经电缆传送到拖体内,以便拖体转动叶轮,使整个拖体进入到来袭鱼雷的航道上,在鱼雷碰网后即引爆挂在网上的炸药,摧毁来袭鱼雷。

4. 火箭助飞水雷反鱼雷技术

火箭助飞水雷是20世纪80年代末发展起来的一种集火箭、深弹和水雷的优点于一体的快速布放水雷，即把若干枚水雷迅速发射到来袭鱼雷的前方，组成反鱼雷屏障，当鱼雷进入某水雷引信动作范围时，引爆该水雷，其他水雷也同时被引爆，以此击毁来袭鱼雷。

5.1.4 非杀伤性对抗技术

非杀伤性对抗技术就是通过舰艇减振降噪设计、水声隐身、舰艇的机动规避、加强舰艇的抗沉性等来隐蔽自己，或逃避鱼雷的攻击，争取自己的生存。非杀伤性对抗技术主要体现在以下几个方面。

1. 减振降噪设计

潜艇的辐射噪声是被动声呐和声自导鱼雷工作的声源，辐射噪声大，易被发现，这就失去了潜艇的隐蔽性。进行减振降噪设计，是使潜艇安静化的根本。因此，各国潜艇研究部门都在采取减振降噪措施。如采用大侧斜低噪声螺旋桨；动力系统采取浮筏隔振技术，减小动力系统振动对辐射噪声的影响；采取高阻尼材料降噪技术；增加隔声罩和改变各种流水孔的形状等措施来降低噪声。

2. 敷设消声材料

另一种水声隐身技术是研制吸声材料敷设在潜艇外壳，减少反射，降低目标强度，提高潜艇的隐身性。

吸声材料一般采用特制的橡胶材料，如德国研制了穿孔橡胶板消声层(4 mm)，第二次世界大战后期德国潜艇的外壳几乎全部都敷设了这种消声层。俄罗斯(苏联)采用瓦状结构的橡胶消声层，即消声瓦；也有光滑橡胶消声层。美国的潜艇消声结构是玻璃纤维编织成的双层铝板固定式吸声层。此外，还有鱼鳞状的消声层、消声涂层技术等，随着材料科学的发展而不断发展。

3. 战术机动规避来袭鱼雷

舰船通过战术机动规避来袭鱼雷，在第二次世界大战期间已充分证明是行之有效的另一种措施，虽然当今鱼雷几乎全是自导鱼雷，但是舰船机动规避仍有重要意义。在实际战争中，根据现代鱼雷的技术特点，在实施软杀伤和硬杀伤的同时，如何机动和规避鱼雷的攻击，千方百计地提高本艇的生存概率，这是一个很重要的课题。

随着计算机技术和软件技术的发展，通过仿真技术制定战术机动方案，这种电子对抗系统已成为对抗鱼雷的有效手段。各国海军都非常重视鱼雷对抗系统的研究，如法国开发的SLAAT鱼雷对抗系统，其中CMAT鱼雷对抗子系统向来袭鱼雷方向射出一枚或几枚火箭助推声诱饵干扰器，同时向舰长推荐并实施一种本舰有效的战术机动规避方案(其中包括航向与航速)和(或)发射硬杀伤对抗兵器，使来袭鱼雷面临多种层次的对抗，能源耗尽而自沉，或被硬杀伤对抗兵器摧毁。

4. 舰船自身抗沉性设计

加强舰船自身抗沉性也是舰船设计的主要原则，如水密隔舱、装甲向水线以下延伸，抗水下爆炸的缓冲层设置以及双层潜艇壳体可抗非定向爆破的鱼雷等，都是非杀伤的手段。如俄罗斯(苏联)的"阿尔法"级潜艇用钛合金制造，大大增加了抗爆强度；"奥斯卡"级巡航导弹潜艇，在外壳与耐压壳之间安装导弹发射筒，使两层壳体之间缓冲地带加大，各发射筒本身又是增强构件，因此，小型鱼雷的装药量不足以炸破它。"台风"级弹道导弹潜艇的外壳之间包着两个并排的耐压管，每个耐压管都有各自的作战指挥、武器火控、动力和通信能力，战时击毁其中一个，并不影响其生存能力。美国水面舰船的新舰，水下部分是"双体船"，两个船体都具有全套的作战指挥、通信、武器与动力系统，战时击毁其中一个，也不影响其生存能力。

5.1.5 反鱼雷技术发展方向

随着尾流自导鱼雷、超高速鱼雷的出现以及声自导鱼雷水声对抗能力的不断提高，单纯依靠软杀伤防御手段已经不能完成对鱼雷的有效防御，而且鱼雷传感器性能和鱼雷反对抗技术的进一步提高也极大地限制了软杀伤系统作战能力的发挥，因此，发展硬杀伤武器是未来水面舰艇鱼雷防御的趋势。水面舰艇鱼雷防御技术在过去几年内得到了快速发展，鱼雷防御的软杀伤手段已经日趋成熟，但硬杀伤手段仍不甚完备，现阶段，各国还不具备装备鱼雷硬杀伤武器的条件。但是，从各国海军鱼雷防御手段发展现状看，未来水声对抗系统、反鱼雷鱼雷或其他硬杀伤装备的并行发展将是各国海军主要关注和发展的方向，研制开发水面舰艇软、硬杀伤兼备的鱼雷防御系统将是各国海军的首选。

1. 反鱼雷器材发展方向

(1)软对抗器材发展动向

在鱼雷防御中，软杀伤器材一直应用得最为广泛。将来，软对抗仍会是水声对抗系统领域的主角，其发展趋势是：

1)辐射噪声模拟。为了兼顾对抗声呐探测和鱼雷攻击，拓宽模拟频率范围，特别是低频能达到0.5 kHz以下；为了实现使鱼雷难分真假的逼真模拟，将普遍采用重放实航采集的本舰辐射噪声方式。

2)回波(反射)信号模拟。为了实现敌声呐和鱼雷难分真假,重视回波特性的逼真模拟技术的研究。

3)尺度模拟。为了更有效地模拟艇体回波信号,鱼雷声诱饵重发信号不仅模拟回波信号的时域特性和频域特性,而且具有模拟本舰空间尺度特性的能力。

4)机动性模拟。实际潜艇和水面舰船可长时间以一定速度变速、变向、变深机动,声诱饵也应具有这种能力。应研制速度更高和续航时间更长、具有多种模拟机动的弹道方式。

5)舰船尾流模拟。尾流自导鱼雷的发展,使原来的很多对抗器材无能为力。这是因为实际舰船尾流长达数千米,宽达几十米,可持续 30 min 以上,要由尺寸较小的声诱饵实现拟真的假尾流模拟难度较大。为了对抗尾流自导鱼雷,需要开展声诱饵尾流模拟能力的研究。

6)人工智能控制技术。声诱饵一般大都采用预设定程序控制方式,根据发射时的敌我态势设定,但发射后不能改变。为了使诱饵有更好的对抗效果,采用人工智能决策控制软件,可根据诱饵发射后自航中的敌我态势变化或新的信息,确定和实施最优机动方式。

(2)硬杀伤对抗器材发展动向

随着科技的不断发展和完善,各国在大力发展“软杀伤”装备的同时,也在抓紧研制一系列“硬杀伤”装备。除继续开展反鱼雷深水炸弹、反鱼雷水雷、引爆式诱饵外,还开展了反鱼雷网等的研究,目前新型的硬对抗手段主要有以下几种:

1)超高速鱼雷反鱼雷技术。超高速鱼雷是指与空泡场相关的水下高速航行器,即空泡鱼雷。由于其具有水下航行速度快、抗干扰能力强、简单、可靠等优点,所以它不仅可作为攻击各种舰艇和岸基设施的水中兵器,还有可能发展成具有巨大杀伤力的反鱼雷硬杀伤装备,成为另一种类型的 ATT。如俄罗斯已研制成功了巡航速度达 300 kn 的超高速 ATT;德国正在研发轻型超空泡 ATT“梭鱼”;法国提出了重型 ATT 的方案。

2)超空泡射弹反鱼雷技术。超空泡射弹武器系统是一种潜在的有效反鱼雷近程防御武器系统,其作用类似于“密集阵”近程反导武器系统。从作战效能和技术可行性角度考虑,超空泡射弹武器系统是最有前途的技术途径。它的主要优点是射速高,发射密度大,可对同一目标进行连续拦截,可拦截齐射的鱼雷。此外,超空泡射弹及其发射系统可实现对潜、对空、对海通用,有希望成为多用途、一体化的近程防御系统。但这一系统只能在近距离使用,最好与其他系统配合,构成多层防御体系。

3)水下声能武器反鱼雷技术。近年来,美国提出了一种全新的水下声能武器概念,其基本原理就像激光发射器发射激光拦截导弹那样,在瞬间触发声能发生器,向水中发射极短周期的高能电脉冲,产生强大的压缩冲击波,用电液效应摧毁鱼雷、水雷等水下目标,将成为一种反鱼雷的新技术,但技术难度很大,目前还没有形成装备。

(3)非杀伤技术发展动向

与飞机空中隐身技术类似,舰艇水下部分的水声目标特性的隐身处理,将大大减小被敌水声探测设备发现、跟踪和声制导鱼雷的攻击可能性。进一步研究减振降噪技术,如研究消声瓦新材料增强消声效果,研究高阻尼的聚氨酯消声涂层等;研制小目标反射特性的水下舰艇、布放屏蔽噪声外泄的气幕等技术,“安静型”舰船将大量涌现。

2. 反鱼雷系统发展方向

随着反鱼雷技术的发展,新一代抗干扰的智能化鱼雷被研制出来,对于新一代智能化鱼雷,传统的、比较单一的反鱼雷干扰器材已经很难奏效,因此,各国纷纷大力发展新一代鱼雷防御系统。这种新型反鱼雷系统中,采取软、硬对抗结合和分层次防御的方法。

美国目前对水面舰艇实施的鱼雷防御已发展到研制一种以对抗具有多种制导系统和多种攻击方式的未来智能鱼雷,能进行多层次、远程、大区域防御的新型防御系统。据报道,已推出一型属硬杀伤范畴的 AN/WSQ—11 水面舰艇鱼雷防御系统。该系统包括拖曳式主动和被动传感器,鱼雷探测、分类、定位处理系统以及 ATT,以对付来袭鱼雷。

法国的 Spartcus 防鱼雷系统,包括被动鱼雷探测报警系统、对抗情报处理控制系统和能发射三类对抗器材的火箭发射系统。该系统是法国 20 世纪初的主战型防鱼雷系统。

俄罗斯 UAD—1M 防鱼雷系统软、硬杀伤相结合,可用深弹、气幕屏障、干扰器、声诱饵组成多层防鱼雷器材,可装备于包括航母在内的大型水面舰艇。

5.2 反水雷技术

反水雷是运用反水雷兵器与装备进行的扫雷、猎雷、破雷、炸雷等清除雷障的作业,以保证基地、航道的安全;或直接对航船进行消声、清磁以减少或避免水雷对舰船造成损伤的作业。本章主要介绍的反水雷兵器与装备有扫雷具、猎雷系统、破雷与炸雷装备。

5.2.1 扫雷具

扫雷具是由舰艇(包括气垫船)或直升机拖曳的扫雷装备对雷区或可疑航道、港湾进行排查清扫,消除水雷威胁的一种手段。本节介绍两种类型扫雷具:接触扫雷具与非接触扫雷具。

1. 接触扫雷具

接触扫雷具是用来清除锚雷或漂雷的一种扫雷装备,一般由水面舰艇拖曳。接触扫雷具根据其作业形式又分为截割扫雷具和网式扫雷具。

(1)截割(爆破)扫雷具

典型的单舰拖曳双舷截割扫雷具如图 5.10 所示。

截割(爆破)扫雷具的组成与各部分功能如下:

1)扫雷部分。扫雷部分包括扫索与扫雷机件。扫索用以安装扫雷机件,并在水中向两舷张开成一定形状，以便在舰船拖曳扫雷具向前运动时，挂住锚雷雷索，让它沿扫索滑动至扫雷机件处，被割刀割断或被爆破筒炸断，雷体浮上水面后销毁。扫雷机件是割刀时，称为截割扫雷具；扫雷机件是爆破筒时，则称为爆破扫雷具。

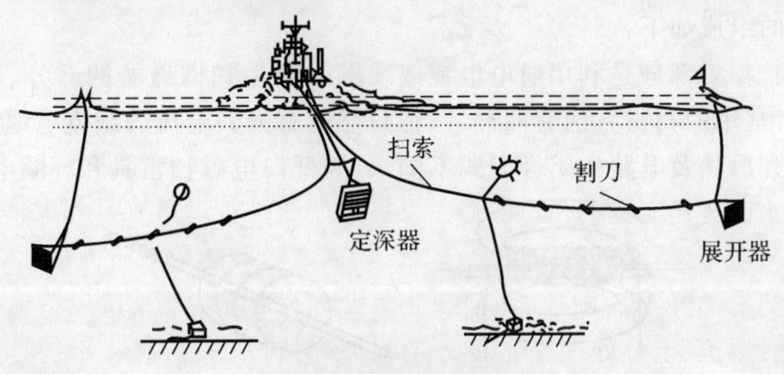

图5.10　截割扫雷具

2)展开器。展开器连在扫索末端(亦称动端)，其作用是在扫具向前运动时，提供使扫索向舷外张开所需的张开力，以取得必要的扫雷宽度。

3)定深与支持部件。定深与支持部件包括定深器、拖索、支持浮体、指示浮体与深度索等，用来使扫雷部分保持在水中设定深度上。定深器用以产生向下的定深力，与适当长度的拖索一起，使扫索前端(亦称定端)保持在设定的深度上；指示浮体通过适当长度的深度索与展开器(扫雷动端)相连，提供支持力使扫雷动端保持在设定深度，同时还指示扫雷具展开宽度和扫雷具的位置；支持浮体用以支持扫索的中间部分使扫雷机件下垂不致过大。

图5.11　网式扫雷具

(2)网式扫雷具

网式扫雷具如图5.11所示，一般由两艘舰艇拖曳，用来网住水面漂雷或水中定深漂雷，将其拖至指定地点销毁。

2. 非接触扫雷具

非接触扫雷具是由舰艇、直升机或气垫船拖带的扫雷装备，通过辐射模拟舰船的物理场，如磁场、声场等，来诱爆非触发引信的水雷，而无需和水雷接触。

非接触扫雷具有电磁扫雷具、声扫雷具和水压扫雷具，水压扫雷具目前尚未装备部队，下面主要介绍电磁扫雷具与声扫雷具。

(1)电磁扫雷具

电磁扫雷具产生模拟舰船的磁场特性去诱发水雷动作,用以扫除磁引信的非触发水雷。

电磁扫雷具的组成如下:

1)扫雷部分。扫雷部分是利用通电电缆或线圈来产生扫雷磁场的部分,产生磁场的方式如图 5.12 所示。常用的扫雷方法有两种:一种是靠通有强大电流的载流电缆产生的磁场来扫雷。依照电缆展开形状及电路的闭合方式不同,分为开口电磁扫雷具和环圈电磁扫雷具。

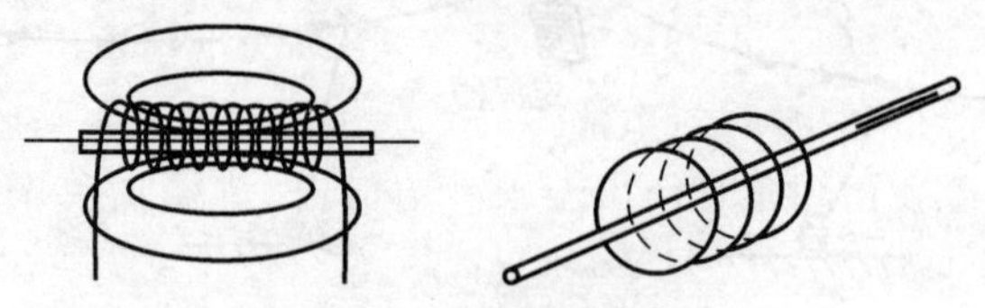

图 5.12 产生磁场的方式

开口电磁扫雷具为一长一短两根电缆线,端部带有将电流导入海水的电极,通过海水而构成闭合回路。电缆不展开,顺航向拖曳的称为直开口式,如图 5.13 所示。其中一根展开的为斜开口式;用两根一样长的电缆左右展开的为横开口式。

环圈电磁扫雷具则是由电缆构成闭合回路,但必须将电缆展开成环圈形,以获得必需的磁场空间范围,如图 5.14 所示。其载流电缆磁场的大小取决于其尺寸以及电流的大小,可以通过强大电流(数千安以上)取得较大的磁场作用范围。

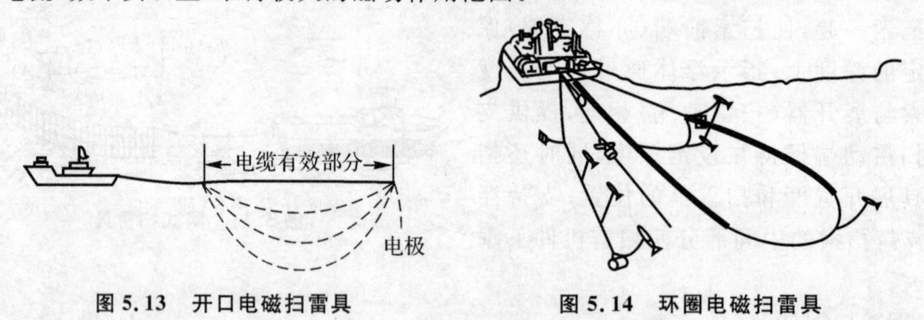

图 5.13 开口电磁扫雷具 **图 5.14 环圈电磁扫雷具**

直开口式因不展开,阻力较小,可以达到较大的扫速,而环圈式则必须展开,因而阻力较大,扫速受到限制。

另一种是利用电磁铁原理产生磁场,叫做螺线管扫雷具。利用通电线圈使其内的铁芯磁化,铁芯磁化后产生的磁场远比线圈大,是扫雷磁场的主要部分。螺线管扫雷具磁场的大小,取决于铁芯线圈的磁矩。它与磁化线圈的匝数、铁芯形状、体积、磁导率等有关。铁芯材料的磁导率高、细长比大(去磁系数小)、体积大,则产生磁场也就大。

2)动力设备。动力设备配有专用的扫雷发电机组,供扫雷部分及控制装置用电,电磁扫雷具可产生强大的扫雷磁场。

3)控制装置。水雷引信为了抗扫雷和抗干扰,都采用了一定的工作制度。要想诱爆磁引信水雷,就必须使扫雷磁场的变化规律符合磁引信工作制度的要求。控制装置的任务就是控制电磁扫雷具的通电方式,包括通电脉冲的波形、极性、脉冲持续时间和间歇时间等,满足引信工作制度的要求,以达到可靠扫除水雷的目的。

(2)声扫雷具

声扫雷具产生模拟舰船的声场,来诱炸声引信的水雷。其组成与各个部分的功能如下:

1)扫雷声源。扫雷声源也叫发声器或发声装置,用以产生扫雷声场。它实际上就是一个声换能器,将其他形式的能量如机械能、电能等转变为声能辐射出去。艇具合一式声扫雷具的扫雷声源就在艇上,而拖曳式声扫雷具的声源则需用拖索、定深器、支持浮体等拖在艇后一定距离进行扫雷,如图5.15所示。

水雷声引信以舰船声场为信号源,然而舰船声场频域很宽,一般将其划分为次声频(20 Hz)、声频(200～20 kHz)和超声频(>220 kHz)三个频段。一个发声器无法覆盖如此宽的频域,因此声扫雷具亦相应地划分为次声扫雷具、声频扫雷具和超声频扫雷具,如能同时辐射两个频段的扫雷具则称为宽频带声扫雷具。

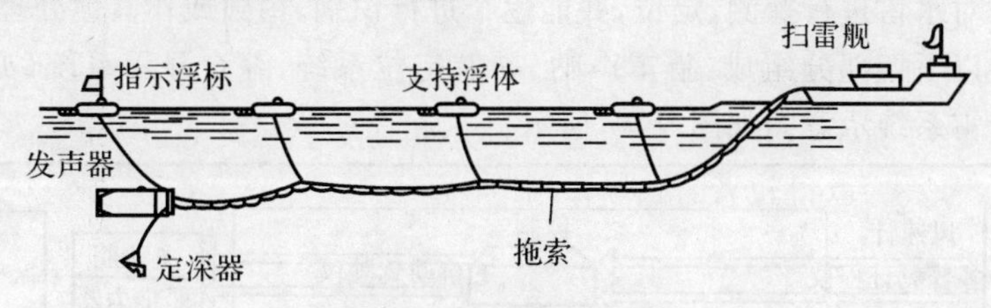

图5.15　声扫雷具扫雷

2)动力设备。目前大多数发声器均以电能为动力,需有供电电源。气爆式声源为其提供压缩空气的空压机也是以电或柴油机为动力。至于依靠水动力发声的则不需专门动力设备,是依靠舰艇拖带行进时迎面水流的能量驱动的。

3)控制装置。声扫雷具的控制装置用来控制发声器的声场,使之按一定规律变化,例如控制其激振机构电机的转速或气枪式声源的放炮频率等。更先进的宽频带扫雷具的控制装置还能控制扫雷声场的频谱特性和声场的作用范围,使之符合预定的要求。声扫雷具的控制仪也有机械电器式、电子电路式和微机控制式等类型。水雷声引信多利用一定的声压阈值或声压增长率来动作,因而发声器的通电方式有恒值方式和梯形波方式两种。恒值方式扫雷声场强度不变;梯形波方式则在间歇期内为低值,增长期内声压以一定速率增长到最大值并满值保持一定时间,而后迅速返回低值,如此往复下去,如图5.16所示。此外,声扫雷具常和电磁扫雷具联合工作,以扫除声、磁联合引信水雷。联合扫雷时其控制装置间的同步协调,一般是由磁控制仪在辐射脉冲开始时发给声控制仪一个同步信号,而后声控制仪按规定的无位移(即声脉冲与电磁脉冲同时开始)或有位移(声脉冲较电磁脉冲滞后一个位移时间)的方式控制辐射声脉冲。

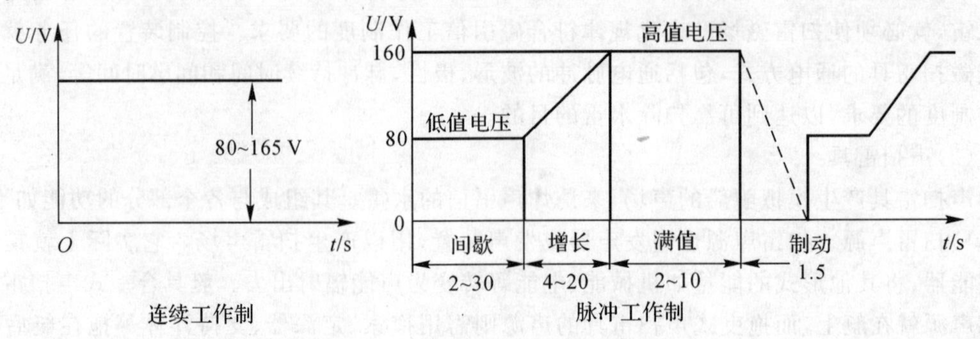

图 5.16　声扫雷具的通电工作制度

5.2.2　猎雷系统

猎雷系统是对水雷进行探测、定位,并能逐个进行识别、销毁或作其他处理的反水雷系统。猎雷系统一般由以下四部分组成:猎雷声呐、导航定位系统、综合显示系统(亦称猎雷情报中心)、灭雷具。猎雷系统示意图如图 5.17 所示。

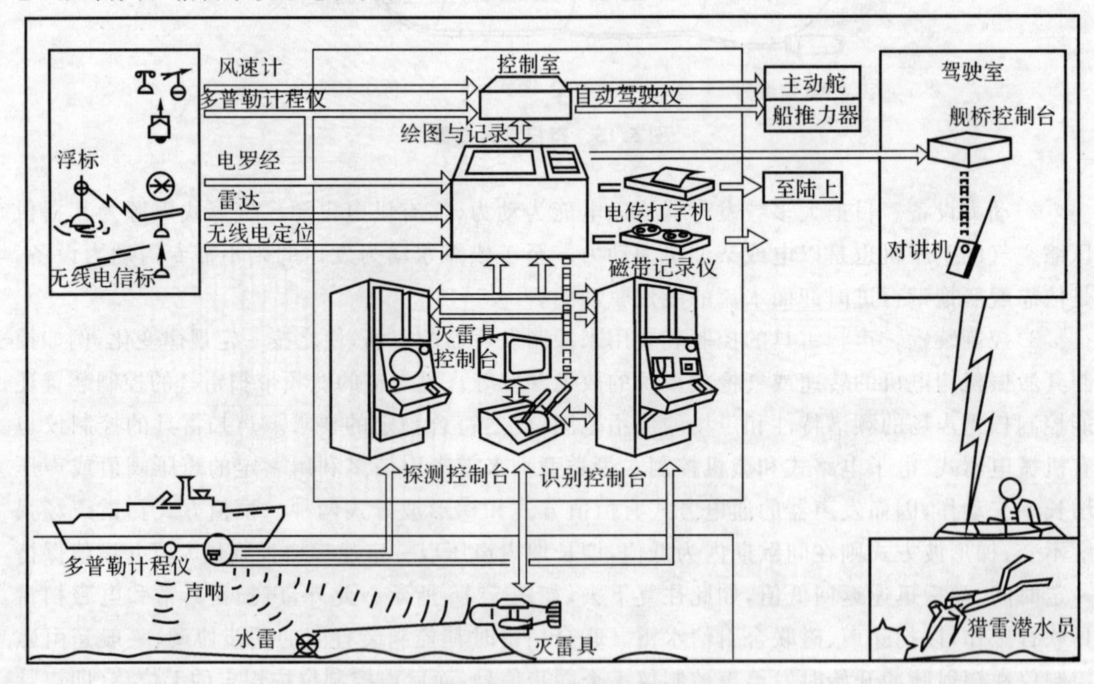

图 5.17　猎雷器系统

猎雷武器系统通常装备在猎雷舰艇上。它不仅能用于反水雷,还能用于海洋调查、海底勘探等工作,具有平战结合的特点。它诞生于 20 世纪 60 年代初,70—80 年代是其发展的高潮时期,西方各海军国家竞相研制和装备。

目前,世界上使用的猎雷系统以不同的猎雷声呐和显控系统为核心,灭雷具和导航定位设备可根据需要灵活选用,但总体性能彼此相差不大。具有代表性的有:法国三伙伴级猎雷艇上使用的 TSM—2021 猎雷声呐和 EVEC20 情报中心为核心的猎雷系统;以 TSM—2022 猎雷声呐和 TSM—2060 情报中心为核心的 IBISV 猎雷系统;英国亨特级反水雷舰上使用的 193M 猎雷声呐和 CAAIS 情报中心为核心的猎雷系统;意大利勒里希级猎雷艇上使用的 FIAR/SQQ—14 猎雷声呐和 MM/SSN—714 情报中心为核心的 IMICS 猎雷系统;联邦德国以 DSQS—11H 猎雷声呐和 ATLAS NCE 情报中心为核心的猎雷系统等。

1. 猎雷声呐

猎雷声呐是用来发现和初步识别水雷、测定其位置并引导灭雷具驶向水雷的高分辨力声呐。它是猎雷武器系统的“眼睛”,通常包括探测声呐和识别声呐两个各自独立的声呐,也有的只使用一个换能器交替工作于探测和识别方式,如图 5.18 所示。猎雷声呐有舰壳式、吊放式和拖曳式等形式。舰壳式和吊放式一般采用向前方进行扇面搜索的方式工作。拖曳式多为侧扫工作方式。吊放式和拖曳式还可以变水深工作,以避开温度跃变层的影响。

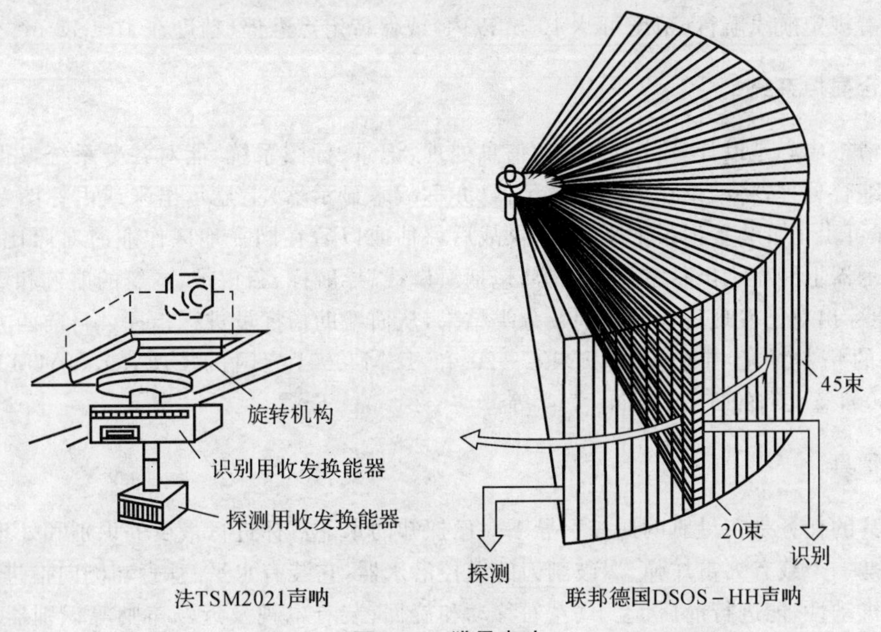

图 5.18　猎雷声呐

探测声呐要能在较远距离(一般要求在 400～500 m 以上)发现类似水雷这样的小目标,其工作频率一般在 80～100 kHz,波束宽度为 1°～1.5°,探测深度为 5～100 m。识别声呐的任务是判断目标是否是水雷。因此它的分辨率更高,工作频率多在 300～400 kHz 以上,波束也更窄,工作距离也近一些,一般只能达 150～250 m。识别声呐辨识目标可利用回波方式或声影方式。前者靠目标回波强度或回波结构进行识别,主要适用于混响及散射较小的软海底;后者利用声呐射束照射目标时在海底上形成的声阴影形状来识别目标,如圆柱状沉底雷的阴影为平行四边形,球形雷体的声影为椭圆形,等等,适用于混响大的海底。具体使用哪种方式,依据当时的海区条件决定。探测目标的情况及数据在声呐控制台的显示屏上显示,并传送给情报中心。

2. 导航定位系统

猎雷要求能对水中的水雷进行精确定位,而声呐探测定位是相对于猎雷舰艇进行的。猎雷作业时要求猎雷舰艇具有沿规定航线航行或保持定点悬停的能力,因此猎雷舰艇要有很高的导航定位精度,其上除装有导航雷达、计程仪等外,还要有高精度的无线电定位设备,精度可达 3～5 m 以内。用于进行艇位辅助推算的多普勒计程仪,可测出艇相对于海或海底的速度,在 20～40 kn 内测速精度为 0.5%～1%。有的艇还装有卫星导航仪。猎雷艇还须有较强的控位能力,装有主动舵及舰艏侧推器等动力控位装置和自动驾驶仪,同高精度定位设备一道可使猎雷舰艇沿规定航线航行(精度可达 10 m 以内)或保持定点悬停(精度在 10～15 m 之内)。

3. 综合显控系统

猎雷情报中心是以计算机为中心的信息处理、记录、标图系统,能对各分系统取得的各种信息进行综合处理,将结果在一综合显示器(亦称战术显示器)上显示出来或由标图台进行自动标图,亦可由记录装置记录下来存档,供战后评估或以后在同一地区作业时对照比较之用。在战术显示器上能显示出猎雷战术态势,包括海岸线、导航标、猎雷带、本艇的航迹和声呐搜索范围等,能标出对已发现目标的识别及分类结果,从而帮助指挥员进行指挥。目前西方猎雷系统中使用的情报中心有法国的 EVEC—20 和 TSM2060,英国的 CAAIS,NAUTIS M 和 MANIS 500,意大利的 MM/SSN—714 等。

4. 灭雷具

灭雷具的任务是在母艇的遥控引导下对已探知的水下目标进行最后的识别和处理。灭雷具实际上是一个载有灭雷炸弹、爆破割刀的缆控潜水器,它装有水平、垂直和侧向推进装置,具有良好的机动性,能进行前后、上下、左右移动和旋回;装有电视及近场声呐等识别器材,可对目标就近观察识别。连接灭雷具和母艇的脐带电缆用来传递指令,并将灭雷具取得的信息及图像送回母艇,在灭雷具控制台的屏幕上显示出来。操纵员在母舰控制台上操纵灭雷具进行各种机动，在完成最后识别确认为水雷后，即指挥灭雷具把灭雷弹投放到沉底雷旁或把爆破割刀挂到锚雷的雷索上进行灭雷，如图 5.19 所示。

灭雷具一般多采用电力推进，可自带电池供电或由母船通过脐带电缆供电。前者续航时间有限，后者则不受限制，但脐带电缆兼用供电，其径向尺寸变粗，水中阻力加大将使灭雷具的尺寸、质量以及由于要采用更大功率的推进装置而变得更笨重。

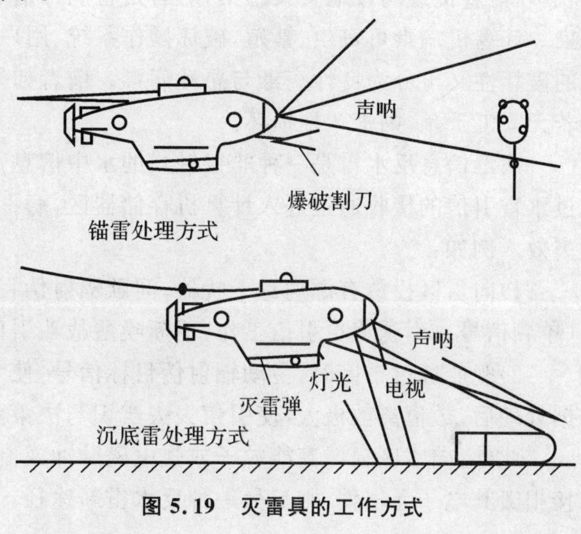

图 5.19　灭雷具的工作方式

灭雷具要在水雷附近工作，因此要求其声、磁特性必须极小，这样才能保证不致引起水雷动作。不仅要求其壳体须用无磁材料，如铝、玻璃钢等制造，灭雷具内的各种设备或动力装置也要尽量无磁性或磁性很小。灭雷具下水一次(处理一个水雷)需时 20～40 min。

5.2.3　破雷与炸雷

1. 破雷

使用特制的抗沉性舰船或改制的商(货)船，增强其抗炸性能，提高噪声和电磁辐射能力，强行通过雷区引爆水雷，开辟航道。采用这种方法消除水雷效果最好，但是当遭遇大型水雷的近距离爆炸时则十分危险，仍要付出很大代价。

2. 炸雷

通常使用轰炸机向雷区空投大量的子母弹，或用水面舰艇抛射大量的爆炸物，利用水中爆炸产生的冲击波、碎片以及爆破噪声，突变的磁场，引爆、诱爆水雷或使水雷失效，可迅速开辟一条安全航道。用这种方法消灭水雷快捷有效，但是要求：①排雷覆盖面大、爆炸物密度大；②弹药散布均匀，且同步爆炸；③弹药投放量巨大。

5.2.4　病毒信息反水雷

信息战是战争的先导，它贯穿战争的始终。因此，占领信息制高点是战争取胜的关键。病毒信息是信息战武器之一，按其传播与感染方式可分为接触式与非接触式病毒。前者是利用软/硬盘直接或间接地交叉感染；后者是将病毒信息注入计算机输入通道，进入存储器区而感染。计算机病毒可寄生、繁殖，破坏操作系统、用户程序、目标数据甚至损毁器件。按病毒信息的破坏性又可分为良性病毒与恶性病毒。前者如果信息消失，计算机仍可恢复正常运行；后者若无人工干预，则永久性损坏。

病毒信息反水雷是一种非接触式的水中信息武器，即在雷区中，辐射与传播病毒信息，通过水雷引信的接收通道进入计算机存储器区，病毒数据破坏计算机的运行，使引信失灵或水雷失效。例如：

1)向雷区投放有源病毒干扰器，间歇辐射伪目标特征信号，例如：一窄带噪声或数条线谱(单频信号)，引诱值更引信工作，不断唤醒战斗引信，诱发水雷自炸或耗尽其电源使水雷失效。

2)舰船通过雷区时，主动辐射伪目标信号，使水雷引信同时接收到的真伪目标信号，经数据处理后，数值离散极大，使引信失去辨识与决策能力。此时，舰船则可安全通过雷区。

此外，向雷区辐射高能粒子或强电磁脉冲或制造磁爆，破坏水雷引信中的程序、数据或直接损毁其电子元器件，则是另一种反水雷新途径。

复习思考题

5-1　简述开展反鱼雷、反水雷技术研究的重要性。

5-2　目前典型的反鱼雷硬杀伤装备有哪些？

5-3　目前反鱼雷软杀伤装备有哪些？

5-4　试述噪声干扰器的工作原理，并列举几种典型的反鱼雷干扰器材。

5-5　声诱饵按使用方式可分为几种？各自有哪些特点？

5-6　试设计一种反鱼雷鱼雷，给出其系统的组成及工作原理。

5-7　试述水声对抗系统的发展动向。

5-8　试设计新型综合反鱼雷系统，并进行方案论证。

5-9　为什么说水雷易布难防？

5-10　目前扫雷装备有哪些？并说明它们的工作原理。

5-11　试设计一新型反水鱼雷系统，给出系统组成框图，并说明工作原理。

第二篇　水下武器系统篇

第6章　潜艇水下武器系统

潜艇是海军作战的主要舰种之一，在历次海战中都发挥了重要作用。第二次世界大战后，世界各国海军十分重视新型潜艇的研究。早期的潜艇装备的武器系统主要是鱼雷、水雷水下武器；现代潜艇装备的武器除鱼雷、水雷外还有导弹及水声对抗武器系统，其中鱼雷是潜艇必装的。

本章将简要介绍潜艇武器平台、潜艇武器系统的组成和功能；较详细地讲述与鱼雷武器作战使用密切相关的水声探测系统、发射装置及水下武器（主要是鱼雷）的作战使用原理。

6.1　潜艇概述

6.1.1　潜艇的作用及分类

潜艇是一种既能在水面也能在水下航行和战斗的作战舰艇。潜艇的最大特点是它的隐蔽性好，高性能的核潜艇可以在水下持续潜航长达数月之久。从现代潜艇发展的100多年历史可以看到潜艇在海战中发挥了重要作用，特别是在两次世界大战期间以及战后马岛海战和海湾战争中发挥了重要作用。

二战之后，随着科学技术的发展，潜艇技术和装备技术得到了迅速发展，特别是潜艇动力、武器装备以及探测设备的迅猛发展，使其成为海战中最有效的水下武器平台。潜艇不仅具有重要的战术意义，而且还具有重要的战略意义。在战术意义上，由于其灵活的机动性和隐蔽性，能够完成诸如反潜、反舰、情报收集、兵力支援和对舰艇攻击等多项战斗任务；在战略意义上，潜艇由于其自身良好的隐蔽性，特别是携带战略导弹或远程巡航导弹的潜艇，对敌方是一种强大的威慑力量。因此，潜艇一直受到世界各国的高度重视。尤其是核潜艇，它比常规潜艇威力更大，格外受各国海军的青睐。

1. 潜艇武器系统的作战任务

潜艇武器系统的作战任务主要包括攻击潜艇、攻击水面舰船、布放水雷、对陆攻击、潜艇防空及其他任务。

(1)攻击潜艇

随着潜艇战斗性能的改进,它在海战中的作用越来越大,特别是核动力潜艇。核潜艇的作战能力和机动性能比普通潜艇大为提高,能深入远洋,长期在水下巡游,活动海域显著扩大,它装备的观测通信器材的性能和武器的威力也都有很大提高。核潜艇在许多国家海军的发展中占有极重要的地位,在未来的海战中必将大规模地使用。反潜战成为各国海军非常艰巨的任务,而潜对潜作战具有更大的优势,因此反潜是潜艇的重要任务之一。

(2)攻击水面舰船

攻击水面舰船是潜艇武器系统的重要功能之一,早期潜艇的功能就是攻击水面舰船。潜艇在水下隐蔽攻击,目标很难察觉。特别是在水下采用鱼雷攻击时,由于水的密度远大于空气的密度,可压缩比小,爆炸威力大,对于 4 000 t 左右的水面战舰,一发鱼雷即可将其击沉或使其失去战斗力,对于防护差的商船杀伤力更大。

在第二次世界大战中,潜艇水下航速低,主要利用通气管航行,用潜望镜搜索发现目标,使用直航鱼雷进行攻击。随着科学技术的发展,潜艇攻击海上舰船的作战方式也发生了变化。不仅可在潜望航行状态下搜索和攻击水面舰船,也可在水下航行状态通过艇上声呐系统进行目标探测,并利用鱼雷、火箭助飞鱼雷或潜射飞航式导弹对敌水面舰船实施攻击。

(3)布放水雷

由于水雷具有结构相对简单与高效费比的明显优势,许多国家都在开发和生产水雷。使用潜艇布放水雷隐蔽性好,打击突然,持续作用时间长,威慑作用大。特别在敌方防守严密的港口,在空投布雷和水面舰布雷不能实施的情况下,可通过潜艇进行攻势布雷,完成封锁作战任务。

(4)对陆攻击

潜射巡航导弹研制成功,使得潜艇攻击距离大幅度提高,并具有陆上攻击的能力。如美国的“战斧”导弹就是一种可由潜艇发射来攻击陆上目标的巡航导弹,并能实现精确打击。大型潜射弹道导弹可以在更大距离上打击陆上目标,而且具有更大的威力。

(5)潜艇防空

长期以来,在潜空对抗中,由于潜艇缺乏有效的对空防御手段,反潜飞机占有绝对优势,可以毫无顾忌地对潜艇进行搜索、跟踪和攻击,而潜艇则始终处于被动挨打的地位,只能通过紧急下潜或机动规避等手段进行被动防御。为改变“空优潜劣”的非对称格局,世界军事强国竞相发展潜空导弹武器系统以实现潜艇对空防御。

目前国外最新且性能最为先进的一型潜空导弹是德国的 IDAS(伊达斯)。IDAS 作战的主要对象是海上反潜巡逻飞机和反潜直升机，也可攻击小型舰艇和精确打击近海地面目标。

(6)潜艇的其他作用

潜艇除能完成以上作战任务外，还可执行以下任务：进行区域巡逻，监视跟踪对方潜艇；搜集情报；秘密运送特种人员；在未来海战中，潜艇将成为网络战中强有力的节点。

2. 潜艇的分类

潜艇按照不同的分类方法可分为不同的类型。就现役潜艇来讲，大致可分为以下几类：

(1)按动力装置分类

按动力装置区分，潜艇可分为常规动力潜艇和核动力潜艇。

常规动力潜艇简称常规潜艇，是以非核燃料为能源来提供航行动力的潜艇。其中最普通的是柴油机-蓄电池潜艇。这种潜艇在水面和通气管通气状态下，通常以柴油机为航行动力，并为蓄电池充电；在水下航行时，则由蓄电池供电，以电机为动力。

核动力潜艇简称核潜艇，是以核燃料为能源来提供主动力的潜艇。其水下航速和续航力均大大高于常规潜艇。在海上活动时，无特殊必要时可全天在水下机动，从而大大提高了潜艇的隐蔽性和机动性。

(2)按装载武器分类

按装载的主要武器区分，潜艇可分为弹道导弹潜艇、巡航导弹潜艇和鱼雷潜艇。

弹道导弹潜艇所携带的主要武器是弹道导弹，每艇可携带 8～24 枚。其战斗部有单一弹头、集束式弹头、分导式多弹头，通常为核装药，主要用来突击岸上重要目标。

巡航导弹潜艇的主要武器是巡航导弹，每艇可携带 6～24 枚。巡航导弹又分战略型和战术型，分别用来突击岸上目标和海上舰船。

鱼雷潜艇是以鱼雷为主要武器的潜艇，也常用来布设水雷。每艇有鱼雷发射管 4～10 具，主要用来攻击水面舰船和潜艇。

(3)按作战使命分类

按作战使命区分，潜艇可分为战略导弹潜艇和攻击型潜艇。

战略导弹潜艇主要指弹道导弹潜艇，攻击型潜艇通常包括鱼雷潜艇和巡航导弹潜艇。目前有些国家宣称的“多用途”潜艇，系指既装有战略型弹道导弹，又携带有战术型巡航导弹和鱼雷的潜艇，既可用于攻击岸上目标，也可用来袭击水面舰船和潜艇。

(4)按排水量分类

按排水量区分，潜艇可分为大、中、小型潜艇和微型潜艇。

排水量在 2 000 t 以上者为大型潜艇，600～2 000 t 者为中型潜艇，100～600 t 者为小型潜艇，100 t 以下者为微型潜艇。微型潜艇也称袖珍潜艇。大型潜艇主要用于远洋作战，中型潜艇主要用于近海作战，小型潜艇主要用于近岸作战，微型潜艇多在母舰协助下，用来潜入敌港内袭击停泊舰船或执行特种任务。

6.1.2 潜艇的主要组成部分及功能

作战潜艇是由艇体及配置在艇体上的各种不同类型的专用系统和设备组成的。潜艇上的这些设施按照它们的基本功能属性大体上可归并为两大类:一类隶属于潜艇作战平台部分,另一类隶属于潜艇作战系统部分。潜艇作战平台部分包括艇体及其所属的推进系统、电力系统、辅助系统、艇体属具及舱室设施。潜艇作战系统也可称为潜艇武器系统,主要包括导航系统、通信系统、战术数据链、探测系统、指挥控制系统、武器及发射装置、水声对抗系统等。

1. 潜艇平台

(1)艇体结构

艇体结构是用以包容和安装专用系统和设备的壳体结构,要求具有良好的流体外形和水密性及抗压性。潜艇深潜时要受到海水的巨大压力,潜深越深压力越大。因此,潜艇的外形和结构对于其承载能力是至关重要的。综合考虑潜艇的强度和容积等因素,一般潜艇外形中间为圆柱,两头为半球形封头结构。现代潜艇设计中,为了减小潜艇水下运动阻力,潜艇外形设计成水滴形。

艇体结构通常有 3 种类型:单壳结构、双壳结构以及介于单双壳之间的混合型壳体结构。这 3 种壳体结构原理如图 6.1 所示。

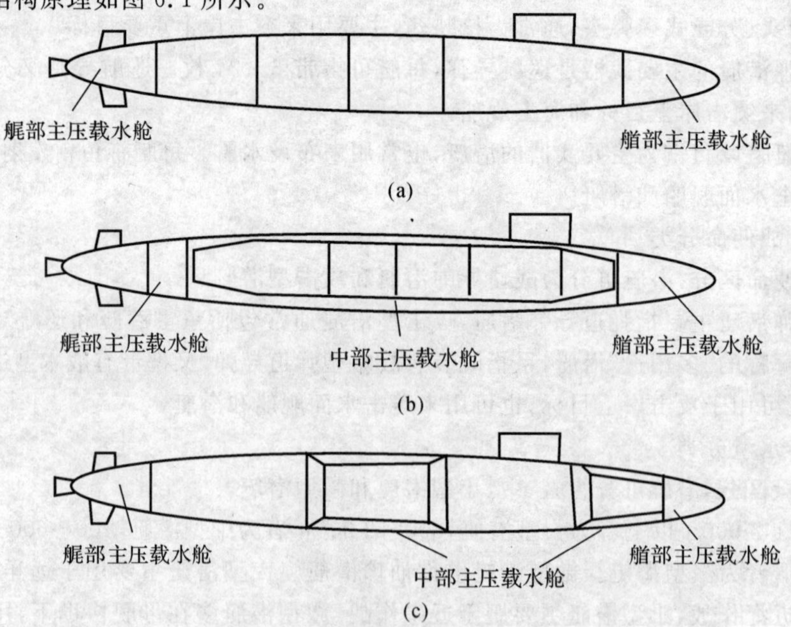

图 6.1 潜艇艇体结构示意图

(a)单壳艇体结构; (b)双壳艇体结构; (c)单双混合壳艇体结构

潜艇除耐压壳体外还有压载水舱。单壳艇体的耐压结构是一圆柱形筒体，承受海水的压力，在耐压壳体的艏、艉两端，各有一段流线型的非耐压壳体，为艏、艉主压载水舱，用以调节潜艇的平衡和紧急上浮。单壳体的优点是结构简单，在具有同等排水量的前提下，具有较大的艇内空间，可以增加潜艇的有效装载。但是单壳体加工工艺要求苛刻；壳体不耐碰撞，一旦耐压壳体破损进水，艏、艉端的主压载水舱过小，就无法提供足够的浮力使潜艇安全上浮，一旦遭到反潜武器的攻击而引起破损，几乎不可能进行潜艇救生。

双壳结构的潜艇，其耐压艇体的外面还有一层轻型的非耐压艇体。在非耐压艇体和耐压艇体之间的空间被用作压载水舱或燃油舱，有的甚至还用于装载武器。双壳体潜艇的外壳加工成型相对容易，可以做得更加光顺，外壳与内壳之间的舷间可对各种碰撞和外来武器的攻击起到缓冲保护作用；双壳体核潜艇在水下可提供较大的浮力（即储备浮力较大），有良好的生命力；双壳体核潜艇外壳与耐压壳之间距离最大可达 3 m，这就为安装各种设备留下了充足的空间。但是双壳体结构潜艇一般比单壳体潜艇大，不但对航速有影响，而且声呐反射面大，被敌方主动声呐发现的机会也相对较大。

单双混合壳体潜艇中和了单壳体和双壳体的优缺点。在这种潜艇上的部分区域采用双壳体，而其他部分采用单壳体，艏、艉端仍然保留主压载水舱，其余的主压载水舱布置在双壳体的舷间。

(2)指挥台围壳

现代潜艇的舰桥结构及其外部包覆的导流罩通常被称为潜艇的指挥台围壳，它是一种具有良好的流线型、能够经得起海上风浪的特殊罩壳。指挥台围壳内有耐压指挥台和安装水面观察探测设备（潜望镜、高频通信设施、雷达设施）的桅杆及水下通气管设施的桅杆。一般在指挥台的下面是耐压艇体内的指挥舱。

潜艇指挥台围壳的结构随着潜艇技术的发展而变化，而且各个国家的指挥台围壳结构也不同。早期潜艇上只有指挥台，而没有指挥台围壳。当时的指挥台是一个垂直的圆柱形耐压体，它的侧面装有供瞭望和观察水面情况的水密观察窗，它的顶部带有水密盖罩，而且它的大小只能容纳艇长一个人。随着潜艇性能的不断提高和完善，指挥台逐渐成为艇长指挥潜艇进行作战和潜艇在水面状态时艇长指挥潜艇航行的场所。现代潜艇指挥台的尺寸比初期大得多，并且指挥台里也装备了作为指挥和操艇用的一些设备，如潜望镜、垂直舵操纵台、鱼雷发射操纵仪、纵倾仪、磁罗经、测深仪以及传话筒等。

(3)动力推进系统

现代潜艇的动力推进系统基本上分两大类，即柴油机-电机推进系统和核动力推进系统。

柴油机-电机推进系统是常规动力潜艇用的典型动力装置。柴油机-电机推进系统由柴油机驱动发电机发电，再由电机通过推进轴带动螺旋桨旋转，从而产生推力。发电机同时还给蓄电池充电。由于柴油机工作必须要有氧气，因此只能在水面或近水面在通气管通气状态下工作，深潜时，由蓄电池给电机供电。由于蓄电池储存能量有限，潜艇水下的航行速度和续航力低。水下经济电机航行时，其续航力为200～400 n mile。

核动力推进系统的基本原理是将核反应堆中产生的热能，通过热交换器产生蒸汽，然后蒸汽再被用于汽轮发电机组发电，再由电机带动螺旋桨转动产生推力。这种核动力推进系统是核反应堆-电机型的，其工作原理如图6.2所示。早期的核潜艇是由蒸汽轮机通过齿轮组传动带动螺旋桨转动产生推力的。由于齿轮传动系统的噪声大，影响潜艇的隐蔽性，因此现代核潜艇多数采用核反应堆-电机型的推进系统。

核潜艇的核反应堆根据其冷却系统不同分为压水堆式和液态金属冷却堆式。压水堆式核反应堆是用高压纯净水进行冷却和热交换的，压水堆是最早采用的成熟技术，多数国家都采用压水堆式。液态金属冷却堆是利用液态金属进行冷却的核反应堆，它比压水堆有着更大的功率密度，因此，潜艇具有更高的航行速度，但需要解决在非工作状态下的冷凝问题，具有一定的技术难度，目前仅俄罗斯、美国采用了液态金属冷却反应堆。

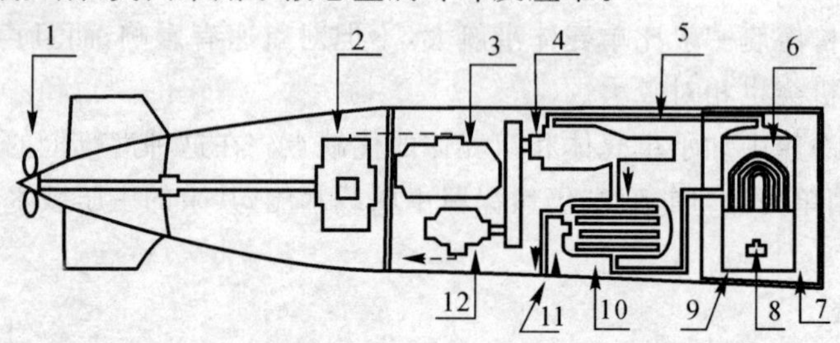

图6.2 潜艇核动力装置工作原理图

1—螺旋桨； 2—推进电机； 3—交流发电机(动力电源)； 4—蒸汽轮机； 5—蒸汽输送管； 6—蒸汽发生器； 7—反应堆舱； 8—核燃料； 9—反应堆压力容器； 10—冷凝器； 11—海水进口； 12—交流发电机(设备电源)

由于核动力具有极高的能量密度，所以核潜艇航行速度比常规潜艇大大提高。一般核潜艇水下航行速度可达30 kn以上，如俄罗斯的“阿尔法”级攻击型核潜艇水下最高速度达到43 kn。核反应堆可为核潜艇提供全寿命的水下续航力，核潜艇的续航力主要取决于其所携带的给养和艇员的承受能力。核潜艇的续航力一般为十万至数十万海里。

(4)潜艇运动操控装置

潜艇的水下运动是三维的六自由度运动，是通过改变压载水舱的载水量，调整潜艇重浮力的大小，以及操纵控制舵来实现的。潜艇运动操控装置主要是指压载水舱操控装置及控制舵。

1)压载水舱的操控装置。潜艇可以在水面、潜望、水下三种不同的状态下航行。当潜艇处于水面状态时，艇上的压载水舱完全排空，或保留少量的水，这时，潜艇的浮力远大于重力，使潜艇浮于水面。当潜艇处于潜望状态时，除了艇上的一个或两个中组水舱外，其他压载水舱全部注满海水，潜艇基本上都处于水下，仅指挥台围壳和部分上层建筑露出水面。当潜艇处于这种状态时，只要把中组水舱注满海水，潜艇就会迅速下潜。当潜艇处于水下状态时，艇上的压载水舱基本完全注满海水，潜艇的重力和浮力几乎相等，有时会有少量的剩余浮力，但可以用水平舵的流体动力(需要有一定的航速才能产生)来平衡。

实现潜艇的这三种不同的状态需要给压载水舱注水或排水。在水舱的下部有进海水阀，上部有通气阀。当潜艇处于水面状态时，关闭通气阀，打开进海水阀，水舱可进入少量海水，若把通气阀全部打开，水舱便会迅速注满海水。压载水舱的海水是用高压气吹除的。潜艇上都装有压缩空气供应系统，大量的高压空气可用于水舱海水的吹除，少量的高压空气经减压后用于辅助设备。通过管路及控制系统将高压气通入水舱，在高压气的压力作用下，水舱中的海水可排出。

潜艇除布置有主压载水舱外，还有艏、艉平衡水舱和中部调整水舱，用以控制潜艇的平衡和必要的倾斜姿态，以便潜艇的上浮或下潜。

2)控制舵。潜艇机动航行时，仅靠重浮力的变化和姿态的变化是不能满足要求的，主要的操纵力来自控制舵所产生的流体动力。

潜艇的艉部装有两片水平舵和两片垂直舵，一般为十字形对称布置。潜艇的垂直舵用以控制潜艇的回旋运动;水平舵用以控制潜艇下潜、上浮以及潜艇的纵倾和深度。舵的操纵力矩与舵上流体动力(流体动力与舵面积、舵角及航速有关)及舵力中心距潜艇重心的距离成正比。

在有些潜艇的设计中，4 片艉舵采用 X 形布置，例如荷兰的"海象"级潜艇。X 形结构艉舵的优点是每块舵都起到水平舵和垂直舵的作用，可靠性高;其缺点是舵产生的作用力矩对潜艇的运动姿态影响复杂，使对舵的操纵更加麻烦。

在有些潜艇的设计中，为了提高潜艇的稳定性和机动性，还装有艏水平舵;有的在指挥台围壳上装有水平舵。

2. 潜艇武器系统

潜艇武器系统即潜艇作战系统，现代潜艇武器系统是以指挥控制系统为核心，包括各种不同类型及用途的侦察探测传感器系统、导航传感器系统、通信系统、战术数据链、某些种类的杀伤性武器、对抗武器及其发射装置等组成的能完成规定作战任务的综合体。

潜艇武器系统主要是依靠潜艇作战平台上配置的各种类型的侦察探测传感器系统对作战海区目标进行侦察、搜索、探测、跟踪及测量水声环境参数，并利用通信系统、战术数据链接收上级指挥所的通报或其他独立作战平台提供的情报，以获取作战海区目标及水文气象环境等情报信息数据，利用导航传感器系统或设备提供潜艇各项导航参数、航行状态及姿态信息数据。潜艇武器系统依据对上述这些情报信息数据的处理结果进行目标识别、威胁估计，并根据受领的作战任务及潜艇在当前状态下具备的对抗能力作出最佳的战术对抗指挥对策及决策，确定对抗目标，进行武器通道组织并控制武器分系统与敌进行战术对抗。

根据潜艇配置的武器和任务不同，潜艇武器系统可分为鱼水雷水下武器系统、导弹武器系统、水声对抗系统。早期的潜艇仅装备鱼水雷武器系统。随着导弹和导弹水下发射技术的发展，现代大型潜艇多数配备有导弹武器系统，战略导弹武器系统一般装备核潜艇。装备导弹武器系统的潜艇同时也装备鱼水雷武器系统。

6.1.3 几种典型潜艇简介

1. 美国"洛杉矶"级攻击型核潜艇

"洛杉矶"级核潜艇是目前美国服役时间长、生产量最大的一级攻击型核潜艇。它于 20 世纪 70 年代开始建造，至今并且将在今后相当长的一段时间内，继续发挥攻击型核潜艇的主力作用。

(1)总体布置与结构

"洛杉矶"攻击型核潜艇采用单壳体结构，水滴线型。艏部有圆钝的玻璃钢声呐罩，艇体呈圆柱形，在尖瘦的纺锤形尾端，装有呈十字形的垂直舵和水平舵，在水平舵外缘装有小型垂直稳定翼，提高了水下高速航行时的稳定性。该级艇的耐压壳内布置分为三个大舱，即中央指挥舱、反应堆舱和主辅机舱。指挥舱有三层甲板，上甲板为中央指挥舱，第二层为住舱，第三层为导弹舱和鱼雷舱，装有鱼雷和鱼雷发射管，以及备用鱼雷和导弹，如图 6.3 所示。

(2)动力推进装置

该级艇动力装置采用自然循环压水堆式核动力装置，可提供轴功率 33.08 MW (4 500 hp)，航速达 32 kn 以上。该级艇采用双机，单轴，一个 7 叶大侧斜螺旋桨，并安装了一个辅助推进系统，可伸缩于艇壳内外，它由一台电机带动 5 叶螺旋桨推进，改善机动性。

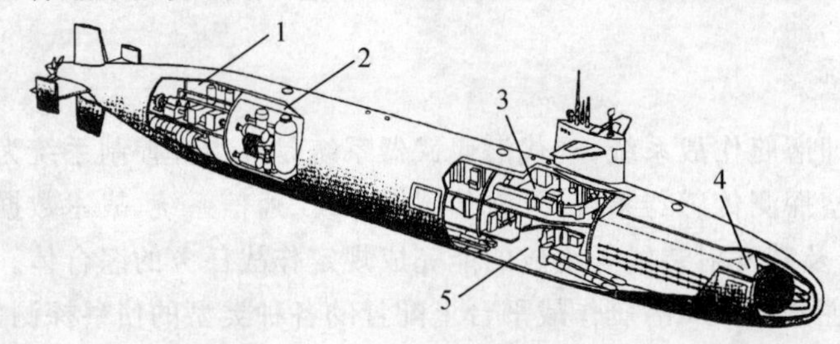

图 6.3 "洛杉矶"攻击型核潜艇

1—主辅机舱； 2—反应堆舱； 3—中央指挥舱； 4—多功能声呐； 5—导弹和鱼雷舱

反应堆自然循环能力高，不仅保证了在任何情况下都能带走堆芯剩余热量，而且中低速航行时不用主循环泵，减少了一个噪声源。在该级艇动力装置中，采用了浮筏减振、艇外敷设消声瓦等一系列减振降噪措施，因而辐射噪声较低。

(3)武器系统

该级艇中部装有 4 具直径 533 mm 的鱼雷发射管，可发射 MK—48 型线导加主/被动声自导鱼雷，1990 年首次装备 MK—48ADCAP 鱼雷。鱼雷发射管可以发射"战斧"(UGM—

109Tomahawk)巡航导弹,还可发射“鱼叉”(UGM—84Harpoon)反舰导弹。武器装载量 26 枚,例如装载“战斧”导弹 8 枚,“鱼叉”导弹 4 枚,鱼雷 14 枚。

艇上还装备了 MK—60“捕鱼”自导水鱼雷和 MK—67 型自航水雷。MK—60 自导水鱼雷是一枚 MK—46—4 型反潜自导鱼雷和水雷的结合体,实际上是一种锚泊的声自导鱼雷;MK—67 型自航水雷由 MK—37 鱼雷改装而成,布放后先像鱼雷一样自主航行一段距离,再沉入海底。

该级艇后来的改进型在艏部耐压壳外压载水舱区装备了 12 具“战斧”导弹垂直发射筒,使武器装载量达到了 38 枚。

(4)电子设备

该级艇装备了 BQQ5—D/E 型综合声呐,包括数字多波束系统,在主动搜索、被动识别、联机性能监视、故障定位及显示技术等方面都比较先进。该系统由 8 部主要功能声呐设备组成,包括 BQS—13DNA 型主动式声呐,RAPLOC 型被动式定位式声呐,BQR—20 型被动式探测声呐,目标识别声呐,WQC—5 型通信声呐,WLR—9 型侦察声呐,本艇噪声监测声呐以及 TB23/29 拖曳式线列阵被动探测声呐。

该级艇的综合导航系统由 2 台 WSN—3 型静电陀螺导航仪,1 台 WRN—6 型 GPS 接收机等组成。系统精确度高,定位迅速准确。

该级艇的通信系统包括 WRR—7 型低频、甚低频、极低频接收机,WSC—3 型 UHF 卫星通信系统,BRA—34 综合无线电系统,SRC—20A 特高频收发信机,URT—23V 中/高频发信机,WLR—10 超高频接收机等 10 余部设备,具有较强的通信手段。

该级艇装备了 MK—117 鱼雷火控系统和 BSY—1 潜艇综合作战系统,配备了 UVK43/44 计算机,可将声呐、火控、导航、通信等系统提供的信息数据统一进行处理,提高了艇的综合作战和快速反应能力。

2. 俄罗斯“奥斯卡”级巡航导弹核潜艇

“奥斯卡”级核潜艇是苏联时期就开始研究的反航母战斗群的高性能巡航导弹核潜艇。自 1978 年开始建造,分为“奥斯卡”—Ⅰ型(已退役)和“奥斯卡”—Ⅱ型。奥斯卡—Ⅱ型核艇是俄罗斯反航空母舰的核心力量,也是当前世界上吨位最大、威力最强的巡航导弹核潜艇。于 2000 年 8 月 12 日在参加演习过程中,沉没于巴伦支海的“库尔斯克”号核潜艇是该级艇的第 9 艘。

(1) 总体结构与主要性能参数

俄罗斯“奥斯卡”—Ⅱ型导弹核潜艇结构如图 6.4 所示。采用水滴形线型,单双混合壳体结构,耐压壳体与非耐压壳体之间的间距为 3 m。靠近艏部装有水平艏舵,可以收回艇体中,艉部装有十字形操纵面。指挥台围壳较长,约 32 m,为了容易破冰浮出,指挥台围壳装设了加强板,围壳顶做成圆形加强盖。在围壳内设有漂浮救生舱。

艇体长 154 m,水下排水量为 18 300 t,最大下潜深度为 1 000 m,水下最高航速为 28 kn,自持力 120～140 d。

(2) 动力推进装置

该艇动力推进装置由 2 座压水堆式核反应堆、两台蒸汽轮机和两个 7 叶固定螺距螺旋桨组成,输出功率为 72 130 kW。

重要机械设备采用组合式结构,浮筏式整体减振机座,辐射噪声低。

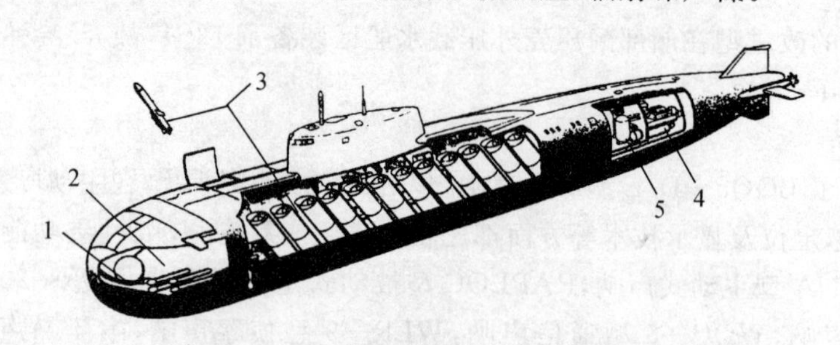

图 6.4 俄罗斯"奥斯卡"—Ⅱ型核潜艇结构图

1—声呐； 2—鱼雷舱； 3—SS—N—19 型导弹舱； 4—主、辅机舱； 5—反应堆舱

(3)武器系统

该级艇装备 24 具 SS—N—19 导弹发射筒,布置在艇前中部耐压壳体与非耐压壳体之间。指挥台围壳内装 2 具导弹发射装置,与垂线成 45°斜角布置。

艇上装有 4 具 533 mm 和 2 具 650 mm 鱼雷发射管,可发射 53 型鱼雷,航速为 45 kn,航程为 20 km,潜深 300 m;65 型鱼雷,航速为 60 kn,航程为 40 km,潜深为 1 000 m;SS—N—15 反潜导弹,射程为 50 km,战斗部为 200 kt 当量核深弹;SS—N—16 反潜导弹,射程为 120 km,战斗部为 40 型主/被动声自导鱼雷。自卫武器装载量为 28 枚。

(4)电子设备

该级艇的声呐系统有"鲨鱼鳃"型主/被动中、低频搜索和攻击用声呐,"鼠鸣"型主动高频攻击用声呐,"鲨鱼肋"型被动低频舷侧阵声呐,"金字塔"型被动甚低频拖曳线列阵声呐,用于被动搜索远程警戒。

导航系统是由惯性导航、卫星导航、无线电六分仪等组成的综合导航系统。艇上装有海警戒雷达、侦察雷达、火控雷达等多种雷达。

通信系统有卫星通信设备,低频与甚低频拖曳浮标天线,极低频拖曳浮力天线,浮力电缆长 630 m,拖曳深度为 90 m。

该级艇装备了作战控制情报系统和先进导弹射击指挥仪,具有多种攻击程序和抗干扰能力,装备有"圆边帽"型、"团砖"型、"棒砖"型电子对抗设备,"克里姆"—2 型敌我识别器等。

3. 英国“前卫”级弹道导弹核潜艇

“前卫”级核潜艇是英国专为装载从美国购买的“三叉戟”—Ⅱ型导弹所研制的，仿照美国“俄亥俄”级弹道导弹核潜艇设计，其主要系统和设备基本上采用了美国的先进技术。该级艇的武器装备先进，威力大；采用了多项减振降噪措施，隐身性好；动力装置安全可靠，功率大；武器指挥系统具有综合作战性能；采用先进的自动化操纵控制系统；潜艇的艇员居住性好，自持力强。

(1)总体结构与性能参数

“前卫”级弹道导弹核潜艇的总体结构如图6.5所示。该级艇采用水滴形艇体，单双壳体混合型艇体结构。艇体外形光顺，有利于降低航行阻力，并敷有消声瓦用以降噪。采用艏部水平舵，艉部为十字形尾鳍。艇内布置有鱼雷舱，指挥舱，导弹舱，反应堆舱，主、辅机舱等舱室。艇体长149.9 m，水下排水量为15 900 t，下潜深度为350 m，航行速度水面为20 kn，水下为25 kn，续航力为300 000 n mile。

图6.5　英国“前卫”级弹道导弹核潜艇

(2)动力推进装置

该级艇的动力装置包括一台压水堆、两台蒸汽轮机、齿轮减速装置及输出轴。核反应堆是PWR—2型压水堆装置，属于英国第二代潜艇压水堆，可提供轴功率25.73 MW(35 000 hp)。动力推进装置采取了浮筏减振措施和先进的泵喷射推进技术，具有良好的降低噪声的效果。

(3)武器系统

该级艇装备了世界上最先进的16枚“三叉戟”—Ⅱ型导弹。该型导弹为三级固体燃料推进的导弹，射程为12 000 km。每枚导弹可携带8个威力为150 kt TNT当量的分导式多弹头。艇的艏部装有4具533 mm鱼雷发射管，携带“旗鱼”线导加主/被动声自导鱼雷或MK—24—2型“虎鱼”线导加主/被动声自导鱼雷；还装备了“鱼叉”—1C型反舰导弹，射程为130 km；自卫武器装载量为16枚。

(4)电子设备

该级潜艇的导航系统装备了美国生产的SINS MK—2惯性导航系统及导航计算机。采用了新型光电潜望镜，潜艇在水面航行时使用导航雷达。导弹射击系统采用美国"三叉戟"核潜艇使用的 MK—98Mod0 型导弹射击指挥仪。装备了英国研制的 SMCS 新型综合战术武器系统和 SAFS3FCS 战术火控系统，将声呐和作战指挥与控制系统结合在一起。该系统采用分布式数据处理和多功能彩色显控台，信息传输及通信采用双冗余度光纤网络。该级艇采用了英国专门为它研发的新型 2054 型多功能综合声呐系统，包括用于搜索和鱼雷射击指挥的主/被动声呐系统，被动共形舷侧基阵，侦察声呐，拖曳线列阵声呐和 3 台数字式处理机。装备了多功能综合通信系统，保证了潜艇和岸上指挥部的顺利通信。

4. 日本"亲潮"级常规潜艇

"亲潮"级潜艇是日本二战之后自研、自建的第七级潜艇，是日本最新一级多功能常规攻击型潜艇，是瞄准国际先进技术而推出的一代海军武器装备，是目前世界上在役和在建的大排水量常规潜艇之一，也是世界上最先进的常规潜艇之一。

该潜艇自动化程度和对目标的定位精度高；攻击能力强；隐身性能好。

(1)总体结构与参数

"亲潮"级潜艇与以往潜艇的不同是采用水滴型外形，长宽比达到 9.1，在艏、艉均采用了双壳体结构。此外，该级之前的日本潜艇指挥台围壳前、后均为直缘，而"亲潮"则采用了前、后斜缘形式，如图 6.6 所示。

"亲潮"级潜艇的主尺度为艇体长 81.7 m，宽 8.9 m，吃水 7.9 m。水面排水量为 2 700 t，水下排水量为 3 000 t。水上航速为 12 kn，水下航速为 20 kn。艇员编制 69 人(其中 10 名军官)。下潜深度估计可达 500 m。

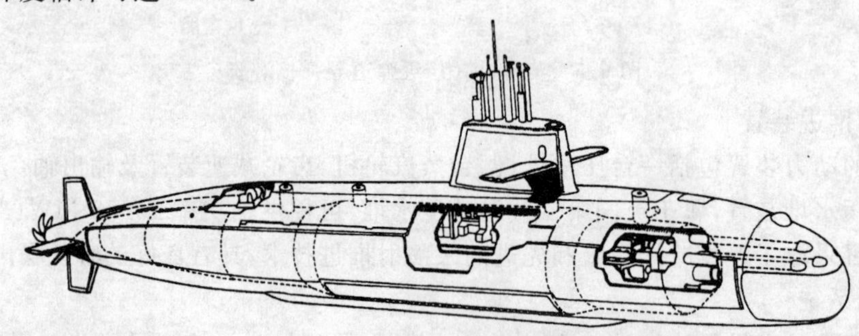

图 6.6 日本"亲潮"级常规潜艇

(2)动力装置

该级艇采用单轴柴电推进方式。主机为 2 台 12V25S 型柴油机，功率为 4 100 kW；2 台交流发电机，功率为 3 700 kW；2 台电机，功率为 5 700 kW。

(3)武器系统

该级潜艇的主要武器装备是位于艏部声呐舱上部的 6 具 533 mm 鱼雷发射管,用于发射日本的 89 型线导鱼雷和美国麦道公司的"鱼叉"反舰导弹。89 型鱼雷采用主/被动自导的方式,速度为 40/55 kn,航程为 50/38 km,战斗部质量为 267 kg。麦道公司的"鱼叉"潜射反舰导弹属改进型,采用主动雷达寻的,马赫数为 0.9,射程为 130 km,战斗部质量为 227 kg。该级艇共携带 20 枚导弹和鱼雷。

(4)电子设备

该级艇装备 SMCS 型火控系统。对抗设备有 ZLR7 型雷达预警设备和日本无线电公司的 ZPS6 对海搜索雷达。声呐设备有休斯/冲电公司的 ZQQ5B/6 舰壳声呐和舷侧阵列声呐,采用中/低频主/被动搜索,并装备仿制美国导弹核潜艇上使用的类似于 SQR15 的 ZQR1 型被动搜索甚低频拖曳线列阵声呐。

6.2　潜艇武器系统

6.2.1　潜艇武器系统的发展历程

潜艇武器系统随着科学技术的发展,特别是计算机技术的发展而发展,大致可以分以下几个阶段。

1. 以鱼雷火控系统为核心的潜艇武器系统

鱼雷是潜艇传统的攻击武器,在 20 世纪 50 年代以前,潜艇鱼雷火控系统几乎就是潜艇火控系统的代名词。典型的潜艇鱼雷火控系统由潜望镜、声呐、雷达和鱼雷火控设备(也称鱼雷射击指挥仪)组成,通常只能探测和跟踪一个目标,用直航鱼雷或单平面声自导鱼雷攻击水面舰船。这是第一代的以鱼雷火控系统(鱼雷射击指挥仪)为核心的潜艇武器系统,其组成如图 6.7 所示。

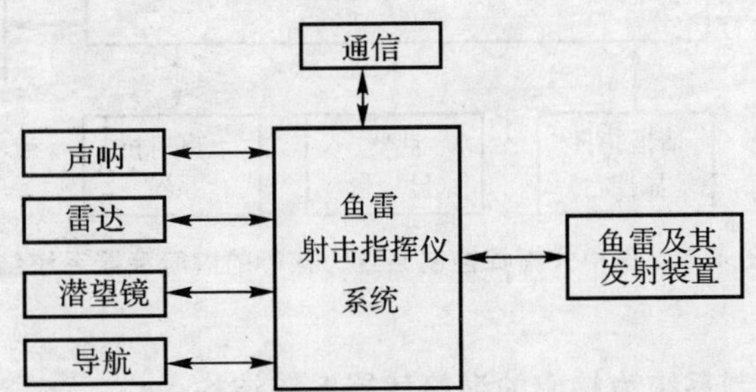

图 6.7　以鱼雷火控系统(鱼雷射击指挥仪)为核心的潜艇武器系统结构

随着科学技术的不断发展和进步,第一代潜艇作战系统在使用中不断改进,就其采用的计算机而言大致经历了机械模拟式、机电模拟式和数字式三个发展阶段。

20 世纪 50 年代起，潜艇开始先后装备弹道导弹和巡航式导弹，出现了潜艇导弹火控系统。为应对反潜武器装备和技术的迅猛发展和挑战，专用于潜艇防御的气幕弹、水声干扰器、自航式诱饵(潜艇模拟器)等硬、软武器应运而生，也成为潜艇火控系统的控制对象。

随着潜艇传感器和武器的发展，20 世纪 80 年代起，潜艇上开始装备指挥控制系统。它具有相对独立和较完善的情报综合处理、辅助指挥决策、武器综合控制功能，在功能上完全涵盖并大大拓展了传统意义上的潜艇火控系统，传统意义上的潜艇火控系统开始以功能子系统的形式出现。随着潜艇作战系统中其他子系统技术的不断发展和功能的不断完善，特别是随着计算机技术的快速发展和潜艇作战的情报处理、辅助作战指挥及火力控制等一些重要战术、技术问题的研究不断取得新的成果，以及作战应用软件的不断开发和推广应用，以指挥控制系统为核心的潜艇作战系统就成为必然的发展趋势。

2. 以集中式指挥控制系统为核心的潜艇武器系统

集中式指挥控制系统是将作战指挥与火力控制两项主要功能及初步的情报处理功能集中，由一台或一组计算机来完成，从而组成了功能集中处理的作战指挥与火力控制系统，其系统结构如图 6.8 所示。该系统是以集中式指挥控制系统为核心，与侦察探测传感器子系统、导航传感器子系统、通信子系统、战术数据链、各种类型的硬杀伤和软对抗武器及其发射装置等系统或设备构成的联邦式作战系统。该种潜艇作战系统具有初步的情报处理、辅助作战指挥和火力控制功能，并具备同时控制多种武器和对抗多批目标的能力。这种典型的潜艇作战系统结构模式被称为第二代潜艇作战系统。

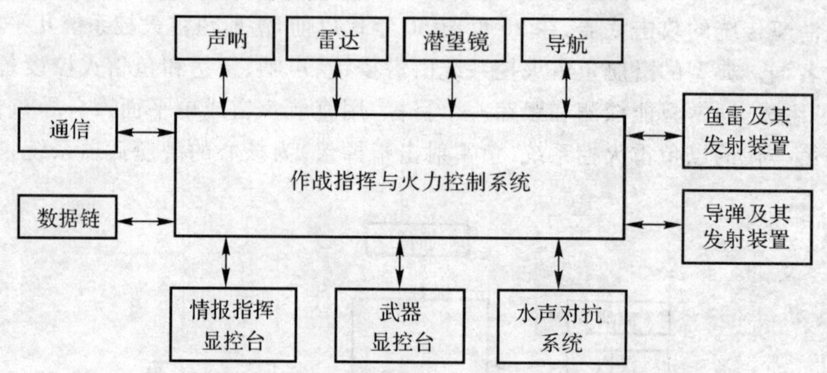

图 6.8 以集中式指挥控制系统为核心的潜艇武器系统结构

3. 以分开式指挥控制系统为核心的潜艇武器系统结构

分开式指挥控制系统是将作战指挥与火力控制两项主要功能分开，分别由单独的计算机

(组)完成,两计算机(组)之间建立数据通信联系,同时,还将各自计算机(组)的功能向对方功能进行延伸。作战指挥系统除主要完成初步的情报处理及辅助作战指挥功能外,还具有一定的武器控制功能;火力控制系统除武器控制功能外,还具有一定的辅助作战指挥功能,其系统组成如图 6.9 所示。此外,还出现了情报处理、作战指挥与火力控制三项功能分开的潜艇指挥控制系统。该种潜艇作战系统同样具有初步的情报处理、作战指挥和火力控制功能,并具备同时控制多种武器和对抗多批目标的能力。这种典型的潜艇作战系统结构模式被称为第三代潜艇作战系统。

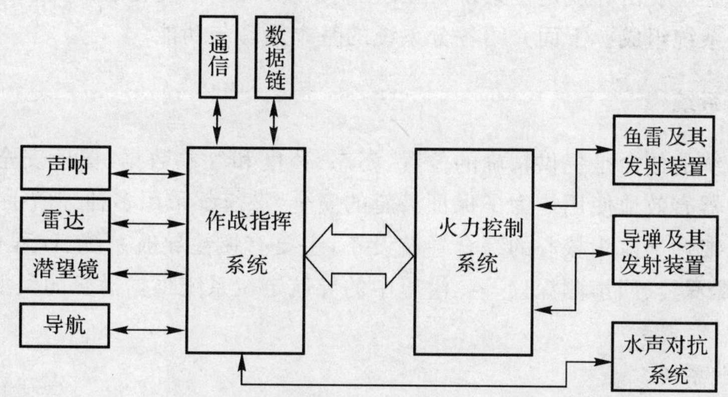

图 6.9　以分开式指挥控制系统为核心的潜艇武器系统结构

4. 以分布式指挥控制系统为核心的潜艇武器系统

分布式指挥控制系统无传统意义上的中央计算机,而是将众多的小型机或微机分布在情报处理子系统、作战指挥子系统、火力控制子系统以及作战系统的子系统等处,分别完成相应的功能,并通过标准接口挂在作战系统数据总线或局部网络上,使分布于各处的本地资源变成了全作战系统的共享资源。这种分布式潜艇作战系统实际是一种总线式结构模式,现正处在不断发展过程中,被称为第四代潜艇作战系统,其系统框图如图 6.10 所示。

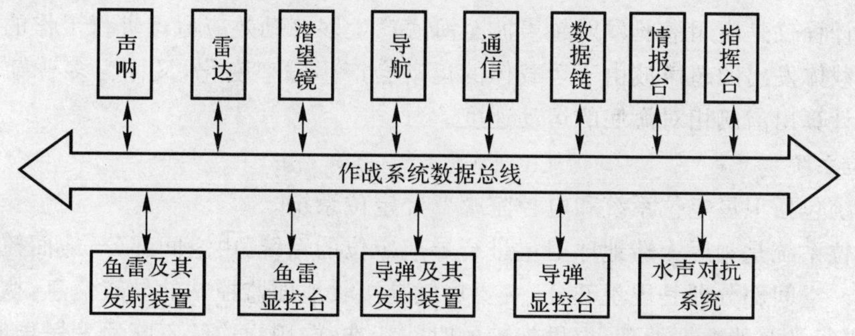

图 6.10　以分布式指挥控制系统为核心的潜艇武器系统结构

这种潜艇作战系统具有很强的情报处理、作战指挥和火力控制功能，并具备同时控制多种武器、对抗多批目标的能力。这种结构模式不但提高了系统的可靠性和生存力，而且比较容易实现系统的系列化、标准化、模块化，具有极好的扩展能力。

6.2.2 潜艇武器系统主要分系统的功能

潜艇武器系统主要由导航定位系统、指挥控制系统、探测系统、武器与发射系统、反鱼雷水声对抗系统等分系统组成。下面介绍各分系统的基本原理与功能。

1. 导航定位系统

导航定位系统的使命是提供精确的位置、姿态、速度和气象数据，保证安全正确地引导潜艇航行和保障武器有效地使用。为了保证潜艇的安全，潜艇都采用多种导航手段，核潜艇的导航系统都采用以惯性导航为核心的综合导航设备，主要有惯性导航系统、计程仪、GPS 全球定位系统、电控陀螺罗经、回声测深仪等。潜艇中的导航定位系统根据潜艇的类型不同有不同的配置。

(1)惯性导航系统

惯性导航系统是潜艇导航定位系统的核心，是利用惯性敏感器的基准方向和最初的位置信息来确定运载体的姿态、位置、速度和加速度的自主式导航系统，简称为惯导。惯性导航系统主要由惯性稳定平台、速率陀螺仪和加速度计组成。

(2)计程仪

计程仪包括水压计程仪、电磁计程仪、多普勒计程仪。

水压计程仪的基本原理是测量水的动、静压力值以求得艇相对于海水的速度。由于在低速时，其准确性和线性度差，不能测量后退速度，目前它已经逐渐被电磁计程仪所代替。

电磁计程仪是用于舰船航行速度的测量和指示航行里程的导航设备，测速精度较高，是目前使用最为广泛的设备。

多普勒计程仪是应用潜艇发射超声波至海底产生多普勒效应原理进行工作的。多普勒效应原理是运载体发出的超声波由于运载体的运动会产生频率变化，又称为多普勒频移。根据多普勒频移计算出潜艇相对海底的运动速度。

(3)定位系统

定位系统包括卫星定位系统和电控陀螺罗经定位系统。

卫星定位系统是利用人造地球卫星进行导航定位的系统，由空间部分、地面控制部分和用户部分组成。空间部分即是卫星部分，主要功能是接收地面监控站的导航信息，执行控制站的控制指令；进行必要的数据处理；提供精确的时间标准；向用户连续不断地发送导航定位信号。地面控制部分的作用是主控站负责管理、协调整个地面控制系统的工作；地面天线在主控站的控制下，向卫星注入导航信息；地面监测站用于数据自动收集；地面通信辅助系统用于数据传输。用户部分则通过接收机接收卫星播发的信号，获取定位观测值，提取导航电文，经数据处理后完成导航定位工作。目前投入使用的卫星定位系统有美国的 GPS、俄罗斯的 GLONASS、中国的北斗卫星导航定位系统。

卫星定位系统主要是用于潜艇在水面和潜望状态的定位，现代新型潜艇一般都装有卫星导航定位系统。

电控陀螺罗经能自动快速找北，并跟踪地理子午面，它能连续、准确地提供舰船的航向和测定目标方位。电控陀螺罗经系统的组成主要有敏感元件、二自由度平衡陀螺仪及电磁摆。

(4)回声测深仪

回声测深仪是用以测量潜艇至海底的深度仪器，可以安装于各类航区航行的大中型水面舰船和潜艇上，提供该船所处位置水深的数据以供助航。

回声测深仪由发射控制器发射一定频率的电脉冲，通过换能器将电能换成声能，即声波，声波通过水介质向海底传播，按回声测量原理测量潜艇至海底的深度。回声测深仪最小测量深度为 1 m，最大测量深度为 2 000 m，适航性为 20 kn 航速。

(5)时间基准

时间基准可以为艇上的指挥控制系统提供统一的时间，保证整个系统数据采集和录取的实时同步。

2. 潜艇指挥控制系统

潜艇指挥控制系统是潜艇武器系统的情报、指挥和控制中心。通常认为，指挥控制系统是由作战指挥子系统、火力控制子系统、通信子系统和情报处理子系统组成的，简称 C^3I (Command, Control, Communications and Intelligence)。

(1)作战指挥子系统

作战指挥子系统是依照预先给定的作战原则拟订方案、分配武器和给出目标指示的数据处理系统。作战指挥子系统是由相应的设备(如指挥台)、软件和操作使用人员组成的。

作战指挥子系统的主要功能是辅助作战指挥。即在情报处理子系统提供情报处理结果的基础上进行目标类型识别，并依据目标类型、敌我战术态势，以及水声环境分析结果等，对目标威胁程度作出基本估计；根据执行的作战任务及潜艇在当前状态下具备的对抗能力作出战术对抗决策及对策，指示对抗的目标及分配武器，以辅助指挥员拟制战术对抗方案，或是按指挥员意图重新给出战术对抗决策及对策方案；并对战术对抗方案的预期使用效果作出评估。

需要强调指出，指挥控制系统的作战指挥功能只能起辅助作用，即使指挥控制系统具备很强的作战指挥功能，它所提供的决策及对策方案也只能作为参考，尚需指挥员经过分析判断后予以确认，或必要时予以修正甚至否决。必须明确的是，不论指挥控制系统的作战指挥功能有多么强，指挥员始终处于作战指挥的核心、主导地位。

(2)火力控制子系统

火力控制子系统简称为火控系统,也可称为武器控制系统。火力控制系统的主要功能是控制武器设备实施对目标进行攻击。作战指挥子系统作出的攻防决策是火力控制子系统进行武器通道组织、武器及其发射装置射前准备、目标跟踪及其运动分析和武器射击(或射击及导引)控制的基本依据。

早期火力控制系统包括目标探测装置、火力控制计算机、接口设备和系统控制台,即鱼雷火力控制系统,把目标探测传感器系统和鱼雷射击指挥仪看做是鱼雷火控系统的一个组成部分,即分系统。

在现代潜艇作战系统结构中,把指挥控制系统和目标探测传感器系统看做是潜艇作战系统中处于同一层面上的独立分系统,而火控系统仅是指挥控制系统的一个子系统,称为火控子系统。火控子系统的主要功能是按指挥控制系统的指令,进行武器通道组织、继续保持对指示目标的跟踪、计算目标运动要素,以及计算占位方案、计算武器射击(导引)诸元并对武器射击(或射击及导引)进行控制。

(3)通信子系统

通信子系统由无线电及水声通信设备、战术数据链、软件和操作使用人员组成。

通信子系统的主要功能是实现指挥通信、协同通信和报知通信,实现指挥所对作战潜艇的指挥与控制及潜艇执行作战命令情况反馈。此外,通过战术数据链与上级指挥所的指挥控制系统以及与协同兵力或是与其他独立作战单位的指挥控制系统组成战术数据处理网络,实现战术情报数据交换,做到资源共享,以保证潜艇作战任务的顺利完成。

另外,指挥控制系统还设置传递命令及作战系统各子系统工作状态显示,以实现指挥控制系统与其他分系统之间的双向通信联系,实现潜艇作战系统内部的指挥与控制反馈。

目前潜艇与陆地和其他作战舰艇的通信体制,根据信号频率分为极低频和甚低频通信、高频通信、特高频卫星通信。潜艇的甚低频和极低频通信用于水下与岸站的单向通信,高频和特高频卫星通信用于潜望状态时与水面和陆上通信。

水声通信系统可以实现潜艇与潜艇、潜艇与水面舰艇、潜艇与空中的双向通信。目前水声双向对潜通信系统包括一个指挥站,一个或多个射频到声学网关的浮标,潜艇上的接收站。潜艇发出的信息,会穿过水体到达声呐浮标,再通过浮标向外传递,这种声呐浮标还可以接收外来信息,交以该系统的声学通信协议将信息进行编码,然后通过多单元主动声学发射器系统传送给潜艇,这种声呐浮标系统主要是为远程通信传输服务。水声通信关键技术是在潜艇有限的条件下提高水声通信距离,由于水声信道的多途干扰及其时变特性,水声信号处理具有更大的难度,目前正处于应用研究阶段。

舰艇战术数据链是舰与舰之间或舰与飞机之间传输战术数据的专用通信线路,可使编队中各舰艇指挥控制系统内的计算机组成一个战术数据处理网络。舰艇战术数据链的主要任务是保证战斗舰艇编队在协同作战中能迅速、准确地传递与交换信息、共同利用战术数据、扩大探测距离、提高协同通信能力和及时获得整个战区的战术态势，从而增强作战效果。

美国海军从 20 世纪 60 年代初期开始使用战术数据链。目前，战术数据链已经为世界上许多国家的海军舰艇所采用。如北约国家使用的 11 号链(美国海军称之为 TADIL—A)，用于岸上基地、潜艇和水面舰艇的作战指挥系统之间交换数字信息。

(4)情报处理子系统

情报处理子系统由相应的设备(如情报台)、软件和操作使用人员组成。

情报处理子系统的主要功能是进行情报信息数据处理，即如上所述的对来自各种侦察、探测传感器系统的对作战海区侦察、搜索、探测、跟踪获得的目标信息数据及测量的水声环境参数，通信系统和战术数据链接收的上级指挥所敌情通报或是其他独立作战平台提供的情报，以及导航传感器系统提供的潜艇导航参数及航行状态信息数据等，通过采样输入并经处理而形成航迹文件，其中包括目标批号、类型、属性、坐标、速度、航向等。当系统不能提供多目标航迹的处理结果时，将给出概略的敌我战术态势图形及其相关战术数据的图表显示，以及提供水声环境分析结果。

情报处理子系统提供的情报处理结果是作战指挥子系统进行目标类型识别、威胁估计、作出战术对抗决策及对策，以及进行目标指示和武器分配的基本依据。

(5)指挥控制系统的其他辅助功能

指挥控制系统除具备以上各项作战功能外，还有以下辅助功能：

1)辅助导航功能。系统可提供潜艇作战航渡、返航方案。在一些潜艇上，这些辅助导航功能是由作战指挥子系统作出，经修订后交由综合导航系统执行的。此外，潜艇在航渡过程中突破防潜封锁、执行侦察巡逻任务，以及在对敌舰船攻击过程中进行接敌、展开、占位、撤离、规避和编队航行过程中的队形变换时，系统均可提供所需的潜艇机动方案。

2)模拟训练功能。系统设有模拟工作状态，以供日常训练和系统调试、检测时使用。在模拟训练工作状态下，系统能按人工设定的条件或按随机出题方式自行生成目标、作战海区水声环境和潜艇的初始状态信息；能模拟运行正常和降功两种不同工作方式；在模拟敌我双方战术对抗过程中，能实时显示作战平台及作战系统其他子系统或设备的状态信息，完成相应工作方式下的信息、图表显示，并能对模拟作战效果作出评估等。

3)信息记录和重演功能。系统能自动记录战斗、训练或试验中的各种信息、数据，并能依据这些记录信息、数据重演各实施过程，以便脱机分析和积累资料。

4)检测、诊断和处理功能。系统能对其组成设备(或模块)的工作状态进行检测、故障诊断，并能根据具体情况恢复原有功能或进行降功能处理，以提高系统的可靠性、可维修性和生存力。

3. 侦察探测传感器系统

潜艇侦察探测传感器系统主要有潜载声呐探测设备、潜望镜及雷达侦察设备，用于水下、海面和空中探测。

(1)声呐探测设备

声呐是潜艇的最主要探测设备,用于水下目标探测。一艘潜艇装有十多部声呐,包括综合声呐、旁侧声呐、拖曳声呐、探雷声呐等。潜艇声呐主要功用是为反潜武器和鱼雷武器的射击指挥提供水中目标的定位数据;承担对水中目标的探测、警戒跟踪、目标性质识别;用于通信、助航和对目标舰艇进行回避或实施鱼雷攻击。

(2)潜望镜

潜望镜是用于潜艇潜望状态航行的探测设备,目前潜望镜多数是光电潜望镜。现有的光电潜望镜可以分为光电攻击潜望镜、光电搜索潜望镜、天文导航潜望镜三种基本类型。

光电攻击潜望镜(或称指挥潜望镜)是用于鱼雷攻击指挥的光电潜望镜,具有较小的上头部尺寸和昼光观察搜索特性。

光电搜索潜望镜(或称多用途潜望镜)是具有测天定位、目标位置测定、照相等多种功能的光电潜望镜,一般具有多波段的搜索警戒特性和较大的头部尺寸。

天文导航潜望镜是进行舰位和航向校正的光电潜望镜,专用于测量天体的高度和方位。

通常,大中型以上的潜艇,都配置2根潜望镜。常规动力潜艇和核动力攻击型潜艇一般配置1根光电攻击潜望镜和1根光电搜索潜望镜,两者在功能上又有所重叠,目的是提高使用的安全裕度。而一般天文导航潜望镜与光电搜索潜望镜配套布置。

(3)潜艇雷达侦察设备

雷达侦察设备是潜艇水面及半潜航行状态时的主要观通设备,具有隐蔽性好、探测距离远的特点。它主要担任雷达导航、海面观测报警、火控攻击等任务。平时它主要用来观测潜艇周围海面情况,为潜艇进出港及水面航行进行导航,可跟踪多批次海上目标并计算出这些目标的方位、距离、航向、航速、与最接近点的距离、到最接近点的时间等运动参数。当被跟踪目标与本艇可能发生碰撞时,雷达提前发出碰撞危险报警,以保证潜艇航行的安全。当潜艇上升到潜望、通气管或水面状态时,潜艇雷达侦察设备探测空中有无反潜巡逻飞机、附近海域有无雷达辐射源,发出预警而提供一种保护措施,潜艇可以再悄悄地潜入水中并采取回避或应变活动。战时它可快速自动录取多批次目标精确坐标数据,并传送至指控中心,以实施对敌目标的武器攻击。

4. 潜艇武器及其发射装置

潜艇使用的武器主要有鱼雷(包括火箭助飞鱼雷)、水雷及导弹等。鱼雷既可以攻击水下目标,也可以攻击水面目标。导弹又分为战术巡航导弹和战略弹道式导弹。巡航导弹主要攻击远距离的水上或陆上目标,弹道式导弹用于攻击远距离陆上战略目标。火箭助飞鱼雷可以认为是以鱼雷为战斗部的导弹,主要打击中远距离的水下目标。此外,导弹也可以以深水炸弹为战斗部,即为火箭助飞深弹。

鱼雷是利用安装在潜艇上的鱼雷发射管进行发射的,鱼雷发射管也可以用于布放水雷。

潜艇上的导弹发射方式有两种,一种是水平发射,一种是垂直发射。水平发射主要是利用潜艇上的鱼雷发射管进行发射,垂直发射需要专门垂直发射装置进行发射。由于垂直发射装置需要较大的体积和质量,因此目前仅在核潜艇上安装,常规动力潜艇基本都采用水平发射方式。

火箭助飞鱼雷发射与导弹发射方式类似,既可以水平发射,也可以垂直发射,可以与导弹共用发射装置。

5. 反鱼雷水声对抗系统

潜艇反鱼雷水声对抗系统是指具有对来袭鱼雷进行识别报警、辅助指挥决策、快速布放水声对抗器材、有效对抗来袭鱼雷以及具备模拟训练等功能,而又彼此相关联的若干软、硬件的集合。

水声对抗是指在水下使用专门的水声设备和器材,以及利用声场环境、隐身、降噪等手段,对敌方水中探测设备和水中兵器进行侦察、干扰,削弱或破坏其有效作用,保障己方设备正常工作和舰艇安全的各种战术、技术措施的总称。潜艇水声对抗系统主要用于防御来袭鱼雷,因此也称之为潜艇反鱼雷水声对抗系统。

6.2.3　国外潜艇武器系统发展概况

计算机和信息技术的发展推动着军事技术的发展,尤其是给潜艇武器系统带来了巨大变化。潜艇武器系统的设计理念正随着作战样式从“以平台为中心战”向“以网络为中心战”的变化趋势而转变,从采用传统的专用规范技术向采用商用流行技术的方向发展。

国外潜艇发达国家在注重潜艇平台相关技术和动力技术研究的同时,也非常重视潜艇武器系统的研究。潜艇武器系统的发展实际上是由需求的变化和技术的发展共同驱动的,需求促进了技术的进步,而技术的进步又产生了新的需求,二者相辅相成,互为促进。下面对美国和欧洲主要潜艇拥有国现役潜艇武器系统的概况进行简要介绍。

1. 美国潜艇武器系统

美国自20世纪80年代中期以来,先后研制了CCSM K2,AN/BSY—1,AN/BSY—2和NSSN C^3 I潜艇武器系统。

CCSM K2潜艇武器系统主要安装在“洛杉矶”级和“三叉戟”级潜艇上。“洛杉矶”级潜艇是美国海军在20世纪60年代末期拟定而进行开发的执行反潜作战的高速攻击型潜艇,其显著特征是强大的武器功能,包括“鱼叉”导弹、“战斧”导弹以及传统的线导鱼雷。随着技术的发展,CCSM K2也在不断地进行改进,如转向开放式体系结构、改进控制台、采用COTS(商用产品)技术产品等。

AN/BSY—2水下武器系统是由洛克希德·马丁系统(LMFS)公司研制的,装备了服役的新一代高性能攻击型“海狼”级核潜艇。该潜艇武器装载量增加了将近一倍，反应时间缩短了一个数量级。主要武器包括 MK—48—5 型重型鱼雷、“战斧”多用途巡航导弹、“捕鲸叉”巡航导弹、“西埃姆”型防空导弹、MK—60 型深水水雷。

NSSN C^3I 水下武器系统装备了既具有公海和大西洋深水水域作战能力又具有沿海浅水水域作战能力的“弗吉尼亚”级潜艇。该级核潜艇的武器系统包括“战斧”对陆攻击导弹、“鱼叉”反舰导弹、MK—48ADCAP 鱼雷和先进的 MK—60 CAPTOR 水雷，以及无人水下潜航器。NSSN C^3I 是美国海军第一个全综合的水下武器系统，几乎综合了潜艇上的所有电子设备，包括雷达、声呐、ESM(电子战支援)、情报、指控、导航、通信以及全艇监控系统，形成了一个以 ATM/SONET(Asynchronous Transfer Mode/Synchronous Optical Network)光纤局域网连接的全分布式系统。该系统由 15 个子系统组成：声呐子系统、指挥子系统、结构子系统、PBS—15 雷达、电子战支援子系统、舰艇控制子系统、全艇监视子系统、战术支援设备子系统、潜艇区域战子系统、外部通信子系统、导航传感器系统接口、图像子系统、内部通信子系统、海军战术处理子系统和特殊用途子系统。NSSN C^3I 系统采用了模块化设计技术、开放式系统结构和基于 COTS 技术的商用产品，大大提高了水下武器系统的技术适应性和应用灵活性，降低了系统的研制周期和研制费用。

2. 俄罗斯潜艇武器系统

俄罗斯潜艇武器系统主要继承了苏联潜艇武器系统的发展模式，其有着坚实的理论基础，但在电子信息方面相对薄弱。为了达到系统的作战效能，不惜采取各种措施，来保证技术上的可实现性，水下武器系统专艇专用，讲究实效，如“k”级潜艇武器系统。目前新近研制出的 Amur 1650 潜艇武器系统也采用了数据总线技术、自动化指挥与武器控制相集成。

3. 英国潜艇武器系统

英国从 20 世纪 80 年代开始将潜艇武器系统逐步而有计划地由专用软硬件结构向基于商用软硬件结构方向转移，目前其软件已经经历了 7 个版本。

SMCS 潜艇指挥系统是由英国宇航防御系统有限公司研制的，目前已经装备了“前卫”级、“快速”级、“特拉法尔加”级和“支持者”级潜艇。SMCS 的主要功能包括目标运动分析、战术图像编辑、指挥战术决策、海洋数据分析、武器发射控制和艇上训练。

4. 其他国家潜艇武器系统

此外，欧洲其他国家也相继研究了新型的潜艇武器系统。德国的 ISUS90 综合潜艇武器系统的特点是能以更大的灵活性适应用户的特殊要求，重点集中在功能软件上，采用国际开放式标准。瑞典的 9SCSMK3 作战管理和火控系统(瑞典海军命名为 SESU B940A)目前用于“哥特兰德”级潜艇上。该系统有 3 个多功能彩色控制台，适用于指挥、控制、通信和武器发控，所有控制台都能支持，TMA目标运动要素分析和武器控制，系统采用双以太局域网连接。挪威的M SI—90UMK2综合潜艇武器系统，能同时自动地与操作手交互，实现对多达25个目标TMA计算；能对多达8条鱼雷进行发射准备；能对多至4枚导弹进行准备和控制。

随着计算机硬件及软件技术在舰艇指挥控制系统中广泛深入的应用，计算机成为指挥控制系统的重要组成部分，现代指挥控制系统已发展为C^4I系统。C^4I是指挥、控制、通信、计算机与情报系统(Command，Control，Communications，Computer and Intelligence)的缩写。

6.3 声呐探测设备

6.3.1 声呐的用途及分类

声呐是英文“Sonar”一词的译音，其定义是“利用水下声波来判断海洋中物体的存在、位置及类型的方法和设备”。从广义上讲，凡是利用水下声波作为传媒质，以达到某种目的的设备和方法都是声呐，各种声呐的工作原理都相同。例如，鱼雷声自导系统是装在鱼雷上的声呐系统，它与潜艇声呐系统和水面舰艇声呐系统以及航空声呐系统的原理都相同，仅是结构及性能有所不同。本节重点介绍各种潜用声呐的系统组成及功能。

1. 声呐的用途

声呐在军事上用于对水中目标探测、定位及跟踪，水下武器射击指挥，水中通信，探测水雷，水下导航，水中目标识别，水中武器制导，侦察与干扰等。

水下目标探测，是指利用目标自身发出的噪声或目标的回波来确定目标的存在；定位是利用上述声波来确定目标的位置，即确定其距离、方位和深度；跟踪是对感兴趣的目标进行连续不间断的跟踪探测；水中目标识别分为目标性质识别(区别是潜艇还是其他假目标)和敌我目标识别(是己方潜艇还是敌方潜艇)两种。声呐通信，主要是指各潜艇之间、潜艇与水面舰艇之间利用声波传递信息。声呐导航，在舰艇上可利用声呐测量水深和本艇的速度、位置等参数；在鱼雷上用于声制导装置。在扫雷舰上装备的探雷声呐除安装在舰壳上的换能器外，还另配一个拖曳式换能器，用于探测沉底水雷。声呐还可主动产生干扰噪声或模拟假目标，进行水声对抗。

2. 声呐分类

声呐系统的分类方法很多。按工作原理或工作方式可分为主动声呐和被动声呐。按声呐装置的体系，可分为舰用声呐、潜艇用声呐、航空吊放声呐和声呐浮标。按装载的对象，可分为岸用声呐、舰用声呐、潜艇用声呐、反潜飞机用声呐等。按工作性质，可分为通信声呐、探测声呐、水下制导声呐、水声对抗声呐等。此外还有其他一些分类方法。下面重点按工作原理或工作方式和按声呐装置的体系分类方法介绍。

(1)按工作原理或工作方式分类

如上所述,按工作原理或工作方式可分为主动声呐和被动声呐。

1)主动声呐。有目的地主动从系统中发射声波的声呐称为主动声呐。它可用来探测水下目标,并测定其距离、方位、航速、航向等运动要素。主动声呐发射某种形式的声信号,利用信号在水下传播途中遇到的障碍物或目标反射的回波来进行探测。可通过回波信号与发射信号间的时延推知目标的距离;由回波波前法线方向可推知目标的方向;由回波信号与发射信号之间的频移可推知目标的径向速度;此外,由回波的幅度、相位及变化规律可以识别出目标的外形、大小、性质和运动状态。

主动声呐主要由换能器基阵(常为收发兼用)、发射机(包括波形发生器、发射波束形成器)、定时中心、接收机、显示器、控制器等几个部分组成,如图 6.11 所示。

主动声呐的换能器基阵常为收发兼用。发射时,转换开关将发射机的电信号加到换能器上,换能器将电信号转换成声信号向水中发射;接收时,转换开关使换能器处于接收状态,换能器基阵可接收声信号,并转换成电信号。发出的声信号经水下传播,如遇到目标反射,则产生回波。换能器基阵接收包含回波的声信号,转换形成包含有目标特性的电信号,送至接收机进行信号处理。

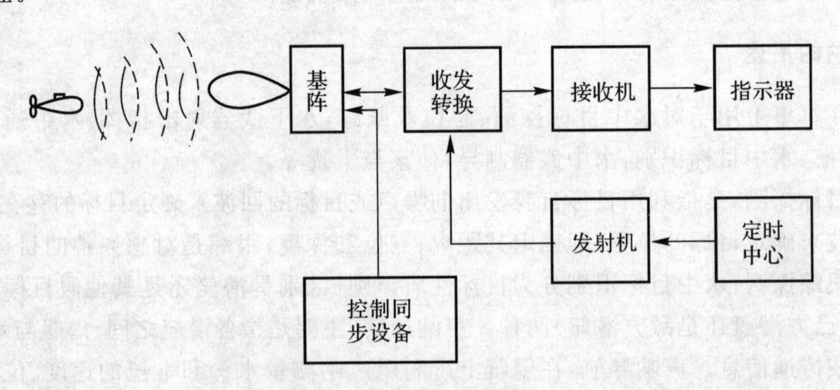

图 6.11 主动声呐原理图

接收机包括预处理器和信号处理器。预处理器主要包括前置放大器、滤波器、归一化电路以及采样保持电路和模拟数字(A/D)转换器;信号处理器主要由微处理器和专用信号处理芯片构成。

定时中心用于控制产生电信号(通常由振荡器和调制器组成的波形发生器产生),按发射波束形成器的需要进行时间延迟。延时的信号发射机将信号进行功率放大后给换能器基阵,经电声转换向水中发射声波。

控制器用来控制换能器基阵的俯仰、旋转，使波束对准目标。

2）被动声呐。利用换能器基阵接收目标自身发出的噪声或信号来探测目标的声呐为被动声呐。由于被动声呐本身不发射信号，仅以目标噪声作为信号，所以目标将不会觉察声呐装载平台的存在及其意图，隐蔽性好。被动声呐与主动声呐最根本的区别在于它在本舰噪声背景下接收远场目标发出的噪声，经远距离传播后变得十分微弱，因此，被动声呐往往工作于低信噪比情况，需要采用比主动声呐更多的信号处理措施。

被动声呐的基本原理如图 6.12 所示，其工作原理与主动声呐类似，只是它没有用于发射声波的部分。

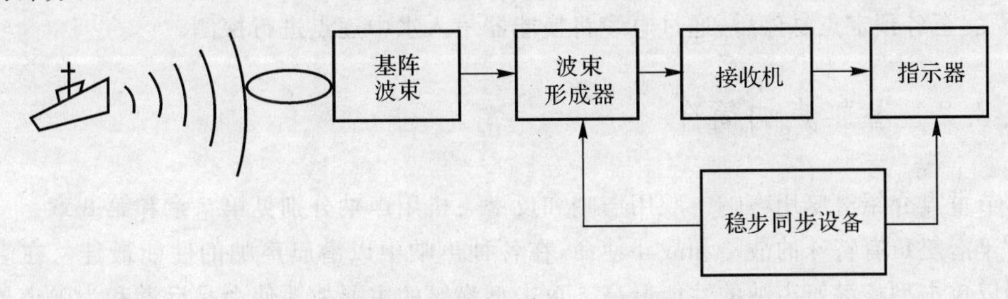

图 6.12 被动声呐原理图

（2）按声呐装置的体系分类

按声呐装置的体系对声呐系统进行分类，可分为岸用声呐、水面舰艇声呐、潜艇声呐、反潜飞机用声呐等等。

1）岸用声呐。由于海港是军舰的基地、海上运输及后勤给养的转运站，所以常常成为潜艇攻击的重要目标之一。各个国家都很重视布设海岸声呐系统，配合其他设备组成海岸防潜系统。

岸用声呐系统通常只将换能器基阵放在港口、海峡和海上主要通道附近及某些特殊海区。基阵接收的信息通过海底电缆传送到海岸基地的声呐电子设备上进行处理。岸用声呐主要用来警戒进入海岸附近的目标，特别是潜艇。通常岸用声呐工作于被动方式，因而隐蔽性好。为了扩大警戒范围，可布置多个岸用声呐联合使用，构成海岸警戒网。

2）水面舰艇用声呐。水面舰艇上装备声呐的主要目的是反潜防潜，即搜索潜艇目标，并引导火力系统进行攻击。此外，探测水雷、打捞沉物、对潜艇通信等也需用声呐来完成。由于运动的水面舰艇本身无隐蔽性，因此它主要采用主动声呐来搜索和测定水下目标。一般水面舰艇通常装有 5～7 部声呐，大型反潜水面舰艇装有多达 10 部声呐，综合完成对潜搜索、定位、跟踪、射击指挥及水中通信、探雷、导航、水下目标识别、水声对抗等任务。

3）潜艇用声呐。由于无线电波无法在下潜的潜艇上使用，潜艇在水下航行时的观察和通信器材主要依赖声呐，因而声呐在潜艇上的地位显得更为重要。潜艇声呐的主要功用是为反潜武器和鱼雷武器的射击指挥提供水中目标的定位数据，其次是承担对水中目标的探测、警戒跟踪、通信、目标性质识别、助航等项任务。通常每艘攻击型潜艇上装有10多部各种功用的声呐。

4)反潜飞机用声呐。随着潜艇活动能力的加强，提高探潜速度就显得格外重要。舰用声呐在高速航行时，由于本舰噪声的急剧增加而影响探测距离，从而影响探潜速度，在空中用机载声呐探测水中目标就显示出很多优点。空中拖曳声呐是机载声呐的一种，装在水上飞机或直升机上，飞机低空飞行时，通过电缆拖动和控制水中的换能器。发现目标后，通过机上通信设备与基地指挥所交换信息。航空中吊放式声呐是另一种机载声呐，它安装于直升机上。直升机低飞，至各预定点悬停后，通过电缆将换能器吊入水中逐点进行探测。

6.3.2 潜艇声呐简介

本节重点介绍潜艇用声呐。舰用声呐和反潜飞机用声呐分别见第7章和第8章。

由于潜艇负有特殊的战略和战斗使命，在各种声呐中以潜艇声呐的性能最佳。在潜艇声呐中则以攻击型核潜艇声呐的性能最高。攻击型潜艇的主要战斗使命是反潜和为弹道导弹核潜艇护航。由于使命艰巨，故要求装配较高性能的声呐，装备的数量也较多，通常每艘攻击型潜艇上装有10多部各种功能的声呐。

为了保持潜艇隐蔽活动的特点，潜艇声呐平时以被动方式工作为主，主动声呐不能经常工作，工作时间也不能过长，而应经常适当地改变工作频率，以防敌人发现。由于潜艇空间小，艇上装置数量不宜过多，故往往一部声呐有多种用途，称综合声呐。如将侦察仪与被动声呐共用，将通信声呐、探雷器与主动声呐共用，等等。对潜艇声呐不仅要求作用距离远、测向精确高，且要能保证长期工作可靠。

1.综合声呐

综合声呐是组成潜艇声呐系统的最主要声呐，包含主动声呐和被动声呐。综合声呐能同时满足多种战术功能的要求，在系统中担负重要的使命：实施噪声警戒和搜索，发现并跟踪潜艇、水面舰艇等目标，并进行识别分类、测定其方位；对声呐信号实施侦察，测定其方位及主要参数；对来袭鱼雷实施报警，并测定其方位；对被动方式跟踪的目标，定向主动发射信号，测定目标距离；进行声速、深度测量，并解算、描绘声线轨迹。

综合声呐由接收阵(含水听器、障板、耐压接线盒、电缆等)、发射阵(含换能器、耐压接线盒、电缆等)、声速-深度探头、接收系统(含前置预处理机柜、信号处理机柜)、发射机等部分组成，其组成框图如图6.13所示。

综合声呐的水下声阵安装于艇艏，分发射和接收两个声阵，发射阵有圆柱阵、球阵等，一般安装于鱼雷发射管上方；接收阵有圆柱阵、共形阵，安装于鱼雷发射管下方。舱内设备有发射机、前置预处理机、信号处理机。

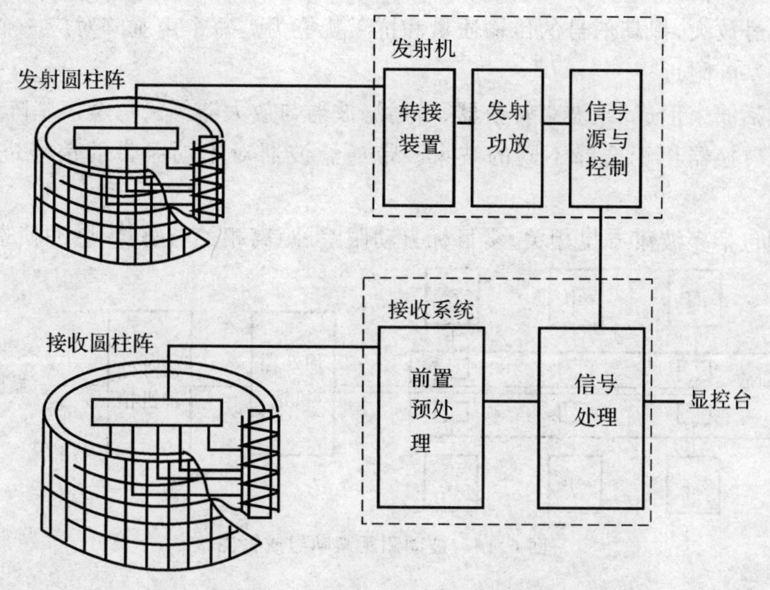

图 6.13　综合声呐系统组成框图

2. 被动测距声呐(舷侧阵声呐)

要实现潜艇的隐蔽攻击或战术防御,需要声呐在被动工作的情况下为武器系统提供目标的方位和距离。被动测距声呐在潜艇声呐系统中担任着重要的使命:以被动噪声方式警戒、测向、测距、多目标跟踪;声呐脉冲侦察测向、测距。

为了提高潜艇的探测距离,降低频率、增大孔径是有效的途径。目前被动测距声呐基阵多采用舷侧阵。舷侧阵是就其在潜艇上的位置而言的,是指安装于潜艇两侧的被动接收阵。

当前,位于潜艇两侧的基阵有两种。一种是由沿潜艇长度方向安装在艇体左右舷侧的三组各相距十余米至数十米的子阵组成的,采用同一直线上三点定位原理,通过估计目标到达三个声基阵的时间差来测定目标方位和距离。另一种是连续数十米长的条带阵,水听器呈直线排列的线阵(条带很窄)或大面积平面阵(宽约两米的条带)。

(1)被动测距声呐

被动测距声呐由水下基阵、前置放大单元、预处理机柜和信号处理机柜组成,显示控制由系统显控台统一显控,其结构框图如图 6.14 所示。

水下基阵用于接收水声信号并进行声电转换。图 6.14 中水下基阵为三点式舷侧基阵,由左、右两舷各三个矩形平面声基阵(平板阵)组成,安装在艇的舷侧水线以下,每舷的三个平板阵等间距布放。

前置放大单元由甚低频噪声放大器、微分网络、双向对称放大器、阻抗匹配放大器等组成，实现水听器信号放大，提高信号的传输质量和抗干扰能力。每个声基阵对应一个放大单元，安装于舱内紧靠基阵附近。

预处理包括波束形成器、波束转换器、带通滤波器与放大器等。每个声基阵对应一个波束形成器。波束转换器用于选择不同的波束。带通滤波器对不同频带的信号进行滤波、限幅放大。

信号处理包括多波束方位相关、多目标自动跟踪、距离相关与解算、脉冲侦察。

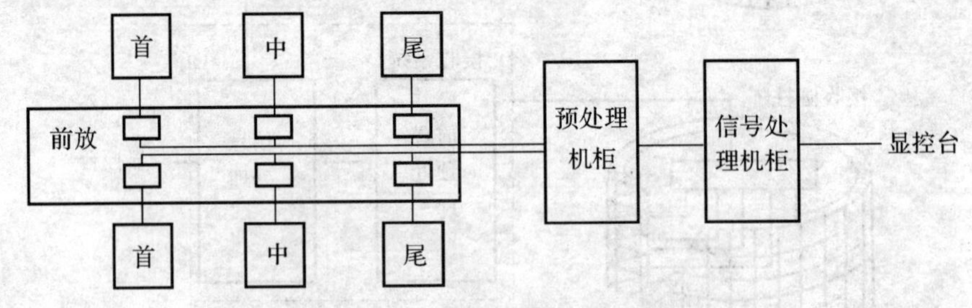

图 6.14 被动测距声呐组成框图

三点式被动声呐的测距精度取决于基阵各子阵间的距离、工作频率、频带宽度以及噪声目标所处的舷角和距离。由于船体的影响，在艇的艏、艉方向是声呐盲区。

被动测距声呐的主要性能参数是作用距离，噪声测向精度、测距精度，多目标跟踪及方位分辨力，侦察测向、测频和测距精度等。

(2)条带式舷侧阵

由于条带式阵是近年来新研制的类型，现代舷侧阵一般多指条带式被动接收阵。条带式舷侧阵分左、右两个子阵，为了有良好的声环境平台，远离推进器噪声，子阵安装于艇的前部。其声阵采用大面积 PVDF(聚偏二氟乙烯)平面型水听器，安装于艇的两舷耐压壳体外，各水听器模块排列安装，每舷安装多个模块。水听器采用高分子聚合物(PVDF)压电材料制作换能器单元，每个水听器模块除换能器单元外，还包括与换能器有关的结构或隔振降噪措施，如声障、减隔振、抗流噪声措施等。

条带式舷侧阵声呐通常工作在中、低频段，其工作频率范围从几十赫兹到数千赫兹，具有远程警戒、目标跟踪、被动估距、低频侦察、目标识别和鱼雷报警等功能。

条带式舷侧阵声呐与其他被动声呐一样，由水下基阵、前置预处理和信号处理三部分组成，显示与控制由系统统一显控。

舷侧阵的主要优点是基阵采用贴壳形式，不占艇上空间和不破坏艇体线型；以被动方式提供目标距离、方位等数据，这给潜艇的隐蔽攻击带来了有利条件。

舷侧阵的主要缺点是方位精度取决于各水听器基阵机械安装的精度，并且艇上各水听器基阵相对位置的精确测量难度较大；本艇自噪声严重地影响到测距性能，并很难采取减振措施。

3. 潜用拖曳线列阵声呐

潜用拖曳线列阵声呐的配置组成分湿端和干端两部分，如图 6.15 所示。潜艇拖曳线列阵声呐与水面舰艇拖曳线列阵声呐最大的不同点在于绞车及释放装置需在水下工作，由于其体积庞大，一般安装于耐压壳体与非耐压壳体之间。

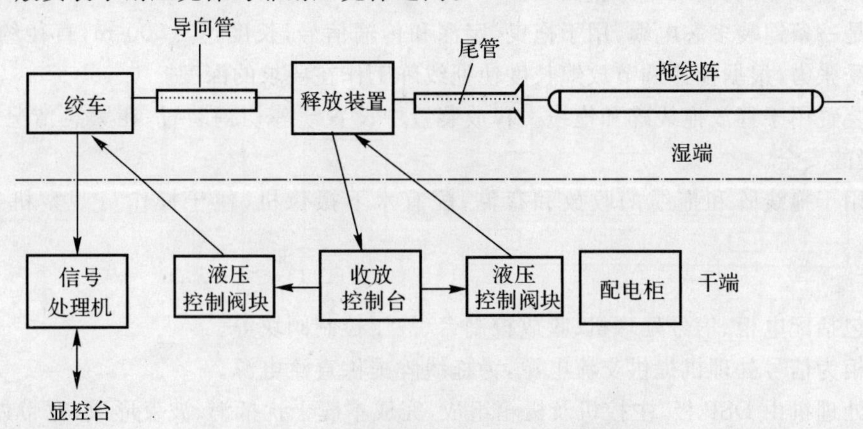

图 6.15　潜用拖曳线列阵声呐组成框图

(1)湿端

湿端包括拖曳线列阵、拖缆、绞车、释放装置、导向管等。

拖曳线列阵由隔振段、仪表段、数字段、声学段、尾段等组成，如图 6.16 所示。水声信号的接收、放大、滤波、增益控制、模数转换和编码均在拖线阵中完成。

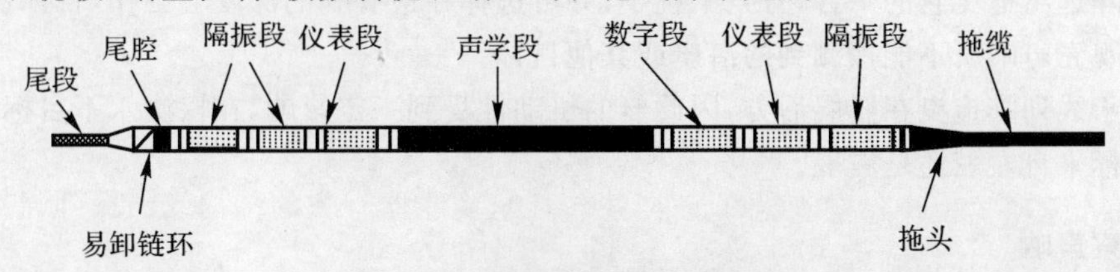

图 6.16　拖曳线列阵组成示意图

隔振段由隔振模块组成，是一种复合结构的阻尼振荡装置，置于阵的首端和尾端。每个隔振段长度在 24～32 m 之间。前隔振段的作用是隔离潜艇和拖缆的抖动对拖线阵声阵段工作的影响，后隔振段的作用是隔离拖线阵尾部抖动对拖线阵声阵段工作的影响。

仪表段由仪表模块组成，包括航向、深度、温度等非声传感器，用以监测拖曳线列阵的拖曳姿态和环境条件数据。

数字段由数字处理模块组成，包括 A/D 转换、信号调制。水听器接收的声信号和非声传感器的信号被转换为数字信号进行时空混合调制，并通过拖缆传送到艇上。

声学段由数十至数百个水听器组成接收线列阵。水听器按一定间隔布放，每个水听器对应的前置模块紧靠水听器安装，分成几个模块。

拖头是拖缆与拖线阵的机电接口，承担张力的传递和信号的转换。

尾段由尾绳和稳定器组成。尾段的作用是拖直并稳定拖线阵，稳定器在进入尾管时使尾管产生到位信号，从而使绞车停止回收。

拖缆是一条铠装多芯电缆，用于拖曳、定深和传输信号，长度达 1 500 m，直径约 30 mm。拖曳时承受张力，根据拖速调节放缆长度使拖线阵工作在要求的深度。

释放装置用于释放拖线阵和拖缆。释放装置中设置缆阵切割装置，在紧急情况下割断缆阵，保证艇的安全。

绞车用于拖线阵和拖缆的收放和存储，配有水下摄像机，便于操作员观察机构的运动情况。

(2)干端

干端包括配电柜、信号处理机、收放控制台、液压控制阀块等。

配电柜为信号处理机提供交流电源，为拖线阵提供直流电源。

信号处理机由 DSP 板、主控机及机箱组成，完成本艇干扰抵消、波束形成、宽带处理、窄带处理、跟踪、侦察等信号处理任务，并将处理结果送系统显控台。

液压控制阀块的作用是驱动绞车和释放装置。收放控制台用于对绞车、释放装置的控制。

拖曳线列阵声呐的特点如下：

1)这种声呐基阵不受艇体尺寸的限制，可大幅度降低工作频率，声呐可采用低频(工作频段 10 Hz～3 kHz)工作。因此，其探测距离远，而且可利用舰艇的低频线谱检测目标信息。

2)基阵远离拖曳它的平台，背景干扰小，并可选择在最有利的深度上工作，目标识别率高，可以探测舰壳声呐所不能探测到的潜艇或其他目标。

3)由于线列阵拖曳在艇艉后方，因此艇的机动性受到一定影响，在探测水下目标时难于迅速判定目标来自左舷还是右舷。

4. 侦察声呐

侦察声呐的任务是探测敌主动声呐发出的声呐脉冲信号，并测出其工作频率、所在方位、信号形式和信号的脉冲宽度、重复周期、调制形式等，并且希望两个脉冲就能完成上述参数的估计，然后根据对方声呐发射声信号的特点，判断出对方舰艇的性质和类型，为指挥员实施水声对抗提供决策依据。

侦察声呐工作频率范围相当宽，根据目前国外侦察声呐的发展趋势，频率下限低达 1 kHz，上限高达 80 kHz 甚至 100 kHz，测向精度为 1°，测频精度为 1%～3%。

侦察声呐由声基阵、前置放大、信号处理三部分组成。进入系统时，其显示控制由系统显控台完成，本机往往也带有自己的显示和按键控制部分。

声基阵由几个无方向性的水听器组成，有三点组阵（三个无方向性的水听器按一定间距布成的等腰三角阵）和四点组阵（四个无方向性的水听器按一定间距布成的正方形阵）等组阵形式。

近几年，矢量传感器已成为国内外研究的热点。由于矢量传感器所蕴含的信息比声压传感器更为丰富，并且单个传感器可用于目标探测及方位测量，因此成为侦察声呐新的发展方向。

前置放大单元完成对水听器信号的放大、滤波和自动增益控制。

信号处理完成对输入信号的滤波、波束形成，实现目标的侦察并测出相关参数。

5. 通信声呐

潜艇在水下航行时需要与协同舰艇、潜艇之间进行信息交流，通信声呐承担此项任务，实现水下通话、通报及敌我识别和测距。

6. 本艇噪声监测仪

潜艇在水下航行时，推进系统、螺旋桨、辅机、水动力效应（包括辐射流体噪声和流体所激励的钢板或其他构件的振动）会产生大量的噪声，这些噪声影响本艇声呐的探测和隐蔽安全。本艇噪声监测仪用于监测本艇的噪声情况，对螺旋桨空化噪声异常实施报警，指挥员可以通过它掌握本艇的噪声情况，及时进行处理。

7. 模拟训练设备

模拟训练设备模拟目标声学特性与声学环境，模拟内容包括典型海洋环境（浅海等温层、浅海负梯度、浅海跃变层）与海况，目标的运动，目标的特性（噪声、声呐脉冲），本艇运动和背景噪声，各声呐设备的盲区、作用距离、操作响应与信息输出。

通过模拟训练，不仅可以提高操作员的操作水平，更主要的是能向作战系统提供声呐数据，进行作战协同训练。模拟训练设备由单独的计算机构成，用软件实现大量的计算模拟。

6.4　潜艇水下武器发射装置

水下武器发射装置是指鱼雷发射装置和对抗器材发射装置，是潜艇武器系统的重要组成部分。鱼雷是现代潜艇必备的武器，因此，潜艇都装有鱼雷发射装置。随着水声对抗器材的发展，有些潜艇上还装有水声对抗器材专用发射装置。本节重点介绍潜艇鱼雷发射装置，并简要介绍水声对抗器材的发射装置。

6.4.1 潜艇鱼雷发射装置的基本组成及分类

1. 潜艇鱼雷发射装置的作用及组成

鱼雷发射装置的作用是按要求的初始条件(出管速度、初始角度等)将鱼雷送入水中,使鱼雷入水后能自动进入正常工作状态,同时还要保障潜艇的安全性和隐蔽性。鱼雷发射装置除发射鱼雷外,它还是鱼雷的储存装置。鱼雷发射装置不仅可以发射鱼雷,还可以布放水雷,也可以利用鱼雷发射装置发射火箭助飞鱼雷和导弹。

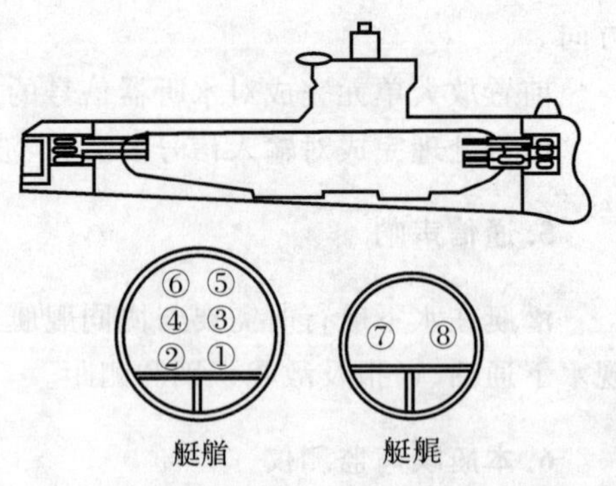

图 6.17 鱼雷发射装置在潜艇上的配置

潜艇上的鱼雷发射装置一般配置在艇艏和艇艉,如图 6.17 所示。中小型潜艇一般艇艏有四管,艇艉有两管。大型潜艇艇艏有六管,艇艉有四管。发射管的管体可配置在潜艇的耐压壳体外,也可以配置在潜艇的耐压壳体内。

鱼雷发射装置一般由发射管体、发射管附属设备(包括前盖和减阻板及其开闭装置、固定及设定装置和互锁机构等)、发射系统、注排水系统等主要部分组成。对于电动鱼雷的发射装置,还包括电解液灌注系统等。

(1)发射管

发射管是筒状的管子,管外装着各种仪器与系统,后端有可开闭的后盖,前端有前盖。潜艇的发射管前盖则是可开闭的,发射前通过舱内的传动机构将前盖打开,才能发射鱼雷。发射管体固定于艇体上。管体内部上、下及两侧装有四条导轨。上导轨有"Π"形槽,可卡住鱼雷导子,阻止鱼雷滚动,如图 6.18 所示。为了保证发射介质的密封,管体内壁装有气密环。管体上装有扳机栓,用来在发射时打开鱼雷扳机,启动鱼雷工作。

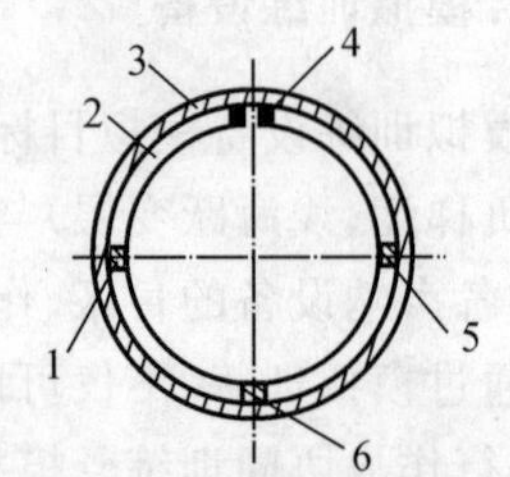

图 6.18 发射管横断面

1—左导轨; 2—气密环; 3—管体; 4—上导轨; 5—右导轨; 6—下导轨

(2)前盖及减阻板开闭装置

前盖用来密封发射管前口,减阻板为了保持潜艇流线型。它们的开闭装置是为了在舱内迅速开闭而设的,如图 6.19 所示。开闭方法有液压和手动两种。

液压开闭原理是,由艇上液压总管送来的高压油,进入油缸 1 的前腔或后腔,推活塞向后或向前移动(当液压缸为固定式时),通过导向筒 2、曲拐等带动前盖 4 和减阻板 5 一起开闭,前腔进油,前盖及减阻板关闭。后腔进油,前盖及减阻板打开。在有的发射器上将活塞固定,让液缸前后移动，其工作原理相同。

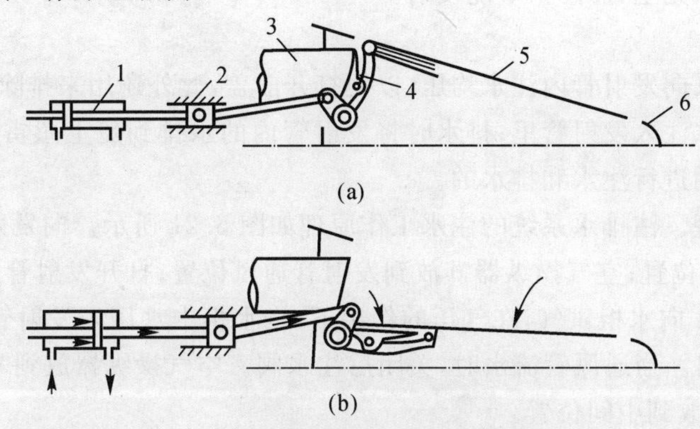

图 6.19 前盖、减阻板及其开关装置

(a)发射管关闭状态；(b)发射管打开状态

1—油缸； 2—导向筒； 3—发射管； 4—前盖； 5—减阻板； 6—潜艇外壳

(3)设定装置

设定装置是用以设定鱼雷各个工作参数的仪器。早期的设定装置主要是机械式设定装置，如深度设定器、方向设定器等。现代鱼雷的设定参数多为电参数，是通过设定电缆进行设定的，为此在发射装置上装有电缆接头插拔装置。

(4)制止器

制止器用来在发射前将鱼雷固定在发射管内以防其摇动和前后移动，但在发射时又能自动解除制动以便鱼雷顺利射击。有边制止器(图中被剖掉，未画出)、上制止器及后制止器，如图 6.20 所示。

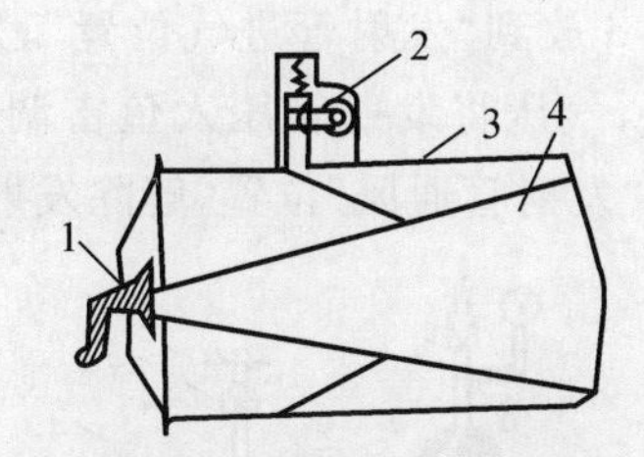

图 6.20 鱼雷在管中固定装置

1—后制止器件； 2—上制止器； 3—发射管； 4—鱼雷

(5)互锁机构

互锁机构是防止由于操作错误引起事故，保证安全的机构。主要功能如下：

1)前、后盖互锁，保证前、后盖不能同时打开。

2)前盖与前后注、排水阀互锁，防止操作错误，使舷外海水进入水柜，造成潜艇纵倾或损坏水柜。

3)前盖关闭或未完全打开时,不能发射。

(6)注排水系统

注排水系统用来向发射管内注水均压,以便打开前盖,此外还用来排除管内海水。注水时将艇上间隙水柜的水注入发射管里;排水时将发射管内的水排到艇上鱼雷调重柜里。注排水系统是通过水压作用进行注水和排水的。

1)注水工作原理。注排水系统的注水工作原理如图 6.21 所示。向发射管注水时,三通阀 a 放到“间隙柜相通”位置;空气操纵器 d 放到发射管通风位置;打开发射管的前后注排水阀 b、通风阀 c;由减压阀 e 向水柜供气,在气压的作用下,将水柜中水压入发射管,同时发射管中的气体由通风阀 c 排出。当通风管流水时,关闭后注水阀。空气操纵器放到“间隙柜通风”位置,解除水柜气压,然后放到中间位置。

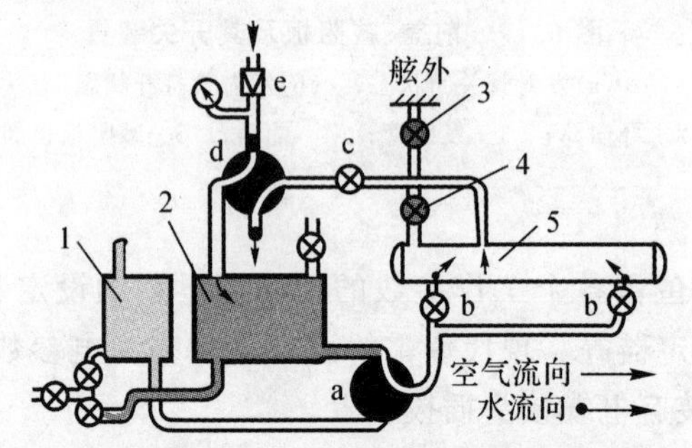

图 6.21 注、排水系统进水动作原理图

1—鱼雷调重柜; 2—环形间隙水柜; 3—船舷阀; 4—均压阀; 5—发射管

2)排水工作原理。排水工作原理如图 6.22 所示。发射管向外排水时,三通阀 a 放到“鱼雷调重柜相通”位置;空气操纵器 d 放到“发射管进气位置”;发射管的前后注、排水阀 b、通风阀 c 放到打开位置;打开减压阀 e,气压将发射管压入鱼雷调重柜,同时鱼雷调重柜中的气体从通风口排出。空气操纵器放到“发射管通风”位置,解除发射管气压,然后放到中间位置。

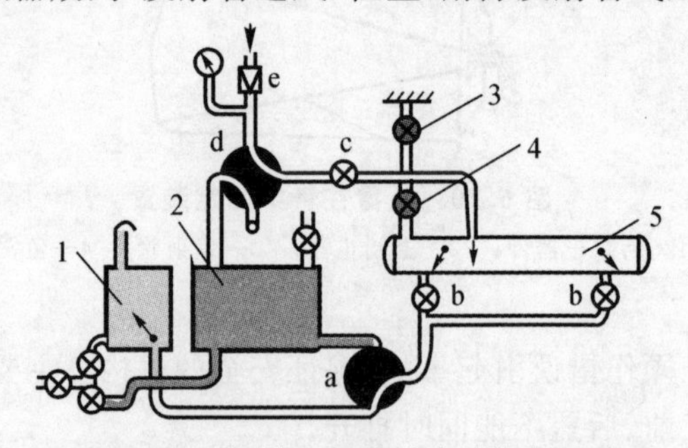

图 6.22 注、排水系统排水动作原理图

1—鱼雷调重柜; 2—环形间隙水柜; 3—船舷阀; 4—均压阀; 5—发射管

(7)发射系统

发射系统用来提供动力，按照要求的入水条件将鱼雷安全地射出发射管，是发射装置中的关键部分。不同类型的发射装置其发射系统的差别较大，将在后面讨论。但从功能上看，它由以下 4 种功能部件组成：

1)安全自检线路或管路：依次检查有关部件是否进入可发射状态，若进入可发射状态，则对下一部件进行检查，若未进入，则发射不能进行。

2)发射所用工质的储存或生成设备：储存或生成工质以供发射使用。

3)工质流注过程的控制组件：在发射过程中用以控制工质向发射管中流注的速率和压强，以便确保鱼雷的出管速度，但又使管内压强不会超高。

4)雷重自动补偿组件：在潜艇上鱼雷出管后须自动吸入相当于雷重的海水以防潜艇产生倾差而难于操纵。

(8)电解液灌注系统

潜艇鱼雷发射装置发射电动鱼雷时，电解液灌注系统用来对电动鱼雷的一次性电池进行灌注电解液，使鱼雷处于待发的状态。

2. 潜艇鱼雷发射装置分类

按发射装置所用能量形式分类，可分为气动式、液压平衡式和机械冲压式发射装置；按海水静压的利用情况来分，可分为平衡式和非平衡式；按发射深度来分，可分为深水发射(大于 60 m)或普通深度发射(60 m 以内)。

(1)气动式发射装置

气动式发射装置是以高压空气为能源将鱼雷推出发射管外的，如图 6.23 所示。这是早期的一种发射装置，由于压缩空气随鱼雷冲出发射管，在水面上造成巨大气泡，暴露潜艇的位置，且由于失去鱼雷质量引起潜艇载荷的变化，破坏了潜艇的均衡，影响了潜艇的操纵，因此在二战前夕研制出了无泡无倾差系统，把发射管中的废气收回舱室，并吸入一定量海水以补偿均衡差。

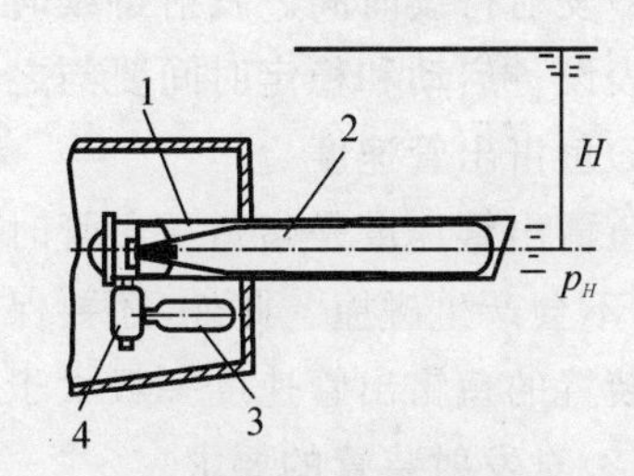

图 6.23　气动式鱼雷发射装置发射原理

1—发射管；　2—鱼雷；
3—发射气瓶；　4—发射阀

(2)液压平衡式发射装置

随着潜艇和鱼雷性能的日益改进，特别是核潜艇出现后，作战深度的增加要求鱼雷发射深度相应地增大。由于气动式发射装置必须使鱼雷后部的压力高于鱼雷前部所受到的海水静压力和潜艇航行引起的动压力，因此，深度越深，发射时收回舱室的废气量就越大，而舱室气压增加值是不能超出人体所能承受的限度的，这就限制了发射深度的增加，直到 20 世纪 50 年代，发射深度未能突破 60 m。60 年代初将发射原理进行了改进，首先在发射时使发射管后部也通海水，使鱼雷前后受的静压力相平衡,然后在鱼雷后部加力,将鱼雷推出发射管,这称为平衡式发射装置。

(3)机械冲压式发射装置

20 世纪 70 年代法国研制成了冲压式发射装置。发射时将高压空气充入多级套筒组成的冲压器,推套筒节节向前伸展,将鱼雷顶出发射管。

3. 潜用鱼雷发射装置的主要技术参数及要求

潜艇鱼雷发射装置是潜艇的重要组成部分,是与潜艇同时设计和建造的。对于已建好的潜艇,发射装置不易改动,因此鱼雷应与发射装置相匹配。为了设计和使用方便,鱼雷最大外径和发射管的内径进行了标准化,一般国际上通用标准为 533 mm 口径和 324 mm 口径两种。下面以大型鱼雷(533 mm 口径)发射装置为例说明其主要的技术参数。

(1)潜用鱼雷发射装置的主要技术参数

1)发射管长度。发射管长度是指发射管前后两端面间长度(按轴线),一般为 8 000 mm 左右。因此鱼雷总长度,包括附件,如降落伞组件或线导鱼雷导线等,不能大于 8 000 mm。

2)气密环和导轨镗孔内径。发射管气密环和导轨镗孔内径是发射管内部与鱼雷外径和导子配合的部分,既要有一定的气密性,又要保证发射时鱼雷能顺利出管。密封环内径与发射方式有关,一般为 536～538 mm。

3)发射管最高膛压。发射管最高膛压是指在最大发射深度发射鱼雷时发射管中的最大压力,与最大发射深度和发射方式有关。

4)发射持续时间。发射持续时间是指从发射到鱼雷出管的时间,一般在 1 s 左右。鱼雷的仪表设备启动和稳定时间要与之匹配,如在此时间内不能完成,则需采取一定措施。

5)鱼雷出管速度

鱼雷出管速度是指鱼雷出管时相对于发射潜艇的速度。鱼雷出管速度应能保证鱼雷安全离艇,不会产生碰撞。此外,还要保证鱼雷初始弹道稳定,不致产生过大的袋深或跳水。潜艇发射装置的鱼雷出管速度一般大于 12 m/s。

(2)对发射装置的要求

1)要保证潜艇发射鱼雷的隐蔽性。如用气体发射时需将发射气体回收,以免气体逸出海面而暴露潜艇。回收的气体进入舱室会造成压力增高,影响艇员健康,因此,潜艇不能用火药发射方式发射鱼雷。

2)要求发射装置的最大发射深度尽量做到与所装载的潜艇的最大工作深度一致。潜艇发射鱼雷时因受到海水静压的影响,为保证出管速度,发射压力随着发射深度的增加而增加。在发射系统设计中,需要解决水下发射海水背压的问题。

3)提高对所发射的武器类型的兼容性。使得一型发射装置不仅能发射多种型号的鱼雷,布放多种型号的水雷,而且还能发射多种型号的潜射导弹。

4)降低发射噪声。降噪技术的核心问题是发射动力源问题,这就需要研究新型发射动力源和新型发射系统,如电磁发射系统、液压动力发射系统等。

5)尽可能减少发射装置的体积、质量,减化结构并改善装置的可维修性。

6)提高发射装置的自动化程度,减轻艇员的劳动强度,尽量减少发射前的准备时间,缩短发射武器的发射间隔时间和齐射间隔时间。

7)提高发射的可靠性和安全性。发射装置工作的可靠性和安全性不仅关系到攻击的成败,而且关系到潜艇的安全。

6.4.2　潜艇气动不平衡式鱼雷发射装置的工作原理

潜艇气动不平衡式鱼雷发射装置是利用工质(压缩空气)膨胀做功,推动鱼雷以一定速度出管的。为了保证潜艇本身的隐蔽和安全,发射时还要将全部发射气体收回到舱内,使海面无气泡,同时吸入适量海水到艇内来,以使潜艇无倾差。

1.气动不平衡式鱼雷发射装置配置及特点

气动不平衡式鱼雷发射装置相对于液压平衡式发射装置占用空间较小,主要用于常规潜艇。潜艇气动不平衡式发射装置发射鱼雷的特点如下:

1)必须控制发射时管内的压力。发射前,发射管里注满海水,发射时,如果高压空气很快大量涌入管内,压力上升很高,将损坏鱼雷和发射管,因此必须控制空气的进入速度,使管内最高膛压不超过鱼雷后舱和发射管允许的最大压强,同时还要保证鱼雷具有一定的出管速度。

2)必须防止大量气体进入海中,还要尽量减小由于鱼雷射出而造成的潜艇纵倾(发射管里海水质量小于鱼雷质量)。

3)发射空气量随发射深度增大而增加。

2.潜艇气动不平衡式鱼雷发射装置的组成及工作原理

(1)潜艇气动不平衡式鱼雷发射装置的组成

如前所述,发射装置由发射管体、前盖和减阻板及其开闭装置、固定及设定装置、发射系统、注排水系统互锁机构五大部分组成。这里重点介绍潜艇气动不平衡式发射系统的工作原理,关于其他部分的功能及工作原理前面已作介绍,不再赘述。

(2)潜艇气动不平衡式鱼雷发射系统

发射系统用来保证潜艇在水下各种不同深度上无泡、无倾差地发射鱼雷,主要由发射阀(战斗阀)、无泡装置、截止装置等部件组成,如图 6.24 所示。

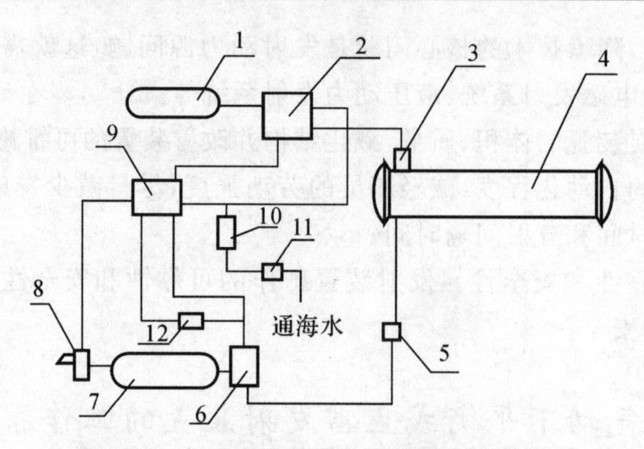

图 6.24 气动不平衡式鱼雷发射系统原理图

1—无泡气瓶；2—定时调节器；3—泄放阀；4—发射管；5—单向阀；6—发射阀；7—发射气瓶；8—发射控制阀；9—截止阀；10—深度气瓶；11—通海阀；12—大气阀

1)发射阀。发射阀如图 6.25 所示,它由上、下两部分组成。上部为发射阀门,控制发射气瓶至发射管的气路。下部为控制器,控制发射阀门打开的速度。

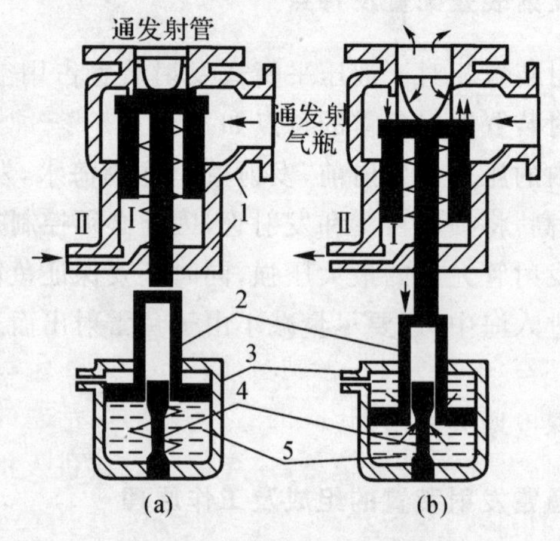

图 6.25 发射阀动作原理图

(a)平时；(b)发射时

1—壳体；2—活塞；3—缓动器；4—锥形滑阀；5—水

发射阀与发射管之间有一单向阀。发射阀打开,高压空气由发射气瓶经发射阀到单向阀,当空气作用在单向阀上的压力超过发射管内海水作用在单向阀上的压力及单向阀弹簧力时,单向阀打开,空气进入发射管。

控制器用来控制阀门按一定规律打开。发射阀门打开时,控制器活塞向下。活塞向下速度取决于活塞与锥形滑阀之间环形间隙(其面积称为控制面积)的大小。当活塞向下运动时,锥形滑阀上移,控制面积不断加大,则水由活塞下部流向上部的流量大,作用在阀门上的压力不断减小,活塞下降快,亦即阀门打开速度快。

2)无泡装置。无泡装置由无泡气瓶定时调节器和泄放阀(安装在发射管上)组成,如图6.26所示。发射时,在定时调节器的控制下,在一定时间内将发射管内的空气放入舱内,并放进一定量海水。

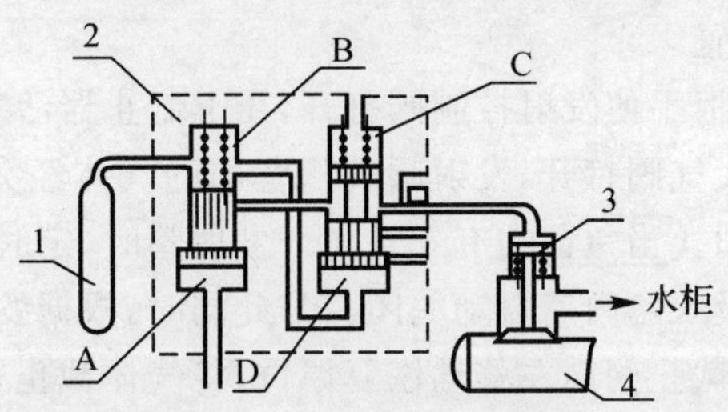

图 6.26　无泡装置结构原理图

1—无泡气瓶；　2—定时调节器；　3—泄放阀；　4—发射管

发射准备时,从发射气瓶来的高压空气进入定时调节器的 A 腔,使通向泄放阀 3 的阀门关闭。发射中,发射气瓶空气压强降至一定压力时,在弹簧及无泡气瓶来的空气作用下,A 腔的调节阀下移,气路打开,无泡气瓶空气进入泄放阀;泄放阀打开,空气进入舱内并放入一部分海水,同时空气由定量气孔放出,整个无泡气路内的气体压强将逐渐降低。

3)截止装置。不同深度发射鱼雷所需的空气量不同,深度越大发射时空气需要量越多。若浅水也以同样空气量发射,虽有无泡装置,但过多的空气很容易随鱼雷冲出管外,破坏隐蔽性。因此需要有一种截止装置,它能根据不同深度,截留部分空气,既能保证鱼雷出管速度,又能保证无泡发射。

截止装置主要由截止阀、自动通海阀和深度气瓶组成,如图 6.27 所示。截止阀用于接通或关闭通往无泡装置的调节器的气路。截止阀的右边是活塞,活塞的左侧与深度气瓶相通,用以传递舷外海水压力到截止器及无泡装置等处,避免海水直接进入机件。当发射气瓶充气,发射气瓶中的压强增至一定值时,作用在截止阀上的力加海水作用在活塞上的力大于弹簧截止阀力,截止阀向右移动,发射气瓶与调节器的气路相通。

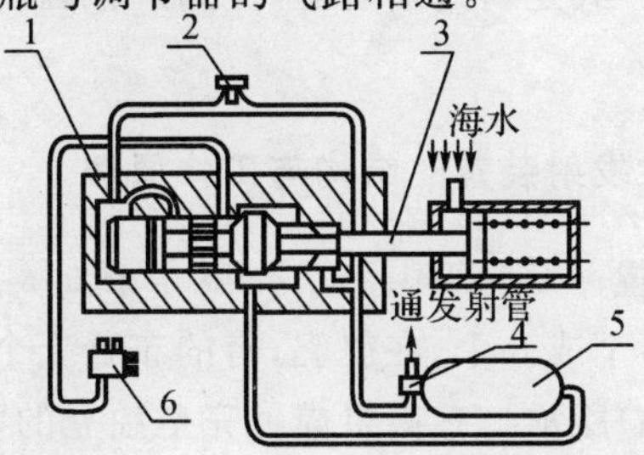

图 6.27　截止器装置结构原理图

1—截止阀；　2—大气阀；　3—活塞；　4—发射阀；　5—发射气瓶；　6—定量调节器

发射时,大气阀打开,发射阀门背后气体及截止器左端腔内气体放入大气,发射阀打开,当发射气瓶压力降至一定值时,在滑阀上受到的空气力加海水作用在活塞上的力小于弹簧力,截止阀又移至左边位置,空气进入发射阀背部,发射阀关闭,气体不再从发射气瓶内流出。

4)发射系统协同动作。发射前,打开发射管前盖,发射气瓶充气,当充气至一定压强时,截止阀动作,滑阀移至右端位置。

发射开始时,拉动发射扳手使发射控制阀打开,压上制止器活塞向下,提起上制止器(见图6.20),同时打开大气阀。大气阀打开,发射阀阀门背部的气体经大气阀放出,发射阀打开,空气进入发射管推动鱼雷运动。当鱼雷约有3/4离开发射管时,定时调节器使泄放阀打开,将全部发射气体和一定量海水吸入舱内后自动关闭。与此同时,根据发射深度的不同,发射气瓶中的气体压强降到一定值时,截止阀向左移动恢复原位,将气体截止在发射气瓶内。

鱼雷出管后,关闭前盖,发射过程结束。如重装鱼雷,则将发射管内的海水排出,打开后盖装雷。

6.4.3 潜艇液压平衡式鱼雷发射装置

1. 液压平衡式发射装置的特点

为解决气动发射时所用能量和深度成正比增大,而不能大深度发射的问题,潜艇采用了液压平衡式发射装置。液压平衡式发射的关键技术是在发射时让鱼雷前、后均受到相同的舷外海水静压作用,节省了为克服鱼雷前部海水静压而必需的能量,使发射所用的空气量和发射深度基本无关,不存在像气动发射所受的那两种限制,因而可以大深度发射。

根据鱼雷出管使用的动力不同,液压平衡式发射装置又分为液缸式、"涡轮-泵"式、气动冲压式和自航式液压平衡式发射装置。这几种发射装置都是直接(如气动冲压式、自航式)或间接地将海水静压引到鱼雷后部,使鱼雷前、后部所受的海水静压作用力互相平衡。冲压式体积较小,但只能发射可以承受集中载荷的鱼雷;自航式体积也较小,但不能发射水雷和导弹。液缸式目前运用较广。"涡轮-泵"式是新近出现的,受到了各国的重视。下面对液缸式和"涡轮-泵"式发射装置做简要介绍。

2. 液缸式潜艇液压平衡式发射装置的结构与工作原理

(1)发射装置在艇上的布置

发射管一般在艇艏布置4个或6个,在艇艉,有的布置2个,有的则没有。向艇艏方向看,6个发射管的配置如图6.28(a)所示。它们组成了完全独立的两套系统,每舷由1个水缸连接3个发射管,发射管轴线与艇艏、艉线平行。图6.28(b)所示为在艇艏布置4个发射管的形式。

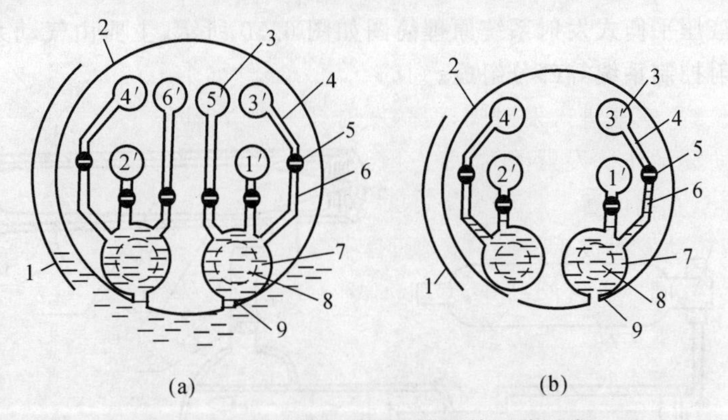

图 6.28 发射管在潜艇上配置的两种形式

1—非耐压壳体； 2—耐压壳体； 3—发射管； 4—水管； 5—水道球阀；
6—金属挠性管； 7—水环； 8—水缸； 9—单向阀

(2)液缸式潜艇液压平衡式发射装置的结构和工作原理

液缸式潜艇液压平衡式发射装置的结构如图 6.29 所示。其管体、发射管附属设备及注排水系统基本上与前述相同，下面重点介绍该发射系统的工作原理。

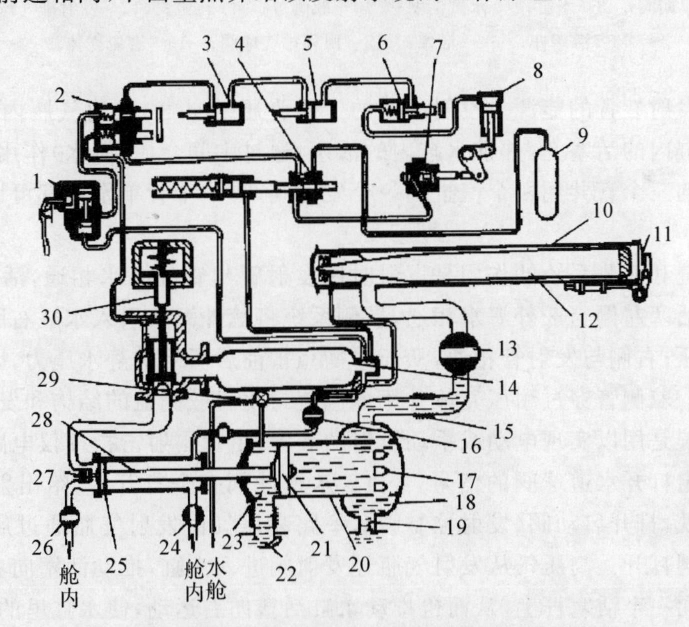

图 6.29 潜艇液压平衡式发射装置的系统组成原理图

1—启动阀； 2—互锁阀； 3—深度装定仪； 4—截止阀； 5—射击诸元设定阀； 6—单气路互锁阀； 7—大气阀；
8—上制动器； 9—截止气瓶； 10—发射管； 11—前盖； 12—鱼雷； 13—水道球阀； 14—发射气瓶； 15—金属挠性管；
16—回程球阀； 17—特性孔； 18—水环； 19—单向阀； 20—水缸； 21—水缸活塞； 22—舷侧盖； 23—水孔；
24—发射排气球阀； 25—活塞； 26—回程排气球阀； 27—转换阀； 28—汽缸； 29—四通调节阀； 30—发射阀

液缸式潜艇液压平衡式发射系统原理简图如图 6.30 所示，主要由气动系统、液压平衡系统、舷侧系统、发射控制系统等部分组成。

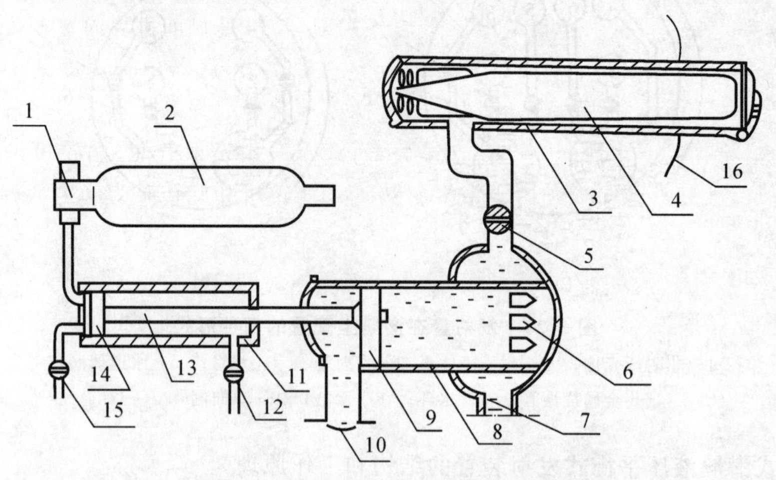

图 6.30 液缸式液压平衡发射装置原理图

1—发射阀； 2—发射气瓶； 3—发射管； 4—鱼雷； 5—水道球阀； 6—水环；
7—单向阀； 8—水缸； 9 水缸活塞； 10—舷侧盖； 11 汽缸； 12—发射排气球阀；
13—活塞杆； 14—活塞； 15—回程排气球阀； 16—潜艇壳体

气动系统是发射装置的能源。发射所用的工质为压缩空气，发射气瓶内的高压空气通过发射阀作用于汽缸内的活塞上，并推水缸内的活塞；通过中间介质(海水)作用于鱼雷后部而推其出管。同一舷的三个管共用一个汽缸和一个发射阀，哪一个管单发射都可以，但齐射时需两舷交替进行。

液压平衡系统和舷侧系统的作用是发射时使发射管与管外海水相通，活塞两侧的静水压力平衡。水缸中活塞左侧与舷外海水相通，舷侧系统将舷外海水引入水缸右腔，以便随时平衡水缸左腔的静水压；右侧与发射管相通，从而平衡鱼雷前后所受的静水压力，因此，发射时不需要克服海水压力。舷侧管穿过耐压壳体并用舷侧盖封闭。舷侧盖的结构和发射管前盖相似。

发射控制系统是用以实现电动或手动发射的装置，由鱼雷射击指挥仪电路控制。发射时，发射控制系统给出打开水道球阀的信号，经 2 s 水道球阀完全打开后，给出射击信号；射击信号接通发射电磁铁，打开启动阀(发射控制阀)，一路高压气由发射气瓶通过启动阀、互锁阀等控制阀门将发射阀打开。高压气从发射气瓶经发射阀进入汽缸，推动活塞向右，由于水缸活塞和汽缸活塞装在同一个活塞杆上，从而也推动水缸活塞向右运动，使水缸里的海水经缸壁上的特性孔(当活塞行程结束时使水对活塞运动起缓冲作用)进入水环，再经发射水道和水道球阀水管进入发射管。当水缸活塞前进时，舷外海水通过已打开的舷侧盖，经水缸上的水孔进入水缸后腔填补海水，并一直保持发射过程中的静水压平衡。当水缸活塞到达终点时，鱼雷出管，发射阀自动关闭。

3. “涡轮-泵”式发射装置简介

“涡轮-泵”式发射装置是新型的液压平衡式发射装置，是目前世界海军现役的最先进的液压平衡式深水鱼雷发射装置。该发射装置具有发射深度大、武器出管速度快、发射噪声小、可发射多种武器、发射能量利用率高、连续发射及快速反应能力强等优点。

“涡轮-泵”发射装置原理图如图 6.31 所示。该系统由发射气瓶、涡轮机、旋转泵、程控发射阀、发射水舱、发射管等组成。由于该发射装置以涡轮机和旋转泵为动力，因此称为“涡轮泵鱼雷发射装置”。

“涡轮-泵”发射装置各部分的主要功能如下：

发射气瓶用以提供发射鱼雷所需的能量。发射前气瓶储存足量的高压空气，发射时气体流出气瓶，进入涡轮机并膨胀做功。

涡轮机用于将气体能量转换成机械能输出。压缩空气在涡轮机内膨胀做功，同时加速运动，推动涡轮机转轮转动，以此带动泵。

旋转泵在涡轮机的带动下，从舷外抽入海水，并使之在发射水舱内升压，高压水通过安装在发射管上的进水阀进入发射管后部，推动鱼雷向前加速运动，直至鱼雷出管。

程控发射阀用于控制气体流量及压强，以此保证整个发射过程连续、稳定、安全地进行，并使武器达到所需的出管速度。此外，通过改变发射阀流通面积的变化规律，可发射不同类型、不同型号的武器。

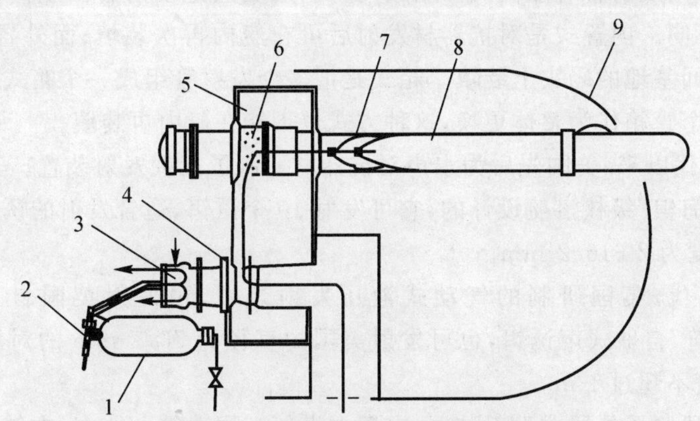

图 6.31　“涡轮-泵”式发射装置简图

1—发射气瓶；　2—程控发射阀；　3—涡轮机；　4—旋转泵；
5—发射水舱；　6—进水阀；　7—发射管；　8—鱼雷；　9—艇体

该发射装置的工作过程：程控发射阀随时间按一定的规律打开，高压空气通过阀门进入涡轮机，推动涡轮，涡轮通过减速机构带动泵，泵将与水柜相通的舷外海水升压，并抽入发射水舱；发射水舱通过发射管上的进水阀与发射管后部相通，从而鱼雷后部的海水压强也升高；在前后海水压差的作用下，鱼雷获得速度向前运动，直至出管。

6.4.4 潜艇水声对抗器材发射装置简介

潜艇水声对抗器材一般可从信标发射管、专用发射管和鱼雷发射管三种发射装置发射。相应的对抗器材也主要有三种规格。

1. 信标发射管发射

信标发射管是用于发射信标的标准发射装置。由于信标使用率低，信标发射管兼用发射部分对抗器材，充分发挥发射管的作用。信标发射管的直径较小，只能发射小型的浮标式噪声干扰器。

美国早期的潜用水声对抗器材基本上都是从“标准”的信标发射管发射的，可发射器材的最大尺寸：直径为76.2 mm，长度约为1 m。

2. 水声对抗器材专用发射管发射

随着水声对抗器材的发展，其规格型号不断增加，信标发射管已不能满足发射需要。世界各国在研制水声对抗器材的同时，也研制了相应的专用发射装置。

目前已有的专用发射管有舷侧式和箱式两种。舷侧式是发射管由艇内伸到艇外，又有内置式和外置式的不同。内置式是对抗器材发射后可在艇内再次装填；而外置式的不能在艇内再装填，只能在返回基地的码头上装填。箱式是把多个发射管组成一个箱式整体，对抗器材事先也装在管内，整个管箱作为整体更换，这种方式也不能在艇内再装填。

20世纪70年代以来，美国先后为水声对抗器材研制了三种发射装置。其中CSA MK—3型发射装置是为“海狼”级核潜艇设计的，它可发射10个诱饵，适合发射的诱饵最大尺寸：直径为156.4 mm，长度为2 616.2 mm。

20世纪80年代，英国研制的气动式液压发射装置，可发射英国自行研制的直径为102 mm的“护身符”自航式声诱饵，也可发射美国的直径为76.2 mm的对抗器材，适合发射的器材的最大长度不超过1 m。

同期，意大利研制了外置式发射装置，布置在潜艇上层建筑上。左、右舷各有一座21管发射装置系统，每管可装2枚76.2 mm或102 mm的对抗器材。

20世纪90年代，德国的TCM/TAU—2000系统采用箱式发射装置。在上层建筑左、右舷各布置一座10管发射装置，每管装1枚TAu型对抗器材。这种箱式发射系统的突出优点是集中布置、结构紧凑、装艇管数较多、艇体开孔减少、装卸使用方便，但布置在耐压艇体外，不能在艇内再装填。

3. 鱼雷发射管发射

鱼雷发射管不仅可以用于鱼雷、水雷、导弹的发射，也可以发射对抗器材。鱼雷发射管一般发射直径较大(200 mm 以上)的对抗器材，如自航式声诱饵、潜艇模拟器、反鱼雷鱼雷等。

如前所述，鱼雷发射管直径是标准型的，其一般适合发射 324 mm 或 533 mm 口径的鱼雷。对抗器材可以设计成与鱼雷发射管直径完全适配的，由鱼雷发射管直接发射；也可以设计成小于鱼雷发射管直径的，通过适配器与发射管适配，由鱼雷发射管将适配器和对抗器材一起发射出去，出管后适配器与对抗器材分离。

6.5　潜艇水下武器系统使用原理

潜艇用水下武器主要有鱼雷、水雷及水声对抗器材等。鱼雷是水下作战的主要武器，作战过程复杂，鱼雷的使用与导引方式密切相关，对于声自导、尾流自导和线导鱼雷需采用不同的使用方法，因此，本节重点介绍鱼雷武器的使用原理。

6.5.1　自导鱼雷作战使用原理

自导鱼雷是装有自动导引系统，能发现、跟踪目标并能自动导向目标的鱼雷，现代鱼雷多为自导鱼雷。自导鱼雷还装有自动控制系统，在发射初期和丢失目标期间，由自动控制系统控制鱼雷航行。

1. 潜艇使用自导鱼雷的特点

对于自导鱼雷而言，在发射出管后，由于潜艇不能继续对其实施控制，故其弹道参数必须在发射前由艇上武器系统预先设定。为此，完成一次有效的鱼雷攻击通常必须经历对目标的搜索探测、识别跟踪、攻防决策、鱼攻决策、解算目标运动要素、占领有利射击阵位、解算和装订鱼雷预设定参数、控制鱼雷发射等环节。这是一个相当复杂的过程，而且往往完成这一过程的时间非常紧迫。然而，为了保持潜艇本身的隐蔽性，上述各个环节的工作通常只能在水下状态完成，潜艇鱼雷武器系统只能通过水声探测设备获得精度有限的目标方位信息，解算满足鱼雷射击要求的目标运动参数。这不仅需要较长的观测与解算时间，而且难以得到满意的解算结果，因此，对于提高鱼雷攻击的成功率具有很大的难度。

2. 潜艇使用自导鱼雷作战过程

(1)目标侦察和搜索

潜艇航行到达指定的作战海域后，首先组织并使用各种侦察、探测设备对作战海域敌情和水文气象及周边环境进行补充侦察，以便进一步了解敌情和作战海域水文气象及周边环境特点，全面分析作战海域水文气象条件对敌我双方战术行动的影响，同时对各种侦察、探测设备搜索发现目标的距离作出基本估计。指挥控制系统开机工作，并根据系统提供的水声分析结果采用人机相辅的方法对搜索预案进行修订，以便提高搜索效率或发现目标概率。然后，按照修订后的搜索方案确定的搜索航路严密组织各种侦察、探测设备对作战海域进行侦察、搜索，特别是对可能出现敌方目标的重点方向加强侦察、搜索，力争尽早和尽可能远地发现敌方目标，争取战术主动并为保证攻击行动的成功创造必要的条件。在组织对敌实施侦察、搜索的过程中，应注意定时接收上级指挥所报文，随时掌握潜艇的准确舰位，全艇各系统及其相关人员应保持必要的战备等级。

当潜艇处于安全深度以下对敌舰船进行侦察、搜索时，综合声呐应以被动工作方式为主，并与侦察声呐、被动式定位声呐等水声设备使用结合。为了增大综合声呐搜索发现目标的距离，潜艇应选择有利的搜索航行深度并采用较低的速度航行，必要时应停止其他一些辅助机械的工作。当潜艇处于潜望深度航行对敌进行侦察搜索时，除应充分利用上述的各种水声侦察、探测设备外，还必须使用雷达侦察设备对海面和空中的目标实施电子侦察，同时应有控制地使用潜望镜实施目力观察搜索。必要时酌情使用雷达设备进行搜索。

在使用以上各种侦察、探测设备发现目标及保持跟踪后，侦察、探测设备向指挥控制系统连续发送跟踪目标信息，指挥控制系统即可根据这些侦察、探测设备测量和采样输入的目标信息数据和导航设备提供及采样输入的潜艇航行机动参数，开始进行情报信息数据处理并提供粗略的战场态势图形及相关的战术数据。这样，艇长就可根据系统提供的目标批数及其方位分布或方位、距离分布情况，对战场敌我战术态势作出初步判断。

(2)目标跟踪

在初步判明敌我战术态势后，应根据各种探测跟踪设备发现目标批数的多少及潜艇综合声呐、被动式定位声呐同时跟踪目标批数多少的能力，确定其中的一批或几批目标作为主要跟踪对象，并酌情调整潜艇的接敌航向、航速和航行深度，以便综合声呐、被动式定位声呐保持对目标的连续跟踪。指挥控制系统将根据各种探测跟踪设备测量及采样输入的多批目标数据进行数据融合、目标识别、威胁估计处理。根据艇长的指示，指挥控制系统对其中一批或几批目标进行目标运动要素解算。

(3)目标识别

目标识别是系统作出威胁估计的基本前提，同时也是艇长最终作出战术对抗决策及对策的主要依据。为此，在使用侦察、探测设备搜索发现目标及保持跟踪的过程中，指挥控制系统开始对目标进行识别。

目标识别包括敌我(友)识别、类间识别和类型识别三个识别层次。潜艇在作战过程中的敌我(友)识别主要是依赖指挥所的通报，并充分利用雷达侦察设备、侦察声呐等获得的目标信号频率、脉冲宽度、重复周期等参数与雷达、声呐数据库存储的有关参数进行比对或是通过人工辨识进行确认；目标类间识别是在确认目标属敌方目标的基础上而进行的分类识别，以进一步确认敌方目标是潜艇，或是水面舰船，或是飞机；目标类型识别是进一步判明敌方舰船的具体型别和级别，如判明目标属敌方潜艇后，再具体判明该潜艇是核动力潜艇还是常规动力潜艇以及具体的型级。

目前，各国潜艇除采用人工识别和采用雷达数据库、声呐数据库等自动化识别技术外，还采用目标噪声识别技术。然而，建立各类舰船噪声特征数据库需要全面、系统地搜集各类舰船噪声数据资料，工程量十分浩大，在短时间内难以达到使用水平。这样，在潜艇作战过程中，依靠人的实践经验并与战术背景及敌情通报相结合作出判断，仍是当前进行目标识别不可轻视的基本手段。

(4)目标威胁估计

目标威胁估计是在完成目标类型识别的基础上，根据目标配备的搜索探测潜艇的水声设备和反潜武器种类、性能，以及敌战术意图等进行逻辑推理、计算，并与定性分析相结合给出目标威胁时间或毁伤概率等指标，以划定目标威胁程度等级。威胁等级通常分为危险、强、中、弱四级。威胁估计是作出攻防决策的基本依据。

在复杂的战术对抗条件下，敌我相对战术态势也会迅速发生变化，对目标的威胁估计很难做到完全符合实际。因此，对潜艇作战指挥来说，只能把指挥控制系统提供的目标威胁估计作为参考，最终由艇长根据掌握的作战环境、敌我战术态势变化、敌方的战术意图，判断潜艇是否被敌方发现或可能遭到攻击。

(5)攻防决策

攻防决策是指在对敌进行攻击准备的进程中，系统根据目标类型及其对潜艇构成的威胁程度和潜艇在当前状态下具备的对抗能力，为取得与敌进行对抗的最优效果而决定对哪批或是哪几批目标首先采取攻击行动或是采取防御行动，以及分配使用与攻击行动直接相关的一个或几个武器分系统，或是分配使用与防御行动直接相关的水声对抗器材。

(6)目标运动要素解算

武器系统在完成攻防决策后，根据传感器的工作状态自动选择目标运动要素的解算方法。武器系统配置的目标运动要素解算方法较多，如连续方位算法、多方位多距离算法等。

1)连续方位算法。连续方位算法也称为纯方位算法，是仅由声呐提供的目标方位信息，解算目标速度、航向及距离的一种常用隐蔽攻击算法。使用该算法时，要求本艇进行相应的机动才能解算出目标要素。本算法基本能够满足潜艇隐蔽跟踪目标、隐蔽攻击和射击的要求，具有一定的解算精度，是潜艇攻击解算的主要算法之一，但是所需攻击解算时间较长。

2)多方位多距离算法。本算法利用声呐测得的目标多个方位和距离信息，解算目标运动参数。由于获得的目标信息较多，所以该算法的特点是收敛速度很快，它是潜艇隐蔽攻击解算的主要算法之一。

(7)自导鱼雷射击参数设定

鱼雷入水后鱼雷自导装置并不马上开机工作，而是航行至鱼雷自导开机距离时才开机，自导装置进入自动导引状态。鱼雷自发射入水至自导开机直至自导发现并跟踪目标前的一段航程，是在自动控制系统的控制下按照程序弹道航行的，此段称为直航段。鱼雷在直航段也并非完全是直线航行，需要时可以进行转角航行。自导开机点距离、转角等参数是在鱼雷发射前设定的，称为鱼雷射击参数。鱼雷射击参数如下：

$S_{直航}$—— 从鱼雷出管到执行一次转角航行前鱼雷的航行距离；

ψ_1——一次转角；

D_{12}—— 二次转角前的直航距离；

ψ_2—— 二次转角；

D_H—— 自导开机距离。

这些参数是根据目标信息、发射潜艇的信息及鱼雷的相关参数解算得到的。发射前除设定以上参数外，还需设定自导工作方式，包括主动自导、被动自导、主被动联合自导等。

3. 自导鱼雷发射控制过程

自导鱼雷的发射控制过程一般可以分为鱼雷武器系统准备、发射管准备、发射管预备、发射管发射、发射管结束攻击五个阶段。

1)鱼雷武器系统准备阶段：操作员发送系统准备指令到各有关设备，查询各设备的工作状态，确认各设备开机且正常工作；

2)发射准备阶段：操作员发送命令到相关设备，开始对鱼雷进行艇上供电，并完成鱼雷的惯导对准、自检等工作；

3)发射预备阶段：完成鱼雷的注液（对于电动鱼雷）和预设定参数的注入；

4)发射阶段：切断鱼雷的艇上供电并启动发射装置将鱼雷发射出管；

5)发射管结束攻击：鱼雷出管后恢复发射装置及各设备到初始状态，以进行下一条次鱼雷的发控过程。

4. 齐射鱼雷作战使用原理

当使用自导/直航鱼雷进行攻击时，指挥控制系统计算的目标运动要素存在误差会导致目标散布，而鱼雷受到自身缺陷及发射条件的影响会导致鱼雷散布。为了保证自导/直航鱼雷射击达到预期的捕获目标概率指标要求，组织自导/直航鱼雷齐射是必要的。组织自导/直航鱼雷齐射普遍采用平行航向齐射控制方式。

潜艇使用齐射鱼雷作战流程与潜用自导鱼雷作战流程相同。双雷齐射参数如下：

(1) 一次转角 ψ_1

第一条鱼雷一次转角为

$$\omega + \mathrm{sign}(\omega) \times \alpha/2 \tag{6.1}$$

第二条鱼雷一次转角为

$$\omega - \mathrm{sign}(\omega) \times \alpha/2 \tag{6.2}$$

(2) 二次转角 ψ_2

第一条鱼雷二次转角为

$$-\mathrm{sign}(\omega) \times \alpha/2 \tag{6.3}$$

第二条鱼雷二次转角为

$$+\mathrm{sign}(\omega) \times \alpha/2 \tag{6.4}$$

(3) 二次转角前的直航距离 D_{12}

$$D_{12} = \frac{d_z}{2\sin(\alpha/2)} \tag{6.5}$$

以上各式中，$\omega = q_w + \varphi$；q_w 为本艇舷角；φ 为提前角；d_z 为齐射时的鱼雷间隔；而

$$\alpha = \begin{cases} 30^\circ & \text{直航} \\ 60^\circ & \text{尾流自导} \\ 80^\circ & \text{声自导} \end{cases} \quad \text{（默认值，可人工修改）} \tag{6.6}$$

6.5.2　线导鱼雷使用的基本原理

线导鱼雷是装有有线导引系统的鱼雷，也称为遥控鱼雷。线导鱼雷通过专用导线与制导站相连，制导站根据所获取的目标信息，再通过导线对鱼雷进行操纵和控制。线导鱼雷除装有线导系统外，还装有自控和自导系统。在发射入水的初始阶段，即线导系统发现目标前，由自动控制系统控制鱼雷航行，在自导系统发现并确认目标后，由自导系统跟踪目标并进行攻击。

1. 潜艇使用线导鱼雷的特点

线导鱼雷以其在战术使用上所具有的独特优点，而受到世界各国海军的广泛重视，现已成为现代舰艇的主要作战武器。线导鱼雷武器系统的组成如图 6.32 所示，主要由艇上系统、鱼雷武器及线导导线组成。线导鱼雷武器系统与直航和自导鱼雷武器系统的不同是，鱼雷发射后艇上的指挥控制系统可以通过导线对鱼雷进行遥控。艇上的指挥控制系统（包括指挥人员）根据艇上探测系统及数据链所得到的目标信息及鱼雷发来的信息进行判断、决策，控制鱼雷机动。当鱼雷自导装置未发现目标或目标丢失时，操纵鱼雷以一定的导引规律导向目标；当自导装置在跟踪目标中出现较大偏差时，可纠正其偏差。

线导鱼雷的突出优点是，反应速度快，可做到先敌发现、先敌攻击；对目标运动要素的依赖性小，可在有限目标信息的条件下使用；对目标机动有较好的适应能力；抗干扰能力强，攻击效果好。线导鱼雷的使用虽然在发射条件上降低了要求，但在发射之后却还与艇上武器系统保

持线导联系，要求系统不断地对鱼雷进行遥控导引，并将其准确地导向目标。而自导鱼雷发射出管后，即与发射艇脱离关系，即可做到发射后不管。线导鱼雷对发射艇和武器系统都提出了更高的要求。同时，线导鱼雷自导方式的多样化(如既有声自导又有尾流自导)，也给线导鱼雷的使用方法研究带来了更大的难度及复杂性，线导鱼雷射击导引方法必须考虑声自导和尾流自导的特点。

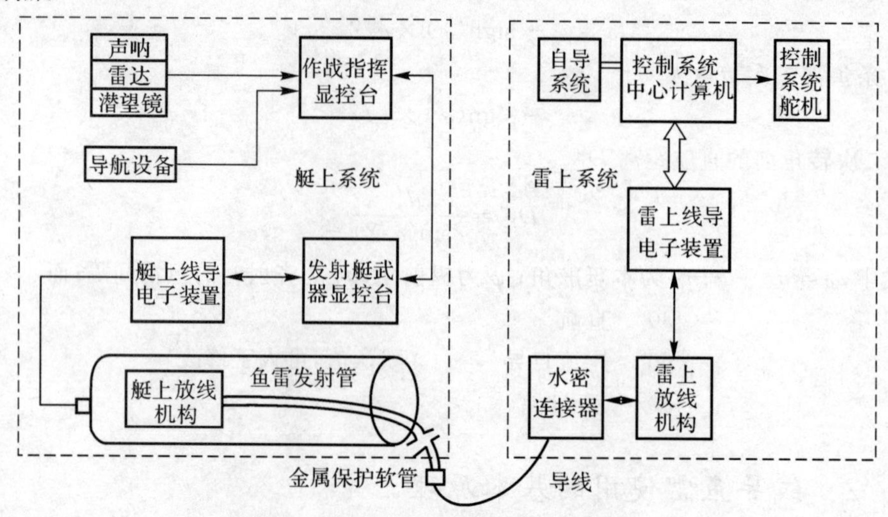

图 6.32　线导鱼雷武器系统框图

2. 潜艇使用线导鱼雷的射击导引参数

线导鱼雷射击导引模型包括线导鱼雷射击模型和线导鱼雷导引模型两部分。线导鱼雷射击模型包括修正方位射击、方位射击和前置点射击；线导鱼雷导引模型包括修正方位导引、方位导引、前置点导引和人工导引。

通过线导鱼雷射击模型计算鱼雷射击诸元，包括一次转角 ψ_1，断线偏航角 ψ_B，自导开机距离 D_H 等射击参数。

通过线导鱼雷导引模型计算鱼雷导引参数，包括鱼雷偏航角 ψ_T，断线偏航角 ψ_B，自导开机指令距离 D_H 等射击参数。

3. 潜艇使用线导鱼雷作战流程

潜艇使用线导鱼雷作战流程可分五个阶段：发射前及发射、线导启动、搜索及再攻击、自动导引、航行结束。

(1)发射前及发射

鱼雷出管前，线导鱼雷的发射控制过程与自导鱼雷一致，指挥控制系统根据目标信息，不断变化鱼雷制导与控制系统的数据，建立最佳搜索与捕获程序，如有发射指令则进行发射。

(2)线导系统启动

鱼雷出管后，鱼雷武器系统开始启动线导导引算法，自动对线导鱼雷的遥控航向、断线后的航向和自导开机时间进行解算，并周期性地向鱼雷发送遥控航向和断线后的航向参数，鱼雷接收后按照遥控的参数航行。若发生线导断线情况，鱼雷则按照“断线后的航向”航行，并判断是否到达设定参数中的“自导开机距离”，以确定是否自导开机；若线导正常，则鱼雷武器系统会根据计算的“自导开机时间”适时向鱼雷发出“自导开机指令”。鱼雷接收到后，自导开机并开始搜索目标，但仍执行接收到的遥控航向指令，直到自导发现并确认目标，再转入自主跟踪(不再执行遥控航向指令)，直至命中目标。

(3)自导系统搜索目标

自导开机后，自导系统按预定的程序以主动方式或被动方式，或主被动联合方式进行搜索，同时线导系统参与操纵，线导系统与自导系统协同控制鱼雷的机动，直到发现目标。

(4)自动导引

自导系统在搜索中确定目标存在时，鱼雷加速航行，由自导系统导向目标并跟踪目标，若丢失目标，则进行再搜索。若经过再搜索未发现目标，且仍在线导距离之内，则继续由线导系统操纵鱼雷运动。

(5)航行结束

鱼雷自导系统在确定并跟踪目标到非触发引信作用距离内时，非触发引信引爆鱼雷装药，或鱼雷与目标相撞，触发引信引爆鱼雷装药，命中目标。若未捕捉到目标而燃料耗尽，航行结束。

6.5.3　潜射火箭助飞鱼雷使用的基本原理

1. 潜射火箭助飞鱼雷的特点

潜射火箭助飞鱼雷武器系统由火箭助飞鱼雷及其发射装置和指挥控制系统构成。火箭助飞鱼雷由战斗部(一般为小型鱼雷)和助飞火箭(一般为固体战术导弹)及其级间分离机构组成。

按飞行弹道不同，火箭助飞鱼雷可分为弹道式和飞航式两种。弹道式火箭助飞鱼雷发射后，按照设置的弹道飞向目标区，其飞行弹道分为主动段和被动段，前者为助飞火箭工作时的助推段，后者为助飞火箭与主体分离后的惯性飞行段。通常助飞火箭工作时间很短，因此弹道式火箭助飞鱼雷的空中弹道大部分为被动段弹道。被动段弹道由于已无动力，故弹道控制能力受到很大限制。飞航式火箭助飞鱼雷发射后，在助推器推进下爬升到离海面一定高度时，抛掉助推器，启动主发动机，按照预定的程序在某预定高度水平巡航飞行。

火箭助飞鱼雷的发射方式可分水平发射和垂直发射。水平发射一般是利用潜艇上的鱼雷发射管进行发射;垂直发射则需另外设置专用的导弹发射筒进行发射。目前世界各国火箭助飞鱼雷多采用发射管水平发射方式,飞行弹道两种方式都有,美国常采用弹道式,欧洲则常采用飞航式。

发射管发射火箭助飞鱼雷分为湿式发射和干式发射两种方式。湿式发射是从潜艇发射管直接发射;干式发射是借助水密运载器从潜艇发射管间接发射。为了降低对助推火箭的要求,一般采用干式发射方式。

潜射火箭助飞鱼雷比一般鱼雷发射过程更复杂,技术难度更大。对于采用运载器方式发射的助飞鱼雷而言,需要解决如下技术问题:

(1)运载器与火箭助飞鱼雷及鱼雷发射管适配技术

采用鱼雷发射管干式方式发射的潜射火箭助飞鱼雷是将火箭助飞鱼雷密封在运载器内,发射时由运载器搭载火箭助飞鱼雷出水面,因此,运载器应与火箭助飞鱼雷及发射管相适配;其壳体结构和连接必须满足耐压性与水密性的基本要求;同时应具有良好的流体外形、较小的结构质量、较大的内部容装空间;能承受运输、吊装和发射过程中的动载荷、冲击载荷、惯性载荷以及水面波浪载荷等。

(2)远距离目标指示技术

当潜射火箭助飞鱼雷的射程远大于发射艇声呐的探测范围时,则需外部节点(例如友舰、岸基指挥所等)提供目标信息。

(3)系统多级分离技术

火箭助飞鱼雷从发射至入水需要进行多次分离,包括运载器与火箭助飞鱼雷分离、助飞火箭与鱼雷分离以及降落伞与鱼雷分离等。每一个环节对于能否实施有效打击都起着极其重要的作用。

(4)运载器水中航行弹道设计

为满足火箭助飞鱼雷对运载器出水速度和姿态的要求以及保证潜艇发射的安全性,需要进行运载器航行弹道及其控制技术的研究。典型的水下弹道有水平发射垂直出水弹道和水平发射斜出水弹道。

2. 火箭助飞鱼雷的一般工作过程

火箭助飞鱼雷出管前的过程(对目标的搜索探测、识别跟踪、攻防决策、鱼攻决策、目标运动要素解算和装订鱼雷预设定参数、控制鱼雷发射等环节),与自导鱼雷一致。潜艇鱼雷发射管水平干式发射火箭助飞鱼雷的过程如图 6.33 所示。

火箭助飞鱼雷的一般工作过程如下:

1)探测设备发现目标并测得目标运动要素后,射击指挥控制系统将射击诸元自动输送给发射装置和待发的火箭助飞鱼雷。

2)发射后,运载器依靠离管初速及正浮力和尾舵力矩,按弹道要求在水中航行并抬头爬升,很快以倾斜或垂直姿态冲至水面。在冲出水面的短暂过程中,运载器头罩分离,火箭助飞鱼雷依靠其火箭发动机推力与运载器实施热分离,或者依靠运载器尾部内设置的燃气发生器实施弹射冷分离。雷器水面分离结束后,运载器完成使命而沉入海底。

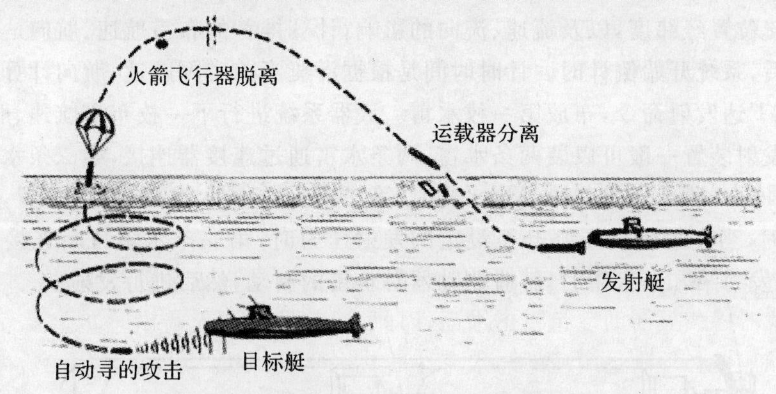

图6.33　潜艇水平干式发射火箭助飞鱼雷过程

3)助飞火箭在空中飞行一段时间后,按照定时器上所设定的时间,与其携带的鱼雷实施空中分离,鱼雷进入空中惯性飞行阶段。在到达预定点之前,鱼雷上的降落伞自动展开,减缓鱼雷的入水速度。

4)降落伞在鱼雷入水冲击的作用下与鱼雷分离。鱼雷以准垂直姿态俯冲入水,缓冲头帽解体。鱼雷入水后,自控系统操纵鱼雷进入预定深度,自导系统开始对目标潜艇进行搜索和跟踪,捕获目标后实施有效攻击。

6.5.4　潜艇布放水雷过程

水雷作为一种防御性水中兵器,在现代海战中具有重要的作用。它不仅可以由水面舰艇布放、飞机空投,也可以由潜艇布放。

1.潜艇布放水雷的特点

潜艇布放水雷更具有隐蔽性。利用潜艇的隐蔽性,可将水雷秘密地布放在我方防御区的海道上,进行防御;或布放在敌军港外,进行封锁。因此,用潜艇布放水雷比水面舰布放和空投更具有隐蔽性。

潜艇利用鱼雷发射管布放水雷,布放的位置精确。其缺点是水雷占用了鱼雷的位置,装载鱼雷的数量相对减少。

用于潜布的水雷必须与潜艇的鱼雷发射管相适配。由于水雷比鱼雷短,一具鱼雷发射管可携带多条水雷，但需要设置专门机构，使几条水雷分别布放，以便水雷水下布阵。

2. 潜艇布放水雷的过程

潜艇到达指定的布雷就位点时，武器系统根据战术安排的每一个布雷位置经纬度和导航系统推算的本艇位置经纬度，以及流速、流向的影响，计算推荐的布雷航速、航向。在艇长发出开始布雷指令后，系统开始倒计时。计时时间是根据潜艇当前实际航速、航向计算的。当时间减为 0 时，艇长下达发射命令，布放第一枚水雷。武器系统进行下一枚布雷航速、航向计算。

大型鱼雷发射装置一般可以装两条水雷，两条水雷通过连接器连接，第二条水雷与水雷制动器连接，如图 6.34 所示。发射第一枚水雷时，第二条水雷止动器在“止动”位置，第二条水雷被止动。发射时，当发射管内压强升至设定的发射压力时，第一条水雷拉断连接器的可断螺钉，发射出管。发射第二条水雷时，解脱制动器对水雷的制动，然后进行发射。

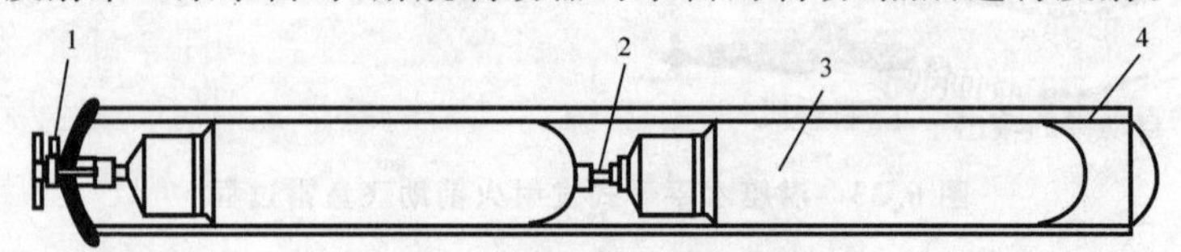

图 6.34 发射水雷装置示意图

1—水雷制动器； 2—水雷连接器； 3—水雷； 4—鱼雷发射管

6.5.5 潜艇水声对抗武器使用原理

对潜艇的最大威胁来自于自导鱼雷的攻击，因此潜艇水声对抗武器主要用以对抗来袭鱼雷。本节主要介绍潜艇使用的噪声干扰器、气幕弹、自航式声诱饵和反鱼雷鱼雷等鱼雷对抗器材的使用方法及反鱼雷作战的一般原则。

1. 噪声干扰器的作战使用

噪声干扰器主要用于对抗主动自导鱼雷，阻塞鱼雷主动声自导接收机对信号的接收，降低其自导作用距离。本艇则在其掩护下，尽决规避，走出鱼雷自导搜索区。

使用噪声干扰器进行对抗时，可以考虑同时对抗敌方探测声呐和声自导鱼雷，具体的使用原则如下：

1）当未确定敌方对本艇构成威胁时，或由于距离远以及噪声干扰器工作频段不符等原因，难以对敌形成有效干扰时，应尽量保持本艇的隐蔽，不宜使用噪声干扰器。

2）当我艇受到敌声制导鱼雷的攻击，或敌反潜兵力已占据有利阵位欲对我实施攻击，或我艇经过一段时间的机动规避等措施无法摆脱敌反潜兵力的跟踪，受到较大威胁时，应该使用噪声干扰器。

3)当本艇的主动干扰行为可以掩护本艇占领阵位及转移等行动时，或发现声自导鱼雷来袭时，可以考虑使用噪声干扰器。这时施放干扰器后最好配合其他水声对抗器材联合对抗。

噪声干扰器是无动力的有源水声对抗器材，它一旦工作就可能立即被被动声呐发现，并且噪声干扰器所在位置通常就是潜艇施放它时的所在地，因此一旦使用不当，不仅会影响干扰效果，甚至可能会暴露本艇的位置，这一点在使用时应特别加以注意。噪声干扰器对抗效果与很多因素有关，如鱼雷报警距离、来袭鱼雷的自导工作方式(主动、被动)、系统反应时间、本艇的机动速度及机动转角等，在使用中必须综合考虑。

2. 气幕弹的作战使用

气幕弹的作用是发射入水后利用化学的和其他方法，在水中产生大量的不溶于水的气泡，利用气泡幕的反射能力，可以给主动自导鱼雷制造一个固定的假目标，起到欺骗和迷惑作用。使用气幕弹的原则是设置气幕于搜索者与目标之间，使气幕弹在声自导鱼雷与潜艇之间形成一道气幕屏障，充分发挥气幕层的隐蔽作用，潜艇在气幕的掩护下摆脱鱼雷的探测和跟踪。利用气幕的屏蔽作用既可以遮蔽本艇的辐射噪声，又衰减了主动鱼雷探测声波的能量，使主、被动声自导鱼雷的探测性能降低，严重时甚至会失去对目标的检测，从而达到对抗声自导鱼雷的目的。

气幕弹的使用也有一些局限性，气幕弹受发射时机、数量、间隔以及本艇如何机动等因素的限制。因此，单独使用气幕弹进行对抗效果并不理想，往往需要同其他水声对抗器材联合使用。潜艇使用气幕弹对抗鱼雷攻击主要有以下几种情况：

1)本艇被敌反潜舰艇跟踪，在敌方对本艇实施鱼雷攻击之前，发射一定数量的气幕弹，掩护本艇机动规避，摆脱敌舰艇的跟踪。

2)反潜舰艇已经发射鱼雷进行攻击，但是鱼雷尚未发现本艇时，本艇发射一定数量的气幕弹掩护本艇机动规避。

3)本艇已经被来袭鱼雷发现时，通过释放气幕弹中断鱼雷对本艇的捕获追踪，使之转向追踪气幕或者丢失目标而进入再搜索，再通过本艇的机动或者结合其他反鱼雷措施，成功摆脱鱼雷攻击。

3. 自航式声诱饵的作战使用

声诱饵是潜艇使用的一种欺骗性干扰器材，主要用来对抗声自导鱼雷和声呐探测。一般声诱饵是作为假目标使用的。发射声诱饵的目的是让声自导鱼雷发现它、捕获它并且追踪它，从而使其离开本艇，本艇则借助声诱饵的掩护迅速进行规避机动。声诱饵的作战使用是一个重要而复杂的战术问题，必须综合考虑以下因素：

(1)声诱饵的发射时机

声诱饵的发射时机对声诱饵的对抗效果影响很大。一般来讲，潜艇发现鱼雷来袭时，应立即进行水声对抗，争取时机，保证声诱饵比潜艇先被鱼雷发现；同时，使鱼雷追上声诱饵时离本艇尽可能远。当然，发射时机的选择还与发射方向有关，在决定发射时机时一般要和发射方向联合考虑。

(2)声诱饵的发射方向

声诱饵发射方向(是指发射转角后的方向)的确定是声诱饵作战使用最重要的因素。声诱饵航向的选择一般原则：首先是保证鱼雷先发现声诱饵，其次是鱼雷追踪声诱饵过程中及追上声诱饵进行再搜索时应离本艇越远越好。这两个原则之间有相互矛盾的地方，而且对于不同的鱼雷攻击阵位态势会有不同的结果。目前声诱饵发射方向的选择尚无统一的确定标准，分析讨论一般可参考鱼雷射击方法。

(3)声诱饵的航行速制选择

声诱饵通常有高速和低速两种航行工作体制，可以在发射前设定。通常对抗来袭鱼雷时，选择声诱饵以高速航行，以便诱饵及早被鱼雷发现，从而将鱼雷引诱到离本艇尽可能远的地方。而对抗敌方声呐时，可以考虑使用低速制航行，以便在较长的时间内诱骗敌舰，使本舰得以规避。究竟以何种航速工作，还需要根据具体的工作对象和阵位态势加以分析比较而定。

(4)声诱饵的航行弹道

自航式声诱饵通常可以设定机动弹道，即在直线航行一定时间后，转过一个角度向另外一个方向直线航行。对抗来袭鱼雷时诱饵首先向来袭鱼雷接近航行，在鱼雷发现并跟踪诱饵后，诱饵转弯机动，使鱼雷对诱饵形成尾追态势。当鱼雷距离本艇较远而且诱饵速度较高时，会把鱼雷远远引离本艇，大大提高对抗成功率。

但是，当诱饵对抗机动时存在开始机动的时机问题。如果机动过早，鱼雷还远远没有发现诱饵，从而失去了对抗的作用；如果机动太晚，鱼雷已经接近诱饵或者已经辨识出诱饵为假目标，那么即使诱饵进行机动，也没有太明显的效果。另外还有如何避开诱饵的声盲区的问题。通常诱饵在尾部有一定空间角的声盲区，在该空间角范围内，诱饵接收不到鱼雷发来的声信号，也无法应答出接收到的任何声信号。如果诱饵机动不当，会使来袭鱼雷过早进入诱饵尾部声盲区，使对抗失败。

4. 反鱼雷鱼雷的作战使用

反鱼雷鱼雷是一种硬杀伤器材，是一种对抗武器。从作战使用方法的角度讲，类似于潜艇使用声自导鱼雷攻击对方舰艇目标。因此，反鱼雷鱼雷的作战使用方法在很大程度上可以参考潜艇声自导鱼雷的作战使用方法。潜艇使用反鱼雷鱼雷攻击敌方来袭鱼雷，通常也需要预先利用声呐等观测器材测量出目标的方位、航向、速度、距离等运动要素，当无法给出目标具体运动参数时(由于来袭鱼雷是高速机动小目标，所以依靠本艇声呐很难获得其具体运动参数)，至少应获得来袭目标的概略区域位置参数，再通过作战指挥系统解算出反鱼雷鱼雷的射击参数，通过发射控制系统进行设定，在适当的时机将反鱼雷鱼雷发射出去。同样，反鱼雷鱼雷的射击参数的解算成为反鱼雷鱼雷作战使用的关键问题。反鱼雷鱼雷的射击参数解算，可以参考自导鱼雷射击参数的解算求解方法。

潜艇使用反鱼雷鱼雷作战也是一项极其复杂的战术、技术问题，除了涉及反鱼雷鱼雷射击问题之外，还要考虑本艇的机动、同其他水声对抗器材联合使用以及本艇自身安全等诸多战术问题。对于这些问题的处理，需要考虑所处的阵位态势、来袭鱼雷的性能、本艇的装备情况及机动性能、所担负的作战使命等多方面因素。

复习思考题

6-1　潜艇武器系统能完成哪些作战任务？

6-2　潜艇武器系统包括哪些分系统？其主要功能是什么？

6-3　潜艇指挥控制系统主要作用是什么？简述其发展过程。

6-4　简述声呐测向和测距的原理。

6-5　简述舷侧阵声呐的特点。

6-6　潜用拖曳线列阵声呐由哪些部分组成？有什么特点？

6-7　潜艇发射装置的特点是什么？对其有哪些要求？

6-8　简述潜艇气动不平衡式鱼雷发射装置主要组成及工作原理。

6-9　简述潜艇液压平衡式鱼雷发射装置主要组成及工作原理。

6-10　简述潜艇使用自导鱼雷的作战过程。

6-11　简述潜艇使用线导鱼雷的作战过程。

6-12　简述潜艇使用火箭助飞鱼雷的作战过程。

第7章　水面舰艇水下武器系统

7.1　水面舰艇武器系统概述

7.1.1　水面舰艇作战任务

水面舰艇担负着广泛的作战使命,因此水面舰艇武器系统往往由多个武器分系统组成,以执行相应的攻防作战任务。水面舰艇武器系统通过雷达、声呐、光电传感器、电子侦察设备等探测海情、空情;利用通信系统和战术数据链与友邻和上、下指挥层进行信息沟通、数据共享和作战协同;通过指挥控制系统,向舰载武器分系统分配相应的作战任务并调动其执行任务。舰载武器及其火控系统是水面舰艇作战任务的最终执行者。在这个意义上,也将水面舰艇称为舰载武器的搭载平台,简称水面平台。

水面舰艇作战任务主要包括对海攻击作战任务、对空防御作战任务、反潜作战任务、对陆攻击作战任务和反鱼雷作战任务等。每一种作战任务都由相应的武器系统来完成。

1. 对海攻击作战任务及武器分系统

舰舰导弹武器系统、管装鱼雷武器系统和舰炮武器系统是水面舰艇承担对海攻击作战任务的主要武器分系统,它们共同形成多层次的对海火力。舰载直升机也能够攻击防空能力弱的水面目标,如小艇、军辅船等。舰舰导弹射程从几千米到几百千米,可在远、中、近不同距离上发动攻击。除了少数大型水面舰艇外,一般在驱逐舰和导弹快艇上装8枚左右导弹,护卫舰多数装6枚导弹。美国的“鱼叉”导弹是装舰最多的舰舰导弹,最大射程达到130 km。多数舰舰导弹为亚声速,而俄罗斯研发了一批超声速舰舰导弹,其中SS—N—22“马斯基特”导弹马赫数达2～3,射程为120 km,难以预警和拦截,因而具备卓越的远程突防能力。

2. 对空防御作战任务及武器分系统

水面舰艇对空防御作战任务分反飞机和反导两种。由于舰舰导弹和空舰导弹对水面舰艇构成重大威胁,因此反导是现代舰艇最重要的对空防御作战任务,它们通常由舰空导弹武器系统和近程对空防御武器系统(简称近防武器系统)来承担。

由于拦截高速飞行空中目标的需要,舰空导弹速度高,马赫数多数在2～3之间,俄SA—N—6区域防空导弹马赫数则达6,创舰空导弹速度之最。为了提高武器系统反应速度和抗饱和攻击能力，导弹垂直发射技术已普遍应用于大中型驱逐护卫舰。

水面舰艇对空防御分区域防御(又称面防御)和点防御两种。区域防御即编队防空，反导武器为中远程舰空导弹，防御范围大。美“标准”2型导弹最具代表性，其增程型射程达120～150 km。点防御即本舰防护，武器由低空、近程舰空导弹和近程对空防御武器系统组成，防御范围小。典型点防御导弹为北约国家联合改进的“海麻雀”导弹，射程为14.5 km。

近程对空防御武器系统由多管速射炮、跟踪雷达和火控系统构成，速射炮可在1 min内发射数千发弹丸，在近距离以密集炮火摧毁突防的来袭导弹。中口径以下舰炮也可用于防空和反导。

美国的“密集阵”武器系统是近程对空防御武器系统的典型代表。该系统以近距离防空为主。它协同中远程防空系统，实现对空中目标的纵深防御。

3. 反潜作战任务及武器分系统

现代水面舰艇反潜分远、中、近几个层次。远程反潜作战任务由舰载反潜直升机承担；中程反潜作战任务由火箭助飞鱼雷武器系统(或称反潜导弹武器系统)来承担；近程反潜作战任务主要依靠管装鱼雷武器系统和深水炸弹武器系统。

反潜探测对反潜武器系统作战使用十分重要。美国发展的一型综合反潜系统将舰壳声呐、拖曳线列阵声呐和舰载反潜直升机系统综合到一起，形成最先进的反潜搜索功能，装备其巡洋舰、驱逐舰和护卫舰。近几年来，美国正在对该系统进行改进，以期形成一种更为机动有效的反潜样式，即在拖曳线列阵声呐发现潜艇后，引导反潜直升机迅速到达指定海区，利用机载设备搜索定位潜艇并发动进攻。

4. 对陆攻击作战任务及武器分系统

对陆攻击作战任务主要由舰载巡航导弹武器系统来完成。对陆攻击是美巡洋舰和驱逐舰的一项重要使命，在20世纪90年代以来的海湾战争和科索沃战争中得到了有效使用。目前美海军水面战舰主要倚仗“战斧”导弹实施对陆攻击，该导弹射程达1 800 km，可携带高爆弹头、子母弹和其他特种弹头，通过地形匹配、GPS制导对陆上重要目标实行纵深精确打击。美国正在发展新一代对陆攻击武器，如垂直发射炮、增程制导炮弹等，弥补中距离对陆攻击能力的不足。

5. 反鱼雷作战任务及武器分系统

鱼雷目前仍是水面舰艇最主要的威胁之一。反鱼雷作战任务由反鱼雷武器系统(也称鱼雷防御武器系统)和水声对抗系统共同来承担，其中后者只实现对来袭鱼雷的软对抗。反鱼雷武器系统是水面舰艇专门用于对来袭鱼雷进行硬杀伤的武器系统。该类武器系统通常装备于具有较高价值的大中型水面舰艇。

7.1.2 水面舰艇武器系统组成及工作原理

1. 水面舰艇武器系统组成

水面舰艇武器系统是指水面舰艇上用于执行警戒、跟踪、目标识别、数据处理、威胁估计及控制武器完成对敌作战功能的各要素及人员的综合体。水面舰艇武器系统也称水面舰艇作战系统。水面舰艇武器系统可概括为三部分:传感器、指挥控制系统和武器装备。

水面舰艇武器系统中传感器广义地指雷达、声呐、光电设备、导航系统、气象仪、战术数据链、通信系统等获取信息的装备和手段;指挥控制系统包括作战指挥系统和火力控制系统;而武器装备则包括舰用导弹、主炮、副炮、鱼雷、水雷、深弹以及实施电子干扰和反鱼雷装备。舰艇武器系统的组成框图如图 7.1 所示。

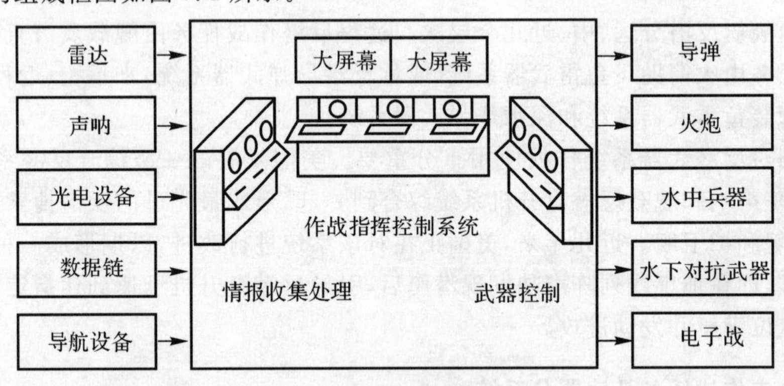

7.1 水面舰艇武器系统组成

2. 水面舰艇武器系统各部分的功能及工作原理

(1)传感器

舰艇通过传感器获取目标信息,是水面舰艇反潜作战的第一步,也是必要前提之一。水面舰艇所用传感器和通信设备主要有雷达、声呐、光电设备、导航系统、通信系统、战术数据链等。

1)雷达。雷达是通过发射电磁波对目标进行照射并接收其反射的回波,由此获得目标的距离、方位、高度等信息的电子设备。它具有发现距离远、测定坐标精度高、能全天候使用等特点,已广泛应用于警戒、导引、武器控制、航行保障等。

装备在舰艇上的各种雷达系统,用于探测和跟踪海面、空中目标,为武器系统提供目标坐标数据,引导舰载机飞行和着舰,保障舰艇安全航行和战术机动等。按其战术用途,分为舰艇警戒雷达、引导雷达、目标指示雷达、火控雷达、导航雷达、着舰雷达和多功能雷达等。舰艇上装备的雷达种类和数量取决于舰艇的战斗使用、武器配备、吨位大小和雷达自身的功能。通常小型战斗舰艇装备 1～2 部，大中型战斗舰艇装备多达 10 余部。雷达天线通常安装在桅杆上或专设的平台上，单舰装备多部雷达时，采取合理分配频率和天线位置等电磁兼容措施，以减小各雷达之间和雷达与舰上其他电子设备之间的相互干扰。

水面舰艇上装备的某些雷达可以侦测到处于水面航行、潜望状态航行或通气管状态航行的潜艇。此种雷达经特殊设计，在恶劣风浪状况下亦能执行侦测任务。

2)声呐。声呐不仅是潜艇的主要探测设备，而且也是水面舰艇的重要探测设备。一般水面舰艇通常装有 5～7 部声呐，大型反潜水面舰艇最多装有 10 部左右声呐。这些声呐完成对潜搜索、定位、跟踪、射击指挥及水中通信、探雷、导航、水下目标识别、水声对抗等任务。由于运动的水面潜艇本身是暴露的，因此，它以主动声呐搜索和测定水下目标为主，被动声呐为辅。水面舰艇声呐可分为舰壳声呐、拖曳声呐和探雷声呐等等。

①舰壳声呐。最早的舰壳声呐是升降式的，它在换能器不工作时升到舰艇壳内，而工作时通过液压或其他传动装置降到离壳体几米深的水下，目的是为了避开舰艇航行过程中所产生的气泡层的影响，换能器通过旋转可改变探测方向。为了减少对舰艇航行过程中的阻力，又将换能器装在流线型的导流罩内。导流罩用具有良好的透声材料做成。

②拖曳式声呐。由于潜艇本身噪声低，潜艇声呐工作环境比水面舰艇声呐的环境更安静，几乎总是潜艇声呐先发现水面舰艇，为了改变水面舰艇声呐“后敌发现”的不利局势，水面舰艇装备了拖曳线列阵声呐。

战术型水面舰艇拖曳线列阵声呐主要是担负远程被动警戒任务，主动声呐指示目标和引导舰载直升机反潜。水面舰艇拖曳声呐的拖曳线列阵与潜艇拖曳线列阵声呐类似，一般包含隔振段、声学段、仪表段、数字段等，其工作状态如图 7.2 所示。

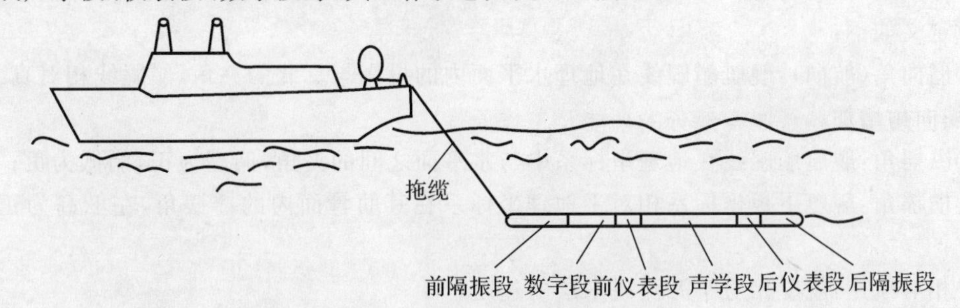

图 7.2　水面舰艇拖曳线列阵声呐

水面舰艇战术型拖曳线列阵声呐阵的声学段长度在 50～300 m 范围内，具体长度视装备对象而定。加上隔振段、仪表段和数字段，阵的总长度在 150～450 m 范围内。被动工作频率一般为 2 kHz 以下。拖曳线列阵声呐具有宽带和窄带两种工作方式，能有效地检测潜艇的低频线谱，具有目标分类识别功能，并可通过目标运动分析来估计目标距离。

③探雷声呐。探雷声呐也是水面舰艇的重要设备之一，用于探测水雷阵和单雷，为扫雷舰艇提供水雷目标的方位和距离信息，或保证水面舰艇通过雷阵区时的安全。扫雷声呐的特殊要求：高的分辨率，能在距离和方位上分辨出雷区中的单个水雷，以便回避或销毁；作用距离不要求太大，能满足扫雷舰销毁水雷的战斗要求和其他舰艇来得及回避水雷的要求即可。因此，探雷声呐通常采用高频，工作频率一般为 100～700 kHz。但为了满足某些特殊的要求，也有高频 1～2 MHz 和低频 40～60 kHz，其作用距离一般可探测到 0.5～1 n mile(5～10 链)的单个锚雷或探测0.2～0.3 n mile 链的暴露的沉底雷。作用距离受水文条件和海洋底质条件的影响较大。

3)光电设备。目前在水面舰艇上常用的光电设备主要有红外警戒设备、光电跟踪仪和光对抗设备。

红外警戒设备利用物体本身的红外辐射实现对周围多目标的搜索，探测出各警戒目标并输出多批次目标数据，红外警戒设备属于警戒探测系统。红外警戒设备数据和信息主要发送给作战指挥系统，也可发送给火控系统，也可发送给光电跟踪仪。光电跟踪仪根据目标指示捕获、跟踪单目标，输出现在时刻目标三维坐标数据，光电跟踪仪的输出数据和信息发送给火控设备。

光电对抗设备通过侦察、预警、干扰、诱骗、隐身、防护、压制、摧毁、反摧毁手段，使敌方的光电装备无法获取有效作战情报，使其武器手段失灵，同时保护我方设备能实时、有效地获取作战信息，通过对其传递、综合、处理和利用以提高武器系统的作战效能。

4)导航系统。水面舰艇的导航设备主要有舰载 GPS 接收机、惯导、平台罗经、计程仪、测深仪。导航参数可根据不同种类分为一类导航信息和二类导航信息。一类导航信息指本舰航向(艏向角)、横摇角、纵摇角；二类导航信息指舰位、时间、航速、航迹向、气象、水深信息等。导航参数定义如下：

①艏向角(航向)：舰艇艏艉线在地理水平面内的投影与真北的夹角，艏艉线相对真北顺时针转，艏向角增加；

②纵摇角：舰艇艏艉线在地理坐标系中与水平面之间的夹角，艏高为正，艏低为负；

③横摇角：舰艇甲板坐标系相对于地理坐标系在其肋骨面内的摇摆角，左舷高为正，右舷高为负；

④相对航速：舰艇相对于海流或水层的速度；

⑤绝对航速：舰艇相对于大地的速度；

⑥航迹向角：舰艇运动方向与真北的夹角，相对真北顺时针转，航迹向角增加；

⑦平均真风速：单位时间内空气相对大地参考点所移动的距离，是在一定时间段内测得的各瞬时真风速的平均值；

⑧平均真风向：风尾相对真北的夹角，顺时针转为真风向增加方向，其定义在时间段采样和数据处理方法上与平均真风向相同；

⑨海深：本舰所在位置的海水深度。

以火箭助飞鱼雷为例，在对雷上惯导进行初始对准和解算其射击诸元时，需要提供的本舰导航信息主要包括本舰经纬度、航向角、横摇角、纵摇角、航速、风速、风向等。

对于弹道式火箭助飞鱼雷，由于飞行弹道较高，故往往还需知道作战范围内从海平面到弹道顶点高度之间的高空风场预报(风速、风向)，以便针对该预报值对空中弹道进行风场修正。

反潜武器在发射前一般需解算射击诸元甚至需要进行武器上的惯导初始对准，为获得射击诸元和完成反潜武器的惯导初始对准，需要本舰导航系统或设备向其提供相关导航参数数据。

5)通信系统。水面舰艇通信包括外部通信和内部通信。外部通信主要是指舰艇与岸基、舰艇与舰艇、舰艇与飞机、舰艇与潜艇的通信；内部通信是指舰艇内部指挥员、各部门、各战位之间的通信。此外，还有应急时的通信和遇险时的通信。

①舰艇与岸基通信。舰艇与岸基的远距离通信主要用高频和特高频卫星通信，业务种类有电报、语音、数据、图像、传真、信号等，用于指挥、控制、情报通信。近距离时使用甚高频、特高频通信，业务种类有话音和数据，主要用于进出港时的通信。

②舰艇与舰艇通信。舰艇与舰艇近中距离通信用高频、甚高频、特高频，主要用于指挥、控制、情报通信。

高频通信用地波传输时，由于大地吸收大，因而地波传播的距离近，普通功率的发射机一般不超过几十千米；在海上由于海水吸收小，故传播距离要比陆地远得多，为 100 km 左右。因此广泛用于舰艇编队内舰与舰之间近中距离的通信。

甚高频、特高频与高频相比能够使用较小的天线；视距传播的可探测性低；可利用的带宽较宽，因而允许扩频技术；传播功率低；使用天线短阻力低，因此广泛用于舰对舰、舰对岸、舰对空的视距通信。由于海军电台采用相关技术，提供保密化数据通信，常用于数据链传递战术数据、情报、武器控制信息。

舰与舰也用舰队战术卫星通信，用于传输指挥、控制、情报信息。

③舰艇与飞机通信。舰艇与飞机的通信使用甚高频、特高频通信。业务种类有语音、数据、图像等。

④舰艇与潜艇通信。舰艇与潜艇的通信是指编队内某舰艇与攻击型潜艇的信息交换。舰艇与潜艇的通信采用高频、甚高频、特高频通信。战术数据链常用于反潜作战有关指挥、控制、情报信息交换，基本上是视距通信。

⑤舰艇内部通信。舰艇内部采用甲板通信系统、声力电话系统、广播系统、电话系统多种通信方式。

飞行甲板通信系统是一个多路特高频无线电系统，能发送加密和不加密的语音信号，通过移动电台和基站同时或有选择地向各位置传送命令和信息，是一种重要的特殊用途通信。

声力电话系统不需要外部电源，在电力系统和电话系统损坏时提供可靠的通信保障。

舰载广播系统是一套有源电话系统,既可全舰范围使用,也可选择区域使用。广播系统可通过扩音对讲器供舰内广播,也可以通过麦克风对全舰或某区域进行广播和报警。

舰载电话系统由数字自动交换机、电话单机和指挥分机组成。

通过传输线(同轴电缆或光纤)把声力电话、扬声广播和电话综合在一起,称为综合内通系统。

6)战术数据链。舰艇战术数据链是舰与舰之间或舰与飞机之间传输战术数据的专用通信线路,可使编队中各舰艇指挥控制系统内的计算机组成一个战术数据处理网络。舰艇战术数据链的主要使命任务是保证战斗舰艇编队在协同作战中能迅速、准确地传递与交换信息、共同利用战术数据、扩大探测距离、提高协同通信能力和及时获得整个战区的战术态势,从而增强作战效果。美国海军从 20 世纪 60 年代初期开始使用战术数据链,目前,它已经为世界上许多国家的海军舰艇所采用。

战术数据链分硬件和软件两大部分。硬件由收、发信机或(和)电台、调制解调器、数据链网路控制器和专用处理器等组成;软件一般与指挥控制系统用的功能性应用软件同属一种类型,用专门的军用高级语言编写程序。战术数据链的基本组成如图 7.3 所示。

战术数据链还可以进一步与其他专用计算机通信网结合使用,共同组成统一的海军数据通信网,从而为建立海军综合防御体系及战略指挥和控制系统创建条件。

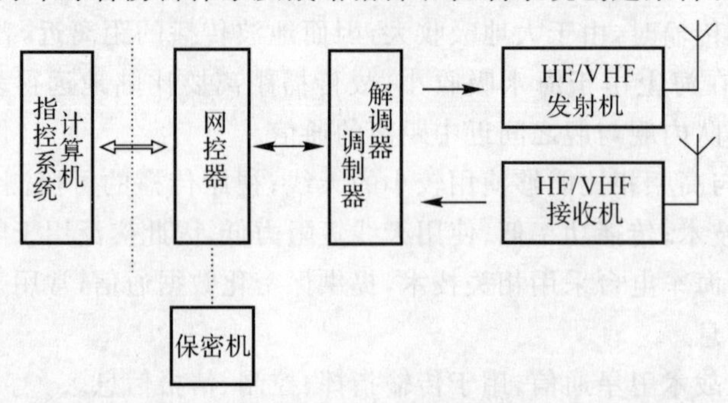

图 7.3 战术数据链的基本组成

水面舰艇在超视距反潜作战情况下,往往需要通过数据链实现不同平台间的目标信息传递功能。例如,火箭助飞鱼雷武器系统进行中远距离反潜,依靠舰载直升机吊放声呐进行目标指示时,直升机需实时将测得的目标相对于该机位置的信息(方位和距离)传输到发射舰。该数据传递需借助于舰空数据链。

此外,当舰载反潜武器系统依靠其他外部节点(友舰或友机)提供目标指示时,目标的位置信息也需通过舰舰数据链或舰空数据链来进行传递。

(2)水面舰艇指挥控制系统

水面舰艇指挥控制系统的使命是使指挥员最有效、最迅速地行使作战职能,合理地运用其武器装备，迅速、准确地打击敌人。具体地说，是要实时地接收目标信息，并对其分析处理，显示战术环境的图像和必要的数据，人机相辅地做出战术决策，求取射击诸元和控制相应的武器射击。舰艇作战指挥控制系统简称“指控系统”。

舰艇指挥控制系统由作战人员、软件和硬件三大部分组合而成。

作战人员是指操作使用系统的人，如舰长、部门长、操作手等等。

软件是指实现系统信息处理、解题计算、威胁判断、火力分配、辅助决策方案生成、武器使用效能计算和各种数据库存取等使系统运行的系列计算机程序。

硬件是构成系统的有形的物理设备。它由情报收集处理分系统、作战指挥分系统和武器控制分系统三个基本功能块构成。

1)情报收集处理分系统。情报收集处理部分由情报收集、处理和显示等组成。其中情报收集是将各种探测和侦察设备送来的各种信息进行分类综合，将这些孤立零散、迟延重复、真伪混杂，甚至彼此矛盾的“一次”情报，经过加工处理，转化成具有预测和结论性的“二次”情报。情报处理和显示由处理机和显示器等设备组成。它将收集到的情报信息进行储存，综合所属海域的空情、海情和有关水文、气象、航海等信息，以指挥员熟悉的方式清晰显示战区局部态势和综合态势，为指挥员提供直观的战场态势图。

2)作战指挥分系统。作战指挥系统是依照预先给定的作战原则，拟定作战方案分配武器和给出目标指示的数据处理系统。它由设备、软件和人员等三部分组成。

作战指挥部分是系统的“大脑”，由战术计算机、指挥控制台组成。根据作战对象和战场态势，对目标进行威胁判断；指挥员根据作战任务调用相应作战应用软件，进行作战方案分析计算和选优，进行目标分配、目标指示和组织武器射击通道。

作战指挥系统具有辅助决策功能，主要包括对策和决策两大类。对策是指在变化的环境（包括目标的战术变化）中，如何制定载体运动的策略；而决策则是在既定的环境/资源（人和设备）条件下，如何制定合理使用的策略，这类工作的解算在现今的指挥控制系统中基本都是由专家系统支持的计算机来完成的。

3)火力控制分系统。火力控制分系统的主要功能是控制武器设备实施对目标的攻击。系统包括火力控制计算机、接口设备和系统控制台。火力控制系统简称为火控系统。火控系统常有舰-空导弹控制台、舰-舰导弹控制台、主炮控制台、副炮控制台、管装鱼雷控制台、火箭助飞鱼雷控制台、火箭式深弹控制台。其任务是求解目标运动参数、射击（导引）诸元，控制武器发射。

(3)水面舰艇的武器装备

水面舰艇装备的武器主要有鱼雷、导弹、火炮、水雷、深弹以及电子干扰器及对抗鱼雷、水雷的装备等。

1)鱼雷。鱼雷是海战中最重要的水中兵器。按鱼雷的直径大小可分为重型鱼雷和轻型鱼雷；按鱼雷的发射方式可分为管装鱼雷和火箭助飞鱼雷。

舰载鱼雷是水面舰艇反潜的主要武器。舰载鱼雷可以是管装鱼雷,也可以是火箭助飞鱼雷,或者两种同时装备。

在对低威胁度的海上目标(如辅助船、小艇、石油钻井平台)可用重型鱼雷也可用轻型鱼雷。轻型鱼雷主要装备中小型舰艇用于反潜;重型鱼雷装备大中舰艇,既可以反潜也可以反水面。火箭助飞鱼雷目前主要是轻型鱼雷,用于反潜。

2)导弹。水面舰艇装备有不同类型、不同性能的导弹武器。按飞行弹道的特点可分为弹道式导弹和飞航式导弹。弹道式导弹发射后,除开始的一小段有动力飞行并对其弹道进行制导外,其余全部沿着只受地球重力作用的抛物线轨道飞行。飞航式导弹又称巡航式导弹,是一种类似于飞机的飞行武器。这种导弹的动力装置一般不采用火箭发动机,而是用与飞机类似的喷气发动机。按发射载体和攻击目标的不同组合可分为舰对地导弹、舰对舰导弹、舰对空导弹、舰对潜导弹。

①舰载对陆攻击巡航导弹。舰载导弹对陆攻击采用巡航导弹。新一代高性能的巡航导弹,由于采用了先进的制导技术,所以命中精度很高,圆概率偏差可小于10 m。巡航导弹可以根据作战需要装载普通弹头和核弹头,分别完成战略、战术任务。

②舰对舰导弹。舰载近程反舰导弹射程在50 km以内,大多数为20世纪70年代以前研制,装备中小型舰艇。导弹一般采用固体或液体火箭发动机,飞行速度大都为亚声速。导弹对中型舰艇的命中概率都在75%以上。中程反舰导弹射程大部分在200 km以内,装载于大、中型水面舰艇。远程反舰导弹对舰攻击的最大距离可达500 km。

③舰对空导弹。近程防空导弹武器射程在18 km以内,主要担负载舰的自卫防空任务。这种类型的防空导弹以拦截反舰导弹为主,因此要求有比较高的制导精度。中程航空导弹最大射程为60 km左右。这种导弹一般既能拦截飞机,又能拦截大、中型反舰导弹。远程航空导弹的体积大、费用高,目前只有美、俄两国装备使用,如美国的“标准Ⅱ”(增程),俄罗斯的“里夫”。

④舰对潜导弹。舰对潜导弹即火箭助飞鱼雷。火箭助飞鱼雷空中飞行距离通常在5~100 km,用于中远程反潜。火箭助飞鱼雷的发射装置可以是独立的发射装置,也可以与导弹共架发射。

3)舰炮。在日常执行巡逻、警戒、护渔、护航等任务中,舰炮仍可作为效费比高的武器发挥重要作用。特别是在舰舰导弹射击死区内应付突发事件时,大口径舰炮的作用更是无法取代。大口径舰炮的主要使命任务是消灭海上和岸上目标。

在执行防空、反导任务时,由小口径射速火炮组成的近程反导武器系统可有效弥补其他武器系统在近距离内的拦截死区,成为末端反导的有效手段之一。

在执行对岸火力支援任务中,大口径舰炮更是发挥着非常重要的作用。正因为舰炮在执行防空、反导、对海和对岸作战任务中具有导弹所不可替代的作用,在世界各国在役、在造和在研的水面战舰上都可看到舰炮的身影。

4)水雷。水雷是一种防御性水中兵器。水雷战时布设于水中,用以专门打击敌方水面舰船、潜艇,也可用来破坏敌方海上工程设施,如钻井平台、桥梁、码头等。

水雷易布难扫,造价相对低廉,布放后自身战斗坚持时间可以很长。水雷不仅能在抗登陆、封锁作战、切断海上交通线、扼守海上要冲时直接伤沉敌方舰船,而且还可在精神上和心理上给敌方造成极大压力和恐慌,迫使敌方不得不动用大量兵力和物力与之相对抗。水面舰艇担负着布放水雷的任务。

5)深水炸弹。深水炸弹(简称深弹)是一种入水后下沉到一定深度爆炸的攻击潜艇的薄壳炸弹。

水面舰艇使用的深弹武器,大致有投放式(或投掷式)深弹、"刺猬"型深弹和火箭式多联装深弹。目前仍在役的深弹以火箭式深弹为主。水面舰艇使用的深弹武器属舰艇的近程反潜武器,其射程一般为数百米到数千米,以一次齐射数发或数十发的方式射击。

深弹武器还有阻拦自导鱼雷、破除水雷障碍等多种用途,因此在现代它仍是其他反潜武器的有效补充。

7.1.3　水面舰艇武器系统装备发展方向

1. 向着高精度、抗干扰能力强、具备超视距打击能力的方向发展

水面舰艇武器系统向着高精度、抗干扰能力强、具备超视距打击能力的方向发展。未来的各种水面舰艇,将装备射程远、精度高、超高速、多弹头、抗干扰和垂直发射的多种类型的反舰、反潜和防空导弹。各种导弹还将与自动化程度高的火炮、精确制导鱼雷、智能化水雷、灵巧炸弹相结合,组成以舰艇为基地的空中、水面、水下多层次打击火力网。新型的反舰导弹最远射程将达到 500 km 以上,飞行马赫数提高到 2～3。远程防空导弹的射程将增至 100 km 以上,马赫数可达到 5。此外,到本世纪中期,各种激光舰载武器、激光反导系统、电磁炮等新概念武器将可能投入使用。

2. 垂直发射技术的发展受到越来越多国家的海军重视

先进的垂直发射装置除能发射舰空导弹外,也可发射对陆攻击导弹、反舰导弹、反潜导弹(火箭助飞鱼雷),成为通用化的舰载武器发射装置。该类装置有发射速率高、可全向发射、单位空间载弹量大、能根据作战任务灵活装载武器、弹药在舰上维护保养简单、能快速投入作战等多项优点。其发展趋势是进一步提高发射速率和结构的紧凑、轻型和小型化,以及更好的适用性和作战灵活性。21 世纪,这项技术将在作战舰艇上得到广泛应用。

3. 突出发展远程精确打击武器和高性能防御武器

未来，世界海军武器装备将突出发展远程精确打击武器和反导作战的高性能防御武器，同时将重点发展用于近海浅水环境作战的反潜武器，海基战略核武器在世界核大国战略中将占有越来越重要的地位。就导弹而言，从发展态势上看，一是导弹的有效射程将继续增大，巡航导弹的射程将会增加一倍以上；二是导弹的速度将普遍具有超声速巡航能力，数倍声速的高超声速巡航导弹将投入使用，从而极大地提高导弹的突防能力；三是导弹将更加智能化，制导精度更高；四是隐身性更强，甚至难以被发现和拦截。就鱼雷而言，一是射程将进一步增加；二是航速将极大提高，是传统鱼雷的数倍；三是更加“安静”，实现“无声”的攻击；四是鱼雷与水雷将进一步密切结合，水雷既可成为以鱼雷作为运载工具的战斗部，也可成为鱼雷的发射平台；五是鱼雷制导将更加智能化，具有对目标的分辨能力和选择要害部位进行打击的能力。

4. 电子战系统将趋向综合化和一体化

电子战系统将趋向综合化和一体化。通过运用微电子技术、计算机技术和光电复合技术等高新技术，电子战系统将具备多功能、宽频段、大功率、小型化、高能机动性和高抗毁性。构成电子侦察设备、自卫电子战装备、支援电子战装备和电子摧毁武器相配套的系统，具有自卫和监视功能，并可直接破坏与摧毁各种电子系统，具有较高的自动化程度、快速反应能力和“软”“硬”毁伤能力。海军未来电子战系统的发展走向主要包括：一是发展大功率、全频谱电子干扰装备，以形成陆、海、空、天一体化的干扰网；二是研制多波束和相控阵电子战系统；三是发展计算机控制的“自适应”电子战系统，如美国的先进综合电子战系统；四是发展适用于多种平台的通用电子战系统，如舰艇快速反应系统、红外或激光干扰设备及电子战诱饵系统等。

5. 舰载无人机成为发展的重点

舰载无人机成为发展的重点。舰载无人机的成本低、体积小、用途广泛、效费比高，又可避免人员伤亡，因而引起越来越多国家海军的极大兴趣。欧、美和以色列等地区和国家的发展尤为突出。例如美海军认为，无人机在其“21 世纪海上力量”战略中占有相当重要的地位，是提升部队战斗力的倍增器及实现“网络中心战”的关键。除美国外，德国也提出研制新型垂直起降无人机。

6. 无人潜航器受到越来越多国家海军的重视

无人潜航器受到越来越多国家海军的重视。基于海战的需要，世界海军强国对无人潜航器、无人水面航行器的需求越来越多。美国海军更是将其看做是“21 世纪海上力量”转型计划中的重要组成计划中的重要组成部分，是形成“部队网”的重要节点。

7.2　水面舰艇水下武器系统

7.2.1　水面舰艇水下武器系统概述

水面舰艇水下武器系统是水面舰艇武器系统的一个分支。它是通过控制发射一种或多种舰载水中兵器执行反水面、反潜或反鱼雷、反水雷作战任务的舰载设备硬件、软件和人员之统称。它能对目标执行警戒、跟踪、识别、数据处理、威胁估计及控制水中兵器发射和导引以打击目标。

水面舰艇水下武器系统隶属于水面舰艇作战系统（武器系统）。水下武器系统的设备很多是与水面舰艇作战系统共用的设备，如导航、探测、通信设备及作战指挥系统等；部分为专用设备，如鱼雷发射装置、发控设备等；所使用的武器为水中兵器，包括鱼雷（管装鱼雷、火箭助飞鱼雷）、水雷、深水炸弹及水声对抗器材与反鱼雷武器等。目前在水面舰艇上，水下武器系统往往按照不同作战任务或水中兵器种类又将它们划分为相对独立的水下武器分系统，如反潜武器系统、管装鱼雷武器系统、火箭助飞鱼雷武器系统、深弹武器系统、鱼雷防御武器系统、水声对抗系统等。

水面舰艇水下武器系统的作战任务主要包括对海攻击作战、反潜作战和水下对抗和反鱼雷作战等。

1. 对海攻击作战

水面舰艇对海作战虽然有威力强大的导弹武器系统，但鱼雷武器系统也是极其重要的反水面武器系统，它可用于对敌中、小作战舰艇进行攻击，也可以拦截敌人的运输补给舰船。特别是尾流自导鱼雷由于具有抗干扰能力强、作用距离远等优点，在反水面舰艇作战方面越来越受到各海军大国的重视。

对海攻击作战中，水雷也担负着重要的作战任务。可由水面舰艇在航道或港口布设水雷构成雷障。由于水雷具有长期隐蔽、打击突然、攻防兼备、易布难除的特点，对敌人舰艇造成了极大的威胁。

2. 反潜作战任务

潜艇作为锐利的进攻武器，以其隐蔽性突袭专长，成为传统的海上封锁、侦察监视、破交护交、反舰反潜、布雷探雷的主要兵力。潜艇不仅可威胁海上和驻泊地域的舰船，还可对岸上重要政治、经济和军事目标的安全直接构成威胁。水面舰艇作为海军的主要作战平台承担了重要和大量的反潜任务。

如果说水面舰艇对海作战主要依靠导弹武器的话，那么反潜作战任务则基本上是靠水下武器系统来完成的。远程反潜作战任务由舰载反潜直升机承担；中程反潜作战任务由火箭助飞鱼雷武器系统来承担；近程反潜作战任务主要依靠管装鱼雷武器系统和深水炸弹武器系统来完成。水雷也是一种防御性的反潜重要武器。

水面舰艇反潜武器系统是舰艇水下武器系统的主要部分，在反潜作战中，水面舰艇担当着重要的角色，它能装备的反潜武器种类是各种平台中最多的。按照反潜武器可将其归为几类：舰载火箭助飞鱼雷武器系统、舰载管装鱼雷武器系统、舰载深水炸弹武器系统。有的反潜型水面舰艇同时装备两种或两种以上反潜武器分系统，如深弹武器系统和管装鱼雷武器系统、管装鱼雷武器系统和火箭助飞鱼雷武器系统等，此种情况下的舰载反潜武器系统也称之为综合反潜武器系统。

舰载反潜直升机虽然也可承担反潜作战任务，但由于不同国家管理体制不同等原因，是否隶属于水面舰艇反潜武器系统视国度而定。在本教材中舰载反潜飞机归属于航空反潜武器系统。此外，由于水雷大多是在未发现目标的情况下就已事先布放好的武器，且主要起封锁航道的作用，其工作原理与舰载反潜武器系统完全不同，所以虽然水雷也可以攻击潜艇目标，但它一般不作为一种单独的舰载反潜武器系统而存在。

3. 水下对抗及反鱼雷作战任务

大型水面舰艇在执行各种作战任务中，水下的威胁主要来自于敌舰艇发射的鱼雷。大型水面舰艇编队具有较强的对空、对海防御能力，从空中和海上均很难接近，随着反导弹技术的发展，导弹的攻击效果也受到了很大的影响，但防御和对付鱼雷水下攻击能力仍然是其薄弱环节。而鱼雷具有水下隐蔽攻击的特点，且水下爆炸威力与空中相比要大得多，一般认为是10倍，而水面舰艇的水下部分又是其薄弱环节。因此，鱼雷武器是对付水面舰艇的重要武器之一。

水面舰艇防御能力是其作战能力的重要保证。鱼雷将是水面舰艇所面临的主要威胁之一，特别是尾流自导鱼雷、智能声自导鱼雷以及正在发展的超空泡鱼雷将是水面舰艇水下防御的重点。除反鱼雷作战任务以外，反水雷、反蛙人也是水下对抗的重要任务。因此，水下武器系统中的水下对抗及反鱼雷系统是水面舰艇不可缺少的重要装备。

水面舰艇所用反鱼雷系统分为软杀伤对抗器材和硬杀伤对抗装备。软杀伤对抗器材有噪声干扰器、声诱饵、潜艇模拟器、气幕弹等；硬杀伤对抗装备主要有防鱼雷网及防鱼雷栅、悬浮式拦截弹、引爆式声诱饵或诱杀弹、反鱼雷深弹、拖曳式炸药包串、反鱼雷鱼雷等。

水下武器系统在水面舰艇作战任务中最重要的是反潜，对海作战水下武器系统基本上与反潜水下武器系统相同。水下对抗和反鱼雷武器系统在第5章中已经详细介绍，因此本章重点讲述水面舰艇反潜武器系统，并且主要介绍舰载鱼雷和深水炸弹反潜武器系统。

7.2.2 舰载反潜武器系统作战过程及工作方式

1.系统作战过程

反潜武器系统在战斗使用时通常还需要本舰作战指挥系统、舰载反潜直升机、水声系统、水声对抗系统、导航系统以及时统设备和火力兼容自动控制设备等相关系统和设备共同完成对潜作战。

水面舰艇对潜作战一般是在舰长或反潜方面作战军官统一指挥下进行，系统作战过程可分为搜索、接敌、发射和发射后机动四个阶段。

(1)搜索阶段

搜索阶段从水声系统值更开始，至发现目标。此阶段的主要任务是搜索、发现和识别目标。

(2)接敌阶段

接敌阶段从指挥员定下攻击决心、发出战斗警报开始，到进入攻击阵位。其任务是进行武器最后准备、武器通道组织、目标指示、解算目标的运动要素、解算反潜武器的射击诸元。

(3)攻击阶段

攻击阶段从进入攻击阵位开始，至反潜武器发射完毕。此阶段的任务是准确发射反潜武器攻击敌潜艇目标。

(4)发射后机动阶段

发射后机动阶段从武器发射完毕开始，至下一次水声系统恢复接触(或判明目标已被消灭)。其任务是迅速恢复水声探测接触，查明攻击效果，准备再次攻击。

2.系统工作方式

舰载反潜武器系统通常包括以下几种工作方式。

(1)正常工作方式

系统正常工作方式是指系统各设备、相关联的系统和设备均工作正常，系统各内、外部接口数据命令信息传送正常时所处的工作状态。在系统正常工作方式下，由舰艇作战系统集中指挥反潜方面作战，作战系统的反潜显控台负责显示水下敌我态势、辅助指挥员进行反潜方面战术指挥决策、武器通道组织、进行反潜武器目标指示、下达反潜武器允许发射命令等，实施对潜攻击方案；反潜火控设备则根据作战系统的命令进行目标运动要素解算、反潜武器选择(选管射或齐射方式)、各反潜武器射击诸元解算并控制武器的发射；各反潜武器的发控设备、发射装置以及输备弹装置根据反潜火控设备的命令自动完成相应的操作。

(2)降功能工作方式

系统的降功能工作方式是指当作战系统某项设备或与反潜系统相关联的其他系统和设备由于故障或损毁不能正常工作，或者指挥员下达由反潜系统指挥或反潜武器本地战位控制发射时，系统可以分层次部分完成对潜作战的工作方式。一般包括：

1)降功能反潜作战指挥方式(或备用指挥方式)。当作战系统故障/损毁，或由指挥员下达由反潜系统指挥命令时，由反潜火控设备进行水下敌我态势显示、反潜战术指挥决策、武器通道组织等，并根据指挥员口令进行选定目标的参数解算、反潜武器选择、武器射击诸元解算并控制武器的发射；各反潜武器的有关设备自动完成相应的操作，即由反潜火控设备统一指挥实施并完成对潜攻击任务。

2)降功能反潜武器控制方式(或武器本地控制方式)。当反潜火控设备故障/损毁，或指挥员下达由反潜武器本地战位控制发射命令时，各反潜武器的发控设备利用备用解算装置或查射表的方式设定武器诸元参数，控制武器的发射，实施对潜攻击，此时对潜攻击的系统精度和反潜武器命中概率通常会降低。

(3)应急工作方式

1)应急发射方式。当本舰与敌潜艇突然遭遇，或需要紧急攻击时，在反潜火控设备、武器发控设备上直接采用应急发射方式，可不必保证目标运动要素、武器射击诸元的解算精度或反潜武器惯导初始对准精度，快速进行射击诸元设定，迅速将武器发射出去攻击潜艇目标。

2)应急抛射方式。当鱼雷故障或由于其他原因影响本舰安全需要抛射反潜武器时，通常可在反潜火控设备、武器发控设备或发射装置站位实施紧急抛射，此时不必对反潜武器进行射击诸元参数设定，直接将武器发射出去，只要不影响本舰安全即可。

(4)模拟训练工作方式。为便于平时训练，反潜武器系统都具备模拟训练功能。在作战系统或反潜武器系统进行模拟训练时，系统进入模拟训练工作方式，由水声系统或声呐探测设备模拟产生水下目标，系统各设备结合各反潜武器的模拟器完成系统的模拟训练。

7.2.3 目标信息处理

水面舰艇通过水声手段获取敌潜艇目标信息后，需根据解算目标运动要素情况制定具体的反潜攻击方案(前置点攻击或现在点攻击)。

目标运动要素解算可采用最小二乘法计算。

根据模拟带误差的舰壳声呐所测目标距离 D、舷角 q_w 数据，我舰艏向角 C_w、我舰航速 V_w 数据，采用最小二乘法的平滑原理，求出任意时刻(t_i) 的目标速度分量 X_m 和 Y_m，求出目标的速度 V_m 和航向 C_m。

如图 7.4 所示，设在某一时刻目标艇的位置为 M_0 点，我舰位置在 W_0 点，若目标艇作等速直线运动，我舰作变速变向运动，经过 t_i 时刻，分别到达 M_i 点和 W_i 点。

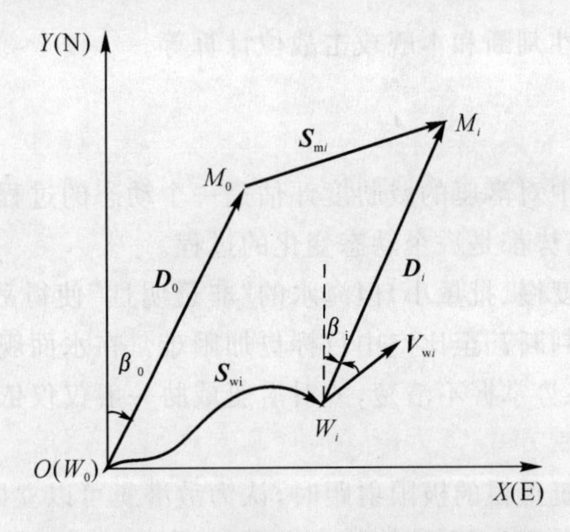

图 7.4　方位、距离最小二乘法航路示意图

$$\boldsymbol{D}_0+\boldsymbol{S}_{\mathrm{m}i}=\boldsymbol{S}_{\mathrm{w}i}+\boldsymbol{D}_i$$

将上述四个向量分别向 XOY 坐标系 OX，OY 轴投影后可得

$$\begin{cases}D_0\sin\beta_0+\hat{\hat{X}}_{\mathrm{m}}t_i=X_{\mathrm{w}i}+D_i\sin\beta_i\\ D_0\cos\beta_0+\hat{\hat{Y}}_{\mathrm{m}}t_i=Y_{\mathrm{w}i}+D_i\cos\beta_i\end{cases}$$

式中，$\beta_i=C_{\mathrm{w}i}+q_{\mathrm{w}i}$。

经过最小二乘法平滑，可得

$$\hat{\hat{X}}_{\mathrm{m}}=\sum_{i=1}^{n}\left[\frac{(D_i\sin\beta_i+X_{\mathrm{w}i}-D_0\sin\beta_0)t_i}{\sum\limits_{i=1}^{n}t_i^2}\right]$$

$$\hat{\hat{Y}}_{\mathrm{m}}=\sum_{i=1}^{n}\left[\frac{(D_i\sin\beta_i+Y_{\mathrm{w}i}-D_0\sin\beta_0)t_i}{\sum\limits_{i=1}^{n}t_i^2}\right]$$

这样，可得目标速度 V_{m} 和航向 C_{m}：

$$V_{\mathrm{m}}=\sqrt{\hat{\hat{X}}_{\mathrm{m}}^2+\hat{\hat{Y}}_{\mathrm{m}}^2}$$

$$C_{\mathrm{m}}=\arctan\frac{\hat{\hat{X}}_{\mathrm{m}}}{\hat{\hat{Y}}_{\mathrm{m}}}$$

$$q_{\mathrm{m}i}=\beta_i-C_{\mathrm{m}i}\pm180^\circ$$

7.2.4　战术决策

水面舰艇发现敌潜艇目标并对目标信息进行处理后，在实施攻潜前需进行战术决策。如目标识别、威胁判断、可攻性判断和本舰攻击战位计算等。

1. 目标威胁判断

水面舰艇在对潜作战中对潜艇的威胁度评估是一个动态的过程，在搜索跟踪过程中，潜艇数量、类型以及敌我运动态势都是一个动态变化的过程。

尽管水下目标运动速度慢、批量小，但海水的"非透明性"使得敌潜艇具有较好的隐蔽性，从而导致水下目标的威胁判断甚至比空中目标更加困难。在水面舰艇反潜系统性能约束的条件下，因对潜艇水下运动态势掌握不清楚，故对潜艇威胁一般仅仅依据敌我距离和敌艇鱼雷射程来判断，即：

1）当敌我距离小于敌艇鱼雷的极限射距时，认为敌潜艇可以立即对我舰实施鱼雷攻击，威胁等级定义为强威胁；

2）当敌我距离大于敌艇鱼雷的极限射距时，则认为敌潜艇暂时不能对我舰实施鱼雷攻击，威胁等级定义为弱威胁。

2. 鱼雷发射攻击阵位

对于垂直发射的火箭助飞鱼雷而言，因它可实现全方位发射，故本舰无须占领鱼雷发射攻击阵位。但对于管装鱼雷和倾斜发射的火箭助飞鱼雷而言，由于发射装置具有指向性，加之鱼雷航程、航速的限制，为了保证一定的命中概率，鱼雷发射平台（水面舰艇）一般需要通过自身的机动，到达距目标较近的有利阵位时才能发射鱼雷攻击目标。

发射平台能否成功占领发射阵位，取决于鱼雷的航程与航速、目标的航速、平台自身的航速等各方面因素。

3. 可行阵位域

当目标运动要素一定时，鱼雷极限射距圆完全由鱼雷性能决定。这说明：若仅从满足鱼雷战术、技术性能使用的基本要求出发，在极限射距圆范围内（最小射距以外）任选一点作为鱼雷发射阵位均是可行的，该圆域称为鱼雷射击可行域。

作为鱼雷发射平台，由于受到自身设计性能、辐射噪声控制等多方面因素限制，攻击速度的使用有一定限制。最高允许使用的速度称为最高可用速度。从水面舰艇机动性能出发分析，在目标速度、敌我相对位置及舰艇最高可用速度一定的条件下，通过舰艇机动可占领相对目标的阵位范围称为舰艇机动可行域。射击可行域与机动可行域相交的区域是既能满足鱼雷性能的基本使用要求，又能满足舰艇机动性能的要求，称为舰艇占位可行域或可行阵位域。显然，只有舰艇通过正常机动驶入可行阵位域，才能有效地占领鱼雷发射阵位，才可实施鱼雷攻击。

7.2.5　武器发控与射击方法

1.武器发控

在作出对潜攻击的战术决策后，就要通过对反潜武器的发射控制来完成武器发射。该过程主要包括火力分配、武器通道组织、反潜武器加电、射前检查及相关准备、射击诸元解算、惯导初始对准、射击参数装订、武器发射等。这些工作通常由反潜火控系统或反潜火控设备、反潜武器发控设备完成。一套较完备的反潜火控系统能在复杂的水文条件下，对多批敌潜艇进行搜索、跟踪，并能对其中威胁较大的两艘以上潜艇实施有效的攻击。攻潜可使用火箭式深水炸弹、反潜管装鱼雷或火箭助飞鱼雷。

2.射击方法

射击方法是指能保证在具体态势条件下杀伤潜艇的概率最高、从理论上经过论证并通过实践验证的使用武器规则的总和。现以火箭助飞鱼雷为例，介绍其对潜射击方法。

(1)火箭助飞鱼雷命中潜艇的条件

为使火箭助飞鱼雷命中潜艇，须满足以下条件：

1)射击距离不小于火箭助飞鱼雷的最小射程且不大于其最大射程；

2)鱼雷入水点应在目标点散布椭圆的范围内，并且在鱼雷弹道段上声自导头开机后鱼雷应探测到潜艇；

3)鱼雷在搜索和追击目标时的累计距离应小于鱼雷的总航程；

4)鱼雷自动导向目标的精确度应确保鱼雷能从不大于鱼雷非触发引信作用半径的距离内接近潜艇；

5)火箭助飞鱼雷应在整个弹道上可靠地工作。

(2)潜艇信息完整性

在拟定射击方法时应考虑到潜艇信息完整性。潜艇信息完整性取决于目标指示源及其工作的连续性。发射舰获取潜艇的信息通常有以下三种情况：

1)可知鱼雷和助飞火箭分离时潜艇的坐标、航向和速度。在这种情况下，发射舰始终可以计算出目标的提前位置。

2)可知鱼雷和助飞火箭分离时潜艇的坐标。在这种情况下，发射舰可随时知道目标的当前位置。

3)发射瞬间，只知为数不多的潜艇当前坐标或只是一次性坐标。在这种情况下，发射舰仅仅知道发射瞬间目标的位置。

(3)对潜艇机动的假定

在潜舰对抗中，潜艇如何实施机动是难以预测的。因此，在计算射击效果时，应对潜艇的运动作出如下假定：

1)本舰目标探测设备以被动方式工作并能够判定目标的航向和速度时，假定潜艇作直线和匀速运动；

2)目标探测设备以主动方式工作时，假定潜艇自由机动，从原航向上向任意方向等概率偏离若干度，同时目标速度从0加速至最大；

3)目标探测设备以被动或主动方式(短时间)工作时，假定潜艇以从0°～360°的任意航向，从$V_{\mathrm{m\,min}} \sim V_{\mathrm{m\,max}}$的任意速度作等概率运动。

(4)基本射击方法

根据火力的种类，射击可分为单射、齐射、连射。所谓齐射是指具有最小时间间隔的几次连续射击。

射击的反潜武器数量以及火力种类由舰艇指挥员或射击控制人员考虑下列因素后确定：

1)在作战命令中规定的关于目标毁伤等级以及作战资源消耗程度；

2)弹药基数中反潜武器的总数；

3)发射不同数量的反潜武器时，火力任务和期望效果的特性；

4)根据对目标和反潜武器航迹的观察，对上次射击效果的评估；

5)发射装置、装填装置的数量和技术能力以及发射前的准备情况。

作为反潜管装鱼雷和火箭助飞鱼雷，最常见的基本射击类型有单射和双雷齐射。

7.2.6 水面舰艇反潜武器系统及技术发展趋势

水面舰艇反潜系统发展经历了发展武器、传感器、火控设备最终形成武器系统的一般过程，经历了从无系统到形成系统、从单机单控发展到传感器综合、火控综合、武器综合的阶段。

1. 我国反潜武器系统发展概况

我国20世纪50年代，猎潜艇是海军重要组成部分之一。主要反潜武器是艇艏的4座65式250 mm火箭式深弹发射器以及艇艉的传统深弹投放架。水下探测设备较为简单，为舰壳主/被动声呐，探测距离为8～10 km，对大范围海域的潜艇搜索主要依靠编队包干实现。20世纪80年代后期，对设计进行了改进，增加了简易拖曳式变深声呐，大大提高了搜索能力。

20世纪70年代，导弹护卫舰使海军的巡逻范围有了质的扩大。在舰艏安装两座65式反潜火箭发射装置，舰艉设置4个BMB—2深水炸弹发射炮和2具深弹投放架，可投放各型号深弹和释放水雷。反潜探测装备主要是中频率舰壳主/被动声呐，无情报作战指挥中心。

中国的第一代导弹驱逐舰安装了主/被动舰壳声呐。在20世纪80年代的作战环境下，大量使用舰壳声呐在深海非常有效，但由于背景噪声处理有问题，导致浅海使用时效果差，灵敏度和精度不足，最致命的是自动化程度低。声呐接触到目标后跟踪不可靠，容易被目标艇甩脱，而且猎潜艇和护卫舰缺乏自动火控系统，目标运动要素不能直接装定而要人工操控，这些问题导致射击准备时间长，射击间隔时间也较长，往往会在作用范围内丢失目标，而要依靠舰艇回转再次搜索。20世纪80年代后，中国开始加快解决这些技术问题，与意大利、美国等国的技术合作使得中国声呐系统一步就跨越了很多阶段，直接进入了集成化和微机数字化。

2. 国外发展趋势

早在20世纪80年代末，美国海军就在航母战斗群的舰艇上增设了反潜作战中心，把岸基、舰载反潜飞机所掌握的情报、共享的电脑资料及舰船掌握的情报数据汇总分析，然后通过电脑联网，向执行任务的反潜飞机、舰艇传递战术情报数据，以提高舰载航空兵和编队反潜作战能力。

美国从1994年开始对协同交战能力(CEC)系统进行初步调试。2001年5月完成了关键的作战评估阶段，于9月份提交作战评估报告。然而CEC的开发者雷声公司并不满足现状，计划减少费用和规模、提高技术，把它从仅限于海军的应用范围扩展为战区范围内的联合传感器综合探测的支柱，并最少能支持120个节点。目前，国外的CEC系统也有从编队防空逐渐向反潜扩展的趋势。

虽然国外关于CEC和网络中心战的热门话题议论很多，但不论基于CEC概念的反潜系统与基于网络中心战的反潜系统有何区别，以及它们未来如何演变，可以肯定的是它们的指导思想是一致的，即通过对战场信息的高度共享达到协同作战和使系统整体优势最大化的目的。因此，未来编队综合反潜能力实质是一种多平台的协同反潜作战能力。

目前世界上最著名且唯一的综合反潜系统为美国的AN/SQQ—89，它集单舰反潜、舰-机协同反潜、编队反潜和鱼雷防御等功能于一身。该系统自20世纪70年代开始研制，80年代后期装备美国海军。几十年来，经不断改进，已先后出现了10余种不同版本，并仍在继续升级。

尽管网络反潜战的概念在国外已被炒得很热，但由于建立一个基于此概念的反潜系统是个十分庞大和复杂的系统工程，因此，迄今为止尚未出现一个真正意义上的以网络为中心的编队综合反潜系统。毋庸置疑，从未来发展趋势来看，基于网络中心战概念的综合反潜系统所具有的无可比拟的强大优势必将取代传统意义上的反潜系统。

反潜无人机方面，在今后数年内美国有可能开发出具有P—3C以上能力的反潜无人飞行器，以增加编队综合反潜作战能力。

此外，美海军水下作战中心正在探讨把UUV作为潜艇的一种隐蔽的辅助作战武器的可能性，可以提高潜艇的隐蔽性，开发不同的载荷以增强其在沿海地区执行任务(包括反潜任务)的范围和距离。UUV还能作为中心网络的节点，用安全的卫星通信和HDR UHF通信为分散的传感器、潜艇和其他水面战斗群提供相互联系。只要有需求，UUV的发展必将使潜艇与各传感器和武器网络的联系不断增加。

7.2.7 国外典型舰载反潜武器系统简介

AN/SQQ—89是美国20世纪70年代开始为水面舰艇研制的一型集成反潜作战系统(Integrated ASW Combat System),或称综合反潜系统。80年代后期装备美国海军。几十年来,该系统经不断改进,已出现了10余种不同的版本,并还在继续升级。SQQ—89集单舰反潜、舰-机协同反潜、编队反潜和鱼雷防御等功能于一身,是目前世界上最著名且唯一真正意义的综合反潜系统。美国80年代后服役的巡洋舰("提康德罗加"级)、驱逐舰("伯克"级和"斯普恩斯"级)和反潜护卫舰("佩里"级)几乎都装备或改装了不同版本的SQQ—89。美国在役主力战舰是最先进的"提康德罗加"级(Ticondemga—CG47)巡洋舰和"伯克"级(Ar—highBurke—DDG51)驱逐舰,其共同特点是采用了两套当今世界上最先进的系统,即用于防空的宙斯盾(Ageis)系统和用于反潜的SQQ—89系统。SQQ—89已生产了120套以上,除日本获得1套和西班牙获得2套近似产品外,其余绝大多数均装备了美国海军。护卫舰由于吨位和任务限制,一般安装的是剪裁后的版本。SQQ—89也是今后水下CEC的基础。

1. SQQ—89系统基本组成

SQQ—89的系统配置有许多不同版本,随着时间的推移,设备不断更新,并逐渐向集成化方向发展。典型的系统构成如图7.5所示。图中,CIC(Combat Information Center)是全舰作战信息中心。在CIC中可以直接控制对海、防空和反潜武器的运用,以及对陆上目标发射巡航导弹。WCS(Weapon Control System)为武器控制系统。C&D(Command & Decision)为指挥与决策系统。

反潜武器分为3类:

1)管装鱼雷(MK—46—5型或MK—50),三联装发射管为MK—32。

2)火箭助飞鱼雷(VL-ASROC),即垂直发射的ASROC。垂直发射装置为64单元的MK—41或48单元的MK—48,VL-ASROC与巡航导弹、标准Ⅱ防空导弹共架共库。

3)空投鱼雷(MK—46—5或MK—50),反潜直升机为SB—60"海鹰"直升机。

子系统之间依靠2个局域网(LAN)进行互联。"显示器区域网"(D—LAN)用于连接各显控台、工作站,"信号区域网"(S—LAN)用于直接连接各传感器、接口设备和系统级记录设备。

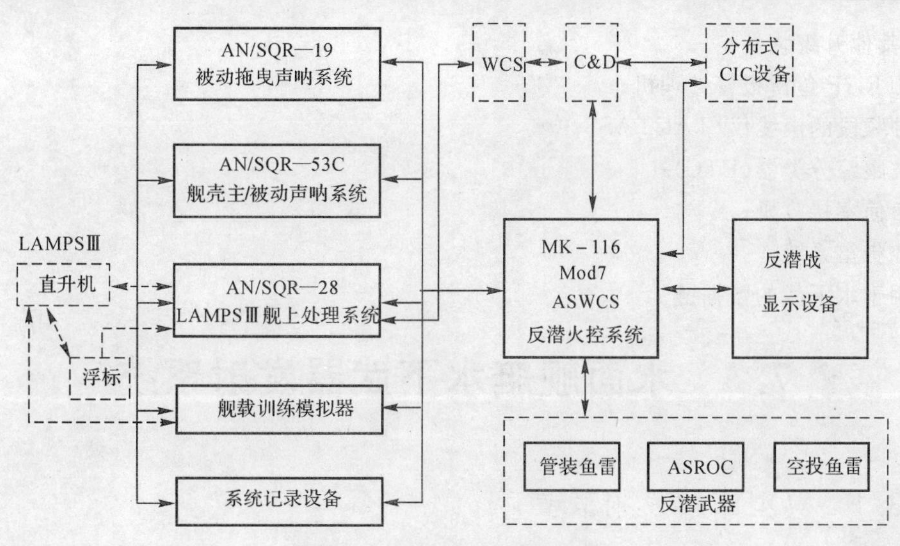

图 7.5　SQQ—89 系统构成图

2. SQQ—89 中的其他装备

(1)SIMAS(UYQ—25)声呐性能预报系统

SIMAS(Sonar In-situ Mode Assessment System)是被嵌入 SQQ—89 系统中的一种声呐性能预报系统,它主要根据十分复杂的声线轨迹来进行预报。SIMAS 对被动探测十分有价值,因为它可以预报会聚区距离、信号强度、海面和海底反射传播路径等。UYQ—25 用于 SQS—53 舰壳声呐,其改进型 UYQ—25A 中嵌入了谱分析仪,UYQ—25A(V)则是为 SQR—19 拖曳声呐配套的。

(2)TDSS 战术决策支持系统

TDSS(Tactical Decision Support System)战术决策支持系统是 SQQ—89 升级后的一子系统,用于代替原有的目标跟踪算法及几何图像。TDSS 可融合来自舰上或舰外的战术图像,进行目标运动分析(TMA)。TDSS 采用双显示器工作站,并可对 1 台声呐显控台和作战情报中心(CIC)中的 1 台反潜战评估器显控台进行遥控。TDSS 通过 D—LAN 从 MK—116 火控系统中的 UYK—43 计算机接受本舰数据,或从数据链和 SQQ—89 性能预估器接受外部数据,并将这些数据综合绘图并显示,输出的信息有声呐性能预测、海底轮廓、海岸线和所有目标。为了反潜搜索的作战规划,TDSS 根据 SQQ—89 的性能预估并显示声呐探测区域、不确定区域、声呐方位误差、反探测距离(Counter Detection Ranges)。TDSS 提供目标运动分析的自动化算法,它还指示武器安全使用范围、MK—50 发射舰"安全筒"、武器捕获区域、武器入水点及鱼雷拦截点。

(3)其他升级装备

MSTRAP 鱼雷报警处理机;

各种频段的声线仪/TACTASS;

回波跟踪分类器(ETC);

水声侦察接收机;

遥控猎雷系统;

专用于水下战的数据链。

7.3 水面舰艇水下武器发射系统

7.3.1 典型深弹发射装置

最初深弹的发射方式非常简单,只需将桶状的深弹由船只尾部的弹架上滚动推下水即可。但也有一种采用特殊投放方式的深弹称之为"K 炮",这种深弹由火药气体推进,可从船只两侧发射入水,发射距离可达 50 m,如图 7.6 所示。

(a) (b)

图 7.6 "K 炮"

(a)"K 炮"在作发射前准备; (b)抛射到空中的深弹

在二战时期,美国盟军的反潜舰艇上,曾装备"捕鼠器"反潜火箭深弹发射装置。这是一种由平行导轨组成的架子式 4 联装反潜火箭深弹发射装置。用时将架子支起,呈 48°固定仰角。不用时将架子折叠,可平放在甲板上。

该装置利用火箭反作用原理发射,无后坐力,结构轻便、使用灵活。其火力像苏联陆军装备的"喀秋莎"一样迅猛,在水下一定深度爆炸,可杀伤敌潜艇和对艇员的精神造成强烈的震撼,并且特别适于中、小型舰艇安装使用。在当时,它引起了很多国家海军的重视。

因为"捕鼠器"反潜火箭深弹发射装置的仰角固定,又没有方向瞄准机构,必须利用舰艇的机动占领攻潜发射阵位。在实施目标瞄准的过程中，受舰艇航行摇摆的影响较大。目标方位、距变率和发射时间等，都是由声呐记录器解算提供的。因为人工操作环节较多，所以对潜射击精度较低，不能满足实战需求。

20世纪50年代反潜声自导鱼雷的出现标志着反潜武器进入制导时代。60年代出现了远程反潜导弹，70年代反潜舰艇开始装备反潜直升机，使反潜深弹的地位受到了冲击，特别是潜艇机动性能和防护能力的提高使得深弹对潜艇的杀伤概率下降。随着鱼雷武器的飞速发展和运用，一些国家的海军对深弹在海战中的作用产生怀疑，将重点转移到鱼雷武器的研究，甚至以美国为代表的国家停止了反潜深弹的研制和发展。

苏联海军汲取了战时的经验教训，借鉴了海军火炮的成功经验，在原“捕鼠器”反潜火箭深弹发射装置的基础上加以改进和提高。

从20世纪50年代中期至80年代末期，俄罗斯海军为了满足不同类型的反潜水面舰艇的需求，相继研制开发RBU系列反潜火箭深弹发射装置系统，其型号达5种之多。

RBU是拉丁字母拼写的俄语反潜火箭深弹发射装置的简称，在其后的阿拉数字表示射程，以m为单位。确切地讲，RBU仅是深弹反潜武器系统中的一个子系统。RBU由反潜火箭深弹、发射装置、发射装置随动控制设备及其输弹设备组成。

1. RBU—1200反潜火箭深弹发射装置系统

该发射装置为5联装发射管，分上、下2层排列，上层3管，下层左右各1管。它的外形尺寸为1 390 mm×1 140 mm×1 150 mm，总质量为430 kg，如图7.7所示。

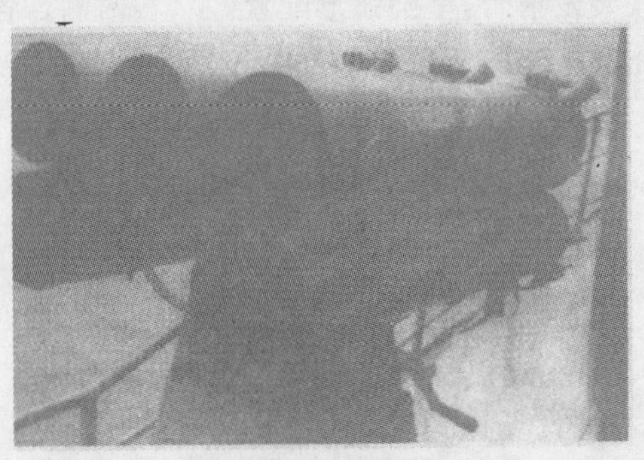

图7.7　RBU—1200反潜火箭深弹发射装置

为了实现火力控制，确保RBU—1200快速、准确地跟踪、瞄准目标，采用了电瞄准传动装置（随动控制设备），可消除舰艇的纵摇影响，具有单平面瞄准稳定功能。

发射装置高低角范围为0°～51°，有效射程为400～1 450 m，散布椭圆为70 m×120 m，再装填为人工装弹。

反潜火箭深弹弹径为250 mm，弹长为1 230 mm，弹质量为71.5 kg。战斗部装药质量为

32 kg,并配备有触发定时引信,可以在设定深度上起爆或撞击艇壳起爆。

对潜作战深度为10～300 m,破坏半径为5 m。该弹的主动段最大末速为120 m/s,极限下潜速度为6.85 m/s.

由于RBU—1200的外形尺寸小、质量轻,适用装备中、小型反潜舰艇,执行近海反潜、巡逻、护航任务。

2. RBU—2500 反潜火箭深弹发射装置系统

该发射装置具有16联装发射管,分上、下2层,平行配置。左、右两侧各为2管,中间为4管。它的外形尺寸为1 700 mm×2 300 mm×1 800 mm。该装置具有双平面瞄准稳定功能,高低角范围为0°～85°,有效射程为500～2 800m,弹落点散布椭圆为150 m×300 m,再装填为人工装弹。

RGB—25反潜火箭深弹弹径为210 mm,弹长为1 340 mm,弹质量为85 kg。战斗部装药质量为26 kg,并配备KDV触发定时引信,对潜作战深度为10～330 m,破坏半径小于5 m。该弹的主动段最大末速为170 m/s,极限下潜速度为11.5 m/s。20世纪60年代初,RBU—2500曾先后装备"基尔丁"级、"克鲁普尼"级,以及"肯达"级等导弹驱逐舰。由于它的射程较近和人工装弹,不久便被淘汰,并由性能先进的RBU－6000系统所取代。

3. RBU—6000 反潜火箭深弹发射装置系统

该发射装置具有12联装发射管,呈圆弧形配置,左、右两侧。各为6管。它的外形尺寸为2 140 mm×1 880 mm×2 260 mm,质量为3 200 kg(见图7.8)。

图7.8 火箭深弹发射装置

1—炮架; 2—发射管; 3—前接线柱; 4—后接线柱;
5—扬弹机; 6—控制盒; 7—旋回手柄; 8—俯仰手柄

发射装置可旋回、俯仰，在攻潜过程中，可提供更大的战术灵活性，具有双平面稳定功能，可消除舰艇纵摇和横摇对瞄准的影响。自动化程度高，可完成自动跟踪、自动瞄准和自动装填等动作。高低角范围为 $-100°\sim67°$，方向角范围为 $0°\sim340°$。装填角为 $-90°$ 时发射管前端向下俯至垂直状态。自动装填时，将甲板上的弹舱门拉开，RGB—60 深弹从弹舱通过输弹机经扬弹筒自动装入各发射管内（见图 7.9）。

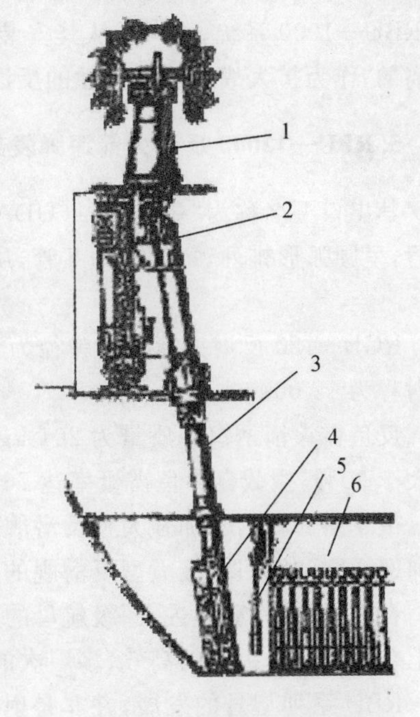

图 7.9　发射装置总体配置图

1—发射装置；　2—扬弹机；　3—扬弹筒；
4—输弹机；　5—RGB—60 深弹；　6—弹库

双机工作时，有效射程扬弹范围为 1 500～5 500 m；单机工作时，有效射程范围为 300～1 700 m。射击间隔时间为 0.5 s。弹落点散布椭圆为 200 m×400 m。

RGB—60 反潜火箭深弹弹径为 210 mm，弹长为 1 830 mm，弹质量为 119.5 kg。战斗部装药质量为 23.5 kg，并配备 UDV—60 触发定时引信。该引信具有群爆功能，其作用半径可达 50 m，对潜作战深度为 450 m，引信的起爆深度由主指挥站位指挥官遥控执行设定。该弹的主动段最大末速为 400 m/s，极限下潜速度为 12 m/s。

RBU—6000 系统的装备对象相当广泛，因此它是俄罗斯海军各级反潜舰艇的主要反潜武器装备之一。不但在“基辅”级核动力导弹巡洋舰等大型反潜舰艇上装备使用，而且也在“克里瓦克”级护卫舰、“彼加”级反潜巡逻舰等中、小型反潜舰艇上装备使用。

4. RBU—1000 反潜火箭深弹发射装置系统

该发射装置具有 6 联装发射管，上、下重叠排列，左、右两侧各为 3 管。它的外形尺寸为 2 165 mm×2 055 mm×2 050 mm，质量为 2 900 kg。

该装置具有双平面瞄准稳定功能，可自动跟踪、瞄准目标，自动装填。高低角范围为 $-100°\sim72°$，方向角范围为 $0°\sim340°$，装填角为 $-90°$。有效射程为 100～1 000 m，弹落点散布椭圆为 100 m×200 m。

RGB—10 反潜火箭深弹弹径为 300 mm，弹长为 1 700 mm，弹质量为 196 kg。战斗部装药质量为 100 kg，配备 UDV—60 触发定时引信，对潜作战深度为 450 m，破坏半径为 7 m。具有群爆功能，作用半径可达 100 m。该弹的主动段最大末速为 100 m/s，极限下潜速度为13 m/s。

20 世纪 70—90 年代,“克列斯塔—Ⅱ”级导弹巡洋舰、“基洛夫”级核动力导弹巡洋舰、“卡拉”级反潜舰和“现代”级导弹驱逐舰等大型舰艇的中部,或在上层建筑甲板的两侧,都分别配有 RBU—1000 系统。首先,从其安装位置上分析,它主要是用于鱼雷防御。其次,它又是近距离的、作为扩大战果的补充性的反潜武器装备。

5. RBU—12000 反潜火箭深弹发射装置系统

其出口型名称为“蟒蛇”—1(UDAV—1)多联装火箭发射系统,该发射装置具有 10 联装发射管,呈圆弧形排列,每侧各为 5 管,质量为 14.7 t,自动跟踪瞄准,自动装填,系统反应时间为 15 s。

RGB—120 反潜火箭深弹弹径为 300 mm,弹长为 2 200 mm,弹质量为 232.5 kg,最大有效射程为 12 000 m。

反鱼雷火箭诱饵弹质量为 201 kg,拦截距离范围为 100～3 000 m,拦截来袭直航鱼雷概率大于 90%,拦截自导鱼雷概率达 76%。

俄罗斯海军为了加强大型反潜舰艇的反潜作战能力,于近年建造的“彼得大帝”号核动力导弹巡洋舰和“无畏”级大型反潜舰的舰桥前甲板处安装了 RBU—12000。

在现役的“库兹涅佐夫”级航母的舰尾两侧,凹下部位,各配置 1 座 RBU—12000。这是世界上首先为航母提供的高效、多层次的鱼雷防御武器系统。

RBU 系列型号的发展,并非是射程双倍增加的结果。实际上,它的主要设计思想是不断改进和提高性能、保证足够的攻潜有效性,同时为水面舰艇提供鱼雷防御手段,开拓系统的通用性。因此,RBU 系列的战术、技术性能和对潜作战能力,与其他国家同类产品相比,处于世界领先地位。

7.3.2 水面舰艇联装式鱼雷发射装置

1. 水面舰艇联装式鱼雷发射装置的基本结构

在驱逐舰等大型水面舰艇上安装的舰对舰大型鱼雷发射装置为 3～5 管联装式的发射装置,但现在的趋势是将其改装为其他类型的武器系统。现代各国海军的大中型战斗舰艇上都配备了自动化的反潜武备系统,担负着反潜、防潜的重要使命。这些装置的反潜鱼雷,有的用火箭助推方式发射,有的用反潜鱼雷发射装置发射,如美国 MK—32 型三联装鱼雷发射装置,它可装备于巡洋舰、驱逐舰、护卫舰、猎潜艇、巡逻艇和导弹艇。它用于发射“小雷”,是美国和北约国家使用的一种标准发射装置。

MK—32 型三联装鱼雷发射装置有多种型号,有固定的“两管”吕字形排列的和单管的发射器,大部分是可回转的“三管”品字形排列的联装鱼雷发射装置(见图 7.10)。

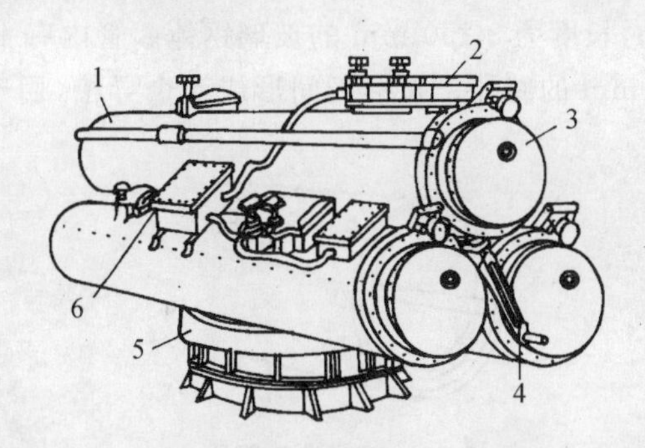

图 7.10　MK—32 型三联装鱼雷发射装置外形图

1—发射管；2—控制箱；3—气瓶兼后盖；4—转动把手；5—转台；6—接线盒

这种发射装置战术、技术性能如下：

1)尺寸：长×宽×高＝3 500 mm×1 200 mm×1 600 mm；

2)总质量(不包括附件)：≤1 350 kg；

3)鱼雷出管速度：≥12 m/s；

4)发射管最大膛压：≤0.687 MPa；

5)最大发射后坐力：≤58.84 kN；

6)发射管膛孔直径：327 mm；

7)最大回转半径：≤2 000 mm；

8)回转范围：左舷＋10°～＋180°，右舷－10°～＋180°；

9)射界：左舷－35°～＋145°，右舷＋35°～＋145°；

10)发射气瓶容积：15 L；

11)气瓶最佳工作压力：8.34 MPa；

12)发射阀通径：30 mm；

13)自动瞄准(角)速度：0.1 °/s～10 °/s；

14)自动瞄准(角)加速度 0 °/s～5°/s^2；

15)发射方式：压缩空气。

2. MK—32 型三联装发射装置各组成部分的构造

每条舰大都装有两座三联装鱼雷发射装置。带转台的三联装发射装置主要包括以下几个部分：发射管、拔插装置、制动装置、发射系统、发射控制系统、发射管温度控制系统、回转台及装填装置。

1)发射管：其功能是平时储存鱼雷，发射鱼雷时保证鱼雷在管内运动和鱼雷出管的要求。

管体是一个内径为 ϕ404 mm，长度为 3 250 mm 的玻璃钢体。管内有 4 个弧形板，用螺钉固定在管体内，形成直径为 ϕ327 mm 的膛孔。弧形板间形成 4 个导槽，用于容纳展长大于雷体直径的鳍或舵，如图 7.11 所示。

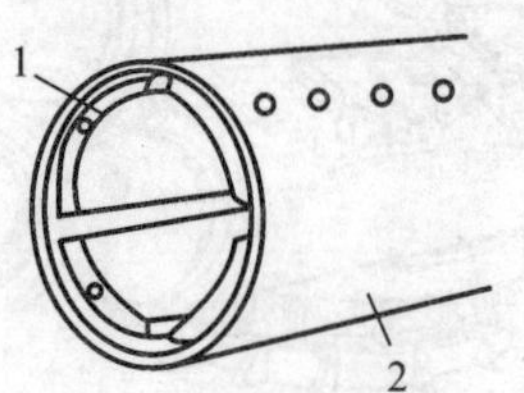

图 7.11 部分发射管体

1—弧形板； 2—发射管

每根发射管前端均装有一个玻璃钢圆盖，保证鱼雷封存在发射管内。在发射鱼雷或空放前取下，即使忘记打开前盖，鱼雷也能安全出管。

发射管后端有一个球形后盖装置。它既是后盖，又是储存高压空气的发射气瓶。其球形外壳是铝制的，内部的气瓶是玻璃钢的。

2)拔插装置：鱼雷装在发射管里时，有个设定插头插在鱼雷上。发射前，火控系统通过此电缆和插头向鱼雷设定参数。发射时，有一路压缩空气进入插头装置，使拔插装置动作，将设定插头拔起。

3)制动装置：制动装置的导槽和管体导架相配合。当发射管处于“待机”或“预备”状态时，鱼雷制动装置的夹钳可靠地将鱼雷尾部排气套扣住，使鱼雷固定在管体中；当鱼雷发射时，来一路压缩空气使夹钳松开，自动释放鱼雷，并启动发射阀。

4)发射系统：发射系统主要由气瓶、发射阀、控制阀及设定盒等组成，鱼雷用压缩空气发射。该空气发射系统的主要功能：储存用于发射鱼雷的高压空气，平时可靠地将鱼雷制动于管内；发射鱼雷时，自动提起鱼雷设定插头，并打开鱼雷制动装置，解脱鱼雷；按一定规律向发射管注入高压空气，保证鱼雷出管速度要求。

5)发射控制系统：发射控制系统主要功能是完成鱼雷功能设定，控制鱼雷发射并保证互锁要求，接收反潜系统控制台指令，并把鱼雷发射装置战位执行情况回复控制台。它由鱼雷功能设定机构、射击控制电路、战位控制台、配电箱、接线箱、设定电路组件、控制盒、电磁阀、压力开关、射界开关、传动板开关、电爆管和电发开关等组成。互锁机构可以保证空气发射系统发射鱼雷所需具备的条件：

①发射器在射界内，由射界开关保证只有发射管处于 35°～145°射界时，射击线路畅通；

②气瓶压强达到一定要求；

③后盖已关紧。

6)发射管温度控制系统：发射管温度控制系统包括低温加热系统和高温报警系统两部分。在每个发射管的弧形板与管壁间空腔内有可控电加热器和热敏继电器，用来自动调节发射管内的温度。当管内温度降到0.5℃时闭合电路，向加热器供电。当温度升至6℃时切断电路，停止向加热器供电。当发射管的温度超过鱼雷最高工作温度50～59℃时，高温报警系统会发出灯光和声响警报。

7)回转台：回转台是三根鱼雷发射管的安装基座，为了装雷、充气和保证在射界发射鱼雷，可用手转动发射装置瞄准，并能实施鱼雷发射。它主要由以下部分组成：

①大轴承。大轴承是一个四点接触向心推力球轴承，内圈和转台连接形成发射管安装的转动基座，外环与上基座连接并通过下基座固接在甲板上，因而形成固定基座。

②蜗轮-蜗杆副。蜗轮套在大轴承外圈上，因而和固定基座连接，与蜗轮啮合之蜗杆装在转动基座内，用手转动手柄，通过一根挠性软轴使蜗杆绕着蜗轮转动，因而转动了发射管。

③收缩式锁销。当发射管处于45°最佳发射角时，锁紧转台。

④上、下基座。回转台固定基座是由上、下基座组成的，上基座与大轴承外圈连接，下基座与甲板连接或固接。

⑤装填装置及其他附件：装填装置是一辆用脚踩的液压升降的装雷小车。除此之外的主要附件有模拟器、电爆管连通性检查仪、设定电路板检查仪、手提式功能设定仪、电池充电器和推雷器等。

3.发射器准备和发射过程

发射器的准备和发射动作过程分为三个状态。

1)待机状态。

①将发射器转到装雷(舷内)位置；

②向发射管装雷，并将鱼雷制动在管内；

③插上设定插头，连上鱼雷海水电池启动绳；

④向发射气瓶充气。

此时压力开关和预备灯开关都处于断开位置，控制阀和发射阀都是关闭的，高压空气被限制在气瓶中。

2)预备状态。

①取下前盖，将发射器转到射界内某个位置(以45°舷角为最佳)，射界开关闭合。

②将控制阀操纵杆扳向后，使控制阀打开。

③将预备灯开关扳向“接通”位置。

此时，指挥室中射击控制盒的预备灯亮，表示发射器已进入预备状态，可以发射。

3)发射状态。

鱼雷发射状态如图7.12所示。按射击控制盒中的发射按钮，有以下动作。

①电磁阀动作，将压缩空气送到设定插头的拔插装置；

②压缩空气使拔插装置动作，将设定插头拔出；

③经过拔插装置的压缩空气进入制动装置,使制动装置的圆柱体前移,将咬住鱼雷尾套的夹钳松开;

④圆柱体移动的同时,通过杠杆打开气瓶的发射阀,气瓶内的压缩空气进入发射管,推鱼雷向前运动。

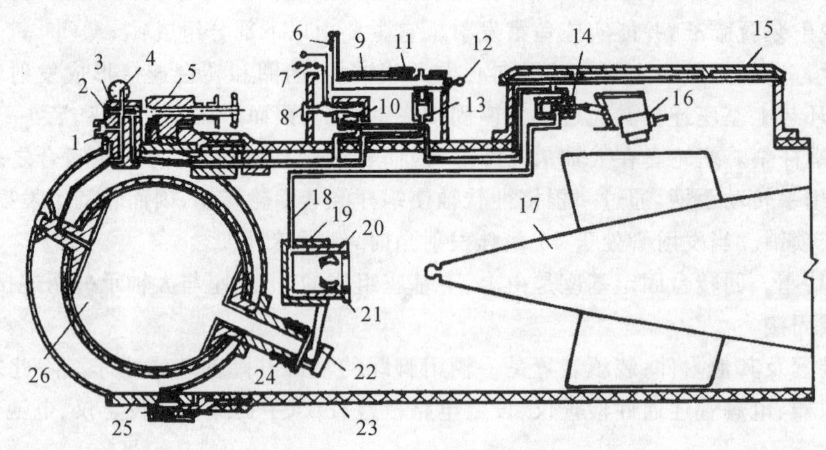

图 7.12 鱼雷发射状态

1—充气接头; 2—放气阀; 3—控制阀; 4—压力表; 5—气路开关; 6—射界开关; 7—遥控发射按钮; 8—应急发射按钮; 9—控制盒; 10—电磁阀; 11—开关传动板; 12—预备灯; 13—压力开关; 14—电插头拔插装置; 15—设定盒; 16—设定电插头; 17—鱼雷; 18—排气小孔; 19—鱼雷制动器; 20—圆柱体; 21—夹钳; 22—杠杆; 23—发射管体; 24—发射阀; 25—后部机构; 26—高压气瓶

4)鱼雷出管时,拉出海水电池启动绳。应急手动发射时须要打开挂锁,拔开锁板,立即按手动发射按钮。

在明确了发射的准备和发射动作过程的三个状态之后,现概括一下发射动作过程。平时发射器停在与舰艇艏艉线平行的方向上。发射前,去掉防风浪索,取下前盖,根据指挥中心的要求,用手转动发射器到射界内的待发射角度(如 45°)。压缩空气经控制阀充气接头,充入气瓶。当控制阀操纵杆置于前方时,发射系统处于“待机”状态。操纵杆被操纵向后,则气瓶内的压缩空气经一条管路进入电磁阀,并被截止;另一条管路的空气进入压力开关,使之动作,接通预备灯线路上的相应开关,发射装置处于“预备”状态。如果决定发射,作战室操作人员在指挥仪上通过电缆向鱼雷设定各种要素。发射时,舰艇进行转舰瞄准,当指挥仪显示出已准备好时,操作人员按发射按钮,接通射击线路,电磁铁动作,压缩空气进入电插头拔插装置,提起设定插头;接着压缩空气进入鱼雷制动装置,解脱鱼雷,同时打开发射阀,气瓶内的压缩空气进入发射管内,鱼雷向前运动时自动拔出鱼雷海水电池保险索,最后鱼雷出管。

需要应急手动发射时,就在发射装置上进行。打开发射装置的锁板,便露出橡皮膜,在橡皮膜后面就是电击阀的手动端。

这种鱼雷发射装置的主要特点是体积小、质量轻、使用操作简单、自动化程度较高，但是它没有随动系统，要转舰瞄准，给舰艇战术机动带来不便。

7.3.3　火箭助飞鱼雷武器系统

1. 火箭助飞鱼雷武器系统组成

舰载火箭助飞鱼雷武器系统由反潜武器、系统所属舰面设备、与反潜武器系统相关的系统或设备、保障设备等组成。通常包括：

(1)反潜武器

火箭助飞鱼雷。

(2)系统所属舰面设备

1)火控设备(可与管装鱼雷、火箭深弹反潜武器共用)；

2)发控设备；

3)弹道修正指令发射机；

4)弹道修正指令发射天线；

5)发射装置；

6)助飞鱼雷专用电源；

7)火箭助飞鱼雷模拟器。

(3)与反潜武器系统相关的系统或设备

1)作战指挥系统；

2)探测设备(舰壳声呐、拖曳声呐)；

3)水声系统显控台；

4)导航系统；

5)舰空数据链；

6)舰舰数据链；

7)时统设备；

8)火力兼容自动控制设备；

9)舰载反潜直升机及吊放声呐。

(4)保障设备

1)火箭助飞鱼雷包装箱；

2)助飞鱼雷地面测试设备；

3)助飞鱼雷地面装填设备；

4)助飞鱼雷地面吊装设备；

5)助飞鱼雷地面运输设备；

6)助飞鱼雷地面电源。

图 7.13　“阿斯洛克”火箭助飞鱼雷及其发射

“阿斯洛克”火箭助飞鱼雷及其发射如图 7.13 所示，垂直发射“阿斯洛克”(VLA)是洛莱尔公司在 RUR—5A“阿斯洛克”的基础上发展起来的，虽然沿用了“阿斯洛克”的名字，实际上却经过了重新设计与研制，是一种全新的武器。它使用新的火箭助推器可将战斗部发射到舰艇声呐所能达到的距离，对抗任何方向的来袭潜艇。战斗部携带的 MK—46—5 型鱼雷可以攻击 1 000 m 水深的潜艇。垂直发射“阿斯洛克”与原“阿斯洛克”在空中的飞行过程相同，主要优点是增大了射程，原“阿斯洛克”的射程为 8 000 m，现在增加到 15 000～20 000 m。它反应速度快，更能适应现代反潜的需要。由于采用了垂直发射装置发射，因此可以进行全方位攻击，不受射界的影响。目前 VLA 用水面平台。

如图 7.14 所示是舰艇的 MK—41 垂直发射系统进行发射的瞬间，在舰上实现了“三弹”(舰空、舰舰及反潜导弹)共架共库。该导弹(火箭助飞鱼雷)具有全天候作战能力，可在 6 级海况下进行发射；通过采用自动驾驶仪提高了其命中概率；重新设计了点火隔离装置，防止舰载电磁设备引起导弹意外点火，增加了导弹在舰上存放的安全性。

图 7.14　MK—41 垂直发射装置及 VLA 发射瞬间

2. 典型火箭助飞鱼雷发射装置

火箭助飞鱼雷通常与舰载导弹共用垂直发射装置。典型的垂直发射装置是美国的MK—41 垂直发射系统(VLS),其结构如图 7.15 所示。

美国海军的 MK—41 垂直发射系统是一种先进的舰载导弹储运/发射装置。该系统是由马丁玛利埃塔公司(后来与洛克希德公司合并)于 1977 年开始研制的世界上第一种导弹垂直发射装置,它也是目前世界最先进的导弹垂直发射系统。自 1986 年首先在“提康德罗加”级(CG 47)导弹巡洋舰上服役后,美国海军陆续将该系统装备在“阿利伯克”级(DDG 51)和“斯普鲁恩斯”级(DD 963)驱逐舰等水面舰艇上,并拟在 LPD 17 两栖舰、DD 21 驱逐舰、CG 21 巡洋舰等下一代舰艇上装备该系统。

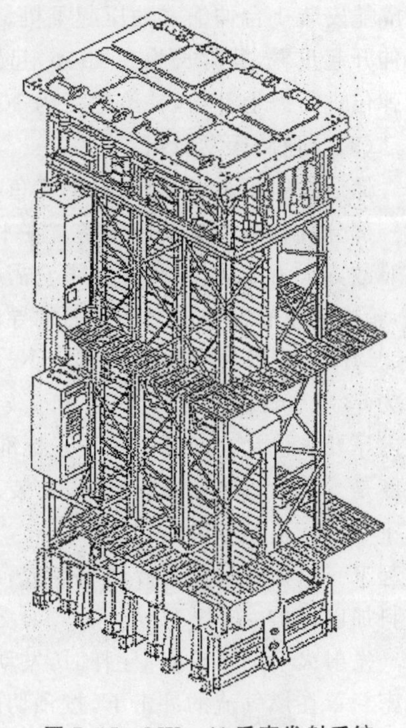

图 7.15　MK—41 垂直发射系统

MK—41 系统由标准模块、装填模块、导弹储运发射箱和发控台等设备组成。

(1)标准模块

MK—41 系统的标准模块采用 8 隔舱模件,总体尺寸为 3.17 m×2.08 m×7.67 m,在结构上有一定的独立性,可作为独立的发射单元,一个或多个模块与发控设备相连就能构成一个完整系统。

标准模块由构架、顶板、舱口盖、开启机构、燃气排导系统及烟道、压力通风系统等部分组成,发控台的外围设备,如发射程序装置、动力控制板和电源等也是标准模块的组成部分。标准模块的构架设计成 8 个隔舱的骨架,它一方面用来容纳导弹储运发射箱,另一方面用于安置和支撑模块的所有设备。每个舱口盖均有自己的开启机构,它是 MK—41 系统唯一的运动部件,迅速打开它所需的最大作用力是 2.57 kN。如果储运箱内导弹意外点火,舱口盖能在0.35 N/cm^2 的内压下自动开启,以保护弹库的安全。

燃气排导是导弹垂直发射系统设计的关键技术之一。导弹发射时会产生大量的高温燃气,迅速、有效地将这些燃气排导出去是至关重要的,因为这些燃气对发射装置和有关设备都会产生很严重的烧蚀。以美国标准舰空导弹为例,燃气流温度高达 2 400 K,排出物中的 40%是硬度高、吸附力强的氧化铝粒子,还含有 76 000 mg/kg 的极其活泼的氯化氢气体。高温、高速粒子的碰撞和扰动所产生的热交换,传给发射装置的巨大热量,对发射装置的寿命是极其不利的。MK—41 系统的燃气排导系统是与 8 隔舱共用的,它由压力通风室和垂直排气道组成。

导弹发动机点火后，压力通风室使燃气流膨胀减速，然后经排气道排入大气中。为了尽量减少高温燃气对其他箱体的传热影响，排气道的整个内表面衬有抗烧蚀材料。

(2)装填模块

MK—41 系统中的装填模块外形尺寸同标准模块一样，总体构架也大致相同。只是用 3 个隔舱安装 1 台伸缩式油压起重机。平时，起重机收藏在装甲舱盖下面，工作时升到甲板上面并伸开起重臂，其臂长为 8.15 m，起吊高度为 7.62 m，起吊质量为 2 t，能对 8 隔舱模块中的所有弹位进行海上补给，补给速度为 10 t/h。

(3)导弹储运发射箱

储运发射箱不仅是导弹(助飞鱼雷)的储存、运输和发射装置，而且也是构成燃气排导系统的一部分，因此，它是关键设备。在平时运输和储存期间，它为导弹提供环境保护、装卸保护以及对敌方火力的防护，因此要求它需有一定的机械强度，并配有必要的搬运附件。作为发射装置，箱内应设有导弹发射所必需的导轨、电气连接件、保险解脱装置、约束机构等器件。

MK—41 系统有 MK—13，MK—14，MK—15 三型储运箱，它们外形结构基本相同，截面均为 63.5 cm，长度有 5.79 m 和 6.71 m 两种，箱体用波纹钢制成，内部结构按照 $2.82\ kg/cm^2$ 的内压要求设计。MK—13 用于标准—2 导弹，MK—15 用于阿斯洛克导弹，这两型储运箱的长度是 5.79 m，比标准隔舱短，在装入隔舱时，必须利用一个高 0.95 m 的适配器。MK—14 用于“战斧”巡航导弹，箱长 6.71 m，不需适配器。导弹装入储运箱后，储运箱首、尾两端被密封起来。首密封罩用易碎材料制成，尾密封罩的材料是薄钢板，内、外表面分别用不同的烧蚀材料加以保护。

发射火箭助飞鱼雷/导弹时，发动机推力达到临界后，雷/弹和储运箱之间的限制器松开；尾密封罩在燃气流的冲击下，按预切的十字形裂开成花瓣形状；燃气流进入压力通风室，并经垂直排气道在甲板面排出。随后，雷/弹起飞，穿破首部密封罩，从发射隔舱垂直上升。当雷/弹离开甲板面时，舱盖即刻关闭，恢复弹库的装甲区。

每个储运箱均有一套内部喷淋系统。装入弹库后，该喷淋系统与弹库的喷淋分配管道相接。当箱内温度过高或是助飞鱼雷(导弹)发动机意外点火时，喷淋系统自动对导弹战斗部进行喷淋冷却。每个储运箱还配有一套 PHST(包装、装卸、储运及运输)设备，该设备包括首、尾保护盖，防冲击、振动的隔振体，起吊环和栓系，叉车叉口等。PHST 是用于装舰前的任何装卸、储存及运输的操作，在储运箱吊到舰上进行收储作业时，则将拆去这套装置。为确保系统的安全，防止武器意外发射，每个储运箱上装有关键功能中断开关和储运箱安全启动开关，它们控制输送雷/弹的关键信号的电压。发射程序确保在两个独立的监视器显示舱盖已完全开启和雷/弹限制块已松开时，才发出导弹点火指令。

(4)发控设备

MK—41 导弹垂直发射系统包含 2 台发控设备。它的核心部件是美海军标准的 AN/UYK—20 型小型计算机。另外，它还包括电传打字机、磁带输入装置、外围输出设备等，但它们位于弹库外面，与舰上作战系统的其他计算机装在一起。每台发控设备都是完全冗余的，能控制首、尾两弹库中的所有导弹。在正常情况下，每台发控设备控制每个弹库中的一半导弹。但在一台出现故障时，另一台能接管控制全部导弹，实现不间断发射。

3."阿斯洛克"(ASROC)火箭助飞鱼雷武器系统

以典型的"阿斯洛克"(ASROC)为例。"阿斯洛克"火箭助飞鱼雷武器系统是一体化的武器系统，主要由探测设备、导航设备、指挥控制系统、发射装置和"阿斯洛克"火箭助飞鱼雷组成。探测设备可提供目标方位信息，导航设备提供本舰导航参数(航向、航速、横摇和纵摇、相对风等)。指挥系统利用从探测设备送来的输入信号完成下列任务：解决反潜武器攻击问题；为发射准备武器；编制发射程序；为助飞鱼雷跟踪提供目标数据。发射装置提供 8 枚"阿斯洛克"火箭助飞鱼雷，储存在 4 个封闭的温度可控的导向装置里，把一枚选定的助飞鱼雷放入指定的射击位置。

"阿斯洛克"火箭助飞鱼雷武器系统组成如图 7.16 所示。

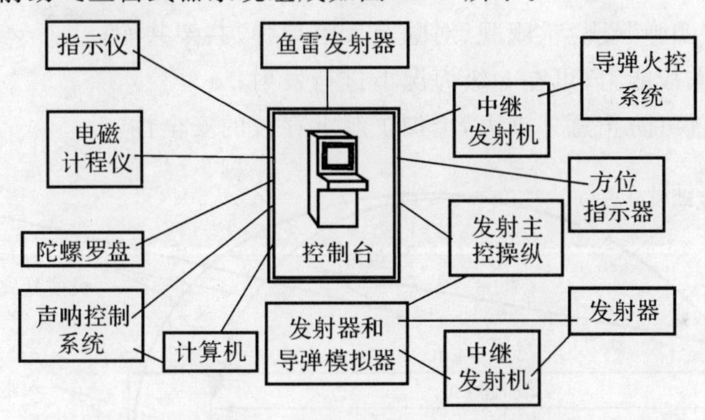

图 7.16　"阿斯洛克"火箭助飞鱼雷武器系统组成示意图

4."垂直发射阿斯洛克"(VL—ASROC)火箭助飞鱼雷武器系统

"垂直发射阿斯洛克"火箭助飞鱼雷武器系统是美国于 20 世纪 80 年代研制的弹道式舰用火箭助飞鱼雷武器系统。它能为美国的水面舰艇提供中程、全天候快速反潜能力。"垂直发射阿斯洛克"火箭助飞鱼雷如图 7.17 所示。它由 MK—12—0 型头部保护罩、战斗部(MK—46—5 型或 MK—50 鱼雷)、MK—Ⅱ—0 型弹体框架结构、MK—34—0 型空中稳定器(降落伞装置)、MK—Ⅱ4—0 型火箭发动机、MK—209—0 型矢量控制器、MK—210—0 型自动飞行控制器等 7 部分组成。该助飞鱼雷长 5.08 m，直径为 358 mm，质量为 750 kg，马赫数为 1，最大射程为20 km，战斗部 MK—46—5 鱼雷、MK—50 鱼雷或核深水炸弹。"垂直发射阿斯洛克"火箭助飞鱼雷的作战过程如图 7.18 所示。

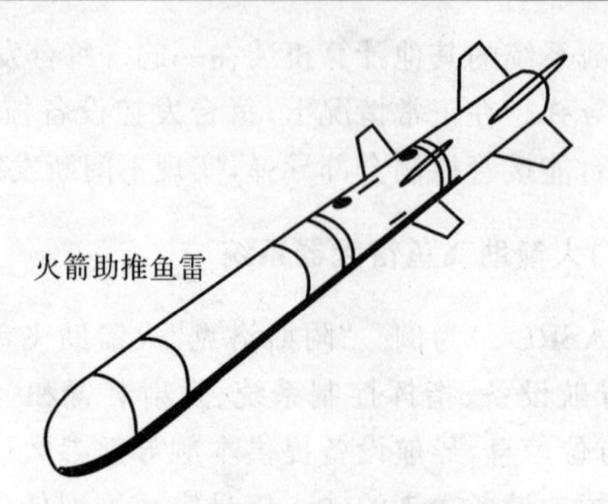

图 7.17 ASROC 助飞鱼雷外形图

"垂直发射阿斯洛克"与"阿斯洛克"相比,主要优点是:

1)射程从 9.25 km 增加到 20 km;

2)反应速度快,更适应现代反潜的需要,采用垂直发射,可全方位攻潜,不受射界影响;

3)在舰上实现"四弹"(舰空、舰舰、对陆及反潜导弹)共架共库;

4)具有全天候作战能力,可在 6 级海况下进行发射;

5)点火隔离装置可防止意外点火,增加了舰上存放的安全性。

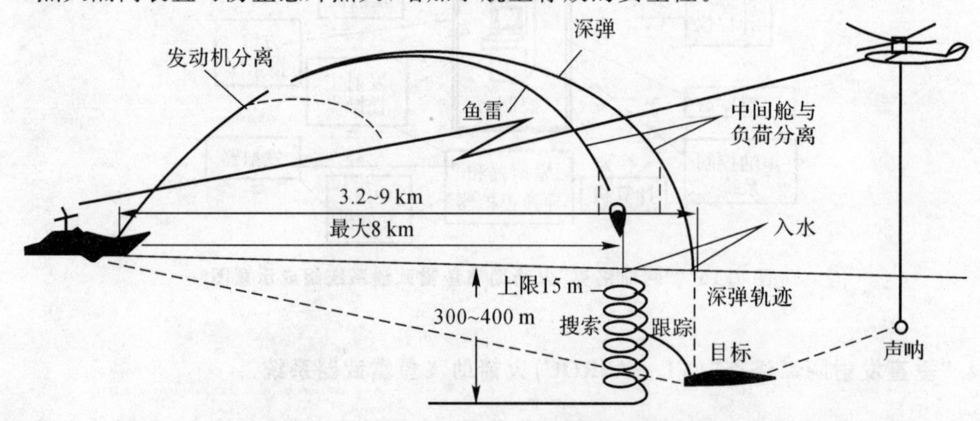

图 7.18 VL—ASROC 助飞鱼雷作战过程示意图

7.4 航母编队协同反潜

航母战斗群已经成为美国海军重要的打击力量,它既是从海上向陆上战场投送兵力的多任务机动编队,也是在远洋和近海实施反潜的主要兵力。因此,反潜既可能是其主要任务,又可能是为完成其他使命而必须运用的防御作战样式。

航母战斗群集多种反潜兵力、武器于一身,在立体、大纵深、多方位对潜预警和侦察网络、指挥控制网络以及其他兵力和兵器的支援和保障下，以各种方式实施反潜作战。然而，鉴于水下空间的“不透明”性，反潜作战将是其最为艰难的一项任务。

7.4.1 航母战斗群反潜兵力组成及保障系统

以单艘航母为中心组成的战斗群编成是变化的，如当以反潜为主要任务或敌潜艇威胁相当严重时，航母上的反潜飞机和直升机各为两个中队，而通常各编一个中队。

危机时期或战时，美国航母战斗群的兵力编成如下：

1 艘“尼米兹”级核动力航母；

2～3 艘“提康德罗加”级巡洋舰；

3～4 艘“阿利·伯克”级驱逐舰（Ⅰ型或Ⅱ型）；

1～2 艘攻击型核潜艇（“海狼”“洛杉矶”，“弗吉尼亚”级）；

可能有 1 艘专用弹药运输船和补给船；

航母载有 1 或 2 个反潜巡逻机大队（6 架或 12 架 S—3B）；

航母载有 1 或 2 个反潜直升机大队（6 架或 12 架 SH—60F），每艘“提康德罗加”级巡洋舰载有 2 架 SH—60B 反潜直升机，每艘“阿利·伯克”级驱逐舰分别载有 1 或 2 架 SH—60B 反潜直升机。

如果作战区域内有美军基地，还可得到数架岸基 P—3C 反潜机的支援。

远程水下对潜预警声呐系统、各种卫星系统、岸上电子侦察系统可为航母战斗群提供反潜预警保障，必要时，岸基歼击机等为其提供一定的对空防御保障。

7.4.2 反潜兵力部署原则和对潜防御体系

航母战斗群反潜体系的使命任务：争取在远离航母的区域消灭敌潜艇；阻止敌潜艇袭击航母和其他大型舰艇，系统地运用战斗群中的各种反潜兵力和兵器、区域内反潜兵力和支援保障系统等。

反潜兵力部署和使用的要求如下：

1）按照区域—目标的原则部署和使用反潜兵力和兵器；

2）最大程度实施编队网络中心反潜和利用战区反潜网络；

3）全方位、立体、大纵深和多梯次警戒，尤其在危险方向；

4）利于集中指挥；

5）与持续工作的远程水下对潜预警声呐系统、区域性机动反潜兵力协同。

战斗群中各反潜兵力按区域—目标原则配置，即：战斗群中除航母以外的所有反潜兵力以保护航母为目标，在各自的区域实施反潜。

从序列或队形的种类区分，有航渡和作战序列或队形。

航渡序列或队形——战斗群由基地驶向作战海域或待机海域，或由待机海域驶向作战海域时的序列或队形。

作战序列或队形——航母战斗群在作战区执行对岸或对海作战任务时的序列或队形。

航母战斗群作战区——航母舰载机对敌岸上或海上编队实施攻击时的活动区域。实际上，从对潜防御的角度讲，对敌岸上目标攻击时，首先是警戒舰艇发射巡航导弹，稍后才是航母舰载机的多波次轮番出击。

航母战斗群对潜防御可分为近区、中区和远区。

近区防御：阻止敌潜艇占领鱼雷射击阵位是近区防潜的主要目的。根据目前潜艇装备的反舰鱼雷有效射程，近区为距航母 20 n mile 左右的区域。根据水文条件，警戒舰艇配置在航母的周围，活动于距航母或综合补给舰 4～10 n mile 的海域；航母所载的反潜直升机通常配置在航母的前方，距航母 11～15 n mile。个别情况，如直接警戒舰艇数量不够时，也可配置在航母的后方，距航母 4～20 n mile。

由此看出，近区防御由反潜水面舰艇和航母上的反潜直升机建立的两道巡逻线所组成。根据敌潜艇装备的鱼雷射程的变化，近区防御半径和直接参与警戒的舰艇、反潜直升机与航母之间的距离将相应改变。

中区防御：中区对潜防御的主要目的就是阻止敌潜艇占领近程反舰导弹发射阵位。根据目前潜艇装备的近程反舰导弹的有效射程，中区为距航母 20～80 n mile 的区域。在该区，航母上的 S—3B 反潜飞机在距其 20～40 n mile 的区域进行搜索。1～2 艘装备拖曳式线列阵声呐系统的水面舰艇在距航母 50～80 n mile 的地方进行搜索。同样，根据敌潜艇装备的近程反舰导弹射程的变化，中区防御纵深、水面舰艇和反潜飞机至航母的距离将相应改变。

由于装备了拖曳式线列阵声呐，航母战斗群的反潜能力迅速增长。目前，美巡洋舰、驱逐舰装备的 AN/SQR—19 拖曳式线列阵声呐，利用直线传播方式被动探测、识别敌低速航行潜艇的距离在 30 n mile 左右。相应地，单艘舰搜索宽度为 60 n mile，而由两艘舰组成的编队搜索宽度超过 100 n mile。

远区防御：远区对潜防御的目的是阻止敌潜艇占领中、远程反舰导弹射击阵位和阻止敌潜艇接近航母战斗群。根据目前潜艇装备的中、远程反舰导弹的有效射程，远区指距航母 80～200 n mile 的区域。攻击型核潜艇在水下进行搜索，岸基 P—3C 反潜飞机在空中搜索。当岸基 P—3C 反潜飞机数量不足时，S—3B 反潜飞机也会参与空中搜索。

为了进一步加大防御纵深，阻止敌潜艇从战斗群航线前方接近，如岸基 P—3C 反潜飞机数量充足时，其可在航母前方 250～300 n mile 的空域搜索。

此外，远程固定声呐监视系统、侦察卫星系统等为航母战斗群提供远程对潜警戒，从而形成整个战斗群的超远对潜防御区。

如判明敌攻击型核潜艇可能袭击航母战斗群，为了阻止其从战斗群的尾部发起高速攻击，装备拖曳式线列阵声呐系统的水面舰艇和攻击型核潜艇可配置在战斗群后翼，距航母30 n mile左右。

反潜飞机飞行速度快、留空时间长，使用雷达等非水声器材搜索不影响其他兵力的搜索，搜索海域机动灵活，如P—3C反潜飞机可根据需要既可在某方向搜索中区和远区，亦可围绕航母进行全向搜索。

水上环境也影响各防御区半径，根据水声条件的不同，各防御区半径可相应调整，既不产生探潜“漏区”，又能增大防潜纵深。

7.4.3　搜索和攻击敌潜艇

各兵力或兵力群分别在相应警戒区搜索敌潜艇。

1. 水面舰艇搜索敌潜艇

载有拖曳式线列阵声呐的水面舰艇可单艘也可数艘组成反潜战斗群实施搜索。当组成反潜战斗群时，其行动方法可能如下：

反潜战斗群由2～3艘舰艇组成。由3艘组成时，在宽度达40 n mile的带状海域为航母提供反潜保障，防止敌潜艇使用有效射程为50～60 n mile的反舰导弹和鱼雷袭击航母。单舰独立搜索时，反潜战斗群部署于敌潜艇威胁严重的方向，以增大该方向防潜纵深。

通常，载有拖曳式线列阵声呐的水面舰艇的搜索速度为8～15 kn。而当航母的航速超过15 kn时，它将采取“蛙跳”方法，即在某点停车搜索一段时间，未发现可疑噪声后，高速航行至另一点停车搜索，依此类推。为了验证拖曳式线列阵声呐探测到某方位和区域的可疑噪声，根据估计的距离可以使用主动声呐进行搜索。显然，当估计距离较远时，就必须立即召唤附近空中的反潜直升机、反潜飞机或派出舰载直升机。

判明目标后，根据反潜作战协调官的命令实施攻潜。

2. 攻击型核潜艇搜索敌潜艇

航母战斗群中的攻击型核潜艇根据具体的情况，可独立地或者与为其护航的水面舰艇一起在远区搜索。与护航舰艇一起活动时，潜艇在以水面舰艇为中心、半径为2.5 n mile的圆形海域内搜索，水面舰艇的任务是与潜艇保持连续的联系并向其转达舰艇、直升机和反潜飞机发现敌潜艇的情况。编队内其他警戒舰艇与潜艇机动区的距离须大于5 n mile，当潜艇发现5 n mile以内有目标时不得使用自导鱼雷攻击。

如果潜艇独立活动，则其可在近区(距航母群30 n mile的区域)、中区和远区搜索。

使用拖曳式线列阵声呐搜索和跟踪敌潜艇的效率最高，最佳搜索和跟踪速度为12～14 kn。如航母编队航速超过15 kn，采用“蛙跳”方法保持阵位。根据水文情况，美国反潜潜艇通常在 40～100 m 深度搜索。发现可疑水下噪声，一旦确认目标是敌潜艇，无须请示，立即攻击。潜艇与航母之间在近区借助于通信声呐联系，在中区和远区则需借助于声呐浮标、水面舰艇和航空兵的帮助。

3. 反潜飞机、反潜直升机搜索敌潜艇

航行途中，P—3C 和 S—3B 反潜飞机使用雷达和无线电设备搜索中、远区，SH—60F 反潜直升机使用吊放式主动声呐进行搜索，担任警戒的舰艇所搭载的反潜直升机使用声呐浮标搜索近区。

在作战区，P—3C 和 S—3B 反潜飞机分别在航母前方 80～250 n mile 的海域布设声呐浮标障碍。

巡洋舰、驱逐舰所载的 SH—60B 反潜直升机通常按照命令进行搜索，但必要时也可以自主实施检查性搜索。为航母实施反潜警戒的舰载直升机通常进行应召搜索和巡逻搜索，并在近区后翼布设声呐浮标障碍，以阻止敌核潜艇从尾部发起攻击。

4. 战斗群的曲折机动

航行途中，通过敌潜艇可能活动区域，航母战斗群可能采取反潜折线机动。分航向与主航向的平均夹角为 20°，分航向的航程为 5～6 n mile，时间为 15 min 左右，航速为 20～24 kn。

在作战区，为了减轻飞行人员的压力和增加飞机载荷，飞机升空时，航母的航向与反风向夹角为 5°左右。一拨飞机升空后，航母再转至主航向航行，下一拨飞机升空前，航母再转至与反风向夹角 5°左右的航向，依此类推。因此，在作战区，战斗群作近似周期性的曲折机动。航母的航速与风速也有关。通常情况下，当风力为 5～6 级时，航速为 12～17 kn；当风力为 2～4 级时，航速为 16～22 kn；无风时，航速可达 29 kn。舰载飞机可以在航母停车时起飞，但这时飞机的载弹量通常不大。

5. 反潜水面舰艇搜索敌潜艇

实施反潜警戒的水面舰艇通常以舰壳声呐主动方式搜索为主。相对而言，反潜警戒舰艇的机动较其他警戒兵力更受限制。航行途中，反潜警戒水面舰艇与航母的航向和航速始终要保持一致。在作战区的警戒方法有三种：

1)始终与航母同向、同速运动。该方法使用的最佳时机是飞机连续起飞时(一个飞行周期未完，又插入另一个飞行周期。飞行周期由弹射飞机、甲板操作周期和飞机着舰时间组成，如当甲板风速为 40 kn 左右时，起飞 14 架左右飞机，飞行周期约为 100 min)、夜间和能见度不好时。

2)在航母开始起飞飞机到飞机起飞完毕，反潜警戒舰艇负责警戒航母活动区，而航向和航速与航母不同。该方法使用的最佳时机是反潜警戒舰艇仅能够有效地防御敌潜艇威胁扇面，尤其是迎风扇面。

3)综合运用上述两种方法。综合方法使用的最佳时机是,航母在反潜警戒舰艇警戒区内行驶,不会遭受敌潜艇威胁的白天。在航母的航速增加至便于飞机起飞的航速前,反潜警戒舰艇采用第二种方法;其他时间采用第一种方法。

7.4.4 航母战斗群对潜防御特点

航母战斗群对潜防御有以下特点:

1)兵力分布范围广,分布在纵深约300 n mile、宽度约100 n mile的动态海域。

2)根据目标区域原则部署航母实施警戒的兵力。在水平方向上,对潜防御能力差别较大。在防御纵深上,航母前方最大,后方最浅。

3)机动性强,平均航速为20 kn左右,通过敌潜艇可能活动区域,进行高速、曲折航行。在作战区,因为要保证飞机起飞和降落,周期性地曲折机动,导致主航向上的航速较低。

4)航母战斗群以较高航速航行,一方面缩小了敌潜艇鱼雷攻击阵位扇面,降低了其占位概率,并使对方难以及时利用所侦察到的信息;另一方面,产生的噪声强度高,易被悬停或以低速航行的敌潜艇先期发现。航母战斗群在航行途中,如敌潜艇能够预先埋伏于航母战斗群航线上,以静待动或以静制动时威胁较大。

5)航渡时,反潜飞机基本以目视和雷达搜索上浮活动敌潜艇。在作战区,反潜飞机使用声呐浮标搜索,同时,使用雷达等器材搜索,这时对潜艇威胁大于航渡时。

6)攻击型核潜艇和水面舰艇搜索。航母战斗群主要使用拖曳式线列阵声呐,以被动方式搜索,预警距离远。对从该航母战斗群前方以及侧前方占领攻击阵位的潜艇威胁大,但这种声呐在载体航线的两侧、舰首尾方向均存在30°左右的盲区。

7)由于中、远区面积大,其反潜区“空隙”较大。

8)反潜直升机使用吊放式声呐,反潜警戒舰艇使用舰壳声呐,以主动方式探测,易被潜艇发现,且由于数艘水面舰艇以较高速航行,近区噪声强度高,利于潜艇隐蔽。

9)能够得到远程水下对潜预警声呐系统,各种卫星系统、岸上电子侦察系统等的反潜预警保障。

10)虽然航母战斗群尾部防潜纵深小,但在其航行时,最高航速低于26 kn的核动力潜艇如从尾部占领鱼雷攻击阵位却较困难,因为相对速度小,仅有几节,由此导致辐射噪声强度高和高速占位持续时间长,易被位于尾部的潜艇或水面舰艇的拖曳式线列阵声呐发现,而且潜艇从航母战斗群搜索带侧翼进入尾部也需数小时。最高航速在30 kn左右,且相对辐射噪声强度较低的核动力潜艇从航母战斗群正横后方向攻击较易。

11)如果敌攻击型核潜艇与常规动力潜艇组成潜艇群对航母战斗群进行全向攻击,此时整个航母战斗群的对潜防御能力较弱。

12)当敌潜艇进入远区时,为了避免误伤己方潜艇,反潜警戒兵力攻潜时机和海域受到一定限制。

从潜艇或以潜艇为主要兵力突击美航母战斗群的角度看,航母前方的防御纵深和梯次明显强于其他方向,是针对敌鱼雷潜艇和近程反舰导弹潜艇,或虽然敌潜艇装备中、远程反舰导弹,但难以实施引导攻击;攻击型核潜艇和舰载拖曳式线列阵声呐舰的部署考虑了敌潜艇动力。因此,如果敌方能够组织引导中、远程反舰导弹潜艇攻击,那么航母战斗群的对潜防御空间相对要大,重点防御空间也很模糊。如果敌方能够组织核动力和常规动力潜艇用鱼雷和近、中、远程反舰导弹进行攻击,航母战斗群的对潜防御空间还要扩大,重点防御空间就变得更加模糊,组织和实施难度更大了。如果敌方能够组织核动力和常规动力潜艇的鱼雷,近、中、远程反舰导弹和机载、舰载中、远程反舰导弹攻击航母战斗群,甚至通过水面舰艇的攻击为潜艇佯动造势,航母战斗群的防御空间还要进一步扩大,重点防御空间也会进一步模糊难定,航母战斗群的对潜防御能力进一步被削弱。

7.5 典型非航母编队反潜作战编成

日本海上自卫队的主要水面舰艇在设计时都考虑了反潜护航作战的需要,全部装备有先进的反潜装备,具有强大的反潜作战能力。随着“宙斯盾”防空导弹驱逐舰首舰“金刚”号于1993年服役,日本海上自卫队在原先“八・八”舰队的基础上编入“宙斯盾”驱逐舰和多用途驱逐舰(载有1架直升机)各1艘,由10艘驱逐舰和9架舰载直升机构成“九・十”舰队。“九・十舰队”是目前世界海军中最为典型的、以非航母水面舰艇为主的海上舰艇编队,基本编成是“白根”级驱逐舰1艘(搭载3架直升机,载有8联装“海麻雀”舰空导弹1座,装备11号和14号数据链,担任编队指挥舰并实施反潜作战)、“宙斯盾”防空导弹驱逐舰以及“旗风”级和“太刀风”级防空导弹驱逐舰各1艘(用于区域防空作战)、“初雪”级和“朝雾”级多用途驱逐舰共6艘(各载1架直升机,是反潜、反舰作战的主要兵力)。依据最佳费效比使用兵力的原则,“九・十舰队”是舰艇反潜作战的最佳编成。

对潜侦察方面,“九・十舰队”编队正常航渡的基本队形是,“宙斯盾”防空导弹驱逐舰居前,指挥舰居中,6艘多用途驱逐舰以3艘为一组呈扇形配置在左、右两侧,另外2艘防空驱逐舰殿后,舰与舰之间的距离多为约3 700 m(20链),以保证舰载声呐能可靠地发现敌潜艇。“九・十舰队”的驱逐舰均装有舰壳声呐(作用距离约5 500m,达30链)。舰壳声呐主要是OQS—4型,是日本以美国SQS—23型为基础研制的改进型。除了3艘防空驱逐舰外,其余7艘舰上还装有新型的拖曳式线列阵声呐系统。拖曳声呐主要是SQR—19型,由水下听音器组成48×8阵列,通过捕捉潜艇发出的超声波测定目标方位和距离,一般与直升机投掷的声呐浮标配合使用。直升机先投掷声呐浮标,发现目标后立即使用拖曳声呐进行深测、定位,常常能获得准确的目标位置参数。此外,“白根”级指挥舰上还装有从美国最新引进的SQR。18A型拖曳式线列阵声呐系统和SQS—35J型变深声呐系统，保证了舰队的中、近距离反潜侦察能力。8架HSS—2B舰载直升机作为舰队机动侦察力量，主要用于搜索各舰载系统作用距离以外的潜艇。

对潜攻击方面，“九·十舰队”所有驱逐舰上都装备有1座8联装“阿斯洛克”火箭助飞鱼雷发射装置和2座68型3联装MK—46—5反潜鱼雷发射管。MK—46—5反潜鱼雷采用主/被动声自导方式，速度大于40 kn，射程达11 km以上。“阿斯洛克”反潜导弹的射程在20 km以上，它是以MK—46－5型鱼雷为战斗部的固体火箭助飞鱼雷，用以攻击较远距离的水下目标。此外，9架HSS－2B舰载反潜直升机均载有4枚MK—46型反潜鱼雷或MK—9航空深水炸弹。HSS—2B反潜直升机、“阿斯洛克”火箭助飞鱼雷和MK—46—5型反潜鱼雷组成了“九·十舰队”远、中、近多层次的反潜攻击力量。

复习思考题

7-1　舰载反潜武器系统的基本组成和主要功能是什么？

7-2　简述反潜武器系统的几种工作方式。

7-3　火箭助飞鱼雷武器系统、管装鱼雷武器系统和深弹武器系统在水面舰艇反潜作战中各自承担什么任务？它们之间是何种关系？

7-4　与传统反潜武器系统相比，火箭助飞鱼雷武器系统具有哪些明显优势？

7-5　简述火箭助飞鱼雷武器系统作战使用特点。

7-6　简述反潜武器系统装备和技术发展趋势。

7-7　发展水面舰艇反鱼雷武器系统有何意义？

7-8　水面舰艇反鱼雷武器系统的基本组成是什么？

7-9　未来水面舰艇反鱼雷武器系统的特点有哪些？

第8章　航空反潜武器系统

随着潜艇技术的发展,特别是核动力潜艇的出现,现代潜艇的威胁正在不断增长,反潜战作为潜艇战的反措施,正在受到各国海军的普遍重视。现代反潜战已由早期的水面舰艇为主的反潜,发展成为空中、水面、水下、太空(卫星)立体协同反潜。在各种反潜作战方式中,航空反潜以其反应时间短、机动能力强、作战效率高以及在反潜作战中的主动地位和安全性而被视为最重要的作战手段。水面舰艇和潜艇等其他反潜作战平台由于机动能力缺乏优势,自身发动机或螺旋桨产生噪声而导致声呐的探测能力受到很大的制约。而反潜飞机速度快,灵活机动,能够以绝对优势的速度搜索、跟踪和攻击各种潜艇。机载搜潜设备多种多样,如反潜直升机既能采用声呐探测,也能利用其低空悬停性能将声呐换能器调置于水中而避免自身机械噪声的干扰,通常少量反潜飞机在较短时间即可执行对很大面积海区的监视和搜索任务。此外,多数潜艇在水下并不具有理想的对空探测设备和作战武器,因此反潜系统在执行任务期间不像水面舰艇那样须时刻提防敌方潜艇的反击。

航空反潜系统是以各种飞行器(如固定翼飞机、直升机、飞艇等)为运载工具和武器平台,以声学和非声学的多种探潜定位手段,由导航与飞行控制、指挥控制和攻潜武器(如航空鱼雷、航空深弹等)等分系统组成的装备系统,专门猎捕、控制和消灭敌潜艇。这个系统以探潜设备和攻潜武器为主体,以数据处理和指挥控制为核心。

航空反潜的优点:

(1)机动性强,速度快。航空反潜具有机动灵活的优势,一旦发现目标,敌潜艇即难以摆脱反潜飞机的跟踪。

(2)隐蔽性好。反潜飞机在空中进行反潜作业,水下航行的潜艇难于对其进行探测,并难以对直升机定位和攻击。因此,反潜飞机始终占有主动地位,能够较好地跟踪和有效地攻击敌潜艇。

(3)效能高。机载声呐工作时,不受载体动力系统噪声干扰;换能器基阵深度可变,可选择有利的水声信道;机载声呐浮标系统一次可布放多枚浮标,覆盖较大海域和较大的深度范围;机载声处理可同时处理多个浮标的信息,有的还可同时处理吊放声呐的数据。

8.1　反潜飞机

国外实施航空反潜战的反潜飞机,按部署基地分为岸基和舰载两类,按用途分为反潜巡逻机、反潜直升机和反潜水上飞机三类。在航空反潜战中,各类反潜飞机发挥各自优势,承担相应的任务。

岸基固定翼反潜巡逻机起飞质量大、航程远、留空时间长，能携带多种反潜探测设备和大量反潜武器，一直是航空反潜战的主力。目前，各国海军现役的主要固定翼反潜巡逻机，除美国现役 S—3“北欧海盗”是舰载型之外，其余都是岸基型。

舰载反潜直升机，以其体积小、质量轻、机动灵活的特点而成为现代水面舰艇反潜作战的重要成员，它与舰载反潜导弹和舰载管装鱼雷构成远、中、近程反潜作战体系。舰载反潜直升机承担现代水面舰艇的远程反潜任务，对敌方潜艇可能活动的海域进行系统或分区探测搜索，或对已发现有敌方潜艇活动的海域进行应召搜索。一旦发现目标，它既可发射机载反潜导弹或反潜鱼雷对其实施攻击，也可根据任务要求，在发现和跟踪敌方潜艇的同时，通过机载数据链将目标位置和运动诸元实时地传输给水面反潜舰艇，由其发射反潜导弹或反潜鱼雷，并由直升机查明攻击效果。水面反潜舰艇则视情况退出战斗或再次攻击。

反潜水上飞机以其海面起落并航行的特殊能力和较强的载弹能力，可承担特定环境条件下固定翼/旋转翼反潜飞机难以执行的反潜作战任务。但是，反潜水上飞机受自身结构特性和海上作战环境条件限制，目前只在少数几个国家的海军服役。

8.1.1　反潜巡逻机

1. 反潜巡逻机分类

反潜巡逻机也就是固定翼反潜飞机，它是航空反潜的主要兵力。其特点是可携带多种探潜设备和攻潜武器，搜索面积大，留空时间长，主要用于执行巡逻反潜任务。其机载设备及武器系统复杂，造价高。近年来，西方各国普遍重视和建立了有效的空中预警、侦察和监视系统。海上反潜巡逻飞机已成为包括卫星和水面舰艇在内的整个监视与侦察网的重要组成部分。

反潜巡逻机按其着载对象不同分为岸基(陆基)、舰载和水上三种类型。

(1)岸基反潜巡逻机

岸基反潜飞机指以陆地机场为基地的固定翼反潜飞机，主要任务是反潜，即在近岸海域较远海区对敌潜艇进行探测、识别、跟踪、定位和攻击；可进行全天候远程巡逻、护航和区域搜索；还可在飞行区域战斗中起协调作用。其次要任务是航空布雷、海上监视、破坏敌航运以及搜集情报资料等。比较著名的有美国的 P—3、法国的“大西洋”、俄罗斯的“伊尔—38”、英国的“猎迷”、荷兰的 F—27“执法者”、我国的“运 7”等。上述机型特点是装载质量大、设备全、速度快、航程远，十分适合执行大面积海域的巡逻搜潜任务。出于装载各种探潜、搜潜设备、攻潜武器以及长时间巡航等方面的需要，反潜飞机的尺寸、结构与中型运输机相差无几，具有足够的空间装载大尺寸探测雷达、声呐、磁探测仪、红外线探测仪、废气探测仪器、反潜炸弹、鱼雷及机载电子对抗系统等搜潜设备和反潜武器装备。同时反潜飞机还装备有精密的导航、通信设备及先进的辅助着陆装置，以便能全天候随时出动执行反潜任务。现代岸基反潜飞机的航程一般大于4 000 km,有的甚至达8 000 km,续航时间近20 h,巡航速度一般在500～800 km/h范围以内,既能在高空快速飞抵任务区域,又能在低空慢速搜索以避免漏掉目标。其较大的航程和续航时间更有利于在特定区域对敌潜艇构成长时间的威胁和压制。目前,岸基反潜飞机是各国沿海反潜兵力中最重要、最有效的装备之一。

(2)舰载反潜巡逻机

舰载反潜巡逻机主要是随航母执行机动反潜任务,包括对潜艇进行搜索、监视、定位和攻击,并对母舰或舰队实施护航警戒和反潜保护。

目前,国外装备的舰载反潜巡逻机并不多,只有美国等拥有航母的大国装备这种反潜机,如美国的S—3“北欧海盗”系列,法国的“贸易风”舰载反潜巡逻机和英国的“海鹞”单座舰载垂直起落攻击机,也可用来攻击潜艇。

(3)水上反潜巡逻机

水上反潜巡逻机是根据反潜作战任务需求而专门设计的机型,具有不需要特备场地,可以直接在江、河、湖海等宽阔水面起飞和降落的特点。水上飞机在两次世界大战的航空反潜战中发挥了很大的作用,曾一度成为航空反潜的主要兵力,世界上首次击沉潜艇的飞机就是水上飞机。但水上飞机的最大弱点是为了满足水动力要求,而不得不牺牲其大约20%的气动力性能,而且为了同时满足空中和水面运动的要求,也导致其设计、制造、材料诸多方面的技术复杂性。因此,二战后西方各国都放弃了研制大型水上飞机,唯独日本于20世纪60年代末研制出了PS—1水上飞机,曾装备有20多架,但也因使用不便等原因逐渐被岸基反潜巡逻机P—3C所代替。目前世界上主要在役机型有俄罗斯的A—40、日本的PS—1以及中国的SH—5等。其共同外表特征是为了适应水上起降而将机身底部设计成密封的船型,机翼装有浮筒。水上反潜飞机除装有与岸基反潜飞机同样的搜潜、攻潜装备作战性能外,突出的优越性还在于部署、使用灵活,安全性好,不必依赖专用陆地机场,在执行任务期间即使在遭遇故障甚至燃料不足的情况下仍能随时降落水面进行处理或补充燃料。由于水上反潜飞机具有其他机型不具备的技术特点和执行反潜任务时反应迅速的特殊优势,可以认为其今后仍将得到重视和发展。

苏联二战后装备了B—12水上反潜巡逻机,也曾在我国使用。目前俄罗斯装备了世界上最大的水陆两用A—40“信天翁”反潜巡逻机。

2. 机载反潜设备和武器

反潜巡逻机由于其搜潜、攻潜方面的特殊要求,除装有适应探潜和攻潜要求的导航、通信和战术数据处理显示系统以外,还装有反潜机所特有的搜潜探测和攻潜武器系统。

(1)搜潜探测系统

机载搜潜探测系统包括声源探测系统和非声源探测系统两大类。

声源探测系统是探测潜艇的主要手段,其主要装置是声呐。反潜巡逻机除水上巡逻机可以使用吊放声呐外,主要使用声呐浮标。

非声源探测系统作为声源探测的辅助手段，是利用电、磁、目视等手段探测潜艇。现代反潜机上已经把非声源探测到的信号利用计算机进行综合处理，并用多功能显示器进行综合显示。

电波探测装置主要是雷达。机载搜索雷达发现海面目标的距离可达数百千米，而且盲区小，机动性强，电子支援设备(ESM)目标探测能力比雷达更强。然而雷达等电波探测装置只能探测和发现处于水面状态或潜望镜状态的潜艇。

磁异常探测器(MAD)通过探测潜艇艇体引起的地磁异常，得到有关潜艇位置的正确数据。

目视探测仍是一种探测手段，但只能白天及有月光时才能进行。因此，一种低亮度电视和红外探测设备已在反潜机上得到广泛应用。红外探测设备是一种利用目标自身热辐射进行被动探测的光电探测设备。用红外探测可不受昼夜明暗以及烟、雾等恶劣条件的影响，并可透过伪装，发现和识别目标。

废气探测仪也是现代反潜机上的一种辅助探测设备。潜艇在海上航行会散发出气味。常规潜艇在通气管露出水面航行时，由柴油机排出的废气，能在大气中保持几个小时；核潜艇的辅机有时也会排出少量的废气。因此，对于这些废气(含有一氧化碳或二氧化碳分子)就可由反潜机上的废气分析仪来对潜艇经过的海区上方空中取样加以分析，判断此区有无潜艇。

(2)攻潜武器

现代反潜巡逻机上携带的攻潜武器主要有反潜鱼雷、航空深弹和反潜水雷。反潜鱼雷是反潜飞机普遍装备的反潜武器；航空深弹是浅水反潜的有效武器；反潜水雷也是反潜飞机携带的武器之一，它可用来封锁敌潜艇的基地、港口及航道。

3. 发展趋势

为适应未来海上航空反潜作战需求，各海洋大国重点发展以反潜为主的岸基固定翼多用途海上巡逻机，使其既能攻击远洋深处的核潜艇，又能攻击近岸的常规潜艇。美国海军提出“由海向陆”战略，建立包括“海上打击”“海上盾牌”和“海上基地”三项核心作战能力在内的全球作战战略。开始实施称为“多任务海上飞机”(MMA)的概念研究项目，该机主要任务是反潜，也可执行侦察和攻击水面舰艇，用来取代 1962 年 8 月开始服役的“猎户座”P—3C 反潜巡逻机和 E—3E 电子战飞机。同时发展称为“广域海上监视无人机”(BAMSUAV)项目。

为满足近海反潜巡逻作战需求，俄罗斯一直在发展“信天翁”A—40 水上飞机，以取代现役的“海鸥”Be—12 反潜水上飞机，最新发展的是 Be200ChS 反潜水上飞机。日本新明和工业株式会社正发展的最新型水上飞机是 US—1A Ka。加拿大庞巴迪宇航公司研制成功的最新水上飞机是 CL415MP，面向国内外销售。

4. 国外典型反潜巡逻机简介

(1)P—3C“猎户座”岸基反潜飞机

P—3C 机是美国海军主要的远程岸基反潜巡逻机，是 P—3 反潜机系列的一种。该系列反潜机充分运用了四发动机客机技术，达到了续航时间长、机动性能好、速度快等方面的巡逻机要求，同时改善了乘坐的舒适性。P—3C 机已进行了三次加改装：第一次是大大扩充计算机存储器容量，增设“奥米加”导航系统和战术显示器，以及加装电子支援系统(ESM)，使飞机具有信号侦察和分析能力；第二次是增加红外探测设备、声呐浮标定位系统(SRS)，进一步提高导航能力，以及增加“捕鲸叉”反舰导弹；第三次是增设“变幻海神”声学信号分析仪等；现正在进行的第四次改装，旨在进一步改善和提高 ESM 系统的功能以及增加增强型模块信号处理器(EMSP)、新型声学处理系统和高密度数字数据记录仪，还要加装全球定位系统等。由于 P—3C 机采取了一系列改装措施，因而它在较长的时间内保持着先进的性能，成为西方国家主要反潜机的典型代表。

1)机载探测系统。

声源探测系统：主要是“迪发耳”(DIFAR)声呐浮标指示器，其附属设备包括声源信号发生器、声呐接收装置、时间码发生装置和带式声呐记录仪等。P—3C 机体后部下面设有 52 个声呐投放孔(有 51 个直接与通用计算机连接)，可投放 87 个 A 型声呐浮标。另外，还有温深浮标、烟幕弹、带降落伞曳光弹、水中声源信号弹等，可根据需要选择使用。

测声系统：即所谓低频全向声学频率分析与记录(DIFAR)设备。它利用接收到的声源方位信息和距离信息确定目标的位置。

P—3C 机利用主动、被动声呐浮标测得海中声源，以模拟电气信号形式接收，将其变换成数字形式后进行分析、处理、显示，在记录数据的同时，显示出潜艇(声源)的位置。

时间码发生器：在进行定向低频分析和记录显示以及带式声呐记录器存储数据时，时间码发生器同时显示和记录时间(自动进行)。

声呐浮标接收系统：DIFAR 的接收机接收从声呐浮标送来的射频(RF)电波，具有自动选择最强电波的功能。

声呐浮标测位系统(SRS)：它是一种被动探测系统，利用沿机体设置的 10 个阵列天线，来捕捉从声呐浮标发出的甚低频信号，以便 TACCO 正确标定声呐浮标的位置。

声源信号发生器：用于检验飞行前或飞行中声呐浮标接收系统的功能是否正常。

海中噪声计：它与声呐浮标共同测量 50～1 700 Hz 频率范围内的海中噪声。读出压力频谱，用以了解海中噪声的频谱及其强度，便于 TACCO 选择声呐浮标的投下间隔时间和布阵，以便更有效地探测目标。

带式声呐记录器：用于存储声学数据，以便返回基地技术支援中心后，对这些数据进行对比分析。

非声探测系统：P—3C 机利用电、磁、红外等非声学探测装置获得的信息，在计算机和模拟器内进行高速数据处理，并利用多功能显示装置(MPD)正确地进行综合显示。

非声探测系统包括磁探仪系统、电波探测装置(雷达)、敌我识别装置(应答机、电码选编询问显示器)、电子对抗装置、红外探测装置、由计算机控制的前视照相机和自动攻击效果评定照相机等探测设备。另外，还以雷达高度表、雷达高度表警告装置、真实空速计算机、自动飞行控制系统等作为目标探测系统的辅助设备。

雷达：P—3C 机上安装的是 APS－115 雷达，其天线安装在机尾，显示器将图像合成显示，投影范围达 360°。

电子支援手段(ESM)：P—3C 机上装备的 ESM 装置为 ALQ—78，它能接收对方雷达、通信设备等发射的电波加以分析，进行目标识别及方向探测。当对方发射电波时，ESM 的探测能力比雷达强。ESM 电子对抗装置探测分析后的数据，经计算机核对、解析，并与存储数据进行对照、识别、显示，然后将数据存储起来。ESM 装置不仅能用于探测潜艇，还能执行诸如电子侦察等其他任务。该装置的天线安装在左舷主翼根附近的吊舱内。

磁探仪系统(MAD)：P—3C 机上采用 ASQ—81 磁异探测器、ASA—64 检测器和 ASA—65 磁补偿器组合成 MAD 装置。它通过地磁的变化来发现海中的磁体(潜艇)。工作时，由 MAD 获得信息，通过检测器自动校正因机体运动产生的误差，并与原先掌握的潜艇的磁变数据相对照，操作员操作磁补偿器对局部地区环境变化进行磁补偿，尽量得到正确的磁变数据。MAD 装置输出视听两方面的指示信号，探测到若干连续信号时，计算机预测计算下一个探测位置，对飞行员发出指令，进行磁异探测。

前视红外探测系统(FLIR)：该系统利用高灵敏度的红外装置探测温度的细微变化，即便在黑暗中也能确认目标，用此装置可以取代原来使用的低光量电视监视装置(LLLTV)。该装置的红外传感器安于机首，其扫描范围为±172°，上＋18°、下－80°，最大探测距离可达 37 km，可手工控制，也可自动跟踪。

非声学探测装置设置在 SS—3 操作席，在该操作席上，除设置有各探测装置的控制器和显示器外，还设置有连接中央计算机的转换板、敌我识别应答机/电码选编敌我识别询问显示器、纸带记录器及多用途显示器。

2)武器系统。

P—3C 机上装备的是以通用计算机为核心的集反潜搜索、探测、识别、攻击于一体的高度自动化的武器系统。这种系统以“埃—钮”(A—NEW)系统为核心。“埃—钮”将通用数字计算机与导航、通信、探测、攻击等系统及其子系统连接，能综合所有的反潜信息，并进行战术数据的复现显示和传输，还能利用通信系统与其他反潜机上的“埃—钮”系统或舰艇、航母以及陆上的作战系统进行实时连接。

武器管理系统：由中央计算机进行武器控制，掌握武器储量，自动选择和发射武器(搜索、攻击均可)，并可向驾驶员或 TACCO 指示武器发射点。主武器开关由驾驶员操作，可选择手动或自动方式。

攻击武器：P—3C机在前部机体下有炸弹舱，此外在两翼下共有10处武器用外挂架，炸弹舱和外挂架除可装备反潜炸弹、鱼雷、火箭弹等普通武器外，还能装备包括特种武器在内的各种攻击武器。炸弹舱可装备的武器有MK—44或MK—46反潜声自导鱼雷8枚；MK—54反潜深弹8枚；MK—57核弹3枚；454 kg的MK—36或MK—52水雷3枚；907 kg的MK—25/39/55/52水雷各1枚。

P—3C机在STA9/10和STA17/18外挂架上可各挂1枚"幼畜"A导弹；各外挂架上最多能挂8枚反潜声自导鱼雷。更新后的P—3C机可在STA1l—16外挂架上各装1枚(共6枚)"捕鲸叉"反舰导弹。

"捕鲸叉"反舰导弹的发射系统由P—3C机上的航空电子设备、控制装置、显示装置以及"捕鲸叉"发射装置组成。机组人员可利用P—3C机上的传感器探测和识别目标，机上雷达测定的目标为导弹提供射程和方位数据。该导弹可根据方位信息进行定向发射，具有灵活发射、发射后不管等特点。

(2)ATL2"大西洋Ⅱ"反潜巡逻机

ATL2机是以法国、联邦德国为首的西欧国家联合研制的双涡桨海上反潜巡逻机，主要用于反潜艇和反水面舰艇。ATL2机具有飞抵战区的巡航速度快、由巡航高度下降到巡逻高度的时间短、低空巡逻时间长、航程大、低空机动性好等特点，以便于对潜艇近距离探测、定位和实施攻击，能长时间超低飞行，以便于执行反舰任务时避开敌舰载雷达的探测，达到突然攻击的目的。其具有能携带各种武器和设备在全天候条件下发现和攻击潜艇和海上目标的作战能力；还可完成布雷、后勤支援、人员和货物运输等任务，亦能执行先进的空中预警任务。

ATL2机可执行超低空水面搜索，在距离基地1 100 km处的作业区，低空持续搜索8 h，在距离基地1 850 km处的作业区，低空持续搜索5 h，最低飞行高度为30 m。执行反潜任务时，典型的武器装载是4枚鱼雷、100个以上的声呐浮标和各种发烟筒和标识弹，战区低空搜索速度为315 km/h，总飞行时间可达12.5 h。执行反舰任务时，典型装载是2枚"飞鱼"导弹和若干标识弹和声呐浮标。其典型装载是1枚"飞鱼"导弹和2枚鱼雷、若干声呐浮标和标识弹。

1)机载探测系统。机载探测设备有红外前视仪、可降式全景搜索雷达天线、带有电码选编功能的敌我识别询问器和译码器、左侧和后底部照相机、尾杆磁异探测器、声学数据处理器、战术计算机。计算机对来自各种传感器的数据进行快速处理，并可处理和显示战术导航数据以及对目标信息进行综合分析，同时将目标跟踪数据输送至鱼雷或导弹的发控系统，也可送至其他武器系统。其他机载设备包括高频通信电台、塔康导航系统和测距设备、甚高频/调幅通信设备、无线电高度表、高频和甚高频/超高频无线电罗盘、两套与导航卫星接收机交联的惯性导航系统、高速打印机与显示终端、地图显示器和大气数据计算机等。

2)武器系统。飞机腹部武器舱长9 m，容积为36 m^3，可装载标准航空炸弹、航空深水炸弹、自导鱼雷和空-舰导弹(典型装载是 3 枚鱼雷和 1 枚“飞鱼”导弹);4 个翼下挂架可分别承受两个 1 000 kg 和两个 750 kg 的载荷,包括火箭、导弹或容器。活动舱门、开启舱门采用沿着飞机腹壁安装的环状,对雷达无遮挡,对飞机气动性能没有影响。武器舱后、舱内可放 100 个声呐浮标,上、下机身都可存放声呐浮标和标识照明弹等。

(3)S—3A/B“北欧海盗”舰载反潜飞机

S—3A 机是美国根据 20 世纪 70 年代后半期的反潜任务而设计的舰载反潜飞机,用以配合岸基反潜机的使用。它采用了更先进的雷达处理技术,新的声呐浮标遥测接收机系统,以及安装为携带“捕鲸叉”导弹所需的设备。改造后的反潜机为 S—3B,1987 年开始交付使用(见图 8.1)。

S—3A/B 机的作战任务主要是对潜艇进行持续的搜索、监视和攻击,对己方重要的海军兵力(如航母、特遣舰队)进行反潜保护。改装后可作加油机、反潜指挥控制机和电子对抗飞机使用。

图 8.1　S—3B 舰载反潜飞机

1)机载探测系统。声学探测设备包括各种声呐浮标,如低频全向声学频率分析与记录装置(LOFAR)、测距功能声呐浮标(R/O)、定向低频分析和记录装置(DIFAR)、无指向性指令控制声呐浮标系统(CASS)、指向性指令控制声呐浮标系统(DICASS)、测水温(BT)声呐浮标等,以及声呐浮标接收机、指令信号发生器和模拟磁带记录器。

非声学探测设备包括高分辨率 AN/APS—137(Ⅴ)雷达、箔条弹/红外曳光弹撒布系统、前视红外扫描器(FLIR),磁异探测器(AN/ASQ—81(Ⅴ))和校正设备(AN/ASA—65(Ⅴ)补偿器)、被动电子对抗接收机和瞬时频率测量系统。S—3A/B 机上用的 AN/ASH—27 信号数据记录器可记录来自磁异探测器、声呐浮标设备的信号、话音、控制及时间信息、参考信号、计算机命令等。该系统可自动操作并且在任务期间任何时间都可读出。

S—3A/B 机装备的 OR—89/AA 前视红外系统(FLIR)用于夜间探测及分类海面舰船。它是使用汞镉的碲化物检测器阵列,装于具有稳定姿态的平架上,方位自由度为±200°,高低角达 0°～－84°，其输出显示于 875 线 RS—343 综合电视显示器上。该系统由红外观察器、电源视频转换器、伺服控制转换器组成。由通用计算机控制，控制信号以串行字形式送至前视红外系统控制转换器，转换成模拟控制命令，来控制方位及高低角以及制动，而位置反馈信号转换成数字形式送回通用计算机。

2)武器系统。在分隔式武器舱内的炸弹架可装载 4 枚 MK—36 空投水雷、4 枚 MK—46 鱼雷、4 颗 MK—82 炸弹、2 颗 MK—57(或 4 颗 MK—54)深水炸弹或 4 颗 MK—53 水雷。

在两翼下的外挂架上可带照明弹发射器、MK—52、MK—55 或 MK—56 水雷、MK—20 集束炸弹、副油箱或 2 个火箭巢；也可以挂上弹射式 3 弹挂弹架，这样每个挂弹架就能带 3 个火箭巢、照明弹发射器、MK—20 集束炸弹、MK—82 炸弹、MK—36 空投水雷。也可在两翼下携带训练弹。

8.1.2 反潜直升机

1. 发展概况

反潜直升机是指装有探潜设备和攻潜武器的武装直升机，是现代水面舰艇及其编队战术反潜不可缺少和必须依赖的重要手段。

世界上第一架具有实际使用价值的直升机于 20 世纪 30 年代末才问世，到了 40 年代就开始在直升机上安装武器。战后，随着潜艇的发展，反潜直升机，尤其是舰载反潜直升机也迅速发展起来。到了 60 年代初，主要海军国家已开始广泛使用反潜直升机。目前，反潜直升机已发展到第三代，成了反潜的重要兵力。美国多用途航空母舰上的反潜直升机是新一代的 SH—60B“海鹰”直升机。

反潜直升机也可分为岸基和舰载两类。一般 1～2 t 级的轻型直升机和 4～8 t 级的中型直升机均可舰载，10 t 以上的重型直升机则多是岸基型，少数用作大型舰船(如航空母舰、巡洋舰)上的舰载机。

重型反潜直升机装有比较完善的探潜设备和攻潜武器，具有较强的反潜作战能力。目前，国外现役的重型反潜直升机主要有美国的 SH—3A/D/H、SH—60F；俄罗斯的卡—25、卡—27、米—14；英国的 HAS. MK1/2/5“海王”；国际合作的 EH—101 等。在这些直升机中，SH—3H“海王”在目前最具有代表性。

中、轻型反潜直升机装有一定数量的探潜设备和攻潜武器，具有一定的搜潜和攻潜能力。它主要搭载在驱逐舰、护卫舰等中型水面舰艇上，独立地或跟母舰配合完成以反潜为主、兼顾反舰等多种任务。目前，国外现役的中、轻型反潜直升机主要有美国的 SH—2F、SH—60B；日本的 SH—X；英国的“威赛克斯”3/31B；英、法合作的 WG—13“山猫”等。最具代表性的是 WG—13“山猫”和 SH—60B“海鹰”等。

反潜直升机除个别是专门为反潜任务设计的外，多数是由一般直升机加改装反潜所需的装备和武器成为反潜型。如法国的"超黄蜂"反潜直升机是在原运输机的基础上加改装了吊放声呐系统、声呐浮标系统、多普勒导航系统、搜潜雷达及鱼雷武器系统等，并对其液压系统、电源系统、自动驾驶员、航姿系统、机内通话系统、主仪表板、驾驶舱顶棚动静压系统、单边带电台天线、机内设备等有关系统进行了改装。反潜直升机的反潜设备基本与反潜巡逻机的相同，归纳起来也由探潜系统、数据处理/显示系统、导航系统、通信系统和武器系统等五部分组成。值得说明的是，装有吊放声呐系统是反潜直升机探潜系统的一大特点。反潜直升机由于其载重量有限，最多装备4条轻型反潜鱼雷，或换装航空深弹或导弹及火箭。其他几个系统的功能及设备特点基本与反潜巡逻机的相同。

目前，各国仍在积极改进和研制新一代的反潜直升机，以满足21世纪反潜战的需要。已考虑由过去较为单一的反潜使命变为多用途，即能执行反潜、反舰或后勤支援等多种任务。同一种直升机有不同型号，其机载设备也有所不同。为发挥各国的优势，已开始走多国联合研制直升机之路，如意、英联合研制的EH101型直升机；法、英、德、意和荷兰等协议共同研制NH90直升机。另外，英、法联合生产的"山猫"直升机也在改进，改进型为"山猫"HAS—MK—8型；美国"海鹰"的改进型为HH－60H/J。总之，各国都在运用高技术设法提高直升机的反潜能力，提高直升机的可靠性、载重能力、续航力和恶劣海情条件下从舰上起降的性能，尤其是改进其探测能力和自卫能力。

2. 反潜直升机保障系统和机载设备

(1)直升机保障系统组成

直升机平时可驻留在机库或停于起降平台，航空指挥室主要配备有航空显控台、下滑灯、横摇灯、电气控制柜和直升机引导雷达显示器等设备，其主要功能为控制灯光助降系统、显示本舰运动参数和气象参数、显示舱面保障系统工作等，为作战指挥中心提供显示信息，并通过舰上内部通信系统指挥直升机的起降飞行。

(2)主要功能

1)在舰载(编队)50 km范围内指定的海域进行搜潜和攻潜；

2)在舰载声呐对潜警戒的有效区域之外完成对敌水下目标的侦察警戒；

3)在舰载指挥下，完成护航反潜、巡逻反潜和应召反潜作战任务；

4)担负海上救护和应急运输；

5)担负编队和基地间、编队内部各舰间的通信联络和引导；

6)提供中继目标指示。

3. 发展趋势

为提高海军舰队浅水区反潜攻击能力、实现舰载航空反潜力量现代化，美国海军提出了

“直升机作战概念”(NHCO)，美国海军在不断更新P—3C机载反潜探测设备和武器的同时，全力发展新一代P—8A多任务海上飞机。俄罗斯海军也在继续改进现役固定翼反潜巡逻机，已将伊尔—38更新为伊尔—38N；同时，按印度海军要求将其伊尔—38更新为伊尔—38SD。各海洋大国和众多沿海国家在高度重视发展、装备反潜武器系统的同时，也愈来愈重视发展、装备反水雷武器系统。现代反潜战(ASW)和反水雷战(CMW或MCM)，构成现代水下战(USW)的主体。为适应未来海上航空反潜作战需求，各国重点发展的新型岸基大中小型固定翼多用途海上巡逻机、新型多用途水上飞机和反潜巡逻无人机，以及重点改进发展的舰载直升机，除执行反潜任务外，还可执行包括反水雷在内的其他多种任务。美国在实施大量的反潜武器系统发展项目的同时，也安排大量反水雷武器系统发展项目。

4. 国外典型的反潜直升机

(1)SH—2G“海妖”直升机

SH—2G“海妖”直升机是美国海军的全天候、多用途舰载直升机(见图8.2)，主要执行反潜、反舰和导弹防御任务，其次是搜索、救援以及观察等多种任务。SH—2G机主要装备有兰普斯(LAMPS MKⅠ)系统。该系统为了进行反潜战和海上作战，配备有声呐浮标系统、磁异探测仪、搜索雷达、电子支援装置等传感器，成为舰载综合武器系统的分传感器。

图8.2　SH－2G舰载直升机

1)性能及技术数据。

“海妖”机是单旋翼带尾桨式直升机。

旋翼直径：13.51 m(4桨叶)；

机长：16 m；

机高：4.58 m；

空重:3 447 kg;

最大起飞质量:6 124 kg;

最大平飞速度:256 km/h(海平面);

正常巡航速度:222 km/h;

实用升限:7 285 m;

最大航程:885 km;

反潜留空时间:1 h(离基地 130 km,带 1 枚鱼雷);

最大续航时间:5 h。

2)机载设备。

装载的 LAMPS MK Ⅰ任务设备包括监视雷达、雷达警告/电子支援设备、战术管理系统、超高频无线电通信电台、磁异探测器、音响处理机、声呐浮标接收机和飞临目标上空指示器、声呐数据传输线路、15 个 DIFAR 和 DICASS 声呐浮标、金属箔条撒布器、鱼雷预置器。

其他设备还有前视红外探测系统、红外干扰机、导弹警告设备和甚高频/超高频保密电台。

机身两侧有鱼雷或副油箱挂架,右侧有挂磁异探测器的外伸梁,以及可折叠的救援绞车。

3)武器装备。

1 枚或 2 枚 MK—46 鱼雷、8 个海上烟标、舱门外驱动轴安装 7.62 mm 机枪。

(2)SH—3H“海王”直升机

SH—3H“海王”直升机是美国西科斯基公司研制的“协同反潜作战”两栖反潜直升机系列中的一种,由 SH－3G 美国海军通用型(运输型)改装而成,以使舰艇编队增加抵抗潜艇和低空导弹的能力。

1)性能及技术数据。“海王”机是双发单旋翼带尾桨直升机。

旋翼直径:18.90 m(5 桨叶);

机长:22.15 m;

机高:5.13 m;

空重:5 382 kg;

最大起飞质量:9 525 kg;

最大平飞速度:267 km/h;

巡航速度:219 km/h(最大航程);

实用升限:4 480 m;

航程:1 005 km。

2)机载设备。机上装备飞行控制的自动增稳设备及自动过渡到悬停的设备、多普勒雷达和雷达高度表、新型反潜设备(包括新的轻型声呐、声呐耦合器、主动和被动声呐浮标、磁异探测器、航向姿态参考系统等),以及电子对抗设备,以加强 SH—3H 机执行导弹防御任务的能力。

3)武器装备。可携带包括航空反潜鱼雷在内的 381 kg 武器。

(3)SH—60B“海鹰”直升机

SH—60B“海鹰”直升机(见图 8.3)是美国西科斯基飞机公司为参加美国海军“轻型空中多用途系统”(即 LAMPS Ⅲ)竞争而研制的双发单旋翼多用途直升机。其任务是扩大海军的反潜和反舰能力,补充陆基和舰载固定翼飞机的不足,并可完成搜索救生、撤退伤员和垂直补给的任务。

图 8.3 SH—60B“海鹰”直升机

1)性能及技术数据。

SH—60B 机为单旋翼带尾桨直升机。

旋翼直径:16.36 m(4 桨叶);

机长:19.76 m;

机高:5.18 m;

空重:6 191 kg;

任务起飞质量:9 182 kg;

巡航速度:272 km/h(海平面);

垂直爬升率:3.55 m/s(海平面)。

2)机载设备。设备包括声呐浮标发射装置、声呐浮标接收装置、磁异探测器和磁带存储装置;高度表、控制指示器和武器控制指示器;搜索雷达、声音处理机和转换显示器;数字计算机;外吊货钩和救援绞车;前视红外探测器。

在 SH—60B 机上不带 LAMPS MK Ⅲ的任务设备,而安装有反潜任务电子设备,包括战术导航计算机、通信控制系统以及 4 名空勤人员每人一套显示装置等。其上安装的辅助设备有深水声呐、内部和外部燃油系统,改进了的自动飞行控制系统(除自动配合声呐钢索角度悬停和配合多普勒悬停外,还可在进场时自动减速)、干扰物/浮标发射系统、姿态/航向参考系统和全球定位系统。另外,还设有疲劳监控系统、海面搜索雷达、前视红外探测系统、机载磁异探测器、声呐浮标数据链等。

3)武器装备。装有 2 枚 MK—46 鱼雷、反舰导弹及机枪等,SH—60B 机的机身左侧武器挂点可挂 3 枚 MK—50 鱼雷。

8.2　航空探潜系统

航空探潜设备中,航空吊放声呐以其作用距离远、定位速度快、定位精度高、使用范围广而成为最有效的探潜设备之一,普遍受到各国海军的特别重视。随着电子技术和声呐系统的标准化、模块化的发展,航空吊放声呐一方面应用先进的数字信号处理技术和计算机技术,继续降低工作频率,增大探测距离,另一方面在结构上采用展翼式基阵,加大声孔径,提高下潜深度。航空吊放声呐已经向综合化方向发展。

同样作为机载探测设备的声呐浮标,虽然在作用距离、定位深度、定位精度等方面不如吊放声呐,但在搜索的覆盖面积及搜索速度等方面则具有独特的优越性,在反潜探测设备中同样占有重要位置。特别是对于不能使用吊放声呐的固定翼反潜飞机而言,声呐浮标是其最好的探潜设备。现代固态电子电路的运用,使浮标的体积、质量都大为减少。今天的浮标一方面在向微型化、低消耗化方向发展,一方面又在吸收吊放声呐的某些特点,如使用垂直线列阵和展翼阵,并且使用光纤、超高性能集成和超大规模集成电路,提高浮标的探测性能,向智能化方向发展。

8.2.1　目标探测系统

潜艇在水中存在、航行时使其周围介质的声、光、磁、电、水压、温度等参数发生变化,同时潜艇在声波、光波、电磁波等作用下也会产生相应的响应特征。这些特性就成了潜艇在水中存在或航行的“信息”。航空探潜设备和攻潜武器就是根据这些“信息”进行工作,对潜艇进行探测、识别、定位和跟踪攻击的。水声技术、电磁技术等以潜艇相应的特性作为“信息源”,研究这些特性在信道中的传输规律,以及被不同传感器和接收机接收、进行信号处理等问题。

1. 搜潜雷达

搜潜雷达是一种具有抗海杂波特性,易于快速、大面积地发现小目标并在显示屏上进行显示的设备。

机载搜索雷达在反潜战中,主要用来搜索与跟踪露出海面的潜艇潜望镜或通气管,以及水面航行状态的潜艇或其他水面舰艇。

从二战时起,搜索雷达就一直被广泛装备于各种反潜飞机上。当时,面对德国潜艇猖狂袭击,作为反潜措施,同盟国的飞机于 1943 年普遍装备了雷达,使得骄横一时的德国潜艇屡遭重创,直至惨败。二战反潜战的胜利,雷达发挥了巨大的作用。目前,世界上几乎所有的反潜机均装有雷达。特别是对于常规潜艇,雷达要始终作为探测的主传感器使用。由于常规潜艇要经常浮起充电、通信联络、观察瞭望、侦察、导航校准、与友邻潜艇部队协同，以及各种战术动作等，往往雷达首先发现潜艇。我国沿海大部分为浅海，潜艇水下活动受到限制，使其常常上浮或呈半潜状态，因此应充分重视雷达在反潜探测中的作用。

(1)搜潜雷达的组成与原理

搜潜雷达主要由天线、驱动装置、发射机、接收机、显示器、同步时钟、电源、控制盒八部分组成。

其工作原理：雷达发射机产生的微波信号由天线发射出去，电磁波遇到反射体(潜艇艇体、潜望镜、通气管)将被反射到天线，经接收机接收处理后在显示器显示出目标信息。雷达的内部协调是由同步时钟完成的，雷达何时工作及工作方式等由控制盒完成。目前的雷达大都采用数字技术，组成上包括数字转换存储器，该单元不仅完成信号的数/模、模/数转换，而且一些反潜信息也存储在其中，并完成接收信息与存储信息的比较。

作为搜潜雷达，要快速、远距离地发现在复杂海况背景中的小目标(潜望镜、通气管)等，其天线、发射机、接收机及显示器等所采用的技术有别于其他类型的雷达，以完成其特殊的功能。

(2)典型搜潜雷达介绍

目前，国外现役专用反潜机上使用的搜潜雷达已有30余个型号。典型的有美国的AN/APS—116和AN/APS—134(Ⅴ)雷达。

1)AN/APS—116雷达。AN/APS—116雷达是美国德克萨斯仪器公司于1969年研制的高分辨力X波段搜索雷达，20世纪70年代装备在美国的S—3A、加拿大的XP—1400和德国的“大西洋”等反潜机上。

该雷达能从海杂波后向散射引起的强干扰信号中可靠地探测出像潜艇潜望镜那样小的目标，设计时采用的基本技术途径是脉冲压缩、快速扫描及宽频率捷变等处理技术。由于采用脉冲压缩技术，雷达的最小距离分辨力高达0.45 m，跟通气管与潜望镜的实际尺寸大体相匹配；同时保持有500 W的平均功率，从而较好地解决了高分辨力与远探测距离之间的矛盾。由于采用5 s^{-1}(即5 r/s)的快速扫描天线，以及扫描间去相关电路，该雷达在极短的目标暴露时间(约5 s)内能提供必要的扫描间处理增益，更好地实现海杂波去相关和目标信号积累。此外，该雷达还具有高峰值功率、高天线增益、低的接收机噪声系数以及宽带频率捷变性能。

该雷达由天线、发射机、接收机/脉冲压缩器、同步器/激励器、电源、信号数字变换存储器和雷达控制盒等7部分组成。测试结果表明，在3级海况条件下，对潜望镜状态的平均探测距离为28 km；对通气管状态为48 km；对水面航行状态的潜艇为93 km；对驱逐舰为139 km。

2)AN/APS—134(Ⅴ)雷达。AN/APS—134(Ⅴ)雷达是APS—116雷达的后继产品，除了具有APS—116雷达的全部特性外，其性能有所改进，并增加了新的功能。它装备在美国海军的S—3A反潜巡逻机上，并出口装备其他国家的反潜机。

该雷达系统具有三种工作方式。

方式Ⅰ——用于探测海上暴露时间有限的小目标，采用脉冲压缩和快速扫描(2.5 s^{-1}，即

150 r/min)技术,并使用全数字式处理电路代替模拟处理与扫描转换,从而进一步提高了对暴露时间有限的小目标的探测能力。在 3 级海况下,对潜望镜的探测距离为 41 km;对通气管为 70 km。

方式Ⅱ——用于导航与气象回避,采用未被压缩的脉冲和低的天线转速(0.1 s^{-1},即 6 r/min),频率随机捷变,设计成对陆地和其他分布目标灵敏度最高,最大作用距离可达 278 km。

方式Ⅲ——用于在 278 km 范围内对海上连续暴露的小目标实施高空监视,再次采用脉冲压缩和快速扫描处理技术,可以采用较长的扫描间积累时间,因此其天线旋转速率可降低为 0.67 s^{-1}(即 40 r/min),以减小处理损耗。

(3)发展趋势

目前,随着航空电子设备"综合一体化"的发展趋势,搜潜雷达已经与其他反潜设备如声呐、磁探仪配合使用,即系统化发展—综合搜潜系统,例如信息共享、显示共享等。

由于装备在反潜机上的反潜设备越来越多,必然要求设备本身体积应尽可能地小,即向小型化发展,比如发射、接收、天线一体化技术。

作为搜潜雷达,主要任务是要快速、远距离地发现在复杂海况背景中的小目标(潜望镜、通气管)等,因此大功率、高分辨力、远距离是搜潜雷达的又一发展趋势,以弥补其他搜潜设备作用距离的不足。这就要求采用一些新技术,以完成其特殊的功能,比如采用脉冲压缩技术、快速扫描技术、宽频率捷变技术、合成孔径技术、数字式电路技术、计算机接口技术、高信噪比接收技术及显示器的综合显示技术等,以满足雷达搜潜功能的要求。

2. 吊放声呐系统

(1)吊放声呐的作用及特点

声呐是一种利用声波在水中传播的特性,通过电声转换、信号处理和终端显示,完成对水下目标探测、定位、通信等任务的设备。吊放声呐是用吊放电缆将探头悬垂入水中探测目标的声呐,是反潜直升机特有的探潜设备。同舰壳声呐相比,吊放声呐的最大优点是能够变深,即可以选择声传播条件最好的探测深度,因此,有较大的作用距离。

吊放声呐的优点:

1)搜索速度快,机动灵活性好。直升机的机动灵活性,使吊放声呐探测潜艇非常快速和有效。通常直升机的巡航速度可达 150 kn。

2)可快速到达作业地点,具有很高的搜索效率,通常每小时搜索面积超过 1 000 km^2。

3)可在低噪声环境下工作。直升机载声呐受载体噪声的影响远比舰壳声呐小得多,因此吊放声呐使用较小的基阵,仍可获得较大的作用距离。

4)深度可变,能够充分利用良好的水文条件。由于声呐受环境(温度)影响较大,海水温度随着深度变化而变化,而吊放声呐可利用它几百米的电缆,根据水下分机在下放过程中测得的温度随深度的变化曲线，选择其最佳的工作深度，从而使声呐的性能得以充分发挥。

5)精度高。测量精度对攻击目标、提高命中概率十分重要，目前，国内外吊放声呐的主要精度指标已达到测向小于3°，测距小于2%，测速小于0.5 kn。

6)具有多种工作方式。吊放声呐具有回音(主动)、噪声(被动)工作方式，因而可独立完成对静止和运动目标的探测、定位和测速；吊放声呐也具有水声通信工作方式，可用于通信联络和敌我识别，对于有潜艇参加的协同训练和作战更显重要；吊放声呐还具有温深工作方式，可提供海洋温深剖面图，以选择最佳工作深度。

7)体积小，质量轻。吊放声呐的质量一般在250 kg左右，体积甚小，可装备多种型号的反潜直升机。

吊放声呐主要有两种形式：一种是独立的，即具备探测、处理、显示功能，如法国的HS—12型；另一种是综合的，由水下分机探测的信号，送到综合处理和显示系统，如法国的HS—312S吊放声呐和浮标系统、美国的LAMPS—Ⅲ系统和英国的HISOS—Ⅰ系统等。综合式是目前和今后发展的重点和趋势。

(2)吊放声呐的组成

吊放声呐由水下探头、绞车和电缆、机上电子设备等组成。使用吊放声呐示意图如图8.4所示。

图8.4 使用吊放声呐示意图

1)吊放声呐探头。其形状一般都是圆柱体，而且是一个带翼的流线型，以利于其升降时阻力最小和稳定性最好。其内部装有换能器、传感器及有关的电路。从结构上它分为上、中、下三部分：

上部为带有稳定翼的流线型外罩，罩中的圆柱形空腔装有电子部分的电路板和模块，顶端为吊放电缆的机械和电气接头。

中部为换能器阵，有些换能器基阵是收发共用的。如HS—12吊放声呐由12个换能器(每个换能器有6个振子)按圆周排列构成圆柱阵。发射期间，12个换能器被并联在一起馈电形成水平无指向性发射。接收时，12个换能器分别接收声信号，并将其转换成电信号送往电子部分经信号处理后，按同步传送方式经单芯电缆传到直升机上电子设备。有些声呐换能器接收和发射基阵是分开的，为了增大接收阵的声学孔径，接收阵设计成可折叠式的。

下部为辅助传感器安装模块。其中主要有温度传感器、压力传感器、漏水传感器和磁罗盘等。有时，还装有一个辅助的高频测深装置，用来在水下分机离海底 27 m 时就使绞车停止放电缆，以免探头碰到海底损坏。

2）绞车与电缆。绞车的功能是下放和提升水下分机。其动力一般是液压的，并备有应急电机，一般其下放和提升的速度为 4～6 m/s。可以自动下放和提升，也可手动操作（备有手柄操作）。

电缆是把水下分机与绞车及直升机上电子部分连接起来的。它既要承受水下分机的拉力，又要用来传输各种信号，早期的电缆是钢丝承力的多芯电缆如 SH2，现在一般用芳纶承力的同轴电缆。因此电缆有其特殊的结构：最里面是直径约为 1 mm 的芯线，外面包绝缘层，绝缘层外面是金属屏蔽层，屏蔽层外包有一层护套，护套外是一层由高强度、质量轻的芳纶材料编制而成的承载织网，以承受水下分机的拉力，最外面是绝缘防护套；电缆的两端，都装有连接器，以便与绞车、水下分机快速连接和拆卸。

3）直升机上电子设备。直升机上电子设备一般由发射机、接口分机、信号处理机、显示器—操作台等组成。

①发射机。发射机是主动探测的主要组成部分，用来产生一定形式的大功率电信号，然后经换能器阵转换成声能辐射到水中去。发射机发射的声波，根据不同的场合可以是连续波，也可以是脉冲波，目前大多是脉冲调制声波。

发射机一般由四大部分组成：发射激励波形发生器，它是根据总体指标要求，产生具有一定形式的电信号；多波束形成器，它是用来在全向或一个扇面空间连续发射多个波束信号，以提高目标搜索速度；功率放大器，它是用来放大前面发生器产生的较小的电信号；储能电源，它是用来在声呐发射机脉冲发射期间提供大功率电源，因此其电源设备都是以大电容形式储能的。

②接口分机。发射时，连接发射机和吊放电缆；接收时，则将探头送来的串行的水听器信号和辅助传感器信号恢复成并行形式，再分别送到 SPU 作相应处理。

③信号处理机。信号处理机的功能是处理来自多路解调器单元的声呐信号。在被动工作方式时，从背景噪声中提取目标发出的噪声信号；在主动工作方式时，从背景噪声和混响中提取目标回波信号，并完成目标方位、距离、多普勒估算。

信号处理机一般由移频滤波、波束形成、主动方式信号处理、包络检测、视频处理、目标方位解算、音频处理、被动方式信号处理等 8 个模块组成。

④显示器—操纵台。显示器的功能是在 CRT 上显示目标的回波和目标噪声，以便操作员进行目标检测并提取目标运动要素。显示器也能显示温深曲线，还能以字符形式显示操纵台结果和测得的目标参数。

操纵台用来实现操作员与声呐各分机之间的对话，它是声呐信息交换与功能控制的部件。该部分主要由控制器、显示器和键盘等组成。

控制器用来完成方位解算，完成屏幕显示数据的控制与刷新处理，完成显示画面的调用，对各分机的工作状态与工作方式转换进行实时控制，对键盘输入的信息进行译码，为整个系统的正常工作提供判别与监控手段。

显示器用来完成信号处理机处理数据的显示，同时完成控制器方位解算数据的显示，并提供系统工作状态的显示，供声呐员进行目标识别与工作状态判断。

键盘是供声呐员对整个系统工作进行控制操作，包括目标的录取、工作方式的转换、画面的调用、工作参数的设定等。

(3)吊放声呐的工作原理(以 SH—12 为例说明)

吊放声呐工作可分为主动探测和被动探测。

主动探测时换能器在水中发射一定时间间隔的超声波脉冲。这些声波在水中传播，遇到深海中的目标被反射回来，这就是回波。回波被设备接收，并以音频、视频形式反映目标的存在。

被动探测工作时换能器并不发射声波，设备只是检测和分析由换能器接收到的噪声(噪声、其他声呐发射的声脉冲)。

工作程序：

1)发射。发射机可发射调幅波(CW)或调频波(FM)脉冲，有三种频率供操作员选择。在调幅波方式下，操作员可选择各脉冲包络形式；在调频波方式下，脉冲包络为矩形，频率按双曲线规律随时间变化。一般，发射速率随距离变化有四个值可选择。

发射可用标准功率发射，也可以是减功率发射，降低功率是依据发射速率和深度而自动改变的，也可人工改变。这里的发射是全向的。

2)接收。串行方式传送的水听器信号在传到波束形成器之前要解调，同时形成 12 个波束，它们构成两组相覆盖的玫瑰形之一，另外还形成三对定向半波束，两相邻波束轴间隔 30°。

波束和半波束的输出序列被储存起来并转换成模拟电压，此电压恢复了声呐信号的频率。将频率变换到零频附近只保留两个正交的低频(LF)成分，对它们进行带宽为 1 000 Hz 的低通滤波。CW 主动方式下，可用一个混响限波滤波器抑制混响。

用这些低频成分对 900 Hz 调制，可得到一个音频信号，根据操作员选择，该信号在扇面显示下可覆盖 30°扇面，在全景显示下覆盖 90°扇面。

3)信号处理。滤波之后，将各波束的 LF 成分削波送到相关信号处理系统。在这里，接收信号和发射信号的拷贝进行相关。

相关处理单元利用数字技术进行时间压缩和计算。

调频方式，这种处理可将接收信号和发射信号拷贝做复数互相关(匹配滤波)。调幅方式，这种处理相当一个综合滤波器组，可对接收信号进行频谱分析(将其与频率逐级变化的本地振荡器信号进行比较)。该信号处理的输出，按 12 个定向波束逐个抽样的串行形式，时间上复用，用两根线传送。

包络检测是将来自每个波束处理单元的两个低频成分取模，对 12 个方位波束的抽样顺序实现。

4)声呐信号的加工和显示。这部分的目的是为显示器产生加工好的视频信号。按磁罗盘的信息,把波束的相对方向换算成真方位。

在全景显示下,12 个定向波束的采样,与连续波中相同的分析过程,或调频中相同的时间量化相对应地三个一组进行比较。每组中的采样分别构成北象限、东象限、南象限或西象限。每组中最大的采样值被储存在一个存储器中,在水平扫描的同步下,这个存储器恢复了信号。整个接收期间,重复这些过程。

在扇面显示中,与连续波中相同的分析程序或调频中相同的时间量化,相对应地将三个相邻波束的采样值送到上述存储器中。

(4)典型吊放声呐介绍

1)英国"鸬鹚"吊放声呐。"鸬鹚"声呐的独特之处在于它的水下分机可以展开和收拢。水下分机在机舱里收储,在空气中拖曳和在水中上升和下降时呈收缩状态,使用上与常规吊放声呐有所不同,直升机转移悬停探测点时,水下分机只需升离海面而不必完全收回,这样就大大提高了工作效率。当"鸬鹚"的水下分机呈收缩状态时,它的换能器阵的外径为 26 cm,最大外径为 38 cm;而在基阵入水处于工作配置时即展开成一个直径为 90 cm 的圆柱形体积阵,大大提高了基阵的孔径尺寸。利用折叠臂的方式扩大基阵的孔径,减少基阵的体积,使"鸬鹚"吊放声呐成为在世界吊放声呐发展史上具有重大意义的一代吊放声呐。它突破了吊放声呐因体积和质量限制只能使用较高工作频率,达到四五十链作用距离的传统观念,使新的吊放声呐面目一新。折叠式探头处于接收基阵扩展状态如图 8.5 所示。

图 8.5　折叠式探头处于接收基阵扩展状态

①性能。“鸬鹚”吊放声呐在世界上处于领先地位。现在该系统已由 HISOS—Ⅰ型发展了 HISOS—Ⅱ型。吊放声呐的原理如图 8.6 所示

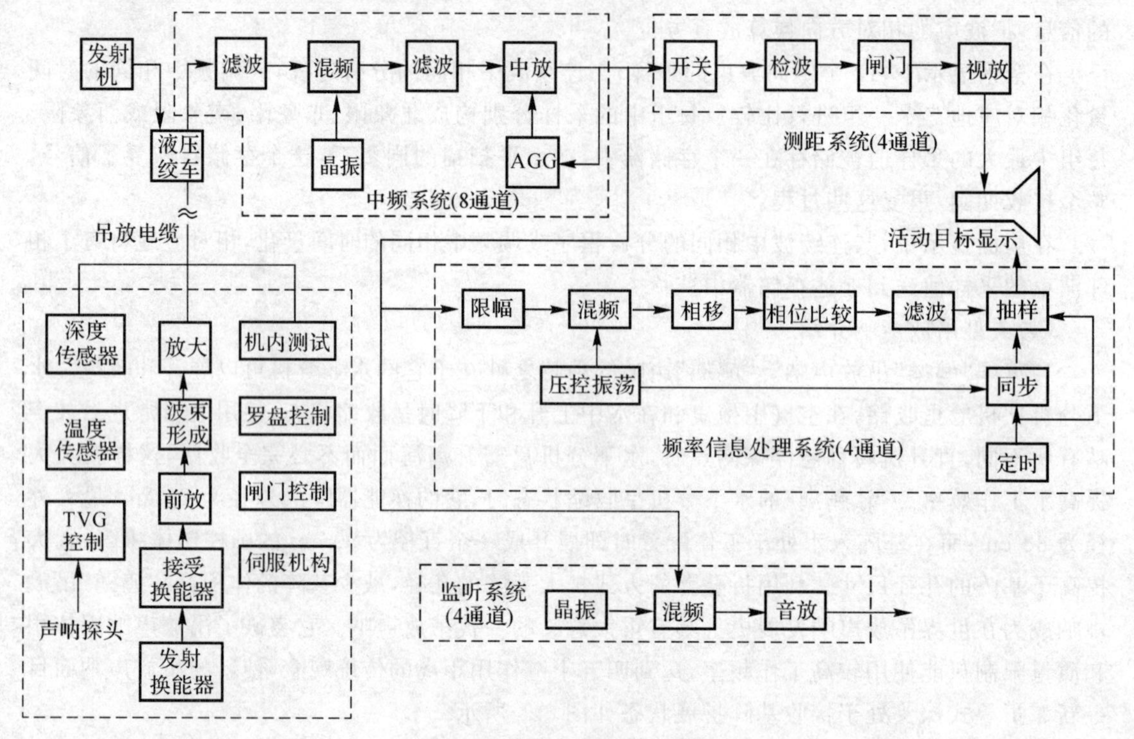

图 8.6 吊放声呐原理方框图

综合声学系统可同时处理和显示来自于吊放声呐与声呐浮标两种传感器的声学信号；可进行主/被动搜索和目标定位；其低频主动性能、良好的被动工作性、折叠方便的水听器基阵使其不论在深水，还是在浅水水域皆具有良好的工作性能；此外，HISOS 采用 ARINC29 传输总线结构，并对核心分系统如声处理器、战术处理、控制和显示处理、导航系统和武器释放系统实行综合控制和显示。这种高度的综合性和紧凑的模块化使其设备大大减少，质量大大减轻，可装载于 4 000 kg 的轻型直升机，并具有高可靠性和广泛实用性。

②系统组成。HISOS—Ⅰ型分为折叠式探头（水下分机）、绞车与电缆、声呐接口分机、电子分机四大部分。其水下分机的传感器、配电控制系统和遥测装置均装在一个按空气动力学与水动力学设计的外壳里。水下分机有 5 个由钛合金制成的电动伸缩臂，它们均与一个释放机构相连接。在一定的压力下，释放机构即自动释放，使 5 个臂以每个臂 3 s 的速度，从距离换向开关最近的那个臂开始，依次自动处于伸开状态，在 360°范围内等角排列；水下分机出水后，5 个臂又自动地按伸开的速度和顺序缩回、折叠进外壳内。每个臂有 3 根水听器棒，每根水听器棒上垂直均匀分布 6 个陶瓷换能器基元。发射换能器阵由外径为 140 mm 的 3 个陶瓷

圆环组成，等间隔固定在探头下部中心轴上。

绞车能卷绕 490 m 长吊缆，鼓轮可以拆卸，并能在 25 min 内改换电缆。电缆绞车由微处理机控制，装有能检测吊缆偏离铅垂线的倾角的传感器，倾斜角数据传给自动驾驶仪，使悬停的直升机跟踪电缆而保持垂直。

声呐接口分机负责把多路发射信号通过电缆送到水下分机，并把通过电缆送上来的接收信号进行多路解调。“鸬鹚”系统送往 902 处理机的全部信号均为数字信号。接口分机由 12 块印刷电路板组成，用户不会因增加功能而增加质量和空间。

电子分机主要由发射机、声呐接口电路、信号处理和显示器组成。发射机主要由场效应管功率放大器组成，为高效模块发射机，最大输出功率为 4.4 kW，效率为 72%。若要提高作用距离，还可以加装第二块发射机。信号处理和显示器采用马可尼公司研制的 AQS—902，既可处理声呐浮标信息，同时还可处理温深记录、定位和测距、低频分析与记录相关分析与记录、包络调制分析等信息，如图 8.6 所示。

③技术特点。“鸬鹚”是航空吊放声呐与声呐浮标相互兼容的新一代综合声处理系统。它的回音工作频率为 5 kHz 左右，传播损失比起 HS—12 和 AQS—18 要低得多，在相同条件下，其作用距离也就大很多。它的宽带被动式和多频主动式交叉使用使其在作战舰群内或噪声环境内对“寂静型”有很好的远程主动探测能力，同时也具有较好的被动隐蔽监视能力；最新数字电子技术的波束形成器，使旁瓣很小，并形成窄波束；又因其折叠阵大大增加了分辨力，且定向精度高。它所使用的折叠式探头、全景搜索的探测方式、近 500 m 长的同轴电缆和多路复用技术以及全数字式的声处理系统都使其达到了世界先进水平，在近十几年内代表着航空声探测设备的发展方向。

(5)吊放声呐搜索

吊放声呐通常采用点水方式搜索潜艇(见图 8.7)，即直升机由母舰或其他兵力引导到可疑区后，到达探测点，迎风悬停，悬停高度为 5～30 m，通常为 10～15 m，将声呐探头放入水中被动方式监听 2～3 min。如没有发现潜艇噪声，则提起探头。当探头离水面 10 m 后，直升机爬升到一定高度(即转移高度，一般为 100～150 m)，飞向下一个探测点，由于点水搜索的连续性差，因此，两探测点之间的距离应能保证吊放声呐搜索有一定的重叠。通常，两探点之间的距离取 1.25～1.6 倍吊放声呐有效工作距离 R。

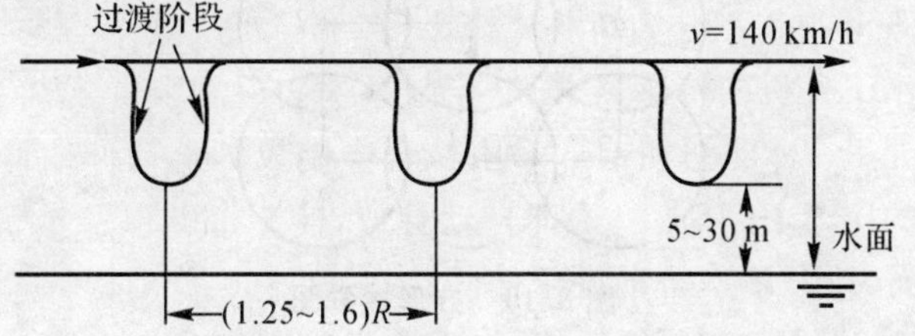

图 8.7 直升机吊放声呐的“点水”搜索飞行剖面图

吊放声呐发现并经辨别是敌潜艇后，改为主动工作方式，以确定目标位置并自动定位，以便对其攻击或引导其他反潜兵力攻击。

装备吊放声呐的直升机在执行应招、检查和巡逻反潜任务时，要依次在各吊放位置点上进行。这里主要介绍集中搜索方法。

1)单机搜索。

①直线搜索。直线搜索是各搜索点沿直线推进的搜索方法，如图 8.8 所示。

直线搜索主要用于巡逻、警戒或检查搜索。例如为基地、港口和舰船编队担任反潜警戒或封锁敌潜艇可能通过的航道等任务。基准点与起始点一致，即是目标丢失点。搜索轴线方向与潜艇可能航向一致。

②曲线搜索。

曲线搜索是直升机搜索点在潜艇航迹两侧来回搜索推进的搜索方式，如图 8.9 所示。

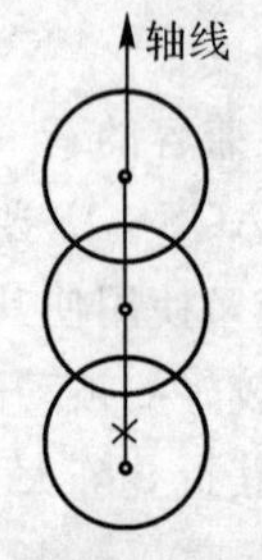

图 8.8 直线搜索图

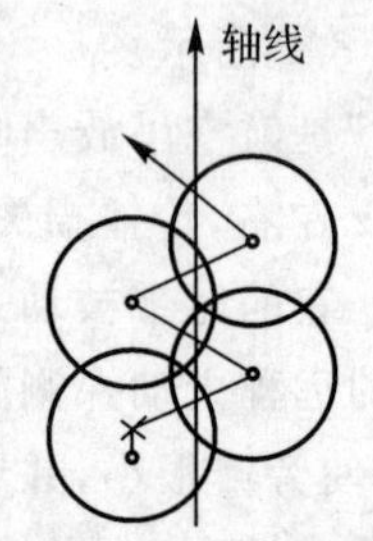

图 8.9 曲线搜索图

③方形搜索。方形搜索是从起点开始，按照方形航线不断扩大搜索范围的搜索方法，如图 8.10 所示。

方形搜索在应召搜索中，已知潜艇概略位置并且开始搜索时目标位置散布不大，或者潜艇速度较低、机动范围不大时使用。基准点与起始点一致，为目标丢失位置点。

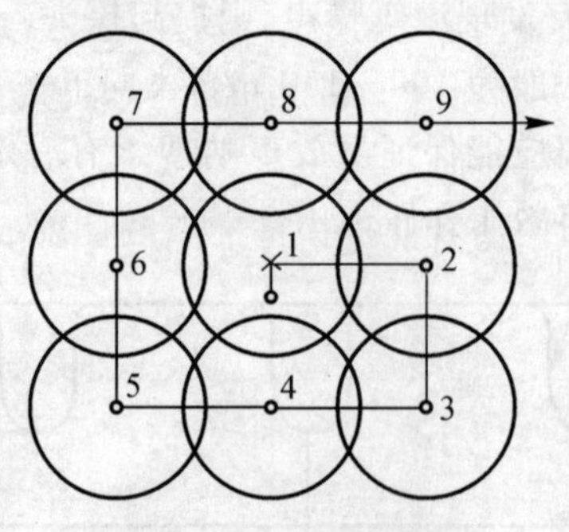

图 8.10 方形搜索图

2)双机搜索。

①并排搜索。并排搜索是指两架直升机在轴线两侧同步搜索。按照搜索点排列规律分为并排直线搜索和并排曲线搜索。

并排直线搜索是指两架直升机从各自起始点开始,按照轴线方向同步推进的搜索方法,如图 8.11 所示。

并排直线搜索主要用于巡逻、警戒或检查搜索。起始点在基准点轴线两侧,为了不漏过目标,两起始点间隔为 1.6 倍声呐有效工作距离。

并排曲线搜索是指两架直升机在轴线两侧曲线搜索,沿轴线同步推进的搜索方法,如图 8.12 所示。

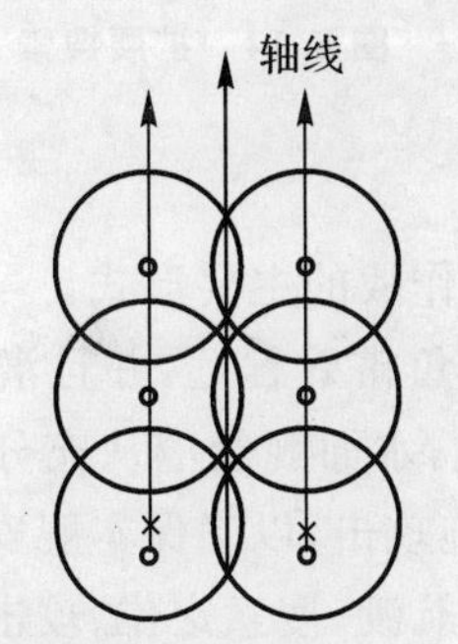

图 8.11　并排直线搜索

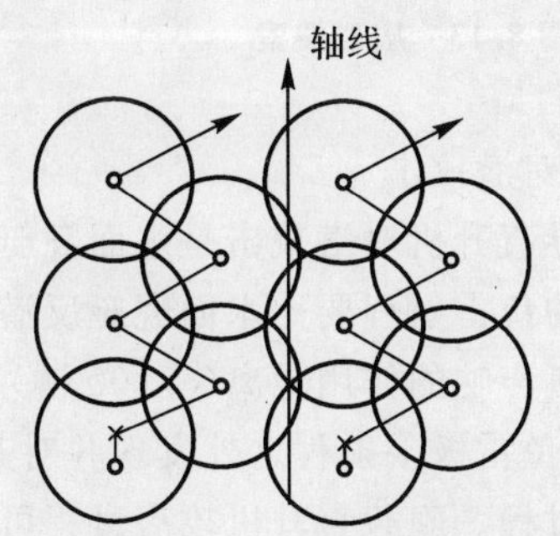

图 8.12　并排曲线搜索

并排曲线搜索常用于检查搜索,具有较大搜索宽度,但前进速度缓慢,因此,用于检查较宽的海区。基准点确定同前,搜索点位置的确定应使两架直升机相邻搜索区之间适度重叠。

②扇形搜索。扇形搜索是指两架直升机的搜索点成扇形配置的搜索方法,如图 8.13 所示。

扇形搜索在应召搜索中,已知潜艇概略位置和概略航向时使用。基准点为潜艇丢失位置点,轴线为潜艇航向,扇面角为轴线两侧±30°。一架直升机以基准点为起点,沿着扇形边缘直线搜索,另一架直升机在扇面另一侧边缘上确定起始点,以等边三角形顶点作为搜索点。搜索点间隔均为 1.6 倍声呐作用距离。

③扩展搜索。扩展搜索是指两架直升机在基准点两侧堆成点上,不断扩大与基准点距离的搜索方法,如图 8.14 所示。

扩展搜索是在应召搜索中,在已知潜艇丢失位置、不知其航向的条件下使用。两机起始点搜索点在基准点两侧一倍声呐有效作用距离的轴线上,第二搜索点在轴线垂直方向,距基准点 1.5 倍声呐有效作用距离处。以后每一搜索点均增大 0.5 倍声呐有效作用距离,并使搜索区覆盖潜艇可能航向。

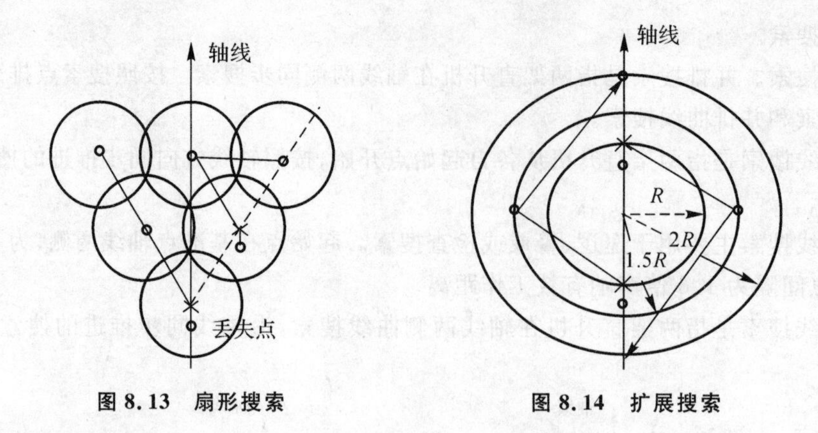

图 8.13 扇形搜索　　　　图 8.14 扩展搜索

(6)舰载直升机对潜攻击

在远距离上引导直升机对潜攻击是水面舰艇反潜作战的主要形式。

由于现代潜艇的鱼雷射程要比水面舰艇反潜自导鱼雷射程远，并且潜艇发现水面舰艇的距离通常也大于舰艇声呐的作用距离(≤100 链)，因此，水面舰艇应从充分发挥舰载直升机的作用，力争在敌潜艇鱼雷极限射程之外发现并对其实施攻击，以确保本舰安全。

1)直升机攻潜过程。舰载直升机攻潜过程可分为航渡、搜索定位、攻击和撤出战斗四个阶段，如图 8.15 所示。

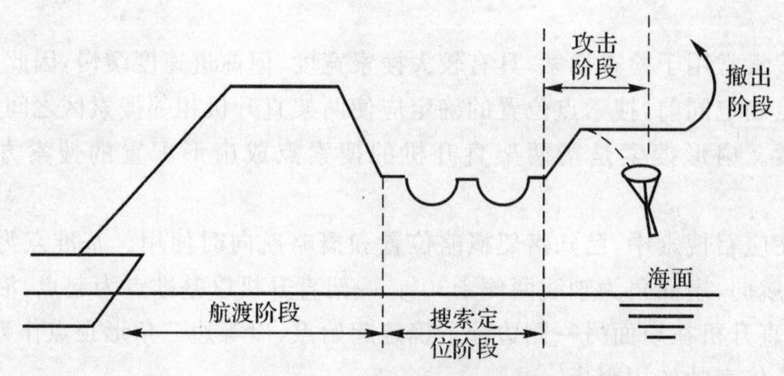

图 8.15 舰载直升机攻潜过程

直升机攻潜一般都为舰机联合进行，由舰艇和直升机组成一个作战系统。其典型过程为：舰壳声呐或拖曳声呐、其他兵力首先探测到远距离的水下目标，然后派出直升机，在舰载声呐的作用范围内，在导航设备的引导下，飞至目标上空，并放下吊放声呐，进一步对目标进行识别定位。定位后投下标志弹，升到攻击高度，最后投放鱼雷(航空深弹)进行攻击。

2)准备过程。由于直升机对潜艇攻击的准备过程比较复杂，并且直升机对潜艇攻击是水面舰艇对潜作战的主要形式，因此，航空反潜部门接到预先号令后，应立即召集空勤领受作战任务，协调作战计划和内外部通信网络等，同时地勤人员立即松开机库系留设施，气动牵引装置，把直升机移到起降平台，张开主旋翼，进行 5 min 准备。

3)航渡阶段。舰载声呐发现潜艇，反潜直升机利用作战指挥系统，计算出直升机出击航向和到达投雷点的距离。直升机起飞后指挥控制系统实时录取目标和直升机的位置及运动参数，计算出新的直升机航向和到达投雷点的距离。反潜直升机军官根据指挥控制系统提供的结果，不断通报直升机按照新航向航行，并将其引导至投雷点。

4)搜索定位阶段。定位就是确定潜艇水下位置和运动要素的过程。

当舰艇离目标较近并且已对目标定位时，可直接引导直升机到投雷点投雷，进行快速攻击。当目标距离较远时，舰艇不能与目标保持跟踪，或即使能保持跟踪，也会由于此时舰载探测系统误差而引起较大的定位误差。设测距均方差为 $0.01D$(D 为目标距离)，侧向均方误差为 1°。

直升机由舰艇引导到投雷点附近上空后，应降低高度，放下吊放声呐或磁探仪，对目标进行重新搜索定位。由于直升机要在复杂的探测环境中获得比较准确的数据，需要一定的观测次数和时间，因此，一般情况下，这一过程不少于 6 min。

定位后，投下标志弹，以便攻击，同时，收起吊放声呐(或磁探仪)。

5)攻击阶段。由于机载反潜武器的数量有限，而且武器的作用范围也有限制，所以直升机对潜攻击时，必须占领最有利的攻击阵位，实施准确瞄准。通常，直升机在目标舷角 30°～150°范围内进入攻击比较适宜。

在直升机对目标定位后，根据情况，可实施悬停攻击或飞行攻击。悬停攻击时，可就地投下鱼雷，但这种攻击方法不适合投放航空深弹。

6)直升机使用航空深弹攻潜。根据探测设备测得的目标现在位置和运动要素，火控计算机综合直升机的高度和速度、风向、风速以及深弹空中与水下弹道等参数，进行数据处理，利用飞机水平轰炸原理，求出投弹点。直升机按计算结果飞到投弹点后，由计算机控制投下航空深弹，命中潜艇。

7)直升机自导鱼雷攻潜。自导鱼雷投放后，只要求目标进入自导波瓣内，目标即被鱼雷捕获。因此，对鱼雷攻击的火控解算是以使鱼雷自导装置获得最大的捕获概率为依据的。

直升机鱼雷攻击与水面舰艇鱼雷攻击原理一样，不同点仅在于直升机攻潜时增加了武器的空中飞行段。投射鱼雷前，在直升机上由设定器以电信号的方式将控制指令信息加到鱼雷的控制部件，以规定鱼雷入水后的工作程序。送入的信息有：

——发射方式；

——搜索深度；

——距水面不得小于的距离。

飞机进入投雷阵位后，在完成了各种投放前准备的条件下，即可投雷攻击。火控计算机按照给定程序发出解脱信号，此时脱钩电缆与鱼雷分离，拉出海水电池启动线。鱼雷离开直升机后稳定器工作，随后打开降落伞。鱼雷在降落伞的作用下慢速平稳下降。鱼雷入水瞬间，降落伞脱落。此后鱼雷按照一定的弹道形式运动，并利用本身的自导装置搜索目标，待捕获目标后保持跟踪，直到命中目标。

8)撤出战斗阶段。攻击完毕，直升机将目标和本机位置通报舰艇，舰指挥所发出返航命令，通报舰艇位置，引导直升机返航。

(7)声呐的发展趋势

在战术性能上，向“轻、小、远、快、多、准、长、便”方向发展。

“轻”是质量越来越轻，已减至目前的 200 kg。

“小”(与质量同步)是其尺寸减小，这是采用集成电路、数字技术、模式化以及功能兼容的结果。这样，增强了航空反潜的灵活机动性，也为小型直升机装备声探测设备提供了方便。

“远”是指作用距离不断增大。由于降低工作频率，提高信号处理增益，回声作用距离已超过 10 n mile。

“快”一是意味着搜索速度高(作用距离远、吊放周期缩短、全景搜索)；二是实现实时处理，迅速获得信息；三是安装拆卸时间缩短等。

“多”是功能增多。工作方式有主动、被动、电话电报通信以及工作自校等；显示记录目标的距离、方位、径向速度以及温深特性等；吊放声呐与声呐浮标、磁探仪的兼容可跟踪多个目标。

“准”是测量距离、方位、径向速度的精度不断提高，可对目标进行识别分类。

“长”是寿命长，可靠性能提高，广泛采用机内故障自检电路。有的机器平均无故障工作时间已达 800 h。

“便”是操作简单、方便、舒适，趋向程序化、微机化管理，减轻声呐员负担，减小人为因素的失误。

在技术性能上，发展趋势如下：

大幅度降低工作频率。为了得到远程作用距离，降低工作频率是最主要措施之一。国外大都降低了一个倍频程，如美国的吊放声呐已由 20 世纪 60 年代的 20 kHz 降低到目前的 10 kHz左右，并采用了甚低频；英国的吊放声呐也降到了 5 kHz 左右。世界各国研制的吊放声呐的工作频率都在向低频发展。

使用可折叠的体积阵，既可进入直升机不大的基阵入口处，又可在使用时扩大声孔径，获得更大的基阵增益；可以使用更低的频率，更大的功率，提高作用距离，也为窄波束高分辨率创造了条件。

使用多路传输技术和耐拉力单芯电缆代替多芯电缆。减小吊放电缆直径和质量，在不增加质量的情况下增加电缆长度，增加吊放声呐工作深度。

采用多种信号形式和多种处理方法，获得更多信息，提高探测、定位和识别性能。

使用多种传感器(如温度深度传感器、电缆倾斜传感器、罗盘方位传感器、碰撞传感器等)，掌握和控制声呐状况，发挥更大的效能。

兼有主、被动探测和识别功能。不断提高抗混响、抗水面噪声和抗多种干扰的能力，提高探测、识别可靠性。

处理系统能与声呐浮标共用，向综合声呐系统发展。

3. 浮标系统

(1)浮标系统的作用及特点

声呐浮标是无线电声呐浮标的简称，它是反潜机布放于潜艇可能存在的海域，并用无线电发送目标信息给舰艇的探潜器材。声呐浮标是一次性使用的消耗性器材，工作后自沉海底。

世界上第一枚声呐浮标是加拿大空军于1943年从飞机上投下的，目的是对付在水下活动频繁的德国潜艇，由此开创了航空探潜的新纪元。二战后，声呐浮标得以快速发展，到目前已有众多的声呐浮标装备各国海军的反潜机部队，成为航空探潜的主要探潜器材，仅美国已定型生产了30多种类型。最初的声呐浮标是非定向的，它的主要功能是在水下收听潜艇航行时所发出的噪声。

声呐浮标的主要特点如下：

1)体积小、质量轻，便于飞机大量携带，搜索效率高，适于大面积探测；

2)隐蔽性较好，对反潜机的飞行机动性影响不大，各种反潜机均可装备；

3)可以充分利用水文条件，除了海洋噪声外，不存在其他噪声干扰，可根据当时的水文条件把水听器下放到最佳深度；

4)定位速度慢、精度差；

5)一次性使用器材，消耗量大，经济性不好；

6)受目标采取的反措施影响大(如潜艇潜坐海底、采取降低噪声和艇体装消声瓦等)。

反潜机使用声呐浮标时，其飞行高度一般为50～3 000 m，飞行速度一般为280～380 km/h。

(2)浮标的组成

机载声呐浮标一般由两大部分组成。上部为一密封浮体，主要装有超短波无线电发报机、控制和放大电子设备以及发报天线。密封浮体上有一小孔，孔上装有镍锌自毁塞，浮标入水后镍锌产生化学反应，当工作时间完毕时，镍锌自毁塞溶化，海水从小孔进入浮体，使浮标沉入海底。下部为浸水部分，主要为微型换能器基阵、电缆和电源设备。电源一般为海水电池，微型换能器基阵由数十米至数百米的电缆与浮标相连。

为减轻入水时的冲击力，以防损坏浮标部件(一般美国海军使用的无线电声呐浮标的下落速度都控制在18 m/s内)，浮标顶端装有可折叠的旋转叶片。

此外还装有染色剂，声呐浮标入水后在水面形成明显的色彩，供反潜机对声呐浮标实施目力观测。浮标顶端也涂有不同颜色并装有夜间指示灯。

机载声呐浮标一般为圆柱体(见图 8.16),直径多为 7.6～20 cm,高度多为 53～92 cm(个别的高度为 150 cm),质量一般为 2.8～8 kg(个别的可达 30 kg)。工作寿命不等,一般为 0.5 h,1 h,3 h,8～9 h,可以预先设定。无线电通道为 31 个或 99 个,布放前可给每个浮标设定 1 个频道。

一般,水下潜艇航速为 6 kn,海况较好时,被动式声呐浮标的听测距离为 1～5 n mile,主动式声呐浮标的探测距离为 1～3 n mile。

反潜机上的接收处理设备是一部复杂的仪器,能接收来自各个无线电声呐浮标的信息和处理显示这些信息,为战术协调官决策提供依据。现代机载接收处理设备一般有 99 个 VHF 接收通道和 1 个 UHF 发射-接收机,发射机用于控制声呐浮标工作。经过处理的信息显示在荧光屏上并被储存起来。反潜机接收无线电声呐浮标信息的距离,取决于投放的反潜机飞行高度,飞行高度越高,收报距离越远,收报距离一般为 18～74 n mile。

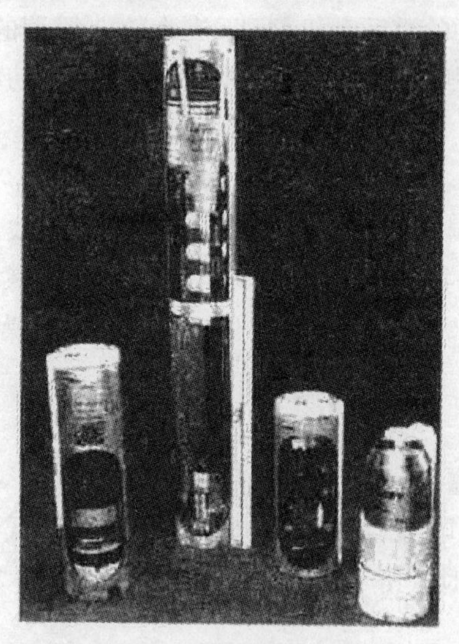

图 8.16　声呐浮标外形图

(3)浮标的工作原理

声呐浮标离开反潜机以后,旋转叶片打开,减慢下降速度,并使入水前的浮标姿态得到稳定。浮标入水后,入水的冲击力作用于触发装置,该装置使浮标上、下两部分立即分开,并弹掉旋转叶片和天线罩,无线电天线弹出成垂直状态。浮标入水后立即开始工作,微型换能器基阵接收到目标噪声或探测到目标后,立即将信息传送到放大器,被放大的噪声信号或回声信号由调制超短波发报机载波,以无线电信号形式发送到海空,被机载的接收机接收并记录下来,从而使机上人员判明海域有无潜艇存在,以及测出潜艇方位(浮标上有罗盘装置),或是测出潜艇的方位和距离(浮标为一微型主动声呐)。

无线电声呐浮标按工作方式分为被动式和主动式两种；按定向能力又分为定向和非定向两类。

1)被动式非定向声呐浮标。这种声呐浮标是声呐浮标系列中最简单的一种，由于体积小、质量轻，反潜机可大量携带，是国外海军反潜机使用最多的一种。由于这种声呐浮标不能主动发波，没有罗盘装置，所以只能确定浮标周围是否有潜艇存在，不能测定潜艇的方位和距离，从而无法确定潜艇的位置。因此，这种声呐浮标不能作为定位攻击时使用的探测器材，如要定位、跟踪、攻击潜艇，还要使用其他声呐浮标和器材。这种声呐浮标一般多使用在对潜搜索的初始阶段，确定布入区域内有无潜艇，为进一步搜索探测提供依据；也可大量布放在被掩护目标受潜艇威胁较大的方向上实施警戒。

2)被动式定向声呐浮标。这种声呐浮标不仅能确定布放区域内有无潜艇，而且能测定潜艇的方位。由于声呐浮标上采用了以恒定速度自动旋转的换能器和固定连接在浮标无线电发射机电路中的罗盘装置，当换能器转至目标方向并接收到噪声信号时，控制发报机向监听反潜机发出信号，其发射频率由换能器的工作方向控制，机上的操作员根据无线电频率就可以得知潜艇的方位。这种声呐浮标的无线电发报机要复杂一些，因为其振荡频率不仅受接收的声频噪声所调制，而且随换能器转动方向的变化而变化，所以其结构复杂，体积、质量都要大一些，机上接收设备也较复杂。被动式定向声呐浮标布放图如图 8.17 所示。

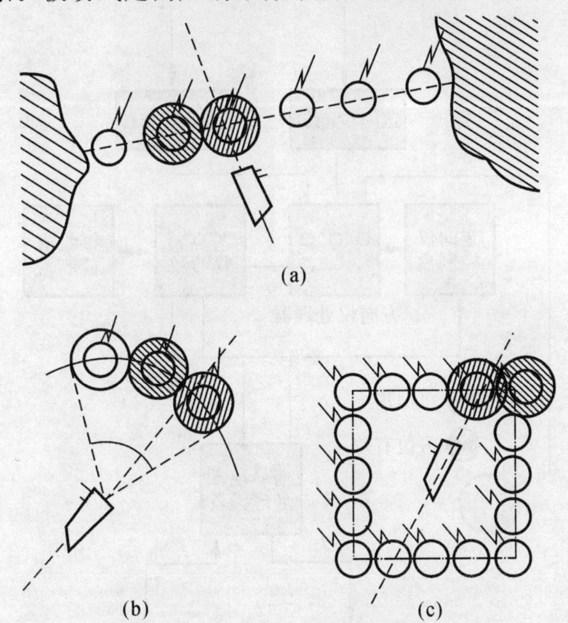

图 8.17　被动式定向声呐浮标布放图

(a)直线拦截式；(b)扇形拦截式；(c)包围拦截式

3)主动式非定向声呐浮标。这种声呐浮标没有安装罗盘装置,它只能测定潜艇的距离,而不能测出潜艇方位。因此使用这种声呐浮标时,每次必须布放 3 枚且必须同时测定目标距离,才能对潜艇实施准确定位。为此,声呐浮标的工作,由反潜机进行无线电遥控。当反潜机发出无线电指令时,能同时启动 3 枚声呐浮标的工作开关,使 3 枚声呐浮标同时测定目标距离,然后由浮标上的无线电发报机发送给监听反潜机,经过信息处理和计算,在显示器上显示出目标位置。由反潜机发出指令控制声呐浮标工作,不但能同时测定目标距离,提高定位的准确性,而且还能节省电能,提高声呐浮标的工作寿命。

4)主动式定向声呐浮标。这种声呐浮标工作时,既能测定目标距离,又能测定目标方位,因此,一次布放 1 枚声呐浮标,即可对潜艇实施定位和测定其运动要素。由于这种声呐浮标结构复杂,价格昂贵,作用距离较小,所以一般多使用于最后测定潜艇位置和运动要素的时候。

(4)典型声呐浮标系统介绍

1)法国的 LAMPARO(郎巴罗)声呐浮标系统。LAMPARO 系统主要由 RB—82—4A 甚高频接收机、SDF—123F 声呐浮标方位探测器和 TMS8220 声呐浮标信号处理与显示装置等组成。LAMPARO 组成方块图如图 8.18 所示

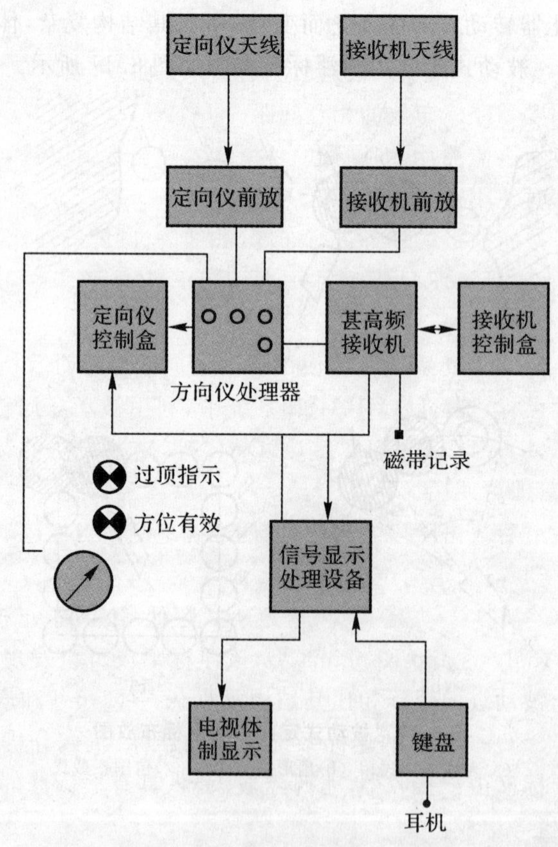

图 8.18 LAMPARO 组成方块图

RB—82—4A 甚高频接收机是一个多通道的调频接收机，它可同时接收 4 枚浮标发射的甚高频信号，而每一路又可独立地在 99 个射频通道中任选一个通道进行工作，它对接收的信号进行放大和解调，并将解调后的音频信号送给信号处理机、音频监听装置和记录仪以便对信号进行进一步的处理和记录。

信号处理与显示装置(SDPU)根据声呐员给定的操作命令，对信号进行各种信号处理和战术处理，并将处理结果按各种不同格式在屏幕上显示出来，或送给战术导航系统。

音频部件可对一个被动或主动声呐浮标进行收听，同时它与机内通话器连接，进行机内通信。

定位仪向驾驶员提供浮标在海上的方位，并给出过顶指示(即 OTPI)，以确定浮标的位置。

主动浮标遥控装置允许声呐员对主动声呐浮标的声波发射进行控制，使它接通或断开。该设备能同时遥控两个声呐浮标。

多通道磁带记录仪能同时记录 4 路调频信号，以便返航后进行战斗分析和汇报，以及数据累积。该设备可进一步扩展到同时记录 14 个通道。

当反潜机到达作战海区时，首先要投放温深浮标，并接收温深浮标发回的测量数据，测量出的 $B—T$ 曲线直接在 CRT 上显示。根据所测的 $B—T$ 曲线，声呐员即可确定下面投放的声呐浮标水听器的工作深度和浮标布放的相互间距。

接着投放海洋环境噪声监测浮标，测量的环境背景噪声数值以数字形式显示在荧光屏上，并存放起来供信号处理时使用。

被动全向声呐浮标按所执行的任务进行布阵(如线阵、圆阵等)，然后对接收信号进行监听和低频线谱分析，以判别有无潜艇目标。另外，采用 DEMON 分析(包络谱分析)还可对目标性质进行分类。

在发现目标后，LAMPARO 系统继续使用被动全向浮标来对目标进行定位。这时，要按所采用的定位方法补投浮标。在 LAMPARO 系统中，利用被动全向声呐浮标进行定位的方法有 DOPPLER—CPA，LOFIX，HYFIX 和 CODAR 等，这些方法的计算程序全都固化在计算机中，声呐员通过键盘即可调用。

主动声呐浮标仅在最后攻击阶段才使用，以便准确地测量目标运动要素。

2)美国 AN/SSQ—53 被动定向声呐浮标。

①性能。AN/SSQ—53 被动定向声呐浮标，是低频定向分析测距系统声呐浮标(Direction Frequency Analysis and Ranging)型，该浮标不仅可以发现潜艇噪声，而且还能确定潜艇的方位，因此，与被动全向浮标相比其结构要复杂一些，尺寸和质量亦大一点。

②系统组成。AN/SSQ—53 声呐浮标系统由声呐浮标、机载分析仪、机载记录器及显示系统组成。其中声呐浮标又由声接收器、水听器放大器、具有振荡器的罗盘装置、由锂电池组成的电源、超短波发射机等组成。

浮标确定方位原理如图 8.19 所示，浮标上采用了具有恒定速度自动旋转的声接收器 1。换能器系统内有固定连接包含在浮标无线电发射机电路中的罗盘装置 3，因而飞机上的声呐员可得知每一瞬时换能器系统方向特性的最大值相对于地球子午线的位置。这是由于换能器系统的每一位置都与无线电信号的本身频率相对应。因此，声呐员观测信号的频率，即可确定每一瞬时声呐浮标换能器系统方向特性的位置。超短波发射机 5 要比非定向声呐浮标的发射机复杂一些，因其振荡频率不仅受所接受的声频噪声所调制，并随换能器系统位置而变化；同样，超短波接收机 6 和指示目标方位数据的指示装置 7 也较为复杂。

③系统特点。被动定向声呐浮标具有对潜探测和定向的作用，使用 2～3 枚定向被动浮标，浮标系统便可对目标定位、跟踪。就浮标性能而言，AN/SSQ—53 DIFAR 浮标可称得上是被动浮标中各种性能较为先进的一种，与早期的被动浮标相比，它在目标定位、声传感器特性，特别是在低频测距方面有了较大的提高。此类浮标在反潜战场作用明显，需求量很大。就目前的发展趋势来看，全向被动浮标在某些场合有可能被定向被动浮标所取代。

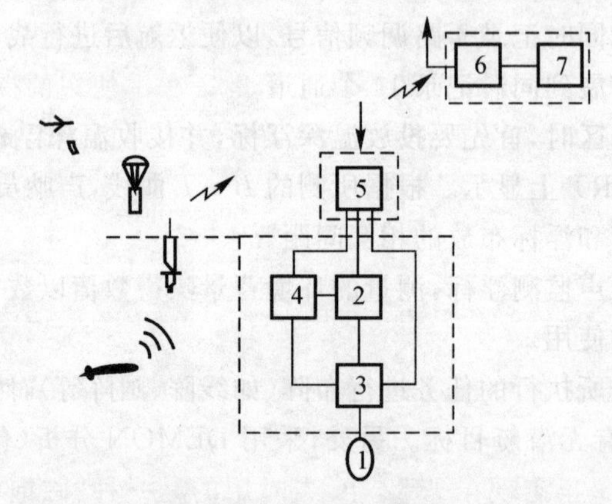

图 8.19　定向声呐浮标的工作原理及组成方块图

1—声接收器； 2—水听器放大器； 3—具有振荡器的罗盘装置；
4—电源； 5—超短波发射机； 6—超短波接收机； 7—指示装置

(5)声呐浮标的发展趋势

1)体积变小、质量变轻，便于反潜机大量携带。根据复杂的反潜战的要求，反潜机携带声呐浮标的数量应尽量多，因此要求声呐浮标的体积要更小，质量要更轻。由于电子技术和安装手段的发展，这一要求逐渐变成了现实。现代无线电声呐浮标由于使用固体微电路、高性能的电池和换能元件，其体积越来越小，质量越来越轻。现在国外正在研制的微型无线电声呐浮标，其长度仅为现用的声呐浮标的 1/3，因此可使机载声呐浮标携带的数量由现在的数十枚增加到 200 枚。同时，由于信息处理技术的提高，机载设备的体积和质量也在缩小和减轻。

2)大力提高声呐浮标的探测性能。由于潜艇性能的不断提高，如潜得更深、速度更快，使反潜机对潜艇的探测越来越困难，因此发展航空反潜能力，迅速提高无线电声呐浮标的性能，已成为世界各国海军当务之急。当前，声呐浮标除采用自相关、互相关、频谱滤波、相位编码等新技术，以提高探测距离、定位精度和可靠性以外，今后主要是集中发展垂直列阵被动定向声呐浮标、水平线列阵声呐浮标和深水主动线列阵声呐浮标，以增加探测距离和深水探测能力，从而保证对潜艇的快速定位和快速攻击。

3)发展"声呐浮标参考系统"。现在的浮标系统使用时，在投下浮标后，反潜机必须再飞临声呐浮标的上空，测定浮标的位置，这样就限制了反潜机的机动和影响反潜作战。而新的"声呐浮标参考系统"就可使反潜机通过该系统的超短波发报机发出不同的声调信号，声呐浮标接收信号以后，再用无线电发报机转发其接收的信号，机上的"声呐浮标参考系统"测量出发射和接收之间的时间延迟，经计算就可确定声呐浮标的位置，并推算出潜艇的位置。

4)实现低频大功率发射，提高探测的作用距离。对于被动声呐浮标，注重提高探测更低频率的潜艇噪声的能力(因随着潜艇降噪性能的提高，只有潜艇的低频噪声难以降低)，展宽收听频带；对于主动声呐浮标，主要降低自噪声水平以及增强工作效率。

5)向综合声探测系统发展，声呐浮标处理系统与其他探潜系统共用。

6)发展回收型声呐浮标。由于目前的声呐浮标是一次性使用的探潜器材，其使用费用巨大。据估计，现在世界各国海军每年要消耗近 20 万枚声呐浮标。因此，一些国家海军正在研制回收声呐浮标，由一次性使用变为反复使用。

4. 航空磁探仪

(1)航空磁探测仪的作用及特点

磁探仪是磁异常探测仪的简称，它是一种探测由于潜艇的存在而使所在位置的磁场发生变化，进而发现潜艇的仪器，故又叫做磁力探测仪。

磁探仪用于探测潜艇最早出现在 1942 年，当时用的是一种"磁饱和式"磁力仪，探测距离也只有 120 m 左右。如果飞机在离海面 50 m 飞行，只能探测水下 70 m 的潜艇。到了 50 年代，又出现了"质子旋进式"磁探仪，后来又出现了"光泵式"和"电子双共振式"磁力仪。近年来，人们又在研究超导磁探仪。

航空磁探仪按其探头的安装位置分为两种：一种是固定式——探头固定在反潜机内某个位置，一般安装在尾部的无磁性探杆内；另一种是拖曳式——探头通过缆绳拖曳在反潜机后方某个高度上。一般固定翼飞机采用固定式，旋转翼飞机(直升机)采用拖曳式，拖曳式的最大优点是不需对本机的磁干扰进行磁补偿，但使用不方便。

另外，一种正在研究的浮标式磁探仪(MAD)浮标，它的工作方式和声呐浮标相类似，接收处理系统也在反潜机上，不同的是水下分机是磁探仪，而不是声呐。

磁探仪与水声探测设备相比，具有以下特点：

1)识别能力好、执行时间短、定位精度高。

2)独立工作能力强，能在探测的瞬间进行攻击，并保证有最大的直接命中概率。

3)被动探测,隐蔽性好。

4)探测距离较近,目前较好的磁探仪的探测距离也不足1 000 m。一般,在水声设备发现目标信号后,进行最后定位和攻击时使用。

(2)磁探仪的组成及工作原理

目前,探测潜艇的磁探仪种类很多,按其传感原理分为和式、质子旋进式、光泵式、电子双共振式和超导式磁探仪。常用的是质子旋进式和光泵式磁探仪,如美国的AN/ASQ—81氦光泵磁探仪,加拿大的AN/ASQ—504铯光泵磁探仪都是这类仪器的代表。

氦光泵磁探仪完成对目标信号的检测,由于使用总磁场磁力仪,所以磁信号是叠加在地磁总场上的。若采用固定式光泵探头,运载体(反潜机)本身引起的磁干扰同样也要被检测。

三轴矢量磁力仪实质上提供航向与姿态信号,这些信号用来完成对运载体产生的永久、感应和涡流磁场的自动补偿。磁补偿方式由16位微处理机按程序执行,最终产生一补偿信号,去抵消来自光泵磁探仪的未补偿信号中的复合磁干扰,使在显示器上或记录器记录的仅仅是目标信号。

该系统还具备对潜艇磁信号自动识别、报警功能。经磁补偿后的信号,还要再经过处理,与存储在内存中的"样本"信号作比较,识别出所需要的目标信号,并完成报警和定位。

(3)航空磁探仪的发展

尽管磁探仪具有声探测所不具备的优点,但现已装备使用的几种磁探仪均存在灵敏度低、探测距离近等不足,而这些磁探仪在性能上有重大突破的可能性很小。因此,只有去寻找一种新材料、新技术来提高磁探仪的性能。近几年,超导材料的出现,给利用超导材料及技术做成超导磁探仪带来了光明。

超导磁探仪与一般常规磁力仪相比具有灵敏度高、相应频带宽、量程广、灵活区域大、灵敏元件体积小等特点。因此,在未来的航空探潜中将发挥巨大的作用,能大幅度提高探测距离;可实现对磁干扰的自动补偿;能提高识别目标的准确性和速度;实现列阵式组合探头,提高探潜效能。超导磁探仪是航空磁探仪的发展方向之一。

8.2.2 其他探潜器材与技术

1.蓝绿激光探测系统

随着潜艇的航速增加、"寂静"潜艇的出现、消磁技术及无磁性艇壳材料的采用、各种声对抗装备的应用,潜艇的隐蔽性与机动能力进一步增强。为了对付潜艇的日益严重的威胁,各国海军都在加紧研究新的探潜手段。正在研制和发展的机载蓝绿激光探测器就是一种新的光电搜潜手段。

机载激光探潜是在机载激光海深测量技术基础上发展起来的。20世纪70年代初,美国、澳大利亚等国开始从事激光海深测量技术的研究。到 80 年代，美国、澳大利亚、加拿大、俄罗斯等国相继研制出几台机载激光海深测量仪。到了 80 年代中期，国外开始研制机载激光探潜（探雷）系统，至今已研制成功的机载激光探潜探雷系统有俄罗斯的"紫石英"机载激光探潜系统；瑞典和加拿大联合研制的"鹰眼"机载激光探潜系统；美国的"魔灯"机载激光探雷系统（也可探潜，即"魔灯"改进型，MLCA 型）。

机载激光探潜由于使用激光来作为信息载体，所以与声呐等常规探潜技术相比，具有以下特点：

1）以主动方式工作。目前，常用的机动探潜手段，除了声呐可以以主动、被动两种方式工作外，其他像磁探仪、气体分析仪、红外探潜仪等都是以被动方式工作的。激光探潜以主动方式工作，可以有效地探测到采取了降噪寂静措施的现代潜艇。

2）具有较好的隐蔽性。由于激光束是较窄的光波，虽然是主动方式工作，也不会像主动声呐探潜那样容易被水下潜艇发现。

3）不受电磁干扰。机载激光探潜的信息载体是光波，它在探测时不受电磁干扰。而无线电声呐浮标和磁探仪等会受到电磁干扰。

4）不受噪声干扰。海洋环境噪声对声呐探测的影响较大，而对以光波工作的激光探潜没有干扰。

5）环境光的影响较小。海洋环境光，主要是海面反射的阳光，虽然对激光探测有一定的影响，但由于采用了窄波带滤光技术，所以这种影响较小。

6）具有多种功能。机载激光探潜系统，除了能探测数十米深处的潜艇外，还可以探测水雷，而且还可对具有激光导引头的鱼雷和灭雷器进行导引。此外，还可以用来对近海浅水域进行测深和绘制海底地形图。

7）探测深度较小。由于受到水对激光严重衰减的限制，目前机载激光探潜的深度一般只有 30～40 m，最大探测深度也只有 70～80 m，虽然如此，仍可弥补声呐对浅海水域探潜性能较差的缺点，成为浅海水域中重要的探潜手段。

机载激光探潜是一种比较有效的探测方法。特别是对于几十米水深的近海浅水域（如我国的东海、黄海、渤海海域）和海底有大量沉积铁矿层的海域，探测效果更好。它能弥补声呐和磁探仪的不足，因此若把激光探潜系统与声呐、磁探仪组合成一个机载综合探潜系统，发挥各种探测手段的优势，配合作战，则探测效果更好。

但是，由于受到水对光严重衰减的限制，机载激光探潜系统的探测深度相应也受到限制。通过提高激光的发射功率和接收机灵敏度，以及采用更先进的信息处理技术，探测深度可能提高到 100 m 左右，但要大幅度提高探测深度将是很困难的。因此，目前机载激光探潜系统仍是航空探潜设备中的一种辅助手段（主要的还是靠声呐）。

2. 红外线探测仪

潜艇在水下航行时不断地把热直接散射到周围的海水中，不管是常规潜艇还是核动力潜艇，都用海水作冷却水。特别是核潜艇，为了冷却核动力装置，总是放出大量的温热海水。另外，螺旋桨打水和艇体运动时对海水的冲击摩擦也使水分子产生热量，所有这些产生的热就在潜艇后面产生了一股热尾流，可使其周围的海水温度升高 0.005℃，而且受热海水密度比较轻，能逐渐上升到海面，风平浪静时其持续时间可达 5～6 h。而红外探测仪的温度灵敏度可达 0.001～0.000 1℃。反潜机利用红外探测仪就可测出这种温度变化，经判断分析，确定是否有潜艇。

红外探测仪也可探测水面航行的潜艇，不论白天黑夜都可用，同样也可探测其他目标。

红外探测仪用于军事上已很普遍，如美 P—3C 机上就装备前视红外探测系统(FLIR)，该装置的红外传感器装在机首，其扫描范围为±172°、上 18°、下－80°，最大探测距离可达37 km。此装置可手动控制，也可自动跟踪，但它只能作为一种辅助手段，因为在海洋上受自然环境影响较大，云、雨、雾情况下不能使用。另外，海水温度在不大的范围便有差异，这些都会影响它的使用。

为了探测由于潜艇的存在而使海水发生的微小变化，红外探测仪被制作得很灵敏，以至于能捕捉到大量的无用的热源信号，例如沿海地带商船的尾流，工厂和电站排放的污物流入海中，以及其他一些假信号。虽然现在许多反潜机都装有此种探测器，但距彻底解决探潜问题还很遥远。随着技术的发展，尤其是信息处理技术及抗干扰能力的提高，红外探测仪在某些情况下(良好气象条件下)也能发挥其探潜的良好效果。

3. 废气探测仪

潜艇在海上航行会散发出气味。常规潜艇在通气管露出水面航行时，由柴油机排出的废气，能在大气中保持几个小时；核潜艇的辅机有时也会排出少量的废气。因此，对于这些废气(含有一氧化碳或二氧化碳分子)就可由反潜机上的废气分析仪来对潜艇经过的海区上方空中取样加以分析，判断此区有无潜艇。

英海军的 MK—3 型废气分析仪，反潜机在下风方向垂直于风向飞行时，在 90～120 m 的高度上取样分析，能发现距反潜机 27 n mile 用通气管航行的潜艇。美国的 AN/ASR—3 废气分析仪，当反潜机在小于 50 m 的高度飞行时，可以每秒取样 5 次，能在潜艇下潜 3～4 h 以后测出潜艇柴油机排出的废气。

废气分析仪使用时必须低空飞行，而且受气象条件影响较大，如果海面有石油等物质污染，也会影响其工作，甚至使其无法工作。因此，它也是在某些条件下使用的一种搜潜辅助仪器。

4. 激光/声探潜技术

利用激光/声探测水下目标，在国际上是20世纪80年代才提出的新技术，它是激光技术、声学与电子技术相结合的边缘科学。其基本原理是大功率红外脉冲激光打在水面上，在水中激励发生反射，如果能量足够大，将有一部分能量穿过水-空气界面，被置于空气中的接收机接收，并根据接收到的回波特性来探测水下目标。这样，激光/声探测技术就成为一种新的遥感探测水下目标方法。

激光/声探测技术提供了一个完全不与水接触的遥感探测设备，通过激光产生声，在水中还是用声波来探测，发挥其各自的优势，从而实现机动灵活、快速准确的遥感探测新途径，它既可克服蓝绿激光水下的严重衰减，又可提高对水下目标的探测速度。

激光/声对于发现安静型潜艇非常有意义。这是因为激光/声还具有两大特点：一是它产生的声脉冲窄、频谱宽；二是它可从高空向下探测海水中的目标。这对于还不能实现全频率、全方位隐身的潜艇，通过接收其隐身性能差的频段和方位的较大反射能量，可以大大提高激光/声探测隐身潜艇的能力。

8.3　机载反潜指挥控制系统

航空反潜(指反潜机的)指挥和控制是整个反潜战指挥的重要部分。目前，其指挥方式有两种：一种是“完全”的方式，即反潜机拥有完全的指挥自主权；另一种是“不完全”的方式，如对反潜直升机，采取由直升机母舰指挥控制的方式。对固定翼反潜飞机，可采取完全独立自主的指挥方式，因为在固定翼反潜机内部装载一整套C^3 I系统(指挥、控制、通信系统)。而对于反潜直升机，由于其空间容量有限，不能同时装载多种传感器和完整的处理系统。只有大型反潜直升机(如大型岸基直升机)才有可能同时装载多种传感器和完整的处理系统。

机载反潜指挥控制系统是根据反潜任务，机上指挥员(战术协调员)对机上设备、软件和人员实施操作控制和指挥的总称。

指挥控制系统的核心概念是“指挥和控制”，它是指挥员在计划、指挥和控制操作中，对参与实施信息捕获、处理和通信的人员、设备和系统进行管理。因此，机载反潜指挥控制系统也称机载反潜任务管理系统。

机载反潜指挥控制系统就是用于战术情报(来自母舰、友机和其他各种传感器的数据及信息)的收集、处理、变换、传输、辅助指挥作战(战术动作)和控制反潜武器发射的系统。指挥控制系统同时兼顾情报、指挥、控制、通信的功能。

指挥和控制反映了指挥控制系统的本质，为此进行的一切技术手段都是以有效的指挥和控制所属武器为目的的。指挥控制系统的最根本的两项功能就是战术决策和对武器发射的指挥控制，相应地就分为作战指挥系统和武器控制系统两大部分。指挥和控制在功能上各有侧重，但相互之间又紧密联系，故又可综合为一个系统。

8.3.1 系统基本功能

1. 作战指挥系统基本功能

作战指挥系统是收集、处理和显示机载探测设备与数据链等得到的潜艇目标信息，辅助指挥员（战术协调员）实施对本机或编队（其他反潜机）战术指挥的系统。它的基本功能如：

1）接收和储存来自雷达、敌我识别器、声呐（吊放声呐、声呐浮标）、电子对抗等机载设备及己方数据链的战术数据；

2）对接收的战术数据进行处理，对目标进行识别、分类、变换和建立目标航迹和我机航线，并显示其战术态势图像；

3）拟定最佳攻击方案，选择使用攻击武器（鱼雷或深弹或导弹），并给武器控制系统指示目标；

4）管理数据传输，与母舰（对舰载反潜机而言）、友机或己方反潜指挥中心交换信息，协调和控制战术行动。

要完成以上功能，其系统必须要有电子计算机、控制/显示设备、数据链终端等通信设备以及系统软件、战术应用软件等。

2. 武器控制系统的基本功能

武器控制系统（也称火控系统）是控制武器（主要是鱼雷或深弹）完成对潜艇准确攻击（射击）的系统。它的基本功能如下：

1）跟踪目标，测定目标现在位置坐标；

2）解算目标运动要素，求出目标未来位置；

3）求解武器射击诸元；

4）控制发射反潜武器。

要完成这些功能，此系统必须有探测设备、综合处理计算机（火控计算机）、接口设备、显示/控制台以及系统软件和应用软件等。

反潜火控系统包含目标态势的探测、载机态势的测量、武器特性的输入、信息处理、目标的识别和显示、武器的投放控制及命中目标所涉及的搜、攻潜设备的总汇。

这些设备中，最重要的是火控计算机（或叫战术计算机，或叫综合处理计算机），它是反潜控制系统的中心，它根据探测设备提供的目标原始数据和航向系统提供的反潜机参数，计算出目标与反潜机间的位置关系，从而提供有关参数和相对位置，引导反潜机对目标实施攻击。它的具体功能如下：

1)输入和存储探测器材及反潜机航向系统提供的原始数据;

2)由原始参数计算目标的距离、方位、航速、航向;

3)进行参数设定和修正,武器投放参数的装订;

4)攻击时,提供投雷点参数或自动投雷;

5)提供反潜机导航参数和引导反潜机到达预定点对目标进行攻击;

6)提供战术显示器信号显示目标、浮标位置和反潜机飞行轨迹。

8.3.2　指挥控制系统的分类

按指挥控制系统的发展过程及数据处理方式的不同,指挥控制系统可分为三种:

1. 分散式模拟系统

分散式模拟系统由几种分散的、具有独立功能的或某种武器专用的设备组成。通常它们各自都具有测量、计算与显示部分,相互之间只用少量信号交联。如法国早期的"超黄蜂"反潜直升机的火控系统就是一种分散式的,它有探潜设备(吊放声呐、声呐浮标)、雷达、导航计算机、鱼雷火控计算机(预置器)及投控设备等。其优点是灵活、简单、可靠。对于任务单一的反潜直升机较为合适,但对于有众多探潜设备和武器的大型反潜巡逻机就会使其变得质量大、设备重复、可靠性差。

2. 集中控制(局部综合)的数字式系统

集中控制(局部综合)的数字式系统采用数字式中央控制计算机,所有数据处理和控制都集中在中央计算机,而各个子系统以集束的形式连接中央控制计算机。系统包括各种传感器、中央计算机、控制—显示装置等硬件和反潜作战软件。其优点是通过方便地修改作战软件就可改变系统的功能;缺点是中央计算机工作负担重,要求其运算速度快和存储容量大,可靠性较差。美国 P—3C 机的"埃-纽"(A—NEW)系统就是一种集中控制系统。

3. 分布集中式数字机网络系统

这是一种按分布—集中原则处理数据的数字式控制系统。系统除中央计算机外,各个子系统之中都采用了嵌入式微处理器。它可通过多路数据传输总线,把中央计算机的某些功能合理地分配到各个子系统之中,从而减轻了中央计算机的负担。其优点是具有较高的平行处理数据的能力,各子系统接口设备大为简化,可靠性高。如法国"大西洋Ⅱ"反潜机就采用此种处理系统。美国的 P—7A 反潜机的"海神"系统也是按分布式层次综合系统结构思想设计的,它采用了可编程序、微程序控制的模块式结构,使系统的通用性、灵活性得以改善,既可适于处理现用的及未来的各种探测设备的信息,又可适于装备不同类型的反潜机。

另外,还有一种正在发展的资源共享式系统,它比分布集中式(或叫集中分布式)更进了一步,综合化程度更高。

8.3.3 机载反潜指挥控制系统的组成及原理

机载反潜指挥控制系统要完成对目标的搜索(战术环境分析)、辅助作战指挥、武器发射的控制与引导等功能,必须由构成系统的设备、软件、人员三部分组成。硬件是指实施软件的设备;软件是指计算机解题和处理信息的数学方法、模型、算法和程序,是系统具有“智能”的关键;人员即机组人员,如驾驶员、声呐操作员和战术协调员等。由于反潜巡逻机和反潜直升机任务范围等不同,其系统也多种多样,但其最根本的任务是相同的,因此其构成系统的主体设备大同小异,主要包括信息搜索及处理设备、战术态势显示设备、计算机、控制设备、通信设备、接口装置等。

1. 战术计算机

由于反潜机设备多而复杂,尤其是多种传感器获取大量的实时信息需要及时处理,实施反潜战术,正确地指挥反潜战斗,不仅要考虑机内各战位的协调,而且还要同友机和母舰联系与数据传输,这就需要一套高效能的数据处理和指挥控制系统(即 C^3I 系统)。

从分析各种探测结果,对目标分类和定位,引导攻击,过去是靠人工处理的,人员高度劳累而又贻误战机。随着数字技术的发展,现代航空反潜系统已将过去分散的、单一功能的导航、飞行控制、探测、显示、通信、武器控制、故障检测等设备,按照系统工程同形层次,综合为一个以数字计算机为中心的有机整体。20 世纪 70 年代以来陆续出现的 P—3C 机和 S—3A/B 机的“埃—纽”系统,以及“猎迷”“大西洋Ⅱ”机与之类似的电子系统,都是以数字计算机(如美国 AN/ASQ—114)为核心的数据处理系统。计算机高速自动地处理来自各种探测设备和导航仪表的输入数据,不断解算出目标和本机运动要素、海况及攻潜引导数据,并可及时排除故障,自动与其他舰、机或地面站通信。这种系统可完成过去需较多人花大量时间才能完成的数据处理工作,并及时地为指挥员提供战术数据,而且还兼负监控与检修职能。

战术计算机作为机载反潜指挥控制系统的核心设备,主要是综合处理目标探测、导航、通信、武器各分系统所提供的大量战术数据,以完成声呐浮标的布放、定位,目标的跟踪和定位,瞄准诸元的解算与自动瞄准,武器发射的控制,战术显示参数的提供,以及总线传输监视和控制。机载战术软件是飞机或直升机执行作战任务时所需计算机程序的总称。它能对众多的机载设备进行管理和控制,自动处理大量来自各种传感器的信息,自动完成敌我识别、战场分析和威胁评估,并向飞行人员提供搜索方案,引导飞机或直升机进入有利攻击阵位。

战术软件把飞机或直升机管理系统、任务管理系统、威胁管理系统、嵌入式训练系统、诊断和维护系统综合起来,使作战指挥系统向人工智能和专家系统方向发展,运用战术软件最大限度地发挥飞机或直升机和机载设备的效能。

反潜机的战术软件一般应能完成以下主要工作：

1)根据作战计划，选择飞行航线；

2)向飞行人员提供最佳搜索方案和参数；

3)对传感器获得的目标数据进行分类、判断；

4)计算目标的运动参数，评判威胁程度，显示战术态势；

5)协助飞行员(战术协调员)优化战术决策，确定作战方案；

6)模拟作战过程，训练飞行人员；

7)根据作战模式，选择到达指定海域的航线及返回航线；

8)确定必须采取的搜索图形及其参数，确定吊放声呐点水方式、声呐浮标布阵方式或磁探仪搜索方式；

9)对各传感器采集的信息进行分析，判断后进行战术态势显示，将有关部分送往母舰或友机；

10)根据目标特性和母舰指示进行攻潜决策；

11)在舰面或机场时，可以对机载软件进行支援，如机载程序加载，机载程序维护，机载记录数据整理、存储，战术过程重新再现等。

战术软件可以根据不同的作战任务和载机搭载不同的电子设备进行灵活配置，如吊放声呐或声呐浮标或磁探仪搜索方案选择模块、鱼雷投放控制模块、飞行控制系统控制模块、数据链控制模块、机载数据库模块、威胁判断模块等等。

2. 战术显示系统

操作员可通过显示器显示的符号、图形、数字、文字等信息实时地显示整个反潜战术态势，显示系统是各种传感器、处理及控制系统的终端。对于机载反潜指挥控制系统而言，其综合化程度越高，所需处理、控制和显示的信息量越大，所需显示设备的数量也就越多。一般而言，一架反潜机要配备1～2套(台)显示器，多的有4套以上。现代反潜机的显示系统已进入了综合控制/显示系统时代。综合控制/显示系统运用计算机、电子显示和控制以及数字数据总线(如1553A/B，HSDB，VHSDB)传输技术，按功能横向组合或综合，把机载航空电子设备的显示器和控制器综合成一个系统。该系统既具有从属性又具有独立性，其从属性指它是机载反潜指挥控制系统不可分割的人-机接口分系统，其独立性系指它不再从属于其他分系统(即不再是其他系统的一个部件)。综合控制/显示系统按功能又由综合显示和综合控制组成。

目前，大型反潜机都有平视显示器和几个多功能显示器，下一代反潜机的综合控制/显示系统将采用全息平视显示器和几个多功能显示器构成的综合显示系统，使用有源矩阵彩色液晶显示器(LCD)，采用声、像等多媒体新技术向视、听、说等控制的多通道发展。其发展趋势归纳起来有以下几点：

1)重视符合人体工程学的设计。发展低辐射显示器,以减轻其对人体的有害辐射,改屏幕闪烁的逐行为刷新速率的机种。

2)注重操作使用的简单化。采用微处理机控制的数字电路代替过去的类比电路,达到自适应各种显示模式及频率的目的。

3)采用平面液晶显示器(LCD)。由于液晶显示器具有电压低、功耗小、轻薄短小、无辐射等优点,将逐步取代 CRT。

3. 系统接口和自检设备

系统接口即外围设备,用来作为战术计算机与其他机载设备之间的"匹配器",例如,将探测数据编码送入计算机,包括外存储器、模-数和数-模转换器、数据终端设备和外围处理机等,这些是实现数据变换、控制、传递所必需的设备。

为了改善指挥控制系统的维修性,系统必须具有自检测的功能,自检设备通常是一些指示灯、测试字或测试程序。系统通电后,测试程序在不妨碍系统正常工作的情况下,自动检测并记录各模块的工作状态和故障情况,操作员可操纵控制按钮,在表格显示器上显示所有这些信息。

另外,有的系统检测手段独立于系统而单独存在,它不仅能完成系统运行状态和设备状态的检测,而且能实现故障设备的隔离和系统重构功能,使系统的可用性、维修性达到更高的程度。

4. 机载反潜综合处理系统

综合处理系统(IPS)是目前世界上大多数的反潜机所采用的,如法国的 SADANG2000 系列设备,英国的 ASN—902/924/990 系列设备和加拿大的 ASW—503 系统都是集控制、显示、处理为一体的系统,能综合反潜机各种不同的子系统,包括传感器(声呐、磁探仪)、通信、电子武器、导航雷达等,并且能从其他各种平台管理系统接收数据。ASW—503 系统的操作员可以对平台的电子设备和控制系统进行操作,对所产生的作战数据进行管理;系统还可显示必要的提示和操作命令。

综合处理系统接受与之交联的有关任务设备或分系统,如搜索雷达、声呐探测系统、多普勒导航系统、大气数据计算机、燃油系统、鱼雷武器及挂架和飞行仪表等输出的有关接触或目标信息,进行综合处理,在战术显示器上给出空中、水面、水下的综合战术态势显示,其中包括本机、邻机、固定或活动目标、目标运动轨迹、战术航点、战术驾驶图和搜索救援图等。反潜机驾驶员和战术协调员就可凭借战术显示器上的直观、准确的战术态势图,进行战术决策,引导反潜机对目标实施攻击。

5. 航空反潜指挥自动化

指挥自动化，是指在指挥系统中，运用以电子计算机为核心的自动化设备和软件系统，使指挥员和指挥机关对所属部队的作战和其他行动的指挥，实现快速和优化的措施，以提高或最大限度地发挥部队的战斗力。指挥自动化可起到战斗力“倍增器”的作用。而指挥自动化系统是综合运用以电子计算机为核心的各种技术设备，实现军事信息收集、传递、处理自动化，保障对军队和武器实施指挥与控制的人—机—网系统。这个系统，西方称之为 C^3I 系统，也有的叫 C^3，C^4，C^3IEW 等。但其核心要素是指挥和控制，指挥就是对下属部队的作战和军事行动进行规划、组织、协调的过程，而控制是指挥部队使其行动符合自己决心的过程。

C^3I 涉及战略、战役、战术三个层次，对于航空反潜来说，是整个海战战略、战役中的一部分，具体实战则更侧重于战术层次。因此，这里仅从航空反潜战术层次上看其涉及的 C^3I 系统。

具体的 C^3I 系统的规模、形式往往因不同的国家、不同的军队而有所不同，但都必须具备以下几大部分：

1）信息收集、处理、显示部分；

2）通信网部分；

3）指令产生部分。

C^3I 的规模、技术水平与配置的计算机的档次、数量，传输链的质量、形式，传感器的性能，使用人员的素质以及软件的水平有直接关系。

8.4　航空反潜武器系统及附属装置

航空反潜武器是利用反潜探测设备对水下潜艇目标进行探测、识别和定位并对其实施攻击的作战武器，是现代反潜战的一个重要组成部分。航空反潜武器是用以攻击、摧毁敌方潜艇的直接杀伤手段，属于机载武器领域，专用于反舰尤其是反潜的一类武器，包括航空鱼雷、航空水雷、航空深水炸弹和航空反潜导弹。除了上述专用的航空反潜武器之外，还可使用空舰导弹和航空炸弹对浮出水面或开始下潜的潜艇实施攻击。

8.4.1　航空反潜武器

1. 简介

航空鱼雷是反潜飞机和直升机实施反潜作战的主攻武器，主要用来攻击下潜深、潜航久、航速快、噪声小、双层壳的常规/核动力潜艇。航空水雷既可用于进攻，对付舰艇和潜艇，又可用于防御,对预定海区、口岸实施控制封锁,还可在现代登陆作战中为海军陆战队开辟海上通道。航空反潜导弹的结构和应用与航空鱼雷相似,装备反潜飞机和直升机用于攻击现代高速潜艇。由于浅水海域的声学特性异常复杂,声波传播会受到各种环境因素的干扰和影响,使鱼雷的声自导性能大为降低,攻潜效果往往不理想,而常规深水炸弹则不受其干扰和影响,从而成为浅水海域反潜的主要武器。此外,同反潜鱼雷和反潜导弹相比,深水炸弹结构简单,造价低廉,战时可大量生产和使用。

自美国在第二次世界大战期间首先研制并成功应用编号为 MK—24 的航空声自导鱼雷以来,航空鱼雷已发展到第四代,主要型号有美国的 MK—50 先进轻型鱼雷、法国的"海鳝"、意大利的 A—290、瑞典的 TP45。正在研制的新一代航空鱼雷,主要型号有美国的 REGAL 独立线导鱼雷和法国与意大利合作研制的 MU90"冲击"鱼雷等。

航空水雷同舰载水雷一样,已由昔日被动式纯防御武器——"水中定时炸弹",变为主/被动式、攻防兼备的高技术武器。在现代航空水雷系列中,既有保持传统水雷结构的单一式水雷,又有与其他水中兵器合为一体的复合式水雷。单一式水雷保留了传统水雷造价低、威力大、投布方便等特点,同时由于采用独特形状和巧妙结构,具有很强的伪装隐蔽能力,代表型号有意大利的截头锥形"曼塔"和瑞典的扁椭圆形"罗肯"。复合式水雷兼有传统水雷和与之结合兵器的优点,代表型号有美国的"莫万",它由水雷与火箭结合而成,称为火箭水雷或自航水雷;美国的"捕手"MK—60,由水雷与 MK—46—4 鱼雷结合而成,称为鱼水雷或自导水雷。这类复合式水雷具有很强的机动攻击能力。

航空深水炸弹按装药不同,分为常规深水炸弹和核深水炸弹两种。常规深水炸弹的弹体为薄壳结构,装填系数为 70%,采用水压或定时引信,在飞行前装订下潜深度,尾部带降落伞,使炸弹减速并垂直转入水中,头部还可装反跳弹盘,适用于超低空投弹。小口径深水炸弹可装入多次使用式子母弹箱投放,大口径深水炸弹则直接挂到悬挂装置上投放。核深水炸弹的代表型号是美国的 MK—90"倍蒂"和 MK—101"鲁鲁",质量分别为 1 130 kg 和 550 kg,TNT 当量约为 10×10^3 t。

航空反潜导弹同舰/潜载反潜导弹一起,属于海军实施远程反潜攻击的反潜导弹之列。美国、苏联/俄罗斯和其他西方国家的海军从 20 世纪 60 年代开始装备舰/潜/机载反潜导弹。现在,只有俄罗斯的反潜飞机和直升机仍然装备机载反潜导弹,现役代表型号是 АПР—2Э,其采用带相位修正的水声制导系统,能攻击最大潜深 600 m 和最大航速 80 km/h 的现代潜艇,执行战斗任务的时间为 1～2 min,用于攻击现代高速潜艇,摧毁概率为 70%～80%(攻击时的均方差为 300～500 m)。

2. 发展趋势

各海洋大国都很重视对现役航空反潜武器进行更新。美国海军将更新反潜武器列在增强反潜作战能力的首要位置。2004 年财政拨款 5.14 亿美元,采购 1 207 枚 MK—54 轻型组合鱼雷。该新型鱼雷具有在极为困难的浅水声环境下，攻击低速柴油发动机潜艇的能力。同时，实施现役 MK—46 轻型鱼雷延寿计划、MK—50 鱼雷第 1 批改进项目、MK—48 鱼雷软件更新以及通用先进宽带声呐系统（CBASS）项目，以进一步改进浅水区反潜能力。此外，继续实施 1998 年开始的“反鱼雷鱼雷”（ATT）先进技术验证项目，开发先进的制导控制技术，用于 159 mm口径的新型反鱼雷鱼雷，也可用于更新 MK—54 轻型混合鱼雷。

航空鱼/水雷，尤其是航空鱼雷，是海军航空兵实施水下战的主战兵器，受到各国海军的高度重视并大力发展。航空鱼雷将进一步提高航速、航程、潜深、精度和威力，突出浅水攻击能力，发展多模/复合制导系统和高效能定向爆破雷头，降低噪声，提高隐身性能。航空水雷将沿着推进化、制导化和智能化方向发展，进一步降低噪声，提高隐身性能，改善隐蔽伪装、敌我识别、抗扫引爆和机动突袭的能力。航空深水炸弹同舰载深水炸弹一样，仍然是现代作战必不可少的基本反潜武器之一，且常规深水炸弹不受浅水海域环境因素的干扰和影响，成为浅水海域反潜的主要武器。此外，同反潜鱼雷和反潜导弹相比，深水炸弹的结构简单，造价低廉，战时可大量生产和使用。航空反潜导弹同舰/潜载反潜导弹一样，战斗部为小型反潜鱼雷或核深水炸弹，由于其大部分航程是在空中，能以比水下航行的鱼雷更快的速度、更远的射程、更高的精度攻击潜艇目标，并在性能和威力上满足海军实施远程反潜攻击的需要。

8.4.2　直升机空投鱼雷作战使用

直升机空投鱼雷攻击是指反潜鱼雷攻击，为了提高反潜鱼雷攻击效果，系统火控设备首要的任务是首先要将吊放声呐传来的方位、距离进行数据处理，以处理后的数据计算目标航向和速度；其次，要进行攻击诸元的计算；最后依据实时战情，采用悬停或飞行投雷攻击。

1. 目标运动要素解算

目标航向、速度是在测定方位、距离的数据有足够批量的基础上，通过数据处理后进行计算的。在测定方位及距离的过程中，也就有方位、距离的变化率，然后利用数学归纳方法计算出目标速率和航向。由于目标的连续航行，可以算出多组速度和航向值，再进行平滑处理，以便做到适当提高精度后再去计算攻击单元。

由于水声传播速度只有 1 500 m/s，所以难于获得大批量数据。因此，采用卡尔曼滤波处理的优势难于充分发挥作用。在水声探测为主的武器系统中（特别是机载系统中）多采用最小二乘法或简化卡尔曼滤波处理定测数据。今以某系统采用最小二乘法处理为例说明。

（1）最小二乘法初始平滑

目标有效的准则是连续三个有效数据链（有效置 1），因此，对一组或几组数据应进行初始平滑处理，以提高探测的精度。

初始平滑的原则比较简单，即对于三个一般值 $I(k-1)$，$I(k+1)$ 和 $I(k)$，用如下数学平滑表达式：

$$B(k)=\frac{1}{3}\sum_{i=1}^{l}I(k+i) \tag{8.1}$$

式(8.1)适用的条件：当 $I(k-1)>I(k)>I(k+1)$，或 $I(k-1)<I(k)<I(k+1)$ 时。当两个条件都不能满足时，就用下面的平滑表达式：

$$B(k)=\frac{1}{4}[I(k+1)+2I(k)+I(k-1)] \tag{8.2}$$

最后储存的元素矢量为 $I(1),B(2),B(n-2),B(n-1),I(n)$。

(2) 距离和方位的线性回归算法

设 γ—— 方位，$\dot{\gamma}$—— 方位变化率；D—— 距离，$\dot{D}$—— 距离变化率。

线性回归公式如下：

$$\gamma=\gamma_0+\dot{\gamma}t \tag{8.3}$$

$$D=D_0+\dot{D}t \tag{8.4}$$

于是目标速度 v_n 由下式计算：

$$v_n=\sqrt{\dot{D}^2+(D_n\dot{\gamma})^2} \tag{8.5}$$

式中，$D_n=D_0+\dot{D}t(n)$。

目标航向 $\psi_{t(i)}$ 计算公式为

$$\Psi_{t(i)}=\arctan\frac{\dot{D}\sin\gamma_i-\dot{\gamma}D_i\cos\gamma_i}{\dot{D}\cos\gamma_i-\dot{\gamma}D_i\sin\gamma_i} \tag{8.6}$$

2. 对目标及鱼雷的约束条件

(1)对目标机动分类的约束

目标主要指潜艇(或类似的水下航行器)，对它们最难以捉摸的是其机动模式。因此，为研究、分析方便起见，对目标水下机动的模式必须进行合理约束——归一化分类。

1)常值航向和航速航行。这种情况一般发生在目标没有发现来袭者，其速度和航向难以估计，必经探测设备测定后确定。

2)快速急转弯机动。这种情况一般发生在当目标发觉了有攻击者，且距离较近时，于是立即采取紧急机动转弯，这是逃避遭到攻击的措施。

3)慢速 90°转弯机动。这也是逃跑机动时的措施，但离来袭者很近，采取慢 90°转弯机动是为了以低噪声状态航行，航行足够距离后再加速到高速航行。

4)有序机动。在预定方向上保持某种平均速度，并以预定方向为中心线，有序地左、右机动航行(蛇形航行状态)。

对于速度不快(35 kn 以下)、航程不远(8 000 m 左右)的鱼雷，采取背雷回旋方式机动较为有利。

5)随机机动。主要用于摆脱搜索者的追踪。可按随机要求的随机数机动。

(2)对鱼雷的约束条件

目前航空反潜声自导鱼雷就战术、技术性能讲可分为两大类型;其一是低速(30～50 kn)、远程(6 000～10 000 m)声自导鱼雷;其二是高速(60～100 kn)、短程(2 000～4 000 m)声自导鱼雷。这两类战术、技术差异较大的鱼雷,在战术使用上和系统设备配置上有明显区别。因此,在分析系统对鱼雷的支持、支援上,必须约定该系统设备配置的鱼雷是哪一类型的。

目标的回旋参数。目标要规避机动,鱼雷要跟踪追击,都涉及目标的回旋参数问题。根据国内外的数据情况和理论计算综合后,确定中型潜艇的水下回旋参数数值如表 8.1 所示。

表 8.1　中型潜艇回旋参数

水下速度/kn	回旋半径/m	回旋角速度/(°·s^{-1})
6	210	0.81
12	270	1.2
18	340	1.43
24	400	1.50

回旋参数在精细分析鱼雷攻击战术时是十分有利的。在粗分析鱼雷攻击战术时可用综合平均值进行估算。

3. 单机悬停(吊放声呐)空投鱼雷攻击

单机吊放声呐悬停攻击系统是指直升机悬停测定目标参数后,飞机处于悬停状态时,在系统支持下的投雷攻击。由于要使直升机能够悬停,直升机必须迎风悬停,这是悬停攻击的主要特点。

在单机吊放声呐悬停攻击中,综合火控设备的解算任务有解算出鱼雷初始直航向(*ISC*)(或初始转角 *ITA*);初始直航程(段);最大命中概率。这些解算数据就是直升机悬停鱼雷攻击诸要素。

图 8.20 所示是典型的直升机鱼雷攻击图。该图所表示的有直升机处于悬停攻击状态,即风向始终与直升机悬停航向反向;鱼雷入水后必须转弯 *ITA* 角度再进行直航攻击。

图中 a 点是鱼雷入水的溅水点,b 点是发动机的启动点(发动机点火时刻),$\overset{\frown}{ab}$ 是无动力段,$\overline{a'b'}=\overline{ab}$($\overset{\frown}{ab}$ 是水平投影),$\overline{b'c'}=ITA\cdot R$,(*ITA* 以弧度为单位)。

(1) 鱼雷初始直航角(*ISC*) 解算

1) 正常提前角(φ_0) 与有利提前角(φ_a)。如果不要求直升机迎风悬停,而是操纵直升机直接对准攻击方向,于是在理想情况下,鱼雷的初始直航向也就是攻击提前角 φ_0 的航向;若不考虑鱼雷自导扇面对攻击效果的作用,就如同无自导的直航鱼雷攻击一样,鱼雷按速度(矢量)

三角形相遇原理命中目标，而提前角 φ_0 称之为正常提前角。φ_0 的表达函数关系如图 8.21 所示。

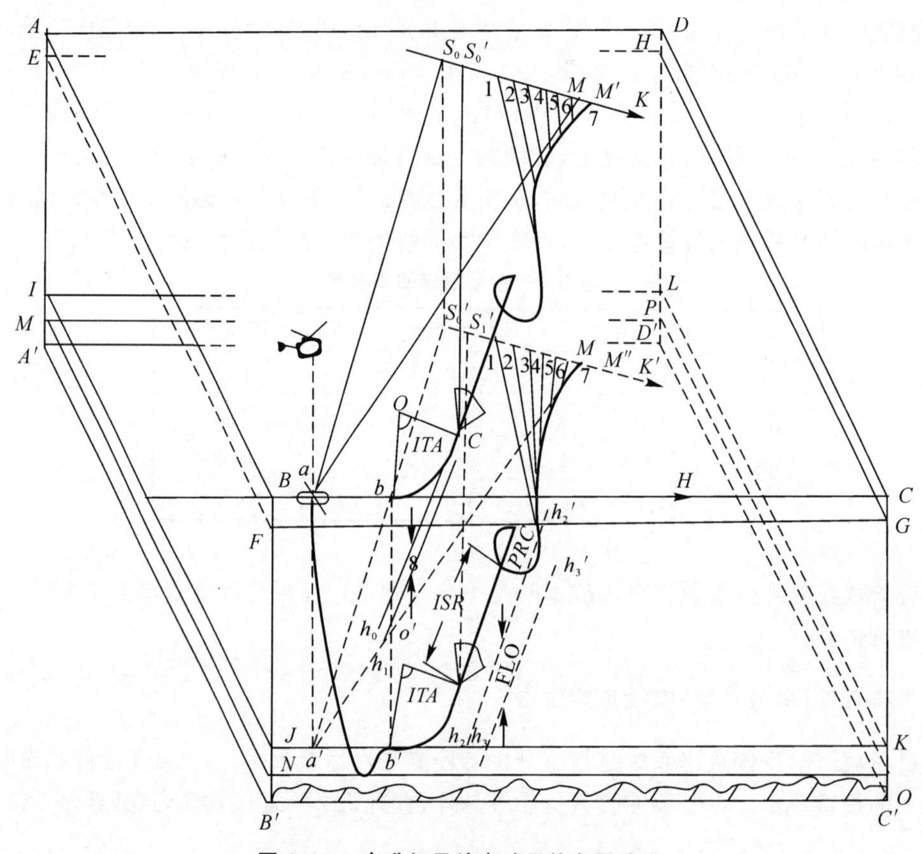

图 8.20 直升机吊放声呐悬停鱼雷攻击

由图 8.21 中到达命中点 m_0 的条件可推导出

$$\varphi_0 = \arcsin(m\sin\beta) \tag{8.7}$$

式中，$m=v_s/v_t$；v_s 为目标速度，v_t 为鱼雷速度；β 为目标舷角；φ_0 为正常提前角。

满足 φ_0 攻击航向，鱼雷一定会命中目标。

但是，上述理想条件下解算出来的 φ_0 对具有自导攻击的鱼雷来说，φ_0 不是最有利的提前角。因为探测和解算出来的 v_s，β，φ_0 等都有误差，实际以 φ_0 为攻击提前角时，也不一定命中目标——而是具有一定的命中概率。由于式(8.7)中没有考虑自导鱼雷的自导扇面覆盖目标误差分布的问题，所以 φ_0 不适用于自导鱼雷攻击战术。

如图 8.21 所示，正常投雷攻击时，目标相对运动线夹角是不相等的，此时若 v_s 都不相同，则自导扇面覆盖目标舷角正负误差 $\Delta\beta$ 是不相同的。若舷角相同，则自导扇面覆盖目标的速度

误差 Δv_s 也是不同的。根据误差正态分布的性质，有利事件出现概率减少。如果将正常提前角 φ_0 逐渐减小，直至 $\varphi_1=\varphi_2$ 时，则搜索扇面覆盖不同符号误差的绝对值相同；与上述同理，有利事件（自导鱼雷发现目标的概率）出现将增大。因此，定义有利提前角就是投放自导鱼雷攻击时具有最大发现概率的提前角。

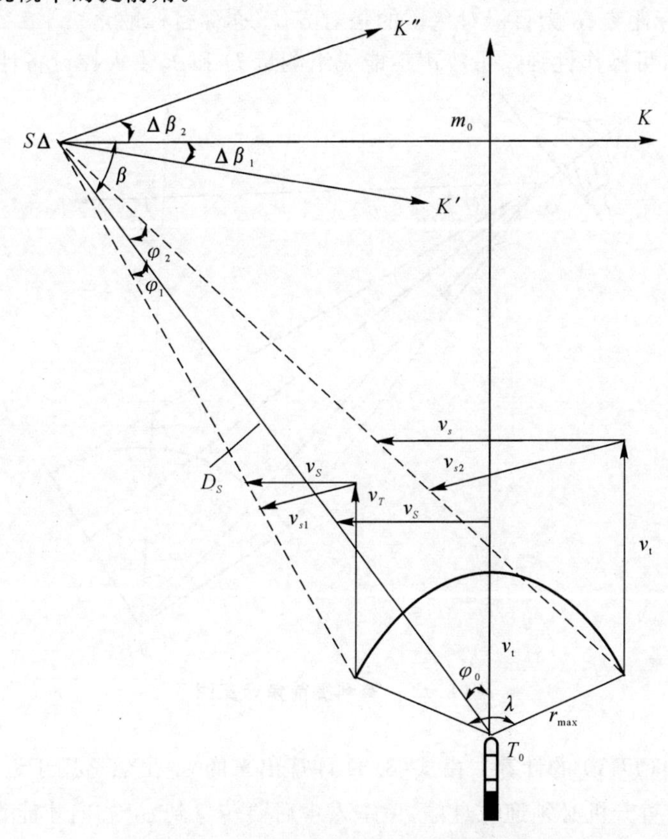

图 8.21　正常提前角(φ_0)鱼雷攻击图

2）有利提前角（φ_a）的计算。水下目标机动归纳起来有四种模式：常值航向和航速机动；回旋机动；有序机动和随机机动。对常值航向和速度的目标有利提前角（φ_0）的计算如下：

如图 8.22 所示：图中 $\triangle S_0T_0m$ 是直航相遇三角形，而 $\triangle S_0Bm$ 是有利提前角相遇三角形，B 点是自导扇面的形心。鱼雷攻击时，按相对运动原理，目标沿相对运动线 S_0P 运动，S_0P 与扇面中心线交点（B 点）移动时，所用提前角 $\angle S_0BC$ 是目标舷角为 Q_1 而计算出来的正常提前角，此时，T_0 点的鱼雷所用的提前角 φ_a 就是有利提前角。鱼雷以有利提前角攻击，相遇点为扇面中心的 B 点。该点是目标误差被覆盖最大的“中心”。

3）近似有利提前角（φ_L）的表达式。为了减少计算量，有利于作战时的快速反应，在火控设备中往往不用（最优）有利提前角，而采用近似的经验统计近似公式。如国外有用如下初始

有利提前角公式(适应雷速 30 ~ 35 kn):

$$\varphi_L = \frac{20\overline{D}}{3\ 000}\sin\beta\cos\frac{\beta}{2} \tag{8.8}$$

上式中条件:$\overline{D}=D$,当 $D<3\ 000$ m;$\overline{D}=3\ 000$,当 $D>3\ 000$ m,

式中,D 为目标距离;β 为目标对鱼雷的相对方位(亦称目标舷角);$|\beta|<180°$。

式(8.8) 简便,可操作性强。吊放声呐能成组测量 D 和 β,供火控设备计算用。

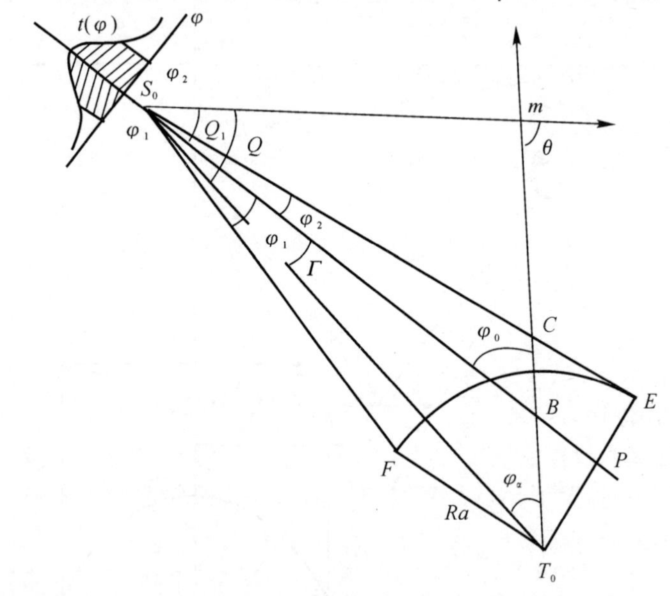

图 8.22 有利提前角计算图

4) 初始转弯角(ITA) 的计算。由式(8.8) 计算出来的 φ_L 虽然适用于近似有利提前角,但正如前面所提到的直升机必须迎风悬停,鱼雷入水后要转弯到 φ_L 方向才能直航攻击,因此,向鱼雷设定攻击航向时不是 φ_L 角,而是初始转弯角(ITA)。

如果直升机的悬停航向与鱼雷攻击的初始航角一致,于是有 $H=ISC$ 了,鱼雷入水后无需转向,就可直航搜索攻击,但这种机会是极少的。由于迎风悬停,一般情况下,$H=ISC$,鱼雷入水后转到 ISC 方向去,所转角度正是前面提到的初始转弯角(ITA)。ITA 是通过多次迭代计算后,由最后求出的 ISC_{i+1} 确定的:

$$|ISA|_{i+1} = |ISC_{i+1} - H| < 180° \tag{8.9}$$

式中,H 为直升机航向($|H| \leqslant 180°$)。

4. 单机飞行投雷攻击

单机飞行投雷攻击是当悬停吊放声呐探测到目标的距离较远(大于鱼雷的总航程的 60%

以上）时，而目标又很有可能机动规避情况下，所采取的一种战术行动。由于飞行攻击是在原来探测条件下进行的，因此，首先要提起吊放声呐探头，从而失去了对目标的监控；如果在飞行过程中，目标转向机动，一般攻击效果很低，所以，单机飞行攻击是不轻易采取的战术模式。如果情况允许，先采取“逐点逼近法”的搜索战术，进一步接近到悬停攻击距离或近距攻击距离后投雷攻击，则效果很好。

系统在单机飞行攻击时对鱼雷的主要支持任务：

(1) 自动向鱼雷设定参数

$ISC = H$　（H—— 直升机航向）；$ISR = 0$；$ISE = 0$

(2) 设置投雷点

1) 探测目标并投雷。利用图形搜索方式去探测目标。此方法适用于慢速目标的攻击投雷。

2) 在目标航向某前置点处投雷。这是估计目标机动转向的可能不大，而采用的选择投雷点。一般情况下前置的距离为 $\Delta D = kv_s$；前置点的方向偏差控制在 $\pm 15°$ 内；k 的选择根据 v_s 大小而定。

(3) 投雷操作方式

飞行投雷的具体操作有两种方式：① 实施自动投雷：利用相关设备 —— 导航计算机和自动驾驶仪，将飞行起点和投雷点设定到计算机中，就由飞控系统（FCS）自动驾机到预定投雷点投雷攻击，显然，在这种情况下导航计算机与自动驾驶仪交联形成 FCS 系统；② 人工操作方式；由驾驶员和战术员协调一致，飞到预定点位置，手按按钮投雷攻击。

5. 双机（含多机）协同鱼雷攻击

双机协同攻击反潜作战模式是直升机最佳作战方式，也是主要的方式。双机协同具有一系列优势：具有较大的搜索目标能力，易于发现目标；发现目标后由于有引导机监听目标，不易丢失目标；更利于逼近目标攻击 —— 双机轮流在目标上方位置实施吊放声呐点水探测，迅速逼近目标；可实施轮番攻击；能实施可靠的长距离对目标上方位置实施吊放声呐点水探测（和平时期反潜的绝招）。

(1) 指令引导机（H_c）和攻击机（H_a）

双机协同攻击时，一机为引导机，另一机为攻击机。但是，这种分工不是事先就规定了的，而是在实战现场搜索探测目标时，先发现目标的飞机定为引导机，负责监听目标和测定目标方位、距离，不断实时地传输给攻击机或其他友机（多机搜潜时）；对于多机情况，指令离目标最近的飞机为攻击机。攻击机受令后，立即升起吊放声呐探测做好攻击准备，并不断实时地装订引导机发送来的数据。

要使双机顺利地执行双机协同反潜任务，系统在单机吊放声呐悬停攻击和飞行攻击应具有的设备和功能基础上，在火控设备中应增加数据传输装置。数据传输可分为“自动传输”和

“人工传输”两种工作类型。

1) 数据传输和装订。每架反潜直升机的系统中都应安装有数据传输装置,以适应既能承当引导机又能承当攻击机的要求。

2) 自动数据传输装置。实现引导机将探测到的目标定位、距离数据,以数据链的形式自动传输到攻击机的火控设备计算机中存储,以作为攻击解算之用。这是最现代化的数据共享的方式,又称“数传”。

(2) 人工装订数据(反潜盒)

人工装订数据方式,亦称“话传”。通过安装在战术台面板上方的反潜盒实施话传数据的装订,如图 8.23 所示。

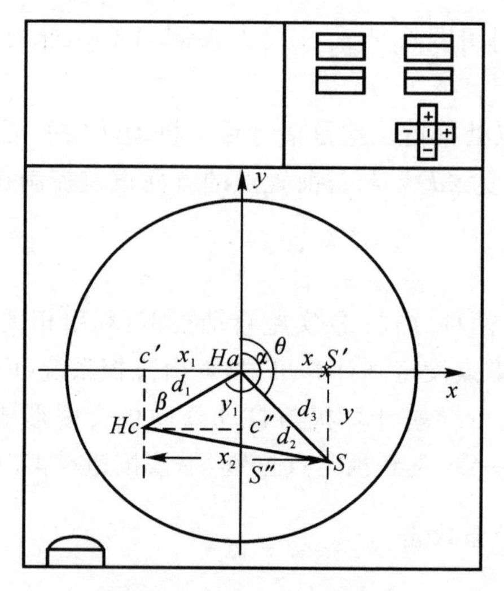

图 8.23　战术台及反潜盒

引导机将探测到的方位、距离数据话传(无线电通信方式)给攻击机,攻击机利用反潜盒上的“+”“—”传输链将数据装订进去,以备攻击所用。实际上,这是半自动化传输方式。装订进去的数据在反潜盒上立即显示出来,以便监视是否装订有误。

(3) 雷达的介入

反潜机上的雷达如果是高分辨率的雷达,它应归属到系统的探测设备 —— 因它能较可靠地探测水面航行状态潜望镜航行状态的潜艇;如果是分辨率不高的一般对海搜索雷达,它应归属到平台的设备中去,就属系统的相关设备,它的介入是对系统的支援。

雷达的控制面板就在战术台上方,当双机协同攻击时,攻击机 H_a 要利用雷达测出引导机的方位、距离信号,并在本机的战术显示器台显示出来。指挥员利用电子游标(模球)套住显示引导机的光点,战术内部电路自动实现目标位置的坐标变换,为攻击机创造了充分的投雷攻击条件。因此,在这种情况下雷达实际上起着“二次雷达”的功能。

(4) 双机协同攻击实施

由于在双机协同攻击情况下，攻击机始终可在收起吊放声呐探头状态下机动运行，十分机动灵活。攻击机又由引导机“数传”(或传话)结果，也始终知道目标的位置及航向(解算而知)。一般情况下可实现近距离投雷攻击，但也有两种执行方式：系统可设定“飞行方式”或人工方式进行投雷攻击。

1) 飞行方式投雷攻击。与单机飞行投雷攻击相似，当设定“飞行”方式时，飞机自动进入目标上方位置或某前置点位置自动投雷，鱼雷入水后按图形搜索目标。

2) 人工方式投雷攻击。系统可以人工设定 *ISC* (*ITA*)、*ISR* 和 *ACE* 等数据，以飞机的飞行航向替代鱼雷水中航向，实现近距离飞行攻击。飞机进入角 ψ_f 相当于悬停攻击时有利提前角。要注意，在这种情况下的飞行路线及时间等计算由相关设备 —— 导航计算机 —— 完成。

(5) 双机协同飞行攻击效果估算

在引入各种影响攻击效果的误差后，就能计算出协同攻击效果。

计算时主要假设条件如下：鱼雷速度 $v_t = 30$ kn，鱼雷总航程为 6 500 m，声自导捕获距离为 1 350 m，“飞行”工作方式。

其他条件如下：

探测目标位置每分钟传输一次；

数据传递与装订时间为 10 s；

雷达天线转速为 24 r/m；

投雷距离为 1 000 m；

初始搜索深度(*ISD*) 为 100 m；

定义 D_{es} 表示引导机与目标之间距离；

ψ_f—— 表示攻击机的进入角。

计算结果如下：

1) 目标常速直航。

$v_s = 3 \sim 6$ m/s，$D_{cm} = 2\ 000 \sim 4\ 000$ m，$\psi_f \geqslant 60°$：$HP = 90\%$；$\psi_f < 60°$：$HP = 40\% \sim 80\%$。

$v_s = 9$ m/s，$D_{cm} = 2\ 000 \sim 4\ 000$ m，$\psi_f = 60° \sim 90°$：$HP \geqslant 80\%$。

$v_s = 12$ m/s，*HP* 均在 60% 以下；尤其当 $\psi_f \geqslant 90°$ 时，*HP* 均在 20% 以下.

2) 目标加速机动($v_{tmax} = 12$ m/s)。

$v_s = 3 \sim 6$ m/s，*HP* 较常速直航目标略低 0 ～ 20%。

$v_s = 9$ m/s，设计只当 ψ_f 较小时能够取得足够的 *HP* 值；若 $\psi_f \geqslant 90°$，则 *HP* 均在 40% 以下。

3) 目标转向加速机动。

$v_s = 3$ m/s，$D_{cm} = 2\ 000 \sim 4\ 000$ m，除 ψ_f 在 0° 附近 $HP = 70\%$ 外，其他情况的 *HP* 均在

90% 以上。

$v_s = 9$ m/s，$D_{cm} = 2\ 000 \sim 4\ 000$ m，除 $\psi_f < 90°$ 时，HP 不低于 80%；$\psi_f > 90°$ 时，HP 仅在 40% 以下。

由上述结果可看出：一般来说，双机协同攻击可以近距离飞行攻击，比单机悬停远距离攻击效果要好。特别对于高速、短程鱼雷来说，双机协同攻击更具有优上加优的效果，因为高速、短程鱼雷要求近距离投雷攻击。

8.4.3 航空反潜武器附属装置

所谓航空反潜武器附属装置，是指悬挂(存放)和投放或指示武器(反潜设备)的所有装置，它主要包括鱼雷(深弹)挂架、声呐浮标发射装置、航空标志弹、照明弹、水下发音弹等。

1. 鱼雷挂架

鱼雷挂架，也叫鱼雷发射器，它有固定翼飞机用和直升机用之分，其形状和结构多种多样，这里以某型反潜直升机用鱼雷挂架为例加以说明。

鱼雷挂架一般安装在直升机机体右侧或左侧或两侧，鱼雷挂架分为单挂架(挂一条鱼雷)和双挂架(挂两条鱼雷)。

(1)挂架组成及作用

挂架由主框架、投放器、三角吊架、延伸杆、电器设备等组成。主框架由轻合金材料制作，由前面板、后面板及中间的箱状结构等形成一个纵向的构件，它用来安装投放悬挂装置和支撑杆。投放器用于携带和投放鱼雷。三角吊架用来连接直升机机身上的固定座和挂架上部的两个接叉，它是由两根同样长的钢管构成的，其顶部(上端)用销钉固定，底部被固定在挂架的接叉上。延伸杆主要用来铺设并固定从鱼雷挂架连接器到鱼雷预置器连接器之间的电缆和缓冲在投放鱼雷期间抽出电缆连接器时所产生的力，它由一根钢管构成，用于降落伞开伞的延迟绳通过一个销钉固定在延伸杆的一端，一个外挂物(鱼雷)是否存在开关被固定在中央，它的按钮压在鱼雷上，并通过一个检测器传递，指示载荷(鱼雷)存在与否。电气设备被安装在支撑三脚架及布线箱上。

(2)挂架的安装与动作

1)机械动作。挂架的任务是把鱼雷挂在直升机上以便进行发射。悬挂装置由投放器和 4 个底部挂钩组成，这 4 个挂钩用于挂接两根鱼雷吊带以及挂接进水隔板和爆发器的两根保险索。首先利用两个锁定杆锁住吊带释放索，然后把投放器和上好保险的鱼雷一起挂到挂架上。

2)电气动作。电气部件主要由固定在三角吊架和延伸杆上的电缆、投放电路配电箱和数据链电路配电箱组成。通过这些电气部件，鱼雷可以和直升机内部的发射装置(鱼雷预置器)交换信息——对鱼雷预置和发射，使鱼雷按要求发射出去。

鱼雷与挂架的连接是通过吊带与挂架，或通过弹架上的挂钩完成的。吊带围绕在雷体上并用固紧螺栓或螺杆固紧鱼雷，吊带具有多种尺寸以适应不同直径的各种空投鱼雷。

挂架不仅可以挂鱼雷，而且可以挂炸弹连接器或反潜深水炸弹（如美 MK—52 或 MK—54 深水炸弹）。

2. 水下发音弹

水下发音弹也叫爆炸声源，主要用于声呐浮标的回音测距。发音弹有的采用 TNT 炸药爆炸产生音响，如美国的 MK—50、MK—64，也有的采用电发声，如 MK—84。水下发音弹过去主要用于被动非定向声呐浮标的测向，现在已经有了主动声呐浮标和定向浮标，发音弹已很少再使用了。

3. 其他附属装置

(1)航空标志弹

航空标志弹是用来标志海上（水下）目标，并作为目视或引导反潜机的参照点（或投放物点）。它白天发烟，夜晚发光。现以航空海上发烟浮标（弹）为例，说明标志弹的用途、组成及工作原理。

1)用途。发烟弹用于指示水下潜艇的位置。反潜机在执行搜潜任务时，一般先用搜潜设备搜索目标，一旦发现潜艇，可根据测定的目标位置，投下发烟浮标。烟标入水数秒后，即在海面上释放出红色的烟柱，从而为反潜机在海上直观地指示出水下潜艇的位置，以便引导反潜机对潜艇作进一步的跟踪、识别或实施攻击。也可用于海上救护或反潜机与舰艇间的战术协同。

2)组成。航空标志弹由药柱、气囊点火装置和导烟装置组成。药柱外壳由硬铝制成，内装电爆管、引燃药和发烟剂。发烟持续时间为 10 min 左右。气囊是采用高强度的尼龙布涂覆聚胺酯型气密胶，经热压黏合成型的，其作用是使烟柱在空中下落过程中，稳定弹道和减速，烟标入水后，可使其在水面保持漂浮状态。点火装置由海水电池、电爆管、引燃药组成。海水电池用以起爆电爆管，进而点燃引燃药。导烟装置位于气囊内部，它连接着药柱和气囊，并把药柱燃烧产生的红烟引出水面。

3)工作原理。发烟浮标由反潜机投下，在下落过程中气囊自动充气并保持弹道的稳定。入水后，气囊使烟标漂浮在海面上，同时海水电池被激活，引爆药柱里的电爆管点燃发烟剂，药剂无焰燃烧产生大量的红色烟雾由导烟管排出，在海面上形成一股烟柱，为反潜机指示目标。

发烟浮标可装备在各类反潜直升机或反潜巡逻机上，既可从机上声呐浮标筒投放，也可从舱门由人工投放，注意投放时，底朝下，靠重力自由落下。

(2)声呐浮标发射装置

1)声呐浮标发射装置用途。用来完成各型声呐浮标按预定程序投放或发射。

2)声呐浮标发射装置分类。按动力不同分为气动发射、火药发射、自由投放三种；按发射装置转动与否分为旋转式和固定式两种；按发射控制方式分为手控和计算机控制两种。

3)声呐浮标发射装置组成。现以气动式声呐浮标发射装置为例加以说明。它由电器控制与信号显示部分、冷气操纵部分和结构部分组成。

①电器控制与信号显示部分。主要有领航员控制盒、声呐员浮标投放信号板、继电器盒和装在导向筒与浮标投放转筒上的双向电机及微动开关等。

②冷气操纵部分。主要有冷气瓶、减压器、电磁开关、单向限流活门等。

③结构部分。主要有导向筒、转筒、机械传动、储存柜等。

④工作原理。由领航员根据情况决定投放浮标，当领航员按动投放按钮时，通过电器控制部分控制冷气操纵部分的电磁开关，使冷气操纵转筒等使浮标释放。

4. 典型发射装置

(1)大型固定翼飞机用投放器(发射器)

法国 AMD/BA“大西洋”巡逻机上安装了投放“A”“G”“F”型声呐浮标的投放器。每个投放器每次可连续投放 18 枚浮标。在飞机气密舱以外的地方可装 4 个 8030 系列投放器。在飞行中投放器是不能再装填的。因此，飞机的全部携带能力是 72 枚声呐浮标。

英国的“猎迷”机和美国的“猎户星座”机的布局同“大西洋Ⅱ”机类似。

(2)直升机用声呐浮标投放器

直升机也带有浮标，但一般只带 1 个浮标投放器。有的声呐浮标的信号不在直升机上进行处理，而是转发到护卫舰上处理，并配合使用其他传感器对潜艇进行定位。

(3)中型飞机用浮标投放器

阿尔坎公司研制的多用途独立式投放器，不仅装备在“大西洋Ⅱ”机上，而且也可装备在一些国家的中型反潜机上。

(4)气动浮标投放系统

独立式投放(容)器是根据北约关于反潜机挂载和投放声呐浮标的各种要求设计的。这种投放器有两种规格，分别适用于 A 型和 F 型浮标，它可容纳任何尺寸和质量的浮标，包括研制中的 A/6 型。

气压能量可简化浮标的调节程序，具有轻柔准确的弹射加速度。独立式投放器包括一个玻璃钢罐、装在里面的声呐浮标和弹射引线。罐顶部的挂钩，在地面用于搬运，在飞机上作为固定投放器用，在弹射时作为引爆筒。挂钩的中心部分是连在弹性材料容器上压力传感器的开关。容器内的压缩气体用于弹射浮标，通过中间的一个活塞将浮标推下去，在罐的底部是塑料盖，可释放限制衬套和机械式安全机构。金属衬套连在罐的控制释放机构套钩上，套钩断开后松开塑料盖，浮标就可以弹射出去了。

5. 增压式声呐浮标发射器

采用压缩空气来发射浮标，如美国的 P—3A/B 机就装备了 LAK—22/A47D—1A 型。SH—60B 直升机左侧也装有 25 管气动式声呐浮标发射器，由发动机排气给发射蓄压罐充气来发射浮标。

6. 火药筒式发射器

利用火药的燃烧气压来发射。如美国的 P—3C 飞机用的 AFC—167 型，这种发射器可不按供压状态随意发射浮标。SH—2 直升机的发射器内分 5 排放置 15 枚浮标，发射孔在机舱中部的左侧，是采用引信触发方式进行发射的。

7. 发射的不同方式

"猎迷"反潜机发射，增压时采用两个单管发射器发射，不增压时采用两个旋转式发射器发射 6 枚浮标。

美国的 S—3A 反潜机携带的 60 枚浮标全部纵横排列在声呐浮标发射器内，一般情况下按计算机的指令进行发射，紧急情况下可在 10 s 内发射出 59 枚，留 1 枚作寻找和营救用。

一般而言，只有在低空低速使用条件下才有可能采用自由投放式投掷浮标，如直升机悬停状态。

复习思考题

8-1　航空反潜系统的特点是什么？
8-2　反潜飞机有哪几种类型？
8-3　反潜直升机机载反潜设备和武器有哪些？
8-4　航空探潜系统中目标探测有哪些？
8-5　试叙述吊放声呐的工作原理。
8-6　简述水面舰艇引导直升机攻潜过程和方法。
8-7　试述声呐浮标的发展趋势。
8-8　磁探仪与水声探测设备相比，具有哪些特点？
8-9　请简要叙述机载反潜指挥控制系统的组成及原理。
8-10　试述航空反潜武器系统发展趋势。

参考文献

[1] 卫爱平,等.现代舰艇火控系统[M]. 北京:国防工业出版社,2008.

[2] 石秀华,王晓娟.水中兵器概论(鱼雷分册)[M].西安:西北工业大学出版社,2005.

[3] 韩鹏,李玉才.水中兵器概论(水雷分册)[M].西安:西北工业大学出版社,2007.

[4] 徐德民.鱼雷自动控制系统[M].西安:西北工业大学出版社,2001.

[5] 周德善.鱼雷自导技术[M].北京:国防工业出版社,2009.

[6] 查志武,史小锋,钱志博.鱼雷热动力技术[M].北京:国防工业出版社,2006.

[7] 佘胡清,段桂林,孙朴.水雷总体技术[M].北京:国防工业出版社,2009.

[8] 张进军,杨杰.鱼雷活塞发动机原理[M]. 西安:西北工业大学出版社,2011.

[9] 戴自立.现代舰艇作战系统[M]. 北京:国防工业出版社,1999.

[10] 姜来根.21世纪海军舰船[M].北京:国防工业出版社,1998.

[11] 张恒志,王天宏,等.火炸药应用技术[M].北京:北京航空航天大学出版社,2010.

[12] 卢芳云,李翔宇,林玉亮.战斗部结构与原理[M].北京:科学出版社,2009.

[13] 钱东,崔立.从MK—48系列新型鱼雷看美海军的研发方针和策略[J].鱼雷技术,2006,14(2):1-6.

[14] 吕汝信.从欧洲水下防务展看鱼雷发展趋势[J].鱼雷技术,2007,15(2):8-11.

[15] 王改娣.超空泡鱼雷技术特点分析[J].鱼雷技术, 2007,15(5):1-4.

[16] 周杰,王树宗.超空泡鱼雷推进系统相关问题设计初探[J].鱼雷技术,2006,14(5):27-30.

[17] 杨应孚.俄罗斯超高速鱼雷——水下高速导弹[J].现代舰船,2000(6):23-24.

[18] 张宇文.空化理论与应用[M].西安:西北工业大学出版社,2007.

[19] 杨士莪.水声传播原理[M]. 哈尔滨:哈尔滨工程大学出版社,1994.

[20] 傅金祝.美海军水雷战——21世纪海军的关键[J]. 水雷战与舰艇船防护,2005(1):9-14.

[21] 韩庆伟,太禄汞,汤晓迪.美国海军反潜装备现状及其发展.舰船电子技术,2009(9):22-27.

[22] 韩鹏,罗建,等.适于水雷工作的软件引信研究[J]. 探测与控制学报,2003,25(1):44-47.

[23] 杨世兴,李乃晋,徐宣志.空技鱼雷技术[M].云南:云南科技出版社,2001.

[24] 范志和,叶平. 海军舰船弹药[M]. 北京:海潮出版社, 2001.

[25] 季良.国外新型反潜深弹[J].水雷战与舰船防护, 2004(3):56.

[26] 陈开权.俄罗斯新型的C3B航空自导深弹[J].水雷战与舰船防护, 2005(3):58.

[27] 尤晓航.舰载深弹武器系统发展思路探讨[J]. 指挥控制与仿真,2006(3):1-5.

[28] 金立峰,邓歌明.航空深弹在现代反潜战中的作用与发展[J].长沙:国防科技大学学报,2009(4):22-25.

[29] 离子鱼.俄罗斯海军先进的火箭深弹系统[J].郑州:舰载武器,2009,2:75-81.

[30] 范乃忠.水下霹雳——RBU系列反潜火箭深弹发射装置[J].北京:现代舰船,2000,9:27-29.

[31] 陈春玉,等.反鱼雷技术[M].北京:国防工业出版社,2006.

[32] 钱东,张少悟,等.鱼雷防御技术的发展与展望[J].鱼雷技术,2005,13(2):1-6.

[33] 吴晓海,谢国新,赵志军. 利用火箭深弹系统拦截鱼雷的技术改进方法探析[J].指挥控制与仿真,2007,2:14-17.

[34] 傅金祝.俄罗斯三型反水雷装备[J]. 水雷战与舰艇船防护,2004(4):4-6.

[35] 贾跃,宋保维,梁庆卫.火箭深弹拦截鱼雷方法及作战过程[J].火力与指挥控制,2006,3:41-43.

[36] 钱东,崔立,顾险峰.MU90 HK反鱼雷鱼雷作战效能[J].鱼雷技术,2004,12(4):5-8.

[37] 张海波.杨金成.现代潜艇技术[M]. 哈尔滨:哈尔滨工程大学出版社,2006.

[39] 汪玉,姚耀中.世界海军潜艇[M]. 北京:国防工业出版社,2006.

[40] 赵正业.潜艇火控原理[M]. 北京:国防工业出版社,2003.

[41] 田心坦.声呐技术[M].哈尔滨.哈尔滨工程大学出版社,2000.

[42] 中船信息中心.现代海军武器装备手册[M].北京:国防工业出版社,2001.

[43] 马震宇.潜潜导弹运载器发射技术分析[J].战术导弹技术,2008(3):14-17.

[44] 涂书敏,程峻,余晖,等.水声通信及其在潜艇通信中的应用[J].舰船电子工程,2011,31(1):162-167.

[45] 陆建勋.海军武器装备——现代武器装备知识丛书[M].北京:原子能出版社,2003.

[46] 刘家铨.鱼雷发射装置概论[M].哈尔滨:哈尔滨工程大学出版社,2003.

[47] 董志荣.水面舰艇立体反潜系统构想[J].电光与控制,2008,15(5):12-15.

[48] 孙大明.航空反潜概论[M].北京.国防工业出版社,1998.

[49] Boeing 737MMA—Emergence of a New Generation Mari time Patrol Aircraft[J]. NATO'S NATIONS, 2003(2): 153-155.

[50] Truver S. "Sea Power 21"... for the Common Good[J]. NATO'S NATIONS, 2004(1): 119-124.

[51] Braybrook R. The Watch over Water[J]. ARMADA International 2003(6): 18-24.

[52] Braybrook R. MPAs-A Surge in Sales? [J]. ARMADA International 2004(3): 32-40.

[53] 王祖典.航空反潜战与反潜武器[J].航空兵器,2007(1):6-9.